建筑工程施工计算系列丛书

主体结构工程施工计算

徐　伟　骆艳斌　时春霞　主编

中国建筑工业出版社

图书在版编目（CIP）数据

主体结构工程施工计算/徐伟，骆艳斌，时春霞主编.
—北京：中国建筑工业出版社，2007
（建筑工程施工计算系列丛书）
ISBN 978-7-112-09520-9

Ⅰ. 主… Ⅱ. ①徐…②骆…③时… Ⅲ. 结构工程-工程施工-工程计算 Ⅳ. TU74

中国版本图书馆 CIP 数据核字（2007）第 134443 号

本书为建筑工程施工计算系列丛书之一。内容包括：砌筑施工计算、钢筋工程施工计算、混凝土工程施工工艺计算、大体积混凝土工程施工计算、预应力混凝土工程施工计算、结构吊装工程施工计算、钢结构工程施工计算和木结构工程施工计算。

本书具有适用面广、实用性强、内容全面、数据齐全、系统完整、配套新颖、理论与实践相结合等特点，给第一线的施工技术人员和设计师提供直接指导，也可作为在校学生拓展专业知识面、掌握现代化施工计算的专业参考书。

* * *

责任编辑：郦锁林
责任设计：董建平
责任校对：孟　楠　王金珠

建筑工程施工计算系列丛书
主体结构工程施工计算
徐伟　骆艳斌　时春霞　主编
*
中国建筑工业出版社出版、发行（北京西郊百万庄）
各地新华书店、建筑书店经销
北京华艺制版公司制版
北京市彩桥印刷有限责任公司印刷
*
开本：787×1092 毫米　1/16　印张：29¼　字数：727 千字
2008 年 4 月第一版　2008 年 4 月第一次印刷
印数：1—4000 册　定价：**69.00** 元（含光盘）
ISBN 978-7-112-09520-9
（16184）

前　言

改革开放近三十年来，国家综合实力进一步增强，进入全面建设小康社会的新阶段，我国建筑施工技术有了飞速发展，取得了举世瞩目的成就，建设了一大批规模宏大、施工难度大的建筑物和构筑物。随着中国加入WTO，建筑市场逐渐开放，市场竞争日趋激烈，知识经济将代替传统的工业经济，建筑企业必须依靠科学技术和提高管理水平来促进其发展，其中很重要的一项技术就是贯穿整个施工过程中的施工计算，因为从施工方案的编制、优化到技术安全措施的制定，再到工程质量的检测与控制等过程中都需要进行严格的定量分析，使施工活动更加准确和可靠，确保工程质量和安全。施工计算除了需要应用一般专业知识外，还常需要把其他各专业科学渗透融合到施工中应用，它涉及面广，计算难度较大。

本书为建筑工程施工计算系列丛书之一，主要是为了满足从事建筑施工的广大技术人员的迫切需要，为其提供简明、实用的施工计算参考，助其解决一些施工现场实际计算问题。本书主要涉及建筑主体结构工程施工计算，内容包括：砌筑施工计算、钢筋工程施工计算、混凝土工程施工工艺计算、大体积混凝土工程施工计算、预应力混凝土工程施工计算、结构吊装工程施工计算、钢结构工程施工计算和木结构工程施工计算。

本书在编写方面力求做到简明扼要，深入浅出，基本概念清楚，数据齐全，并使富有启发性，对每项计算除介绍基本原理、计算公式外，还附有一些实用图表，对所列公式有的作了简单推导，在每项计算末尾都附有计算实例，使读者在明了原理的基础上，能较快地掌握要领，举一反三。本书根据国家新修订的设计规范、施工验收规范以及新颁布的技术标准规程，法定计算单位、符号等进行编写，具有适用面广、实用性强、内容全面、数据齐全、系统完整、配套新颖、理论与实践相结合等特点，给第一线的施工技术人员和设计师提供直接指导，也可作为在校学生拓展专业知识面、掌握现代化施工计算的专业参考书。

本书由徐伟、骆艳斌、时春霞主编。第一章由徐伟、周光华、胡晓依编写，第二章由骆艳斌、时春霞编写，第三章由时春霞、徐伟编写，第四章由高吉龙、徐伟编写，第五章由徐伟、时春霞、李明雨编写，第六章由徐伟、周光华、骆艳斌编写，第七章由骆艳斌、李明雨、马锦明编写，第八章由周光华、徐伟、胡晓依编写。全书由徐伟、骆艳斌统稿。

本书在编写过程中，参考了大量书籍和资料，在此深表谢意。

由于编者水平有限，书中难免有遗漏和不妥之处，敬请广大读者批评、指正。

目　录

第1章

砌筑施工计算

1.1 砌筑砂浆配合比的计算

砌筑砂浆对原材料有如下要求：

1. 水泥

水泥的强度等级应根据设计要求进行选择。水泥砂浆采用的水泥，其强度等级不宜大于32.5级；水泥混合砂浆采用的水泥，其强度等级不宜大于42.5级。

2. 砂

砂宜用中砂，其中毛石砌体宜用粗砂。砂的含泥量：对水泥砂浆和强度等级不小于M5的水泥混合砂浆不应超过5%；强度等级小于5%的水泥混合砂浆，不应超过10%。

3. 石灰膏

生石灰熟化成石灰膏时，应用孔径不大于3mm×3mm的网过滤。熟化时间不得少于7d；磨细生石灰粉的熟化时间不得少于2d。沉淀池中贮存的石灰膏，应采取防止干燥、冻结和污染的措施。配置水泥石灰砂浆时，不得采用脱水硬化的石灰膏。

4. 黏土膏

采用黏土或粉质黏土制备黏土膏时，宜用搅拌机加水搅拌，通过孔径不大于3mm×3mm的网过筛。用比色法鉴定黏土中的有机物含量时应浅于标准色。

5. 电石膏

制作电石膏的电石渣应用孔径不大于3mm×3mm的网过滤，检查时应加热至70℃并保持20min，没有乙炔气味后，方可使用。

6. 粉煤灰

粉煤灰的品质指标应符合表1-1的要求。

粉煤灰品质指标 **表1-1**

序	指标	级别		
		Ⅰ	Ⅱ	Ⅲ
1	细度（0.045mm方孔筛余），%不大于	12	20	45
2	需水量比，%不大于	95	105	115
3	烧失量，%不大于	5	8	15
4	含水量，%不大于	1	1	不规定
5	三氧化硫，%不大于	3	3	3

7. 磨细生石灰粉

磨细生石灰粉的品质指标应符合表1-2的要求。

建筑生石灰粉品质指标　表1-2

序	指标		钙质生石灰粉			镁质生石灰粉		
			优等品	一等品	合格品	优等品	一等品	合格品
1	$CaO+MgO$ 含量,% 不大于		85	80	75	80	75	70
2	CO_2 含量,% 不大于		7	9	11	8	10	12
3	细度	0.90mm 筛筛余,% 不大于	0.2	0.5	1.5	0.2	0.5	1.5
		0.125mm 筛筛余,% 不大于	7.0	12.0	18.0	7.0	12.0	18

1.1.1 水泥砂浆、混合砂浆配合比计算

砂浆的配合比应采用重量比，并应最终由试验确定。如砂浆的组成材料（胶凝材料、掺合料、骨料）有变更，其配合比应重新确定。

下面介绍一下水泥砂浆、水泥混合砂浆配合比设计过程中的一些基本步骤。

1. 确定砂浆的试配强度 f_p

试配砂浆时，应按设计强度等级提高15%，以保证砂浆强度的平均值不低于设计强度等级，砂浆的试配强度可按下式计算：

$$f_p = 1.15f_m \tag{1-1}$$

式中　f_p——砂浆的试配强度，精确至0.1（MPa）；

f_m——砂浆的设计强度（即砂浆抗压强度平均值）（MPa）；

2. 确定每立方米砂浆中的水泥用量 Q_{co}

根据砂浆试配强度 f_p 和水泥强度等级计算每立方米砂浆中的水泥用量，可由下式计算：

$$Q_{co} = \frac{f_p}{\alpha f_{co}} \times 1000 \tag{1-2}$$

式中　Q_{co}——立方米砂浆的水泥用量（kg/m^3）；

α——经验系数，其值见表1-3；

f_{co}——水泥的强度等级。

3. 确定掺加料用量 Q_{po}

根据计算得出的水泥用量，水泥混合砂浆中的掺加料用量可由下式计算：

$$Q_{po} = Q_A - Q_{co} \tag{1-3}$$

式中　Q_{po}——每立方米砂浆中的掺加料用量（kg）；

Q_{co}——每立方米砂浆中的水泥用量（kg）；

Q_A——每立方米砂浆中胶结料和掺加料的总用量（kg），一般应在 250 ~ 350kg 之间。

注：在试配时所用石灰膏的稠度应为 12cm，当石灰膏稠度不同时，可由表 1-4 的换算系数进行换算。

经验系数 α 值 表 1-3

水泥强度等级	砂浆强度等级				
	M10	M7.5	M5	M2.5	M1
52.5	0.885	0.815	0.725	0.584	0.412
42.5	0.931	0.885	0.758	0.608	0.427
32.5	0.999	0.915	0.806	0.643	0.450
27.5	1.048	0.957	0.839	0.667	0.466
22.5	1.113	1.102	0.884	0.698	0.486

石灰膏不同稠度时的换算系数 表 1-4

石灰膏稠度（mm）	120	110	100	90	80	70	60	50	40	30
换算系数	1.00	0.99	0.97	0.95	0.93	0.92	0.90	0.88	0.87	0.86

4. 确定砂用量 Q_s

含水率为零的过筛净砂，每立方米砂浆中用 0.9m³ 的砂子；含水率为 2% 的中砂，每立方米砂浆中的用砂量为 1m³；含水率大于 2% 的砂，应酌情增加用砂量。

5. 根据砂浆的稠度确定用水量 Q_W

每立方米砂浆中的用水量 Q_w（kg）可通过试拌，在满足砂浆的强度和流动性的要求下确定用水量或按表 1-5 选用。

每立方米砂浆中用水量选用值 表 1-5

砂浆品种	混合砂浆	水泥砂浆
用水量（kg/m³）	260 ~ 300	270 ~ 330

注：1. 混合砂浆中的用水量，不包括石灰膏或黏土膏中的水；
2. 当采用细砂或粗砂时，用水量分别取上限或下限；
3. 稠度小于 70mm 时，用水量可小于下限；
4. 施工现场气候炎热或干燥季节，可酌量增加水量。

6. 砂浆的试配、调整与确定

试配时应采用工程中实际使用的材料；应采用机械搅拌。搅拌时间，应自投料结束算起，对水泥砂浆和水泥混合砂浆，不得少于 120s；对掺用粉煤灰和外加剂的砂浆，搅拌时间不应少于 180s。

首先，按查表所得或计算配合比进行试拌，并测定拌合物的稠度和分层度；若不能满足要求，则应调整用水量或掺加料用量，直到符合要求为止，然后确定为试配时的砂浆基准配合比。

试配时应至少采用三个不同的配合比，其中一个按以上试样确定的砂浆基准配合比，另外两个配合比的水泥用量按基准配合比分别增加、减少10%，在保证稠度、分层度合格的条件下，可将用水量或掺加料用量作相应调整。

按国家现行标准《建筑砂浆基本性能试验方法》（JGJ 70—90）的规定对三个不同的配合比经适当调整后制作试件，测定砂浆强度；并选定符合强度要求的且水泥用量较少的为最终使用的砂浆配合比。

注：1. 试配时采用的材料与实际使用的材料以及搅拌方法与施工时采用的方法均应相同。
2. 砂浆配合比确定后，当材料有变更时，其配合比必须重新通过试验确定。

常用的砌筑砂浆的参考配合比见表1-6。

常用的砌筑砂浆配合比参考表 **表1-6**

砂浆强度等级	重量配合比			材料用量（kg/m^3）			外加剂掺量
	水泥	石灰膏	砂子	水泥	石灰膏	砂子	
M1.0	1	1.53~1.57	17.0~15.3	85~95	130~150	1430~1450	1~3
M2.5	1	0.92~1.00	12.0~11.2	120~130	110~130	1430~1450	1~2
M5.0	1	0.52~0.58	8.53~7.63	170~190	90~110	1430~1450	1~2
M 7.5	1	0.33~0.39	6.9~6.3	210~230	70~90	1430~1450	1
M10.0	1	0.15~0.22	5.6~5.2	260~280	40~60	1430~1450	0

注：石灰膏稠度为12cm；机械拌合。

【例1-1】 某工地欲配置强度等级为M7.5的水泥石灰砂浆，稠度要求70~100mm，采用堆积密度为1500kg/m^3、含水率为2%的中砂，32.5级的普通硅酸盐水泥，掺加稠度为100mm石灰膏，试确定该水泥石灰砂浆的配合比。

【解】 （1）计算砂浆试配强度f_p

已知$f_m = 7.5MPa$，

由式（1-1）得：

$$f_p = 1.15 \times 7.5 = 8.6MPa$$

（2）计算每立方米砂浆中的水泥用量Q_{co}

由式（1-2）得：

$$Q_{co} = \frac{f_p}{\alpha f_{co}} \times 1000$$

$$= \frac{8.6}{0.915 \times 32.5} = 290.0kg$$

（3）计算每立方米砂浆中的石灰膏用量Q_{po}

取$Q_A = 350kg/m^3$

那么 $$Q_{po} = Q_A - Q_{co} = 350 - 290.0 = 60.0kg$$

由表1-4把石灰膏稠度100mm换算成120mm：

$$60.0 \times 0.97 = 58.2kg$$

（4）确定砂用量 Q_s

根据砂子的堆积密度和含水量计算砂用量，如下：

$$Q_S = 1500 \times 1 = 1500\text{kg}$$

（5）选定用水量 Q_W

根据表 1-5 选择试配时的用水量 $Q_W = 300\text{kg}$

（6）确定配合比

由以上计算出的砂浆试配时各种材料用量的比例为：

$$水泥:石灰膏:砂:水 = 290.0:58.2:1500:300$$
$$= 1:0.2:5.17:1.15$$

即为水泥石灰砂浆的最终配合比。

1.1.2　粉煤灰砂浆配合比计算

下面介绍粉煤灰水泥砂浆、粉煤灰水泥混合砂浆配合比的基本计算步骤：

1. 确定砂浆试配强度 f_p

试配砂浆时，应按设计强度等级提高 15%，以保证砂浆强度的平均值不低于设计强度等级，砂浆的试配强度可按下式计算：

$$f_p = 1.15 f_m \tag{1-4}$$

式中符号的意义与 1.1.1 节中的相同。

2. 确定水泥用量 Q_{co}

根据砂浆试配强度 f_p 和水泥强度等级计算每立方米砂浆中的水泥用量，可由下式计算：

$$Q_{co} = \frac{f_p}{\alpha f_{co}} \times 1000 \tag{1-5}$$

式中符号的意义与 1.1.1 节中的相同。

3. 确定石灰膏用量 Q_{po}

按式（1-5）求出的水泥用量，由下式可计算石灰膏用量：

$$Q_{po} = Q_A - Q_{co} \tag{1-6}$$

式中符号的意义与 1.1.1 节中的相同。

4. 计算粉煤灰砂浆中的水泥用量 Q'_{co}

先选择水泥取代率，每立方米粉煤灰砂浆中的水泥用量，可由下式计算：

$$Q'_{co} = Q_{co}(1 - \beta_{m1}) \tag{1-7}$$

式中　Q'_{co}——每立方米粉煤灰砂浆的水泥用量（kg）；

β_{m1}——取代水泥率（%），见表 1-5；

Q_{co}——每立方米不掺粉煤灰砂浆的水泥用量（kg）。

5. 计算粉煤灰砂浆的石灰膏用量 Q'_{po}

先选择石灰膏取代率，则每立方米粉煤灰砂浆中的石灰膏用量，可由下式计算：

$$Q'_{po} = Q_{po}(1 - \beta_{m2}) \tag{1-8}$$

式中 Q'_{po}——每立方米粉煤灰砂浆中的石灰膏用量（kg）；

β_{m2}——石灰膏取代率（%），此取代率可通过试验确定，但不宜超过 50%；

Q_{po}——每立方米不掺粉煤灰砂浆的石灰膏用量（kg）。

6. 计算粉煤灰砂浆中的粉煤灰用量 Q_{f0}

先选择粉煤灰超量系数，每立方米粉煤灰砂浆中的粉煤灰用量，可由下式计算：

$$Q_{f0} = \delta_m[(Q_{co} - Q'_{co}) + (Q_{po} - Q'_{po})] \tag{1-9}$$

式中 Q_{f0}——每立方米粉煤灰砂浆中的粉煤灰用量（kg）；

δ_m——粉煤灰的超量系数；

其他符号意义同前。

7. 计算砂用量 Q'_s

根据水泥、粉煤灰、石灰膏和砂的绝对体积，求出粉煤灰超出水泥部分的体积，并扣除同体积的砂用量，则得到每立方米粉煤灰砂浆中的砂用量，可按下式计算：

$$Q'_s = Q_s - \left(\frac{Q'_{co}}{\rho_{co}} + \frac{Q_{f0}}{\rho_f} + \frac{Q'_{po}}{\rho_{po}} - \frac{Q_{co}}{\rho_{co}} - \frac{Q_{po}}{\rho_{po}}\right)\rho_s \tag{1-10}$$

式中 Q'_s——每立方米粉煤灰砂浆中的砂用量（kg）；

Q_s——每立方米砂浆中的砂用量（kg）；

ρ_{co}、ρ_f、ρ_{po}、ρ_s——分别为水泥、粉煤灰、石灰膏、砂的相对密度；

其他符号意义同前。

8. 确定用水量 Q_W

通过试拌，按粉煤灰砂浆稠度及流动性确定用水量。

9. 试配与配合比的调整

试配与配合比调整的方法同 1.1.1 节。

砂浆中粉煤灰取代水泥率及超量系数见表 1-7。

砂浆中粉煤灰取代水泥率及超量系数　　表 1-7

砂浆品种		砂浆强度等级				
		M1	M2.5	M5	M7.5	M10
水泥石灰砂浆	β_m(%)	15~40			10~25	
	δ_m	1.2~1.7			1.1~1.5	
水泥砂浆	β_m(%)	—	25~40	20~30	15~25	10~20
	δ_m	—	1.3~2.0		1.2~1.7	

注：表中 β_m 为粉煤灰取代率；δ_m 为粉煤灰超量系数。

【例 1-2】 采用 42.5 级的普通硅酸盐水泥，含水率为 2% 的中砂，砂的堆积密度为 1600kg/m³，粉煤灰取代率 $\beta_{m1} = 15\%$，取代石灰膏率 $\beta_{m2} = 40\%$，取粉煤灰超量系数 $\delta_m =$

1.4，石灰膏稠度120mm，试配制砌筑砖墙用M7.5水泥石灰混合砂浆，计算配合比。

【解】（1）计算砂浆试配强度

已知$f_2=7.5\text{MPa}$，由式（1-4）可得：

$$f_{m,0}=7.5\times1.15=8.6\text{MPa}$$

（2）计算不掺粉煤灰砂浆水泥用量Q_{co}

由式（1-5）得，$Q_{co}=\dfrac{f_p}{\alpha\times f_{co}}\times1000=\dfrac{8.6}{0.855\times42.5}=237.4\text{kg}$

（3）计算不掺粉煤灰砂浆石灰膏用量Q_{po}

取$Q_A=350\text{kg/m}^3$

由式（1-6）得：

$$Q_{po}=350-237.4=112.6\text{kg}$$

（4）计算粉煤灰砂浆中的水泥用量Q'_{co}

由式（1-7）得：

$$Q'_{co}=Q_{co}(1-\beta_{m1})=237.4\times(1-0.15)=201.8\text{kg}$$

（5）计算粉煤灰砂浆中的石灰膏用量Q'_{po}

由式（1-8）得：

$$Q'_{po}=Q_{po}(1-\beta_{m2})=112.6\times(1-0.4)=67.6\text{kg}$$

（6）计算粉煤灰砂浆中的粉煤灰用量Q_{f0}

由式（1-9）得：

$$\begin{aligned}Q_{f0}&=\delta_m[(Q_{co}-Q'_{co})+(Q_{po}-Q'_{po})]\\&=1.4\times[(237.4-201.8)+(112.6-67.6)]\\&=112.8\text{kg}\end{aligned}$$

（7）计算粉煤灰砂浆水泥用量Q'_s

取$\rho_{co}=3.0$，$\rho_f=2.2$，$\rho_{po}=2.8$，$\rho_s=2.6$，$Q_s=1600\times1=1600\text{kg}$，由式（1-10）得：

$$\begin{aligned}Q'_s&=Q_s-\left(\frac{Q'_{co}}{\rho_{co}}+\frac{Q_{f0}}{\rho_f}+\frac{Q'_{po}}{\rho_{po}}-\frac{Q_{co}}{\rho_{co}}-\frac{Q_{po}}{\rho_{po}}\right)\rho_s\\&=1600-\left(\frac{201.8}{3.0}+\frac{112.8}{2.2}+\frac{67.6}{2.8}-\frac{237.4}{3.0}-\frac{112.6}{2.8}\right)\times2.6\\&=1539.3\text{kg}\end{aligned}$$

（8）确定用水量Q_w

根据表1-5选择试配用水量为300kg/m³。

（9）试配与调整配合比

由以上计算出的每立方米粉煤灰砂浆材料的用量为：

$$\begin{aligned}\text{水泥:石灰膏:粉煤灰:砂:水}&=201.8:67.6:112.8:1539.3:300\\&=1:0.33:0.56:7.63:1.49\end{aligned}$$

假定符合要求，故不需作调整。

1.2 砂浆强度的换算

砂浆的强度等级是在标准养护条件下（20±3℃）、28d的标准龄期的试块抗压强度，分M15、M10、M7.5、M5和M2.5等五个等级。

砂浆的强度随龄期的增加而提高，不同的温度下，其强度的增长情况也不相同，温度高强度也高，温度低强度也低。因此，砂浆在各种温度下强度增长的数值，施工中常常需要参照应用。例如，砂浆强度等级是以在标准养护条件，龄期为28d的试块抗压结果确定的，而施工现场的试块往往并不是在20±3℃的温度下，故为了确定砂浆强度等级需要按温度来进行强度换算；又例如，砖过梁、筒拱等是否可以拆除模板，都需要根据砂浆实际的强度来确定，此时必须按龄期和温度进行强度换算。因此，这个问题在施工中具有重要的实用意义。

1.2.1 按实际养护温度进行强度换算

可参照《砖石工程施工及验收规范》附录一中列出的砂浆在不同温度养护条件下，不同龄期的砂浆强度增长情况进行换算，见表1-8～表1-10。

用325号、425号的普通硅酸盐水泥拌制的砂浆强度增长表　　表1-8

龄期（d）	不同温度下的砂浆强度百分率（以在20℃时养护28d的强度为100%）							
	1℃	5℃	10℃	15℃	20℃	25℃	30℃	35℃
1	4	6	8	11	15	19	23	25
3	18	25	30	36	43	48	54	60
7	38	46	34	62	69	73	78	82
10	46	55	64	71	78	84	88	92
14	50	61	71	78	85	90	94	98
21	55	67	76	85	92	98	102	104
28	59	71	81	92	100	104	—	—

用325号的矿渣硅酸盐水泥拌制的砂浆强度增长表　　表1-9

龄期（d）	不同温度下的砂浆强度百分率（以在20℃时养护28d的强度为100%）							
	1℃	5℃	10℃	15℃	20℃	25℃	30℃	35℃
1	3	4	5	6	8	11	15	18
3	8	10	13	19	30	40	47	52
7	19	25	33	45	59	64	69	74
10	26	34	44	57	69	75	81	88
14	32	43	54	66	79	87	93	98
21	39	48	60	74	90	96	100	102
28	44	53	65	83	100	104	—	—

由表可知，如已知配置砂浆的水泥种类、标号、养护温度和龄期，即可推算出相当标准养护温度下的砂浆强度。当养护温度高于 25℃时，表内虽未列出 28d 的强度百分率，考虑到温度较高时对强度发展的有利因素，可以按 25℃时的百分率，即只要砂浆试块的强度达到设计强度的 104%，即认为合格。当自然温度在表列温度值之间时，可以采用插值法求取百分率。

用 425 号的矿渣硅酸盐水泥拌制的砂浆强度增长表　　**表 1-10**

龄期（d）	不同温度下的砂浆强度百分率（以在 20℃时养护 28d 的强度为 100%）							
	1℃	5℃	10℃	15℃	20℃	25℃	30℃	35℃
1	3	4	6	8	11	15	19	22
3	12	18	24	31	39	45	50	56
7	28	37	45	54	61	68	73	77
10	39	47	54	63	72	77	82	86
14	46	55	62	72	82	87	91	95
21	51	61	70	82	92	96	100	104
28	55	66	75	89	100	104	—	—

1.2.2　按实际龄期进行强度换算

表 1-8～表 1-10 中列出的龄期最多为 28d，至于龄期在 $28d \leqslant t \leqslant 90d$ 的强度，可按下式推算：

$$R_t = \frac{1.5tR_{28}}{14 + t} \tag{1-11}$$

式中　R_t——龄期为 t(d) 时的砂浆强度（MPa）；

t——龄期（d）；

R_{28}——龄期为 28d 的砂浆抗压强度（MPa）。

式（1-11）适用于混合砂浆和水泥砂浆在温度为 20 ±3℃的情况。

【例 1-3】　某工地采用强度等级为 32.5MPa 的普通硅酸盐水泥拌制 M5.0 的水泥砂浆，两组试块均采用现场自然养护，养护期间（28d）的平均温度分别为 10℃和 30℃，养护结束后砂浆试块的抗压试验结果分别为 3.90MPa 和 5.15MPa。试判断该两组试块是否达到设计要求。

【解】　已知养护温度分别为 10℃和 30℃、养护期限 28d，由表 1-7 可以查得应达到强度等级的百分率分别为 81% 和 104% 。

试块的强度值判别分别如下：

$$5.0 \times 0.98 \times 0.81 = 3.97\text{MPa} > 3.90\text{MPa}$$

$$5.0 \times 0.98 \times 1.04 = 5.10\text{MPa} < 5.15\text{MPa}$$

可知，养护温度为 10℃的一组试块不满足砂浆设计强度等级要求，养护温度为 30℃的一组试块可以满足设计强度等级要求。

【例 1-4】 已知一组龄期为30d混合砂浆试块的平均强度为3.81MPa，试推算该组试块在标准养护温度（20±3℃）下，龄期为28d和50d的平均强度。

【解】 由式（1-11）可得龄期为28d的强度为：

$$3.81=\frac{1.5\times30\times R_{28}}{14+30}$$

$$R_{28}=\frac{1.5\times30\times3.81}{14+30}=3.90\text{MPa}$$

则龄期为50d的砂浆强度为：

$$R_{50}=\frac{1.5\times50\times3.90}{14+50}=4.57\text{MPa}$$

1.3 砖墙用料的计算

砌筑砖砌体前，砖应提前一天浇水润湿，润砖的效果，从含水率上看，烧结普通砖、空心砖宜为10%～15%；灰砂砖、粉煤灰砖宜为5%～8%。含水率以水重占干砖重的百分数计。以烧结砖为例，从程度上看，是砖截面的四个边浸入水痕10～15mm为宜。砖不能现用现润，高温季节严禁干砖上墙。砖的品种、强度等级必须符合设计要求，并应规格一致。用于清水墙、柱表面的砖，尚应边角整齐、色泽均匀。

此外，通常还需要计算砖、砌筑砂浆和砂浆材料等砖墙用料的用量。

1.3.1 砖及砂浆用量的计算

烧结普通砖的规格为240mm×115mm×53mm，其他砖应以砖的平均长度、宽度、厚度或按出厂合格证上砖的规格尺寸进行计算。设砖长$=a$，砖宽$=b$，砖厚$=c$，再按规范要求，确定灰缝厚度，设竖缝厚度为d_1，横缝厚度为d_2，则：

1. 砖墙每平方米需要砖及砂浆的数量，根据砖墙厚度（图1-1）按下式计算：

（1）半砖墙

砖数 $$A=\frac{1}{(a+d_1)(c+d_2)}(\text{块}) \tag{1-12}$$

砂浆量 $$B=b-A\cdot a\cdot b\cdot c(\text{m}^3) \tag{1-13}$$

（2）一砖墙

砖数 $$A=\frac{1}{(b+d_1)(c+d_2)}(\text{块}) \tag{1-14}$$

砂浆量 $$B=a-A\cdot a\cdot b\cdot c(\text{m}^3) \tag{1-15}$$

（3）一砖半墙

砖数 $$A=\frac{1}{(a+d_1)(c+d_2)}+\frac{1}{(b+d_1)(c+d_2)}(\text{块}) \tag{1-16}$$

砂浆量 $$B=(a+b+d_1)-A\cdot a\cdot b\cdot c(\text{m}^3) \tag{1-17}$$

（4）两砖墙

砖数 $$A = \frac{2}{(b+d_1)(c+d_2)}(\text{块}) \tag{1-18}$$

砂浆量 $$B = (2a+d_1) - A \cdot a \cdot b \cdot c(\text{m}^3) \tag{1-19}$$

2. 每立方米砖墙需要砖及灰浆的数量等于每平方米需要数量乘以下列系数：

（1）半砖墙为 $\frac{1}{b}$

（2）一砖墙为 $\frac{1}{a}$

（3）一砖半墙为 $\frac{1}{a+b+d_1}$

（4）两砖墙为 $\frac{1}{2a+d_1}$

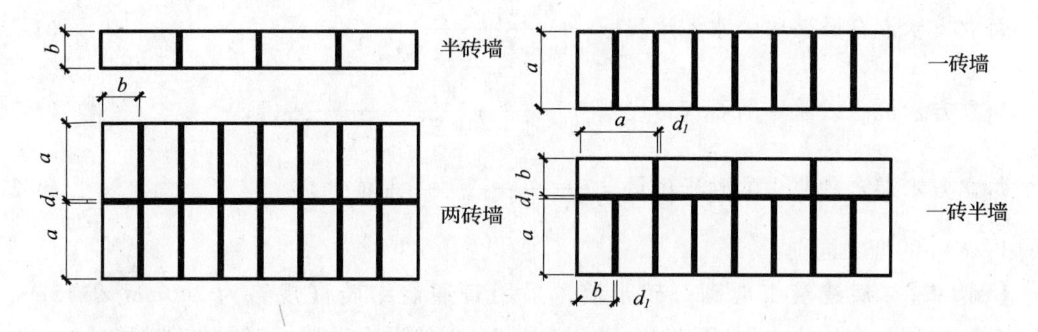

图 1-1　砖墙平面图

1.3.2　砂浆材料用量的计算

砌筑砖墙常用的水泥砂浆、石灰砂浆和混合砂浆，配料采用体积配合比（或由重量比折合成体积配合比）。

1. 水泥砂浆用料计算

设 W_C 为每立方米水泥的重量（一般 $W_C = 1350$kg，或按实际测出重量），并设水泥砂浆配合比为水泥:砂 $= C:S$，按需要的稠度加水拌合成砂浆后，量其体积，可求出拌合成砂浆后制成系数 V_m，即：

$$V_m = \frac{\text{拌合成砂浆后的体积}}{(C+S)\text{的体积}} \tag{1-20}$$

该制成系数为计算用料数量的重要根据，一般为 0.65 ~ 0.80，则：

$$\text{每立方米砂浆中的水泥用量} = \frac{W_C \times C}{(C+S) \times V_m}(\text{m}^3) \tag{1-21}$$

$$\text{每立方米砂浆中的砂子用量} = \frac{S}{(C+S) \times V_m}(\text{m}^3) \tag{1-22}$$

2. 石灰砂浆用料计算

设 W_t 为每立方米生石灰的重量（一般 $W_t = 1150$kg，或按实际测出）；生石灰化为熟石灰体积增加，增加率多少视生石灰的质量而定，亦可在现场由实际测出（取单位体积的生石灰（粉末），加适量水化为熟石灰后，量其体积，确定体积增加率）。

V_l = 熟石灰的体积/生石灰的体积，V_l 一般为 2～2.5。

设石灰砂浆配合比为石灰:砂 = $l:S$，则

$$每立方米砂浆中生石灰用量 = \frac{W_l \times l}{(l+S) \times V_m \times V_l}(\text{kg}) \tag{1-23}$$

$$每立方米砂浆中的砂子用量 = \frac{S}{(l+S)V_m}(\text{m}^3) \tag{1-24}$$

式中 V_m 的意义同"1"中水泥砂浆制成系数。

3. 混合砂浆用料计算

设混合砂浆的配合比为水泥:石灰膏:砂 = $C:l:S$，则

$$每立方米混合砂浆中的水泥用量 = \frac{W_c \times C}{(C+l+S) \times V_m}(\text{kg}) \tag{1-25}$$

$$每立方米混合砂浆中的石灰膏用量 = \frac{W_l \times l}{(C+l+S) \times V_m \times V_l}(\text{kg}) \tag{1-26}$$

$$每立方米混合砂浆中的砂子用量 = \frac{S}{(C+l+S) \times V_m}(\text{m}^3) \tag{1-27}$$

V_m、V_l 的意义同前。

【例 1-5】 某建筑工地砌一砖半墙，采用普通烧结砖（规格为 240mm × 115mm × 53mm），体积配合比为水泥:石灰膏:砂 = 1:1.5:10 的混合砂浆，已知灰缝厚度 $d_1 = d_2 =$ 10mm，砂浆制成系数 $V_m = 0.8$，$V_l = 2$，试计算每立方米砖墙的用料数量。

【解】 由公式（1-12）～式（1-27）可得，每立方米各种材料的用量为：

砖数量

$$A = \left[\frac{1}{(a+d_1)\times(c+d_2)} + \frac{1}{(b+d_1)\times(c+d_2)}\right] \times \frac{1}{a+b+d_1}$$

$$= \left[\frac{1}{(0.24+0.01)\times(0.053+0.01)} + \frac{1}{(0.115+0.01)\times(0.053+0.01)}\right] \times \frac{1}{0.24+0.115+0.01}$$

$$= 522 \text{ 块}$$

砂浆量

$$B = [(a+b+d_1) - A \cdot a \cdot b \cdot c]/(a+b+d_1)$$

$$= [(0.24+0.115+0.01) - 190 \times 0.24 \times 0.115 \times 0.053] \div (0.24+0.115+0.01)$$

$$= 0.239\text{m}^3$$

$$混合砂浆需要的水泥数量 = \frac{W_C \times C}{(C+l+S)\times V_m} \times B$$

$$= \frac{1350 \times 1}{(1+1.5+10)\times 0.8} \times 0.239 = 32\text{kg}$$

$$混合砂浆需要的石灰数量 = \frac{W_l \times l}{(C + l + S) \times V_m \times V_l} \times B$$

$$= \frac{1150 \times 1.5}{(1 + 1.5 + 10) \times 0.8 \times 2} \times 0.239 = 21\text{kg}$$

$$混合砂浆需要的砂子数量 = \frac{S}{(C + l + S) \times V_m} \times B$$

$$= \frac{10}{(1 + 1.5 + 10) \times 0.8} \times 0.239 = 0.239\text{m}^3$$

故该一砖半墙需要普通烧结砖 522 块，混合砂浆 0.239m^3，水泥 32kg，石灰 21kg，砂子 0.239m^3。

1.3.3 砌墙实体积用砖和用灰量计算

砖砌体材料用量有时需按实体积计算砖墙用砖和用灰量，以 m^3 计。

每立方米各种不同厚度砖墙用砖和用灰量可分别由以下通用公式求得：

1. 需要砖块净用量计算

每立方米砖墙净用砖块数量 A（块）可按下式计算：

$$A = \frac{1}{D(a + d)(c + d)} \times K \tag{1-28}$$

式中 D——砖墙厚度；

a——砖长度；

c——砖厚度；

d——灰缝厚度；

K——系数，$K = N \times 2$；

N——墙身的砖数。

2. 需要砂浆净用量计算

每立方米砖墙砂浆净用量 $B(\text{m}^3)$ 可按下式计算：

$$B = 1 - N \times V \tag{1-29}$$

式中 N——墙身的砖数量（块）；

V——每块砖的体积。

【例 1-6】 采用普通烧结砖（规格为 240mm × 115mm × 53mm）砌墙，横竖灰缝厚度均为 10mm，试分别计算半砖和两砖墙每立方米砌体需要砖块的数量和用灰量。

【解】 由题可知，每块砖的体积为 $0.24 \times 0.115 \times 0.053 = 0.0014628\text{m}^3$

（1）半砖墙

$$A = \frac{1}{0.115\ (0.24 + 0.01)\ (0.053 + 0.01)} \times 0.5 \times 2 = 552 块$$

$$B = 1 - 552 \times 0.0014628 = 0.192\text{m}^3$$

（2）两砖墙

$$A=\frac{1}{(0.24\times2+0.01)(0.24+0.01)(0.053+0.01)}\times2\times2$$

$$=518\text{ 块}$$

$$B=1-518\times0.0014628=0.242\text{m}^3$$

1.4 砖墙排砖计算

普通黏土砖墙的铺砌方法有满丁满条、五层重排法；老的砌法有一顺一丁、三顺一丁、五顺一丁和梅花丁等。由于设计上对砌筑形式一般都不作规定，因此，在施工时究竟采用何种砌筑形式，主要是根据各地区的操作习惯而定。在砌筑前，要根据设计的门窗垛等尺寸和排砖方法，进行排砖计算或校核，以使砖墙尺寸准确。以下简介砖墙尺寸排砖计算及校核公式（一顺一丁、三顺一丁、五顺一丁砌法均可按满丁满条砌法计算，而梅花丁可按五层重排法计算）。

1.4.1 砖墙长度计算

1. 满丁满条砌法

砖墙长度按下式计算：

满条长度 $$L=2e+N_1a+(N_1+1)d_1 \quad (1\text{-}30)$$

或 $$L=25N_1+38 \quad (1\text{-}31)$$

满丁长度 $$L=N_2b+(N_2-1)d_1 \quad (1\text{-}32)$$

或 $$L=12.5N_2-10 \quad (1\text{-}33)$$

式中 L——砖墙长度（cm）；

a——标准砖的长度，一般为24cm；

b——标准砖的宽度，一般为11.5cm；

e——七分头砖长度，一般取18.5cm；

N_1——条砖的数量，其数值取整数；

d_1——竖缝宽度，一般取1.0cm。

2. 五层重排砌法

砖墙长度按下式计算：

$$L=2e+2b+N_1a+(N_1+3)d_1 \quad (1\text{-}34)$$

或 $$L=25N_1+63 \quad (1\text{-}35)$$

$$L=N_2b+(N_1-1)d_1 \quad (1\text{-}36)$$

或 $$L=12.5N_2-10 \quad (1\text{-}37)$$

符号意义同前。

1.4.2 门窗口宽度计算

门窗口宽度按下式计算：

$$B = b + N_1 a + (N_1 + 1) d_1 \tag{1-38}$$

或

$$B = 25N_1 + 12.5 \approx 25N_1 + 13 \tag{1-39}$$

式中 B——门窗口宽度；

其他符号意思同前。

1.4.3 门窗口高度计算

门窗口高度可按下式计算：

$$H = (c + d_2) K \tag{1-40}$$

式中 H——门窗口高度（cm）；

c——砖厚度，一般为5.3cm；

d_2——横缝厚度，一般为1.0cm；

K——砖厚加灰缝（=6.3cm）的倍数。

如门窗口上面砌砖法碹，H应再加1cm。

按以上公式计算的排砖设计参考数据见表1-11。

黏土砖清水墙排砖设计参考数据　　表1-11

N	砖墙长度（满丁满条）（cm）	砖墙长度（五层重排）（cm）	门窗口宽度（cm）	N	砖墙长度（满丁满条）（cm）	砖墙长度（五层重排）（cm）	门窗口宽度（cm）
1	63	88	38	16	438	463	413
2	88	113	63	17	463	488	438
3	113	138	88	18	488	513	463
4	138	163	113	19	513	538	488
5	163	188	138	20	538	563	513
6	188	213	163	21	563	588	538
7	213	238	188	22	588	613	563
8	238	263	213	23	613	638	588
9	263	288	238	24	638	663	613
10	288	313	263	25	663	688	638
11	313	338	288	26	688	713	663
12	338	363	313	27	713	738	688
13	363	388	338	28	738	763	713
14	388	413	363	29	763	788	738
15	413	438	388	30	788	813	763

注：砖的标准尺寸为24cm×11.5cm×5.3cm（长×宽×厚）。7分头砖长为18.5cm，灰缝宽为10mm。

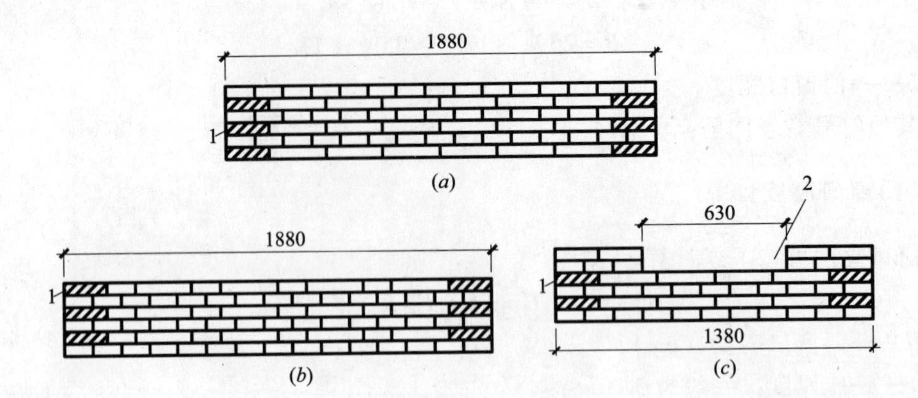

图 1-2　砖墙排砖方法

(*a*) 砖墙满丁满条；(*b*) 砖墙五层重排砌法；(*c*) 满丁满条砌门窗口

1—七分头；2—窗口

【例 1-7】　某砖墙采用满丁满条砌法，顺铺条砖的数量 $N_1=6$，试计算砖墙长度并进行排砖设计。

【解】　由式（1-31）可得：

砖墙长度　　$L=25N_1+38=25\times6+38=188\text{cm}$

排砖方法见图 1-2*a*。

【例 1-8】　某工地采用五层重排法砌砖墙，顺铺条砖的数量 $N_1=5$，试计算砖墙长度并进行排砖设计。

【解】　由式（1-31）可得：

砖墙长度　　$L=25N_1+63=25\times5+63=188\text{cm}$

排砖方法见图 1-2*b*。

【例 1-9】　某砖墙采用满丁满条砌法砌门窗口，窗口下顺铺砖数量 $N_1=5$，试计算砖墙门窗口宽度和进行排砖设计。

【解】　由式（1-39）可得：

门窗口宽度　　$B=25N_1+13=25\times2+13=63\text{cm}$

排砖方法见图 1-2*c*。

1.5　砖拱圈楔形砖加工规格及数量计算

砌筑砖拱圈时，常常需要计算确定各类拱的用砖加工尺寸和数量，以下简介计算方法。

1. 当砖拱圈仅由一种楔形砖组砌时，楔形砖小头的厚度和每环拱顶所需要的楔形砖的数量可由下式计算（如图 1-3）：

$$c_0=\frac{c(R-b)}{R}\qquad(1\text{-}41)$$

$$N = \frac{\pi R\theta}{180(c + d)} \tag{1-42}$$

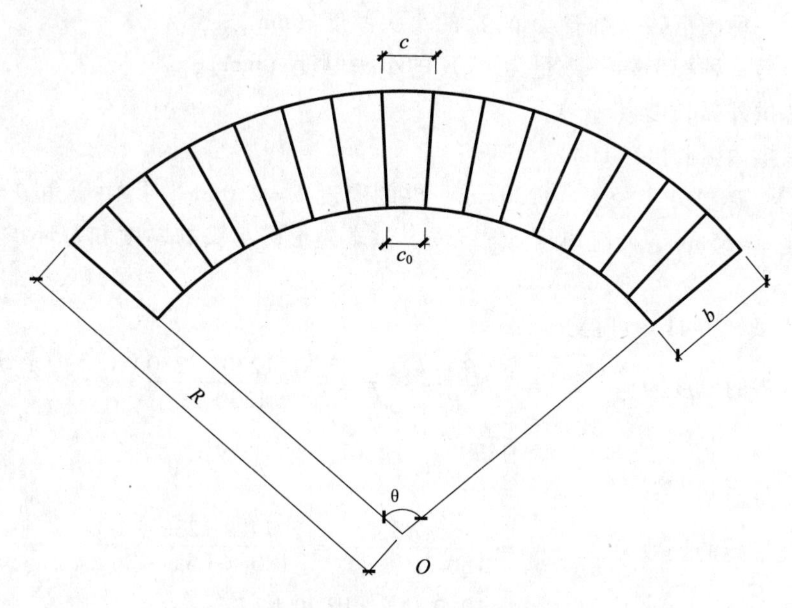

图 1-3　砖拱楔形砖加工计算简图

式中　c_0——楔形砖小头厚度（mm）；

c——楔形砖或直形砖大头的厚度（mm）；

R——砖拱的外半径（mm）；

b——砖拱的砌砖厚度（mm）；

d——砖缝厚度（mm）；

θ——拱的中心角（°）。

2. 当砖拱圈用楔形砖与直形砖搭配组砌时，每环拱所需楔形砖与直形砖的数量可由下式计算：

楔形砖的块数
$$N = \frac{\pi\theta b}{180(c - c_0)} \tag{1-43}$$

直形砖的块数
$$n = \frac{\pi R\theta}{180(c + d)} - N \tag{1-44}$$

式中　N——楔形砖的块数；

n——直形砖的块数；

其他符号意义同前。

3. 当砖拱圈用两种不同楔形砖搭配组砌时，每环拱所需不同楔形砖的数量可由下式计算：

$$(N_1 + N_2)(c + d) = l \tag{1-45}$$

$$N_1(c_1 + d) + N_2(c_2 + d) = l_0 \tag{1-46}$$

式中 N_1——一种楔形砖的块数；

N_2——另一种楔形砖的块数；

c_1——一种楔形砖（数量为 N_1）的小头厚度（mm）；

c_2——另一种楔形砖（数量为 N_2）的小头厚度（mm）；

l——拱外弧长度（mm）；

l_0——拱内弧长度（mm）。

【例 1-10】 砖拱外半径 $R=1230$mm，拱的厚度 $b=230$mm，拱中心角 $\theta=60°$，楔形砖的大头厚度 $c=65$mm，砖缝厚度 $d=2$mm，试求楔形砖小头的厚度和每环拱顶所需楔形砖的块数。

【解】 由式（1-41）可得：

楔形砖小头的厚度为 $$c_0=\frac{c(R-b)}{R}=\frac{65\times(1230-230)}{1230}\approx 52\text{mm}$$

由式（1-42）可得：

每环拱楔形砖的块数为 $$N=\frac{\pi R\theta}{180(c+d)}=\frac{3.14\times1230\times60}{180\times(65+2)}=19.2\text{块}\quad\text{用 20 块}$$

【例 1-11】 砖烟囱某段平均半径 $R=3.0$m，砖规格为 240mm×115mm×53mm，砖垂直灰缝 $d=10$mm，试求加工砖小头的宽度及楔形砖的数量。

【解】 由式（1-41）可得：

砖的小头加工宽度为 $$b_0=\frac{b(R-a)}{R}=\frac{115\times(3000-240)}{3000}=106\text{mm}$$

故加工砖的规格为 240mm×115/106mm×53mm，实际不需要每块砖都加工，可将几块楔形砖的小头减小尺寸集中在一块砖上，如每三块砖加工一块，则加工尺寸为 240mm×115/88mm×53mm。

由式（1-42）可得：

砖加工的数量 $$N=\frac{\pi R\theta}{180(c+d)}=\frac{3.14\times3000\times360}{180\times(115+10)}=150\text{块}$$

故，每圈加工的数量为 150 块。

【例 1-12】 砖拱外半径 $R=3040$mm，拱的厚度 $b=230$mm，拱中心角 $\theta=45°$，用 230mm×113mm×65mm 和 230mm×113mm×65/55mm 两种砖组砌，试求每环拱顶所需楔形砖和直形砖的数量。

【解】 由式（1-43）可得：

每环拱顶楔形砖数量 $$N=\frac{\pi\theta b}{180(c-c_0)}=\frac{3.14\times45\times230}{180\times(65-55)}\approx 18\text{块}$$

由式（1-44）可得：

每环拱顶直形砖的数量为

$$n = \frac{\pi R\theta}{180(c+d)} - N = \frac{3.14 \times 3040 \times 45}{180 \times (65+2)} - 18 = 18 \text{ 块}$$

【例 1-13】 砖拱外半径 $R=1200$mm，采用 230mm × 113mm × 65/55mm 和 230mm × 113mm × 65/45mm 两种不同的楔形砖组砌，砖缝厚度 $d=2$mm，试求两种楔形砖常用的数量。

【解】 由式（1-45）、式（1-46）可得：

$$(N_1+N_2)(65+2)=1200\pi \quad ①$$

$$N_1(55+2)+N_2(45+2)=970\pi \quad ②$$

由①式

$$N_1+N_2=\frac{120\pi}{67}$$

$$N_1+N_2=56 \text{ 块}$$

$$N_1=56-N_2 \quad ③$$

由式①、②、③联立，可得：

$$N_1=41 \text{ 块}，N_2=15 \text{ 块}$$

故两种不同楔形砖分别需要 41 块和 15 块。

1.6　砖墙、柱施工允许自由高度的计算

在施工中，正在砌筑的墙和柱或刚砌筑完的墙、柱，当超过一定高度，且尚未安装楼板、屋面板或浇筑圈梁、安设连系梁，或采取临时支撑措施，在较大风荷载作用下，时有被风吹倒的事故发生，特别是在沿海地区这类事故较多。遇到此种情况，应对其稳定性进行验算。

验算时，为了偏于安全，假定砖墙、柱底部砂浆与楼板（或基础、下部墙体）的粘结作用忽略不计，其抗倾覆稳定性可按下式计算（如图 1-4）：

$$Kq\frac{h^2}{2}=\frac{\gamma b^2 h}{2}$$

$$h=\frac{\gamma b^2}{Kq} \quad (1\text{-}47)$$

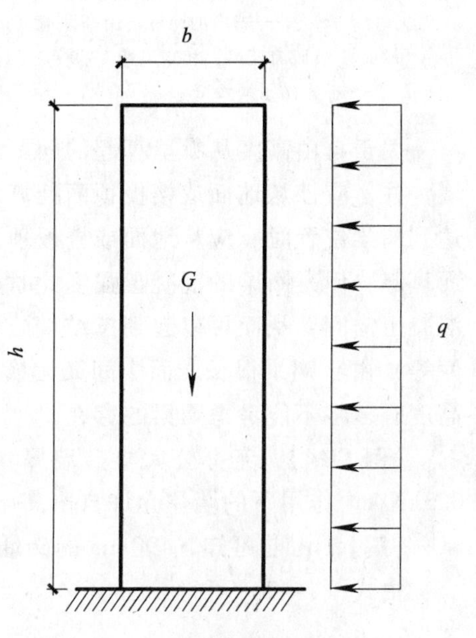

图 1-4　砖墙柱倾覆性计算简图

式中　h——砖墙柱的允许自由高度（m）；

q——风荷载（kN/m^2）；

K——抗倾覆安全系数，当墙、柱厚 190、240mm 时，取 $K=1.12$；墙、柱厚度

490mm，$K=1.49$；墙、柱厚620mm，$K=1.46$；

γ——砖、石砌体重度（kN/m^3）；

b——墙、柱的厚度（m）。

为使用方便，可参照采用《砖石工程施工及验收规范》中列出的在不同风荷载时，不同墙、柱厚度的允许自由高度，见表1-12。

墙和柱的允许自由高度（m）　　表1-12

墙（柱）厚度（cm）	砌体重度>16kN/m³（石墙、实心砖墙）			砌体重度13~16kN/m³（空心砖墙、空斗墙）		
	风载（kN/m²）			风载（kN/m²）		
	0.3（相当于7级风）	0.4（相当于8级风）	0.6（相当于9级风）	0.3（相当于7级风）	0.4（相当于8级风）	0.6（相当于9级风）
19	—	—	—	1.4	1.1	0.7
24	2.8	2.1	1.4	2.2	1.7	1.1
37	5.2	3.9	2.6	4.2	3.2	2.1
49	8.6	6.5	4.3	7.0	5.2	3.5
62	14.0	10.5	7.0	11.4	8.6	5.7

注：1. 本表适用于施工处标高（H）在10m范围内的情况。如$10m<H\leqslant15m$、$15m<H\leqslant20m$和$H>20m$时，表内的允许自由高度值应分别乘以0.9、0.8和0.75的系数；

2. 当所砌筑的墙，有横墙或其他结构与其相连接，而且其间距小于表列限值的2倍时，砌筑高度可不受此限制；

3. 施工处标高H按下式计算：

$$H=L+\frac{h}{2}$$

式中　H——施工处标高（m）；

L——起始计算自由高度处的标高（m）；

h——表内的允许自由高度值（m）。

4. 7级风为疾风，相当风速13.9~17.1m/s；8级风为大风，相当风速17.2~20.7m/s；9级风为烈风，相当风速20.8~24.4m/s。

关于自由高度从哪里算起的问题，可以分为以下两种情况。第一种情况是没有圈梁的墙、柱，应该从地面或楼板顶面处算起；第二种情况是设置圈梁的墙、柱，在砌筑高度为达到圈梁位置时，应从地面或楼板顶面算起，当砌筑高度超过圈梁位置时，则可从圈梁顶面算起。但是圈梁的混凝土强度此时必须达到5MPa以上，使圈梁内的钢筋能够较好的被混凝土锚固，从而可以起到拉结墙、柱的支点作用。需要指出的是，某些建筑物（如仓库等）由于圈梁很长，而中间又无横向连接，不能起到稳定墙体的支点作用，计算自由高度时，将不能考虑圈梁的存在。

【例1-14】　某办公大楼砖墙厚490mm，砌体重度$\gamma=16.8kN/m^3$，求在风荷载$q=0.3kN/m^2$作用下的墙体允许自由高度。

【解】　由前可知，490mm的砖墙，安全系数$K=1.49$，

由式（1-47）可得：

$$h=\frac{\gamma b^2}{Kq}=\frac{16.8\times0.49^2}{1.49\times0.3}=9.02m$$

即，该砖墙的允许自由高度为 9.02m。

1.7　砖含水率、砂浆灰缝厚度和饱满度对砌体强度的影响计算

在砌体施工中，砖的含水率、砂浆水平灰缝厚度和砂浆饱满度是砌体质量控制的重要指标之一，常直接影响砌体的强度和耐久度，因此施工中必须了解其影响程度，加以控制。

1.7.1　含水率对砌体强度的影响计算

常用的黏土砖在砌筑前进行浇水润湿是一道必不可少的工序，它对于砖砌体质量和砌筑效率都产生直接的影响。砖浇湿后，一方面能使灰缝中砂浆的水分不会很快被砖吸去，从而使砂浆强度正常增长，并且增加了砖面与砂浆之间的粘结。另一方面，能使砂浆保持一定的流动性，因而便于操作，并有利于保证砌体的砂浆饱满度。

对普通黏土砖，含水率对砌体抗压强度影响系数 K，可按下式计算：

$$K = 0.84 + \frac{\sqrt[3]{w}}{10} \tag{1-48}$$

式中　w——砖的含水率（以百分数计）。

表 1-13 为砖的含水率对砌体抗压强度的影响试验数据，可供参考。由表可知，采用含水率为 8% ~10% 以及饱和的砖砌筑的砌体，抗压强度比含水率为零的砖砌体分别提高 20% 和 30% 左右。

砖含水率对砌体抗压强度的影响　　**表 1-13**

砖强度（MPa）	砂浆强度（MPa）	砖含水率（%）	砌体抗压强度（MPa）	影响系数 K
6.91	3.88	0	1.63	0.84
6.91	4.29	4.75	1.93	1.01
6.91	2.98	10.8	2.05	1.06
6.91	3.88	20.0	2.14	1.11

一般来说，砖砌体抗剪强度随着砖的含水率增加而提高，但是如果砖浇的过湿，表面的水因不能渗透进砖内而会形成水膜，这样势必影响砖和砂浆间的粘结，对抗剪不利。对于水泥石灰砂浆，在砂浆稠度为 8 ~9cm，砖的含水率为 8% ~12% 时的砖砌体粘结强度最高。由表 1-14 可以根据黏土砖含水率和吸水深度判断砖的湿润程度。

黏土砖含水率和吸水深度的关系　　**表 1-14**

浸水时间（s）	含水率（%）	四周吸水深度（cm）
25	6.1	1.1
60	9.0	1.4
180	15.0	2.4
600	17.9	基本吸透

1.7.2 砂浆水平灰缝厚度对砌体强度的影响计算

砌体的水平灰缝厚度对抗压强度产生明显的影响。当增加水平灰缝的厚度时，一方面能使砂浆层铺的比较均匀，可减少砌体内的局部挤压，因而提高抗压强度；另一方面，水平灰缝厚度越大，则砂浆层的压缩量越大，因而可能相应的增加砖的拉力，对砌体抗压强度不利。故水平灰缝厚度不宜过大，也不宜过小。考虑到施工情况，砖砌体的水平灰缝厚度和竖向灰缝宽度一般为10mm，但不应小于8mm，也不应大于12mm。

砂浆水平灰缝厚度 t 对砌体抗压强度的影响系数 ψ，可按下式计算：

对水平砖砌体
$$\psi = \frac{1.4}{1+0.04t} \tag{1-49}$$

对空心砖砌体
$$\psi = \frac{2}{1+0.1t} \tag{1-50}$$

式中 t——砂浆水平灰缝厚度（mm）。

1.7.3 砂浆灰缝饱满度对砌体强度的影响计算

砖砌体灰缝砂浆的饱满度，是影响砌体强度的一个重要因素。其中，砂浆水平灰缝的饱满度对砌体抗压强度有较大影响，而砂浆竖向灰缝的饱满度，一般对砌体抗压强度的影响不大，但是对砌体抗剪强度却产生明显的影响。

砂浆水平灰缝饱满度为 B 时的砌体抗压强度，可按下式计算：

$$R_B = (0.2+0.8B+0.4B^2)R \tag{1-51}$$

式中 R_B——水平灰缝砂浆饱满度为 B 时的砌体抗压强度；
B——水平灰缝砂浆饱满度（以小数计）；
R——设计规范中规定的砌体抗压强度。

上式当 $B=0.736$ 时，$R_B=R$，表明只要水平灰缝砂浆饱满度达到73.6%，砌体的抗压强度即能达到设计规范中规定的数值。但从保证提高施工质量出发，新规范仍取水平灰缝的砂浆饱满度不得低于80%，以便于施工掌握。

由于竖向灰缝的饱满度受实际施工质量的影响较大，不便作出具体数值的规定，但宜采用挤浆或加浆方法，使其砂浆饱满。

1.8 砖烟囱砌筑楔形砖加工规格及数量计算

砖烟囱筒身及内衬砌筑，为保证砌筑质量，常需将大部分标准砖进行加工成楔形砖。为减少加工砖的种类和数量，应将筒身高度分成几段计算，而在使用加工砖的比例上加以调整，其计算方法如下所示。

设 MN 为半径为 R 的圆弧的一部分，如图1-5所示：

$$AB=EC=a; \qquad BC=AE=b$$
$$OB=OC=R; \qquad AD=b_0$$

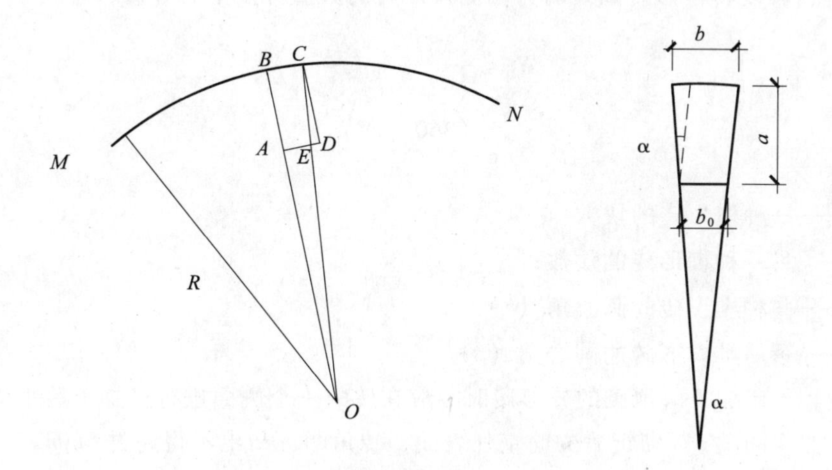

图 1-5　砖烟囱楔形砖加工计算简图

由图知△OBC 与△OAD 为相似三角形

$$\frac{AD}{OA} = \frac{BC}{OB}$$

则　　(1-52)

$$b_0 = AD = \frac{BC \times OA}{OB} = \frac{b \times (R - a)}{R}$$

又由图可知

$$\mathrm{tg}\,\frac{\alpha}{2} = \frac{(b - b_0 + d)}{2a}$$

那么，砖的圆心角为

$$\alpha = 2\mathrm{arctg}\left(\frac{b - b_0 + d}{2a}\right) \tag{1-53}$$

式中　R——烟囱外半径（mm）；

a——砖的长度，一般为 240mm；

b——砖的宽度，一般为 115mm；

b_0——加工砖小头的宽度（mm）；

α——砖的圆心角（°）；

d——垂直灰缝厚度（mm），一般为 10mm。

1. 采用单一楔形砖砌筑时，圆周楔形砖的数量按下式计算：

$$N = \frac{360°}{\alpha} \tag{1-54}$$

式中　N——单一楔形砖的块数；

α——砖的圆心角（°）。

2. 采用楔形砖与直形砖相间砌筑时，圆周楔形砖或直形砖的数量可按下式计算：

$$N = \frac{360°}{2\alpha} \tag{1-55}$$

符号意义同前。

3. 采用两种规格楔形砖砌筑时，圆周楔形砖的数量可按下式计算：

$$N_1 = \frac{(360 - N_2\alpha_2)}{\alpha_1} \tag{1-56}$$

$$N_2 = \frac{(360 - N_1\alpha_1)}{\alpha_2} \tag{1-57}$$

式中 N_1——一种楔形砖的块数；

N_2——另一种楔形砖的块数；

α_1——一种楔形砖的圆心角（°）；

α_2——另一种楔形砖的圆心角（°）。

将普通黏土砖加工成顶砌的异形砖时，应在砖的一个侧面进行。加工后小头的宽度不宜小于原来宽度的2/3。砌筑后的筒壁外表面，砖角凹进凸出不得超过5mm。

【例 1-15】 砖烟囱某段半径为3.0m，砖的规格为240mm×115mm×53mm，试求加工砖小头的宽度和数量。

【解】 由式（1-52）可得：

$$b_0 = \frac{b(R-a)}{R} = \frac{115 \times (3000 - 240)}{3000} = 106\text{mm}$$

即加工砖的规格为240mm×115/106mm×53mm，实际上不需要每块砖都加工，可将几块砖小头减小尺寸集中加工到一块砖上，如三块砖中有一块加工砖，则加工砖尺寸为240mm×115/88mm×53mm（但注意小头宽度要符合规范规定）。

由式（1-53）可得砖的圆心角为：

$$\alpha = 2\text{arctg}\left(\frac{b - b_0 + d}{2a}\right) = 2\text{arctg}\left(\frac{115 - 88 + 10}{2 \times 240}\right) = 2\text{arctg}0.07708$$

$$\alpha = 4.9°$$

由式（1-54）可得

加工砖的数量为 $N = \frac{360°}{\alpha} = \frac{360°}{4.9°} = 74$ 块

【例 1-16】 某烟囱内衬采用两种规格楔形砖砌筑，已知砖圆心角（含灰缝厚度）分别为2.6°和5.2°，试求每环需要两种规格楔形砖的数量。

【解】 由式（1-56）、式（1-57）可知：$N_1 = N_2$

$$N_1 = \frac{(360 - N_2\alpha_2)}{\alpha_1}$$

$$= \frac{(360 - N_1\alpha_2)}{\alpha_1}$$

$$= \frac{360 - N_1 \times 5.2}{2.6}$$

解得： $N_1 = 46$ 块

$N_2 = N_1 = 46$ 块

1.9 砖烟囱砌筑稳定性的验算

砖烟囱每天砌筑一定高度，底部砂浆尚未凝固，未达到一定的砌筑强度，在较大风荷载作用下，在迎风面一侧由可能出现拉应力，在背风面一侧有可能出现较大压应力，将会使烟囱开裂、变形，甚至失稳倒塌。因此，在施工中特别是在冬期施工，每砌筑一定高度，应对其强度和稳定性进行验算，使每天砌筑高度控制在允许范围内，否则应采取预防失稳的技术措施。

验算的基本点是：在迎风面不允许出现拉应力，在背风面的压应力不允许超过砂浆强度为零时的砖砌体抗压强度设计值。

设烟囱每天砌筑段的高度为 h，则该砌筑段筒壁重量可按下式计算：

$$G = \frac{\pi}{8}[(D_1^2 - d_1^2) + (D_2^2 - d_2^2)]\gamma h \tag{1-58}$$

式中 G——每天砌筑段的筒壁重量（kN）；

D_1、D_2——该段筒壁底部和顶部的外直径（m）；

d_1、d_2——该段筒壁底部和顶部的内直径（m）；

γ——筒身砖砌体密度（kN/m^3）；

h——该砌筑段高度（m）。

该砌筑段筒壁所受风力弯矩，可按下式计算：

$$M = \frac{1}{6}kqh^2(D_1 + 2D_2) \tag{1-59}$$

式中 M——风力作用于该砌筑段的弯矩（kN · m）；

k——风力系数，对圆形烟囱取 0.6；方形取 1.0；

q——风荷载（kN/m^2）；

其他符号意义同前。

该砌筑段筒壁底部截面面积可按下式计算：

$$A = \frac{\pi}{4}(D_1^2 - d_1^2) \tag{1-60}$$

该砌筑段筒壁底部截面抵抗矩可按下式计算：

$$W = \frac{\pi(D_1^4 - d_1^4)}{32D_1} \tag{1-61}$$

在风荷载作用下，该砌筑段筒壁的稳定性，可按下式计算：

迎风面的拉应力或压应力：

$$f_t = \frac{G}{A} - \frac{M}{W} \geqslant 0 \tag{1-62}$$

背风面的压应力：

$$f_c = \frac{G}{A} + \frac{M}{W} \tag{1-63}$$

式中 f_t——烟囱迎风面的拉应力或压应力（MPa）；

f_c——烟囱背风面的压应力（MPa）；

其他符号意义同前。

将式（1-58）~式（1-61）分别代入式（1-62）和式（1-63）中，即可分别求得f_t和f_c的值。

式（1-62）中，所求得的结果大于零，则为压应力，反之则为拉应力；验算时，要求$f_t \geqslant 0$，即不出现拉应力，否则要调整日砌筑筒身高度h，使f_t控制在允许范围之内。

式（1-63）中的压应力，应不超过砂浆强度为零时的砖砌体的抗压强度设计值，否则亦应调整日砌筑筒身高度h，使其控制在允许的范围之内。

在筒壁施工过程中，如果烟囱随着筒壁的增高而直径变小时，应及时缩小工作台，以减少迎风面积。

【例 1-17】 一砖砌烟囱高 90m，每日砌筑筒身高度为 6.0m，某砌筑段 $D_1 = 4.8$m；$d_1 = 3.88$m；$D_2 = 4.52$m，$d_2 = 3.60$m；砌筑采用 MU10 红砖、M5.0 水泥混合砂浆，砌体的重度 $\gamma = 16.8\text{kN/m}^3$，风荷载 $q = 0.4\text{kN/m}^2$，试验算该砌筑高度是否满足稳定性要求。

【解】 由式（1-58）可知该砌筑段筒壁重量为：

$$G = 3.14/8 \times [(4.8^2 - 3.88^2) + (4.52^2 - 3.60^2)] \times 16.8 \times 6.0$$
$$= 611.50\text{kN}$$

由式（1-59）得该砌筑段筒壁所受风力弯矩为：

$$M = 1/6 \times 0.6 \times 0.4 \times 6^2 \times (4.8 + 2 \times 4.52)$$
$$= 19.93\text{kN} \cdot \text{m}$$

由式（1-60）得该砌筑段筒壁底部截面面积为：

$$A = 3.14/4 \times (4.8^2 - 3.88^2) = 6.27\text{m}^2$$

由式（1-61）得该段筒壁底部截面的抵抗矩为：

$$W = \frac{3.14 \times (4.8^4 - 3.88^4)}{32 \times 4.8} = 6.22\text{m}^3$$

由式（1-62）得该砌筑段筒壁迎风面的应力为：

$$f_t = \frac{G}{A} - \frac{M}{W}$$
$$= \frac{611.50}{6.27} - \frac{19.93}{6.22}$$

$$= 97.53 - 3.20$$
$$= 94.33\text{kPa}$$
$$\approx 0.0943\text{MPa} > 0$$

故，满足要求。

因砌筑采用 MU10 红砖，当砌筑砂浆强度为零时的砖砌体抗压强度设计值为 0.7MPa。

由式（1-63）得该砌筑段筒壁背风面的压应力为：

$$f_c = \frac{G}{A} + \frac{M}{W}$$
$$= \frac{611.50}{6.27} + \frac{19.93}{6.22}$$
$$= 97.53 + 3.20$$
$$= 100.73\text{kPa}$$
$$\approx 0.1001\text{MPa} < 0.7\text{MPa}$$

也满足要求。

所以，该烟囱筒身每日砌筑高度可以满足强度和稳定性的要求。

第 2 章

钢筋工程施工计算

2.1 钢筋代换计算

在施工备料过程中，场地上不能提供设计图纸上所规定的钢筋品种和规格时，为了不耽误施工进度，在不影响整个施工质量的情况下，进行钢筋代换。

一般，钢筋代换计算的情况有以下几种：

1. 结构以强度作为控制时，一般采用钢筋等强度代换、钢筋等弯矩代换。

2. 结构以最小配筋率进行截面设计时，采用钢筋等面积代换方法。

3. 结构以裂缝宽度、挠度进行控制时，需要在代换后进行截面裂缝和挠度验算。

4. 结构在代换钢筋后，抗剪能力减弱处，需要进行抗剪承载力验算。

在代换过程中，可能会出现诸多问题。例如：用高强度钢筋代换低强度钢筋时，代换后可能出现截面配筋率不能满足最小配筋率或者根数过少；采用粗钢筋代换细钢筋，或光圆钢筋代换带肋钢筋时，裂缝宽度将增大，最大裂缝的要求将不能满足；同品种细钢筋代换粗钢筋时，钢筋数量增大，钢筋之间的间距减小，影响粗骨料的浇筑质量；在钢筋代换后，经检验，正截面强度能够满足，但在支座处斜截面强度降低，以至不能满足斜截面强度；在绑扎柱子钢筋骨架时，发现受力面钢筋不足，导致截面强度不满足，等等。

这些问题的解决方法通常可以通过以下几种途径：代换前对于代换方式（计算方法、代换钢筋的规格和品种等）的选择、代换后对于必要构件的有关验算（强度、裂缝和挠度等），以及在验算不合格的情况下，需要重新选择钢筋进行代换。

2.1.1 钢筋代换基本原则

考虑到钢筋代换中可能出现的种种问题，在代换过程中，一般需要考虑以下的钢筋代换基本原则：

1. 对已确认现场不可能供应设计图要求的钢筋品种和规格时，才允许根据库存条件进行钢筋代换。

2. 对于在设计的施工图纸中明确指出不能以其他钢筋进行代换的构件和结构的某些部位，均不得擅自进行代换。

3. 在代换前，有关人员必须充分了解设计的意图、构件特征和代换钢筋的性能，严格遵守国家现行设计规范和施工验收规范及有关技术规定，进行代换计算后方可。

4. 在代换后，结构依旧能满足各类极限状态的有关设计计算要求以及必要的配筋构造规定（如受力钢筋和箍筋的最小直径、间距、锚固长度、配筋百分率、以及混凝土保护层厚度等）；一般而言，代换钢筋必须满足截面对称。

5. 代换钢筋的根数尽可能要与原设计构件的配筋相当，间距布置合理，要满足构件中主筋相互间的间距要求，以保证钢筋与混凝土的粘结。

6. 对部分构件，不宜用 HPB235 光圆钢筋代换 HRB335、HRB400 带肋钢筋，以免裂缝开展过宽，如吊车梁、薄腹梁、屋架下弦等抗裂性能要求高的构件。

7. 对梁进行代换时，对梁内纵向受力钢筋与弯起钢筋应分别进行代换，以分别保证正截面与斜截面强度。

8. 对于偏心受压构件或偏心受拉构件（如框架柱、承受吊车荷载的柱、屋架上弦等）钢筋代换时，不能按整截面配筋量计算，而应按受力方面（受压或受拉）分别代换，以保证结构的安全。

9. 对于承受反复荷载的构件，如吊车梁，应在钢筋代换后进行疲劳验算。

10. 当构件是受裂缝宽度控制时，应对代换后的构件进行裂缝宽度验算。倘若，代换后裂缝宽度有一定增大（但不超过允许的最大裂缝宽度，被认为代换有效），尚需要对构件作挠度验算。

11. 当在同一截面内配置不同种类和直径的钢筋代换时，应保证每根钢筋拉力差不宜相差过大（一般，同品种钢筋直径差不大于 5mm），以免构件受力不匀。

12. 考虑到经济性，钢筋代用应避免出现大材小用，优质劣用，或不符合专料专用等现象。钢筋代换后，其差额均应控制在 +5% ~ −2% 之间。

13. 代换后不仅要能够满足结构的承载力要求之外，同时还要尽可能保证用料的经济性和加工操作的方便。

14. 重要结构、预制构件和预应力混凝土钢筋的代换应征得设计单位同意后，才可代换。

15. 预制构件的吊环，必须采用未经冷拉的Ⅰ级热轧钢筋制作，严禁用其他钢筋代换。

2.1.2　钢筋等强度代换计算

当结构以强度为控制时，按强度相等的方法进行代换，使得代换后的“钢筋抗力”不小于原设计配筋的“钢筋抗力”，即下式（2-1）：

$$A_{s1}f_{y1} \leqslant A_{s2}f_{y2} \tag{2-1}$$

式中　f_{y1}、f_{y2} ——分别为原设计钢筋和拟代换用钢筋的抗拉强度设计值（N/mm^2）；

A_{s1}、A_{s2} ——分别为原设计钢筋和拟代换钢筋的计算截面面积（mm^2）；

$A_{s1}f_{y1}$、$A_{s2}f_{y2}$ ——分别为原设计钢筋和拟代换钢筋的钢筋抗力（N）。

在普通钢筋混凝土构件中，一般宜采用 HRB400 级和 HRB335 级钢筋，也可采用 HPB235 级和 RRB400 级钢筋。有关钢筋的强度标准值和强度设计值见表 2-1。钢筋的计算截面积是根据钢筋的直径大小通过计算得到（对于带肋钢筋，按公称直径计算），计算公式：$A_s = \frac{\pi}{4}d^2$，各直径钢筋的截面面积参见表2-2，对于板类构件均以1m带板宽计算，计算结果参见表2-3。

钢筋强度标准值和强度设计值（N/mm²） 表2-1

钢筋种类		符号	强度标准值 f_{yk}	受拉钢筋强度设计值 f_y	受压钢筋强度设计值 f'_y
HPB235（Q235）		ф	235	210	210
HRB335（20MnSi）		虫	335	300	300
HRB400（20MnSiV、20MnSiNb、20MnTi）		虫	400	360	360
RRB400（K20MnSi）		虫^R	400	360	360
冷拉Ⅰ级钢筋（$d \leqslant 12$）		ф^l	280	250	210
乙级冷拔低碳钢丝	焊接	ф^b	550	320	320
	绑扎			250	250

注：1. 在普通钢筋混凝土构件，轴心受拉和小偏心受拉构件的受拉钢筋强度设计值大于300kN/mm²，仍应按照300kN/mm²取用；对直径大于12mm的HPB235级钢筋，如经冷拉，不得利用冷拉后强度。

2. 构件中配用不同种类的钢筋时，每种钢筋根据它的受力情况采用各自的强度设计值。

钢筋面积 A_s（mm²） 表2-2

钢筋直径（mm）	钢筋根数 1	2	3	4	5	6	7	8	9
4	12.6	25.1	37.7	50.3	62.8	75.4	88.0	100.5	113.1
5	19.6	39.3	58.9	78.5	98.2	117.8	137.4	157.1	176.7
6	28.3	56.5	84.8	113.1	141.4	169.6	197.9	226	254
8	50.3	100.5	150.8	201	251	302	352	402	452
9	63.6	127.2	190.9	254	318	382	445	509	573
10	78.5	157.1	236	314	393	471	550	628	707
12	113.1	226	339	452	565	679	792	905	1018
14	153.9	308	462	616	770	924	1078	1232	1385
16	201	402	603	804	1005	1206	1407	1608	1810
18	254	509	763	1018	1272	1527	1781	2036	2290
20	314	628	942	1257	1571	1885	2199	2513	2827
22	380	760	1140	1521	1901	2281	2661	3041	3421
25	491	982	1473	1963	2454	2945	3436	3927	4418
28	616	1232	1847	2463	3079	3695	4310	4926	5542
32	804	1608	2413	3217	4021	4825	5630	6434	7238
36	1018	2036	3054	4072	5089	6107	7125	8143	9161
40	1257	2513	3770	5027	6283	7540	8796	10053	11310

1m 板宽的钢筋面积 A_s（mm^2）　　表 2-3

钢筋间距（mm）	钢筋直径（mm）								
	6	6/8	8	8/10	10	10/12	12	12/14	14
80	353	491	628	805	982	1198	1414	1669	1924
90	314	436	559	716	873	1065	1257	1484	1710
100	283	393	503	644	785	958	1131	1335	1539
110	257	357	457	585	714	871	1028	1214	1399
120	236	327	419	537	654	798	942	1113	1283
130	217	302	387	495	604	737	870	1027	1184
140	202	280	359	460	561	684	808	954	1100
150	188	262	335	429	524	639	754	890	1026
160	177	245	314	403	491	599	707	834	962
170	166	231	296	379	462	564	665	785	906
180	157	218	279	358	436	532	628	742	855
190	149	207	265	339	413	504	595	703	810
200	141	196	251	322	393	479	565	668	770
210	135	187	239	307	374	456	539	636	733
220	129	178	228	293	357	436	514	607	700
230	123	171	219	280	341	417	492	581	669
240	118	164	209	268	327	399	471	556	641
250	113	157	201	258	314	383	452	534	616

1. 计算法

（1）用一种钢筋代换另一种钢筋

$$n_1 d_1^2 f_{y1} \leqslant n_2 d_2^2 f_{y2}$$

或

$$n_2 \geqslant n_1 \frac{d_1^2 f_{y1}}{d_2^2 f_{y2}} \tag{2-2}$$

当原设计钢筋与拟代换钢筋的直径相同时（即 $d_1 = d_2$）：

$$n_1 f_{y1} \leqslant n_2 f_{y2} \tag{2-3}$$

当原设计钢筋与拟代换钢筋的抗拉强度相同时（即 $f_{y1} = f_{y2}$）：

$$n_1 d_1^2 \leqslant n_2 d_2^2 \tag{2-4}$$

式中　n_1、n_2——分别为原设计钢筋和拟代换钢筋的根数（根）；

d_1、d_2——分别为原设计钢筋和拟代换钢筋的直径（mm）。

（2）多种钢筋代换原设计的一种钢筋

当采用多规格钢筋替换时，有：

$$\sum n_1 f_{y1} d_1^2 \leqslant \sum n_2 f_{y2} d_2^2 \tag{2-5}$$

当用两种和多种钢筋代换原设计的一种钢筋时，见式（2-5）、式（2-6）：

$$n_1 f_{y1} d_1^2 \leqslant n_2 f_{y2} d_2^2 + n_3 f_{y3} d_3^2 \tag{2-6}$$

$$n_1 f_{y1} d_1^2 \leqslant n_2 f_{y2} d_2^2 + n_3 f_{y3} d_3^2 + n_4 f_{y4} d_4^2 \tag{2-7}$$

式中符号意义均同前，式中有下标“2”、“3”、“4”…的代表拟代换的两种或多种钢筋。具体计算代换钢筋数量时，可改写为式（2-8）：

$$n_3 \geqslant \frac{n_1 f_{y1} d_1^2 - n_2 f_{y2} d_2^2}{f_{y3} d_3^2} \tag{2-8}$$

对式（2-8）进行处理，取 $a = n_1 \frac{f_{y1} d_1^2}{f_{y3} d_3^2}$，$b = \frac{f_{y2} d_2^2}{f_{y3} d_3^2}$

则有

$$n_3 \geqslant a - b n_2 \tag{2-9}$$

可见，假定一个 n_2 值后，就可以得到一个相应的 n_3 值，一般情况下进行几种情况计算，比较后，从中选择得到一个较为经济合理的钢筋代换方案。

同样，对于式（2-6），得到：

$$n_2 \geqslant \frac{n_1 f_{y1} d_1^2 - n_3 f_{y3} d_3^2 - n_4 f_{y4} d_4^2}{f_{y2} d_2^2} \tag{2-10}$$

同理，需要假定 n_3 、n_4 …，才能根据式（2-10）计算 n_2 值；可以假定不同值得到不同的解，以供选择。一般，代换中很少采用多根钢筋代换，只有在需要代换钢筋多时才考虑。

在实际工程中，多采用查表方法。利用已制成的钢筋代换用表格，不用进繁琐的计算，直接查用得到结果，下面介绍两种常用方法，查表对比法和代换系数法。

2. 查表对比法

查表对比法适用于钢筋根数较少，钢筋最好不多于 9 根，直接与原钢筋对比，查找已制成的各种规格和根数的钢筋抗力值表（表 2-4、表 2-5），得到可代换的钢筋规格和根数，一般有多种代换方案选择，可根据实际工程现场供应情况考虑。

3. 代换系数法

代换系数法适用于多根钢筋，查找几种常用钢筋按等强度计算的截面积代换系数（表 2-6），按照系数对钢筋进行代换，确定代换钢筋规格和数量。

对于多种钢筋进行代换时，只要两个系数相加等于另一钢筋系数，就满足要求，可进行代换。

【例 2-1】 矩形梁原设计采用 HRB335 级钢筋 4Φ18mm，现拟用 HPB235 级钢筋代换，试用计算法和查表法确定需要代换的钢筋直径、根数和面积。

【解】（1）计算法

由表 2-2 $A_{s1} = 254.5\text{mm}^2$，由式（2-1）得：

$$A_{s2} = \frac{f_{y1}}{f_{y2}} A_{s1} = \frac{300}{210} \times 4 \times 254.5 = 1454.3\text{mm}^2$$

选用 4ϕ22mm 钢筋，$A_{s2} = 1521\text{mm}^2 > 1454.3\text{mm}^2$

（2）查表对比法

原设计钢筋的抗力为：$f_{y1} A_{s1} = 300 \times 4 \times 254.5 = 305400\text{N} = 305.4\text{kN}$

查表 2-4，4ϕ22mm 钢筋抗力 $f_{y2} A_{s2} = 319.3\text{kN} > 305.4\text{kN}$

故可以用 4ϕ22mm 钢筋代换。

(3) 查表代换系数法

查表 2-6，已知 4 虫 18mm，从 4 根 HRB335 栏中查得 A_{s1} = 14.545cm^2，再在相应的 4ϕ22 栏中查得相当等强面积 A_{s2} = 15.205cm^2 > A_{s1} = 14.545cm^2，故可以用 4ϕ22mm 钢筋代换。

钢筋抗力 f_yA_s (kN)　　　　表 2-4

钢筋规格	钢筋根数								
	1	2	3	4	5	6	7	8	9
ϕ^b4 绑	3.14	6.28	9.42	12.57	15.71	18.85	21.99	25.13	28.27
ϕ^b4 焊	4.02	8.04	12.06	16.08	20.11	24.13	28.15	32.17	36.19
ϕ^b5 绑	4.91	9.82	14.73	19.63	24.54	29.45	34.36	39.27	44.18
ϕ6	5.94	11.88	17.81	23.75	29.69	35.63	41.56	47.50	53.44
ϕ^b5 焊	6.28	12.57	18.85	25.13	31.42	37.70	43.98	50.27	56.55
ϕ8	10.56	21.11	31.67	42.22	52.78	63.33	73.89	84.45	95.00
ϕ9	13.36	26.72	40.08	53.44	66.80	80.16	93.52	106.9	120.2
虫8	15.08	30.16	45.24	60.32	75.40	90.48	105.6	120.6	135.7
ϕ10	16.49	32.99	49.48	65.97	82.47	98.96	115.5	131.9	148.4
虫10	23.56	47.12	70.69	94.25	117.8	141.4	164.9	188.5	212.1
ϕ12	23.75	47.50	71.25	95.00	118.8	142.5	166.3	190.0	213.8
虫10	28.27	56.55	84.82	113.1	141.4	169.6	197.9	226.2	254.5
ϕ14	32.33	64.65	96.98	129.3	161.6	194.0	226.3	258.6	290.9
虫12	33.93	67.86	101.8	135.7	169.6	203.6	237.5	271.4	305.4
虫12	40.72	81.43	122.1	162.9	203.6	244.3	285.0	325.7	366.4
ϕ16	42.22	84.45	126.7	168.9	211.1	253.3	295.6	337.8	380.0
虫14	46.18	92.36	138.5	184.7	230.9	277.1	323.3	369.5	415.6
ϕ18	53.44	106.9	160.3	213.8	267.2	320.6	374.1	427.5	480.9
虫14	55.42	110.8	166.3	221.7	277.1	332.5	387.9	443.3	498.8
虫16	60.32	120.6	181.0	241.3	301.6	361.9	422.2	482.5	542.9
ϕ20	65.97	131.9	197.9	263.9	329.9	395.8	461.8	527.8	593.8
虫16	72.38	144.8	217.1	289.5	361.9	434.3	506.7	579.1	651.4
虫18	76.34	152.7	229.0	305.4	381.7	458.0	534.4	610.7	687.1
ϕ22	79.83	159.7	239.5	319.3	399.1	479.0	558.8	638.6	718.5
虫18	91.61	183.2	274.8	366.4	458.0	549.7	641.3	732.9	824.5
虫20	94.25	188.5	282.7	377.0	471.2	565.5	659.7	754.0	848.2
ϕ25	103.1	206.2	309.3	412.3	515.4	618.5	721.6	824.7	927.8
虫20	113.1	226.2	339.3	452.4	565.5	678.6	791.7	904.8	1018

续表

钢筋规格	钢筋根数								
	1	2	3	4	5	6	7	8	9
ϕ22	114.0	228.1	342.1	456.2	570.2	684.2	798.3	912.3	1026
虫28	129.3	258.6	387.9	517.2	646.5	775.8	905.2	1034	1164
虫22	136.8	273.7	410.5	547.4	684.2	821.1	957.9	1095	1232
Φ25	147.3	294.5	441.8	589.0	736.3	883.6	1031	1178	1325
ϕ32	168.9	337.8	506.7	675.6	844.5	1013	1182	1351	1520
虫25	176.7	353.4	530.1	706.9	883.6	1060	1237	1414	1590
Φ28	184.7	369.5	554.2	738.9	923.6	1108	1293	1478	1663
ϕ36	213.8	427.5	641.3	855.0	1069	1283	1496	1710	1924
虫28	221.7	443.3	665.0	886.7	1108	1330	1552	1773	1995
Φ32	241.3	482.5	723.8	965.1	1206	1448	1689	1930	2171
ϕ40	263.9	527.8	791.7	1056	1319	1583	1847	2111	2375
虫32	289.5	579.1	868.6	1158	1448	1737	2027	2316	2606
Φ36	305.4	610.7	916.1	1221	1527	1832	2138	2443	2748
虫36	366.4	732.9	1099	1466	1832	2199	2565	2931	3298
Φ40	377.0	754.0	1131	1508	1885	2262	2639	3016	3393
虫40	452.4	904.8	1357	1810	2262	2714	3167	3619	4072

1m 板宽的钢筋抗力 $f_y A_s$（kN） 表 2-5

钢筋间距（mm）	钢筋直径（mm）								
	6	6/8	8	8/10	10	10/12	12	12/14	14
80	74.22	103.1	131.9	284.5	206.2	305.1	296.9	148.4	404.1
90	65.97	91.63	117.3	252.9	183.3	271.2	263.9	131.9	359.2
100	59.38	82.47	105.6	227.6	164.9	244.1	237.5	118.8	323.3
110	53.98	74.97	95.96	206.9	149.9	221.9	215.9	108.0	293.9
120	49.48	68.72	87.96	189.7	137.4	203.4	197.9	98.96	269.4
130	45.67	63.44	81.20	175.1	126.9	187.8	182.7	91.35	248.7
140	42.41	58.90	75.40	162.6	117.8	174.4	169.6	84.82	230.9
150	39.58	54.98	70.37	151.7	110.0	162.7	158.3	79.17	215.5
160	37.11	51.54	65.97	142.3	103.1	152.6	148.4	74.22	202.0
170	34.93	48.51	62.09	133.9	97.02	143.6	139.7	69.85	190.2
180	32.99	45.81	58.64	126.4	91.63	135.6	131.9	65.97	179.6
190	31.25	43.40	55.56	119.8	86.81	128.5	125.0	62.50	170.1
200	29.69	41.23	52.78	113.8	82.47	122.1	118.8	59.38	161.6
210	28.27	39.27	50.27	108.4	78.54	116.2	113.1	56.55	153.9
220	26.99	37.48	47.98	103.5	74.97	111.0	108.0	53.98	146.9
230	25.82	35.86	45.89	98.96	71.71	106.1	103.3	51.63	140.6
240	24.74	34.36	43.98	94.84	68.72	101.7	98.96	49.48	134.7
250	23.75	32.99	42.22	91.04	65.97	97.64	95.00	47.50	129.3

几种常用钢筋按等强度计算的截面面积换算表 表 2-6

直径 (mm)	在下列钢筋根数时钢筋按等强的截面面积（cm^2）												重量 (kg/m)	直径 (mm)
	1			2			3			4				
	HPB235	HRB335	HRB400	HPB235	HRB335	HRB400	HPB235	HRB335	HRB400	HPB235	HRB335	HRB400		
	ϕ	𝛷	𝛷	ϕ	𝛷	𝛷	ϕ	𝛷	𝛷	ϕ	𝛷	𝛷		
	210	300	360	210	300	360	210	300	360	210	300	360		
	1.000	1.429	1.714	1.000	1.429	1.714	1.000	1.429	1.714	1.000	1.429	1.714		
8	0.503	0.718	0.862	1.005	1.437	1.723	1.508	2.155	2.585	2.011	2.873	3.446	0.395	8
9	0.636	0.909	1.090	1.272	1.818	2.181	1.909	2.727	3.271	2.545	3.636	4.362	0.499	9
10	0.785	1.122	1.346	1.571	2.245	2.692	2.356	3.367	4.039	3.142	4.489	5.385	0.617	10
12	1.131	1.616	1.938	2.262	3.232	3.877	3.393	4.848	5.815	4.524	6.465	7.754	0.888	12
14	1.539	2.200	2.638	3.079	4.400	5.277	4.618	6.599	7.915	6.158	8.799	10.554	1.208	14
16	2.011	2.873	3.446	4.021	5.746	6.892	6.032	8.620	10.339	8.042	11.493	13.785	1.578	16
18	2.545	3.636	4.362	5.089	7.273	8.723	7.634	10.909	13.085	10.179	14.545	17.446	1.998	18
20	3.142	4.489	5.385	6.283	8.979	10.769	9.425	13.468	16.154	12.566	17.957	21.539	2.466	20
22	3.801	5.432	6.515	7.603	10.864	13.031	11.404	16.296	19.546	15.205	21.728	26.062	2.984	22
25	4.909	7.015	8.414	9.817	14.029	16.827	14.726	21.044	25.241	19.635	28.058	33.654	3.853	25
28	6.158	8.799	10.554	12.315	17.598	21.108	18.473	26.397	31.662	24.630	35.196	42.216	4.834	28
32	8.042	11.493	13.785	16.085	22.985	27.570	24.127	34.478	41.354	32.170	45.971	55.139	6.313	32
36	10.179	14.545	17.446	20.358	29.091	34.893	30.536	43.636	52.339	40.715	58.182	69.786	7.990	36
40	12.566	17.957	21.539	25.133	35.915	43.077	37.699	53.872	64.616	50.265	71.829	86.155	9.865	40

续表

直径 (mm)	在下列钢筋根数时钢筋按等强的截面面积 (cm^2)												重量 (kg/m)	直径 (mm)
	5			6			7			8				
	HPB235	HRB335	HRB400	HPB235	HRB335	HRB400	HPB235	HRB335	HRB400	HPB235	HRB335	HRB400		
	ф	Φ	Φ	ф	Φ	Φ	ф	Φ	Φ	ф	Φ	Φ		
	210	310/290	340	210	310/290	340	210	310/290	340	210	310/290	340		
	1.000	1.429	1.714	1.000	1.429	1.714	1.000	1.429	1.714	1.000	1.429	1.714		
8	2.513	3.591	4.308	3.016	4.310	5.169	3.519	5.028	6.031	4.021	5.746	6.892	0.395	8
9	3.181	4.545	5.452	3.817	5.455	6.542	4.453	6.364	7.633	5.089	7.273	8.723	0.499	9
10	3.927	5.612	6.731	4.712	6.734	8.077	5.498	7.856	9.423	6.283	8.979	10.769	0.617	10
12	5.655	8.081	9.692	6.786	9.697	11.631	7.917	11.313	13.569	9.048	12.929	15.508	0.888	12
14	7.697	10.999	13.192	9.236	13.199	15.831	10.776	15.398	18.469	12.315	17.598	21.108	1.208	14
16	10.053	14.366	17.231	12.064	17.239	20.677	14.074	20.112	24.123	16.085	22.985	27.570	1.578	16
18	12.723	18.182	21.808	15.268	21.818	26.170	17.813	25.455	30.531	20.358	29.091	34.893	1.998	18
20	15.708	22.447	26.923	18.850	26.936	32.308	21.991	31.425	37.693	25.133	35.915	43.077	2.466	20
22	19.007	27.160	32.577	22.808	32.593	39.093	26.609	38.025	45.608	30.411	43.457	52.124	2.984	22
25	24.544	35.073	42.068	29.452	42.087	50.481	34.361	49.102	58.895	39.270	56.117	67.309	3.853	25
28	30.788	43.995	52.770	36.945	52.795	63.324	43.103	61.594	73.878	49.260	70.393	84.432	4.834	28
32	40.212	57.463	68.924	48.255	68.956	82.709	56.297	80.449	96.494	64.340	91.942	110.278	6.313	32
36	50.894	72.727	87.232	61.073	87.273	104.678	71.251	101.818	122.125	81.430	116.363	139.571	7.990	36
40	62.832	89.787	107.694	75.398	107.744	129.232	87.965	125.701	150.771	100.531	143.659	172.310	9.865	40

注：表中换算系数：HRB335/ HPB235 = 300/210 = 1.429；HRB400/ HPB235 = 360/210 = 1.714。

【例 2-2】 框架梁原设计采用 HRB335 级钢筋 4 ⌀ 16mm，现拟用 HPB235 级钢筋 ϕ18mm代换，试用计算法和查表法确定代换的钢筋直径、根数和面积。

【解】 （1）计算法

由式（2-2）得代换根数：$n_2 = \frac{n_1 f_{y1} d_1^2}{f_{y2} d_2^2} = \frac{4 \times 300 \times 16^2}{210 \times 18^2} = 4.51$ 根，故采用代换钢筋 5 根。

（2）查表对比法

原设计钢筋抗力为：$f_{y1}A_{s1} = 300 \times 4 \times 201.1 = 241.32$kN。

查表 2-4，5ϕ18mm 钢筋的抗力 $f_{y2}A_{s2} = 267.2$kN。

故采用 5ϕ18mm 钢筋代换。

（3）查表代换系数法

从表 2-6 中已知 4 ⌀ 16mm，查得 $A_{s1} = 11.493\text{cm}^2$，并且在相应的 HPB235 级钢筋，直径为 ϕ18 栏中查得对应的 $A_{s2} = 12.723\text{cm}^2$，根树为 5 根，$A_{s2} > 11.493\text{cm}^2$，故采用 5ϕ18mm 钢筋代换。

【例 2-3】 框架梁原设计采用 HPB235 级钢筋 8ϕ22mm，没有此类钢筋，故现拟用 ⌀ 16mm和⌀ 18mm 两种钢筋代换，试用计算法和查表法确定代换的钢筋根数。

【解】 （1）计算法

设用下标“2”和“3”分别代表⌀ 16mm 和⌀ 18mm 两种规格钢筋

$$a = 8 \times \frac{210 \times 22^2}{300 \times 18^2} = 8.4$$

$$b = \frac{360 \times 16^2}{300 \times 18^2} = 0.95$$

由式（2-9）$n_3 \geqslant a - bn_2 = 8.4 - 0.95n_2$

分别假设 n_2 的值，并通过计算得到 n_3，列于表 2-7，进行比较。

n_2、n_3 值计算结果　　表 2-7

假定 n_2 值	3	4	5	6	7
$10.29 - 0.84n_2$	5.55	4.6	3.65	2.7	1.75
n_3	6	5	4	3	2
多用钢筋（根）	0.45	0.4	0.35	0.3	0.25

通过上面计算以及比较，选用 7 ⌀ 16mm 和 2 ⌀ 18mm，采用这种方案最为经济。

（2）查表对比法

原设计钢筋的抗力为：

$$f_{y1}A_{s1} = 210 \times 8 \times 380.1 = 638.6\ \text{kN}$$

查表 2-4，7 ⌀ 16mm 和 2 ⌀ 18mm 的抗力和为 659.4kN > 638.6kN

（当采用多种钢筋代换时，一般需经过几种情况对比后，选择最为接近的情况，也是最为经济的。）

(3) 查表代换系数法

从表 2-6 中已知 8ϕ22mm，查得 $A_{s1}=8\times3.801=30.408mm^2$，再分别查 7 ⏀16mm 和 2 ⏀18mm，得到

$$A_{s2}+A_{s3}=24.123+7.273=31.396\ mm^2>30.408mm^2$$

故选用 7 ⏀16mm 和 2 ⏀18mm 进行代换。

2.1.3 钢筋等面积代换计算

钢筋等面积代换是在构件按最小配筋率配筋时，不考虑强度的影响，直接按钢筋截面积相等的原则代换，如下式所示：

$$A_{s1}\leqslant A_{s2} \tag{2-11}$$

或

$$n_1d_1^2\leqslant n_2d_2^2 \tag{2-12}$$

式中 A_{s1}、n_1、d_1——分别为原钢筋的计算截面积（mm^2），根数（根），直径（mm）；

A_{s2}、n_2、d_2——分别为拟代换钢筋的计算截面积（mm^2），根数（根），直径（mm）。

【例 2-4】 某小型厂房板厚 100mm，经过计算，截面配筋按构造最小配筋率配筋为 ϕ8@130mm，现拟用⏀10mm 钢筋代换，试求代换后的钢筋数量。

【解】 由于底板是按最小配筋率配筋，故按等面积进行代换，由式（2-12）得到：

$$n_2=\frac{n_1d_1^2}{d_2^2}=\frac{1000/130\times8^2}{10^2}=4.92\text{ 根，选用⏀10@200mm 进行代换}$$

2.1.4 钢筋等弯矩代换计算

钢筋等弯矩代换对于一些钢筋在代换后，由于原来抵抗矩的减少，不能满足原设计的抗弯强度要求，此时应对代换后的截面强度进行复核，如不能满足原设计的抗弯强度要求，应稍加配筋，予以弥补，使得结果与原设计抗弯强度相当。

对于矩形截面的受弯构件，由钢筋混凝土结构计算可知，矩形截面所能承受的弯矩 M_u 为：

$$M_u=f_{y1}A_s(h_c-\frac{f_{y1}A_s}{2f_{cm}b})$$

要求，钢筋代换后应满足下式要求：

$$f_{y2}A_{s2}(h_{02}-\frac{f_{y2}A_{s2}}{2f_{cm}b})\geqslant f_{y1}A_{s1}(h_{01}-\frac{f_{y1}A_{s1}}{2f_{cm}b}) \tag{2-13}$$

式中 f_{y1}、f_{y2}——分别为原设计钢筋和拟代换钢筋的抗拉强度设计值（N/mm^2）；

A_{s1}、A_{s2}——分别为原设计钢筋和拟代换钢筋的计算截面面积（mm^2）；

h_{01}、h_{02}——分别为原设计钢筋和拟代换钢筋合力点至构件截面受压边缘的距离（mm）；

f_{cm}——混凝土的弯曲抗压强度设计值：

对 C20 混凝土为 $11N/mm^2$，

C25 混凝土为 $13.5N/mm^2$，

C30 混凝土为 16.5N/mm²；

b ——构件截面宽度（mm）。

【例 2-5】 已知梁的截面尺寸如图 2-1 所示，采用混凝土强度等级为 C30 制作，原设计的纵向受力钢筋采用 HRB335 级 6 Φ 20，现拟用 HPB235 级钢筋 ϕ25 代换，求所需的钢筋根数。

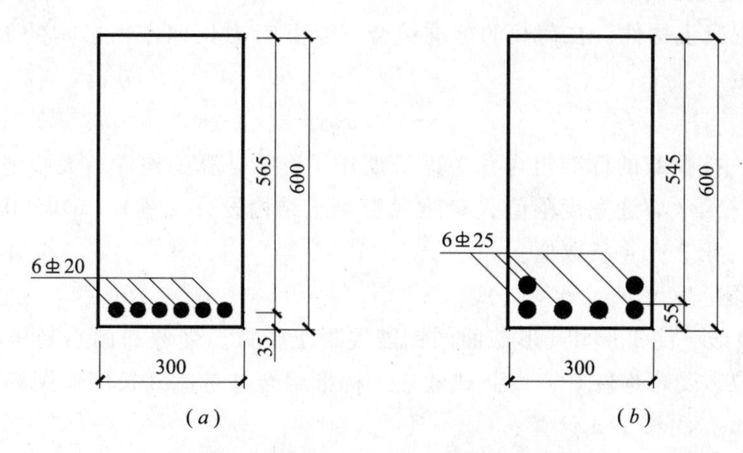

图 2-1　矩形梁的等弯矩钢筋代换

(a) 原设计钢筋布置；(b) 代换后钢筋布置

【解】 由表 2-6 查得 6 Φ 20 的相当等强面积为 27.822cm²，在相应的 ϕ25 栏里查得 29.452cm² 根数为 6 根，由于钢筋直径的加大，须要复核钢筋的净矩 s：

$$s = \frac{300 - 6 \times 25 - 2 \times 25}{5} = 20\text{mm} < 25\text{mm}$$

因此，需要将钢筋排放为 2 排，如图 2-1 所示。

其有效高度 $h_{02} = 600 - \dfrac{4 \times 38 + 2 \times 88}{6} = 600 - 55 = 545\text{mm}$

原有效高度 $h_{01} = 600 - 35 = 565\text{mm}$，在代换后有效高度减少，因此需要符合梁截面强度。

$$f_{y1}A_{s1}\left(h_{01} - \frac{f_{y1}A_{s1}}{2f_{cm}b}\right) = 300 \times 1885 \times \left(565 - \frac{300 \times 1885}{2 \times 16.5 \times 300}\right) = 287.2\text{kN} \cdot \text{m}$$

$$f_{y2}A_{s2}\left(h_{02} - \frac{f_{y2}A_{s2}}{2f_{cm}b}\right) = 210 \times 2945 \times \left(545 - \frac{210 \times 2945}{2 \times 16.5 \times 300}\right) = 298.4\text{kN} \cdot \text{m}$$

因为 $f_{y2}A_{s2}\left(h_{02} - \dfrac{f_{y2}A_{s2}}{2f_{cm}b}\right) \geqslant f_{y1}A_{s1}\left(h_{01} - \dfrac{f_{y1}A_{s1}}{2f_{cm}b}\right)$，所以可以满足抗弯要求。

故采用 6ϕ25mm 作为代换钢筋。

2.1.5　钢筋代换抗裂度、挠度计算

当构件对于裂缝宽度或挠度要求比较高时（如水池、水塔、贮液罐、承受水压的地下室墙、烟囱、贮仓或重型吊车及屋架、托架的受拉杆件等），或者用同品种粗钢筋等强

度代换细钢筋，或光圆钢筋代换变形钢筋时，应按《混凝土结构设计规范》（GB 50010—2002）重新验算裂缝宽度是否满足要求；如果代换后钢筋的总截面面积减少，应同时验算裂缝宽度和挠度。

1. 裂缝宽度验算

（1）裂缝宽度控制要求

对于钢筋混凝土构件，在荷载的标准组合下，并考虑长期作用影响的最大裂缝宽度，应符合下列规定：

$$w_{\max} \leqslant w_{\lim} \tag{2-14}$$

式中 $w_{\max}$——按荷载的标准组合并考虑长期作用影响计算的构件最大裂缝宽度；

$w_{\lim}$——最大裂缝宽度限值，参照《混凝土结构设计规范》（GB 50010—2002）的第 3.3.4 条取值。

（2）最大裂缝宽度 $w_{\max}$ 计算公式

对矩形、T 形、倒 T 形和 I 形截面的钢筋混凝土受拉、受弯和偏心受压构件及预应力混凝土轴心受拉和受弯构件等，按荷载效应的标准组合并考虑载长期作用影响，其最大裂缝宽度 $w_{\max}$（mm）可按下式计算：

$$w_{\max} = \alpha_{cr}\varphi \frac{\sigma_{sk}}{E_s}(1.9c + 0.08\frac{d_{eq}}{\rho_{te}}) \tag{2-15}$$

式中有关参数，均参照《混凝土结构设计规范》（GB 50010—2002）8.1 裂缝控制验算。

【例 2-6】 简支矩形梁截面尺寸为 200mm×500mm，截面有效高度 h_0 = 465 mm，梁的净跨 l_0 =6.0m，纵向钢筋原设计为 2 ⌀20 +1ϕ20，代用后为 3 ⌀20，梁混凝土为 C20，f_{tk} = 1.54N/mm^2；通过荷载计算以及组合，得到荷载标准组合弯矩值 M_k =89.7kN·m，荷载的准永久组合弯矩值 M_q =62.9kN·m；并已知构件受力特征系数 α_{cr} =2.1；最外层纵向受拉钢筋最边缘至受拉区底边的距离 C=25，钢筋弹性模量 E_s = 2 × 10^5 N/mm^2，试验算钢筋代换后，在正常使用下，最大裂缝宽度是否符合极限状态要求。

【解】（1）裂缝宽度计算

钢筋配筋率 $\rho_{te} = \dfrac{A_s}{0.5bh} = 0.0188$；

纵向受拉钢筋的应力 $\sigma_{sk} = \dfrac{M_k}{0.87h_0A_s} = 235\text{N/mm}^2$；

钢筋应变不均匀系数 $\varphi = 1.1 - 0.65\dfrac{f_{tk}}{\rho_{te}\sigma_{sk}} = 1.1 - 0.65\dfrac{1.54}{0.0188 \times 235} = 0.87$

根据公式（2-14）得到：

$$\begin{aligned} w_{\max} &= \alpha_{cr}\varphi \frac{\sigma_{sk}}{E_s}\left(1.9c + 0.08\frac{d_{eq}}{\rho_{te}}\right) \\ &= 2.1 \times 0.87 \times \frac{235}{2 \times 10^5} \times \left(1.9 \times 25 + 0.08 \times \frac{20}{0.0188}\right) \end{aligned}$$

$= 0.285\text{mm}$

（2）裂缝宽度验算

由《混凝土结构设计规范》（GB 50010—2002）表 3.3.4 中查得，其最大裂缝宽度允许值 [w_{max}] 为 0.3mm＞0.285mm，故梁在正常使用时，最大裂缝宽度符合极限状态要求。

2. 挠度验算

（1）挠度控制限值

构件在正常使用极限状态下的挠度应按荷载标准组合并考虑长期作用影响的刚度 B 进行计算，并应满足下面的式子：

$$f_{max} \leqslant f_{lim} \tag{2-16}$$

式中　f_{max} ——按荷载标准组合并考虑荷载长期作用影响的刚度 B 计算的最大挠度值；

f_{lim} ——受弯构件的挠度限值，参照《混凝土结构设计规范》（GB 50010—2002）第 3.3.2 条中取值。

一般简支结构的钢筋混凝土构件受荷情况及其最大挠度值 f_{max} 可按下式计算：

$$f_{max} = k \times \frac{M_k}{B} \times l_0^2 \tag{2-17}$$

式中　B ——受弯构件长期刚度，由式（2-18）求得；

k ——系数，简支梁受均布荷载为 5/48；受跨中集中荷载为 1/12；两端受弯矩为 1/8；

M_k ——按荷载效应标准组合计算得到的梁的最大弯矩；

l_0 ——梁的净跨度。

（2）刚度 B 的计算

受弯构件挠度验算刚度 B，按荷载效应标准组合并考虑荷载长期作用影响，可按下式计算：

$$B = \frac{M_k}{M_q(\theta - 1) + M_k} B_s \tag{2-18}$$

荷载短期效应标准组合作用下，受弯构件的短期刚度 B_s 可按下式计算：

$$B_s = \frac{E_s A_s h_0^2}{1.15\varphi + 0.2 + \dfrac{6\alpha_E \rho}{1 + 3.5\gamma'_f}} \tag{2-19}$$

式（2-18）~式（2-19）符号的意义以及其计算方法参见《混凝土结构设计规范》（GB 50010—2002）第 8.2 节。

【例 2-7】 条件同例 2-6，已知有关数据：弹性模量比值 $\alpha_E = 7.84$，$\gamma'_f = 0$；通过荷载计算以及组合，得到荷载标准组合弯矩值 $M_k = 89.7\text{kN} \cdot \text{m}$，荷载的准永久组合弯矩值 $M_q = 62.9\text{kN} \cdot \text{m}$；试验算钢筋代换后，在正常使用下，最大挠度是否符合极限状态要求。

【解】（1）刚度计算

钢筋配筋率 $\rho = \dfrac{A_s}{bh_0} = 0.01$；

短期刚度 B_s 的计算：

$$B_s=\frac{E_sA_sh_0^2}{1.15\varphi+0.2+\dfrac{6\alpha_E\rho}{1+3.5\gamma'_f}}$$

$$=\frac{2\times10^5\times942\times465^2}{1.15\times0.87+0.2+6\times7.84\times0.01}$$

$$=2.42\times10^{13}\text{N}\cdot\text{mm}^2$$

（2）长期刚度 B 的计算

取挠度增大影响系数 $\theta=2$，得到：

$$B=\frac{M_k}{M_q(\theta-1)+M_k}B_s$$

$$=\frac{89.7}{62.9(2-1)+89.7}\times2.42\times10^{13}$$

$$=1.417\times10^{13}\text{N}\cdot\text{mm}^2$$

（3）最大挠度的计算

根据公式（2-17）得到：

$$f_{max}=k\times\frac{M_k}{B}\times l_0^2$$

$$=\frac{5}{48}\times\frac{89.7\times10^6}{1.417\times10^{13}}\times6000^2=23.7\text{mm}$$

（4）挠度的验算：由《混凝土结构设计规范》（GB 50010—2002）表 3.3.2 中查得，其最大挠度允许值［f］为 $l_0/200=6000/200=30\text{mm}>23.7\text{mm}$，梁在正常使用时，最大挠度符合极限状态的要求。

2.1.6 钢筋代换受剪承载力验算

在代换钢筋后，局部区域需要进行受剪承载力验算。如图 2-2，当钢筋进行代换之后，截面 1-1、2-2 和 3-3 的纵向受力钢筋与原设计强度等强，但弯起钢筋的抗力下降，一般采用增加箍筋的方法弥补。

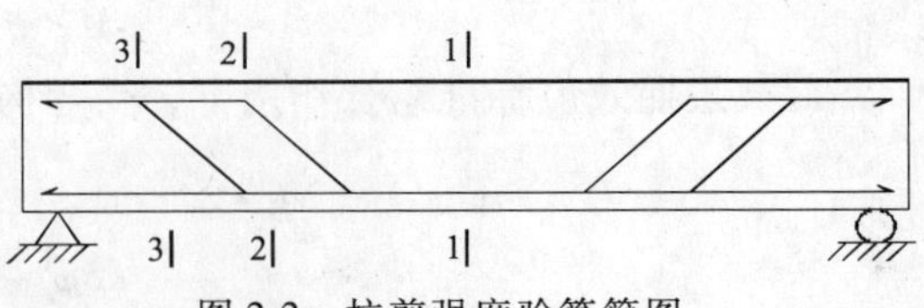

图 2-2 抗剪强度验算简图

弯起钢筋影响斜截面受剪承载力（强度）的降低值 V 按下式计算：

$$V=0.8(f_{y1}A_{sb1}-f_{y2}A_{sb2})\sin\alpha_s \tag{2-20}$$

式中 f_{y1}、f_{y2}——分别为原设计钢筋和拟代换钢筋的抗拉强度设计值（N/mm²）；

A_{sb1}、A_{sb2}——分别为同一弯起平面内原设计钢筋和拟代换钢筋的截面面积（mm²）；

α_s——弯起钢筋与纵向轴线之间的夹角（°）。

代换箍筋量按下式计算：

$$\frac{f_{yv2}A_{sv2}}{S_2} \geqslant \frac{f_{yv1}A_{sv1}}{S_1} + \frac{2V}{3h_0} \tag{2-21}$$

式中　f_{yv1}、f_{yv2}——分别为原设计钢筋和拟代换钢筋的抗拉强度设计值（N/mm^2）；

A_{sv1}、A_{sv2}——分别为原设计钢筋和拟代换单肢箍筋的截面面积（mm^2）；

S_1、S_2——分别为原设计和拟代换箍筋沿构件长度方向上的间距（mm）；

h_0——构件截面的有效高度（mm）。

【例 2-8】　已知有关数据：矩形梁截面尺寸为 250mm×500mm，截面有效高度 h_0 = 465 mm，纵向钢筋原设计为 4 ⌀ 22，箍筋采用 ϕ6@ 180，现①号筋拟用 2 ⌀ 22 和②号筋拟用 2ϕ22，进行代换，验算其抗剪强度。

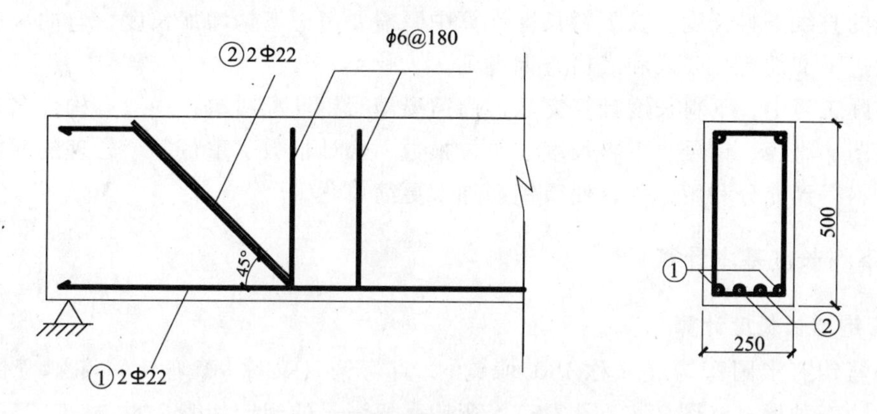

图 2-3　矩形梁截面以及配筋

【解】　分析：用 2 ⌀ 22 代换原来的 2 ⌀ 22 伸入支座的钢筋，做具有的抗力大于原设计的钢筋抗力，故满足要求。而对于弯起钢筋，用 2ϕ22 代换 2 ⌀ 22，明显抗力减少，所以需要通过增强箍筋以满足斜截面强度的要求。

查表 2-4，分别查得 2 ⌀ 22 和 2ϕ22 的钢筋抗力为 235. 7kN/mm² 和 159. 7kN/mm²，并由式（2-20）计算得到斜截面强度的降低值 V：

$$\begin{aligned} V &= 0.8(f_{y1}A_{sb1} - f_{y2}A_{sb2})\sin\alpha_s \\ &= 0.8(235.7 - 159.7) \times \sin45° \\ &= 43\text{kN} \end{aligned}$$

查表 2-4，得原设计箍筋的抗力 $f_{sv}A_{sv1}$ = 11. 88kN，分别代入式（2-21）中，得到代换箍筋量：

$$\begin{aligned} \frac{f_{yv2}A_{sv2}}{S_2} &\geqslant \frac{f_{yv1}A_{sv1}}{S_1} + \frac{2V}{3h_0} \\ &= \frac{11.88 \times 10^3}{180} + \frac{2 \times 43 \times 10^3}{3 \times 465} \\ &= 66 + 61.6 \\ &= 127.6\text{kN} \end{aligned}$$

采用 ϕ8 箍筋，抗力为 21. 11kN，S_2 = 21110/127. 6 = 165. 4，取为 S_2 = 150mm，即采

用 φ8@150。

故代换后斜截面强度减弱，通过增强箍筋，以能够满足斜截面强度。

2.2 钢筋配料计算

在设计图纸中，钢筋的尺寸一般以外包尺寸标注，即钢筋的外轮廓。如果弯曲钢筋的加工是按照外包尺寸下料，那么加工后的钢筋尺寸将大于设计所要求的尺寸，导致影响施工的质量，并造成材料浪费。

所以，在钢筋加工前，需要进行下料长度计算。钢筋下料是根据构件的配筋图计算构件各钢筋的直线下料长度。在下料长度计算中，需要考虑弯钩增加长度、弯曲调整值等影响，可通过下文的有关公式和表格查询得到。

在实际工程中，下料长度计算完后，尚需要填写钢筋配料单，一般有构件名称、钢筋编号、简图、直径、钢号、下料长度、单位根数、合计根数、重量等。合理的配料能够使钢筋原材料得到充分利用，并且使得钢筋加工更简单化。

2.2.1 下料长度基本计算

1. 弯钩增长长度计算

钢筋弯钩有半圆弯钩（又称 180°弯钩）、直弯钩（又称 90°弯钩）和斜弯钩（又称 135°弯钩）三种形式（图 2-4、图 2-5）。弯钩需要满足的规定如表 2-8。

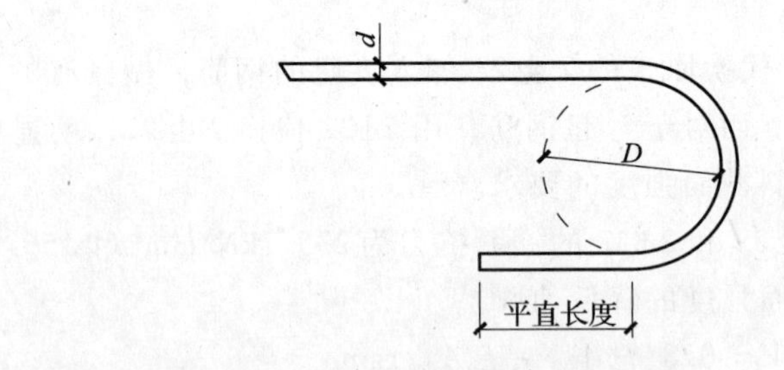

图 2-4 钢筋末端 180°弯钩

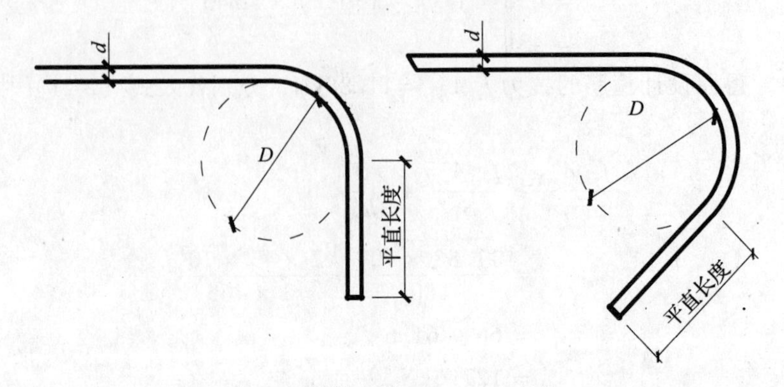

图 2-5 钢筋末端 90°、135°弯钩

钢筋的弯钩规定　　表 2-8

序　号	项　目	内　容
1	HPB235 级钢筋末端作 180°弯钩（普通混凝土结构）	此情况下，其圆弧弯曲直径 D 不应小于钢筋直径 d 的 2.5 倍，平直部分长度不宜小于钢筋直径 d 的 3 倍，见图 2-4
2	HPB235 级钢筋末端作 180°弯钩（轻骨料混凝土结构）	此情况下，其圆弧的弯曲直径 D 不应小于钢筋直径 d 的 3.5 倍，平直部分长度不宜小于钢筋直径 d 的 3 倍，见图 2-4
3	HRB335、HRB400 或 RRB400 级钢筋末端作 90°或 135°弯钩	此情况下，HRB335 级钢筋的弯曲直径 D 不宜小于钢筋直径 d 的 4 倍；HRB400 级钢筋不宜小于钢筋直径 d 的 5 倍，如图 2-5；平直部分长度应按设计要求确定

（1）钢筋端部 180°弯钩增加长度计算

180°弯钩又称半圆弯钩，是常用的弯钩之一，如计算简图 2-6 所示。取圆弧弯曲直径为 D，平直部分的长度为 $l_p = CE$，弯钩增加长度为 $l_z = FG$。量度方法以外包尺寸度量，则弯钩增加长度为

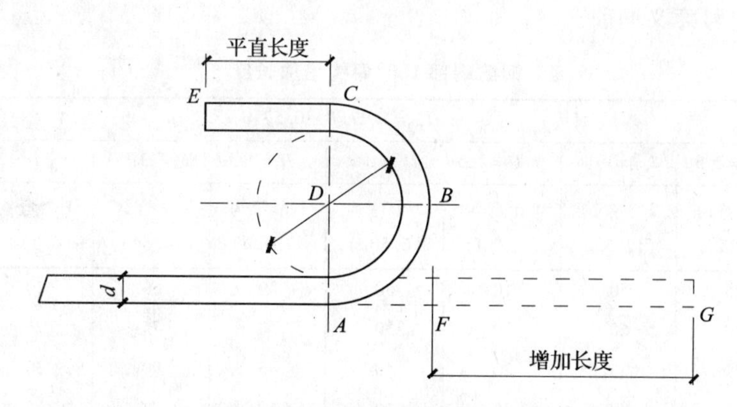

图 2-6　钢筋 180°弯钩计算简图

$$FG = ABC + CE - AF$$

即

$$l_z = \frac{\pi}{2}(D + d) + l_p - (D + d)/2$$

$$= 1.071D + 0.571d + l_p$$

故得到：

$$l_z = 1.071D + 0.571d + l_p \tag{2-22}$$

式中　l_z——弯钩增加长度；

l_p——弯钩的平直部分长度；

D——圆弧弯曲直径；

d——钢筋直径。

（2）钢筋端部 90°弯钩增加长度

90°弯钩又称直弯钩，如图 2-7 所示。弯钩增加长度为：

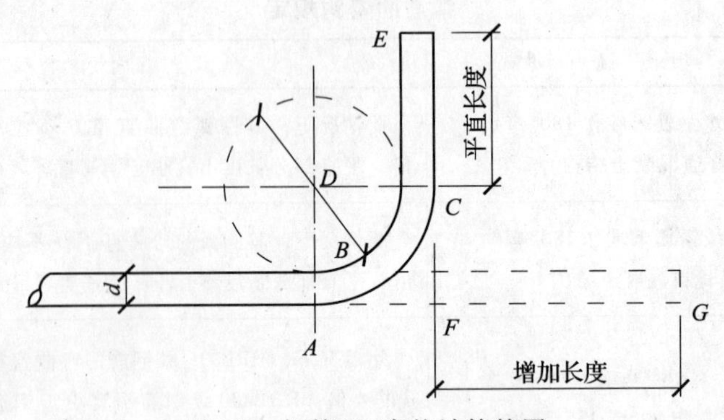

图 2-7　钢筋 90°弯钩计算简图

$$FG = ABC + CE - AF$$

即
$$l_z = \frac{\pi}{4}(D + d) + l_p - D/2 - d$$
$$= 0.285D - 0.215d + l_p$$

故得到：
$$l_z = 0.285D - 0.215d + l_p \quad (2\text{-}23)$$

式中有关符号意义同前。

钢筋端部 180°弯钩增加长度　　**表 2-9**

钢筋直径 d (mm)	$l_z = 1.071D + 0.571d + l_p$							
	$D = 2.5d$　$l_p = 3d$		$D = 2.5d$　$l_p = 0$		$D = 3.5d$　$l_p = 3d$		$D = 3.5d$　$l_p = 0$	
	1 个弯钩 (6.25d)	2 个弯钩 (12.5d)	1 个弯钩 (3.25d)	2 个弯钩 (6.50d)	1 个弯钩 (7.32d)	2 个弯钩 (14.64d)	1 个弯钩 (4.32d)	2 个弯钩 (8.64d)
4	25	50	10	30	30	60	20	35
5	30	60	20	30	40	75	25	45
6	40	75	20	40	45	90	30	50
8	50	100	30	50	60	120	35	70
9	60	115	30	60	70	140	40	80
10	60	125	30	65	75	150	45	90
12	75	150	40	80	90	180	50	105
14	90	175	50	90	105	205	60	120
16	100	200	50	100	120	240	70	140
18	110	225	60	120	135	265	80	160
20	125	250	70	130	150	295	90	175
22	140	275	70	140	160	325	95	190
25	160	310	80	160	185	370	110	220
28	175	350	90	180	205	410	120	240
32	200	400	100	210	235	470	140	280
36	225	450	120	230	265	530	160	310
40	250	500	130	260	295	590	175	350

钢筋端部 90°弯钩增加长度（一个）　　表 2-10

钢筋直径 d（mm）	$l_z=0.285D-0.215d+l_p$			
	$D=2.5d$　$l_p=3d$ （3.5d）	$D=3.5d$　$l_p=3d$ （3.8d）	$D=4d$　$l_p=3d$ （3.9d）	$D=5d$　$l_p=3d$ （4.2d）
4	15	15	20	20
5	20	20	20	20
6	20	20	20	25
8	30	30	30	35
9	30	35	35	40
10	35	40	40	45
12	40	50	50	50
14	50	50	55	60
16	60	60	60	70
18	60	70	70	80
20	70	80	80	85
22	80	85	90	95
25	90	95	100	105
28	100	110	110	120
32	110	120	125	135
36	130	140	140	150
40	140	150	160	170

（3）钢筋端部 135°弯钩增加长度

135°弯钩又称斜弯钩，如图 2-8 所示。弯钩增加长度为：

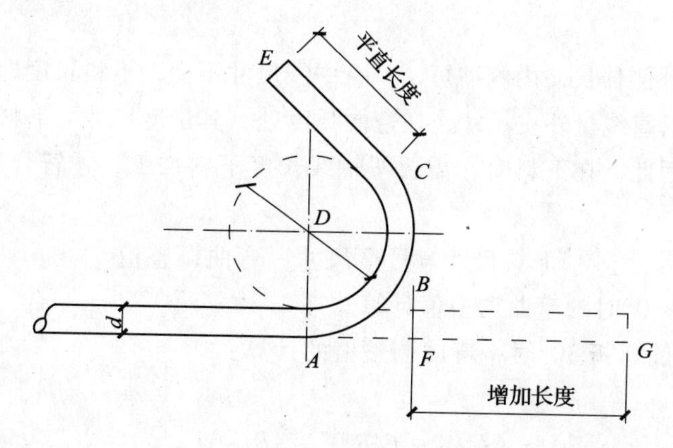

图 2-8　钢筋 135°弯钩计算简图

$$FG = ABC + CE - AF$$

即
$$l_z=\frac{3\pi}{8}(D+d)+l_p-D/2-d$$
$$=0.678D+0.178d+l_p$$

故得到：
$$l_z=0.678D+0.178d+l_p \tag{2-24}$$

式中有关符号意义同前。

2. 弯起钢筋斜长计算

弯起钢筋一般用于梁板内配筋，锚固好，节省钢筋，但施工复杂。弯起钢筋的弯起角度有30°、45°、60°，见图2-9。

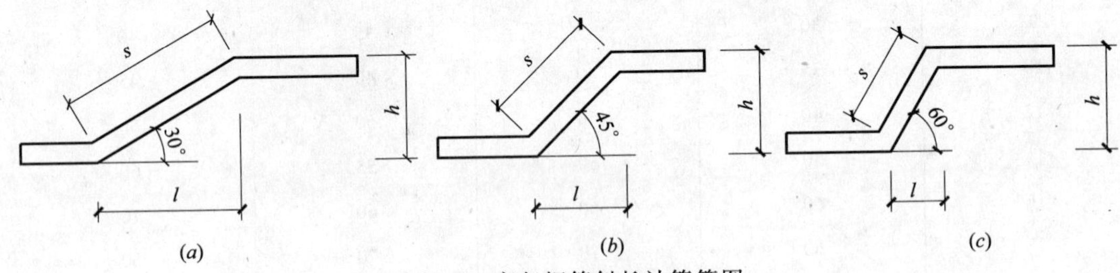

图2-9 弯起钢筋斜长计算简图

(*a*) 弯起30°角；(*b*) 弯起45°角；(*c*) 弯起60°角

弯起钢筋斜长增加的长度 l_s：

弯起30°角：
$$s=2.0h, l=1.732h$$
$$l_s=s-l=0.268h \tag{2-25}$$

弯起45°角：
$$s=1.414h, l=h$$
$$l_s=s-l=0.414h \tag{2-26}$$

弯起60°角：
$$s=1.155h, l=0.577h$$
$$l_s=s-l=0.578h \tag{2-27}$$

3. 弯曲调整值

钢筋弯曲时，外侧伸长，内侧缩短，只有中线尺寸不变，下料长度即为中心线尺寸。由于量度尺寸一般是沿直线量外皮尺寸，在弯曲弧度处，其量度尺寸与下料尺寸存在差值，称之为弯曲调整值。因此，在下料时，需要按轴线长度下料加工，才符合设计要求。

故得到：

下料尺寸＝量度尺寸－弯曲调整值

(1) 钢筋弯折30°时的弯曲调整值计算

如图2-10，钢筋弯折30°时，弯曲调整值的计算：

弯曲调整值：
$$\Delta=(A'C'+C'B')-ABC$$
$$=2\left(\frac{D}{2}+d\right)\tan15°-\frac{1}{12}\pi(D+d)$$
$$=0.006D+0.274d$$

即
$$\Delta = 0.006D + 0.274d \tag{2-28}$$

（2）钢筋弯折 45°时的弯曲调整值计算

钢筋弯折 45°时，同样参照图 2-10 进行计算。

弯曲调整值：

$$\begin{aligned}\Delta &= (A'C' + C'B') - ABC \\ &= 2(\frac{D}{2} + d)\tan22.5° - \frac{1}{8}\pi(D + d) \\ &= 0.022D + 0.436d\end{aligned}$$

即
$$\Delta = 0.022D + 0.436d \tag{2-29}$$

（3）钢筋弯折 60°时的弯曲调整值计算

钢筋弯折 60°时，同样参照图 2-10 进行计算。

弯曲调整值

$$\begin{aligned}\Delta &= (A'C' + C'B') - ABC \\ &= 2(\frac{D}{2} + d)\tan30° - \frac{1}{6}\pi(D + d) \\ &= 0.053D + 0.631d\end{aligned}$$

即
$$\Delta = 0.053D + 0.631d \tag{2-30}$$

（4）钢筋弯折 90°时的弯曲调整值计算

如图 2-11，钢筋弯折 90°时，弯曲调整值的计算：

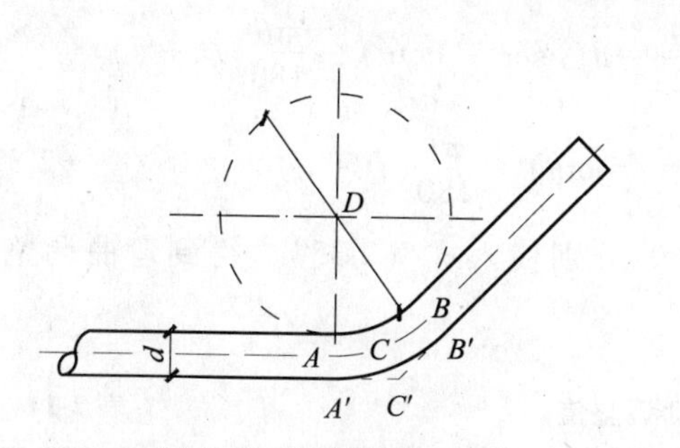

图 2-10　钢筋弯曲尺寸

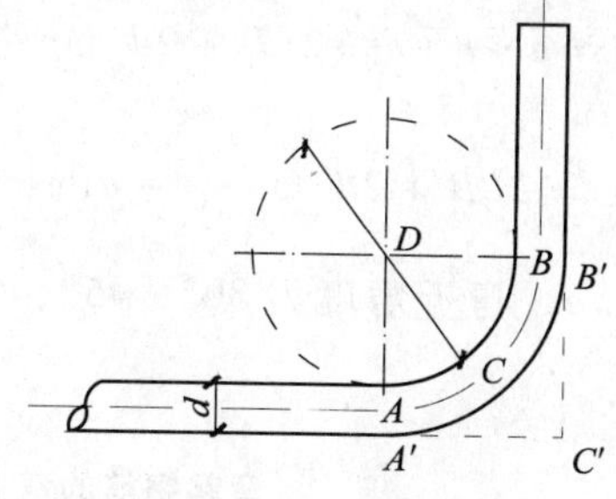

图 2-11　钢筋弯曲 90°尺寸

弯曲调整值

$$\begin{aligned}\Delta &= (A'C' + C'B') - ABC \\ &= 2(\frac{D}{2} + d) - \frac{1}{4}\pi(D + d) \\ &= 0.215D + 1.215d\end{aligned}$$

即
$$\Delta = 0.215D + 1.215d \tag{2-31}$$

（5）钢筋弯折 135°时的弯曲调整值计算

如图 2-12，钢筋弯折 135°时，弯曲调整值的计算：

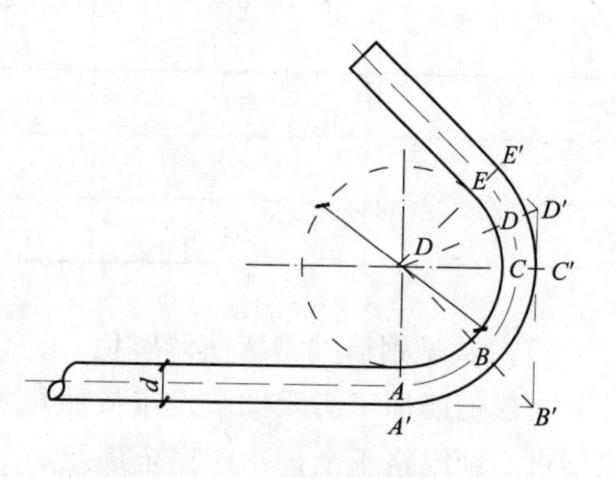

图 2-12　钢筋弯曲 135°尺寸

弯曲调整值

$$\begin{aligned}\Delta &= (A'B' + B'C' + C'D' + D'E') - ABCDE \\ &= 2(\frac{D}{2} + d) + 2(\frac{D}{2} + d)\tan 22.5° - \frac{3}{8}\pi(D + d) \\ &= 0.236D + 1.65d\end{aligned}$$

即
$$\Delta = 0.236D + 1.65d \tag{2-32}$$

(6) 弯起钢筋的弯曲调整值计算

参照图 2-13，其中 θ 以度计算，计算弯曲调整值：

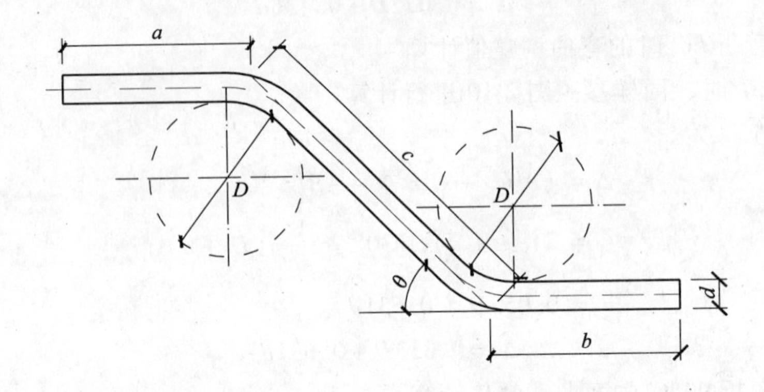

图 2-13　弯起钢筋尺寸

下料尺寸：$L = a + b + c — 2(D + 2d)\tan\frac{\theta}{2} - d(\csc\theta - \cot\theta) - \frac{\pi\theta}{180}(D + d)$

计算得到：$\Delta = 2(D + 2d)\tan\frac{\theta}{2} - d(\csc\theta - \cot\theta) - \frac{\pi\theta}{180}(D + d)$　　(2-33)

取弯曲直径为 $5d$，弯折角度为 30°、45°、60°分别代入式 (2-33)，得到弯曲调整值如表 2-11。

弯起钢筋的弯曲调整值　　**表 2-11**

标　号	弯折角度	弯曲调整值	
		计　算　式	按 $D=5d$
1	30°	$\Delta = 0.012D + 0.28d$	$0.34d$
2	45°	$\Delta = 0.043D + 0.457d$	$0.67d$
3	60°	$\Delta = 0.108D + 0.685d$	$1.23d$

(7) 常见钢筋类型弯曲调整值

一般钢筋加工实际操作很难按照规定的最小 D 值取用，有时偏大，有时偏小；有时成型机心轴规格不全，不能完全满足加工要求，因此除按公式计算弯曲调整值外，还可以根据工地经验确定。表 2-12 是根据经验提出的，供现场施工下料人员作参考。

弯曲调整值　　表2-12

序号	图示	弯曲调整值	序号	图示	弯曲调整值
1	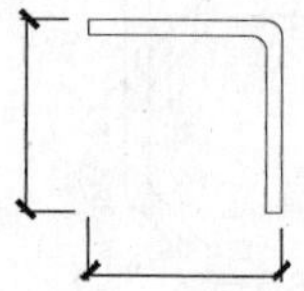	2d	7	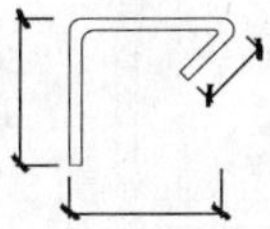	2.5d
2	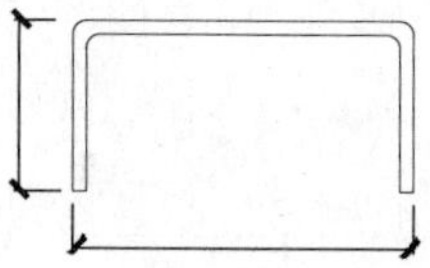	4d	8	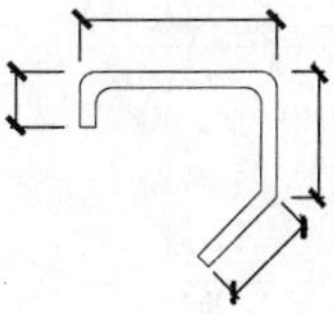	4.5d
3	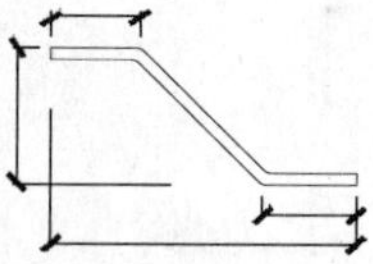	0.5d	9	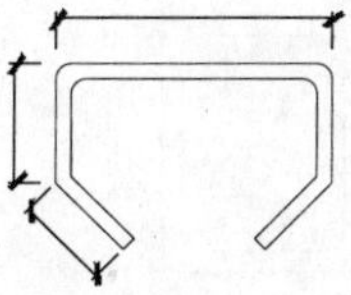	5d
4	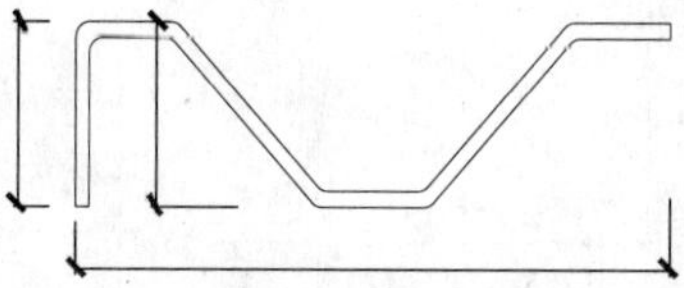	3d	10	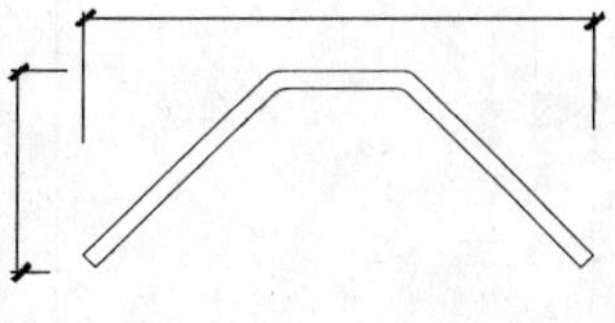	0.5d
5	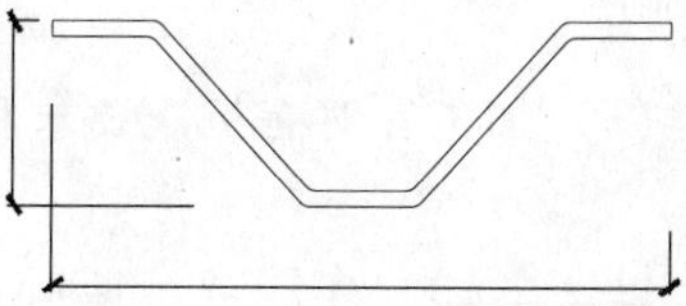	d	11	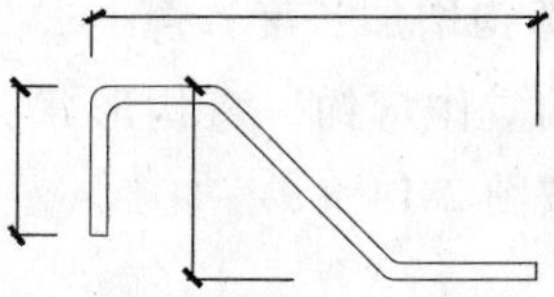	2.5d
6	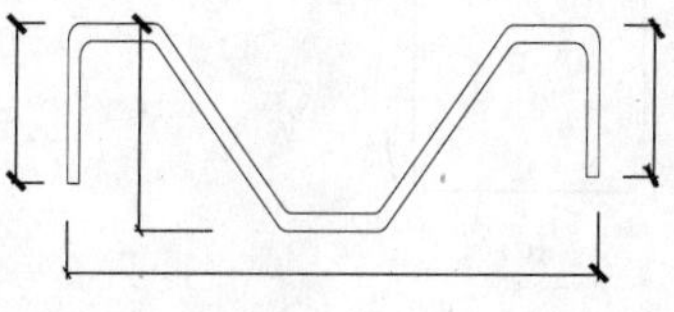	5d	12	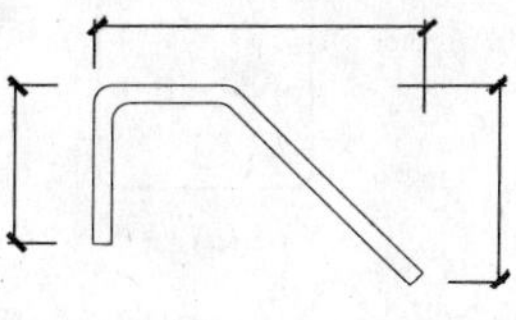	2.5d

续表

序号	图　示	弯曲调整值	序号	图　示	弯曲调整值
13		0	17		（内皮） 0
14		0	18		$4d$
15		$8d$	19	$D/2$ l d D	$\frac{\pi}{2}(D+d)$ $+2l$
16	D_2 D_1 d	下料： $\pi(D_1+d)$ 或 $\pi(D_2-d)$	20	$D/2$ l d a　D　a	下料： $\frac{\pi}{2}(D+d)$ $+2(l+a)$ $-4d$

4. 箍筋弯钩增加长度计算

箍筋末端应作弯钩，弯钩形式，可按图 2-14（a）、（b）加工；对有抗震要求和受扭的结构，可按图 2-14（c）加工。

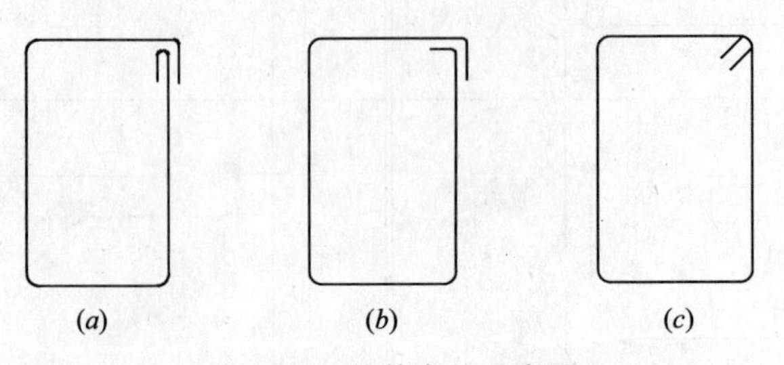

图 2-14　箍筋弯钩示意图

（a）90°/180°；（b）90°/90°；（c）135°/135°

用 HPB235 级钢筋或冷拔低碳钢丝制作的箍筋，其弯钩弯曲直径应大于受力钢筋的直径，且不小于箍筋直径的 5 倍；对有抗震要求的结构，不应小于箍筋的 10 倍。箍筋弯钩的增加长度，可按式（2-22）、式（2-23）、式（2-24）求出。常用规格箍筋弯钩长度增加长度可参见表 2-13。

箍筋弯钩长度增加值　　　　**表 2-13**

钢筋直径 d（mm）	一般结构箍筋两个弯钩增加长度		抗震结构两个弯钩增加长度（$27d$）
	两个弯钩均为 90°（$14d$）	一个弯钩 90°另一个弯钩 180°（$17d$）	
≤5	70	85	135
6	84	102	162
8	112	136	216
10	140	170	270
12	168	204	324

注：箍筋一般用内皮尺寸标示，每边加上 $2d$，即成为外皮尺寸，表中已计入。

箍筋下料长度　　　　**表 2-14**

编号	钢筋种类	图示	下料长度
1	HPB235 级（$D=2.5d$）	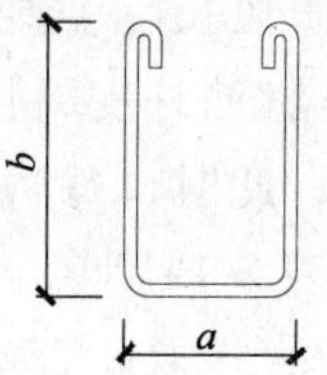 b, a	$a+2b+19d$
2		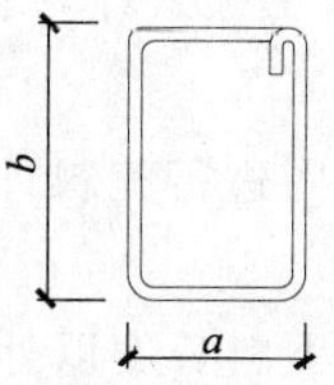 b, a	$2a+2b+17d$
3		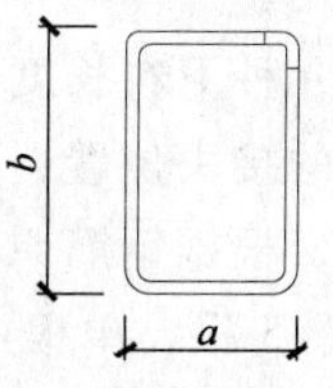 b, a	$2a+2b+14d$
4		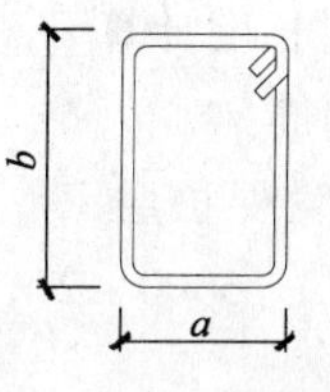 b, a	$2a+2b+27d$

续表

编　号	钢筋种类	图　示	下料长度
5	HRB335 级 ($D=4d$)	b, a	$a+2b$
6		b, a	$2a+2b+14d$

5. 下料长度计算

一般构件的下料长度按下面三个式子计算：

直钢筋下料长度 = 构件长度 − 保护层厚度 + 弯钩增加长度　　(2-34)

弯起钢筋下料长度 = 直段长度 + 斜段长度 + 弯钩增加长度 − 弯曲调整值　　(2-35)

箍筋下料长度 = 箍筋外皮周长 + 弯钩增加长度 − 弯曲调整值　　(2-36)

箍筋一般以内皮尺寸标示，此时，每边加上 $2d$（U 形箍的两侧边加 $1d$），即成外皮尺寸。各种箍筋的下料长度按表 2-14 计算。以上各式中弯钩的增加长度可从式（2-22）、式（2-23）、式（2-24）求得或直接取 $8.25d$（半圆弯钩，$l_p=5d$）和表 2-13 的值（直弯钩和斜弯钩）；弯曲调整值按有关公式计算取用。

6. 钢筋配料

按照结构施工图中的钢筋图进行配料计算完毕后，需要填写配料单，格式参见表 2-15。

在钢筋加工前，除了计算下料长度以外，需要根据钢筋规格、品种合理进行钢筋配料，使得钢筋材料得以充分利用。

配料中，需要注意尽量把几种下料长度的和等于定值的钢筋安排在一起下料；合理调整钢筋长度以及充分利用钢筋的接头位置，使得合理下料；对于有接头的钢筋配料，满足接头长度和接头错开的前提下，根据钢筋原材料长度来考虑接头的布置。

【例 2-9】 现有同样矩形梁 5 根，单根梁整体配筋以及截面配筋如图 2-15 所示。根据已知条件，计算钢筋的下料长度。

【解】（1）各钢筋的下料长度计算

①号钢筋是 2 Φ22 的直钢筋

下料长度 = 构件长度 − 两端保护层

得到：$6000-2\times25=5950\text{mm}$

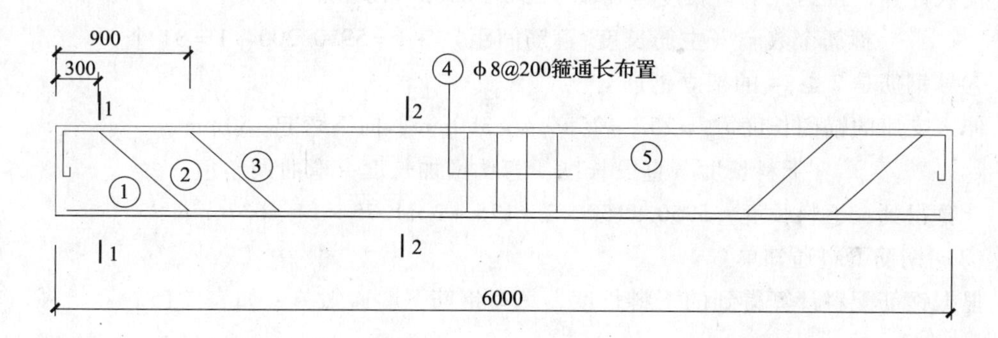

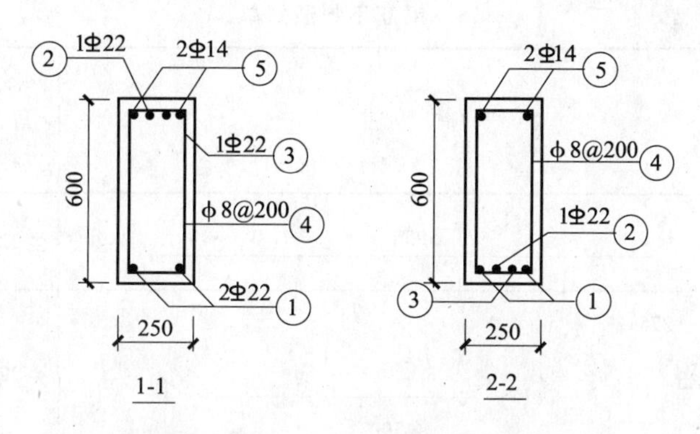

图 2-15　某主宅楼的矩形梁配筋图

②号钢筋是 2 Φ 22 的弯起钢筋

弯起终点外的锚固长度 $L_m = 20d = 20 \times 22 = 440$mm，向下弯起 440 - 275 = 165mm。

钢筋下料长度 = 直线段长度 + 斜段长度 - 弯曲调整值

其中：直线段长度 = 6000 - 2 × 25 - 2 × 550 + 2 × 165 = 5180mm；

斜段长度 = 2 ×（600 - 2 × 25）× 1.41 = 1551mm；

弯曲调整值 = 2 ×（0.67 × 22 + 2.08 × 22）= 121mm；

代入得到：下料长度 = 5180 + 1551 - 121 = 6610mm。

③号钢筋是 2 Φ 22 的弯起钢筋

钢筋下料长度 = 直线段长度 + 斜段长度 - 弯曲调整值

其中：直线段长度 = 6000 - 2 × 25 - 2 × 550 + 2 × 165 = 5180mm；

斜段长度 = 2 ×（600 - 2 × 25）× 1.41 = 1551mm；

弯曲调整值 = 2 ×（0.67 × 22 + 2.08 × 22）= 121mm；

代入得到：下料长度 = 5180 + 1551 - 121 = 6610mm。

④号钢筋是箍筋 φ8@200

钢筋下料长度 = 箍筋周长 + 弯钩增加长度 + 钢筋弯曲调整值

其中：箍筋周长 =（550 + 200）× 2 = 1500mm；

弯钩增加长度 = 190mm；

钢筋弯曲调整值 = 2 × 0.38 × 8 = 6.08mm；

代入计算，得到：下料长度 = 1500 + 190 + 6.08 = 1696mm。

箍筋个数 = （主筋长度/箍筋间距） + 1 = 5950/200 + 1 = 31 个

⑤号钢筋是 2 Φ 14 的架立钢筋

伸入支座的锚固长度 $L_m = 25d = 25 \times 14 = 350$mm，向下弯起 150mm

下料长度 = 直段长度 + 弯钩增加长度 − 弯曲调整值

计算得到：下料长度 = 5950 + 150 × 2 + 175 − 2 × 1.75 × 14 = 6376mm

（2）钢筋下料通知单

根据钢筋配料计算得到的下料长度，填写钢筋下料通知单，如表 2-15。

钢筋下料通知单　　表 2-15

构件名称	编号	简图	钢号与直径	下料长度（mm）	单位根数	合计根数	重量（kg）
梁（共 5 根）	1	5950	Φ22	5950	2	10	178
	2	275；776；165；4300	Φ22	6610	1	5	99
	3	875；776；150；3100	Φ22	6610	1	5	99
	4	200；550	ϕ8	1696	31	155	104
	5	150；5950	Φ14	6376	2	10	77
合计：Φ22 = 376kg；ϕ8 = 104kg；Φ14 = 77kg						共计：557kg	

2.2.2 缩尺配筋下料长度计算

对于不规则的构件，钢筋得按构件的外形配置，钢筋的长短不一，一般为逐渐缩短，称之为“缩尺”。下面按形状的不同分别介绍其下料长度的计算。

1. 梯形构件钢筋下料长度计算

对于构件的形状是梯形的（图 2-16），可采用比例关系来计算其平面纵横向钢筋长度或立面箍筋高度，每根钢筋的长短差 Δ 可按下式计算：

$$\Delta = \frac{l_d - l_c}{n-1} \text{或} \Delta = \frac{h_d - h_c}{n-1} \tag{2-37}$$

其中
$$n = \frac{s}{a} + 1 \tag{2-38}$$

式中 Δ——每根钢筋长短差或箍筋高低差；

l_d、l_c——分别为平面梯形构件纵、横向配筋最长以及最短长度；

h_d、h_c——分别为立面梯形构件箍筋的最大以及最小高度；

n——纵、横筋根数或箍筋的最大以及最小高度；

s——纵、横筋最长筋与最短筋之间或最高箍筋与最低箍筋之间的距离；

a——纵、横筋或箍筋的间距。

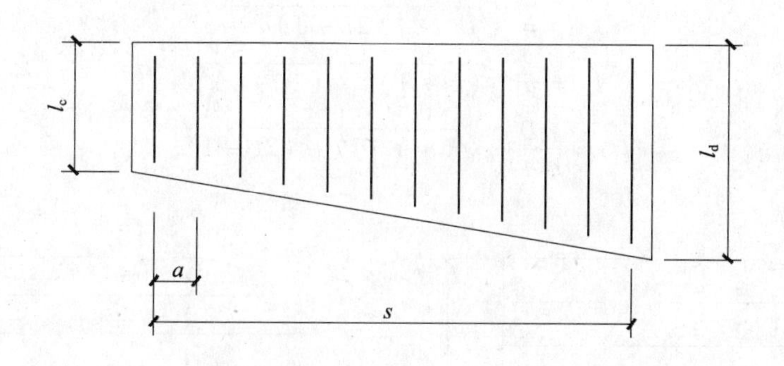

图2-16 变截面梯形构件下料长度计算简图

【例2-10】 有一薄腹梁，尺寸及箍筋如图2-17所示，试确定每个箍筋的高度。

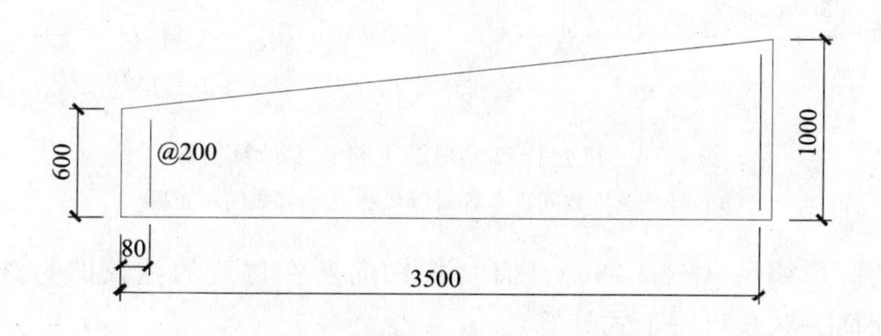

图2-17 薄腹梁尺寸及箍筋布置

【解】 （1）箍筋 h_c、h_d 计算

梁上部斜面坡度为 $\frac{1000-600}{3500} = \frac{4}{35}$，最低箍筋所在位置的模板高度为 $600 + 80 \times 4/35 = 609$mm，故箍筋的最小高度 $h_c = 609 - 50 = 559$mm，$h_d = 1000 - 50 = 950$mm。

（2）确定箍筋高度

根据公式（2-38）：$n = \frac{s}{a} + 1 = \frac{3500-80}{200} + 1 = 18.1$，共用18个箍筋。

每根钢筋的长短差Δ可按下式计算：

$$\Delta = \frac{h_d - h_c}{n-1} = \frac{950-559}{18-1} = 23\text{mm}$$

故得到，各个箍筋的高度分别为：559、582、605、628、651、674…、950mm。

2. 圆形构件钢筋下料长度计算

缩尺计算还有对于圆形的构件（水池、贮罐底板、顶板、井盖板等）的考虑，但其坡度是成圆弧状的。按配筋的方式，即直线形和圆形两种，分别得出计算公式。

(1) 按弦长布置的直线形钢筋

按弦长布置的直线形钢筋，由每根钢筋所在处的弦长减去两端保护层厚度，即得到该处钢筋下料长度，再分别累加。

单数间距的圆形缩尺（图2-18a），两边配筋相同，弦长可按下式计算：

$$l_1 = \sqrt{D^2 - [(2i-1)a]^2} \tag{2-39}$$

或

$$l_1 = a\sqrt{(n+1)^2 - (2i-1)^2} \tag{2-40}$$

或

$$l_1 = \frac{D}{n+1}\sqrt{(n+1)^2 - (2i-1)^2} \tag{2-41}$$

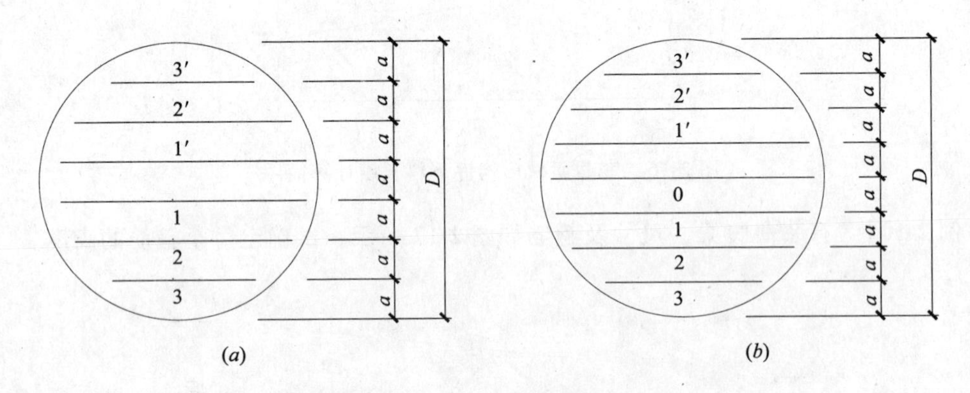

图2-18　按弦长布置钢筋下料长度计算简图

(a) 按弦长单数间距布置；(b) 按弦长双数间距布置

双数间距的圆形缩尺（图2-18b），有一根钢筋所在位置的弦长即为该圆的直径，另有相同的两组配筋，弦长可按下式计算：

$$l_1 = \sqrt{D^2 - (2ia)^2} \tag{2-42}$$

或

$$l_1 = a\sqrt{(n+1)^2 - (2i)^2} \tag{2-43}$$

或

$$l_1 = \frac{D}{n+1}\sqrt{(n+1)^2 - (2i)^2} \tag{2-44}$$

其中

$$n = \frac{D}{a} - 1 \tag{2-45}$$

式中　l_1——从圆心向两边的第i根钢筋所在位置的弦长；

D——圆形构件的直径；

a——钢筋的间距；

n——钢筋的根数；

i——从圆心向两边计数的序号数。

（2）按圆周布置的圆形钢筋

按圆周布置的圆形钢筋，如图 2-19 所示。按比例求出每根钢筋的直径，再乘以圆周率，得到周长，即为圆形钢筋的下料长度。

【例 2-11】 现有一钢筋混凝土圆板，直径为 2m，钢筋沿圆直径等间距布置如图 2-20 所示，已知两端的保护层厚度共为 50mm，试求每个箍筋的高度。

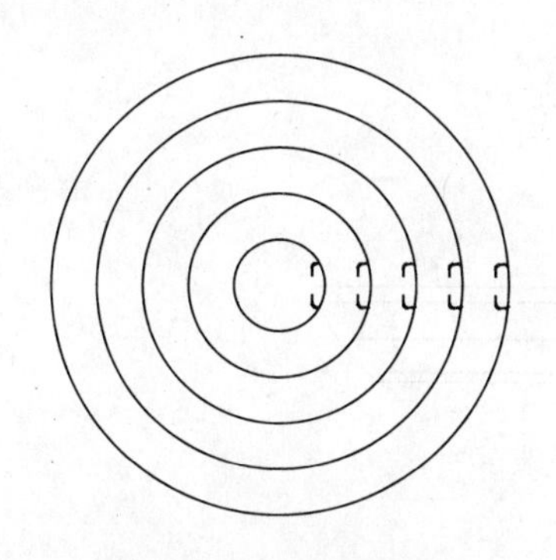

图 2-19　按圆周布置钢筋下料长度计算简图

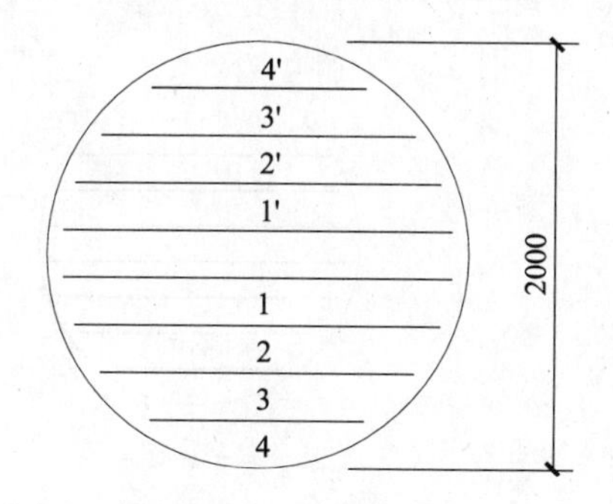

图 2-20　圆板钢筋布置

【解】（1）确定各个箍筋高度

由图可见，配筋间距个数为单数，$n=8$

1 号钢筋长度：$l_1 = a\sqrt{(n+1)^2-(2i-1)^2}$

$$= \frac{2000}{8+1} \times \sqrt{(8+1)^2-(2\times1-1)^2} = 1988\text{mm};$$

2 号钢筋长度：$l_2 = \dfrac{2000}{8+1} \times \sqrt{(8+1)^2-(2\times2-1)^2} = 1963\text{mm};$

3 号钢筋长度：$l_3 = \dfrac{2000}{8+1} \times \sqrt{(8+1)^2-(2\times3-1)^2} = 1937\text{mm};$

4 号钢筋长度：$l_4 = \dfrac{2000}{8+1} \times \sqrt{(8+1)^2-(2\times4-1)^2} = 1912\text{mm};$

（2）编写材料表

在材料表中，把 1～4 号合为一个编号，长度填写 1912～1988，根数为 2×4。

3. 圆形切块钢筋下料长度计算

圆形切块，图 2-21，有时大型水池的预制盖常为了安装、使用或检修，分成几个这样的圆形切块来制作。缩尺钢筋是直线形等间距布置，计算方法先求得每根钢筋的弦心距 C，弦长即可按下式计算：

$$l_0 = \sqrt{D^2-4C^2} \tag{2-46}$$

或 $$l_0 = 2\sqrt{R^2 - C^2} \tag{2-47}$$

或 $$l_0 = 2\sqrt{(R+C)(R-C)} \tag{2-48}$$

弦长减去两端保护层厚度 d，即可求得钢筋长度 l_i：

$$l_i = \sqrt{D^2 - 4C^2} - 2d \tag{2-49}$$

式中 l_0——圆形切块的弦长；

D——圆形切块的直径；

C——弦心距，即圆心至弦的垂线长；

R——圆心切块的半径。

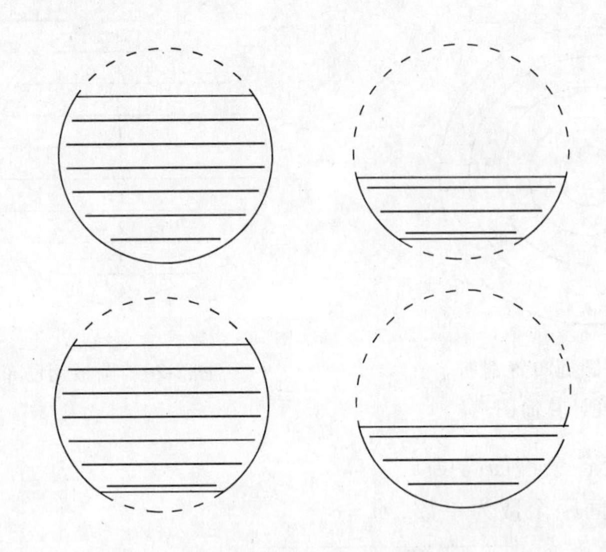

图 2-21 圆形切块的类型

一般，关键在于把圆心至钢筋的垂直距离求出，再套用公式即可得到，计算方法比较简单。

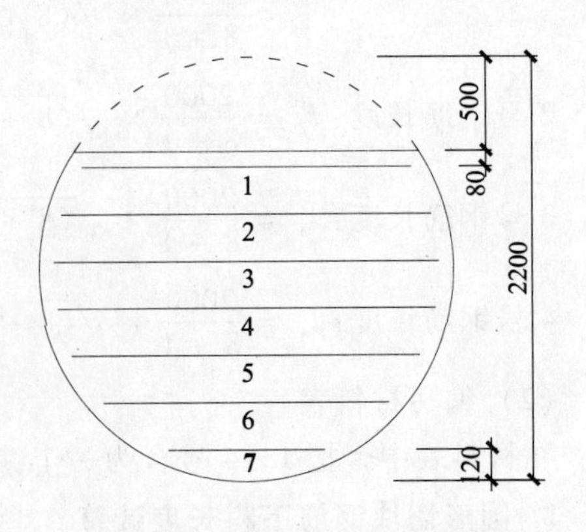

图 2-22 圆形切块板钢筋布置

【例 2-12】 现有一钢筋混凝土圆形切块板，直径为 2.2m，钢筋等间距布置如图 2-22 所示，已知两端保护层厚度共为 50mm，试确定每根钢筋的长度。

【解】 由图可得到，钢筋数量 $n = 7$ 根

计算钢筋之间的间距：$a = \dfrac{s}{n-1} = \dfrac{(2200 - 500 - 80 - 120)}{7-1} = 250\text{mm}$

故 C_1、C_2、C_3、C_4、C_5、C_6、C_7 分别为 520、270、20、230、480、730、980mm，带入式（2-49），得到以下钢筋长度：

$$l_1 = \sqrt{D^2 - 4C^2} - 2d = \sqrt{2200^2 - 4 \times 520^2} - 50 = 1889\text{mm}$$

$$l_2 = \sqrt{D^2 - 4C^2} - 2d = \sqrt{2200^2 - 4 \times 270^2} - 50 = 2083\text{mm}$$

$$l_3 = \sqrt{D^2 - 4C^2} - 2d = \sqrt{2200^2 - 4 \times 20^2} - 50 = 2150\text{mm}$$

$$l_4 = \sqrt{D^2 - 4C^2} - 2d = \sqrt{2200^2 - 4 \times 230^2} - 50 = 2101\text{mm}$$

$$l_5 = \sqrt{D^2 - 4C^2} - 2d = \sqrt{2200^2 - 4 \times 480^2} - 50 = 1929\text{mm}$$

$$l_6 = \sqrt{D^2 - 4C^2} - 2d = \sqrt{2200^2 - 4 \times 730^2} - 50 = 1596\text{mm}$$

$$l_7 = \sqrt{D^2 - 4C^2} - 2d = \sqrt{2200^2 - 4 \times 980^2} - 50 = 949\text{mm}$$

材料表中的表达格式：画一个直径式样，写上长度 949 ~ 2150mm，根数为 6 根。

2.3 钢筋用料计算

2.3.1 钢筋重量计算

工程中，每一批钢筋任务的工程量有多少，需要多少料，都需要经过重量计算，把重量算出来。先计算每米的钢筋重量，再按下料长度计算每根钢筋重量，最后统计出全部重量。可以通过计算的方法得到，或者直接查表得到。

每 1m 长钢筋的体积可按下式计算：

$$V = \frac{\pi d^2}{4} \times 1000 = 250\pi d^2 \qquad (2\text{-}50)$$

每 1m 长的钢筋的重量可按下式计算：

$$G = 7850 \times 10^{-9} \times 250\pi d^2 = 0.006165 d^2 \qquad (2\text{-}51)$$

式中　V——每米钢筋的体积（mm^3）；

π——每米钢筋的体积（mm^3）；

d——钢筋直径（mm），带肋钢筋为公称直径或计算直径；

G——单位长度钢筋的重量（kg/mm^3）。

其中，钢筋的密度为 $7850 \times 10^{-9} kg/mm^3$。

根据式（2-51）算出各种规格钢筋重量，见表 2-16。计算长度为 1 ~ 9m，大于 9m 的钢筋均以 10 倍、100 倍等从表中取值。

【例 2-13】 已知：有一根长为 542m，Φ25mm 的钢筋，求出钢筋的重量。

【解】 由式（2-51）求出钢筋的重量：

$$G = 0.006165 d^2 l = 0.006165 \times 25^2 \times 542 = 2088.4\text{kg}$$

查表 2-16，得到 $G = 19.27 \times 100 + 15.41 \times 10 + 7.706 = 2088.8$kg

计算得出的结果以及查表得出的结果，两者误差为 0.02%。

钢筋重量表 表 2-16

钢筋直径 (mm)	钢筋长度（m）								
	1	2	3	4	5	6	7	8	9
4	0.099	0.197	0.296	0.395	0.493	0.592	0.690	0.789	0.888
5	0.154	0.308	0.462	0.617	0.771	0.925	1.079	1.233	1.387
6	0.222	0.444	0.666	0.888	1.110	1.332	1.554	1.776	1.997
8	0.395	0.789	1.184	1.578	1.973	2.367	2.762	3.156	3.551
9	0.499	0.999	1.498	1.997	2.497	2.996	3.496	3.995	4.494
10	0.617	1.233	1.850	2.466	3.083	3.699	4.316	4.932	5.549
12	0.888	1.776	2.663	3.551	4.439	5.327	6.214	7.102	7.990
14	1.208	2.417	3.625	4.833	6.042	7.250	8.458	9.667	10.88
16	1.578	3.156	4.735	6.313	7.891	9.469	11.048	12.63	14.20
18	1.997	3.995	5.992	7.990	9.987	11.99	13.982	15.98	17.98
20	2.466	4.932	7.398	9.864	12.33	14.80	17.262	19.73	22.19
22	2.984	5.968	8.952	11,94	14.92	17.90	20.89	23.87	26.86
25	3.853	7.706	11.56	15.41	19.27	23.12	26.97	30.83	34.68
28	4.833	9.667	14.50	19.33	24.17	29	33.83	38.67	43.50
32	6.313	12.63	18.94	25.25	31.57	37.88	44.19	50.50	56.82
36	7.990	15.98	23.97	31.96	39.95	47.94	55.93	63.92	71.91
40	9.864	19.73	29.59	39.46	49.32	59.18	69.05	78.91	88.78

2.3.2 钢筋计算、直径计算

进行钢筋拉伸试验或钢筋质量检查，需知道钢筋的计算直径。对于光圆钢筋可用游标卡尺或外径千分尺量得；对带肋钢筋，取表面未经车削的 20cm 长变形钢筋，两端截面切平、切直，称重量后，先按下式计算截面积：

$$F = \frac{G}{7.85L} \tag{2-52}$$

式中 F——带肋钢筋的截面面积（cm^2）；

G——带肋钢筋的重量（g）；

L——带肋钢筋的长度（cm）。

截面面积求出后，按下面的公式计算带肋钢筋的计算直径 d_0；

$$d_0 = \sqrt{\frac{4F}{\pi}} \times 10 \tag{2-53}$$

式中 d_0——带肋钢筋的计算直径（mm）；

F——带肋钢筋的截面面积（cm^2）。

【例 2-14】　一根带肋钢筋长为 30m，称得重量为 716g，试求出其直径。

【解】　由式（2-52）求出钢筋的截面面积：

$$F = \frac{G}{7.85L} = \frac{716}{7.85 \times 36} = 2.5336\text{cm}^2$$

由式（2-53）求出钢筋直径：

$$d_0 = \sqrt{\frac{4F}{\pi}} \times 10 = \sqrt{\frac{4 \times 2.5336}{\pi}} \times 10 = 17.96 \approx 18\text{mm}$$

故，通过计算得到：此直径为 18mm。

2.3.3　钢筋实际代换量计算

一般而言，经过钢筋代换后，其实际用量（重量）会因为损耗与原设计有所出入，需要重新计算下料量。对单一规格钢筋代换，实际钢筋代换量可按下式计算：

$$W_2 = \frac{d_2^2}{d_1^2} \cdot W_1 \tag{2-54}$$

式中　W_1——原设计图算出的钢筋重量（kg）；

W_2——代换后的钢筋重量（kg）；

d_1——原设计的钢筋直径（mm）；

d_2——代换后的钢筋直径（mm）。

如已知原设计 n_1 根直径为 d_1 的钢筋以 n_2 根直径为 d_2 的钢筋代换，则代换后钢筋增加的重量按下式计算：

$$G_2 - G_1 = 0.006165 d_2^2 n_2 l_2 - 0.006165 d_1^2 n_1 l_1$$

$$G_2 - G_1 = 0.006165 (d_2^2 n_2 l_2 - d_1^2 n_1 l_1) \tag{2-55}$$

式中　G_1——原设计钢筋的总重量（kg）；

G_2——代换后钢筋的总重量（kg）；

l_1——原设计钢筋的下料长度（mm）；

l_2——代换后钢筋的下料长度（mm）。

【例 2-15】　原设计中用的是⊈25mm，重 1880kg，因为现场缺材料，后采用⊈22 代换，试求出代换后的钢筋重量。

【解】　由式（2-52）得到：

$$W_2 = \frac{d_2^2}{d_1^2} \cdot W_1 = \frac{22^2}{25^2} \times 1880 = 1456\text{kg}$$

【例 2-16】　有一梁，采用 4 ⊈ 16mm，长 6.2m，后采用 5ϕ18mm，长 6.5 的钢筋代换，试求代换后增加的钢筋重量。

【解】　由式（2-53）得到：

$$\begin{aligned} G_2 - G_1 &= 0.006165 (d_2^2 n_2 l_2 - d_1^2 n_1 l_1) \\ &= 0.006165 \times (18^2 \times 5 \times 6.5 - 16^2 \times 4 \times 6.2) \\ &= 25.78\text{kg} \end{aligned}$$

则经过代换后，钢筋增加重量为25.78kg。

2.3.4 大面积配筋的重量估算

在设计初期，一般需要进行钢筋用量的估算。对于不同形状的平面布置，估算的方法不同，具体方法在下面阐述。

1. 矩形平面配筋估算

有一矩形，如图2-23a，面积为A，共分为n块宽度为a，长度为l的矩形，则得到矩形面积A应等于nal，经过转换得到：$nl=\dfrac{A}{a}$。

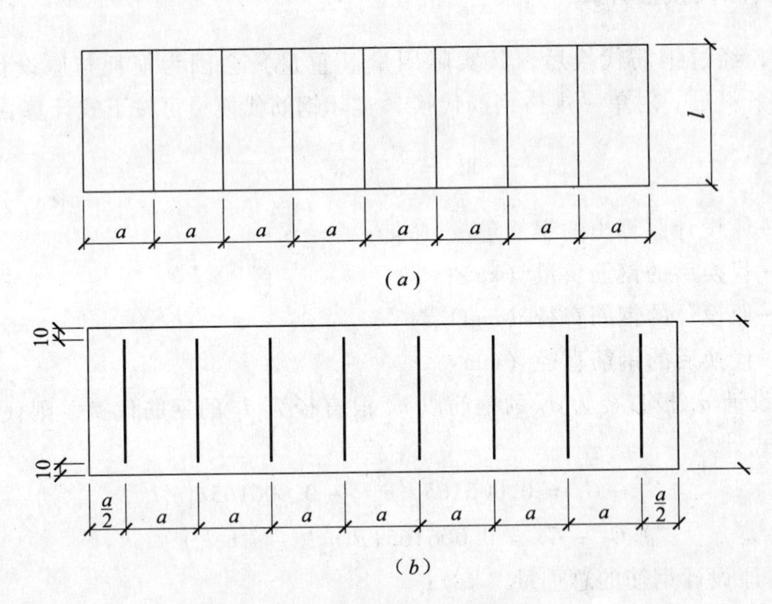

图2-23 矩形平面图形分割

（a）平面图形分割；（b）假想钢筋布置

在该矩形截面上布置一些钢筋，钢筋间距为a，左右两端的混凝土保护层约为$\dfrac{a}{2}$。忽略钢筋两头的保护层约为10mm，总长度

$$L\approx nl=\frac{A}{a} \tag{2-56}$$

式中 L——平面的全部配筋长度；

n——分割块数；

l——矩形或曲边形宽度；

A——矩形或曲边形面积；

a——分块式钢筋间距。

2. 曲边形平面配筋估算

按照图2-24，将平面图形进行等距为a的分割，并连接割线两点，划分为若干个梯形

或三角形。

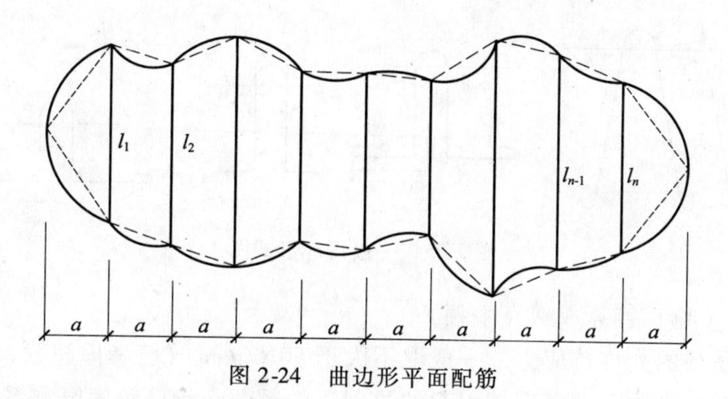

图 2-24 曲边形平面配筋

曲边形面积 A 分成若干个梯形或三角形，计算得到：

$$A = a\left(\frac{l_1}{2} + \frac{l_1 + l_2}{2} + \cdots + \frac{l_{n-1} + l_n}{2} + \frac{l_n}{2}\right)$$

$$= a(l_1 + l_2 + \cdots + l_{n-1} + l_n)$$

平面配筋的全长 L：

$$L = l_1 + l_2 + \cdots + l_{n-1} + l_n$$

得到

$$L = \frac{A}{a} \tag{2-57}$$

式中 l_1、l_2、…、l_{n-1}、l_n——分割长度。

根据式（2-54）、式（2-55）计算得到钢筋总长度以后，参照式（2-51）计算得到钢筋总重量。

2.4 钢筋吊环计算

对于钢筋吊环计算前，需要先计算构件的重量，然后再通过计算得到适用钢筋吊环。在钢筋骨架（钢筋笼）起吊、安装、预制构件运输、吊装以及施工设备绳索的锚碇中，常需要在结构主筋或构件上配置钢筋吊环，由于是临时使用的，可以比一般构件降低要求，但必须做到安全可靠。

吊环的形式见图 2-25。

吊环的应力的计算：

$$\sigma = \frac{9807G}{nA} \leqslant [\sigma] \tag{2-58}$$

式中 σ——吊环拉应力（N/mm^2）；

n——吊环的截面个数，一个吊环时为 2；二个吊环时为 4；四个吊环时为 6；

A——一个吊环的钢筋截面面积（mm^2）；

G——构件的重量（t）；

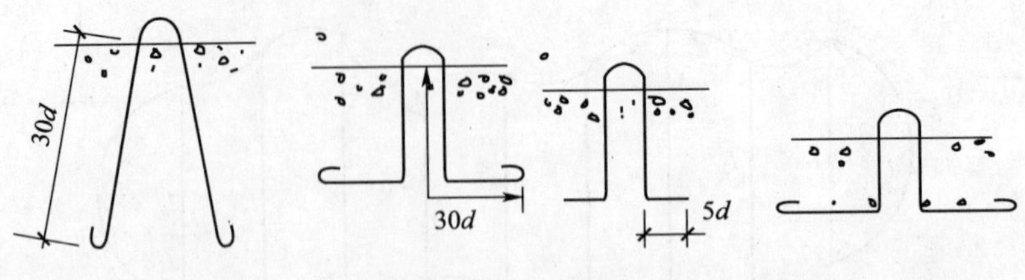

图 2-25　一般吊环形式图

9807 ——t（吨）换算成 N（牛顿）；

$[\sigma]$ ——吊环的允许拉应力，一般取不大于 50N/mm²（已考虑超载系数、吸附系数、动力系数、钢筋弯折引起的盈利集中系数、钢筋角度影响系数等）。

一个吊环可起吊的重量可按下式计算：

$$G_0 = 2[\sigma]\frac{\pi}{4}d^2\frac{1}{9.807} = 8.01d^2 \tag{2-59}$$

除个别小型块状构件外，多数构件是用两个或四个吊环，且为对称布置，在此情况下应考虑吊绳斜角的影响，则吊环可起吊的重量按下式计算：

$$G_0 = 8.01d^2\sin\alpha \tag{2-60}$$

式中　G_0 ——一个吊环起吊的重量（kg）；

d ——吊环直径（mm）；

$[\sigma]$ ——吊环的允许拉应力，一般取 50N/mm²；

α ——吊绳起吊斜角（°）。

由式（2-58）算出吊环直径与构件重量的关系列于表 2-17，可供选用。

【例 2-17】 有一厂房横梁，重 3t，试选择适当起吊方式以及吊环的截面。

【解】 根据题意，采用两根吊环，角度为 45°，根据公式（2-58），分别代入，得到：

$$d = \sqrt{\frac{G_0}{8.01\sin\alpha}} = \sqrt{\frac{3000/2}{8.01\sin45°}} = 16.27\text{mm}$$

最后，选用 ϕ18mm 的吊环，也可以查询表 2-17 直接得到。

在设置吊环时，应通过计算，并应遵循以下原则：

1. 吊环应采用具有一定塑性性能的钢筋，一般采用 HPB235 级钢筋制作，严禁使用冷加工钢筋，以防脆断。

2. 选用吊环的规格应考虑很多因素，构件重量、锤打模板或构件本身吊起时的震动、吊绳角度、构件模板的阻力以及必要的安全储备量等。

3. 每个吊环按两个截面计算，当在一个构件设有四个吊环，计算时仅考虑三个吊环同时发挥作用。

4. 吊环应尽可能对构件中心对称布置，使受力均匀。

5. 预制构件尽可能采用绑扎吊装。

6. 绑扎吊环应保证埋入构件深度不小于 $30d$（d 为吊环直径）；焊接吊环焊于主筋上，每肢有效焊缝长度不少于 $5d$。

7. 吊环露出混凝土的高度不宜过长和过短。应满足穿卡环的要求，并能够承受反复弯折。

8. 在构件自重标准值作用下，吊环的拉应力不应大于 $50N/mm^2$（动力系数已经考虑在内）。

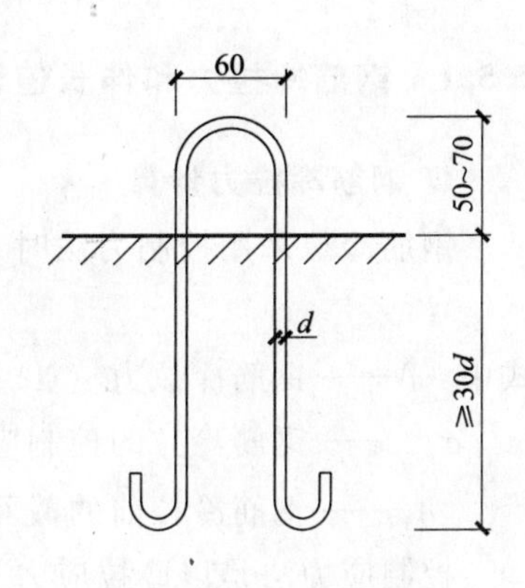

图 2-26　尺寸要求简图

吊环规格及可吊构件重量选用表　　**表 2-17**

吊环直径 d（mm）	可吊构件重量（t）							吊环露出混凝土面高度（mm）
	吊绳垂直			吊绳斜角 45°		吊绳斜角 45°		
	一个吊环	两个吊环	四个吊环	两个吊环	四个吊环	两个吊环	四个吊环	
6	0.29	0.58	0.87	0.41	0.61	0.50	0.75	50
8	0.51	1.02	1.53	0.72	1.09	0.88	1.33	50
10	0.80	1.60	2.41	1.13	1.70	1.38	2.08	50
12	1.15	2.31	3.46	1.62	2.45	1.98	3.00	60
14	1.57	3.14	4.71	2.21	3.33	2.70	4.08	60
16	2.05	4.10	6.15	2.88	4.35	3.53	5.30	70
18	2.60	5.19	7.80	3.65	5.50	4.45	6.73	70
20	3.20	6.41	9.61	4.50	6.80	5.50	8.30	80
22	3.88	7.76	11.63	5.45	8.23	6.65	10.10	90
25	5.00	10.02	15.04	7.03	10.60	8.60	13.00	100
28	6.28	12.56	18.84	8.83	13.30	10.80	16.30	110

2.5　钢筋冷拉计算

冷拉是在常温下对热轧钢筋进行强力拉伸，使得钢筋产生塑性变形，提高钢筋强度。冷拉方法有两种：控制应力和控制冷拉率，对于分不清炉批号的热轧钢筋，不应采用控制冷拉率的方法。

冷拉钢筋一般适用于以下情况：

1. 冷拉Ⅰ级钢筋适用于钢筋混凝土结构受拉钢筋。对于直径大于 12mm 的钢筋，不得利用冷拉后的强度。

2. 冷拉Ⅱ、Ⅲ级钢筋适用于预应力结构中的预应力筋。

3. 在承受冲击荷载的动力设备基础中不得采用冷拉钢筋。

2.5.1 钢筋冷拉力和伸长值计算

1. 钢筋冷拉力计算

钢筋冷拉采用控制力法时，其冷拉力可按下式计算：

$$N = \sigma_{con} A_s \tag{2-61}$$

式中 N——钢筋冷拉力（N）；

σ_{con}——钢筋冷拉的控制应力（N/mm^2），按表2-18规定采用；

A_s——钢筋冷拉前的截面面积（mm^2）。

控制应力法是以冷拉应力为主，同时其冷拉率不能超过表2-18中的规定。一般过程是，加工时按冷拉控制应力进行冷拉，冷拉后检查钢筋的冷拉率，如果比表2-18中小，则合格；如果超过表中查得的值，对结构使用不利，应进行力学性能试验。

钢筋冷拉的冷拉控制应力和最大冷拉率 **表2-18**

钢筋级别		冷拉控制应力（N/mm^2）	最大冷拉率（%）
Ⅰ级 $d \leqslant 12$		280	10.0
Ⅱ级	$d \leqslant 25$	450	5.5
	$d = 28 \sim 40$	430	
Ⅲ级 $d = 8 \sim 40$		500	5.0
Ⅳ级 $d = 10 \sim 28$		700	4.0

2. 钢筋伸长值计算

钢筋冷拉采用控制冷拉率法时，其冷拉伸长值，可按下式计算：

$$\Delta L = rL \tag{2-62}$$

式中 ΔL——钢筋冷拉伸长值（mm）；

r——钢筋的冷拉率（%）；

L——钢筋冷拉前的长度（mm）。

冷拉率必须由试验确定。测定同炉批钢筋冷拉率的冷拉应力应符合表2-19的规定，其试样不少于4个，并取其平均值作为该批钢筋实际采用的冷拉率。

控制冷拉率为间接控制法，由试验统计资料表明，同炉批钢筋按平均冷拉率冷拉后的抗拉强度的标准离差σ约$15 \sim 20N/mm^2$，为满足95%的保证率，应按冷拉控制应力增加1.645σ，约$30N/mm^2$。因此，表2-19中数值比表2-18大。

对于不同炉批钢筋，不宜用控制冷拉率的方法进行钢筋冷拉。对于多根连接钢筋，用控制应力方法进行冷拉时，其控制应力和每根的冷拉率均应符合表2-18；当用控制冷拉率的方法进行冷拉时，冷拉率可按总长计，但冷拉后每根钢筋的冷拉率不得超过表2-18，冷拉后的实际伸长值，不应扣除弹性回缩值。钢筋的冷拉速度不宜过快。

对普通钢筋多采用单控法，仅控制冷拉率；对预应力钢筋及分不清炉批的热轧钢筋，应采用双控法，既控制冷拉率，又控制冷拉应力。

测定冷拉率时钢筋的冷拉应力　　表 2-19

钢筋级别		冷拉控制应力（N/mm^2）
Ⅰ级 $d \leqslant 12$		310
Ⅱ级	$d \leqslant 25$	480
	$d = 28 \sim 40$	460
Ⅲ级 $d = 8 \sim 40$		530
Ⅳ级 $d = 10 \sim 28$		730

2.5.2　钢筋冷拉率和弹性回缩率计算

1. 钢筋冷拉率计算

钢筋冷拉率 $r\%$：

$$r = \frac{L_1 - L}{L} \tag{2-63}$$

式中　L——钢筋或试件冷拉前量得的长度（mm）；

L_1——钢筋或试件在控制冷拉力下冷拉后量得的长度（mm）。

冷拉后，经过测量、计算得到实际钢筋冷拉率，与允许冷拉率进行比较。

2. 钢筋回缩率计算

一般，冷拉后钢筋会产生一定弹性回缩 r_1（%），按下式计算：

$$r_1 = \frac{L_1 - L_2}{L_1} \tag{2-64}$$

式中　L_2——弹性回缩发生后测量得到的长度（mm）；

其他符号意义同前。

【例 2-18】　钢筋试件直径为Φ 20，长 300mm。测定冷拉率时的冷拉应力为 $480N/mm^2$，试件标矩 $L = 10d = 200mm$。L_1 为冷拉力下的标矩长度，$L_1 = 210mm$；L_2 为冷拉完毕后放松后标矩长度，$L_2 = 209.3mm$。求钢筋冷拉率和弹性回缩率。

【解】　钢筋截面面积 $A_s = 314mm^2$

冷拉力 $N = \sigma_{con} A_s = 480 \times 314 = 150.7kN$

试件冷拉率 $r = \frac{L_1 - L}{L} = \frac{210 - 200}{200} = 5\%$

弹性回缩率 $r_1 = \frac{L_1 - L_2}{L_1} = \frac{210 - 209.3}{210} = 0.33\%$

2.5.3　钢筋冷拉设备选用计算

一般，钢筋冷拉设备有两种：

1. 采用卷扬机带动滑轮组作为冷拉动力的机械式冷拉工艺，适用于大量加工、场地宽广的永久性或半永久性工厂使用。

2. 采用专用的液压千斤顶和冷拉装置。其生产效率高，是近年发展起来的新方法。

我国，目前主要采用卷扬机，主要由拉力设备，承力结构、回程装置、测量设备和钢筋夹具组成。参照图 2-27，承力结构一般为地锚，回程装置可用回程荷重架或卷扬机滑轮组回程，测量设备常用液压千斤顶或用装传感器和示力仪的电子秤。

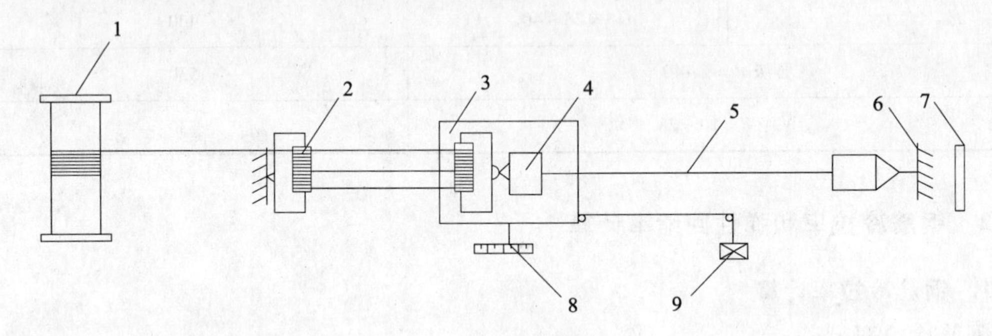

图 2-27 冷拉设备

1—卷扬机；2—滑轮组；3—冷拉小车；4—夹具；5—被冷拉钢筋；
6—地锚；7—防护壁；8—标尺；9—回程荷重架

设备拉力，为安全可靠，一般取钢筋冷拉力的 1.2 ~ 1.5 倍。需用卷扬机的拉力 Q（kN）按下式计算：

$$Q = T \cdot m \cdot \eta - R \tag{2-65}$$

式中 T——卷扬机的牵引力（kN）；

m——滑轮组的工作线数；

η——滑轮组总效率，由表 2-20 查得；

R——设备阻力（kN），由冷拉小车与地面摩擦力与回程装置阻力组成，一般可取 5 ~ 10。

滑轮组总效率 η 和系数 α 值 **表 2-20**

滑轮组门数	工作线数 m	总效率 η	$\frac{1}{m\eta}$	$\alpha = (1 - \frac{1}{m\eta})$
3	7	0.88	0.16	0.84
4	9	0.85	0.13	0.87
5	11	0.83	0.11	0.89
6	13	0.80	0.10	0.90
7	15	0.77	0.09	0.91
8	17	0.74	0.08	0.92

注：本表根据单个滑轮效率 0.96 计算。

【例 2-19】 冷拉设备采用 40kN 的电动卷扬机，已知钢筋冷拉力为 150.7kN，用 3 门滑轮组牵引，计算设备的拉力是否满足需要。

【解】 已知 3 门滑轮组牵引，查表 2-20，得到，工作线数 $m=7$，$\eta=0.88$；设备阻力 R 取 7kN。

设备拉力 $Q=T\cdot m\cdot\eta-R=40\times7\times0.88-7=239.4\text{kN}>1.5\times150.7=226.05\text{kN}$

因此，设备拉力满足要求。

2.5.4　钢筋冷拉速度计算

钢筋冷拉速度 v 可按下式计算，一般与卷扬机卷筒直径、转速和滑轮组的工作线数有关：

$$v=\frac{\pi Dn}{m} \tag{2-66}$$

式中　m——滑轮组工作线数；

π——圆周率，取 3.1416；

D——卷扬机卷筒直径（m）；

n——卷扬机卷筒转速（r/min）。

钢筋冷拉速度 v，根据经验，一般不宜大于 1.0m/min，拉直细钢筋时，可不受此限。

滑轮组是配合卷扬机冷拉工艺的主要附属设备，当卷扬机的能力速度不能达到冷拉的要求时，采用滑轮组，一般由定滑轮和动滑轮组成，见图 2-28。

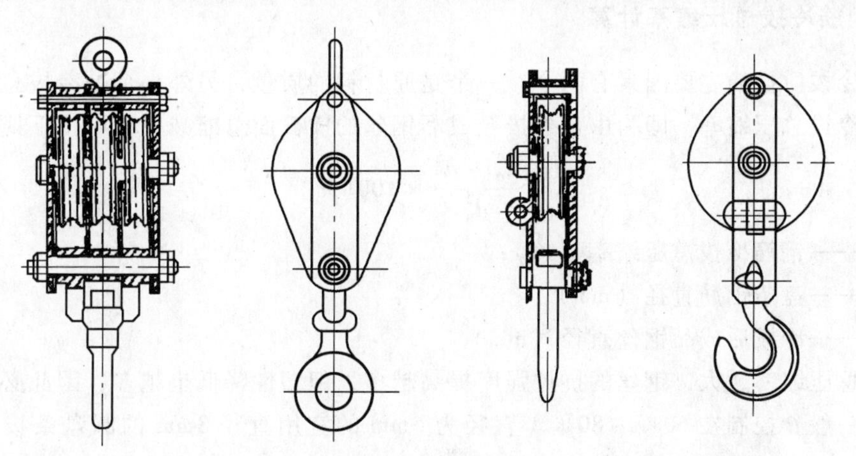

图 2-28　滑轮简图

【例 2-20】 条件同【例 2-18】，已知卷扬机卷筒直径为 350，转速为 6r/min，问速度是否满足要求。

【解】 由式（2-62）计算：

冷拉速度：$v=\dfrac{\pi Dn}{m}=\dfrac{\pi\times0.35\times6}{7}=0.94\text{m/min}<1.0\text{m/min}$

因此，计算得到的冷拉速度是满足要求的。

2.5.5 钢筋冷拉测力器负荷计算

测力器的负荷 P（kN）可按下列两式计算；当测力器装在冷拉线尾端时：

$$P = N - R_0 \tag{2-67}$$

当测力器装在冷拉线前端时：

$$\begin{aligned} P &= N + R_0 - T \\ &= a(N + R) \end{aligned} \tag{2-68}$$

式中 N——钢筋的冷拉力（kN）；

R_0——设备阻力，由尾端连接器及测力器等产生，根据实践经验，采用弹簧测力器及放大表盘时，一般为5kN；

a——系数，由表2-19查得。

2.6 钢筋冷拔计算

冷拔是用热轧钢筋（直径为8mm以下）通过钨合金的拔丝模进行强力冷拔。经过冷拔以后，抗拉强度提高，塑性降低。冷拔钢丝预应力混凝土构件中的预应力筋应采用甲级冷拔低碳钢丝或冷拔低合金钢丝；非预应力筋应采用乙级冷拔低碳钢丝，主要用作焊接骨架、焊接网、架立筋、箍筋和构造钢筋。

2.6.1 钢筋冷拔总压缩率计算

影响冷拔质量的主要因素有两个：一个是原材料的质量，另外一个是冷拔总压缩率。

钢筋冷拔总压缩率，即为由盘条拔至成品钢丝的横截面总缩减率，可按下式计算：

$$\beta = \frac{d_0^2 - d^2}{d_0^2} \times 100(\%) \tag{2-69}$$

式中 β——钢筋冷拔总压缩率（%）；

d_0——盘条钢筋直径（mm）；

d——冷拔后成品钢丝直径（mm）。

冷拔总压缩率愈大，钢丝的抗拉强度提高越多，但塑性降低也越多，因此必须对 β 加以控制，一般 β 控制在60%～80%。直径为5mm的宜用直径8mm的圆盘条拔制；直径4mm和小于4mm的，可用直径为6.5mm的圆盘条拔制。

钢丝需要经过多次冷拔而成。冷拔次数与每道压缩量之间的关系，可按下式经验计算：

$$d_2 = (0.85 \sim 0.9)d_1 \tag{2-70}$$

式中 d_1——前道钢丝直径（mm）；

d_2——后道钢丝直径（mm）。

冷拔次数不宜过多或过少，过多会使钢筋发脆，影响伸长率，降低生产效率；过少会使各道压缩量过大，易发生断丝和设备安全事故。钢丝常用冷拔次数参见表2-21。

钢丝冷拔次数参考表　　表 2-21

钢丝直径	盘条直径	冷拔总压缩率（%）	冷拔次数和拔后直径（mm）					
			第 1 次	第 2 次	第 3 次	第 4 次	第 5 次	第 6 次
$\phi^b 5$	φ8	61.0	6.5	5.7	5.0	—	—	—
			7.0	6.3	5.7	5.0	—	—
$\phi^b 4$	φ6.5	62.2	5.5	4.6	4.0	—	—	—
			5.7	5.0	4.5	4.0	—	—
$\phi^b 3$	φ6.5	78.7	5.5	4.6	4.0	3.5	3.0	—
			5.7	5.0	4.5	4.0	3.5	3.0

【例 2-21】　冷拔直径 6.5mm 盘条钢筋，冷拔 3 次，拔出后成品钢丝直径为 3mm，试计算得到冷拔总压缩率。

【解】　由式（2-69）得到

$$冷拔总压缩率\ \beta = \frac{d_0^2 - d^2}{d_0^2} \times 100(\%) = \frac{6^2 - 3^2}{6^2} \times 100 = 75\%$$

故，冷拔总压缩率为 75%，符合要求。

2.6.2　钢筋冷拔设备功率计算

冷拔装置有两种，分为卧式和立式。前者构造简单，人工卸丝方便，多用于现场拔粗丝；后者占地小，机械卸丝，多用于工厂生产。

冷拔设备电机功率与拔丝力和拔丝速度有关，可按下式计算：

$$N = \frac{PDn}{19500\eta} \tag{2-71}$$

其中

$$P < 0.8 f_{stk} A_s$$

式中　N——拔丝机电动机功率（kW）；

P——拔丝力（N），根据实测资料，一般小于 $0.8 f_{stk} A_s$；

f_{stk}——钢丝的抗拉强度（N/mm^2）；

A_s——钢丝的截面面积（mm^2）；

D——拔丝机卷筒的直径（m）；

N——拔丝机卷筒的转速（r/min）；

η——机械传动效率，一般取 0.88～0.92。

【例 2-22】　直径 6.5mm 盘圆钢筋冷拔，要求拔出的钢丝截面积 $A_s = 7.07mm^2$，抗拉强度 $f_{stk} = 550N/mm^2$，已知拔丝机卷筒直径 $D = 0.6m$，转速 $n = 40r/min$。试求，拔丝电动机需要用的功率。

【解】　取传动效率 $\eta = 0.90$。

$$拔丝机电动机功率\ N = \frac{PDn}{19500\eta} = \frac{0.8 \times 550 \times 7.07 \times 0.6 \times 40}{19500 \times 0.9} = 4.3kW。$$

第3章

混凝土工程施工工艺计算

3.1 混凝土配合比计算

混凝土的配合比是指混凝土的组成材料之间用量的比例关系，一般用水泥:水:砂:石表示。混凝土配合比的选择应根据工程的特点，组成原材料的质量、施工方法等因素及对混凝土的技术要求进行计算，并经试验室试配试验再进行调整后确定，使拌出的混凝土符合设计要求的强度等级及施工对和易性的要求，并符合合理使用材料和节省水泥等经济原则，必要时还应满足混凝土在抗冻性、抗渗性等方面的特殊要求。

3.1.1 普通混凝土配合比计算

按原材料性能及对混凝土的技术要求进行计算，配合比的计算、实验室试配和调整后确定步骤。下面分两个步骤来阐述。

1. 混凝土配合比设计

一般需有混凝土设计强度等级、工程等级、水泥品种和强度等级、砂石的种类规格和表观密度以及石子最大粒径、施工方法等资料才可进行混凝土配合比设计。

(1) 计算要求的试配强度

在施工过程中，由于材料的波动以及施工质量的不确定性，混凝土强度波动性很大，为了使得其强度有一定的保证率，必须使混凝土的试配强度高于设计强度等级，混凝土的施工配制强度可按下式确定：

$$f_{cu,o} = f_{cu,k} + 1.645\sigma \tag{3-1}$$

式中 $f_{cu,o}$——混凝土配制强度（N/mm²）；

$f_{cu,k}$——混凝土立方体抗压强度标准值（N/mm²）；

σ——混凝土强度的标准差（N/mm²）。

其中，混凝土强度的标准差 σ 应按下列规定确定：

1）当施工单位有近期的同一品种混凝土强度资料时，其混凝土强度标准差 σ 应按下列公式计算：

$$\sigma = \sqrt{\frac{\sum_{i=1}^{N} f_{cu,i}^2 - N\mu_{f_{cu}}^2}{N-1}} \tag{3-2}$$

式中 $f_{cu,i}$——统计周期内同一品种混凝土第 i 组试件的强度值（N/mm²）；

$\mu_{f_{cu}}$——统计周期内同一品种混凝土 N 组强度的平均值（N/mm^2）；

N——统计周期内同一品种混凝土试件的总组数，$N \geqslant 25$。

注：

①“同一品种混凝土”系指混凝土强度等级相同且生产工艺和配合比基本相同的混凝土。

② 对预拌混凝土厂和预制混凝土构件厂，统计周期可取为一个月；对现场拌制混凝土的施工单位，统计周期可根据实际情况确定，但不宜超过三个月。

③ 当混凝土强度等级为 C20 或 C25 级，其强度标准差计算值 $\sigma < 2.5MPa$，取 $\sigma = 2.5MPa$；当混凝土强度等级高于 C25 级时，如 $\sigma < 3MPa$，取 $\sigma = 3MPa$。

2）当施工单位无近期的同一品种混凝土强度资料时，强度标准差计算值 σ 按表 3-1 取用。

强度标准差计算值 σ　　　　**表 3-1**

混凝土强度等级	< C20	C20 ~ C35	> C35
σ	4.0	5.0	6.0

为了方便起见，混凝土的施工试配强度，可根据混凝土强度等级和强度标准差采用插值法直接由表 3-2 确定。

混凝土施工试配强度　　　　**表 3-2**

强度标准差（MPa）		2.0	2.5	3.0	4.0	5.0	6.0
强度等级	C7.5	10.8	11.6	12.4	14.1	15.7	17.4
	C10	13.3	14.1	14.9	16.6	18.2	19.9
	C15	18.3	19.1	19.9	21.6	23.2	24.9
	C20	24.1	24.1	24.9	26.6	28.2	29.9
	C25	29.1	29.1	29.9	31.6	33.2	34.9
	C30	34.9	34.9	34.9	36.6	38.2	39.9
	C35	39.9	39.9	39.9	41.6	43.2	44.9
	C40	44.9	44.9	44.9	46.6	48.2	49.9
	C45	49.9	49.9	49.9	51.6	53.2	54.9
	C50	54.9	54.9	54.9	56.6	58.2	59.9
	C55	59.9	59.9	59.9	61.6	63.2	64.9
	C60	64.9	64.9	64.9	66.6	68.2	69.9

注：在以下两种情况下应提高混凝土配制强度：现场条件与试验室条件有显著差异时；C30 级及其以上强度等级的混凝土，采用非统计方法评定时。

（2）确定水灰比

水灰比值很大程度上影响着混凝土强度。当其他条件相同时，水灰比愈大，则混凝土强度愈低。根据水泥强度等级、混凝土的试配强度和骨料种类，由下式确定所需要的水灰比：

$$W/C = \frac{\alpha_a f_{ce}}{f_{cu,0} + \alpha_a \alpha_b f_{ce}} \tag{3-3}$$

式中 W/C——水灰比值；

W——每立方米混凝土的用水量（kg）；

C——每立方米混凝土的水泥用量（kg）；

α_a、α_b——回归系数；

f_{ce}——水泥28d抗压强度实测值（MPa）。

其中，当f_{ce}没有实际强度数据时，可按下式计算：

$$f_{ce} = \gamma_c f_{ce,g} \tag{3-4}$$

式中 γ_c——水泥强度等级值的富余系数，按实际统计资料确定；

$f_{ce,g}$——水泥强度等级值（MPa）。

除此，f_{ce}值也可根据3d强度或快测强度推定28d强度关系式推定得出。

回归系数 α_a、α_b 按下面规定确定大小：

1）回归系数 α_a、α_b 应根据工程所使用的水泥、骨料和通过试验建立水灰比与混凝土的关系式确定；

2）当没有试验统计资料时，其回归系数可按表3-3采用。

回归系数 α_a、α_b 选用表 **表3-3**

系数＼石子品种	碎石	卵石
α_a	0.46	0.48
α_b	0.07	0.33

由计算所得的混凝土水灰比不仅要满足强度的要求，还需要满足《普通混凝土配合比设计规程》（JGJ 55—2000）中混凝土最大水灰比和最小水泥用量表（表3-4），如果大于表中数值，应按表3-4取用。

（3）确定每立方米混凝土的用水量

根据表3-5选择混凝土浇筑时的坍落度，然后再根据骨料的品种、粒径选取单位体积混凝土的用水量m_{wo}，可由表3-6、表3-7取用。

对于流动性和大流动性的混凝土的用水量应该另外考虑，一般每增加20mm用水量增加5kg。对于掺加了外加剂的混凝土，应当减去外加剂的减水效果。

（4）计算水泥用量

根据用水量和水灰比按下式计算水泥用量：

$$m_{co} = \frac{m_{wo}}{W/C} \tag{3-5}$$

式中 m_{co}——每立方米混凝土的水泥用量（kg/m^3）；

m_{wo}——每立方米混凝土的用水量（kg/m^3）；

其他符号意义同前。

混凝土的最大水灰比和最小水泥用量 **表3-4**

环境条件		结构物类别	最大水灰比			最小水泥用量（kg）		
			素混凝土	钢筋混凝土	预应力混凝土	素混凝土	钢筋混凝土	预应力混凝土
1. 干燥环境		●正常的居住或办公用房屋内部件	不作规定	0.65	0.60	200	260	300
2. 潮湿环境	无冻害	●高湿度的室内部件 ●室外部件 ●在非侵蚀性土和（或）水中的部件	0.70	0.60	0.60	225	280	300
	有冻害	●经受冻害的室内部件 ●在非侵蚀性土和（或）水中且经受冻害的部件 ●高湿度且经受冻害的室内部件	0.55	0.55	0.55	250	280	300
3. 有冻害和除冰剂的潮湿环境		·经受冻害和除冰剂作用的室内和室外部件	0.50	0.50	0.50	300	300	300

注：1. 当用活性掺合料取代部分水泥时，表中的最大水灰比及最小水泥用量即为替代前的水灰比和水泥用量。

2. 配制C15级及其以下等级的混凝土，可不受本表限制。

混凝土浇筑时的坍落度 **表3-5**

项　次	结 构 种 类	坍落度（mm）
1	基础或地面等的垫层、无配筋的厚大结构（挡土墙、基础或厚大的块体等）或配筋稀疏的结构	10～30
2	板、梁及大型、中型截面的柱子等	30～60
3	配筋密列的结构（薄壁、斗仓、筒仓、细柱等）	50～70
4	配筋特密的结构	70～90

注：1. 本表系指采用机械振捣的坍落度，采用人工捣实时可适当增大；

2. 需要配制大坍落度混凝土时，应掺用外加剂；

3. 曲面或斜面结构的混凝土，其坍落度值应根据实际需要另行选定。

干硬性混凝土的用水量（kg/m³） **表3-6**

拌合物稠度		卵石最大粒径（mm）			碎石最大粒径（mm）		
项目	指标	10	20	40	16	20	40
维勃稠度（s）	16～20	175	160	145	180	170	155
	11～15	180	165	150	185	175	160
	5～10	185	170	155	190	180	165

塑性混凝土的用水量（kg/m^3） **表 3-7**

拌合物稠度		卵石最大粒径（mm）				碎石最大粒径（mm）			
项目	指标	10	20	31.5	40	16	20	31.5	40
坍落度（mm）	10~30	190	170	160	150	200	185	175	165
	35~50	200	180	170	160	210	195	185	175
	55~70	210	190	180	170	220	205	195	185
	75~90	215	195	185	175	230	215	205	195

注：1. 水灰比在0.40~0.80范围内，用水量可按表3-6、3-7选用，对于水灰比小于0.40的混凝土以及采用特殊成型工艺的混凝土应通过试验确定；
2. 本表用水量系采用中砂时的平均取值。采用细纱时，每立方米混凝土用水量可增加5~10kg，采用粗砂时，则可减少5~10kg；
3. 掺用各种外加剂或掺合料时，用水量应相应调整。

为满足混凝土的耐久性和密实度要求，采用的水灰比和水泥用量应满足表3-4中的最大水灰比和最小水泥用量。如果不能满足，则采用表中规定的数值，在不影响操作的情况下，用水量可不减。混凝土的最小水泥用量不宜大于$550kg/m^3$。

（5）选取砂率

砂率是指砂在骨料（砂及石子）总量中所占的重量百分率。可以根据施工单位对所用材料的使用经验，选用合理的数值。如果没有使用经验的话，可以按照以下方法确定砂率。

1）坍落度为10~60mm的混凝土砂率，可按骨料品种、粒径及混凝土的水灰比值参照表3-8选用。

混凝土砂率选用表（%） **表 3-8**

水灰比（W/C）	卵石最大粒径（mm）			碎石最大粒径（mm）		
	10	20	40	16	20	40
0.40	26~32	25~31	24~30	30~35	29~34	27~32
0.50	30~35	29~34	28~33	33~38	32~37	30~35
0.60	33~38	32~37	31~36	36~41	35~40	33~38
0.70	36~41	35~40	34~39	39~44	38~43	36~41

注：1. 本表数值系中砂的选用率，对细砂或粗砂，可相应地减少或增大砂率；
2. 只用一个单位级粗骨料配制混凝土时，砂率应相应增大；
3. 对薄壁构件，砂率取偏大值；
4. 本表中的砂率系指砂与骨料总量的重量比。

2）坍落度大于60mm的混凝土砂率，可经试验确定，也可在表3-8基础上，按坍落度每增加20mm，砂率增大1%的幅度予以调整。

3）坍落度小于10mm的混凝土，其砂率应经试验确定。

(6) 计算粗细骨料用量

由上述已知条件，可采用体积法和重量法求出粗、细骨料的用量。

重量法，又称绝对重量法，系先假定一个混凝土拌合物密度，从而根据各材料之间的重量关系，可求出单位体积混凝土的骨料总用量（重量），再分别求出粗、细骨料的重量。

体积法，又称绝对体积法，系指假定混凝土组成材料绝对体积的总和等于混凝土的体积，从而得到下列方程式，解之，即可求得粗细骨料的用量。

1）当采用重量法时，应按下列公式计算：

$$m_{c0} + m_{g0} + m_{s0} + m_{w0} = m_{cp} \tag{3-6}$$

$$\beta_s = \frac{m_{s0}}{m_{g0} + m_{s0}} \times 100\% \tag{3-7}$$

式中 m_{c0}——每立方米混凝土的水泥用量（kg）；

m_{g0}——每立方米混凝土的粗骨料用量（kg）；

m_{s0}——每立方米混凝土的细骨料用量（kg）；

m_{w0}——每立方米混凝土的用水量（kg）；

m_{cp}——每立方米混凝土拌合物的假定重量（kg），其值可取2350～2450kg；

β_s——砂率（%）。

2）当采用体积法时，应按下列公式计算：

$$\frac{m_{c0}}{\rho_c} + \frac{m_{g0}}{\rho_g} + \frac{m_{s0}}{\rho_s} + \frac{m_{w0}}{\rho_w} + 0.01\alpha = 1 \tag{3-8}$$

$$\beta_s = \frac{m_{s0}}{m_{g0} + m_{s0}} \times 100\% \tag{3-9}$$

式中 ρ_c——水泥密度（kg/m^3），可取2900～3100kg/m^3；

ρ_g——粗骨料的表观密度（kg/m^3）；

ρ_s——细骨料的表观密度（kg/m^3）；

ρ_w——水的密度（kg/m^3），可取1000kg/m^3；

α——混凝土的含气量百分数，在不使用引气型外加剂时，α可取1。

3）粗骨料和细骨料的表观密度（ρ_g、ρ_s）应按现行行业标准《普通混凝土用砂、石质量及检验方法标准》（JGJ 52）规定的方法测定。

(7) 确定试配用混凝土配合比

求得混凝土各组成材料后，可写成以下几种形式来表示：

$$m_{c0} : m_{g0} : m_{s0} : m_{w0} \tag{3-10}$$

$$1 : \frac{m_{g0}}{m_{c0}} : \frac{m_{s0}}{m_{c0}} : \frac{m_{w0}}{m_{c0}} \tag{3-11}$$

$$\beta_s = \frac{m_{s0}}{m_{g0} + m_{s0}} \times 100\% \tag{3-12}$$

符号意义同前。

2. 混凝土配合比的试配、调整与确定

（1）配合比的试配

1）进行混凝土配合比试配时应采用工程中实际使用的原材料。混凝土的搅拌方法，宜与生产时使用的方法相同。

2）混凝土配合比试配时，每盘混凝土的最小搅拌量应符合表 3-9 的规定；当采用机械搅拌时，其搅拌量不应小于搅拌机额定搅拌量的 1/4。

混凝土试配的最小搅拌量　　表 3-9

骨料最大粒径（mm）	拌合物数量（L）
31.5 及以下	15
40	25

3）按计算的配合比进行试配时，首先应进行试拌，以检查拌合物的性能。当试拌得出的拌合物坍落度或维勃稠度不能满足要求，或黏聚性和保水性不好时，应在保证水灰比不变的条件下相应调整用水量或砂率，直到符合要求为止。然后提出混凝土强度试验用的基准配合比。

4）混凝土强度试验时至少应采用三个不同的配合比。当采用三个不同的配合比时，其中一个应为基准配合比，另外两个配合比的水灰比，宜较基准配合比分别增加和减少 0.05；用水量应与基准配合比相同，砂率可分别增加和减少 1%。

当不同水灰比的混凝土拌合物坍落度与要求值的差超过允许偏差时，可通过增、减用水量进行调整。

5）制作混凝土强度试验试件时，应检验混凝土拌合物的坍落度或维勃稠度、粘聚性、保水性及拌合物的表观密度，并以此结果作为代表相应配合比的混凝土拌合物的性能。

6）进行混凝土强度试验时，每种配合比至少制作一组（三块）试件，标准养护到 28d 时试压，并且边长不能超过表 3-10。

需要时可同时制作几组试件，供快速检验或较早龄期试压，以便提前定出混凝土配合比供施工是使用。但应以标准养护 28d 强度或按现行国家标准《粉煤灰混凝土应用技术规程》（GBJ 146）、现行行业标准《粉煤灰在混凝土和砂浆中应用技术规程》（JGJ 28）等规定的龄期强度的检验结果为依据调整配合比。

允许的试件最小尺寸及其强度折算系数　　表 3-10

骨料最大粒径（mm）	试件边长	强度折算系数
31.5 及以下	100	0.95
40	150	1.0
63	200	1.05

(2) 配合比的调整与确定

1) 根据试验得出的混凝土强度与其对应的灰水比（C/W）关系，用作图法或计算法求出混凝土强度（$f_{cu,0}$）相对应的灰水比，并应按下列原则确定每立方米混凝土的材料用量：

① 用水量（m_w）应在基准配合比用水量的基础上，根据制作强度试件时测得的坍落度或维勃稠度进行调整确定；

② 水泥用量（m_c）应以用水量乘以选定出来的灰水比计算确定；

③ 粗骨料和细骨料用量（m_g 和 m_s）应在基准配合比的粗骨料和细骨料用量的基础上，按选定的灰水比进行调整后确定。

2) 经试配确定配合比后，尚应按下列步骤进行校正：

① 根据确定的材料用量按下式计算混凝土的表观密度计算值 $\rho_{c,c}$：

$$\rho_{c,c} = m_c + m_g + m_s + m_w \tag{3-13}$$

符号意义同前。

② 按下式计算混凝土配合比校正系数 δ：

$$\delta = \frac{\rho_{c,t}}{\rho_{c,c}} \tag{3-14}$$

式中　$\rho_{c,c}$——混凝土表观密度实测值（kg/m^3）；

$\rho_{c,t}$——混凝土表观密度计算值（kg/m^3）。

③ 当混凝土表观密度实测值与计算值之差的绝对值不超过计算值2%时，按上述条款1）确定的配合比即为设计配合比；当二者之差超过2%时，应将配合比中每项材料用量均乘以校正系数 δ，即为确定的设计配合比。

3) 施工配合比的换算

由于实验室配合比是以干燥状态骨料为基准计算，而在施工现场，必须先测定骨料的含水率，再根据粗、细骨料含水率，按下式换算得到施工配合比：

水泥：
$$m'_{c0} = m_{c0} \tag{3-15}$$

粗骨料：
$$m'_{g0} = m_{g0}(1 + w_a\%) \tag{3-16}$$

细骨料：
$$m'_{s0} = m_{s0}(1 + w_b\%) \tag{3-17}$$

水：
$$m'_{w0} = m_{w0} - (m_{g0} \times w_a\% + m_{s0} \times w_b\%) \tag{3-18}$$

式中　m'_{c0}——施工配合比中每立方米混凝土的水泥用量（kg/m^3）；

m'_{g0}——施工配合比中每立方米混凝土的粗骨料用量（kg/m^3）；

m'_{s0}——施工配合比中每立方米混凝土的细骨料用量（kg/m^3）；

m'_{w0}——施工配合比中每立方米混凝土的水用量（kg/m^3）；

w_a——粗骨料的含水率（%）；

w_b——细骨料的含水率（%）。

其他符号意义同前。

最后，得到施工配合比：$m'_{w0} : m'_{c0} : m'_{s0} : m'_{g0}$

【例 3-1】 钢筋混凝土柱设计强度等级为 C30，普通硅酸盐水泥的强度等级为 42.5，碎石最大粒径 20mm（视密度 2.65t/m^3），细骨料为中砂（视密度 2.62t/m^3），自来水。混凝土用机械搅拌，振动器振捣，混凝土坍落度要求 35～50mm，运用体积法计算混凝土配合比。

【解】（1）计算要求的试配强度

根据混凝土强度设计等级查表 3-1，得到强度标准差计算值 $\sigma=5.0$；

由式（3-1）计算得到混凝土的施工配制强度：

$$f_{cu,o}=f_{cu,k}+1.645\sigma=30+1.645\times5.0=38.2\text{N/mm}^2;$$

（2）确定水灰比

水泥 28d 抗压强度实测值由式（3-4）：取 $\gamma_c=1.13$，$f_{ce}=\gamma_c f_{ce,g}=1.13\times42.5=48\text{N/mm}^2$；采用骨料为碎石，由式（3-3）计算混凝土需要的水灰比

$$W/C=\frac{\alpha_a f_{ce}}{f_{cu,0}+\alpha_a\alpha_b f_{ce}}=\frac{0.46\times48}{38.2+0.46\times0.07\times48}=0.56$$

（3）确定单位用水量

已知混凝土浇筑时的坍落度为 35～50mm，骨料采用碎石，最大粒径为 20mm。查表 3-7，得到混凝土的最大用水量：

$$m_{w0}=195\text{kg/m}^3;$$

（4）计算水泥用量

水泥用量可根据已定的用水量和水灰比按下式计算：

$$m_{co}=\frac{m_{wo}}{W/C}=\frac{195}{0.56}=348\text{kg/m}^3;$$

查表 3-4，混凝土的最小水泥用量为 260kg/m^3，$m_{co}>260\text{kg/m}^3$，故取 $m_{co}=348\text{kg/m}^3$；

（5）选取砂率

根据表 3-8，查得砂率 35%；

（6）计算粗、细骨料用量

当采用体积法时，根据式（3-8）、式（3-9）计算：

$$\frac{m_{c0}}{\rho_c}+\frac{m_{g0}}{\rho_g}+\frac{m_{s0}}{\rho_s}+\frac{m_{w0}}{\rho_w}+0.01\alpha=1$$

$$\beta_s=\frac{m_{s0}}{m_{g0}+m_{s0}}\times100\%$$

把有关数据代入，得到：

$$\frac{348}{3100}+\frac{m_{g0}}{2650}+\frac{m_{s0}}{2620}+\frac{195}{1000}+0.01\times1=1$$

$$\frac{m_{s0}}{m_{g0}+m_{s0}}\times100\%=35\%$$

求解上述两个方程，得到：

砂的重量：$m_{s0}=631\text{kg}$；

石子的重量：　　　　　　　　　$m_{g0}=1171\text{kg}$；

（7）确定试配用混凝土配合比

求得混凝土各组成材料后，则试配用混凝土的重量比为：

$$m_{c0}:m_{g0}:m_{s0}:m_{w0}=348:1171:631:195$$

（8）试配、调整和确定施工配合比

混凝土的计算密度为 2345kg/m³，经试配调整后测得混凝土的实测密度为 2380kg/m³，由式（3-14），计算混凝土配合比校正系数：

$$\delta=\frac{\rho_{c,t}}{\rho_{c,c}}=\frac{2380}{2345}=1.015<1.02$$

因此，可以不用调整，即每立方米普通混凝土设计配合比：

$$m_c=348\ \text{kg};\ m_g=1171\ \text{kg};\ m_s=631\ \text{kg};\ m_w=195\ \text{kg}。$$

【例 3-2】 条件与【例 3-1】一样，运用重量法计算混凝土配合比。

【解】（1）已经计算得到水用量 $m_{w0}=190\text{kg/m}^3$；水泥用量 $m_{co}=348\text{kg/m}^3$；砂率 35%；假定混凝土拌合物的密度为 2400kg/m³。

（2）计算粗、细骨料用量

当采用重量法时，采用公式（3-6）、（3-7）进行计算：

$$m_{c0}+m_{g0}+m_{s0}+m_{w0}=m_{cp}$$

$$\beta_s=\frac{m_{s0}}{m_{g0}+m_{s0}}\times100\%$$

把有关数据代入，得到：

$$348+m_{g0}+m_{s0}+195=2400$$

$$\frac{m_{s0}}{m_{g0}+m_{s0}}\times100\%=35\%$$

求解上述两个方程，得到：

砂的重量：　　　　　　　　　$m_{s0}=650\text{kg}$；

石子的重量：　　　　　　　　$m_{g0}=1207\text{kg}$；

（3）确定试配用混凝土配合比

求得混凝土各组成材料后，则试配用混凝土的重量比为：

$$m_{c0}:m_{g0}:m_{s0}:m_{w0}=348:1207:650:195$$

（4）试配、调整和确定施工配合比

混凝土的计算密度为 2400kg/m³，经试配调整后测得混凝土的实测密度为 2380kg/m³，由式（3-14），计算混凝土配合比校正系数：

$$\delta=\frac{\rho_{c,t}}{\rho_{c,c}}=\frac{2380}{2400}=0.992>1-0.02$$

因此，可以不用调整。

即，每立方米普通混凝土设计配合比：

$$m_c=348\ \text{kg};\ m_g=1207\ \text{kg};\ m_s=650\ \text{kg};\ m_w=195\ \text{kg}。$$

3.1.2 粉煤灰混凝土配合比计算

适当地在混凝土中掺入粉煤灰，可以改善混凝土性能、提高工程质量、节省水泥、降低混凝土成本、节约资源等，因此在工程中广泛得到运用，并且有了专门的规范《粉煤灰混凝土应用技术规程》(GBJ 146)、《粉煤灰在混凝土和砂浆中应用技术规程》(JGJ 28)。

粉煤灰是一种火山质工业废料活性矿物掺合料，一般表面光滑，呈球状，密度为 1950~2400kg/m³，堆积密度为 550~800kg/m³。

1. 一般规定

以粉煤灰取代部分水泥，一般可减少混凝土的泌水率，防止离析，泵送混凝土可考虑采用粉煤灰混凝土。取代水泥后，混凝土的早期强度有所降低，后期强度则略高，因此在施工过程中，要考虑这个影响因素。对于大体积混凝土，还可以减少水化热，减缓开裂。

在一般使用中，尚需考虑以下几个规定，满足使用要求。

(1) 粉煤灰质量的指标划分为三个等级，Ⅰ级粉煤灰适用于钢筋混凝土和跨度小于 6m 的预应力钢筋混凝土；Ⅱ级粉煤灰适用于钢筋混凝土和无筋混凝土；Ⅲ级粉煤灰主要用于无筋混凝土，对设计强度等级 C30 及以上的无筋粉煤灰混凝土，宜采用Ⅰ、Ⅱ级粉煤灰。

用于预应力钢筋混凝土、钢筋混凝土及设计强度等级 C30 及以上的无筋混凝土的粉煤灰等级，如经经验论证，可采用比本条第一、二、三款规定低一级的粉煤灰。其质量指标应符合表 3-11。

(2) 粉煤灰取代水泥的最大限量，应符合表 3-12 的规定。

(3) 粉煤灰宜与外加剂复合使用以改善混凝土或砂浆拌合物和易性，提高混凝土(或砂浆)的耐久性。

外加剂的合理掺量可通过试验确定。

(4) 冬期施工时，粉煤灰混凝土和砂浆应采取早强和保温措施，加强养护。

(5) 详细规定参见《粉煤灰混凝土应用技术规程》(GBJ 146)、现行行业标准《粉煤灰在混凝土和砂浆中应用技术规程》(JGJ 28) 中的有关规定。

粉煤灰质量指标的分级(%) 表 3-11

质量指标 / 粉煤灰等级	细度(45μm 方孔筛筛余)	烧失量	需水量比	三氧化硫含量
Ⅰ	≤12	≤5	≤95	≤3
Ⅱ	≤20	≤8	≤105	≤3
Ⅲ	≤45	≤15	≤115	≤3

注：1. 干排法获得的粉煤灰，其含水量不宜大于 1%；湿排法获得的粉煤灰，其质量应均匀。

2. 主要用于改善混凝土和易性所采用的粉煤灰，可不受本规范的限制。

粉煤灰取代水泥的最大限量　　表 3-12

混凝土种类	粉煤灰取代水泥的最大限量（%）			
	硅酸盐水泥	普通硅酸盐水泥	矿渣硅酸盐水泥	火山灰质硅酸盐水泥
预应力钢筋混凝土	25	15	10	~
钢筋混凝土 高强度混凝土 高抗冻融性混凝土 蒸养混凝土	30	25	20	15
中、低强度混凝土 泵送混凝土 大体积混凝土 水下混凝土 压浆混凝土	50	40	30	20
碾压混凝土	65	55	45	35

注：当钢筋混凝土中钢筋保护层厚度小于 5cm 时，粉煤灰取代水泥的最大限量，比表中数据相应减少 5%。

2. 粉煤灰混凝土的配合比设计

混凝土掺用粉煤灰的配合比设计方法有等量取代法、超量取代法和外加法，一般采用超量取代法。以基准混凝土配合比为基准，按等稠度、等强度原则进行设计。

（1）计算试配强度

粉煤灰混凝土的施工配制强度可按下式确定：

$$f_{cu,o} = f_{cu,k} + 1.645\sigma \tag{3-19}$$

式中符号意义与前相同。

（2）进行普通混凝土基准配合比设计

按设计对混凝土强度等级、技术性能和施工对和易性、坍落度等等要求进行普通混凝土基准配合比的设计，确定混凝土基准配合比。具体计算方法和 3.1.1 相同。

（3）按照表 3-13 选择粉煤灰取代水泥率 β_c，并求出每立方米粉煤灰混凝土的水泥用量 m_c。由下式计算每立方米粉煤灰混凝土的水泥用量：

$$m_c = m_{c0}(1 - \beta_c) \tag{3-20}$$

式中　m_c——每立方米粉煤灰混凝土的水泥用量（kg/m^3）；

m_{c0}——每立方米基准混凝土的水泥用量（kg/m^3）；

β_c——粉煤灰取代水泥百分率（%）。

（4）根据粉煤灰级别，选择粉煤灰超量系数（δ_c）

粉煤灰超量系数 δ_c 可根据表 3-14 取值。

（5）求出每立方混凝土的粉煤灰掺入量 m_f

根据查得的超量系数 δ_c，按下面公式计算 m_f：

$$m_f = \delta_c(m_{c0} - m_c) \tag{3-21}$$

式中 m_f ——每立方米混凝土的粉煤灰掺入量（kg）；

m_{c0} ——每立方米基准混凝土的水泥用量（kg）；

m_c ——每立方米粉煤灰混凝土的水泥用量（kg）

δ_c ——超量系数。

粉煤灰取代水泥百分率 表 3-13

混凝土等级	普通硅酸盐水泥（%）	矿渣硅酸盐水泥（%）
C15 以下	15 ~ 25	10 ~ 20
C20	10 ~ 15	10
C25 ~ C30	15 ~ 20	10 ~ 15

注：1. 以等级为 42.5 的水泥配制成的混凝土取表中下限值；以等级为 52.5 的水泥配制的混凝土取上限值。
2. C20 以上的混凝土宜采用Ⅰ、Ⅱ级粉煤灰；C15 以下的素混凝土可采用Ⅲ级粉煤灰。

粉煤灰超量系数 表 3-14

粉煤灰级别	超量系数（δ_c）
Ⅰ	1.0 ~ 1.4
Ⅱ	1.2 ~ 1.7
Ⅲ	1.5 ~ 2.0

注：C25 以上混凝土取下限，其他强度等级混凝土取上限。

(6) 细骨料用量

求粉煤灰混凝土中超出部分水泥的体积，扣除同体积的细骨料用量，得到其用量：

$$m_s = m_{s0} - \left(\frac{m_c}{\rho_c} + \frac{m_f}{\rho_f} - \frac{m_{co}}{\rho_c}\right)\rho_s \tag{3-22}$$

式中 m_{s0} ——每立方米基准混凝土的细骨料用量（kg）；

ρ_c ——水泥的密度（kg/m^3），一般取 2.9 ~ 3.1；

m_f ——每立方米混凝土细骨料用量（kg）；

ρ_f ——粉煤灰的表观密度（kg/m^3）；

ρ_s ——细骨料的视密度（kg/m^3）。

其余符号意义同前。

(7) 粉煤灰混凝土用水量和粗骨料用量

粉煤灰混凝土的用水量，粗骨料按基准混凝土取用。即：

$$m_w = m_{w0} \tag{3-23}$$

$$m_g = m_{g0} \tag{3-24}$$

式中 m_w ——每立方米基准混凝土的用水量（kg）；

m_{w0} ——每立方米粉煤灰混凝土的用水量（kg）；

m_g——每立方米基准混凝土的粗骨料用量（kg）；

m_{g0}——每立方米粉煤灰混凝土的粗骨料用量（kg）。

（8）试配和调整、并确定施工配合比

根据计算的粉煤灰混凝土配合比，通过试配，在保证设计所需和易性的基础上，进行混凝土配合比的调整；根据调整后的配合比，提出现场施工用的粉煤灰混凝土配合比。

【例 3-3】 条件与【例 3-1】相同，试设计粉煤灰混凝土配合比。

【解】（1）运用体积法计算得到（前一节已经得到结果）：

$$m_{c0}=348\ \text{kg};\ m_{g0}=1171\ \text{kg};\ m_{s0}=631\ \text{kg};\ m_{w0}=195\ \text{kg};$$

（2）按照表 3-13 选择粉煤灰取代水泥率，取 $\beta_c=0.15$；

根据式（3-20），求出每立方米粉煤灰混凝土的水泥用量 m_c：

$$m_c=m_{c0}(1-\beta_c)=348\times(1-0.15)=295.8\ \text{kg}$$

（3）根据表 3-14，取粉煤灰超量系数 $\delta_c=1.5$，并按照公式（3-21）计算每立方米混凝土的粉煤灰掺入量 m_f：

$$m_f=\delta_c(m_{c0}-m_c)=1.5\times(348-295.8)=78.3\text{kg}$$

（4）计算细骨料用量

计算出每立方米粉煤灰混凝土中水泥、粉煤灰和细骨料的绝对体积，求出粉煤灰超出水泥的体积；并按照粉煤灰超出的体积，扣除同体积的细骨料用量。已知砂子密度 ρ_s，粉煤灰密度 $\rho_f=2.2$，水泥密度 $\rho_c=3.1$，由式（3-22），得到：

$$\begin{aligned}m_s&=m_{s0}-\left(\frac{m_c}{\rho_c}+\frac{m_f}{\rho_f}-\frac{m_{co}}{\rho_c}\right)\rho_s\\&=631-\left(\frac{295.8}{3.1}+\frac{78.3}{2.2}-\frac{348}{3.1}\right)\times2.65\\&=581.3\text{kg}\end{aligned}$$

（5）确定粉煤灰混凝土用水量和粗骨料用量

粉煤灰混凝土的用水量，按基准配合比的用水量取用，粗骨料也是如此。由式（3-23）、式（3-24），得到：

$$m_w=m_{w0}=195\ \text{kg};$$
$$m_g=m_{g0}=1171\ \text{kg}$$

（6）每立方米粉煤灰混凝土材料的用量为：

$$m_w=195\ \text{kg};\ m_g=1171\ \text{kg};\ m_s=581.3\ \text{kg};$$
$$m_f=78.3\ \text{kg};\ m_c=295.8\ \text{kg};$$

（7）试配和调整、并确定施工配合比

混凝土的计算密度为 2321.4kg/m³，经试配调整后测得混凝土的实测密度为 2380 kg/m³，由式（3-14），计算混凝土配合比校正系数：

$$\delta=\frac{\rho_{c,t}}{\rho_{c,c}}=\frac{2380}{2321.4}=1.025>1.02$$

因此，可以需要调整，即经过计算，得到每立方米普通混凝土设计配合比：

$$m_w = 200\ \text{kg};\ m_g = 1200\ \text{kg};\ m_s = 595.8\ \text{kg};$$

$$m_f = 80.3\ \text{kg};\ m_c = 303.2\ \text{kg}。$$

3.1.3 掺外加剂混凝土配合比计算

为了改善混凝土的性能，可在混凝土中适当添加外加剂，例如：普通减水剂、高效减水剂、引气剂、缓凝剂、缓凝减水剂、早强剂、早强减水剂、防冻剂、膨胀剂、泵送剂、防水剂及速凝剂等。在本节中，主要讨论的是掺引气剂和减水剂的混凝土配合比计算。

掺外加剂的基准混凝土材料及配合比要求，应满足表3-15。

1. 掺引气剂混凝土配合比计算

（1）掺引气剂的一般规定

1）混凝土中可以采用以下材料作为引气剂：松香树脂类、烷基和烷基磺酸盐类、脂肪醇磺酸盐类等

2）引气剂及引气减水剂，可用于抗冻混凝土、抗渗混凝土、抗硫酸盐混凝土、泌水严重的混凝土、贫混凝土、轻骨料混凝土、人工骨料配制的普通混凝土、高性能混凝土以及有饰面要求的混凝土。

3）引气剂、引气减水剂不宜用于蒸养混凝土及预应力混凝土，必要时，应经试验确定。

4）引气剂及引气减水剂进入工地（或混凝土搅拌站）的检验项目应包括 pH 值，密度（或细度）、含气量、引气减水剂应增测减水率，符合要求方可入库、使用。

5）抗冻性要求高的混凝土，必须掺引气剂或引气减水剂，其掺量应根据混凝土的含气量要求，通过试验确定。

掺引气剂及减水剂混凝土的含气量，不宜超过表3-16规定的含气量；对抗冻性要求高的混凝土，宜采用表3-16规定的含气量数值。

6）引气剂及引气减水剂，宜以溶液掺加，使用时加入拌合水中，溶液中的水量应从拌合水中扣除。

7）引气剂及引气减水剂配制溶液时，必须充分溶解后方可使用。

引气剂可与减水剂、早强剂、缓凝剂、防冻剂复合使用。配制溶液时，如产生絮凝或沉淀等现象，应分别配制溶液并分别加入搅拌机内。

施工时，应严格控制混凝土的含气量。当材料、配合比，或施工条件变化时，应相应增减引气剂或引气减水剂的掺量。

8）检验掺引气剂及引气减水剂混凝土的含气量，应在搅拌机出料口进行取样，并应考虑混凝土在运输和振捣过程中含气量的损失。对含气量有设计要求的混凝土，施工中应每间隔一定时间进行现场检验。

9）掺引气剂及引气减水剂混凝土，必须采用机械搅拌，搅拌时间及搅拌量应通过试验确定。出料到浇筑的停放时间也不宜过长，采用插入式振捣时，振捣时间不宜超过20s。

基准混凝土材料及配合比要求　　表 3-15

序号	项目		条件
1	材料	水泥	水泥强度等级 ≥ 52.5；C_3A 含量 6% ~8%；调凝剂应为二水石膏；碱含量 ≤ 1%
		砂	细度模数 3.0 ~2.3 的中砂
		石子	粒径 5 ~20mm（5 ~10mm 占 40%，10 ~20mm 占 60%）
		水	饮用水
2	配合比	水泥	每立方米用量：碎石为 330kg，卵石为 310kg，均 ± 5kg
		砂率	36% ~40%。掺引气剂或引气减水剂，比基准混凝土少 1% ~3%
		用水量	按坍落度为 60 ± 10mm 设计
		外加剂	按生产厂推荐用量值下限
3	搅拌	搅拌机	试验用的 60L 自落式搅拌机
		投料	全部一次投入
		拌合量	介于 15 ~45L 之间
		搅拌时间	3min
4	试验		出料后，在钢板上用人工再翻拌 2 ~3 次

掺引气剂及引气减水剂混凝土的含气量　　表 3-16

粗骨料最大粒径（mm）	20（19）	25（22.4）	40（37.5）	50（45）	80（75）
混凝土含气量（%）	5.5	5.0	4.5	4.0	3.5

注：括号内数值为《建筑用卵石、碎石》GB/T 14685 中标准筛的尺寸。

（2）掺引气剂混凝土配合比计算

掺引气剂的普通混凝土配合比的计算方法与不掺引气剂的普通混凝土基本相同，但在设计时要需要考虑掺引气剂后混凝土强度的降低和用水量的减少。

不掺加引气剂的普通混凝土的含气量一般为 1% ~2%；掺加引气剂后，混凝土的含气量将增至 3.5% ~5.5%，见表 3-15，混凝土的抗压强度将有所降低。一般而言，混凝土中含气量每增加 1%，混凝土的抗压强度相应下降 4% ~6%；坍落度和单位水泥用量不变时，水灰比可减少 2% ~4%，即单方用水量可减少 4 ~6kg。

具体计算方法与普通混凝土配合比计算一样，可采用体积法或重量法进行，但应对材料用量进行一定修正。

【例 3-4】 根据施工方案，配制 C30 掺引气剂混凝土，机械搅拌，机械振捣，坍落度 35 ~50mm，原材料为：水泥等级强度为 42.5，$\rho_c = 3.1t/m^3$；砂为中砂，$\rho_s = 2.65t/m^3$；石子为卵石，最大粒径 40mm，$\rho_g = 2.73t/m^3$，水为自来水，$\rho_w = 1t/m^3$。引气剂为水泥用量的 0.02%，含气量为混凝土体积的 4.5%，试用体积法计算基准配合比。

【解】（1）计算要求的试配强度

根据混凝土强度设计等级查表 3-1，得到强度标准差计算值 $\sigma = 5.0$；

由式（3-1）计算得到混凝土的施工配制强度：

$$f_{cu,o}=f_{cu,k}+1.645\sigma=30+1.645\times5.0=38.2\text{N/mm}^2;$$

引气混凝土含气量为4.5%，抗压强度降低约为18%，则对试配强度进行修改。

$$f_{修}=\frac{38.2}{1-0.18}=46.6\text{N/mm}^2$$

（2）确定水灰比

水泥28d抗压强度实测值由式（3-4）：取 $\gamma_c=1.13, f_{ce}=\gamma_c f_{ce,g}=1.13\times42.5=48\text{N/mm}^2$；采用骨料为碎石，由式（3-3）计算混凝土需要的水灰比

$$W/C=\frac{\alpha_a\cdot f_{ce}}{f_{cu,0}+\alpha_a\cdot\alpha_b\cdot f_{ce}}=\frac{0.48\times48}{46.6+0.48\times0.33\times48}=0.425$$

（3）确定单位用水量

已知混凝土浇筑时的坍落度为35～50mm，骨料采用卵石，最大粒径为40mm。查表3-7，得到混凝土的最大用水量：

$$m_{w0}=160\text{kg/m}^3;$$

因为掺入引气剂，减水为13.5%，因此对用水量进行修正。

$$160-160\times13.5\%=139\text{kg/m}^3$$

（4）计算水泥用量

水泥用量可根据已定的用水量和水灰比按下式计算：

$$m_{co}=\frac{m_{wo}}{W/C}=\frac{139}{0.425}=327\text{kg/m}^3;$$

查表3-4，混凝土的最小水泥用量为260kg/m³，$m_{co}>260\text{kg/m}^3$，故取 $m_{co}=327\text{kg/m}^3$；

（5）选取砂率

根据表3-8，查得砂率30%；

（6）计算粗、细骨料用量

转换为体积：

水的体积： $V_w=139\text{L}$；

水泥的体积： $V_c=\frac{327}{3.1}=105\text{L}$；

空气含量： $V_{空气}=45\text{L}$；

砂石含量： $1000-(139+105+45)=711\text{L}$

得到两个方程：

$$\frac{m_{g0}}{2.73}+\frac{m_{s0}}{2.65}=711$$

$$\frac{m_{s0}}{m_{g0}+m_{s0}}\times100\%=30\%$$

求解上述两个方程，得到：

砂的重量： $m_{s0}=573\text{kg}$；

石子的重量： $m_{g0}=1337\text{kg}$；

引气剂用量：　　　　　　　0.02% ×327 =0.0654 =65.4kg

（7）确定试配混凝土配合比

试配混凝土配合比，如表 3-17 所示：

混凝土初步配合比　　　　表 3-17

混凝土材料用量（kg/m^3）					砂率（%）	水灰比（W/C）	坍落度（mm）	含气量（%）
水泥（42.5）	水	中砂	卵石（40）	引气剂				
327	139	573	1337	0.0654	30	0.425	35 ~ 50	4.5

2. 掺减水剂混凝土配合比计算

（1）掺减水剂的一般规定

1）混凝土工程中普通减水剂：木质素磺酸盐类、木质素磺酸钙、木质素磺酸钠、木质素磺酸镁及丹宁等。

混凝土工程中可采用下列高效减水剂：多环芳香族磺酸盐类、水溶性树脂磺酸盐类、脂肪族类、其他等等。

2）普通减水剂及高效减水剂可用于素混凝土、钢筋混凝土、预应力混凝土，并可制高强性能混凝土。

3）普通减水剂宜用于日最低气温 5℃以上施工的混凝土，不宜单独用于蒸养混凝土；高效减水剂宜用于日最低气温 0℃以上施工的混凝土。

4）当掺用含有木质素硫磺盐类物质的外加剂时应先做水泥适应性试验，合格后方可使用。

5）普通减水剂、高效减水剂进入工地（或混凝土搅拌站）的检验项目应包括 pH 值、密度（或细度）、混凝土减水率，符合要求方可入库、使用。

6）减水剂以溶液掺加时，溶液中的水量应从拌合水中扣除。

7）根据工程需要，减水剂可与其他外加剂符合使用。其掺量应根据试验确定。配制溶液时，如产生絮凝或沉淀等现象，应分别配制溶液并分别加入搅拌机。

8）掺普通减水剂、高效减水剂的混凝土采用自然养护时，应加强初期养护；采用蒸养时，混凝土应具有必要的结果强度才能升温，蒸养制度应通过试验确定。

9）普通减水剂的适宜掺量为水泥掺量的 0.2% ~0.3%，可适当增减，但不得大于 0.5%。高效减水剂的适宜掺量为水泥重量的 0.5% ~1.0%，可适当增减。

（2）掺减水剂混凝土配合比的计算

掺减水剂的普通混凝土可节约水泥 5% ~10% 和降低用水量 10% ~15%，其配合比的计算方法与不掺减水剂的普通混凝土基本相同，不同的是掺入减水剂后混凝土性能显著得到改善。

掺减水剂的混凝土用水量、水泥用量可按下式计算：

$$m_{wa} = m_{w0}(1 - \beta_1) \qquad (3\text{-}25)$$

$$m_{ca} = m_{c0}(1 - \beta_2) \tag{3-26}$$

式中 m_{wa}、m_{ca}——分别为掺减水剂混凝土每立方米混凝土中的用水量和水泥用量（kg）；

m_{w0}、m_{c0}——分别为未掺加减水剂混凝土每立方米混凝土中的用水量和水泥用量（kg）；

β_1、β_2——分别为减水剂的减水率（%）和减水泥率，由试验确定。

【例 3-5】 配制 C30 掺 5% 复合早强减水剂 MS-F 的混凝土，坍落度 35～50mm，原材料为：水泥强度等级为 42.5，$\rho_c = 3.1t/m^3$；砂为中砂，$\rho_s = 2.65t/m^3$；石子为卵石，最大粒径 40mm，$\rho_g = 2.73t/m^3$，水为自来水，$\rho_w = 1t/m^3$。机械振捣，试用体积法计算基准配合比。

【解】（1）计算要求的试配强度

根据混凝土强度设计等级查表 3-1，得到强度标准差计算值 $\sigma = 5.0$；

由式（3-1）计算得到混凝土的施工配制强度：

$$f_{cu,o} = f_{cu,k} + 1.645\sigma = 30 + 1.645 \times 5.0 = 38.2N/mm^2;$$

（2）确定水灰比

水泥 28d 抗压强度实测值由式（3-4）：取 $\gamma_c = 1.13$，$f_{ce} = \gamma_c f_{ce,g} = 1.13 \times 42.5 = 48N/mm^2$；采用骨料为碎石，由式（3-3）计算混凝土需要的水灰比

$$W/C = \frac{\alpha_a \cdot f_{ce}}{f_{cu,0} + \alpha_a \cdot \alpha_b \cdot f_{ce}} = \frac{0.48 \times 48}{38.2 + 0.48 \times 0.33 \times 48} = 0.5$$

（3）确定单位用水量

已知混凝土浇筑时的坍落度为 35～50mm，骨料采用卵石，最大粒径为 40mm。查表 3-7，得到混凝土的最大用水量：

$$m_{w0} = 160kg/m^3;$$

因为掺入减水剂，取 $\beta_1 = 10\%$，因此对用水量进行修正。

$$m_{wa} = m_{w0}(1 - \beta_1) = 160 \times (1 - 10\%) = 144$$

（4）计算水泥用量

水泥用量可根据已定的用水量和水灰比按下式计算：

$$m_{co} = \frac{m_{wo}}{W/C} = \frac{160}{0.5} = 320kg/m^3;$$

因为掺入减水剂，取 $\beta_2 = 10\%$，因此对用水量进行修正。

$$m_{ca} = m_{c0}(1 - \beta_2) = 320 \times (1 - 10\%) = 288kg/m^3$$

查表 3-4，混凝土的最小水泥用量为 $260kg/m^3$，故取 $m_{co} = 288kg/m^3$。

（5）选取砂率

根据表 3-8，查得砂率 30%；因为加入 5% MS-F 后，含气量为 4%，为提高混凝土质量，其砂率可减少 2%，则：

$$\beta_s = 30\% - 2\% = 28\%$$

（6）计算粗、细骨料用量

转换为体积：

水的体积：$V_w = 144L$；

水泥的体积：　$V_c = \frac{288}{3.1} = 93L$；

砂石含量：　1000 - (144 + 93 + 14.4/2.2 + 40) = 716L

得到两个方程：

$$\frac{m_{g0}}{2.73} + \frac{m_{s0}}{2.65} = 716$$

$$\frac{m_{s0}}{m_{g0} + m_{s0}} \times 100\% = 28\%$$

求解上述两个方程，得到：

砂的重量：　$m_{s0} = 543kg$；

石子的重量：　$m_{g0} = 1396kg$；

减水剂用量：　5% ×288 = 14.4kg

（7）确定试配混凝土配合比

试配混凝土配合比，如下表 3-18 所示：

混凝土初步配合比　　**表 3-18**

混凝土材料用量（kg/m³）					砂率（%）	水灰比（W/C）	坍落度（mm）	含气量（%）
水泥（42.5）	水	中砂	卵石（40）	引气剂				
288	144	543	1396	14.4	28	0.50	35～50	4

3.1.4　抗渗混凝土配合比计算

抗渗混凝土又称防水混凝土，系指抗渗等级等于或大于 P6 级的混凝土。对于有抗渗要求的结构在进行配合比设计必须考虑到这一点，例如地下室、水池、沉淀池、泵房等工程，同时，抗渗混凝土满足抗压强度、抗渗性、施工和易性和经济性等基本要求。

1. 抗渗混凝土的材料

（1）水泥：优先选用普通水泥、火山灰水泥、粉煤灰水泥，不宜使用矿渣水泥。

（2）粗、细骨料：宜采用连续级配，其最大粒径不宜大于 40mm，含泥量不得大于 1.0%，泥块含量不得大于 0.5%；细骨料的含泥量不得大于 3.0%，泥块含量不得大于 1.0%。

（3）外加剂：宜采用防水剂、膨胀剂、引气剂、减水剂或引气减水剂；抗渗混凝土宜掺用矿物掺合料。

（4）矿物掺合物：一般采用工业废料粉煤灰等。

2. 抗渗混凝土配合比的计算方法

抗渗混凝土的计算方法与普通混凝土的配合比计算步骤与方法大致一样，主要存在两个区别：普通混凝土配合比设计的主要指标是稠度和强度，抗渗混凝土还要考虑抗渗指标；抗渗混凝土要考虑砂浆以及应稍有富余，即其体积应大于石子的空隙率，设计时要考虑灰砂比指标。

抗渗混凝土在设计时除要满足普通混凝土的配合比设计要求以外，尚需要满足下列规定：

（1）每立方米混凝土中的水泥和矿物掺合料总量不宜小于320kg；

（2）砂率宜为35%～45%，可按照表3-19，规程上虽然未提出灰砂比的要求，但经验上认为不宜小于1∶2，倘若设计不能达到此值时，可在试配调整阶段，加大砂率调整灰砂比。

砂率选用表（%）　　表3-19

砂的细度模数和平均粒径		石子空隙率（%）				
细度模数 μ_f	平均粒径（mm）	30	35	40	45	50
0.70	0.25	35	35	35	35	35
1.18	0.30	35	35	35	35	36
1.62	0.35	35	35	35	36	37
2.16	0.40	35	35	36	37	38
2.71	0.45	35	35	37	38	39
3.25	0.50	36	37	38	39	40

注：本表是按石子平均粒径为5～50mm计算的，如采用5～20mm石子时，砂率可增加2%；用5～31.5mm时，砂率可增加1%。

（3）供试配用的最大水灰比应符合表3-20的规定

抗渗混凝土最大水灰比　　表3-20

抗渗等级	最大水灰比	
	C20～C30混凝土	C30以上混凝土
P6	0.60	0.55
P8～P12	0.55	0.50
P12以上	0.50	0.45

（4）掺用引气剂的抗渗混凝土，其含气量宜控制在3%～5%。同时应进行含气量试验，试验结果应符合有关该含气量规定。

（5）进行抗渗混凝土配合比设计时，尚应增加抗渗性能试验；并应符合下列规定：

1）试配要求的抗渗水压值应比设计值高0.2MPa，

2）试配时，宜采用水灰比最大的配合比作抗渗试验，其试验结果应符合下式要求：

$$P_t \geq \frac{P}{10} + 0.2 \tag{3-27}$$

式中　P_t——6个试件中4个未出现渗水时的最大水压值（MPa）；

P——设计要求的抗渗等级值。

【例3-6】 某厂地下室车间，其抗渗等级要求为P10，混凝土抗压强度等级为C25，坍落度35～50mm，原材料为：水泥强度等级为42.5，$\rho_c=3.1t/m^3$；砂为中砂，平均粒径为0.40mm，$\rho_s=2.65t/m^3$；石子为碎石，连续级配为5～31.5mm，$\rho_g=2.7t/m^3$，试计算该抗渗混凝土基准配合比。

【解】 (1) 计算要求的试配强度

根据混凝土强度设计等级查表3-1，得到强度标准差计算值$\sigma=5.0$；

由式(3-1)计算得到混凝土的施工配制强度：

$$f_{cu,o}=f_{cu,k}+1.645\sigma=25+1.645\times5.0=33.225N/mm^2;$$

(2) 确定水灰比

水泥28d抗压强度实测值由式(3-4)：取$\gamma_c=1.13$，$f_{ce}=\gamma_c f_{ce,g}=1.13\times42.5=48N/mm^2$；采用骨料为碎石，由式(3-3)计算混凝土需要的水灰比：

$$W/C=\frac{\alpha_a\cdot f_{ce}}{f_{cu,0}+\alpha_a\cdot\alpha_b\cdot f_{ce}}=\frac{0.46\times48}{33.225+0.46\times0.07\times48}=0.635$$

查表3-20，得到水灰比不宜大于0.55，故取为0.55。

(3) 确定单位用水量

已知混凝土浇筑时的坍落度为35～50mm，骨料采用碎石，查表3-7，得到混凝土的最大用水量：

$$m_{w0}=185kg/m^3;$$

(4) 计算水泥用量

水泥用量可根据已定的用水量和水灰比按下式计算：

$$m_{co}=\frac{m_{wo}}{W/C}=\frac{185}{0.55}=336kg/m^3;$$

(5) 选取砂率

根据表3-8，查得砂率37%；

(6) 计算粗、细骨料用量

转换为体积：

水的体积： $V_w=185L$；

水泥的体积： $V_c=\frac{336}{3.1}=108L$；

砂石含量： $1000-(185+108+10)=697L$

得到两个方程：

$$\frac{m_{g0}}{2.7}+\frac{m_{s0}}{2.65}=697$$

$$\frac{m_{s0}}{m_{g0}+m_{s0}}\times100\%=37\%$$

求解上述两个方程，得到：

砂的重量： $m_{s0}=691\text{kg}$；

石子的重量： $m_{g0}=1177\text{kg}$；

（7）确定试配混凝土配合比

$$m_{c0}:m_{g0}:m_{s0}:m_{w0}=336:1177:691:185$$

3.1.5 抗冻混凝土配合比计算

抗冻混凝土不同于冬期施工混凝土，在施工时能抵抗一定的低温发展强度。抗冻等级F50及以上的混凝土，需要考虑抗冻混凝土配合比的设计，其配合比不仅要满足各项技术性能指标要求，而且也要保证其耐久性。

1. 抗冻混凝土的材料

（1）水泥：应优先选用硅酸盐水泥或普通硅酸盐水泥，不宜使用火山灰质硅酸盐水泥。

（2）粗、细骨料：宜选用连续级配的粗骨料，其含泥量不得大于1.0%，泥块含量不得大于0.5%；细骨料含泥量不得大于3.0%，泥块含量不得大于1.0%。

（3）抗冻等级F100及以上的混凝土所用的粗骨料和细骨料均应进行坚固性试验，并应符合现行行业标准。

（4）抗冻混凝土宜采用减水剂，对抗冻等级F100及以上的抗冻混凝土应掺引气剂，引气剂的掺入量应经试验确定。掺用后混凝土的含气量要符合表3-21规定，并不宜超过7%。

长期处于潮湿和严寒环境中混凝土的最小含气量 表3-21

粗骨料最大粒径（mm）	最小含气量（%）
40	4.5
25	5.0
20	5.5

注：含气量的百分比为体积比。

（5）进行抗冻混凝土配合比设计时，尚应增加抗冻融性能试验。抗冻性试验主要是指抗冻融循环次数和含气量的检测。

（6）抗冻混凝土配合比的计算方法和试配步骤除应遵守普通混凝土配合比的设计规定外，其配用的最大水灰比尚应符合表3-22。

2. 抗冻混凝土配合比的计算

在设计前，先了解使用材料的规格和质量；在混凝土浇筑养护期间（当使用普通硅酸盐水泥时为3d；当使用矿渣水泥时为5d）几天内的日平均气温；对混凝土的强度等级、抗渗或抗冻等级要求；施工对石子粒径、混凝土稠度的要求以及反映施工单位质量管理水平的强度标准差，然后进行基准配合比设计，经过试配、调整，最终确定配合比。与普通混凝土设计不同的是在试配过程中必须经过常温试验，以及抗冻融性能试验。

抗冻混凝土的最大水灰比　　表3-22

抗冻等级	无引气剂时	掺引气剂时
F50	0.55	0.60
F100	—	0.55
F150及以上	—	0.50

（1）计算基准配合比

抗冻混凝土的基准配合比的计算步骤可参照普通混凝土，其中水灰比应满足表3-22的规定。

混凝土掺加防冻剂的配方可参照表3-23。当采用单掺商品防冻剂时，应参照说明书使用。在确定基准配合比时，需要考虑防冻材料对强度降低的影响。

负温养护工艺防冻剂参考配方　　表3-23

水泥品种	规定温度（℃）	防冻剂配方（%）
普通水泥	-10	亚硝酸钠（13.4）+硫酸钠2+木钙0.25 亚硝酸钠（6.1）+硝酸钠（9.7）+硫酸钠2+木钙0.25 尿素（7.3）+硝酸钠（8.5）+硫酸钠2+木钙0.25
	-5	亚硝酸钠（6.9）+硫酸钠2+木钙0.25 亚硝酸钠（3.4）+硝酸钠（5.7）+硫酸钠2+木钙0.25 尿素（4.5）+硝酸钠（5.7）+硫酸钠2+木钙0.25
	0	亚硝酸钠（3.2）+硫酸钠2+木钙0.25 尿素（4.4）+硫酸钠2+木钙0.25 食盐（4.4）+硫酸钠2+木钙0.25
矿渣水泥	-5	亚硝酸钠（9.0）+硫酸钠2+木钙0.25 亚硝酸钠（4.4）+硝酸钠（6.6）+硫酸钠2+木钙0.25 尿素（6.6）+硝酸钠（6.6）+硫酸钠2+木钙0.25
	0	亚硝酸钠（3.1）+硫酸钠2+木钙0.25 尿素（4.1）+硫酸钠2+木钙0.25 食盐（4.1）+硫酸钠2+木钙0.25

注：1. 防冻剂配方中（　）内为占用水量的%，其余为占水泥用量的%。
2. 食盐配方仅用于无筋混凝土，其余均可用于钢筋混凝土。
3. 木钙可用适量的其他减水剂取代。

（2）抗冻混凝土配合比的试配、调整和确定

对于抗冻混凝土，一般先进行常温试验，然后再进行负温抗冻融性能试验。

1）常温试验

① 按照基准配合比进行试拌，试拌后，分别测定其和易性、坍落度和表观密度等。如果与不符，应作适当的调整后再进行试拌重新测定。如果符合，则在保持用水量不变的

前提下，将水灰比分别增加或减少0.05，得出三个不同的配合比。

② 分别针对这三个配合比，各制作成一组抗压强度试件，经20℃标准养护28d试压，选取符合试配强度的配合比作下步的试验。

③ 如设计方面还有抗渗要求时，应加作相应的试件，经20℃标准养护28d后试验。如试验结果不能满足要求，应将配合比作适当调整，再进行试验，直至满足要求为止。

此时的配合比如同时满足试配强度要求，即可进行负温、抗冻融性能试验。

2）负温、抗冻融性能试验

负温试验是从同一批的常温下制成的混凝土试件中，取两组抗压强度试件。一组成型后，标准养护后得到强度f_{28}；另一组成型后，先在20℃室内静置若干小时，试件边长为100mm时为4h，试件边长为150mm时为2h，然后送入具有规定温度的低温室，温度为估计实际浇筑养护期间混凝土硬化初期几天内的日平均温度±2℃，试件在低温室存放14d后取出转入20℃标准养护室，继续养护21d，取出试压得强度$f_{14'+21}$。

选取三个配合比中水灰比最大的混凝土试件作负温和抗冻融性能试验，按照负温试验步骤得到的强度应满足下式要求：

$$f_{14'+21} \geqslant f_{28} \tag{3-28}$$

$$f_{28} \geqslant f_{F} \tag{3-29}$$

如果能够满足上两式的要求，表明防冻剂可以达到防冻效果，混凝土不会遭受冻害，该配合比可以达到设计要求的强度等级。否则需增加防冻剂的掺量，或改用其他防冻剂，或需要减少水灰比或改用高标号水泥配制，调整后的配合比应重坐试验，直至完全满足上述要求为止。

抗冻融性能试验需要另外制作试件，把试件在20℃条件下静置几小时（具有时间同上），然后送入低温室养护至14d时，取出转入20℃标准养护室继续养护21d，最后取出做抗压试验，如果满足要求，则通过。相反，应调整配合比，重作试验，直至所有指标（包括抗压强度）均满足要求为止。

3.1.6 泵送混凝土配合比计算

泵送混凝土为用混凝土泵沿管道输送和浇筑的一种大流动度混凝土，要求混凝土拌合物的坍落度不低于100mm。这种混凝土具有一定的流动性和较好的黏塑性，泌水小，不易分离等特性。既可以作水平运输及垂直运输，还可直接用布料杆浇筑，因此广泛运用于高层建筑、大体积混凝土、大型桥梁等工程上。

泵送混凝土对材料要求严格，对配合比及其称量要求较准确，对施工设计要求较严密。泵送混凝土的配合比除满足一般混凝土具有的流动性、强度、耐久性、经济等要求外，还必须满足可泵送性要求。

1. 泵送混凝土的材料及配合比要求

一般，泵送混凝土后，混凝土的坍落度有所降低，空气含量下降，容重有所提高，以及由于其施工条件的要求，须在材料选择、配合比设计方面与普通混凝土区别。

（1）水泥：应选用硅酸盐水泥、普通硅酸盐水泥、矿渣硅酸盐水泥和粉煤灰硅酸盐水泥，不宜采用火山灰质硅酸盐水泥。

（2）粗、细骨料：宜选用连续级配的粗骨料，其针片状颗粒含量不宜大于10%；粗骨料的最大粒径与输送管径之比宜符合表3-24。泵送混凝土宜采用中砂，其通过0.315mm筛孔的颗粒含量不应少于15%。

（3）外加剂：泵送混凝土应掺用泵送剂或减水剂，并宜掺用粉煤灰或其他活性矿物掺合料，其质量应符合国家现行有关标准的规定。

（4）泵送混凝土试配时要求的坍落度值应按下式计算：

$$T_t = T_p + \Delta T \tag{3-30}$$

式中　T_t——试配时要求的坍落度值；

T_p——入泵时要求的坍落度值，可参考表3-25；

ΔT——试验测得在预计时间内的坍落度经时损失值，可参考表3-26。

（5）泵送混凝土配合比的计算方法和试配步骤除应遵守普通混凝土配合比的设计规定外，尚应符合下列规定：

1）泵送混凝土的用水量与水泥和矿物掺合料的总量之比不宜大于0.60；

2）泵送混凝土的水泥和矿物掺合料的总量不宜小于300kg/m³；

3）泵送混凝土的砂率宜为35%～45%；

4）掺用引气剂外加剂时，其混凝土含气量不宜大于4%。

粗骨料的最大粒径与输送管径之比　　**表3-24**

石子品种	泵送高度（m）	粗骨料最大粒径与输送管径比
碎　石	<50	≤1:3.0
	50～100	≤1:4.0
	>100	≤1:5.0
卵　石	<50	≤1:2.5
	50～100	≤1:3.0
	>100	≤1:4.0

混凝土入泵坍落度选用表　　**表3-25**

泵送高度（m）	<30	30～60	60～100	>100
坍落度（mm）	100～140	140～160	160～180	180～200

混凝土经时坍落度损失值　　**表3-26**

大气温度（℃）	10～20	20～30	30～35
混凝土经时坍落度损失值（掺粉煤灰和木钙，经时1h）（mm）	5～25	25～35	35～50

注：掺粉煤灰与其他外加剂时，坍落度经时损失可根据施工经验确定。无施工经验时，应通过试验确定。

2. 泵送混凝土配合比的计算步骤

(1) 计算要求的试配强度

混凝土的施工配制强度可按下式确定：

$$f_{cu,o} = f_{cu,k} + 1.645\sigma \tag{3-31}$$

符号以及计算方法与3.1.1节相同。

(2) 确定水灰比

根据水泥标号、混凝土的试配强度和骨料种类，由下式确定所需要的水灰比：

$$W/C = \frac{\alpha_a \cdot f_{ce}}{f_{cu,0} + \alpha_a \cdot \alpha_b \cdot f_{ce}} \tag{3-32}$$

符号以及计算方法与3.1.1节相同。计算所得的混凝土水灰比不宜大于0.60，如大于0.60，则应采用0.60。

(3) 确定用水量

根据表3-25选择混凝土入泵时的坍落度，再按式（3-30）计算坍落度。求得配制要求的坍落度后，再根据使用骨料时的品种、粒径选取单位体积混凝土的用水量m_{w0}。

也可根据施工单位的经验确定，或参照表3-7，以坍落度为90mm的用水量为基础，按坍落度每增加20mm用水量增加5kg，计算出来掺加外加剂时的混凝土的用水量。

(4) 计算水泥用量

水泥用量可根据已定的用水量和水灰比按下式计算：

$$m_{co} = \frac{m_{wo}}{W/C} \tag{3-33}$$

符号以及计算方法与3.1.1节相同。由于泵送混凝土必须满足管道输送要求，所以对于最小水泥用量有规定：当计算得到的水泥用量小于300kg/m^3，按300kg/m^{3}取用。

(5) 选取砂率

砂率可根据施工单位对所用材料的使用经验，选用合理的数值。如果没有使用经验的话，可以按照表3-8确定砂率。当坍落度大于60mm的混凝土砂率，可经试验确定，也可在表3-8基础上，按坍落度每增加20mm，砂率增大1%的幅度予以调整。

(6) 选取外加剂掺量和调整用水量

在泵送混凝土用，掺加入的泵送剂、减水剂、粉煤灰可由经验或试验确定。

一般，泵送剂或减水剂掺量取水泥用量的0.25% ~0.30%；粉煤灰取代水泥百分率β_c取10% ~20%。

其具体的计算方法可参见3.1.2节以及3.1.3节。

(7) 计算粗细骨料用量

采用体积法计算。计算方法可参照3.1.1节，以及当掺有粉煤灰时，按3.1.2节计算。

(8) 试配和调整、并确定施工配合比

在保证设计所要求的和易性、坍落度基础上，进行混凝土配合比的调整，再通过调整后的配合比，提出现场施工用的泵送混凝土配合比。

(9) 泵送混凝土参考配合比

泵送混凝土参考配合比见 表3-27

混凝土强度等级	碎石粒径 (mm)	配合比 (kg/m³)					
		水泥	砂	碎石	木钙减水剂	粉煤灰	水
C20	5~40	310	816	1082	0.775	0	192
C25	5~40	350	780	1078	0.875	0	192
C20	5~40	326	745	1071	0.960	58	200
C25	5~40	361	710	1065	1.062	64	200
C20	5~25	326	825	1047	0.815	0	202
C25	5~25	369	786	1043	0.922	0	202
C20	5~25	342	750	1037	1.007	61	210
C25	5~25	379	715	1029	1.118	67	210
C30	5~25	480	644	974	1.20	—	220

3.1.7 轻骨料混凝土配合比计算

用轻粗骨料、轻砂、水泥和水配制而成的混凝土，其干表观密度不大于1950kg/m³者，称为轻骨料混凝土。

一般适用于各类受弯构件、大型墙板、预应力构件及大跨度桥梁等混凝土制品以及浇筑其他要求自重轻的结构。

轻骨料混凝土按其粗骨料种类与细骨料品种分类方法如表3-28。

轻骨料混凝土按其粗细骨料分类 表3-28

项目	分类方法	说明
按粗骨料种类分类	(1) 工业废料轻骨料混凝土	由工业废料轻粗骨料配制而成，如粉煤灰陶粒混凝土，自然煤矸石混凝土等
	(2) 天然轻骨料混凝土	由天然轻粗骨料配制而成，如浮石混凝土、火山渣混凝土等
	(3) 人造轻骨料混凝土	由人造轻粗骨料配制而成的，如黏土陶粒混凝土，页岩陶粒混凝土等
按细骨料种类分类	(1) 全轻混凝土	由轻砂作细骨料配制而成的轻骨料混凝土，如浮石全轻混凝土，陶粒陶砂全轻混凝土等
	(2) 砂轻混凝土	砂轻混凝土是由普通砂或部分普通轻砂作细骨料配制而成的轻骨料混凝土，如粉煤灰陶粒砂轻混凝土、黏土陶粒砂轻混凝土等。

轻骨料混凝土按其干表观密度分为十二个等级。某一密度等级轻骨料混凝土及钢筋轻骨料混凝土的密度标准值见表3-29。

轻骨料混凝土及钢筋轻骨料混凝土的密度标准值　　表3-29

密度等级	轻骨料混凝土干表观密度变化范围（kg/m^3）	密度标准值（kg/m^3）	
		轻骨料混凝土	钢筋轻骨料混凝土
800	760~850	850	900
900	860~950	950	1000
1000	960~1050	1050	1100
1100	1060~1150	1150	1200
1200	1160~1250	1250	1350
1300	1260~1350	1350	1450
1400	1360~1450	1450	1550
1500	1460~1550	1550	1650
1600	1560~1650	1650	1750
1700	1660~1750	1750	1850
1800	1760~1850	1850	1950
1900	1860~1950	1950	2050

注：1. 钢筋轻骨料混凝土的密度标准值，也可根据实际情况确定；

2. 对蒸养后即起吊的预制构件，吊装验算时，其密度标准值应增加100kg/m^3。

1. 普通轻骨料混凝土配合比设计

轻骨料混凝土的配合比设计主要应满足抗压强度、密度和稠度的要求，并以合理使用材料和节约水泥为原则。

首先，按照下列步骤计算骨料混凝土的配合比：

（1）确定试配强度

混凝土的施工配制强度可按下式确定：

$$f'_{cu}=f_{cu,k}+1.645\sigma \tag{3-34}$$

式中　$f_{cu,k}$——轻骨料混凝土立方体抗压强度标准值（N/mm^2）；

f'_{cu}——轻骨料混凝土的施工配制强度（N/mm^2）；见表3-30；

σ——轻骨料混凝土强度的总体标准差（N/mm^2）。

其中，轻骨料混凝土强度的标准差σ应按下列规定确定：

1）当生产单位有25组以上的轻骨料混凝土抗压强度资料时，其强度标准差σ应按下列公式计算：

$$\sigma=\sqrt{\frac{\sum_{i=1}^{N}f_{cu,i}^{2}-n\cdot\mu_{f_{cu}}^{2}}{n-1}} \tag{3-35}$$

式中　$f_{cu,i}$——统计周期内同一品种混凝土第 i 组试件的强度值（N/mm^2）；

$\mu_{f_{cu}}$——统计周期内同一品种混凝土 n 组强度的平均值（N/mm^2）。

2）当生产单位无近期的同一品种轻骨料混凝土强度资料时，强度标准差计算值 σ 按表 3-30 取用。

为了方便起见，混凝土的施工试配强度，可根据混凝土强度等级和强度标准差采用插值法直接由表 3-31 确定。

（2）骨料混凝土合理水泥品种、强度等级、掺量及用量的选择

轻骨料混凝土选用的水泥强度，由混凝土的强度等级确定，参照表 3-32 选用。其水泥用量与配制强度、轻骨料有关，可参照表 3-33。

强度标准差计算值 σ　　**表 3-30**

混凝土强度等级	CL5.0 ~ CL7.5	CL10 ~ CL20	CL25 ~ CL40	CL45 ~ CL50
σ	2.0	4.0	5.0	6.0

轻骨料混凝土施工试配抗压强度　　**表 3-31**

强度标准差（MPa）		2.0	2.5	3.0	4.0	5.0	6.0
强度等级	CL5.0	8.29	9.11	9.94	11.58		
	CL7.5	10.79	11.61	12.44	14.08		
	CL10	13.29	14.11	14.94	16.58	18.23	
	CL15	18.29	19.11	19.94	21.58	23.23	
	CL20		24.11	24.94	26.58	28.23	
	CL25		29.11	29.94	31.58	33.23	
	CL30			34.94	36.58	38.23	39.87
	CL35			39.94	41.58	43.23	44.87
	CL40			44.94	46.58	48.23	49.87
	CL45			49.94	51.58	53.23	54.87
	CL50			54.94	56.58	58.23	59.87

轻骨料混凝土合理水泥品种和标号的选择　　**表 3-32**

序号	混凝土强度等级	水泥强度等级	水泥品种
1	CL5.0、CL7.5	27.5	火山灰质硅酸盐水泥、矿渣硅酸盐水泥、粉煤灰硅酸盐水泥、普通硅酸盐水泥
2	CL10、CL15、CL20	32.5	
3	CL20、CL25、CL30	42.5	
4	CL30、CL35、CL40、CL45、CL50	52.5（或 62.5）	矿渣硅酸盐水泥、普通硅酸盐水泥、硅酸盐水泥

注：当配制低强度等级混凝土，采用高强度等级水泥时，可掺入适量火山灰质掺合料，以保证其稠度符合要求，其掺入量应通过试验确定。

轻骨料混凝土的水泥用量（kg/m³） **表 3-33**

混凝土试配强度（MPa）	轻骨料密度等级						
	400	500	600	700	800	900	1000
<5.0	260~320	250~300	230~280				
5.0~7.5	280~360	260~340	240~320	220~300			
7.5~10		280~370	260~350	240~320			
10~15			280~350	260~340	240~330		
15~20			300~400	280~380	270~370	260~360	250~350
20~25				330~400	320~390	310~380	300~370
25~30				380~450	370~440	360~430	350~420
30~40				420~500	390~490	380~480	370~470
40~50					430~530	420~520	410~510
50~60					450~550	440~540	430~530

注：1. 表中横线以上为采用强度等级为42.5水泥时的水泥用量值；横线以下为采用强度等级为52.5水泥时的水泥用量值；采用其他强度等级时可乘以表3-33中规定的调整系数。

2. 表中下限值适用于圆球型和普通型轻骨料；上限适用于碎石型轻粗骨料及全轻混凝土。

3. 最高水泥用量不宜超过550kg/m³。

水泥用量调整系数 **表 3-34**

水泥强度等级（MPa）	混凝土试配强度（MPa）			
	5.0~15	15~30	30~50	50~60
32.5	1.10	1.15	—	—
42.5	1.00	1.00	1.10	1.15
52.5	—	0.85	1.0	1.0
62.5	—	—	0.85	0.90

（3）确定水灰比

轻骨料混凝土配合比中的水灰比是以净水灰比（不包括轻骨料1h吸水量在内的总用水量与水泥用量之比）表示的。配制全轻混凝土时，允许以总水灰比表示。

其最大水灰比，以及最小水泥用量应符合表3-35。

轻骨料混凝土的最大水灰比和最小水泥用量 **表 3-35**

混凝土所处的环境条件	最大水灰比	最小水泥用量（kg/m³）	
		配筋的	无筋的
不受风雪影响的混凝土结构	—	225	250
受风雪影响的露天轻骨料混凝土结构、位于水中及水位升降范围内的结构和在潮湿环境中的结构	0.70	250	275
寒冷地区水位升降范围内的结构、受水压作用的结构	0.65	275	300
严寒地区水位升降范围内的结构	0.60	300	325

注：1. 严寒地区是指最寒冷月份的月平均气温低于-15℃者；

2. 寒冷地区是指最寒冷月份的月平均气温在-5~-15℃；

3. 水泥用量不包括掺合料。

（4）确定用水量

轻骨料混凝土用水量有两种，一为轻骨料使用前1h的预吸水量，二为搅拌时用水量，这里指的是搅拌用水量，按水泥用量、最小水灰比和稠度考虑，参照表3-36确定净用水量。

轻骨料混凝土净用水量　　表3-36

轻骨料混凝土用途	和易性		净用水量（kg/m^3）
	工作度（S）	坍落度（mm）	
预制混凝土构件：			
振动台成型	5～10	0～1	155～180
振捣棒或平板振捣器	—	3～5	165～200
现浇混凝土（大模、滑模）：			
机械振捣	—	5～7	180～210
人工振捣或钢筋较密的	—	6～8	200～220

注：1. 表中值适用于圆球性和普通型轻粗骨料，对于碎石型轻粗骨料需按表中值增加10kg左右的用水量；
2. 表中数值适用于砂轻混凝土，若采用轻砂时，需取轻砂1h吸水量；若无轻砂吸水率数据时，也可适当增加用水量，最后按施工稠度的要求进行调整。

（5）选取砂率

轻骨料混凝土的砂率应按体积砂率表示，主要根据粗骨料粒形和空隙率来确定。轻骨料混凝土的适宜砂率参见表3-37。

（6）计算粗细骨料用量

在轻骨料混凝土中，轻砂混凝土宜采用绝对体积法；全轻混凝土宜采用松散体积法。在配合比设计中，粗细骨料的用量均以干燥状态为准。

轻骨料混凝土的适宜砂率　　表3-37

混凝土用途	细骨料类型	砂率（%）
预制构件用	轻砂	35～40
	普通砂	28～40
现浇混凝土用	轻砂	40～45
	普通砂	30～45

注：1. 当细骨料采用普通砂和轻砂混合使用时，宜取中间值，并按普通砂和轻砂的混合比例进行插入计算；
2. 采用圆球型轻骨料时，宜取表中值下限；采用碎石型时，则取上限。

1）绝对体积法

绝对体积法，是各组材料的绝对体积之和。

砂的用量应按下列公式计算：

$$V_s = \left[1 - \left(\frac{m_c}{\rho_c} + \frac{m_{wn}}{\rho_w}\right) \div 1000\right] S_p \tag{3-36}$$

$$m_s = V_s \rho_s \times 1000 \tag{3-37}$$

轻粗骨料用量公式计算：

$$V_a = 1 - \left(\frac{m_c}{\rho_c} + \frac{m_{wn}}{\rho_w} + \frac{m_s}{\rho_s}\right) \div 1000 \tag{3-38}$$

$$m_s = V_a\rho_{ap} \tag{3-39}$$

式中 V_s——每立方米混凝土的细骨料体积（m^3）；

m_c——每立方米混凝土的水泥用量（kg）；

m_{wn}——每立方米混凝土的净用水量（kg）；

S_p——密实体积砂率（%）；

ρ_c——水泥的密度，一般取 ρ_c =2.9~3.1kg/m^3；

ρ_w——水的密度，可取1.0kg/m^3；

ρ_s——细骨料的密度，采用普通砂时，为砂的密度，一般取 ρ_s =2.6kg/m^3；采用轻砂时，为轻砂的表观密度；

V_a——每立方米混凝土的轻粗骨料体积（m^3）；

m_s——每立方米混凝土的轻粗骨料用量（kg）；

ρ_{ap}——轻粗骨料的颗粒表观密度（t/m^3）。

2）松散体积法

松散体积法，是以给定的每立方米混凝土的粗细骨料松散总体积为基准，按设计要求的混凝土干表观密度为依据进行校核，通过试验调整得出粗细骨料用量。

当采用松散体积法时，按表3-38选用粗细骨料的总体积，并应按下列公式计算：

$$V'_s = V_t S'_p \tag{3-40}$$

$$m_s = V'_s\rho_{is} \tag{3-41}$$

$$V'_a = V_t - V'_s \tag{3-42}$$

$$m_a = V'_a\rho_{ic} \tag{3-43}$$

式中 V'_s——每立方米混凝土细骨料的松散体积（m^3）；

V_t——每立方米混凝土粗细骨料的松散体积（m^3）；

S'_p——松散体积砂率（%）；

m_s——每立方米混凝土细骨料用量（kg）；

ρ_{is}、ρ_{ic}——分别为细骨料和粗骨料的堆积密度（kg/m^3）；

V'_a——粗骨料的松散体积（m^3）；

m_a——每立方米混凝土的轻粗骨料用量（kg/m^3）。

普通轻骨料混凝土所需的粗细骨料总体积　　表3-38

轻粗骨料粒型	细骨料品种	粗细骨料总体积（m^3）
圆球型（如粉煤灰陶粒及粉磨成球状的黏土陶粒等）	轻砂	1.30~1.50
	普砂	1.30~1.35
普通型（如页岩陶粒及挤压成型的黏土陶粒等）	轻砂	1.35~1.60
	普砂	1.30~1.40
碎石型（如浮石、火山石、炉渣等）	轻砂	1.40~1.55
	普砂	1.40~1.50

注：在轻砂一栏中，当采用膨胀珍珠砂时，取表中值的上限；当采用陶砂或其他天然砂时，取表中值的下限。

（7）确定总用水量

总水量按净用水量和附加水量的关系计算：

$$m_{wt} = m_{wn} + m_{wa} \tag{3-44}$$

式中　m_{wt}——每立方米混凝土的总用水量（kg）；

m_{wn}——每立方米混凝土的净用水量（kg）；

m_{wa}——每立方米混凝土的附加用水量（kg），计算见表 3-39。

（8）计算混凝土干表观密度

混凝土的干表观密度，按下式计算，如果比设计要求的干表观密度大 3%，应重新调整和计算配合比：

$$\rho_{cd} = 1.15m_c + m_a + m_s \tag{3-45}$$

（9）试配和调整

1）以计算的混凝土配合比为基础，保持用水量不变，选择相差 0.05 的两个水泥用量，分别拌制混凝土拌合物，测定拌合物的和易性，调整用水量，直到达到要求。

2）分别试配校正后的三个混凝土配合比，试验得到混凝土强度等级及表观密度，如果满足混凝土的配制强度，最小水泥用量和干表观密度，则作为最终的配合比。

3）对选定的配合比进行质量校正，其校正系数可按下式计算：

$$\rho_{cc} = m_a + m_s + m_c + m_{wt} \tag{3-46}$$

$$\eta = \frac{\rho_{c0}}{\rho_{cc}} \tag{3-47}$$

式中　ρ_{cc}——按配合比各组成材料的计算湿表观密度（t/m^3）；

ρ_{c0}——混凝土拌合物的实测湿表观密度（t/m^3）。

4）将选定的配合比中的材料用量均乘以校正系数 η，既得最终混凝土配合比设计值。

附加吸水量计算方法　　表 3-39

粗骨料预湿及细骨料种类	附加吸水量计算公式
粗骨料预湿，细骨料为普通砂	$m_{wa}=0$
粗骨料不预湿，细骨料为普通砂	$m_{wa} = m_a w_a$
粗骨料预湿，细骨料为轻砂	$m_{wa} = m_s w_s$
粗骨料不预湿，细骨料为轻砂	$m_{wa} = m_a w_a + m_s w_s$

注：w_a、w_s 分别为粗、细骨料 1h 吸水率；当轻骨料含水时，必须在附加水量中扣除自然含水量。

【例 3-7】　配制 CL25 黏土陶粒混凝土，要求干表观密度为 1650kg/m³，坍落度 30～50mm，测定材料性能为：陶粒：松散质量密度 750kg/m³，颗粒质量密度为 1250kg/m³，吸水率为 18%；砂子：松散质量密度 1450kg/m³，密度 2.6t/m³；水泥强度等级为 42.5 普通水泥，密度为 3.1kg/m³，试采用绝对体积法计算配合比。

【解】（1）根据混凝土设计试配强度等级按照表3-33确定水泥用量，查得为380kg/m³。

（2）根据坍落度30～50mm，按照表3-36查得用水量为165kg/m³，水灰比为0.43，符合表3-35中最大水灰比和最小水泥用量的要求。

（3）根据表3-37，选择合适的砂率，为 $S_p=35\%$。

（4）计算粗细骨料的用量：

砂用量根据公式（3-36）以及式（3-37）计算：

$$V_s=\left[1-\left(\frac{m_c}{\rho_c}+\frac{m_{wn}}{\rho_w}\right)\div 1000\right]S_p$$

$$=\left[1-\left(\frac{380}{3.1}+\frac{165}{1}\right)\div 1000\right]\times 35\%$$

$$=0.25\text{m}^3$$

$$m_s=V_s\rho_s\times 1000=0.25\times 2.6\times 1000=650\text{kg}$$

陶粒用量根据公式（3-38）、式（3-39）计算：

$$V_s=1-\left(\frac{m_c}{\rho_c}+\frac{m_{wn}}{\rho_w}+\frac{m_s}{\rho_s}\right)\div 1000$$

$$=1-\left(\frac{380}{3.1}+\frac{165}{1}+\frac{650}{2.6}\right)\div 1000$$

$$=0.46\text{m}^3$$

$$m_s=V_a\rho_{ap}=0.46\times 1250=575\text{kg}$$

（5）确定总用水量

总水量按式（3-44）计算：

$$m_{wt}=m_{wn}+m_{wa}=165+575\times 18\%=269\text{kg}$$

得到此混凝土的配合比为：

水泥:砂子:陶粒:水=380:650:575:269

（6）试配和调整

混凝土的干表观密度，按式（3-45）计算：

$$\rho_{cd}=1.15m_c+m_a+m_s=1.15\times 380+650+575=1662\text{kg/m}^3\approx 1.7\text{t/m}^3$$

设计要求的干表观密度为1650，其误差小于3%，无须重新调整和计算配合比。

（对此黏土陶粒混凝土配合比的校正，在此略去计算。）

2. 粉煤灰轻骨料混凝土配合比计算

粉煤灰轻骨料混凝土，是指在普通轻骨料混凝土中掺加适量的粉煤灰配制而成，其作用效果与普通的粉煤灰混凝土一样。

配合比设计方法如下：

（1）基准轻骨料混凝土的配合比计算同3.1.7节中第一部分：普通轻骨料混凝土配合比计算步骤进行。其中，粉煤灰取代水泥率（β_c）按照表3-40中确定。

粉煤灰取代水泥百分率　　表 3-40

混凝土强度等级	取代普通硅酸盐水泥率（%）	取代矿渣硅酸盐水泥率（%）
CL5 以下	15 ~ 25	10 ~ 20
CL20	10 ~ 15	10
CL25 ~ CL30	15 ~ 20	10 ~ 15

注：1. 以强度等级为 42.5 的水泥配制而成的混凝土取表中下限值；以强度等级为 52.5 的水泥配制成的混凝土取上限值。

2. CL20 以上的混凝土宜采用Ⅰ、Ⅱ级粉煤灰；CL15 以下的素混凝土可采用Ⅲ级粉煤灰。

3. 在预应力混凝土中的取代水泥率，普通硅酸盐水泥不大于 15%；矿渣硅酸盐水泥不大于 10%。

4. 钢筋轻骨料混凝土的粉煤灰取代水泥率不宜大于 15%。

（2）粉煤灰轻骨料混凝土的水泥用量按下式计算：

$$m_c = m_{c0}(1 - \beta_c) \tag{3-48}$$

式中　m_c——粉煤灰轻骨料混凝土的水泥用量（kg）；

m_{c0}——基准混凝土的水泥用量（kg）；

β_c——粉煤灰取代水泥率。

（3）按下式计算粉煤灰掺量：

$$m_f = \delta_c(m_{c0} - m_c) \tag{3-49}$$

式中　m_f——粉煤灰掺量（kg）；

δ_c——粉煤灰的超量系数，一般取 1.2 ~ 2.0。

（4）计算每立方米粉煤灰轻骨料混凝土中水泥、粉煤灰和细骨料的绝对体积。按粉煤灰超出水泥的体积，扣除同体积的细骨料用量。

（5）用水量保持与基准混凝土相同，通过试配，以符合稠度要求来调整用水量。

（6）按第 3.1.7 节中提到的方法进行配合比的调整以及校正。

【例 3-8】　条件同例 3-7，已知粉煤灰密度为 2.2t/m³，试计算粉煤灰黏土陶粒混凝土配合比。

【解】（1）由例 3-7，计算得到混凝土的配合比为：

水泥∶砂子∶陶粒∶水 = 380∶650∶575∶269

（2）查表 3-40，得到粉煤灰取代水泥率 $\beta_c = 15\%$。

（3 按式（3-48）计算粉煤灰轻骨料混凝土的水泥用量 m_c：

$$m_c = m_{c0}(1 - \beta_c) = 380 \times (1 - 0.15) = 323\text{kg}$$

（4）选取粉煤灰的超量系数 $\delta_c = 1.5$，然后按式（3-49）计算粉煤灰掺量 m_f：

$$m_f = \delta_c(m_{c0} - m_c) = 1.5 \times (380 - 323) = 85.5\text{ kg}$$

（5）计算每立方米的砂用量

根据式（3-22）计算得到：

$$m_s = m_{s0} - \left(\frac{m_c}{\rho_c} + \frac{m_f}{\rho_f} - \frac{m_{co}}{\rho_c}\right)\rho_s$$

$$= 650 - \left(\frac{323}{3.1} + \frac{85.5}{2.2} - \frac{380}{3.1}\right) \times 2.6 = 597\text{kg}$$

（6）用水量保持与基准混凝土相同，即 $m_w = m_{w0}$。且 $m_g = m_{g0}$

得到粉煤灰黏土陶粒混凝土材料计算用量的配合比：

$$m_c = 323\text{kg}；m_f = 85.5\text{kg}；m_s = 597\text{kg}$$

$$m_w = m_{w0}；m_g = m_{g0}$$

（7）经配合比的调整后与计算配合比相近，满足设计的要求。

3.2 砂的细度模数和平均粒径计算

在混凝土组成材料中，砂又称为细骨料，指由自然条件作用而成的粒径在5mm以下的岩石颗粒，是混凝土材料中不可缺少的一部分。混凝土用砂按产地分有三类：河砂、海砂和山砂；按砂的粒径分为粗砂、中砂、细砂和特细砂，根据《普通混凝土用砂、石质量及检验方法标准》（JGJ 52-2007）可知，由细度模数以及平均粒径确定，详细参见表3-41。其中细度模数以及平均粒径将在下面两节中详细讨论计算方法。

砂的分类　　表3-41

砂的种类	细度模数	平均粒径
粗砂	3.7～3.1	≥0.5
中砂	3.0～2.3	0.35～0.5
细砂	2.2～1.6	0.25～0.35
特细砂	1.5～0.7	≤0.25

在工程中，砂的有关质量应符合《普通混凝土用砂、石质量及检验方法标准》（JGJ 52—2007），特细砂的质量要符合《特细砂混凝土配制及应用规程》（BJG 19）的规定，对于特殊要求的混凝土用砂的质量，应符合有关标准的规定对于砂的评定。对于砂的本身，砂的颗粒级配、含泥量与泥块含量、砂的坚固性、有害物质含量等需要通过计算或试验测定并且满足工程需要；对于砂进场的工程，应分别做好验收、运输和堆放的工作。

3.2.1 砂细度模数计算

砂的细度模数，是表示砂的粗细程度的一个重要标准。细度模数大，表示砂子粗，反之则细，可以参见表3-42。

当砂的用量相同时，如用砂过粗，拌出的混凝土易于产生泌水、离析；如用砂过细，则需耗用较多水泥，不经济。因此必须根据结构和施工要求，恰当的选用砂的细度模数，以获得最优的质量。

一般，砂的细度模数常用筛分法来测定。用一套孔径为10mm、5mm、2.5mm（净孔）的圆孔筛以及筛孔尺寸为1.25mm、0.63mm、0.315mm、0.16mm（净孔）的方孔筛，将烘干的砂试样取500kg，由大到小依次过筛，称出各筛子上的砂重，计算出各筛上的“分计筛余”（%）及“累计筛余”（%），最后计算出细度模数。

分计筛余 α_{1-6} 按下式计算：

$$\alpha_{1-6}(\%)=\frac{\text{各号筛上的筛余量}}{\text{试样总量}}\times 100\% \tag{3-50}$$

累计筛余 β_{1-6} 按下式计算：

$\beta_{1-6}(\%)$ = 该号筛上的分计筛余(%) + 大于该号筛的各筛余(%)之和　(3-51)

分计筛余与累计筛余的关系参见表 3-42。一般，累计筛余愈大，砂也就愈粗。

分计筛余与累计筛余的关系　　**表 3-42**

筛孔尺寸（mm）	分计筛余（%）	累计筛余（%）
5.00	α_1	$\beta_1=\alpha_1$
2.50	α_2	$\beta_2=\alpha_1+\alpha_2$
1.25	α_3	$\beta_3=\alpha_1+\alpha_2+\alpha_3$
0.63	α_4	$\beta_4=\alpha_1+\alpha_2+\alpha_3+\alpha_4$
0.315	α_5	$\beta_5=\alpha_1+\alpha_2+\alpha_3+\alpha_4+\alpha_5$
0.16	α_6	$\beta_6=\alpha_1+\alpha_2+\alpha_3+\alpha_4+\alpha_5+\alpha_6$

表中　α_1、α_2、α_3、α_4、α_5、α_6——分别为孔径 5.0、2.5、1.25、0.63、0.315、0.16mm 筛上的分计筛余百分率（%）

β_1、β_2、β_3、β_4、β_5、β_6——分别为孔径 2.5、1.25、0.63、0.315、0.16mm 各筛上的累计筛余百分率（%）。

细度模数为所有累计筛余之总和的百分率，并应扣除 5mm 筛孔以上的"砂"，其去掉 5β，相应分母 100 亦去掉 β，因而，细度模数可按下式计算：

$$\mu_f=\frac{(\beta_2+\beta_3+\beta_4+\beta_5+\beta_6)-5\beta_1}{100-\beta_1} \tag{3-52}$$

式中　μ_f——砂子的细度模数；

其他符号意义同上。通过计算后，可对比表 3-41 查得其砂的粗细程度。

【例 3-9】　筛分 500g 砂试样，测得各号筛上的筛余量重量：5.00mm 筛上为 23g；2.50mm 筛上为 50.5g；1.25mm 筛上为 40g；0.63mm 筛上为 205.5g；0.315mm 筛上为 97.5g；0.16mm 筛上为 75.5g；0.16mm 筛上为 8g，计算确定该砂粗细程度。

【解】　(1) 计算分计筛余和累计筛余，见表 3-43。

500g 试样筛余统计表　　**表 3-43**

筛孔尺寸（mm）	筛余质量（g）	分计筛余（%）	累计筛余（%）
5.00	23	4.6	4.6
2.50	50.5	10.1	14.7
1.25	40	8	22.7
0.63	205.5	41.1	63.8
0.315	97.5	19.5	83.3
0.16	75.5	15.1	98.4
0.16 以下	8	1.6	100

(2) 确定粗细程度

由式 (3-52) 得到

$$\mu_f = \frac{(\beta_2 + \beta_3 + \beta_4 + \beta_5 + \beta_6) - 5\beta_1}{100 - \beta_1}$$

$$= \frac{(14.7 + 22.7 + 63.8 + 83.3 + 98.4) - 5 \times 4.6}{100 - 4.6}$$

$$= 2.72$$

因为 μ_f 在 3.0~2.3 之间，属于中砂。

3.2.2 砂平均粒径计算

表示砂的粗细程度的指标，除了有砂的细度模数，同时还有砂的平均粒径。

砂的平均粒径计算如下：

$$d = 0.112 \times 2^{\mu_f} \tag{3-53}$$

经过整理后得：

$$\mu_f = 3.32\lg d + 3.16 \tag{3-54}$$

μ_f 与 d 的对照如表 3-44 所例，已知 μ_f 可从表 3-44 查得 d 值。

【例 3-10】 已知砂的平均粒径为 0.68mm，试计算其细度模数，并确定砂类。

【解】 根据公式 (3-54) 计算：

$\mu_f = 3.32\lg d + 3.16 = 3.32 \times \lg 0.68 + 3.16 = 2.60$ 得到 $d = 0.68$

$d > 0.5$，因此，定为粗砂。

μ_f 与 d 对照表 **表 3-44**

μ_f	3.9	3.8	3.7	3.6	3.5	3.4	3.3	3.2	3.1	3.0	2.9
d	1.67	1.56	1.46	1.36	1.27	1.18	1.10	1.03	0.96	0.90	0.84
μ_f	2.8	2.7	2.6	2.5	2.4	2.3	2.2	2.1	2.0	1.9	1.8
d	0.78	0.73	0.68	0.63	0.59	0.55	0.51	0.48	0.45	0.42	0.39
μ_f	1.7	1.6	1.5	1.4	1.3	1.2	1.1	1.0	0.9	0.8	0.7
d	0.36	0.34	0.32	0.30	0.28	0.26	0.24	0.22	0.21	0.20	0.18

3.3 混凝土浇灌计算

混凝土浇灌包括混凝土运输前期工作，布料摊平、捣实和抹面修整、浇筑混凝土等工序，浇灌工作完成的好坏，对于混凝土的密实性与耐久性、结构的整体性以及构件的外形正确性都有决定性的影响，是混凝土工程施工中保证质量的关键性工作。

混凝土的运输分有水平运输、垂直运输和高空水平运输，水平运输一般用混凝土搅拌运输车；垂直运输可采用塔式起重机、混凝土泵、快速提升机和井架；高空水平运输有布料机配合混凝土泵，手推车配合井架，而塔式起重机可直接将混凝土卸在浇筑点。对于混凝土拌合物运输的基本要求：不产生离析现象、保证浇筑时规定的坍落度和混凝土初凝之前有充分的时间进行浇筑和捣实。

混凝土的捣实需要选择正确的振动设备，有插入式振动器、平板式振动器、附着式振动器和振动台。

在混凝土浇筑过程中应注意防止离析，在正确位置（剪力较小且施工方便的部位）留置施工缝，保证浇筑质量，达到预期目标。

其中，混凝土浇灌计算主要考虑以下几个方面：浇灌强度、浇灌时间、搅拌设备需求量、搅拌机生产率、搅拌站生产率等等，通过这些计算，才能确保顺利浇灌混凝土，满足混凝土所需的性能与强度。

3.3.1　混凝土浇灌强度计算

混凝土浇筑，为保证连续浇筑现场必须配备足够的搅拌设备，如果有间歇时间，必须满足一定的允许要求，也可以设施工缝来解决。

混凝土的最大浇灌强度，即混凝土每小时的浇灌量，可根据现场混凝土搅拌机实际台班产量（按6h产量计），求得需设置的混凝土搅拌机数量，以及需用的运输汽车、振捣工具数量。可按下式计算：

$$Q = \frac{Fh}{t} \tag{3-55}$$

式中　Q——混凝土的最大浇筑强度（m^3/h）；

F——混凝土最大水平浇筑截面积（m^2）；

h——混凝土分层浇筑厚度，随浇筑方式而定，一般由0.2～0.5m；

t——每层混凝土浇筑时间（h），$t = t_1 - t_2$；

t_1——水泥的初凝时间（h）；

t_2——混凝土的运输时间（h）。

浇筑方式有全面分层、分段分层和斜面分层，工程中根据结构物的具体尺寸、捣实方法和混凝土的供应能力选择浇筑方案，一般多采用斜面分层。

【例3-11】　高层建筑地下室筏板基础长40m、宽30m、厚2m，要求不留设施工缝，采用插入式振动器捣实，混凝土每层浇筑厚度为30cm，混凝土由搅拌站直接运输到现场，运输时间为0.3h，混凝土初凝时间为3.0h，求混凝土的浇筑强度。

【解】　水平浇筑截面积 $F = 40 \times 30 = 1200m^2$；

混凝土分层浇筑厚度 $h = 30cm$；

由公式（3-55）得到：

$$Q = \frac{Fh}{t} = \frac{1200 \times 0.3}{3 - 0.3} = 133.3m^3/h;$$

故，混凝土的浇筑强度为133.3m^3/h。

3.3.2　混凝土的浇筑时间计算

已知混凝土的浇筑强度，可以计算得到混凝土的浇筑时间，按下式计算：

$$T = \frac{V}{Q} \tag{3-56}$$

式中 T——全部混凝土浇筑完毕需要的时间（h）；

V——全部混凝土的浇筑量（m^3）；

Q——混凝土的最大浇筑强度（m^3/h）。

【例 3-12】 条件同例 3-11，试求混凝土浇完所需要的时间。

【解】 全部混凝土浇筑量 $V = 40 \times 30 \times 2 = 2400m^3$，$Q = 133.3m^3/h$；

代入公式（3-56），得到：

$$T = \frac{V}{Q} = \frac{2400}{133.3} = 18h$$

故，混凝土浇完所需要的时间为 18h。

3.3.3 混凝土搅拌设备需用量计算

工程中，混凝土搅拌机的数量需要提前确定，不同的搅拌机型号，具有不同的技术性能，所以根据工程特点和浇筑量选择合适的搅拌机型号，并且通过计算确定搅拌机需用数量，一般采用下式计算：

$$N = \frac{V}{\left(\frac{60}{t_1 + t_2}\right) q \cdot K \cdot K_B \cdot T} \tag{3-57}$$

式中 N——混凝土搅拌需用台数；

V——每班混凝土需用总量（m^3/台班）；

q——混凝土搅拌机容量（m^3）；

t_1——搅拌机每罐混凝土的搅拌时间（min）；

t_2——搅拌机每罐混凝土的出料时间（min）；

K——搅拌机容量利用系数，取 $K = 0.9$；

K_B——工作时间利用系数，取 $K_B = 0.9$；

T——每班工作时间，一般取 7～8h。

【例 3-13】 基础浇灌每班混凝土需用总量 $70m^3$，选用 J_1-400 型自落式混凝土搅拌机拌制（出料容量 $q = 260L$，拌合时间 $t_1 = 2min$），出料时间 $t_2 = 3.5min$，每班工作时间取 8h，试求混凝土搅拌机需用数量。

【解】 分别代入公式（3-57），混凝土搅拌机需用数量：

$$N = \frac{V}{\left(\frac{60}{t_1 + t_2}\right) q \cdot K \cdot K_B \cdot T} = \frac{70}{\left(\frac{60}{2 + 3.5}\right) \times 0.26 \times 0.9 \times 0.9 \times 8} = 4 \text{ 台}$$

故，J_1-400 型自落式混凝土搅拌机需用数量为 4 台。

3.3.4 混凝土搅拌机生产率计算

混凝土搅拌机小时生产率按下式计算：

$$P_h = \frac{60q}{t} \cdot K \tag{3-58}$$

混凝土搅拌机台班生产率按下式计算：

$$P = 8P_h \cdot K_B \tag{3-59}$$

式中　P_h——混凝土搅拌机小时生产率（m^3/h）；

q——混凝土搅拌机出料容量（m^3）；当搅拌机采用进料容量时，应乘以出料系数 0.67；

K——混凝土搅拌机利用系数，一般取 0.9；

t——混凝土从装料、搅拌到出料一个循环的延续时间，一般为 5～5.5min；

P——混凝土搅拌机台班生产率（m^3/台班）；

K_B——工作时间利用系数，取 $K_B = 0.9$。

【例 3-14】　混凝土搅拌机出料容量 $q = 260L$，延续时间 $t = 5.5min$，试计算混凝土搅拌机小时生产率和台班生产率。

【解】　代入公式（3-58）：

$$P_h = \frac{60q}{t} \cdot K = \frac{60 \times 0.26}{5.5} \times 0.9 = 2.6\ m^3/h$$

台班生产率由式（3-59）得：

$$P = 8P_h \cdot K_B = 8 \times 2.6 \times 0.9 = 18.72\ m^3/台班$$

故，混凝土搅拌机小时生产率和台班生产率分别为 $2.6m^3/h$ 和 $18.72m^3$/台班。

3.3.5　混凝土搅拌站生产率计算

搅拌站小时生产率按下式计算：

$$P_h = \frac{60q}{t} \tag{3-60}$$

搅拌站台班生产率按下式计算：

$$P = 8P_h \cdot K_B \tag{3-61}$$

搅拌站年生产率按下式计算：

$$P_y = \frac{P \cdot m \cdot T}{K} \tag{3-62}$$

式中　P_h——搅拌站小时生产率（m^3/h）；

q——搅拌运输车的容量（m^3）；

t——搅拌运输车装料时间，一般为 5min；

P——搅拌站台班生产率（m^3/台班）；

K_B——工作时间利用系数，一般为 0.75；

P_y——搅拌站年生产率（m^3/年）；

m——每天作业班数，一般按 2.5 班计；

T——工作台班日数，即年有效作业天数（d）；

K——生产不均衡系数，一般取 1.6~1.8。

【例 3-15】 混凝土搅拌运输车的容量 $q=6\text{m}^3$，搅拌运输车装料时间 $t=5\text{min}$，试计算混凝土搅拌站小时生产率、台班生产率、年生产率。

【解】 小时生产率由式（3-60）得到：

$$P_h = \frac{60q}{t} = \frac{60\times 6}{5} = 72\ \text{m}^3/\text{h}$$

台班生产率由式（3-61）得到：

$$P = 8P_h \cdot K_B = 8\times 72\times 0.75 = 432\ \text{m}^3/\text{台班}$$

年生产率由式（3-62）得到，其中每天作业班数 $m=2.5$ 班，工作台班日数 $T=254\text{d}$，生产不均衡系数 $K=1.7$：

$$P_y = \frac{P\cdot m\cdot T}{K} = \frac{432\times 2.5\times 254}{1.7} = 161365\ \text{m}^3/\text{年}$$

故，混凝土搅拌站小时生产率、台班生产率和年生产率分别为 $72\text{m}^3/\text{h}$、$432\text{m}^3/\text{台班}$ 和 $161365\text{m}^3/\text{年}$。

3.4 混凝土拌制配料计算

3.4.1 混凝土拌制投料量计算

混凝土拌制目的在于使得各个拌合料混合均匀，具有流动性的混凝土拌合物。在拌制过程中，需要考虑投料量，搅拌工艺等因素，对于新拌混凝土需要满足一定的工艺要求。

对于水泥的投入量尽可能以整袋水泥计，或按每 5kg 进级取整数。混凝土搅拌机的出料容量，在铭牌上有说明，材料的含水率，按材料含水时的重量应等于干燥状态下的重量加上干燥状态下的重量与含水率的乘积（此乘积即所含水量）按下式计算：

$$m_h = (1+w)m_d \tag{3-63}$$

式中 m_h——粗、细骨料含水时的重量（kg）；

m_d——粗、细骨料干燥状态下的重量（kg）；

w——粗、细骨料的含水率（%）。

在拌制混凝土投料之前，需要加水空转数分钟，将积水倒净，使拌筒充分润湿。搅拌第一盘时，宜按配合比多加入 10% 的水泥、水、细骨料的用量；或者减少 10% 的粗骨料用量。

搅拌好的混凝土尽量倒尽，混凝土未倒尽之前，不得采取边出料边进料的方法，严格控制水灰比和坍落度，未经试验人员同意不得随意加减用水量。

【例 3-16】 钢筋混凝土结构采用 C30 普通混凝土，设计重量配合比为：水泥∶砂∶碎石 =1∶1.81∶3.36，水灰比 $W/C=0.56$，水泥用量为 348kg/m^3，施工现场测得砂含水率为 2.5%，碎石含水率为 1.2%，采用 JW1000 涡桨强制式搅拌机拌制，出料容量为 1000L，试计算搅拌机在额定生产条件下一次搅拌的各种材料投料量。

【解】 其施工配合比和每立方米混凝土各种材料用量为：

施工配合比　1∶1.81（1+2.5%）∶3.36（1+1.2%）=1∶1.86∶3.4

每立方米混凝土各组成材料用量为：

水泥：　　348kg

砂：　　348×1.86=647.3kg

碎石：　　348×3.4=1183.2kg

水：　　0.56×348−1.81×348×2.5%−3.36×348×1.5%=161.6kg

则混凝土搅拌机每次投料量为：

水泥：　　348×1=348kg，用 7 袋水泥，为 350kg。

砂：　　350×1.86=651kg

碎石：　　350×3.4=1190kg

水：　　0.56×350−1.81×350×2.5%−3.36×350×1.5%=162.5kg

【例 3-17】　条件同例 3-16，但是采用 J_4-375 强制式混凝土搅拌机拌制，出料容量为 250L，试计算搅拌机在额定生产条件下，依次搅拌的各种材料用量。

【解】　每一次水泥量为 348×0.25=87kg，为避免水泥零配工作，每拌合一次用一袋水泥（50kg），按水泥用量比例计，则每罐混凝土量为 50/348=0.144m^3。

故混凝土搅拌每次投料量为：

水泥：　　50kg

砂：　　647.3×0.144=93.2kg

碎石：　　1183.2×0.144=170.4kg

水：　　161.6×0.144=23.27kg

3.4.2　混凝土掺外加剂投料计算

混凝土掺外加剂用量按下面方法进行：

1. 按外加剂掺量求纯外加剂用量；
2. 根据已知浓度外加剂，求实际外加剂用量
3. 然后计算配成水溶液后的每袋水泥的溶液掺量及扣除溶液含水量后的加水量。

【例 3-18】　C15 混凝土，水泥等级强度为 42.5，每立方米混凝土水泥用量为 210kg，水用量为 180kg，木钙减水剂掺量为水泥用量的 0.3%（纯度 95%），工地用木钙纯度 70%，试计算每袋（50kg）水泥掺木钙及水的用量。

【解】　每立方米混凝土纯木钙用量 210×0.3%=0.63kg

70% 浓度木钙需用量为 $\frac{0.63\times0.95}{0.7}=0.86$kg

将这 0.86kg 木钙先调入 20kg 清水中成为木钙溶液，然后按水泥用量掺用。

每一次拌合用水泥一袋（即 50kg），则需用木钙溶液 $\frac{20.86\times50}{210}=4.97$kg

每袋水泥加水量为 $\frac{180\times50}{210}-\frac{20\times50}{210}=38.1$kg。

3.5 泵送混凝土施工计算

混凝土泵送设备有混凝土汽车泵，固定式混凝土泵。在一般工程中，常用的有以下几种，分别在表3-45和表3-46中列出。

混凝土固定泵技术性能 表3-45

型号 项目	HJ－TSB9014	HSA2100HD	BSA140BD	PTF－650	ELBA－B5516E	DC－A800B
形式		卧式单动	卧式单动	卧式单动	卧式单动	卧式单动
最大液压泵压力（MPa）		28	32	21～10	20	13～18.5
输送能力（m^3/h）	80	97～150	85	4～60	10～45	15～80
理论输送压力（MPa）	70/110	80～130	65～97	36	93	44
骨粒最大粒径（mm）		40	40	40	40	40
输送距离水平/垂直（m）				350/80	100/130	440/125
混凝土坍落度（mm）		50～230	50～230	50～230	50～230	50～230
缸径、冲程长度（mm）	200、1400	200、2100	200、1400	180、1150	160、1500	205、1500
缸数		双缸活塞式	双缸活塞式	双缸活塞式	双缸活塞式	双缸活塞式
加料斗容量（m^3）	0.5	0.9	0.49	0.3	0.475	0.35
动力（功率Hp/转速r/min）		130/2300	118/2300	55/2600	75/2960	170/2000
活塞冲程次数（次/min）		19.35	31.6		33	
重量（kg）	5250	5600	3400	6500	4420	15500
产地	上海华东建筑机械厂	德国普茨玛斯特	德国普茨玛斯特	日本石川岛	德国爱尔巴	日本三菱

混凝土汽车输送泵参考表 表3-46

项次	项目	IPF－185B	DC－S115B	IPF－75B	PTF－75BZ	A800B	NCP－9F8	BRF 28.09	BRF 36.09
1	形式	360°回转三级Z级	360°回转三级回折型	360°回转三级Z级	360°回转三级Z级	360°回转三级Z级	360°回转三级Z级	360°回转三级Z级	360°回转四级重量型
2	最大输送量（m^3/h）	10～25	70	10～75	75	80	57	90	90
3	最大输送距离（m）（水平/垂直）	520/110	420/100	410/80	410/80	650/125	1000/150		
4	粗骨料最大尺寸（mm）	40	40	30（砾石40）	40	40	40	40	40

续表

项次	项目	IPF-185B	DC-S115B	IPF-75B	PTF-75BZ	A800B	NCP-9F8	BRF 28.09	BRF 36.09
5	常用泵送压力（MPa）	4.71		3.87		13~18.5	20	7.5	7.5
6	混凝土坍落度允许范围（cm）	5~23	5~23	5~23	5~23	5~23	5~23	5~23	5~23
7	布料杆工作半径（m）	17.4	15.8	16.5	16.5	17.5		23.7	32.1
8	布料杆离地高度（m）	20.7	19.3	19.8	19.8	20.7		27.4	35.7
9	外形尺寸（长×宽×高）（mm）	9000×2485×3280	8840×4900×3400	9470×2450×3230				10910×7200×3850	10305×8500×3960
10	重量（t）		15.35	15.46	15.43	15.50	15.53	19.00	25.00
11	产地	湖北建筑机械厂	日本三菱	日本石川岛	日本石川岛	日本三菱重工	日本新鸿铁工所	德国普茨玛斯特	德国普茨玛斯特

混凝土泵车的停放布置是个关键，影响输送管的配置，同时影响着泵送混凝土的施工质量，一般需要满足一定的条件：停放处场地平整、坚实，尽可能靠近浇筑地点；停放地点有足够场地来保证供料、调车；在混凝土泵的作业范围内，不得有阻碍物、高压电线，并且防止高空坠物；在使用接力泵时，设置位置应使上、下泵的输送能力匹配，设置接力泵的结构，需要验算其结构所能承受的荷载。

3.5.1 混凝土泵车或泵输送能力计算

混凝土泵车或泵是由输送能力进行选择的，一般，输送能力是以单位时间内的最大输送距离和平均输送量表示。

1. 混凝土配管长度

配管一般有输送管和软管等组成。输送管用无缝钢管制成，由弯管和直管组成，已经有180、150、125、100和80mm五种，弯管的角度有15°、30°、45°、60°、90°。为了便于施工浇筑混凝土，在输送管末端装有软管，要求接缝处不允许有漏浆，可快速拆装。

在选择混凝土泵车和计算泵送能力时，应将混凝土配管（软管、水平管、垂直管、倾斜管等）算成水平长度，配管的水平换算长度一般可按下式计算：

$$L = (l_1 + l_2 + \cdots) + k(h_1 + h_2 + \cdots) + fm + bn_1 + tn_2 \tag{3-64}$$

式中　L——配管的水平换算长度；

l_1、l_2…——水平配管长度；
h_1、h_2…——垂直配管长度；
m——软管根数（根）；
n_1——弯管个数（个）；
n_2——变径管个数（个）；
k、f、b、t——分别为每米垂直管及每根软管、弯管、变径管的换算长度，按表3-48取。

配管换算长度与最大排出量的关系 **表3-47**

水平换算长度（m）	最大排出量与设计最大排出量对比（%）	水平换算长度（m）	最大排出量与设计最大排出量对比（%）
0～49	100	150～179	80～70
55～99	90～80	180～199	70～60
100～149	80～70	200～249	60～50

注：1. 本表条件为：混凝土坍落度12cm，水泥用量300kg/m³。
2. 坍落度降低时，排出量对比值还应相应减少。

各种配管与水平管换算表 **表3-48**

项　次	项　目	管型规格	换算成水平管长度（m）
1	向上垂直管 k （每1m）	管径100mm（4″） 管径125mm（5″） 管径150mm（6″）	3 4 5
2	软管f	每5～8m长的1根	20
3	弯管 b （每一个）	曲率　90° 半径　45° $R=0.5$m　30° 15°	12 6 4 2
		曲率　90° 半径　45° $R=0.5$m　30° 15°	9 4.5 3 1.5
4	变径管t （锥形管） （每1根）$t=1～2$	管径175～50mm 管径150～125mm 管径125～100mm	4 8 16

注：1. 本表的条件是：输送混凝土中的水泥用量300kg/m³以上，坍落度21cm；当坍落度小时换算率应适当增大。
2. 向下垂直管，其水平换算长度等于其自身长度。
3. 斜向配管时，根据其水平及垂直投影长度，分别按水平、垂直配管计算。

2. 配管设计

配管设计中，使配管长度不超过泵车的最大输送距离，见表 3-47 所示，并且防止逆流现象，垂直换算长度应小于 0.8 倍泵车的最大输送距离。

在设计中，应考虑到管路的布置，尽量选择最短的距离，必要时可设置气门来越过高的障碍物。同一管路中，减少断面的变化，尽量不多用锥形管与弯管，使用弯管时，尽量减少角度。往高处泵送时，混凝土的泵的位置距离垂直管应有一定的距离；向下泵送时，可设置气门，防止由于混凝土自重下落产生真空段。

对于长久使用的管路，应及时更换，防止使用磨损损失。

3. 混凝土泵车或泵的最大水平输送距离计算

混凝土泵的最大水平输送距离可以参照产品的性能表（曲线）确定，必要时可以由试验确定：也可以根据计算确定。

根据混凝土泵的最大出口压力、配管情况、混凝土性能指标和输出量，按下列公式进行计算：

$$L_{max} = \frac{P_{max}}{\Delta P_{H}} \tag{3-65}$$

$$\Delta P_{H} = \frac{2}{r_0}\left[K_1 + K_2\left(1 + \frac{t_2}{t_1}\right)V_0\right]\alpha_0 \tag{3-66}$$

$$K_1 = (3.00 - 0.01S) \times 10^2 \tag{3-67}$$

$$K_2 = (4.00 - 0.01S) \times 10^2 \tag{3-68}$$

式中　L_{max}——混凝土泵车的最大水平输送距离（m）；

P_{max}——混凝土泵车的最大出口压力（Pa），可从泵车的技术性能表中查得；

ΔP_H——混凝土在水平输送管内流动每米产生的压力损失（Pa/m）；

r_0——混凝土输送管半径（m）

K_1——黏着系数（Pa）；

K_2——速度系数（Pa/m/s）；

S——混凝土坍落度（cm）；

t_2/t_1——混凝土泵分别切换时间与活塞推压混凝土时间之比，一般取 0.3；

V_0——混凝土拌合物在输送管内的平均流速（m/s）；

α_0——径向压力与轴向压力之比，对普通混凝土取 0.90。

其中，ΔP_H 值也可以用其他确定，且宜通过试验验证。

当配管有水平管、向上垂直或弯管等情况时，应先按表 3-48 进行换算，然后再用上两式进行计算。

4. 泵送混凝土阻力计算

泵送混凝土损失分别有水平管道压力的损失、垂直损失、弯管损失以及软管损失组成，一般弯管的压力损失，约水平管的三倍；经过软管的压力损失，最多为经过相同长度的水平管的两倍。泵送混凝土的阻力是产生损失的原因，其计算为以上各种情况的总和，见下式：

$$P = \sum \Delta P_r L_r + \gamma H + 3\sum \Delta P_r m_r + 2\sum \Delta P_r N_r \tag{3-69}$$

式中 P——泵送阻力（MPa）；

ΔP_r——半径等于 r 的水平管道压力损失（MPa/m），可从图 3-1 中查得；

L_r——半径等于 r 的管道总长度（m）；

γ——混凝土的重力密度（kN/m^3）；

H——泵送混凝土垂直距离（m）；

m_r——半径等于 r 的弯管数（个）；

N_r——软管长度（m）。

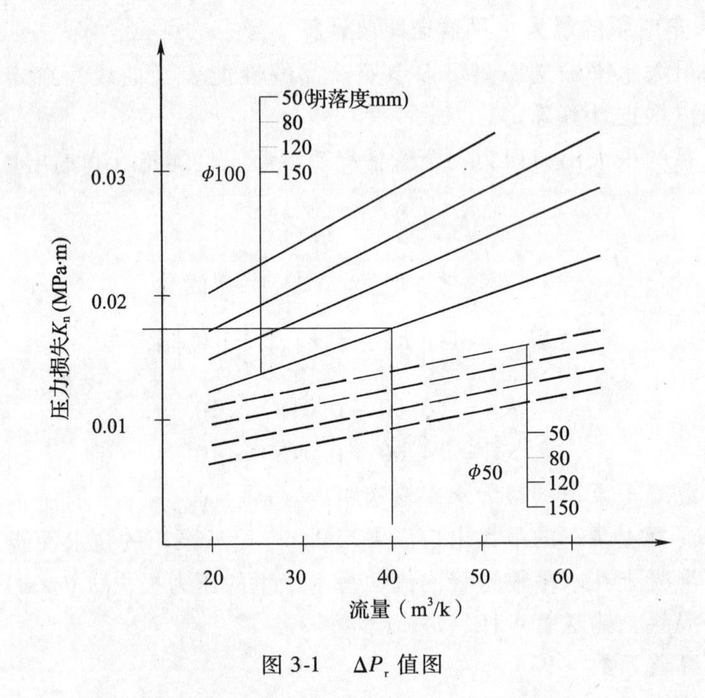

图 3-1 ΔP_r 值图

5. 混凝土泵车或泵的平均输出量计算

混凝土泵车的平均输出量由泵车（或泵）的最大排出量和配管条件系数确定，按下式计算：

$$Q_A = q_{max} \cdot \alpha \cdot \eta \tag{3-70}$$

式中 Q_A——泵车的平均输出量（m^3/h）；

q_{max}——泵车最大排出量，可从技术性能表中查得，如 DC-S115B 型泵车为 $70m^3/h$；

α——配管条件系数，可取 0.8～0.9；

η——作业效率，根据混凝土搅拌运输车混凝土泵车供料的间歇时间、拆装混凝土输送管和布料停歇等情况，可取 0.5～0.7；一台搅拌运输车供料取 0.5；二台搅拌运输车同时供料 0.7。

6. 混凝土泵的泵送能力验算

根据具体的施工情况和有关计算尚应符合以下要求：混凝土输送管道的配管整体水平

换算长度，应不超过计算所得的最大水平泵送距离；按表 3-49 和表 3-50 换算的总压力损失，应小于混凝土泵正常工作的最大出口压力。

混凝土泵送的换算压力损失　　表 3-49

管件名称	换算量	换算压力损失（MPa）
水平管	每 20m	0.10
垂直管	每 5m	0.10
45°弯管	每只	0.05
90°弯管	每只	0.10
管路截止网	每个	0.80
3~5m 橡皮软管	每根	0.20

附属于泵体的换算压力损失　　表 3-50

部件名称	换算量	换算压力损失（MPa）
Y 形管 175~125mm	每只	0.05
分配阀	每个	0.08
混凝土泵起动内耗	每台	2.80

【例 3-19】 高层建筑筏板式基础，采用混凝土输送泵车浇筑，泵车的最大出口泵压 $P_{max}=4.71\times10^6$Pa，输送直径为 125cm，每台泵车水平配管长度为 110m，装有一根软管，二个 90°弯管和二个变径管，混凝土坍落度 $S=15$cm，混凝土在输送管内的流速 $V_0=0.50$m/s，试计算混凝土输送泵的输送距离，并验算泵送能力能否满足要求。

【解】 由式（3-64）得到：

$$L=(l_1+l_2+\cdots)+k(h_1+h_2+\cdots)+fm+bn_1+tn_2$$
$$=110+20\times1+12\times2+16\times2=186\text{m}$$

由式（3-66），取 $t_2/t_1=0.3$，径向压力与轴向压力之比 α_0 取 0.90

$$K_1=(3.00-0.01S)\times10^2=(3.00-0.01\times15)\cdot10^2=285\text{Pa}$$

$$K_2=(4.00-0.01S)\times10^2=(4.00-0.01\times15)\cdot10^2=385\text{Pa}$$

$$\Delta P_H=\frac{2}{r_0}\left[K_1+K_2\left(1+\frac{t_2}{t_1}\right)V_0\right]\alpha_0$$
$$=\frac{2\times2}{0.125}[285+385(1+0.3)\times0.5]\times0.9$$
$$=15415\text{Pa/m}$$

由式（3-65）混凝土输送泵车的最大输送距离为

$$L_{max}=\frac{P_{max}}{\Delta P_h}=\frac{4.71\times10^6}{15415}=306\text{ m}$$

由表 3-46，表 3-47 换算的总压力损失为：

（设另装 Y 形管一只，分配阀一个）

$$P = \frac{110}{20} \times 0.1 + 0.10 \times 2 + 1 \times 0.20 + 0.05 + 0.08 + 2.8 = 3.88\text{MPa}$$

由以上计算得到混凝土输送管道的配管整体水平换算长度为186m，小于计算得到的最大泵送距离306m；混凝土泵送的换算压力损失为3.88MPa，小于混凝土泵的最大出口压力4.71MPa。因此，满足要求。

3.5.2 混凝土泵车或泵需用数量计算

混凝土输出泵车的需用数量根据混凝土浇筑数量和泵车的最大排量可按下式计算：

$$N_1 = \frac{q_n}{q_{max}\eta} \tag{3-71}$$

混凝土泵的需用数量可按下式计算：

$$N_2 = \frac{q_n}{q_m \cdot \eta} \tag{3-72}$$

式中 N_1 ——混凝土泵车需用数量（台）；

q_n ——计划每小时混凝土的需要量（m^3/h）；

q_{max} ——混凝土输送泵车最大排量（m^3/h）；

η ——泵车作业效率，一般取0.5～0.7。

N_2 ——混凝土泵需用数量（台）；

q_m ——每台混凝土泵的实际平均输出量（m^3/h）；

T——混凝土泵送施工作业时间（h）。

【例3-20】 高层建筑地下室筏板基础长40m、宽30m、厚2m，采取分层浇筑，每层厚度为30cm，混凝土浇灌量要求是$133m^3/h$，混凝土由搅拌站直接运输到现场，拟采用IPF-185B型混凝土输送泵车浇筑，其最大输送能力$q_{max} = 25m^3/h$，作业效率$\eta = 0.6$，试求需用混凝土输送泵车台数。

【解】 由式（3-71）需用混凝土输送泵车台数为：

$$N_1 = \frac{q_n}{q_{max}\eta} = \frac{133}{25 \times 0.6} \approx 9\text{ 台}$$

故，需用混凝土输送泵车9台。

3.5.3 混凝土泵车或泵生产率计算

1. 小时生产率计算

小时生产率按下式计算：

$$P_h = 60q \cdot z \cdot n \cdot K_c \cdot a \tag{3-73}$$

式中 P_h ——混凝土泵车或泵小时生产率（m^3/h）；

q——混凝土缸的容积（m^3），

$$q = \frac{1}{4}\pi D^2 l$$

D——混凝土缸径（m）；

l——混凝土缸内活塞的冲程（m）；

z——混凝土缸数量；

n——每分钟活塞冲程次数；

K_c——混凝土缸内充盈系数；对普通混凝土：当坍落度为18～21cm时，$K_c=0.8\sim0.9$；坍落度为12～17cm时，$K_c=0.7\sim0.9$；对人工轻骨料混凝土，当坍落度为20cm时，$K_c=0.60\sim0.85$。

a——折减系数，按表3-51取用。

2. 台班生产率计算

混凝土泵车或泵台班生产率按下式计算

$$P=8P_h\cdot K_B \tag{3-74}$$

混凝土泵产量的折减系数 *a* **表3-51**

泵送距离（水平换算距离）（m）	折减系数	泵送距离（水平换算距离）（m）	折减系数
0～49	1.0	150～179	0.7～0.6
50～99	0.9～0.8	180～199	0.6～0.5
100～149	0.8～0.7	200～249	0.5～0.4

注：表内数字适用于产量40m³/h的混凝土泵或泵车，对于产量50～90m³/h者，水平换算距离超过150m时，a可增大0.10。

式中 P——混凝土泵车或泵台班生产率（m³/台班）；

P_h——混凝土泵车或泵小时生产率（m³/h）；

K_B——工作时间利用系数，一般取0.4～0.8。

【例3-21】 用BSA2100HD混凝土固定泵，泵送距离（水平换算距离）为200m，普通混凝土坍落度200mm，试计算该泵的小时生产率和台班生产率。

【解】 按式（3-73）计算小时生产率：

查表3-45，得到混凝土固定泵的性能：$D=0.2$m，$l=2.1$ m，$z=2$，$n=19.35$ 次/min；$K_c=0.9$；查表3-48，得到折减系数 $a=0.5$；代入式（3-73）得到：

$$q=\frac{1}{4}\pi D^2 l=\frac{1}{4}\times\pi\times0.2^2\times2.1=0.066\text{ m}^3$$

$$P_h=60q\cdot z\cdot n\cdot K_c\cdot a=60\times0.066\times2\times19.35\times0.9\times0.5=69\text{ m}^3/\text{h}$$

按式（3-74）计算台班生产率：

工作时间利用系数 $K_B=0.6$，代入 $P=8P_h\cdot K_B$，得到：

$$P=8\times69\times0.6=331.2\text{ m}^3/\text{台班}$$

3.5.4 混凝土搅拌运输车需用数量计算

混凝土泵连续作业时，每台混凝土泵所需用配备的混凝土搅拌运输车台数可按下式计算：

$$N_3 = \frac{Q_A}{60V}\left(\frac{60L_1}{S_0} + T_1\right) \tag{3-75}$$

式中 N_3——每台混凝土泵车（泵）需配备混凝土搅拌运输车台数（台）；

Q_A——每台混凝土泵车（泵）的实际平均输出量（m^3/h），$Q_A = q_{max} \cdot a \cdot \eta$；

V——混凝土缸径（m）；

L_1——混凝土搅拌运输车往返一次行程（距离）（km）；

S_0——混凝土搅拌运输车行车平均速度（km/h），一般取 30km/h；

T_1——每台混凝土搅拌运输车一个运输周期总停歇时间（min），包括装料、卸料、停歇、冲洗等；

其他符号意义同前。

【例 3-22】 条件同【例 3-20】混凝土浇筑采用 JC6 型混凝土搅拌运输车运输，装料容量 $V=6m^3$，行车平均速度 $S_0=30km/h$，往返运输距离 $L_1=10km$，$T_1=45min$，试求每台混凝土泵车需配备混凝土搅拌运输车台数。

【解】 取 $a=0.9$，由式（3-75）得到每台混凝土泵车需配备混凝土搅拌运输车台数：

$$\begin{aligned} N_3 &= \frac{Q_A}{60V}\left(\frac{60L_1}{S_0} + T_1\right) \\ &= \frac{25 \times 0.9 \times 0.6}{60 \times 6} \times \left(\frac{60 \times 10}{30} + 45\right) \\ &= 2.4 \text{ 台} \end{aligned}$$

由【例 3-20】知道，需要混凝土输送泵 9 台。因此，需要配备混凝土搅拌运输车为 21.6 台，即 22 台。

3.6 补偿收缩混凝土计算

当混凝土的体积受到约束，因其体积膨胀而产生的压应力（0.2～0.7MPa）全部或大部分补偿了因水泥硬化收缩而产生的拉应力，称为补偿收缩混凝土。补偿收缩混凝土（又称膨胀混凝土）是用膨胀水泥或普通水泥掺入膨胀剂，与粗细骨料和水配制而成。

这种混凝土具有微膨胀特性，可用来抵消混凝土的全部或大部分收缩，因而可避免或大大减轻混凝土的开裂，同时还具有良好的抗渗性和较高的强度。适用于屋面、地下结构、水池、贮液体罐等防水和抗裂工程应用。不仅如此，还可以充填砂浆和混凝土，作为锚固和连接，例如可以作构件补强、渗透修补、回填槽等。

补偿收缩混凝土的性能要求按表 3-52 取用。有关材料性能应满足《混凝土外加剂应用技术规范》（GB 50119—2003），并经试验符合要求后，方可使用。

补偿收缩混凝土的性能　　表 3-52

项　目	限制膨胀率（×10⁻⁴）	限制干缩率（×10⁻⁴）	抗压强度（MPa）
龄　期	水中14d	水中14d，空气中28d	28d
性能指标	≥1.5	≤3.0	≥25

补偿收缩混凝土经过规定的潮湿养护期达到设计限制膨胀率后进入使用状态，依靠达到的限制膨胀拿过来补偿各种收缩，其剩余变形按下式计算：

$$\Delta\varepsilon = \varepsilon_{2p} - \varepsilon_{2s} \tag{3-76}$$

对于不允许出现拉应力的结构构件中，应使

$$\Delta\varepsilon \geqslant 0 \text{ 或 } \varepsilon_{2p} = \varepsilon_{2s} \tag{3-77}$$

对于不允许出现裂缝的结构构件中，应使

$$\Delta\varepsilon \leqslant |\varepsilon_{lmax}| \text{ 或 } \varepsilon_{2p} = \varepsilon_{2a} - |\varepsilon_{lmax}| \tag{3-78}$$

式中　$\Delta\varepsilon$——补偿收缩后的剩余变形；

ε_{2p}——限制膨胀率；

ε_{2s}——限制收缩率，即各种收缩率之和，在补偿干缩时（干缩率）；在同时补偿缩与冷缩时，$\varepsilon_{2s} = \varepsilon_2 + \varepsilon_T$（冷缩率）；

ε_{lmax}——混凝土的极限延伸值，即混凝土出现裂缝的最大应变值（负值）。

我国对于膨胀率的测定，一般采用自应力混凝土的膨胀试验模型和测定方法。

【例 3-23】 某结构钢筋混凝土底板，采用补偿收缩混凝土浇筑，根据设计的混凝土强度等级、湿度以及结构环境，已知 $\varepsilon_{2s} = 4\times10^{-4}$，$\varepsilon_{lmax} = -2\times10^{-4}$，不允许出现裂缝，试求限制膨胀率。

【解】 不允许出现裂缝，即 $\Delta\varepsilon = \varepsilon_{lmax}$，由式（3-76），得到：

$$\varepsilon_{2p} = \Delta\varepsilon + \varepsilon_{2s} = \varepsilon_{lmax} + \varepsilon_{2s} = -2\times10^{-4} + 4\times10^{-4} = 2\times10^{-4}$$

故，湿养护底板的限制膨胀率达到 2×10^{-4}，可控制裂缝出现。

3.7 混凝土强度的换算和推算

3.7.1 混凝土强度的换算

混凝土强度的换算在施工中常会遇到，标准养护28d，常常影响工作进度，可解决的方法是可制作部分 *n*d 的混凝土，用来推算出相当于28d标准龄期的强度，同时制作另一部分标准养护28d下的混凝土试件，作为检验。采用普通水泥拌制的中等强度等级的混凝土，由于水泥品种、养护条件、施工方法等常有差异，混凝土强度发展与龄期的关系也不尽相同，故此只能作为大致推算参考用。

这种换算由大量的试验知，混凝土强度增大情况大致与龄期的对数成正比例关系，其关系式如下：

$$f_n = f_{28}\frac{\lg n}{\lg 28} \tag{3-79}$$

或 $$f_{28}=\frac{f_n\lg 28}{\lg n} \tag{3-80}$$

式中　f_n——nd 的混凝土抗压强度（MPa），$n>3$；

f_{28}——试块标准养护 28d 下的混凝土抗压强度（MPa）；

lg28、$\lg n$——28 和 n（n 不小于 3）的常用对数。

【例 3-24】 已知一组普通水泥混凝土试块的 28d 的平均抗压强度为 30MPa，试求该组试块在标准养护下 40d 达到的强度。

【解】 由式（3-79）得到：

$$f_n=f_{28}\frac{\lg n}{\lg 28}=30\times\frac{\lg 40}{\lg 28}=33.2\text{ MPa}$$

故，该组试块在标准养护下 40d 达到的强度为 33.2MPa。

3.7.2 混凝土强度的推算

工程中，很多经验公式用来推算不同情况下的混凝土强度，下面分别介绍几种情况，以供参考。

利用 7d 抗压强度（f_7）推算 28d 抗压强度，可用以下相关经验公式计算：

$$f_{28}=f_7+r\sqrt{f_7} \tag{3-81}$$

利用已知两个相邻早期抗压强度推算任意一个后期强度，可按以下经验公式计算：

$$f_n=f_a+m(f_b-f_a) \tag{3-82}$$

利用已知 28d 的抗拉强度 $f_{t(28)}$ 推算不同龄期的抗拉强度，可按以下经验公式计算：

$$f_t(t)=0.8f_t(\lg t)^{2/3} \tag{3-83}$$

混凝土抗拉与抗压强度的关系，国内外进行了大量的试验，可采用以下指数经验公式表示：

$$f_t=af_c^b \tag{3-84}$$

或 $$\lg f_t=\lg a+b\lg f_c \tag{3-85}$$

式中　f_{28}——28d 龄期的混凝土抗压强度（MPa）；

f_7——7d 龄期的混凝土抗压强度（MPa）；

r——常数，由试验统计资料确定，一般取 $r=1.5\sim3.0$；

f_n——任意一个后期龄期（常用为 14、28、60、90d 等）nd 的抗压强度（MPa）；

f_a——前一个早龄期（常用龄期为 3、4、5、7d 等）ad 的混凝土抗压强度（MPa）；

f_b——后一个早龄期（常用龄期为 7、8、10、14d 等）bd 的混凝土抗压强度（MPa）；

m——常数值，按下式计算：

$$m=\frac{\lg(1+\lg n)-\lg(1+\lg a)}{\lg(1+\lg b)-\lg(1+\lg a)} \tag{3-86}$$

$f_t(t)$——不同龄期的抗拉强度（MPa）；

f_t——龄期为 28d 的抗拉强度（MPa）；

f_c——混凝土立方体抗压强度（MPa）；

a、b——常数值，已知 a、b 值，推算 28d 强度的 m 值列于表 3-53 中，可直接查用。a 大约在 0.3～0.4 之间，b 大约在 0.7 左右，国内科研单位试验得到的常数值如表 3-54。

推算 28d 强度的 *m* 值表　　　　表 3-53

a \ b	4	6	7	8	10	12	14	16	18	21
2	3.04	2.02	1.81	1.66	1.47	1.35	1.26	1.20	1.15	1.09
3		2.73	2.28	2.00	1.67	1.48	1.35	1.26	1.19	1.12
4			3.00	2.46	1.91	1.63	1.45	1.33	1.24	1.14
5				3.22	2.24	1.81	1.56	1.40	1.29	1.17
6					2.72	2.04	1.70	1.49	1.34	1.20
7						2.37	1.87	1.59	1.41	1.23
8							2.10	1.72	1.48	1.27
9								1.87	1.57	1.31
10									1.68	1.35

指数经验式的常数值　　　　表 3-54

项　次	试验单位	a	b	备注
1	水利水电科学研究院	0.305	0.732	劈裂法
	刘家峡水电局	0.33	0.72	劈裂法
	中国建筑科学研究院	0.32	0.65	劈裂法
2	水利水电科学研究院	0.55	0.68	轴拉法
	刘家峡水电局	0.72	0.633	轴拉法
	中国建筑科学研究院	0.72	0.633	轴拉法

由大量试验知，混凝土抗拉强度与同龄期抗压强度的关系随不同条件而变化，其变化范围大约为 $\frac{1}{10}$～$\frac{1}{16}$，亦即混凝土的抗压强度只有抗压强度的 $\frac{1}{10}$～$\frac{1}{16}$。它随着混凝土抗压强度的增大而增大。

通过混凝土强度的推算，可以由已知混凝土抗压强度推得我们需要的混凝土强度，方便我们施工工况的计算。这些公式多为经验公式，因此，推算结果只是一个估算值，与实际存在一定的误差，在设计计算中需要加以考虑。

3.8　混凝土强度验收评定计算

3.8.1　取样与代表值计算

1. 取样规定

结构混凝土的强度等级必须符合设计要求。用于检查构件混凝土质量的试件，应在混凝土的浇筑地点随机取样制作。取样与试件的留置应符合以下规定：

（1）每拌制 100 盘且不超过 100m³ 的同配合比的混凝土，其取样不得少于一次；

（2）每工作班拌制的同配合比的混凝土不足 100 盘时，其取样不得少于一次；

（3）当一次连续浇筑超过 1000m³ 时，同一配合比的混凝土每 200m³ 取样不得少于一次；

（4）每次取样应至少留置一组标准试件，同条件养护试件的留置组数，可根据混凝土工程量和重要性确定，不宜少于 10 组，且不应少于 3 组；

（5）每一楼层、同一配合比的混凝土，取样不得少于一次；

（6）对混凝土结构工程中的各种混凝土强度等级，均应留置同条件养护试件；

（7）对于养护试件所对应的结构构件或结构部位，需要由专门人员确定；

（8）养护试件拆模以后，应放置在靠近相应结构构件或结构部位的适当位置，并下去相同的养护方法。

认真做好工地试件的管理工作，从试模选择、试件取样、成型、编号以及养护等，要指定专人负责，以提高试件得到代表性，正确反映混凝土结构和构件的强度。

试件强度试验的方法应符合现行国家标准《普通混凝土力学性能试验方法》（GBJ81）的规定。

2. 代表值计算

每组三个试件应在同盘混凝土中取样制作，并按以下规定确定该组试件的混凝土强度代表值：

（1）取三个试件强度的算术平均值；

（2）当三个试件强度中的最大值或最小值之一与中间值之差超过中间值的 15% 时，取中间值；

（3）当三个试件强度中的最大值和最小值与中间值之差均超过中间值的 15% 时，该组试件不应作为强度评定的依据。

【例 3-25】 有三组试块的强度分别为：17.8、22、24.6N/mm²；16.6、19.8、23.6N/mm²；18.3、20.7、22.5N/mm²，计算三组混凝土试块强度的代表值。

【解】 第一组试块强度的代表值，因为试件强度的最小值与中间值之差超过中间值的 15%，所以取中间值，为 22N/mm²；

第二组试块强度的代表值，因为试件强度的最大值和最小值与中间值之差超过中间值的 15%，所以，该组试件不应作为强度评定的依据。

第三组试块强度的代表值：

$$\frac{18.3+20.7+22.5}{3}=20.5\ \mathrm{N/mm^2}$$

3.8.2 强度验收评定计算

混凝土强度应分批进行验收。同一验收批的混凝土应由强度等级相同，生产工艺和配合比基本相同的混凝土组成，并且符合《混凝土强度检验评定标准》（GBJ107）。对同一验收批的混凝土强度，应以同批内标准试件的全部强度代表值来评定。同时，试件强度试验的方法应符合现行国家标准《普通混凝土力学性能试验方法》（GBJ81）的规定。

一般，混凝土强度的验收评定有两种方法：统计方法和非统计方法，下面将分别讲述计算方法。

1. 统计方法评定计算

统计方法是从考虑标准差状况来评定混凝土质量，根据标准差的已知与未知，有以下两种情况：

（1）标准差已知

同一品种混凝土的强度保持基本相同，生产条件在较长时间内保持一致时，由连续的三组试件代表一个验收批，其强度应同时符合下列要求：

$$m_{f_{cu}} \geq f_{cu,k} + 0.7\sigma_0 \tag{3-87}$$

$$f_{cu,min} \geq f_{cu,k} - 0.7\sigma_0 \tag{3-88}$$

当混凝土强度等级不高于C20时，其强度的最小值尚应满足下式要求：

$$f_{cu,min} \geq 0.85 f_{cu,k} \tag{3-89}$$

当混凝土强度等级高于C20时，其强度的最小值尚应满足下式要求：

$$f_{cu,min} \geq 0.90 f_{cu,k} \tag{3-90}$$

式中 $m_{f_{cu}}$——同一验收批混凝土立方体抗压强度的平均值（N/mm^2）；

$f_{cu,k}$——混凝土立方体强度标准值（N/mm^2）；

σ_0——验收批混凝土强度的标准差（N/mm^2），可按式（3-91）计算求得；

$f_{cu,min}$——同一验收批混凝土立方体抗压强度的最小值（N/mm^2）。

混凝土强度的标准值σ_0，按下式确定：

$$\sigma_0 = \frac{0.59}{m}\sum_{i=1}^{m} \Delta f_{cu,i} \tag{3-91}$$

式中 $\Delta f_{cu,i}$——前一检验期内第i验收批混凝土试件中强度的最大值与最小值之差；

m——前一检验期内验收批总批数。

但上述检验期不应超过三个月，且在该期内强度数据的总批数不得小于15。

（2）标准差未知

当混凝土的生产条件在较长时间内不能保持基本一致，或由于前一个检验内的同一品种混凝土没有足够的数据，用以确定验收批混凝土强度的标准差时，应由不少于10组的试件组成一个验收批，其强度应同时满足下列二式的规定：

$$m_{f_{cu}} - \lambda_1 S_{f_{cu}} \geq 0.9 f_{cu,k} \tag{3-92}$$

$$f_{cu,min} \geq \lambda_2 f_{cu,k} \tag{3-93}$$

式中 $S_{f_{cu}}$——验收批混凝土强度的标准差（N/mm^2），当$S_{f_{cu}}$的计算值小于$0.06 f_{cu,k}$时，取$S_{f_{cu}} = 0.06 f_{cu,k}$；

λ_1、λ_2——合格判定系数，按表3-55取用。

合格判定系数　　表 3-55

试件组数	10～14	15～24	≥25
λ_1	1.70	1.65	1.60
λ_2	0.90	0.85	

验收批混凝土强度的标准差 $S_{f_{cu}}$ 应按下式计算：

$$S_{f_{cu}} = \sqrt{\frac{\sum_{i=1}^{n} f_{cu,i}^2 - n m_{f_{cu}}^2}{n-1}} \tag{3-94}$$

式中　$f_{cu,i}$——验收批第 i 组混凝土试件的强度值（N/mm^2）；

n——验收批内混凝土试件的总组数。

满足式（3-92）和式（3-93），则混凝土强度为合格；否则，为不合格。对于不合格的构件，应进行鉴定，及时处理。

当对混凝土试件强度的代表性有怀疑时，可采用从结构或构件中钻去试件的方法或采用非破损检验方法，按有关标准的规定对结构或构件中混凝土的强度进行推定。

【例 3-26】 已经知道混凝土强度等级为 C30，前一统计期 15 批 45 组试件的强度及极差如表 3-56 所列，并且已知 9 批（27 组）试件的强度及最小值如表 3-57 所列，试对该批混凝土试件进行强度合格与否的评定。

前一统计期的试件强度（N/mm^2）　　表 3-56

抗压强度数据	极差	抗压强度数据	极差	抗压强度数据	极差
32.4　30.0　32.5	2.5	28.0　30.2　34.0	6.0	29.2　31.3　32.2	3.0
34.6　29.9　32.5	4.7	29.1　32.3　35.1	6.0	28.1　33.4　35.1	7.0
28.1　33.6　32.4	5.5	27.3　35.8　37.3	10.0	29.6　32.1　34.4	4.8
29.3　30.4　31.3	2.0	29.4　33.3　34.4	5.0	29.4　33.4　37.4	8.0
28.6　32.1　33.6	5.0	33.3　28.8　31.4	4.5	28.4　34.1　35.4	7.0

近期的试件强度（N/mm^2）　　表 3-57

抗压强度数据	最小值	抗压强度数据	最小值	抗压强度数据	最小值
37.9　33.4　34.2	33.4	35.9　30.1　36.2	30.4	32.9　30.4　33.2	30.4
33.1　32.3　29.6	29.6	37.8　35.3　30.1	30.1	33.5　27.4　34.8	27.4
35.9　33.1　36.2	33.1	36.5　33.7　27.4	27.4	33.1　30.6　33.5	30.6

【解】 由式（3-91）得到：

$$\sigma_0 = \frac{0.59}{m}\sum_{i=1}^{m} \Delta f_{cu,i} = \frac{0.59}{15}(2.5+6.0+3.0+4.7+6.0+7.0+5.5$$
$$+10.0+4.8+2.0+5.0+8.0+5.0+4.5+7.0)$$
$$=3.19N/mm^2$$

由式（3-87）、式（3-88）和式（3-90）确定验收界限为：

$$m_{f_{cu}} \geqslant f_{cu,k} + 0.7\sigma_0 = 30 + 0.7 \times 3.19 = 32.3\text{N/mm}^2$$

$$f_{cu,min} \geqslant f_{cu,k} - 0.7\sigma_0 = 30 - 0.7 \times 3.19 = 27.8\text{N/mm}^2$$

$$f_{cu,min} \geqslant 0.90 f_{cu,k} = 0.90 \times 30 = 27\text{N/mm}^2$$

经过比较 $f_{cu,min} \geqslant 27.8\text{N/mm}^2$

通过计算，并且与上述值进行比较，进行合格评定，结果列于表 3-58。

【例 3-27】 已知混凝土设计强度等级为 C30，混凝土试件共 15 组，强度数据如表 3-59，试求该批混凝土试件进行强度合格与否的评定。

评定结果汇总　　表 3-58

编　号	各组强度（N/mm^2）	$m_{f_{cu}}$（N/mm^2）	$f_{cu,min}$（N/mm^2）	评定结果
1	37.9　33.4　34.2	35.2	33.4	合格
2	35.9　30.4　36.2	(31.8)	30.4	不合格
3	32.9　30.4　33.2	32.2	30.4	合格
4	33.1　32.3　29.6	31.7	29.6	不合格
5	37.8　35.3　30.1	34.4	30.1	合格
6	33.5　27.4　34.8	(31.9)	(27.4)	不合格
7	35.9　33.1　36.2	35.1	33.1	合格
8	36.5　33.7　27.4	32.5	(27.4)	不合格
9	33.1　30.6　33.5	32.4	30.6	合格

混凝土试件抗压强度　　表 3-59

混凝土试件抗压强度（N/mm^2）					最小值
37.9	30.2	34.7	32.1	30.7	29.2
32.6	29.7	32.8	35.7	29.2	
29.4	31.6	29.6	33.4	33.9	

【解】 按照标准差未知的情况进行计算。

本验收批混凝土强度的平均值为：

$$m_{f_{cu}} = \frac{1}{15} \times (37.9 + 30.2 + 34.7 + 32.1 + 30.7 + 32.6 + 29.7 + 32.8 + 35.7 + 29.2 + 29.4 + 31.6 + 29.6 + 33.4 + 33.9)$$

$$= 32.23\text{N/mm}^2$$

由表 3-55 查得：$\lambda_1 = 1.65, \lambda_2 = 0.85$

$$\sum_{i=1}^{n} f_{cu,i}^2 = 37.9^2 + 30.2^2 + 34.7^2 + 32.1^2 + 30.7^2 + 32.6^2 + 29.7^2 + 32.8^2 + 35.7^2 + 29.2^2 + 29.4^2 + 31.6^2 + 29.6^2 + 33.4^2 + 33.9^2)$$

$$= 15677.11\text{N/mm}^2$$

$$S_{f_{cu}} = \sqrt{\frac{\sum_{i=1}^{n} f_{cu,i}^2 - nm_{f_{cu}}^2}{n-1}}$$

$$= \sqrt{\frac{15677.11 - 15 \times 32.23^2}{15-1}}$$

$$= 2.61 > 0.06 f_{cu,k} = 1.8\text{N/mm}^2$$

$$m_{f_{cu}} - \lambda_1 S_{f_{cu}} = 32.23 - 1.65 \times 2.61 = 27.92 \geqslant 0.9 f_{cu,k} = 27\text{N/mm}^2$$

$$f_{cu,min} = 29.2 \geqslant \lambda_2 f_{cu,k} = 0.85 \times 30 = 25.5\text{N/mm}^2$$

故该批混凝土试件进行强度合格。

2. 非统计方法评定计算

非统计方法评定是用于一些不具统计方法条件的混凝土：零星生产的预制构件混凝土，或现场搅拌量不大的混凝土，验收批混凝土的强度必须同时满足下面两个要求：

$$m_{f_{cu}} \geqslant 1.15 f_{cu,k} \tag{3-95}$$

$$f_{cu,min} \geqslant 0.95 f_{cu,k} \tag{3-96}$$

符号意义同前。

根据式（3-95）和式（3-96）评定混凝土强度，比用统计方法检验效果要差，存在着将合格品错判为不合格品（生产方风险）或将不合格漏判为合格品（用户方风险）的可能性。因此，尽可能采用统计的方法。

【例 3-28】 有五组混凝土试块，在标准条件下养护 28d 的强度分别达 19.3N/mm²、21.7N/mm²、22.4N/mm²、19.7N/mm²、23.9N/mm²。要求混凝土强度等级为 C20，求该梁的混凝土强度进行合格与否的评定。

【解】 由式（3-95）得到：

$$m_{f_{cu}} = \frac{1}{5} \times (19.3 + 21.7 + 22.4 + 19.7 + 23.9) = 21.4\text{N/mm}^2$$

$$\leqslant 1.15 f_{cu,k} = 1.15 \times 20 = 23\text{N/mm}^2$$

$$f_{cu,min} = 19.3 \geqslant 0.95 f_{cu,k} = 0.95 \times 20 = 19\text{N/mm}^2$$

从以上计算可以得到，该批混凝土强度不合格。

3.9 蒸汽养护参数计算

蒸汽养护是缩短养护时间的方法之一，一般宜在 65℃ 左右的温度蒸养。

蒸汽养护一般分四个阶段：

预养阶段：混凝土浇筑完毕至升温前在室温下先放置一段时间，主要为了增强混凝土对升温阶段机构破坏作用的抵抗能力。一般要 2～6h。

升温阶段：混凝土由原始温度上升到恒温阶段。在这过程中，必须要控制升温速度，升温的速度与预养时间、混凝土的干硬性及模板情况有关，见表 3-60。此外，还与构件的表面系数有关，表面系数 $\geq 6m^{-1}$时，升温速度不得超过 15℃/h；表面系数 $<6m^{-1}$时，升温速度不得超过 10℃/h，蒸养时升温速度也可随混凝土初始强度的提高而增加，因此亦可以采用变速（渐快）升温和分段（递增）升温。

恒温阶段：恒温的温度随水泥品种不同而不同。恒温加热阶段需要保持 90% ~100% 的相对湿度。恒温温度及恒温时间的确定，主要取决于水泥品种、水灰比及对脱模的强度要求，参数见表 3-61。

降温阶段：在此阶段中，混凝土已经硬化。一般，降温速度需要加以控制。

升温速度限值参考表 **表 3-60**

预养时间 (h)	干硬度 (S)	刚性模型密封养护	带模养护	脱模养护
>4	>30	不限	30	20
	<30	不限	25	—
<4	>30	不限	20	15
	<30	不限	15	—

恒温时间（h）参考表 **表 3-61**

恒温温度		95℃			80℃			60℃		
水灰比		0.4	0.5	0.6	0.4	0.5	0.6	0.4	0.5	0.6
硅酸盐水泥	达设计强度 70%	—	—	—	4.5	7	10.5	9	14	18
	达设计强度 50%	—	—	—	1.5	2.5	4	4	6	10
矿渣硅酸盐水泥	达设计强度 70%	5	7	10	8	10	14	13	17	20
	达设计强度 50%	2.5	3.5	5	3	5	8	6	9	12
火山灰硅酸盐水泥	达设计强度 70%	4	6	8	6.5	9	11	11	13	16
	达设计强度 50%	2	3.5	4	3.5	5	6.5	6.5	8.5	10.5

注：1. 当采用普通硅酸盐水泥时，养护温度不宜超过 80℃。

2. 当采用矿渣硅酸盐水泥时，养护温度可提高到 85℃ ~95℃。

1. 有关计算

升温时间可由下式计算：

$$T_1 = \frac{t_0 - t_1}{V_1} \tag{3-97}$$

降温时间可由下式计算：

$$T_2 = \frac{t_0 - t_2}{V_2} \tag{3-98}$$

出坑允许最高温度 t_2（℃），一般可按下式计算：

$$t_2 = t_1 + \Delta t \tag{3-99}$$

式中 T_1——升温时间（h）；

t_0——恒温温度（℃）；

t_1——车间温度（℃）；

V_1——升温速度（℃/h）；

T_2——降温时间（h）；

t_2——出坑允许最高温度（℃）；

V_2——坑内的降温速度（℃/h），表面系数 $\geqslant 6m^{-1}$时，取 $V_2 \leqslant 10$ ℃/h；表面系数 $\leqslant 6m^{-1}$时，取 $V_2 \leqslant 5$ ℃/h；

Δt——构件与车间的允许最大温度（℃）对采用密封养护的构件，取 $\Delta t = 40$℃；对一般带模养护构件，取 $\Delta t = 30$℃；对脱模养护构件，取 $\Delta t = 20$℃；对厚大构件或薄壁构件，Δt 取值比以上值再低 5～10℃。

2. 养护制度的确定

最终的表示方法一般采用蒸汽养护制度表达式。

如预养 2h，升温 3h，恒温 7h（恒温温度 95℃），降温 2h，则蒸汽养护制度表达式为：2 +3 +7（95℃）+2

【例 3-29】 混凝土构件采用硅酸盐水泥配制，水灰比为 0.4，干硬度 40S，经预养 5h 后带模进行蒸养，出坑强度要求达到设计强度的 70%，已知坑内的降温速度为 15℃/h 时，车间温度 20℃，试拟定蒸养制度的试验方案。

【解】 确定升温速度：查表 3-57 升温速度 V_1 为 30℃/h；

确定恒温温度及恒温时间：查表 3-58，取恒温温度为 80℃，恒温时间为 4.5h；

确定升温时间（T_1）按式（3-97）得到：

$$T_1 = \frac{t_0 - t_1}{V_1} = \frac{80 - 20}{30} = 2\ \text{h}$$

确定降温时间（T_2）：构件与车间的允许最大温度差 Δt 取 25℃，则出坑允许最高温度 $t_2 = t_1 + \Delta t = 20 + 25 = 45$℃，则由式（3-98）得到：

$$T_2 = \frac{t_0 - t_2}{V_2} = \frac{80 - 45}{15} = 2.3\ \text{h}$$

可以得到一个蒸养制度方案，即：

5 +2 +4.5（80℃）+2.3。

第 4 章

大体积混凝土工程施工计算

在工业与民用建筑结构中，一般现浇的混凝土连续墙式结构、地下构筑物及设备基础等是容易由温度收缩应力引起裂缝的结构，通称为大体积混凝土结构。大体积混凝土浇筑初期，水泥水化后释放大量的热量，使混凝土中心区域温度升高且不易散发，而混凝土表面和边界由于受气温影响温度较低，从而在断面上形成较大的温差，使混凝土的内部产生压应力，表面产生拉应力，当应力达到一定程度混凝土便会产生裂缝；在浇筑后期，混凝土内部逐渐散热冷却产生收缩，由于受到基底或已浇筑混凝土的约束，接触处将产生很大的剪应力，达到一定程度同样会出现裂缝。上面两种裂缝我们都要设法阻止，所以对大体积混凝土进行温度变形计算和裂缝控制是非常有必要的。

4.1 混凝土温度变形值计算

混凝土温度变形是指混凝土随温度变化而发生的膨胀或收缩变形。混凝土温度变形值与长度、温度差成正比关系，同时与材料的性质有关，可按下式计算：

$$\Delta L = L(t_1 - t_2)\alpha \tag{4-1}$$

式中 ΔL——随温度变化而伸长或缩短的变形值（mm）；

L——结构长度（mm）；

$t_1 - t_2$——混凝土在不同时间的温度差（℃）；

α——材料的线膨胀系数，混凝土是一种均质性较差的材料，线膨胀系数在 $1.0\times10^{-5}\sim1.4\times10^{-5}$ 之间，当温度在 0℃～100℃范围内时，混凝土线膨胀系数可采用 1.0×10^{-5}；钢材为 1.2×10^{-5}。

【例 4-1】 现浇混凝土底板，长 36m，已知温差为 22℃，取混凝土的线膨胀系数为 1.0×10^{-5}，试求该底板由于温度产生的变形值。

【解】 温度变形值由式（4-1）得：

$$\Delta L = L(t_1 - t_2)\alpha = 36000\times22\times1.0\times10^{-5} = 7.92\text{mm}$$

故该底板的温度变形值为 7.92mm。

4.2 混凝土和钢筋混凝土极限拉伸计算

混凝土和钢筋混凝土的极限拉伸是指这种材料的最终相对拉伸变形，它是反应混凝土抗裂性能的一个重要指标。混凝土的极限拉伸为 1.0×10^{-4}，一般在 $(0.7\sim1.6)\times$

10^{-4}。混凝土的极限拉伸与配筋情况有关，工程实践证明，适当、合理的配筋（例如配筋细而密），可以提高混凝土的极限拉伸值。钢筋混凝土不考虑徐变影响的极限拉伸值，可按以下经验公式计算：

$$\varepsilon_{pa} = 0.5f_t\left(1 + \frac{\rho}{d}\right) \times 10^{-4} \tag{4-2}$$

式中 ε_{pa}——钢筋混凝土的极限拉伸；

f_t——混凝土的抗拉设计强度（N/mm^2）；

ρ——截面配筋率 $\rho \times 100$，例如配筋率为 0.2%，则 $\rho = 0.2$；

d——钢筋直径（cm）。

【例 4-2】 钢筋混凝土筏片底板采用混凝土强度等级为 C20，$f_t = 1.10N/mm^2$，配筋率 $\rho = 0.36$，采用钢筋直径为 $d = 16mm$，试求钢筋混凝土底板的极限拉伸值。

【解】 底板的极限拉伸值由式（4-2）得：

$$\varepsilon_{pa} = 0.5f_t\left(1 + \frac{\rho}{d}\right) \times 10^{-4} = 0.5 \times 1.10\left(1 + \frac{0.36}{1.6}\right) \times 10^{-4} \approx 0.67 \times 10^{-4}$$

故钢筋混凝土筏片底板的极限拉伸值为 0.67×10^{-4}。

4.3 混凝土热工性能计算

4.3.1 混凝土导热系数计算

混凝土导热系数是指在单位时间内热流通过单位面积和单位厚度混凝土介质时混凝土介质两侧为单位温差时热量的传导率，是反应混凝土传导热量难易程度的一种系数。它随着混凝土含水状态和温度的不同而不同。因此，混凝土导热系数的精确值很难定量求出，通常要采用实验方法来进行测量，我们通常按下式计算导热系数：

$$\lambda = \frac{Q\delta}{(T_1 - T_2)A\tau} \tag{4-3}$$

式中 λ——混凝土导热系数（W/m · K）；

Q——通过混凝土厚度为 δ 的热量（J）；

δ——混凝土厚度（m）；

$T_1 - T_2$——温度差（℃）；

A——面积（m^2）；

τ——时间（h）。

导热系数的物理意义为：厚度 1m、表面积 $1m^2$ 的材料，当两侧面温度差为 1℃时，在 1 小时内所传导的热量 kJ（单位为 W/m · K）。导热系数 λ 越小，材料的隔热性能越好。

若已知混凝土各组成材料的重量百分比，并利用已知材料的热工性能表，混凝土的导热系数也可以用加权平均法由下式计算：

$$\lambda = \frac{1}{p}(p_c\lambda_c + p_s\lambda_s + p_g\lambda_g + p_w\lambda_w) \tag{4-4}$$

式中　λ、λ_c、λ_s、λ_g、λ_w——分别为混凝土、水泥、砂、石子、水的导热系数(W/m·K)；

p、p_c、p_s、p_g、p_w——分别为混凝土、水泥、砂、石子、水的每立方米混凝土所占的百分比（%）。

影响混凝土导热系数的主要因素是骨料的用量、骨料本身的热工性能、混凝土温度及其含水量。密度小的混凝土导热系数小，含水量大的混凝土比含水量小的混凝土导热系数大（表 4-1）。水泥品种和用量、混凝土含气量、水灰比及龄期等对混凝土导热系数的影响较小。

不同含水状态混凝土的导热系数　　**表 4-1**

含水量（体积%）	0	2	4	8
λ（W/m·K）	1.28	1.86	2.04	2.33

【例 4-3】 已知混凝土的配合比及有关材料的热工性能如表 4-2，试求混凝土的导热系数。

混凝土配合比及有关材料热工性能　　**表 4-2**

混凝土组成材料	水泥	砂	石	水	总计
重量比　(kg)	230	774	954	142	2100
百分比　(%)	10.95	36.86	45.43	6.76	100
材料导热系数　(W/m·K)	2.218	3.082	2.908	0.6	
比热 C　(kJ/kg·K)	0.536	0.745	0.708	4.187	

【解】 由式（4-4）得混凝土的导热系数为：

$$\lambda = \frac{1}{p}(p_c\lambda_c + p_s\lambda_s + p_g\lambda_g + p_w\lambda_w)$$

$$= \frac{1}{100}(10.95 \times 2.218 + 36.86 \times 3.082 + 45.43 \times 2.908 + 6.76 \times 0.600)$$

$$= 2.74\text{W/m} \cdot \text{K}$$

故混凝土的导热系数为 2.74W/m·K。

4.3.2　混凝土比热计算

单位重量的混凝土温度升高或降低 1℃所吸收或降低的热量称为混凝土的比热，其单位是 kJ/kg·K。混凝土比热的准确测量是各种土木建筑与钢筋水泥建筑的设计和施工的重要依据。已知混凝土的各组成材料的重量百分比，混凝土的比热按下式计算：

$$c = \frac{1}{p}(p_c c_c + p_s c_s + p_g c_g + p_w c_w) \tag{4-5}$$

式中　c、c_c、c_s、c_g、c_w——分别为混凝土、水泥、砂、石子、水的比热（kJ/kg·K)；

p、p_c、p_s、p_g、p_w——分别为混凝土、水泥、砂、石子、水的每立方米混凝土所占的百分比（%）。

影响混凝土比热的因素主要是骨料的数量和温度的高低，而骨料的矿物成分以及龄期对比热影响很小。混凝土的比热一般在0.84～1.05kJ/kg·K范围内。

【例4-4】 条件同例4.3，试求混凝土的比热。

【解】 由式（4-5）得混凝土的比热为：

$$c = \frac{1}{p}(p_c c_c + p_s c_s + p_g c_g + p_w c_w)$$

$$= \frac{1}{100}(10.95 \times 0.536 + 36.86 \times 0.745 + 45.43 \times 0.708 + 6.76 \times 4.187)$$

$$= 0.94\text{kJ/kg} \cdot \text{K}$$

故混凝土的比热为0.94kJ/kg·K

4.3.3 混凝土热扩散系数计算

混凝土的热扩散系数（导温系数）表示材料在冷却或加热过程中，各点达到相同温度的速率（单位为m^2/h）。它反映混凝土在单位时间内热量扩散的一项综合指标。热扩散系数越大，越有利于热量的扩散。对于重要的混凝土工程，热扩散系数一般都需要由温度实测资料求得。通常我们按下式计算混凝土热扩散系数：

$$\alpha = \frac{\lambda}{c\rho} \tag{4-6}$$

式中 α——混凝土热扩散系数（m^2/h）；

λ——混凝土的导热系数（W/m·K）；

c——混凝土的比热（kJ/kg·K）；

ρ——混凝土的质量密度（kg/m^3），随骨料的密度、级配、石子粒径、含气量、混凝土配合比以及干湿程度等因素而变化，其中影响最大的为粒径的性质。普通混凝土的密度约在2300～2450kg/m^3之间，钢筋混凝土约在2450～2500kg/m^3之间；新拌混凝土的密度经验值参见表4-3。

新拌混凝土密度的经验数值 表4-3

石子最大粒径 (mm)	10	20	25	40	50	80
普通混凝土 (kg/m^3)	2330	2370	2380	2400	2410	2430

影响混凝土热扩散系数的因素有骨料的种类和用量。骨料密度小或用量多，热扩散性系数就加大。水泥品种和龄期对混凝土热扩散系数无明显影响。混凝土的热扩散系数一般在0.56×10^{-6}～$1.68\times10^{-6}m^2/s$之间。

【例4-5】 条件同例4.3，试求混凝土的热扩散系数。

【解】 由式（4-6）得混凝土的热扩散系数为：

$$\alpha = \frac{\lambda}{c\rho} = \frac{2.74}{0.94 \times 2100} = 0.00139\text{W} \cdot \text{m}^2/\text{kJ} = 1.39 \times 10^{-6}\text{m}^2/\text{s}$$

故混凝土的热扩散系数为 $1.39\times10^{-6}m^2/s$

4.3.4　混凝土热膨胀系数计算

混凝土的热膨胀系数（线膨胀系数）是指单位温度变化导致混凝土单位长度的变化，是混凝土体积稳定性的重要表征参数之一。混凝土的体积随着温度的变化而热胀冷缩。混凝土的体积膨胀率为其线膨胀系数的三倍。

混凝土的热膨胀系数大致可以用水泥石、砂、石子的热膨胀系数的加权平均值按下式计算：

$$\alpha_c=\frac{\alpha_pE_pV_p+\alpha_sE_sV_s+\alpha_gE_gV_g}{E_pV_p+E_sV_s+E_gV_g} \tag{4-7}$$

式中　α_c、α_p、α_s、α_g——分别为混凝土、水泥石、砂、石子的热膨胀系数；

E_p、E_s、E_g——分别为水泥石、砂、石子的弹性模量；

V_p、V_s、V_g——分别为混凝土中的水泥石、砂、石子的体积比。

水的热膨胀系数约为 210×10^{-6}/℃，水泥石的热膨胀系数变动范围为 11×10^{-6}/℃～20×10^{-6}/℃。相比之下水的热膨胀系数高于水泥石的热膨胀系数数十倍，所以水泥石的热膨胀系数取决于其含水量的大小。通常我们取砂和石子相同的热膨胀系数，统称骨料的热膨胀系数，其变动范围为 5×10^{-6}/℃～13×10^{-6}/℃。

混凝土热膨胀系数的主要影响因素有骨料的种类、水灰比、温度以及养护环境等。它随着骨料线膨胀系数的减小而减小；随水灰比的减小而增大；同一种骨料拌制的混凝土在水中养护的线膨胀系数比空气中养护的低；温度在 10～65℃范围内混凝土的线膨胀系数可视为常数，温度低于 10℃时，混凝土线膨胀系数随温度下降而减小。普通混凝土的热膨胀系数大约为 6×10^{-6}～13×10^{-6}/℃，一般取平均值为 10×10^{-6}/℃。

混凝土常用骨料的热工性能见表 4-4。

各种混凝土的热工性能见表 4-5。

各种骨料的热工性能（20℃）　　**表 4-4**

骨料种类	相当密度	导热系数 (W/m·K)	比热 (kJ/kg·K)	热扩散系数 ($\times10^{-6}m^2/s$)	热膨胀系数 ($\times10^{-5}$/℃)
石　英	2.635	5.175	0.733	2.7	10.2～13.4
花岗石	—	2.91～3.08	0.716～0.787	—	5.5～8.5
白云石	—	4.12～4.30	0.804～0.837	—	6～10
石灰石	2.67～2.70	2.66～3.23	0.749～0.846	1.28～1.43	3.64～6.0
长　石	2.555	2.33	0.812	1.13	0.88～16.7
大理石	2.704	2.45	0.875	1.05	4.41
玄武石	2.695	1.71	0.766～0.854	0.75	5～75
砂　石	—	—	0.712	—	10～12

注：水的热膨胀系数为 210×10^{-6}/℃。

各种混凝土的热工性能　　表 4-5

种类	骨料		质量密度	导热系数	比热	热扩散系数	热膨胀系数	温度范围
	细骨料	粗骨料	(kg/m³)	(W/m·K)	(kJ/kg·K)	($\times 10^{-6}$/℃)	($\times 10^{-6}m^2/s$)	
重混凝土	磁铁矿		4020	2.44~3.02	0.75~0.84	0.784~1.036	8.9	≈300℃
	赤铁矿		3860	3.26~4.65	0.80~0.84	1.092~1.512	7.6	
	重晶石		3640	1.16~1.40	0.54~0.59	0.588~0.756	16.4	
普通混凝土	—	石英石	2430	3.49~3.61	0.88~0.96	1.568~1.736	12~15	10℃~30℃
	—	白云石	2450	3.14~3.26	0.92~1.00	1.344~1.428	5.8~7.7	
	—	白云石	2500	3.26~3.37	0.96~1.00	1.33~1.42	—	
	—	花岗石	2420	2.56	0.92~0.96	—	8.1~9.1	
	—	流纹石	2340	2.09	0.92~0.96	0.9242	—	
	—	玄武石	2510	2.09	0.96	0.868~0.896	7.6~10.4	
	河砂	石	2300	2.09	0.92	0.7	—	
轻混凝土	河砂	轻石	600~1900	0.63~0.79	—	0.392~0.524	—	—
	轻砂	轻石	900~1600	0.5	—	0.364	7~12	
泡沫混凝土	水泥-硅质系		500~800	0.22~0.24	—	0.252	8	—
	石灰-硅质系						7~14	

4.4 混凝土拌合温度和浇筑温度计算

4.4.1 混凝土拌合温度计算

混凝土的拌合温度又称出机温度，它与拌合前各种原材料的比热、重量和温度等有关。其计算方法有很多种，通常采用以下两种方法来计算混凝土的拌合温度。

1. 计算法

混凝土的拌合物的热量是由各种原材料所供给的，根据热量平衡原理，拌合前混凝土原材料的总热量与拌合后流态混凝土的总热量是相等的，从而混凝土拌合温度可按下式计算：

$$T_0 = \frac{c_s T_s m_s + c_g T_g m_g + c_c T_c m_c + c_w T_w m_w + c_w T_s w_s + c_w T_g w_g}{c_s m_s + c_g m_g + c_c m_c + c_w m_w + c_w w_s + c_w w_g} \tag{4-8}$$

式中　T_0——混凝土的拌合温度（℃）；

T_s、T_g、T_c、T_w——砂、石子、水泥、拌合用水的温度（℃）；

c_s、c_g、c_c、c_w——砂、石子、水泥、及水的比热（kJ/kg·K）；

m_c、m_w、m_s、m_g——水泥、水、扣除含水量的砂、石子的重量（kg）；

w_s、w_g——砂、石子中游离水的重量（kg）。

若取 $c_s = c_g = c_c = 0.837$kJ/kg·K，$c_w = 4.19$kJ/kg·K，则：

$$T_0 = \frac{0.2(T_s m_s + T_g m_g + T_c m_c) + T_w m_w + T_s w_s + T_g w_g}{0.2(m_s + m_g + m_c) + m_w + w_s + w_g} \tag{4-9}$$

2. 表格计算法

混凝土各组成材料之间的关系可用下式表达：

$$T_0 \sum mc = \sum T_i mc \tag{4-10}$$

则

$$T_0 = \frac{\sum T_i mc}{\sum mc} \tag{4-11}$$

式中　T_0——混凝土的拌合温度（℃）；

m——各种材料的重量（kg）；

c——各种材料的比热（kJ/kg·K）；

T_i——各种材料的初始温度（℃）。

混凝土各组成材料的初始温度可按实测资料或根据施工时的气温预估，而原材料用量则是根据实验室提供的施工混凝土配合比得到的，所以可以混凝土的拌合温度，为了便于计算和检查，通常制作表格来表示拌合温度的计算过程。

【例4-6】 现浇梁的混凝土配合比为：$m_c = 300$kg，$m_w = 180$kg，$m_s = 644$kg，$m_g = 1322$kg，砂的含水量 $w_s = 4\%$，石子的含水量 $w_g = 1\%$，经现场测试 $T_c = T_w = 27$℃，$T_s = 32$℃，$T_g = 29$℃，已知 $c_s = c_g = c_c = 0.837$kJ/kg·K，$c_w = 4.19$kJ/kg·K，试求搅拌后混凝土的拌合温度。

【解】 砂中含水量 $w_s = 644 \times 4\% = 26$kg

石子含水量 $w_g = 1322 \times 1\% = 13$kg

扣除砂、石子中含水量后应加水重为 $m_w = 180 - 26 - 13 = 141$kg

则混凝土的拌合温度由式（4-9）得：

$$T_0 = \frac{0.2(T_s m_s + T_g m_g + T_c m_c) + T_w m_w + T_s w_s + T_g w_g}{0.2(m_s + m_g + m_c) + m_w + w_s + w_g}$$

$$= \frac{0.2 \times (32 \times 644 + 29 \times 1322 + 27 \times 300) + 27 \times 180 + 32 \times 26 + 29 \times 13}{0.2 \times (644 + 1322 + 300) + 180 + 26 + 13}$$

$$= 29.0℃$$

故得搅拌后的混凝土拌合温度为29.0℃。

【例4-7】 条件同例4-6，试用表格计算法求混凝土的拌合温度。

【解】 制作如表4-6的表格形式：

将表计算的结果代入式（4-11）得

$$T_0 = \frac{\sum T_i mc}{\sum mc} = \frac{76718}{2659} = 28.9℃$$

故得混凝土的拌合温度为28.9℃。

由以上计算结果可以看出两种方法的计算结果相差不到1%，而表格计算法具有清晰明了的优点。

表格计算法计算过程　　表 4-6

材料名称	重量 m(kg) (1)	比热 C(kJ/kg·K) (2)	热当量 W_c(kJ/℃) (3)=(1)×(2)	温度 T_i(℃) (4)	热量 $T_i mc$(kJ) (5)=(3)×(4)
水泥	300	0.84	252	27	6804
砂子	644	0.84	541	32	17312
石子	1322	0.84	1110	29	32190
砂中含水量 4%	26	4.2	109	27	2943
石中含水量 1%	13	4.2	55	27	1485
拌合水	141	4.2	592	27	15984
合计	2446		2659		76718

注：砂、石子的重量是扣除游离水后的净重。

4.4.2 混凝土加冰拌合温度计算

在大体积混凝土施工中，为了降低混凝土的拌合温度，通常采用将部分拌合水用冰屑代替的方法。因为冰屑消融时要吸收 335kJ/kg 的热量（隔解热），从而可以降低混凝土的拌合温度，减小内外温差，控制因温度引起的裂缝。此时可按下式计算混凝土的加冰拌合温度：

$$T_0 = \frac{0.2(T_s m_s + T_g m_g + T_c m_c) + T_s w_s + T_g w_g + (1-P)T_w m_w - 80Pm_w}{0.2(m_s + m_g + m_c) + m_w + w_s + w_g} \quad (4\text{-}12a)$$

式中　T_0——混凝土的拌合温度（℃）；

T_s、T_g、T_c、T_w——砂、石子、水泥、拌合用水的温度（℃）；

P——加冰率，实际加水量的%；

m_c、m_w、m_s、m_g——水泥、水、扣除含水量的砂、石子的重量（kg）；

w_s、w_g——砂、石子中游离水的重量（kg）。

现以例 4-6 为例，将混凝土各组成材料的重量及游离水的重量代入式（4-12a）得：

$$T_0 = 0.230T_s + 0.413T_g + 0.089T_c + 0.210(1-P)T_w - 16.78P \quad (4\text{-}12b)$$

由此可见，在混凝土各组成材料中，石子的温度对混凝土拌合温度的影响最大，其次是砂子和水，水泥的影响最小。因此，降低混凝土拌合温度的最有效方法是降低石子的温度，石子温度降低1℃，混凝土的拌合温度可降低 0.4～0.6℃。同时，我们可以看出在混凝土中加入冰屑可以明显降低混凝土拌合温度。根据国内外经验加冰率一般控制在25%～75% 之间。

【例 4-8】 条件同例 4.7，在拌合水中加入 25%，50%，75% 的冰屑，试计算不加冰和加冰屑后的混凝土拌合温度。

【解】 将已知数据代入式（4-12b）中得

不加冰时，加冰率 $P=0\%$

$$T_0 = 0.230 \times 32 + 0.413 \times 29 + 0.089 \times 27 + 0.210 \times (1-0) \times 27 - 16.78 \times 0 = 27.41℃$$

加冰率为 25%：

$$T_0 = 0.230 \times 32 + 0.413 \times 29 + 0.089 \times 27 + 0.210 \times (1-0.25) \times 27 - 16.78 \times 0.25 = 21.80℃$$

当加冰率为 50%：

$$T_0 = 0.230 \times 32 + 0.413 \times 29 + 0.089 \times 27 + 0.210 \times (1-0.50) \times 27 - 16.78 \times 0.50 = 16.19℃$$

当加冰率为 75%：

$$T_0 = 0.230 \times 32 + 0.413 \times 29 + 0.089 \times 27 + 0.210 \times (1-0.75) \times 27 - 16.78 \times 0.75 = 10.57℃$$

可见，随着混凝土中加冰率的升高，混凝土拌合温度有明显降低。

通常我们可以根据实际需要按下式计算混凝土拌合水的加冰量：

$$X = \frac{(T_{w0} - T_w) \times 1000}{80 + T_w} \tag{4-13}$$

式中　X——每吨水所需加冰量（kg）；

T_{w0}——加冰前水的温度（℃）；

T_w——加冰后水的温度（℃）。

4.4.3　混凝土浇筑温度计算

混凝土拌合出机后经运输、平仓、振捣等过程后的温度称为浇筑温度。混凝土浇筑温度和外界气温有关，夏季时，外界温度高于拌合温度，则浇筑温度就比拌合温度高；反之，冬季时，外界温度低于拌合温度，则浇筑温度比拌合温度低。这种冷量（或热量）的损失随混凝土运输工具类型、转运次数、转运时间及平仓振捣的时间而变化。根据实践经验，混凝土的浇筑温度一般可按下式计算：

$$T_P = T_0 + (T_a - T_0)(\theta_1 + \theta_2 + \theta_3 + \cdots + \theta_n) \tag{4-14}$$

式中　T_P——混凝土的浇筑温度（℃）；

T_0——混凝土的拌合温度（℃）；

T_a——混凝土运输和浇筑时的室外温度（℃）；

θ_1、θ_2、θ_3 … θ_n——温度损失系数，按以下规定取用：

（1）混凝土在装卸和运转过程中，取 $\theta = 0.032$；

（2）混凝土在运输过程中，$\theta = At$，t 为运输时间（min），A 按表 4-7 取用；

（3）浇筑过程中，$\theta = 0.003t$，t 为浇筑时间（min）。

混凝土运输时冷量（或热量）损失计算A值　　表4-7

项　次	运输工具	混凝土容积（m^3）	A
1	搅拌运输车	6.0	0.0042
2	自卸汽车（开敞式）	1.0	0.0040
3	自卸汽车（开敞式）	1.4	0.0037
4	自卸汽车（开敞式）	2.0	0.0030
5	自卸汽车（封闭式）	2.0	0.0017
6	长方形吊斗	0.3	0.0022
7	长方形吊斗	1.6	0.0013
8	圆柱形吊斗	1.6	0.0009
9	双轮手推车（保温、加盖）	0.15	0.0070
10	双轮手推车（本身不保温）	0.75	0.0100

【例4-9】 夏季浇筑大体积阀板基础，混凝土原材料经预冷后，混凝土拌合温度$T_0=18℃$，气温$T_a=30℃$，装卸和运转3min，用开敞式自卸翻斗汽车运输15min，用吊车起吊容积1.6m^3圆柱形吊斗下料10min，平仓、振捣至混凝土浇筑完毕共60min，试求混凝土最后浇筑温度。

【解】 现求出各项温度损失系数值：

1. 装料、运转、卸料　　$\theta_1=0.032\times3=0.096$
2. 自卸汽车运输　　$\theta_2=0.0030\times15=0.045$
3. 起吊圆柱形吊斗下料　　$\theta_3=0.0009\times10=0.009$
4. 平仓、振捣混凝土　　$\theta_4=0.003\times60=0.180$

$$\begin{aligned}T_P&=T_0+(T_a-T_0)(\theta_1+\theta_2+\theta_3+\theta_4)\\&=18+(30-18)\times(0.096+0.045+0.009+0.180)\\&=21.96℃\end{aligned}$$

故得混凝土最后的浇筑温度为21.96℃。

4.5 混凝土水化热温升值计算

4.5.1 混凝土水化热绝热温升值计算

水泥水化过程中所放出的热量称为水化热。混凝土在浇筑以后，由于水化热的作用，温度将逐渐上升，把此温度升高值称为绝对温升。考虑层面散热作用后，由于水化热而在混凝土浇筑层中引起的温度升高称为水化热温升，记为T。当结构截面尺寸小，热量散失快，水化热可不考虑。但对大体积混凝土，混凝土在硬化过程中聚集在内部的热量散失很慢，常使温度峰值很高。而当混凝土内部冷却时就会收缩，从而在混凝土内部产生拉应力，当达到极限抗拉强度时，就可能在内部出现裂缝。

在进行混凝土的绝热温升计算时，假定结构物四周没有任何散热和热损失的条件下，水泥水化热全部转化为温升后的温度值，则混凝土的水化热温升值等于绝对温升，一般按下式计算：

$$T_{(t)} = \frac{m_c Q}{c\rho}(1 - e^{-mt}) \tag{4-15}$$

$$T_{max} = \frac{m_c Q}{c\rho} \tag{4-16}$$

式中　$T_{(t)}$——浇完一段时间 t 混凝土的水化热温升值（℃）；

m_c——每立方米混凝土水泥用量（kg/m³）；

Q——每千克水泥所产生的水化热量（kJ/kg），见表 4-8；

c——混凝土的比热在 0.84～1.05kJ/kg·K 之间，一般取 0.96kJ/kg·K；

ρ——混凝土的质量密度，取 2400kg/m³；

e——常数取为 2.718；

t——龄期（d）；

m——与水泥品种比表面、浇筑时温度有关的经验系数，由表 4-9 查得，一般取 0.2～0.4；

T_{max}——混凝土最大水化热温升值，即 $t \to \infty$ 时的最终水化热（kJ/kg）。

每千克水泥所产生的水化热量 Q　　**表 4-8**

水泥品种	水化热量 Q（kJ/kg）		
	32.5	42.5	52.5
普通硅酸盐水泥	335	375	415
矿渣硅酸盐水泥	335	365	390

注：火山灰水泥、粉煤灰硅酸盐水泥的发热量可参照矿渣硅酸盐水泥的数值。

计算水化热温升时的 m 值　　**表 4-9**

浇筑温度（℃）	5	10	15	20	25	30
m（1/d）	0.295	0.318	0.340	0.362	0.384	0.406

为计算方便将 e^{-mt} 及 $1 - e^{-mt}$ 的值列表如下（表 4-10）

$1 - e^{-mt}$、e^{-mt} 值　　**表 4-10**

浇筑温度（℃）	m	龄期（d）								
		1	2	3	4	5	6	7	8	9
5	0.295	0.256	0.446	0.587	0.693	0.771	0.830	0.873	0.906	0.930
		0.7445	0.5540	0.4127	0.3073	0.2288	0.1703	0.1268	0.0944	0.0703
10	0.318	0.272	0.471	0.615	0.720	0.796	0.852	0.892	0.921	0.943
		0.7276	0.5294	0.3852	0.2803	0.2039	0.1484	0.1080	0.0786	0.0572
15	0.34	0.288	0.493	0.639	0.743	0.817	0.870	0.907	0.934	0.953
		0.7118	0.5066	0.3606	0.2567	0.1827	0.1300	0.0926	0.0654	0.0469

续表

浇筑温度(℃)	m	龄期(d)								
		1	2	3	4	5	6	7	8	9
20	0.362	0.304	0.515	0.662	0.765	0.836	0.886	0.921	0.945	0.962
		0.6963	0.4848	0.3376	0.2350	0.1637	0.1140	0.0793	0.0552	0.0385
25	0.384	0.319	0.536	0.684	0.785	0.853	0.900	0.932	0.954	0.968
		0.6811	0.4639	0.3160	0.2152	0.1466	0.0999	0.0680	0.0463	0.0316
30	0.406	0.334	0.556	0.704	0.803	0.869	0.913	0.942	0.961	0.974
		0.6663	0.4440	0.2958	0.1971	0.1313	0.0875	0.0583	0.0389	0.0259

浇筑温度(℃)	m	龄期(d)								
		1	2	3	4	5	6	7	8	9
5	0.295	0.948	0.961	0.971	0.978	0.984	0.988	0.991	0.993	0.995
		0.0523	0.0390	0.029	0.0216	0.0161	0.0120	0.0089	0.0066	0.0049
10	0.318	0.958	0.970	0.978	0.984	0.988	0.992	0.994	0.996	0.997
		0.0416	0.0303	0.0220	0.0160	0.0117	0.0085	0.0062	0.0045	0.0033
15	0.34	0.967	0.976	0.983	0.988	0.991	0.994	0.996	0.997	0.998
		0.0334	0.0238	0.0169	0.0120	0.0086	0.0061	0.0043	0.0031	0.0022
20	0.362	0.973	0.981	0.987	0.991	0.994	0.996	0.997	0.998	0.999
		0.0268	0.0187	0.0130	0.0090	0.0063	0.0044	0.0031	0.0021	0.0015
25	0.384	0.979	0.985	0.990	0.993	0.995	0.997	0.998	0.999	0.999
		0.0215	0.0146	0.0100	0.0068	0.0046	0.0032	0.0022	0.0015	0.0010
30	0.406	0.983	0.989	0.992	0.995	0.997	0.998	0.999	0.999	0.999
		0.0173	0.0115	0.0077	0.0051	0.0034	0.0023	0.0015	0.0010	

注：表中分母为 e^{-mt} 值，分子为 $1-e^{-mt}$ 值。

【例 4-10】 某工程采用32.5级矿渣水泥配制混凝土，每立方米混凝土水泥用量为275kg，每千克水泥水化热为335J，混凝土比热取0.96kJ/kg·K，混凝土的质量密度取2400kg/m^3，求混凝土最高水化热温升值及1d、5d、10d的水化热绝热温度。

【解】 (1) 混凝土最高水化热温升值：

$$T_{max}=\frac{m_c Q}{c\rho}=\frac{275\times335}{0.96\times2400}(1-e^{-\infty})=39.98℃$$

(2) m 值为0.3

则混凝土1d、5d、10d的水化热温升值分别为：

$$T_{(1)}=39.98\times(1-2.718^{-0.3\times1})=10.36℃$$

$$\Delta T_1=T_{(1)}-0℃=10.36℃$$

$$T_{(5)}=39.98\times(1-2.718^{-0.3\times5})=31.06℃$$

$$\Delta T_5=T_{(5)}-T_{(1)}=20.7℃$$

$$T_{(10)} = 39.98 \times (1 - 2.718^{-0.3\times10}) = 37.99℃$$

$$\Delta T_{10} = T_{(10)} - T_{(5)} = 6.93℃$$

4.5.2　混凝土水化热调整温升值计算

实际上，大体积混凝土并非完全处于绝热条件下，其内部温度是一个“由低到高，再由高到低”的变化曲线（图 4-1），即混凝土从浇筑完毕后就有一个初始温度（浇筑温度），接着由于水泥水化热的影响使混凝土内部温度不断上升，然后又通过天然散热或人工冷却使温度降低，最终达到稳定温度。

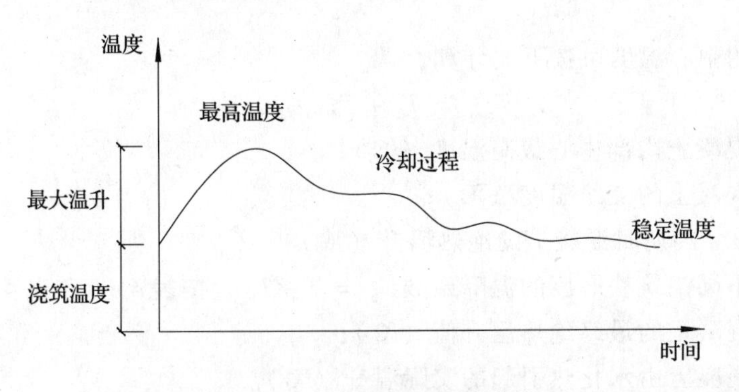

图 4-1　混凝土温度变化曲线

可见，混凝土内部的实际温度并不符合前面所提的假定，因此有必要研究混凝土浇筑后实际温升问题。但由于结构物散热条件比较复杂，精确解答是非常困难的，在工程应用中也没必要，所以通常采用图表法计算。

工程实践证明，在散热条件大致相似的情况下，散热的温度与浇筑块的厚度有关，厚度越薄散热越快，厚度越厚散热越慢。当浇筑块厚度在 5m 以上时，混凝土的实际温升已接近于绝热温升。大量资料表明，不同浇筑块厚度与混凝土最终绝热温升的关系 ζ 如表 4-11 所示；不同龄期混凝土水化热温升值与浇筑块厚度的关系如表 4-12 所示。

不同浇筑块厚度与混凝土绝热温升的关系（ζ 值）　　表 4-11

浇筑块厚度 (m)	1.0	1.5	2.0	2.5	3.0	4.0	5.0	6.0
ζ	0.36	0.49	0.57	0.65	0.68	0.74	0.79	0.82

不同龄期混凝土水化热温升值与浇筑块厚度的关系　　表 4-12

浇筑块厚度 (m)	不同龄期 (d) 时的 ζ 值									
	3	6	9	12	15	18	21	24	27	30
1	0.36	0.29	0.17	0.09	0.05	0.03	0.01			
1.25	0.42	0.31	0.19	0.11	0.07	0.04	0.03			

续表

浇筑块厚度（m）	不同龄期（d）时的 ζ 值									
	3	6	9	12	15	18	21	24	27	30
1.5	0.49	0.46	0.38	0.29	0.21	0.15	0.12	0.08	0.05	0.04
2.5	0.65	0.62	0.59	0.48	0.38	0.29	0.23	0.19	0.16	0.15
3	0.68	0.67	0.63	0.57	0.45	0.36	0.3	0.25	0.21	0.19
4	0.74	0.73	0.72	0.65	0.55	0.46	0.37	0.3	0.25	0.24

注：本表格适用于混凝土浇筑温度为20～30℃的工程。

混凝土内部的中心温度可按下式计算：

$$T_{max} = T_0 + T_{(t)} \cdot \zeta \tag{4-17}$$

式中 T_{max}——混凝土内部中心最高温度（℃）；

T_0——混凝土的浇筑温度（℃）；

$T_{(t)}$——在 t 龄期时混凝土的绝热温升（℃）；

ζ——不同浇筑块厚度的温降系数，$\zeta = T_m/T_h$，按表4-11和表4-12查用；

T_h——混凝土的最终绝热温升值（℃）；

T_m——混凝土由水化热引起的实际温升（℃）。

影响混凝土水化热温升值的因素有水泥品种、水泥用量、混合材料品种、用量和浇筑温度等。水泥品种对其影响主要是由于水泥矿物成分的不同。水泥越细，发热速率越快，但水泥细度不影响最终发热量。掺加混合材料对混凝土水化热温升值有重要影响，掺加粉煤灰的降温效果优于掺加矿渣。可以通过选择合适的水泥品种和配合比、使用粉煤灰掺料、降低水泥用量和浇筑温度等措施来控制混凝土的水化热温升值。

【例4-11】 某工程基础底板长72.5m，宽36.5m，厚2.5m，采用C20混凝土每立方米混凝土水泥用量为275kg，使用32.5级矿渣水泥，水化热为335kJ/kg，混凝土浇筑温度为27℃，结构物四周采用钢模板外包两层草袋，混凝土比热取0.96kJ/kg·K，试计算不同龄期的混凝土内部温度。

【解】 先求混凝土的最终绝热温升值

$$T_h = \frac{m_c Q}{C\rho} = \frac{275 \times 335}{0.96 \times 2400} = 40℃$$

查表4-12得到温降系数 ζ，则不同龄期的混凝土水化热温升值为：

$t = 3d$　　$\zeta = 0.65$　　$T_h \cdot \zeta = 40 \times 0.65 = 26.0℃$

$t = 6d$　　$\zeta = 0.62$　　$T_h \cdot \zeta = 40 \times 0.62 = 24.8℃$

$t = 9d$　　$\zeta = 0.59$　　$T_h \cdot \zeta = 40 \times 0.59 = 23.6℃$

$t = 12d$　　$\zeta = 0.48$　　$T_h \cdot \zeta = 40 \times 0.48 = 19.2℃$

⋮　　⋮　　⋮

$t = 30d$　　$\zeta = 0.15$　　$T_h \cdot \zeta = 40 \times 0.15 = 6.0℃$

混凝土不同龄期的内部中心温度即为以上数值加上混凝土的浇筑温度（$T_0 = 27℃$），

整理结果见表4-13。

混凝土不同龄期的内部温度计算　　表4-13

龄期（d）	0	3	6	9	12	15	18	21	24	27	30
浇筑温度 T_0	27	27	27	27	27	27	27	27	27	27	27
$T_h \cdot \zeta$	0	26.0	24.8	23.6	19.2	15.2	11.6	9.2	7.6	6.4	6.0
混凝土内部中心温度	27	53.0	51.8	50.6	46.2	42.2	38.6	36.2	34.6	33.4	33.0

4.6　混凝土收缩值和收缩当量温差计算

4.6.1　各龄期混凝土收缩值计算

混凝土内部的化学反应和水分蒸发都会引起混凝土的收缩，由化学反应产生的收缩称为自生收缩，又称硬化收缩；由水分蒸发引起的收缩称为干缩。影响混凝土收缩的因素很多，如水泥品种、强度等级、细度、水泥用量、水灰比、养护条件和时间、环境湿度、配筋率、风速等。

通常可用下列指数表达式进行实际状态下混凝土任意龄期收缩值的计算：

$$\varepsilon_{y(t)} = \varepsilon_{y(\infty)}^{0}(1 - e^{-bt}) \cdot M_1 \cdot M_2 \cdot M_3 \cdots M_n \tag{4-18}$$

式中　$\varepsilon_{y(t)}$——实际状态下混凝土任意龄期（d）的收缩值；

$\varepsilon_{y(\infty)}^{0}$——标准状态下混凝土最终收缩值（即极限收缩值），取3.24×10^{-4}；

e——常数，取2.718；

b——经验系数，取0.01；

t——自浇筑完毕到计算时的天数（d）；

M_1——对标准条件32.5级普通水泥的水泥品种的修正系数；

M_2——对标准条件水泥标准磨细度（比表面积2500～3500cm^2/g）修正系数；

M_3——对标准条件花岗石骨料的修正系数；

M_4——对标准条件水灰比为0.4的修正系数；

M_5——对标准条件水泥浆含量为20%的修正系数；

M_6——对标准养护期为7d的修正系数；

M_7——对标准空气相对湿度为50%的修正系数；

M_8——对标准水力半径倒数0.2cm^{-1}的修正系数，水力半径r的倒数，即；

$$r = \frac{L(\text{截面周长})}{F(\text{截面面积})};$$

M_9——对标准条件机械振捣的修正系数；

M_{10}——不同配筋率的修正系数。

各系数按表4-14取值。

混凝土收缩值不同条件下影响修正系数 **表 4-14**

水泥品种	M_1	水泥细度	M_2	骨料	M_3	水灰比	M_4	水泥浆量（%）	M_5
矿渣水泥	1.25	1500	0.91	砂石	1.0	0.2	0.65	15	0.9
快硬水泥	1.13	2000	0.93	砾砂	1.0	0.3	0.85	20	1.0
低热水泥	1.10	3000	1.0	无粗骨料	1.0	0.4	1.0	25	1.2
石灰矿渣水泥	1.05	4000	1.13	玄武岩	1.0	0.5	1.21	30	1.45
普通水泥	1.0	5000	1.35	花岗石	1.0	0.6	1.42	35	1.75
火山灰水泥	1.0	6000	1.68	石灰石	1.0	0.7	1.62	40	2.1
抗硫酸盐水泥	0.78	7000	2.05	白云石	0.95	0.8	1.80	45	2.55
矾土水泥	0.51	8000	2.42	石英石	0.8			50	3.03
t（d）	M_6	W（%）	M_7	$\bar{r}$	M_8	操作方法	M_9	$\frac{E_a A_a}{E_b A_b}$	M_{10}
1	$\frac{1.11}{1.0}$	25	1.25	0	$\frac{0.54}{0.21}$	机械振捣	1.0	0.0	1.0
2	$\frac{1.11}{1.0}$	30	1.18	0.1	$\frac{0.76}{0.78}$	手工振捣	1.1	0.05	0.85
3	$\frac{1.09}{0.98}$	40	1.1	0.2	$\frac{1.0}{1.0}$	蒸汽养护	0.85	0.1	0.76
4	$\frac{1.07}{0.96}$	50	1.0	0.3	$\frac{1.03}{1.03}$	高压釜处理	0.54	0.15	0.68
5	$\frac{1.04}{0.94}$	60	0.88	0.4	$\frac{1.2}{1.05}$			0.2	0.61
7	$\frac{1.0}{0.9}$	70	0.77	0.5	$\frac{1.31}{—}$			0.25	0.55
10	$\frac{0.96}{0.89}$	80	0.7	0.6	$\frac{1.4}{—}$				
14～180	$\frac{0.93}{0.84}$	90	0.54	$\frac{0.7}{0.8}$	$\frac{1.43}{1.44}$				

注：分子为自然状态下硬化，分母为加热状态下硬化；

t——混凝土浇筑后初期养护时间（d）；

W——环境相对湿度（%）；

$\bar{r}$——水力半径的倒数（cm^{-1}），为构件截面周长（L）与截面积（A）的比值，$\bar{r}=L/A$；

$E_a A_a / E_b A_b$——配筋率；

E_a——钢筋的弹性模量（N/mm^2）；

A_a——钢筋的截面面积（mm^2）；

E_b——混凝土的弹性模量（N/mm^2）；

A_b——混凝土的截面面积（mm^2）。

【例 4-12】 某钢筋混凝土底板，配筋率为 0.2%，环境相对湿度 40%，混凝土强度等级为 C20，用矿渣水泥拌制，骨料为砾砂，水灰比 0.5，采用机械振捣，试计算龄期为 30d 的混凝土收缩值。

【解】 $\frac{E_a A_a}{E_b A_b} = \frac{2.0 \times 10^5 \times 0.002}{2.55 \times 10^4} = 0.0157$

由已知条件查表 4-14 得，

$M_1 = 1.25, M_2 = M_3 = 1, M_4 = 1.21, M_5 = 1.0,$

$M_6 = 0.93, M_7 = 1.1, M_8 = M_9 = 1, M_{10} = 0.95,$

则混凝土龄期为 30d 的收缩值为：

$$\begin{aligned}\varepsilon_{y(30)} &= \varepsilon^0_{y(\infty)}(1 - e^{-bt}) \cdot M_1 \cdot M_2 \cdot M_3 \cdots M_n \\ &= 3.24 \times 10^{-4}(1 - e^{-0.30}) \times 1.25 \times 1.21 \times 0.93 \times 1.1 \times 0.95 \\ &= 1.234 \times 10^{-4}\end{aligned}$$

4.6.2 各龄期混凝土收缩当量温差计算

在大体积混凝土温度裂缝计算中，可将混凝土的收缩值换算成相当于引起同样温度变形所需要的温度值，即“收缩当量温差”，以便按温差计算混凝土的温度应力。通常采用下式进行换算：

$$T_{y(t)} = -\frac{\varepsilon_{y(t)}}{\alpha} \tag{4-19}$$

式中 $T_{y(t)}$——任意龄期（d）混凝土的收缩当量温差（℃），负号表示降温；

$\varepsilon_{y(t)}$——任意龄期（d）混凝土的收缩变形值；

α——混凝土的线膨胀系数，取 1.0×10^{-5}。

【例 4-13】 试计算例 4-12 中混凝土底板龄期为 30d 的收缩当量温差。

【解】 已知 $\varepsilon_{y(30)} = 0.793 \times 10^{-4}$，代入式（4-19）得：

$$\begin{aligned}T_{y(t)} &= -\frac{\varepsilon_{y(t)}}{\alpha}\varepsilon_{y(t)} = -\frac{0.793 \times 10^{-4}}{1.0 \times 10^{-5}} \\ &= -7.93 \approx -8℃。\end{aligned}$$

4.7 各龄期混凝土弹性模量计算

弹性模量反映了材料受荷载作用下的应力应变性质，是表示材料弹性性质的系数。当应力较小时，混凝土具有弹性性质，这个时期的弹性模量 E_c 可用应力-应变曲线（图 4-2）过原点切线的斜率表示，称为初始弹性模量（简称弹性模量）；当应力超过一定界限时，混凝土进入塑性阶段，应力应变不再保持正比关系，用切线模量 E'_c 来表示这时的应力-应变关系。切线模量是指在混凝土的应力-应变曲线上某一应力 σ_c 处作一切线，该切线的斜率即为相应于应力为 σ_c 时的切线模量（图 4-2）。

$$E_c = \tan\alpha_0 \qquad E'_c = \tan\alpha_1$$

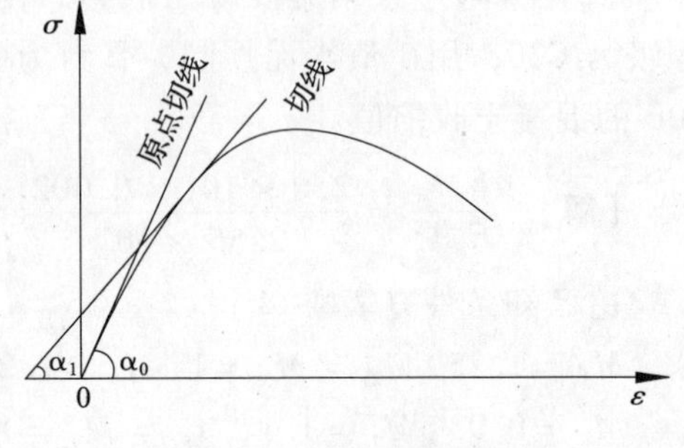

图 4-2　混凝土弹性模量

混凝土的弹性模量随着混凝土的抗压强度和密度的提高而增大，即混凝土的弹性模量是随着龄期的增加而加大。各龄期的混凝土弹性模量按下式计算：

$$E_{(t)} = E_c(1 - e^{-0.09t}) \tag{4-20}$$

式中　$E_{(t)}$——混凝土从浇筑后至计算时的混凝土弹性模量（N/mm²），计算温度应力时，一般取平均值；

E_c——混凝土的最终弹性模量（N/mm²），可以近似取 28d 的混凝土弹性模量，可按表 4-15 取用；

e——常数，取 2.718；

t——混凝土从浇筑起到计算时的天数（d）。

大量试验资料表明，混凝土的抗拉弹性模量与抗压弹性模量之比约为 0.96～0.97，工程中，为了方便起见通常取两者相等，均按表 4-15 取用。

混凝土弹性模量 E_c（$\times 10^4$N/mm²）　　表 4-15

混凝土强度等级	C15	C20	C25	C30	C35	C40	C45	C50	C55	C60	C65	C70	C75	C80
E_c	2.20	2.55	2.80	3.00	3.15	3.25	3.35	3.45	3.55	3.60	3.65	3.70	3.75	3.80

混凝土弹性模量的影响因素包括混凝土的抗压强度、灰浆率、养护温度及外加剂。混凝土抗压强度越大，其弹性模量越高；灰浆率的大小也影响混凝土的弹性模量；养护温度越高，弹性模量增长越快；不同的外加剂对混凝土的作用不同，对弹性模量的影响也就不同，大体上，外加剂对混凝土对混凝土弹性模量的影响幅度与它对混凝土强度的影响幅度成正比，掺外加剂后，混凝土强度提高的越多，其弹性模量就提高的越多，反之，亦然。

【例 4-14】　计算 C25 混凝土 30d 的弹性模量。

【解】　由式（4-20）得混凝土 30d 的弹性模量为：

$$E_{(30)} = 2.8 \times 10^4 \times (1 - e^{-0.09\times30})$$
$$= 2.61 \times 10^4 \text{N/mm}^2$$

4.8　混凝土徐变变形和应力松弛系数计算

4.8.1　混凝土徐变变形计算

混凝土在荷载长期作用下产生随时间而增长的变形称为徐变。徐变会造成结构内力重分布，会使结构变形增大，会引起预应力损失，在高应力作用下还会导致结构破坏。徐变变形是微裂缝的压缩和颗粒间的滑移而引起的，它是在常量荷载作用下除了弹性变形外产生的一种非弹性变形。

标准状态下，单位应力引起的最终徐变变形称为徐变度，记为 C^0，它是混凝土加载龄期和持续时间的函数。各等级混凝土的徐变度见表 4-16。

标准极限徐变度　　**表 4-16**

混凝土强度等级（N/mm²）	C10	C15	C20	C30	C40	C50	C60 ~ C90	C100
$C^0 \times 10^{-6}$	8.84	8.28	8.04	7.40	7.40	6.44	6.03	6.03

混凝土强度越高，徐变度越小；加荷龄期越早，徐变度越大；持荷时间越长，徐变度越大，但增加的速度随时间的增加而递减。

当结构的使用应力为 σ 时，最终徐变变形为：

$$\varepsilon^0_{n(\infty)} = C^0 \cdot \sigma \tag{4-21}$$

若结构的使用应力未知，则 $\varepsilon^0_{n(\infty)}$ 的计算可假定使用应力为混凝土抗拉或抗压强度的 1/2，即：

$$\varepsilon^0_{n(\infty)} = C^0 \cdot \frac{1}{2} \cdot f \tag{4-22}$$

式中　$\varepsilon^0_{n(\infty)}$——混凝土的最终徐变变形；

C^0——徐变度，按表 4-16 取用；

σ——结构使用应力；

f——混凝土的抗拉或抗压强度。

4.8.2　混凝土应力松弛系数计算

混凝土受到强迫应变后，其内应力会随时间的增长而逐渐衰减，这种现象称为混凝土的应力松弛（如图 4-3 所示）。在常量应变的作用下，到任意时间 t 时的应力为：

$$\sigma_{(t)} = R_{(t)} \cdot \varepsilon_{(t)} \tag{4-23}$$

式中 $R_{(t)}$ 称为混凝土的松弛模量。

松弛模量 $R_{(t)}$ 与弹性模量 E 的比值称为松弛系数 $K_{(t)}$，记为：

$$K_{(t)} = \frac{R_{(t)}}{E} \tag{4-24}$$

某龄期 τ 混凝土受到应变 ε，当时的应力为 $\sigma = R \cdot \varepsilon$，在应变保持不变的条件下，到时间 t 的应力为 $\sigma_{(t)} = R_{(t)} \cdot \varepsilon$，如图 4-3 所示，显然，$\sigma_{(t)}$ 与 σ 的比值就是松弛系数，即：

$$K_{(t)} = \frac{\sigma_{(t)}}{\sigma} \tag{4-25}$$

松弛模量 $R_{(t)}$ 和松弛系数 $K_{(t)}$ 可以直接由混凝土的松弛试验求出。

混凝土的松弛系数是荷载加载持续时间的函数，数值小于 1，如图 4-4 所示。

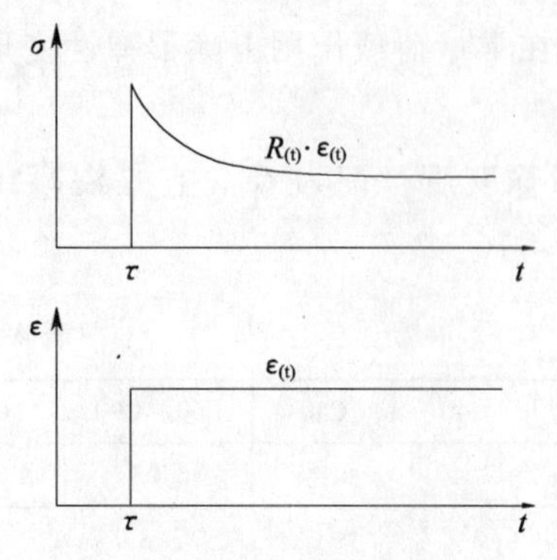

图 4-3　混凝土的应力松弛

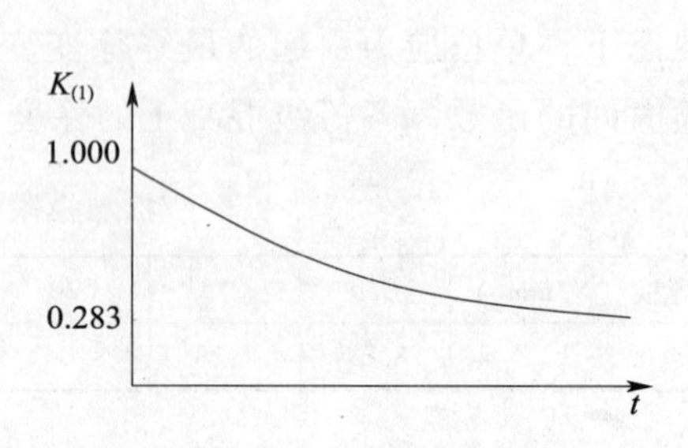

图 4-4　松弛系数和时间的关系

标准状态下的应力松弛系数通常按以下公式计算：

$$K_0(t,\tau)=1-(0.2125+0.3786\tau^{-0.4158})[1-e^{-0.5464(t-\tau)}]-(0.0495+0.2558\tau^{-0.0727})[1-e^{-0.0156(t-\tau)}] \tag{4-26}$$

式中　t——计算时刻的混凝土龄期；

τ——混凝土受荷时的龄期；

$t-\tau$——荷载持续时间；

e——常数，取 2.718。

标准状态下的应力松弛系数也可以按表 4-17 取用。

标准状态下的混凝土应力松弛系数 K_0 (t, τ)　　　　表 4-17

加荷龄期	荷载持续时间 ($t-\tau$)									
τ (d)	2	3	5	10	15	30	50	100	200	≥500
2	0.661	0.587	0.515	0.465	0.445	0.398	0.349	0.276	0.226	0.211
3	0.691	0.623	0.556	0.510	0.490	0.444	0.397	0.326	0.276	0.262
7	0.739	0.681	0.624	0.583	0.585	0.521	0.478	0.408	0.361	0.348
14	0.767	0.716	0.664	0.627	0.609	0.567	0.524	0.459	0.414	0.401
28	0.788	0.742	0.695	0.659	0.643	0.602	0.561	0.498	0.455	0.443
60	0.806	0.763	0.720	0.687	0.671	0.632	0.592	0.533	0.491	0.479
90	0.813	0.772	0.730	0.698	0.682	0.644	0.606	0.547	0.507	0.495
180	0.823	0.784	0.744	0.714	0.699	0.662	0.625	0.569	0.522	0.519
360	0.830	0.793	0.754	0.726	0.711	0.676	0.640	0.587	0.549	0.538

注：标准状态是指采用普通硅酸盐水泥、花岗石骨料、水灰比为 0.65、灰浆率为 20%、不掺外加剂、不掺粉煤灰的大体积混凝土。

非标准状态下的混凝土应力松弛系数按下式计算：

$$K(t,\tau)=(\varepsilon_1+\varepsilon_2\ln\tau)[\varepsilon_3+\varepsilon_4\ln(t-\tau)]K_0(t,\tau) \tag{4-27}$$

式中　ε_1、ε_2、ε_3、ε_4——非标准状态下的混凝土应力松弛系数的计算系数，可根据修正系数 δ 值由表 4-18 取用。

非标准状态下混凝土应力松弛系数的计算系数　　表 4-18

δ	ε_1	ε_2	ε_3	ε_4
0.4	1.0614	-0.0373	1.1790	0.0838
0.5	1.0601	-0.0307	1.1347	0.0606
0.6	1.0590	-0.0242	1.0988	0.0428
0.7	1.0480	-0.0178	1.0700	0.0284
0.8	1.0350	-0.0112	1.0440	0.0176
0.9	1.0170	-0.0055	1.0220	0.0079
1.0	1.0000	0.0000	1.0000	0.0000
1.1	0.9830	0.0055	0.9780	-0.0067
1.2	0.9650	0.0103	0.9580	-0.0120
1.3	0.9560	0.0150	0.9310	-0.0166
1.4	0.9400	0.0202	0.9110	-0.0206
1.5	0.9285	0.0239	0.8877	-0.0237
1.6	0.9088	0.0284	0.8690	-0.0260
1.7	0.8993	0.0315	0.8513	-0.0289
1.8	0.8833	0.0349	0.8354	-0.0307
1.9	0.8657	0.0383	0.8220	-0.0325
2.0	0.8333	0.0405	0.8090	-0.0348
2.1	0.8175	0.0435	0.7980	-0.0363
2.2	0.8033	0.0461	0.7882	-0.0373
2.3	0.7930	0.0489	0.7811	-0.0379
2.4	0.7747	0.0510	0.7732	-0.0388
2.5	0.7683	0.0541	0.7543	-0.0391
2.6	0.7521	0.0555	0.7467	-0.399
2.7	0.7442	0.0581	0.7308	-0.0402
2.8	0.7279	0.0602	0.7226	-0.0407
2.9	0.7169	0.0617	0.7120	-0.0409
3.0	0.7028	0.0630	0.7048	-0.0411

修正系数 δ 值为各分项修正系数的乘积，即：

$$\delta = \delta_1\delta_2\delta_3\delta_4\delta_5\delta_6 \tag{4-28}$$

式中　δ_1 ——水泥品种，见表 4-19；

δ_2 ——骨料品种修正系数，见表4-20；

δ_3 ——水灰比修正系数，通常取 $\delta_3 = 2.6(W/C) - 0.69$；

δ_4 ——灰浆率修正系数，$\delta_4 = \frac{0.05(V_w + V_c)}{V_w + V_c + V_a}$，其中 V_w、V_c、V_a 分别为水、水泥及砂石骨料的体积；

δ_5 ——外加剂修正系数，见表4-21；

δ_6 ——粉煤灰修正系数，见表4-22。

水泥品种修正系数 δ_1 　　表 4-19

水泥品种	修正系数 δ_1	水泥品种	修正系数 δ_1
硅酸盐水泥	0.9	矿渣硅酸盐水泥	1.2
普通硅酸盐水泥	1.0	火山灰硅酸盐水泥	1.2
硅酸盐大坝水泥	1.0	粉煤灰硅酸盐水泥	1.2
普通硅酸盐大坝水泥	1.1	矿渣硅酸盐大坝水泥	1.3

硅酸盐水泥 δ_2 　　表 4-20

骨料品种	修正系数 δ_2	骨料品种	修正系数 δ_2
砂石	1.8	花岗石	1.0
玄武石	1.8	石英石	0.96
砾石	1.2	石灰石	0.80

外加剂修正系数 δ_5 　　表 4-21

外加剂类型	普通减水剂	高效减水剂	引气剂
品种掺量	木钙、糖蜜等 0.2% ~0.5%	FDN、DH_3 等 0.5% ~1.5%	松香皂等 0.005% ~0.015%
δ_5	1.15 ~1.30	1.20 ~1.40	1.20 ~1.40

粉煤灰修正系数 δ_6 　　表 4-22

加荷龄期（d）		2	7	14	28	60	90	180	360
掺量	20%	1.23	1.00	0.94	0.90	0.88	0.85	0.85	0.85
	40%	1.47	1.24	1.14	0.96	0.80	0.70	0.65	0.55
	50%	1.52	1.42	1.24	1.00	0.78	0.64	0.50	0.45

以上计算混凝土松弛系数的方法相对较为复杂。通常在考虑混凝土龄期和荷载作用持续时间的影响时，可以直接采用表4-23中的数值进行简化。

混凝土考虑龄期及荷载持续时间的应力松弛系数 　　表 4-23

时间 t（d）	3	6	9	12	15	18	21	24	27	30
$K_{(t)}$	0.186	0.208	0.214	0.215	0.233	0.255	0.301	0.524	0.570	1.00

徐变会导致混凝土温度应力的松弛，有益于防止裂缝的开展，同时可使混凝土的长期极限抗拉值提高 1 倍左右，即增强了混凝土的极限变形能力，因此，在计算混凝土的抗裂性时，应考虑徐变所导致的温度应力的松弛，乘以应力松弛系数。

4.9　大体积混凝土裂缝控制施工计算

在大体积混凝土工程中，经常出现由于水泥水化热引起混凝土浇筑内部温度和温度应力剧烈变化而导致混凝土发生裂缝的现象，因此，控制混凝土浇筑块体因水泥水化热引起的温升、混凝土浇筑块体的里外温差及降温速度，防止混凝土出现有害的温度裂缝（包括混凝土收缩）是施工技术的关键。

大体积混凝土的裂缝是其内部矛盾发展的结果，一方面是混凝土由于内外温差产生应力和应变；另一方面是结构的外约束和混凝土各质点间的约束（内约束）阻止这种应变。一旦温度应力超过混凝土所能承受的抗拉强度就会产生裂缝。所以对其裂缝控制计算，我们需从内部及外部两个方面考虑，即自约束裂缝控制计算和外约束裂缝控制计算。

4.9.1　自约束裂缝控制计算

混凝土浇筑初期，水泥水化产生大量水化热，使混凝土的温度很快上升。混凝土表面散热条件较好，温度上升值小，而内部散热条件较差，温度上升值大，内外形成温度梯度。当混凝土表面受外界气温影响冷却收缩时，外部混凝土质点与内部各质点间相互作用形成自约束。其结果是混凝土内部产生压应力，而面层产生拉应力，当该拉应力超过混凝土的抗拉强度时，混凝土表面产生裂缝。

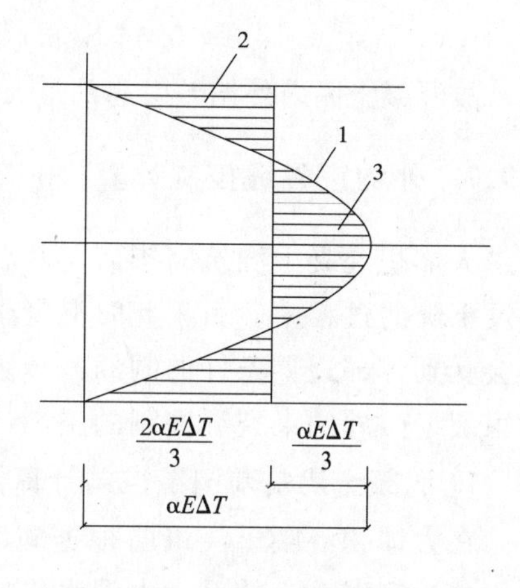

图 4-5　内部温差引起的温度应力
1—温度分布；2—温度应力（拉）；3—温度应力（压）

设温度呈对称抛物线分布，如图 4-5 所示，则由于内外温差产生的最大拉应力和压应力可按下式计算：

$$\sigma_t = \frac{2}{3} \cdot \frac{E_{(t)} \alpha \Delta T_1}{1 - \nu} \tag{4-29}$$

$$\sigma_c = \frac{1}{3} \cdot \frac{E_{(t)} \alpha \Delta T_1}{1 - \nu} \tag{4-30}$$

式中　σ_t、σ_c——分别为混凝土的拉应力和压应力（N/mm^2）；

$E_{(t)}$——混凝土的弹性模量（N/mm^2）；

α——混凝土的热膨胀系数（1/℃）；

ΔT_1——混凝土截面中心与表面之间的温差（℃）；

ν——混凝土的泊松比，取 0.15～0.20。

由上式可知，当温差产生的最大拉应力超过该龄期的混凝土抗拉强度，将可能出现裂缝。

要严格控制混凝土温度、降低内外温差，从而有效控制表面裂缝的出现。大体积混凝土一般允许温差宜控制在20℃～25℃。

【例4-15】 某大体积混凝土结构厚度为3.0m，采用C20混凝土浇筑，在3d龄期时混凝土截面中心温度为53℃，表面温度为36℃，试求其在不考虑徐变松弛影响因内部温差引起的最大拉应力和压应力。

【解】 取 $E_c = 2.55 \times 10^4 \text{N/mm}^2$，$\alpha = 1.0 \times 10^5$，$\Delta T_1 = 53 - 36 = 17℃$，$\nu = 0.2$

混凝土在3d龄期的弹性模量为：

$$E_{(3)} = E_c(1 - e^{-0.09t}) = 2.55 \times 10^4 \ (1 - 2.718^{-0.09 \times 3})$$
$$= 6.2 \times 10^3 \text{N/mm}^2$$

混凝土最大拉应力为：

$$\sigma_t = \frac{2}{3} \cdot \frac{E_{(t)} \alpha \Delta T_1}{1 - \nu} = \frac{2}{3} \cdot \frac{6.2 \times 10^3 \times 1 \times 10^{-5} \times 17}{1 - 0.2}$$
$$= 0.88 \ \text{N/mm}^2$$

混凝土最大压应力为：

$$\sigma_c = \frac{1}{3} \cdot \frac{E_{(t)} \alpha \Delta T_1}{1 - \nu} = \frac{1}{3} \cdot \frac{6.2 \times 10^3 \times 1 \times 10^{-5} \times 17}{1 - 0.2}$$
$$= 0.44 \ \text{N/mm}^2$$

故混凝土因内外温差引起的最大拉应力和最大压应力分别为0.88N/mm^2和0.44N/mm^2。

4.9.2 外约束裂缝控制计算

大体积混凝土浇筑完毕后，其温度是先逐渐升高后达到峰值，然后又慢慢降低的。在温度下降的过程中，由于此时混凝土已经基本结硬，弹性模量很大，混凝土的温度收缩变形会受到外部边界条件的制约，产生温度应力。当温度应力达到一定强度以后便会产生外约束裂缝。外约束裂缝控制的施工计算按不同时间和要求分为以下两个阶段进行。

1. 混凝土浇筑前裂缝控制计算

在大体积混凝土浇筑前根据施工拟采取的施工方法、裂缝控制措施和已知的施工条件，先计算混凝土的最大水泥水化热温升值、收缩变形值、收缩当量温差和弹性模量，然后通过计算估量混凝土浇筑后可能产生的最大温度收缩应力，如小于混凝土的抗拉强度，则表示所采取的裂缝控制措施能有效控制裂缝的出现；反之，则应采取调整混凝土的浇筑温度，降低混凝土的水化热温升值，降低内外温差，改善施工工艺，提高混凝土极限拉伸强度或改善约束条件等措施，然后重新计算直至符合要求为止。

混凝土浇筑前裂缝控制计算的步骤和方法如下：

（1）计算混凝土的水化热绝热温升值

混凝土的水化热绝热温升值按式（4-15）计算，由于大体积混凝土外表面并非绝对隔热的，所以其真实的温升值低于绝热温升，计算偏于安全。

（2）计算各龄期混凝土收缩变形值

各龄期混凝土的收缩变形值按式（4-18）计算。

（3）计算混凝土的收缩当量温差

混凝土的收缩当量温差按式（4-19）计算。

（4）计算各龄期混凝土的弹性模量

各龄期混凝土的弹性模量按式（4-20）计算。

（5）计算混凝土的最大综合温差

$$\Delta T = T_0 + \frac{2}{3}T_{(t)} + T_{y(t)} - T_h \qquad (4\text{-}31)$$

式中　ΔT——混凝土的最大综合温差（℃）；

T_0——混凝土浇筑入模温度（℃）；

$T_{(t)}$——浇筑完一段时间 t 后混凝土的绝热温升值（℃）；

$T_{y(t)}$——混凝土的收缩当量温差（℃）；

T_h——混凝土浇筑完后达到稳定时的温度，一般根据历年气象资料取当年平均气温（℃）；

如为降温，则混凝土的最大综合温差取负值；当大体积混凝土基础长期裸露在室外且未回填土时，ΔT 值按混凝土水化热最高温升值（包括浇筑入模温度）与当月平均最低温度之差进行计算；计算结果为负值，则表示降温；

（6）计算混凝土的温度收缩应力

混凝土因外约束引起的温度应力一般采用约束系数法，按下式来计算：

$$\sigma = -\frac{E_{(t)}\alpha\Delta T}{1-\nu}\cdot K_{(t)}R \qquad (4\text{-}32)$$

式中　σ——混凝土的温度（包括收缩）应力（N/mm^2）；

$E_{(t)}$——混凝土从浇筑到计算时的弹性模量，一般取平均值（N/mm^2）；

α——混凝土的线膨胀系数，取 1.0×10^{-5}；

$K_{(t)}$——考虑徐变影响的松弛系数，查表 4-17，一般取 0.3～0.5；

R——混凝土的外约束系数，当为岩石地基时，取 $R=1.0$；当为可滑动垫层时，取 $R=0$；一般土地基取 0.25～0.50；

ν——混凝土的泊松比，一般取 0.15～0.20。

【例 4-16】　某大体积混凝土基础采用 C20，纵向配筋率为 0.2%，用 32.5 级矿渣水泥配制，采用机械振捣方式，水泥用量为 275kg/m³，水灰比为 0.6，$K_{(t)}=0.3$，$R_{(t)}=0.32$，混凝土比热取 0.96kJ/kg·K，混凝土的质量密度取 2400kg/m³，环境相对湿度为 60%，混凝土浇筑入模温度为 16℃，当地平均温度为 18℃，养护期间月平均最低温度为 5℃，试计算可能产生的最大温度收缩应力和露天养护期间（15d）可能产生温度收缩应力及抗裂安全度。

【解】（1）计算混凝土的水化热绝热温升值

查表 4-8 得：$Q=335J/kg$，查表 4-15 得：$E_c=2.55\times10^4N/mm^2$，查表 4-9 得 $m=0.344$；

混凝土 15d 水化热绝热温升为：

$$T_{(15)}=\frac{m_c Q}{c\rho}(1-e^{-mt})=\frac{275\times 335}{0.96\times 2400}(1-2.718^{-0.344\times 15})=39.76℃$$

（2）计算各龄期混凝土收缩变形值

查表得，$M_1=1.25, M_2=M_3=M_5=M_8=M_9=1.0,$

$M_4=1.42, M_6=0.93, M_7=0.88, M_{10}=0.95$

则混凝土15d的收缩变形值为：

$$\begin{aligned}\varepsilon_{y(15)}&=\varepsilon^0_{y(\infty)}(1-e^{-bt})\cdot M_1\cdot M_2\cdot M_3\cdots M_n\\&=3.24\times 10^{-4}\times(1-2.718^{-0.01\times 15})\times 1.25\times 1.42\times 0.93\times 0.88\times 0.95\\&=0.623\times 10^{-4}\end{aligned}$$

（3）计算混凝土15d的收缩当量温差

混凝土15d收缩当量温差为：

$$T_{y(15)}=-\frac{\varepsilon_{y(15)}}{\alpha}=\frac{0.623\times 10^{-4}}{1.0\times 10^{-5}}=6.23\ ℃$$

（4）计算龄期为15d时混凝土的弹性模量

混凝土15d的弹性模量为：

$$E_{(15)}=E_c(1-e^{-0.09t})=2.55\times 10^4(1-2.718^{-0.09\times 15})=1.89\times 10^4$$

（5）计算混凝土的最大综合温差

混凝土的最大综合温差为：

$$\Delta T=T_0+\frac{2}{3}T_{(t)}+T_{y(t)}-T_h=16+\frac{2}{3}\times 39.98+6.23-18=30.88\ ℃$$

（6）计算混凝土的温度收缩应力

此大体积混凝土基础在露天养护期间产生的降温收缩应力为：

$$\begin{aligned}\sigma&=-\frac{E_{(t)}\alpha\Delta T}{1-\nu}\cdot K_{(t)}R=-\frac{1.89\times 10^4\times 1\times 10^{-5}(-30.88)}{1-0.15}\times 0.3\times 0.32\\&=0.66<0.75f_t=0.75\times 1.1=0.83\ \text{N/mm}^2\end{aligned}$$

由此可见，此大体积混凝土基础满足抗裂要求。

若大体积混凝土在露天养护期间混凝土可能出现裂缝，通常采取养护和保温措施，使养护温度加大（即加大 T_h），最大综合温差 ΔT 减小，保证计算出的 $\sigma_{(t)}$ 小于规定数值，从而达到控制裂缝的出现的目的。

2. 混凝土浇筑后裂缝控制施工计算

大体积混凝土浇筑后，根据实测温度和绘制的温度升降曲线，分别计算各降温阶段产生的混凝土温度收缩拉应力，其累计总拉应力值，如不超过同龄期的混凝土抗拉强度，则表示所采取的防裂措施能有效控制预防裂缝的出现；如超过该阶段的混凝土抗拉强度，则应采取加强养护和保温措施，使混凝土缓慢降温和收缩，提高该龄期混凝土的抗拉强度、弹性模量，发挥徐变特性等，以控制裂缝的出现。

混凝土浇筑后裂缝控制施工计算的步骤和方法如下：

（1）计算混凝土绝热温升值

绝热状态下混凝土的水化热绝热温升值按式（4-16）计算。

（2）求混凝土实际最高温升值

根据各龄期的实际温升后的降温值及升降温曲线，按下式计算各龄期实际水化热最高温升值：

$$T_d = T_n - T_0 \tag{4-33}$$

式中　T_d——各龄期混凝土实际水化热最高温升值（℃）；

T_n——各龄期实测温度值（℃）；

T_0——混凝土入模温度（℃）。

（3）计算混凝土水化热平均温度

结构裂缝主要是由降温和收缩引起的，任意降温差（水化热温差加上收缩当量温差）均可分解为平均降温差和非均匀降温差；平均降温差引起外约束，是导致产生贯穿性裂缝的主要原因；非均匀降温差引起自约束，导致产生表面裂缝。因此，重要的是控制好两者的降温差，减少和避免裂缝的开展。根据大量的工程实践经验，为了简化计算，可将混凝土截面实际非均匀温度分布近似看为相对中心轴的对称抛物线，如图 4-6 所示。非均匀降温差都采取控制混凝土内外温差在 20～30℃以内。在一般情况下，现浇大体积混凝土在升温阶段出现裂缝的可能性较小，在降温阶段，如平均降温差较大，则早期出现裂缝的可能性较大。

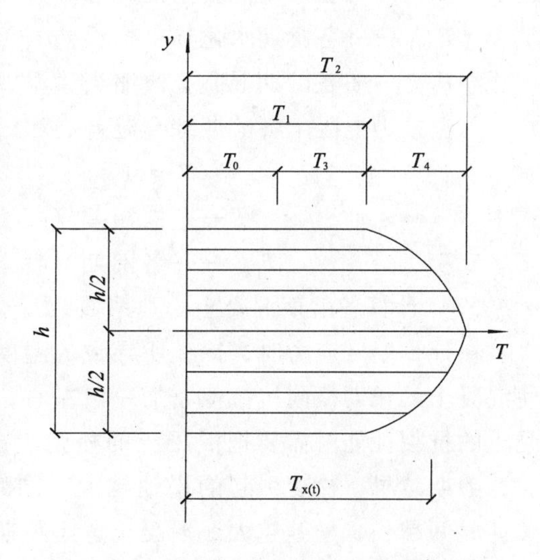

图 4-6　基础底板水化热引起的温升简图
h—大体积混凝土基础或结构厚度

在施工阶段早期降温差主要是水化热降温（包括少量混凝土收缩），其水化热平均温度可按下式计算：

$$\begin{aligned} T_{x(t)} &= T_1 + \frac{2}{3}T_4 \\ &= T_1 + \frac{2}{3}(T_2 - T_1) \end{aligned} \tag{4-34}$$

式中　$T_{x(t)}$——各龄期混凝土水化热平均温差（℃）；

T_1——保温养护条件下混凝土表面温度（℃）；

T_2——实测基础中心最高温度（℃）；

T_4——$T_2 - T_1$。

（4）计算混凝土截面上任意深度的温度

混凝土基础或结构截面上的温差呈对称抛物线分布，则基础截面上任意深度处的温度可按下式计算：

$$T_{(y)} = T_1 + \left(1 - \frac{4y^2}{h^2}T_4\right) \tag{4-35}$$

式中 $T_{(y)}$——混凝土截面上任意深度处的温度（℃）；

y——混凝土截面上任意一点离中心轴的距离；

h——混凝土的厚度。

（5）计算各龄期混凝土收缩变形值、收缩当量温差及弹性模量

其计算过程同“混凝土浇筑前裂缝控制的施工计算”

（6）计算各龄期混凝土的综合温差及总温差

各龄期混凝土的综合温差按下式计算：

$$T_{(t)} = T_{x(t)} + T_{y(t)} \tag{4-36}$$

式中 $T_{(t)}$——各龄期混凝土的综合温差（℃）；

$T_{x(t)}$——各龄期水化热平均温差（℃）；

$T_{y(t)}$——各龄期混凝土收缩当量温差（℃）。

总温差为混凝土各龄期综合温差之和，按下式计算：

$$T = T_{(1)} + T_{(2)} + T_{(3)} + \cdots + T_{(n)} \tag{4-37}$$

式中 T——总温差（℃）；

$T_{(1)}$、$T_{(2)}$、$T_{(3)}$ ... $T_{(n)}$——各龄期混凝土的综合温差（℃）。

（7）计算各龄期混凝土松弛系数

在计算温度应力时，徐变所导致的温度应力的松弛，有益于防止裂缝的开展。徐变可使混凝土的长期极限抗拉值增加一倍左右，即提高混凝土的极限变形能力。因此在计算混凝土的抗裂性能时需要把混凝土的松弛考虑进去。其松弛程度和加荷时混凝土的龄期有关，龄期越早，徐变引起的松弛越大；同时混凝土的松弛程度也与应力作用时间长短有关，时间越长，松弛越大。混凝土考虑龄期及荷载持续时间影响下的应力松弛系数 $K_{(t)}$ 可通过查表 4-23 得到。

（8）计算最大温度应力值

大体积混凝土各降温阶段的综合最大温度收缩拉应力按下式计算：

$$\sigma_{(t)} = -\frac{\alpha}{1-\nu}\left[1 - \frac{1}{ch\left(\beta \cdot \frac{L}{2}\right)}\right]\sum_{n=i}^{n} E_{i(t)}\Delta T_{i(t)}K_{i(t)} \tag{4-38}$$

式中 $\sigma_{(t)}$——各龄期混凝土所承受的温度应力；

α——混凝土线膨胀系数 1.0×10^{-5}；

ν——泊松比，当为双向受力时取 0.15；

L——混凝土基础或结构的长度（mm）；

β——约束状态影响系数，取 $\beta = \sqrt{\frac{C_x}{HE_{(t)}}}$；

C_x——总阻力系数（地基水平剪切刚度）（N/mm^2）；

H——混凝土基础或结构的厚度（mm）；

$E_{i(t)}$——各龄期混凝土的弹性模量；

$\Delta T_{i(t)}$——各龄期综合温差，均取负值；

$K_{i(t)}$ ——各龄期混凝土松弛系数。

在进行混凝土抗裂安全度计算时，要满足下式要求：

$$K = \frac{f_t}{\sigma_{(t)}} \geqslant 1.15 \tag{4-39}$$

式中　K——抗裂安全度，取 1.15；

f_t——混凝土抗拉强度设计值（N/mm^2）。

由于大体积混凝土实际的情况较为复杂，各处温度分布不均，加上影响应力状况的因素很多，所以以上两种方法实际都是近似计算方法，裂缝控制理论计算与实际情况会有一定的误差，但仍可作为工程中估算温度应力和采取裂缝控制措施的重要依据。

【例 4-17】 某工程基础底板长 72.5m，宽 36.5m，厚 2.5m，采用 C20 混凝土每立方米混凝土水泥用量为 275kg，使用 32.5 级矿渣水泥，水灰比为 0.6，环境相当湿度为 60%，纵向配筋率为 0.2%，水化热为 335kJ/kg，混凝土浇筑入模温度为 27℃，结构物四周采用钢模板外包两层草袋，保温养护条件下混凝土表面在 3d 龄期时的实测温度为 38℃，30d 龄期时的实测温度为 28℃，混凝土比热取 0.96kJ/kg·K，混凝土质量密度为 $2400kg/m^3$，混凝土浇筑后，实测基础中心 C 点温度逐日温度见表 4-24，升降温曲线如图 4-7 所示，试计算总降温产生的最大温度拉应力。

C 测点逐日温度升降值　　**表 4-24**

日期	1	2	3	4	5	6	7	8	9	10
C 测点	38.0	50.5	52.0	51.7	50.5	49.5	48.5	47.0	46.0	45.0
日期	11	12	13	14	15	16	17	18	19	20
C 测点	43.5	42.5	41.5	40.5	39.5	38.5	38.0	37.5	36.5	36.2
日期	21	22	23	24	25	26	27	28	29	30
C 测点	35.7	35.4	35.0	34.8	34.5	34.0	33.5	32.5	32.3	32.0

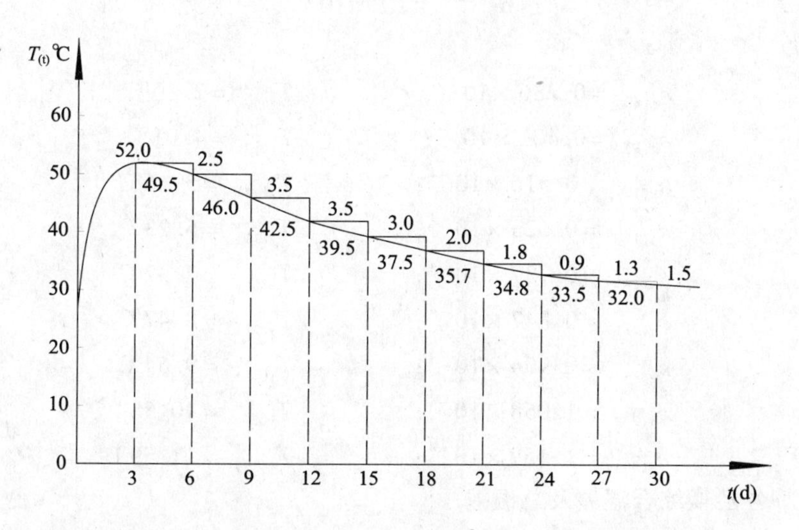

图 4-7　基础中心 C 点各龄期水化热生降温度曲线

【解】（1）计算混凝土绝热温升值

$$T_{max} = \frac{m_c Q}{c\rho} = \frac{275 \times 335}{0.96 \times 2400} = 39.98℃$$

（2）求混凝土实际最高温升值

将总降温差分成台阶（步距为 3d）式降温计算如下：

$T_{d(3)} = T_n - T_0 = 52.0 - 27.0 = 25.0℃$

同样我们可以求得：

$T_{d(6)} = 22.5℃$；$T_{d(9)} = 19.0℃$；$T_{d(12)} = 15.5℃$；$T_{d(15)} = 12.5℃$；$T_{d(18)} = 10.5℃$；$T_{d(21)} = 8.7℃$；$T_{d(24)} = 7.8℃$；$T_{d(27)} = 6.5℃$；$T_{d(30)} = 5.0℃$。

（3）计算混凝土水化热平均温度

$$T_{x(3)} = T_1 + \frac{2}{3}(T_2 - T_1) = 38 + \frac{2}{3}(52 - 38) = 47.3℃$$

$$T_{x(30)} = T_1 + \frac{2}{3}(T_2 - T_1) = 28 + \frac{2}{3}(32 - 28) = 30.7℃$$

则水化热平均总降温差为：

$T_x = T_{x(3)} - T_{x(30)} = 47.3 - 30.7 = 16.6℃$

（4）计算各龄期混凝土收缩值及收缩当量温差

取 $M_1 = 1.25$, $M_2 = M_3 = M_5 = M_8 = M_9 = 1.0$, $M_4 = 1.42$, $M_7 = 0.88$, $M_{10} = 0.95$

当龄期为 3d 时：$M_6 = 1.09$

则：
$$\begin{aligned}\varepsilon_{y(3)} &= \varepsilon^0_{y(\infty)}(1 - e^{-bt}) \cdot M_1 \cdot M_2 \cdot M_3 \cdots M_n \\ &= 3.24 \times 10^{-4} \times 1.25 \times 1.42 \times 0.88 \times 0.95 \times 1.09(1 - 2.718^{-0.01 \times 3}) \\ &= 0.155 \times 10^{-4}\end{aligned}$$

3d 收缩当量为：

$$T_{y(3)} = -\frac{\varepsilon_{y(3)}}{\alpha} = \frac{0.155 \times 10^{-4}}{1.0 \times 10^{-5}} = 1.55℃$$

同理可得：

$\varepsilon_{y(6)} = 0.286 \times 10^{-4}$；　$T_{y(6)} = 2.86℃$

$\varepsilon_{y(9)} = 0.401 \times 10^{-4}$；　$T_{y(9)} = 4.01℃$

$\varepsilon_{y(12)} = 0.516 \times 10^{-4}$；　$T_{y(12)} = 5.16℃$

$\varepsilon_{y(15)} = 0.623 \times 10^{-4}$；　$T_{y(15)} = 6.23℃$

$\varepsilon_{y(18)} = 0.737 \times 10^{-4}$；　$T_{y(18)} = 7.37℃$

$\varepsilon_{y(21)} = 0.847 \times 10^{-4}$；　$T_{y(21)} = 8.47℃$

$\varepsilon_{y(24)} = 0.954 \times 10^{-4}$；　$T_{y(24)} = 9.54℃$

$\varepsilon_{y(27)} = 1.058 \times 10^{-4}$；　$T_{y(27)} = 10.58℃$

$\varepsilon_{y(30)} = 1.159 \times 10^{-4}$；　$T_{y(30)} = 11.59℃$

（5）计算各龄期综合温差及总温差

在算出的水化热平均温差为 16.6℃ 的基础上，根据升降温曲线图推算出各龄期的平均降温差值，并求出每龄期台阶（步距为3d）间的水化热温差值，其结果如图4-7所示；根据各龄期混凝土收缩当量温差值计算各台阶（步距为3d）间的温差值，其结果如图4-8所示。

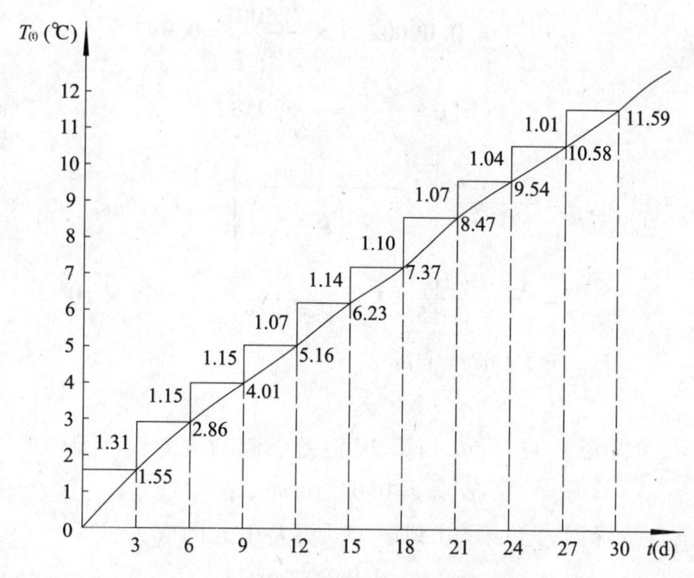

图4-8　各龄期混凝土收缩当量温度曲线

根据以上计算结果我们可以求得各龄期的综合温差：

$T_{(6)}=2.5+1.31=3.81$℃；$T_{(9)}=3.5+1.15=4.65$℃；$T_{(12)}=3.5+1.15=4.65$℃；
$T_{(15)}=3.0+1.07=4.07$℃；$T_{(18)}=2.0+1.14=3.14$℃；$T_{(21)}=1.8+1.10=2.90$℃；
$T_{(24)}=0.9+1.07=1.97$℃；$T_{(27)}=1.3+1.04=2.34$℃；$T_{(30)}=1.5+1.01=2.51$℃。

总综合温差为：

$$T_{(t)}=T_{(6)}+T_{(9)}+T_{(12)}+T_{(15)}+T_{(18)}+T_{(21)}+T_{(24)}+T_{(27)}+T_{(30)}$$
$$=3.81+4.65+4.65+4.07+3.14+2.90+1.97+2.34+2.51=30.04℃$$

（6）计算各龄期混凝土的弹性模量

$$E_{(3)}=E_{c}(1-e^{-0.09t})=2.55\times10^{4}(1-2.718^{-0.09\times3})=0.603\times10^{4}$$

同理可得：

$E_{(6)}=1.064\times10^{4}\text{N/mm}^2$；$E_{(9)}=1.415\times10^{4}\text{N/mm}^2$；$E_{(12)}=1.684\times10^{4}\text{N/mm}^2$；
$E_{(15)}=1.889\times10^{4}\text{N/mm}^2$；$E_{(18)}=2.045\times10^{4}\text{N/mm}^2$；$E_{(21)}=2.168\times10^{4}\text{N/mm}^2$；
$E_{(24)}=2.256\times10^{4}\text{N/mm}^2$；$E_{(27)}=2.325\times10^{4}\text{N/mm}^2$；$E_{(30)}=2.378\times10^{4}\text{N/mm}^2$。

（7）计算各龄期混凝土的松弛系数

考虑龄期及荷载持续时间影响下的各龄期混凝土应力松弛系数为：

$K_{(3)}=0.186$；$K_{(6)}=0.208$；$K_{(9)}=0.214$；$K_{(12)}=0.215$；$K_{(15)}=0.233$；
$K_{(18)}=0.252$；$K_{(21)}=0.301$；$K_{(24)}=0.524$；$K_{(27)}=0.570$；$K_{(30)}=1.0$

（8）计算最大温度应力值

已知：$\alpha=1.0\times10^{5}$；$\nu=0.15$；$H=2500\text{mm}$；$C_{x}=0.02\text{N/mm}^2$；$L=72500\text{mm}$；

1）6d（第一台阶降温）自第 3d 到第 6d 温差引起的应力：

$$\beta = \sqrt{\frac{C_x}{HE_{(1)}}} = \sqrt{\frac{0.02}{2500 \times 1.064 \times 10^4}} = 0.0000275$$

$$\beta \cdot \frac{L}{2} = 0.0000275 \times \frac{72500}{2} = 0.997$$

$$\mathrm{ch}(\beta \cdot \frac{L}{2}) = 1.53958;$$

$$\sigma_{(6)} = -\frac{\alpha}{1-\nu}\left[1 - \frac{1}{\mathrm{ch}\left(\beta \cdot \frac{L}{2}\right)}\right]E_{(6)}T_{(6)}K_{(6)}$$

$$= \frac{1.0 \times 10^{-5}}{1-0.15}\left(1 - \frac{1}{1.53958}\right) \times 1.064 \times 10^4 \times 3.81 \times 0.208$$

$$= 0.037\mathrm{N/mm^2};$$

同理可得：

2）9d（第二台阶降温）自第 6d 到第 9d 温差引起的应力：

$$\sigma_{(9)} = 0.047\mathrm{N/mm^2};$$

3）12d（第三台阶降温）自第 9d 到第 12d 温差引起的应力：

$$\sigma_{(12)} = 0.049\mathrm{N/mm^2};$$

4）15d（第四台阶降温）自第 12d 到第 15d 温差引起的应力：

$$\sigma_{(15)} = 0.048\mathrm{N/mm^2};$$

5）18d（第五台阶降温）自第 15d 到第 18d 温差引起的应力：

$$\sigma_{(18)} = 0.041\mathrm{N/mm^2};$$

6）21d（第六台阶降温）自第 18d 到第 21d 温差引起的应力：

$$\sigma_{(21)} = 0.045\mathrm{N/mm^2};$$

7）24d（第七台阶降温）自第 21d 到第 24d 温差引起的应力：

$$\sigma_{(24)} = 0.053\mathrm{N/mm^2};$$

8）27d（第八台阶降温）自第 24d 到第 27d 温差引起的应力：

$$\sigma_{(27)} = 0.067\mathrm{N/mm^2};$$

9）30d（第九台阶降温）自第 27d 到第 30d 温差引起的应力：

$$\sigma_{(30)} = 0.131\mathrm{N/mm^2};$$

10）总降温产生的最大温差拉应力为：

$$\sigma = \sigma_{(6)} + \sigma_{(9)} + \sigma_{(12)} + \sigma_{(15)} + \sigma_{(18)} + \sigma_{(21)} + \sigma_{(24)} + \sigma_{(27)} + \sigma_{(30)}$$

$$= 0.037 + 0.047 + 0.049 + 0.048 + 0.041 + 0.045 + 0.053 + 0.067 + 0.131$$

$$= 0.518\mathrm{N/mm^2}$$

混凝土抗拉强度设计者取 $1.1\mathrm{N/mm^2}$，则抗裂安全度为：

$$K = \frac{1.1}{0.518} = 2.12 > 1.15$$

满足抗裂要求，故不会出现裂缝。

4.10　混凝土温度控制计算

4.10.1　保温法温度控制计算

混凝土的保温养护是指在混凝土浇筑完毕后，为了减少混凝土内外温差，延缓收缩和散热时间，使混凝土在缓慢的散热过程中有足够的强度来抵抗温度应力，而采取的在混凝土的表面洒水和适当覆盖保温材料。这种保温养护方法大多采用在表面覆盖 1 ~2 层草袋、用泡沫塑料碎屑做成的保温被或泡沫塑料板。草袋由于其易燃烧，不耐用，而且一受潮就腐烂，并不是理想的材料；我国在进入 20 世纪 80 年代以后，塑料工业发展迅速，泡沫塑料已成为主要的保温材料。

保温法温差控制计算包括选定保温材料、计算保温材料需要的厚度。

根据热交换原理，假定混凝土的中心温度向混凝土表面的散热量等于混凝土表面表面保温材料应补充的发热量，则混凝土表面保温材料所需厚度可按下式计算：

$$\delta_i = \frac{0.5h\lambda_i(T_b - T_a)}{\lambda(T_{max} - T_b)} \cdot K \tag{4-40}$$

式中　δ_i——保温材料所需厚度（m）；

h——结构厚度（m）；

λ_i——保温材料的导热系数（W/m · K），可按表 4-25 取用；

T_b——混凝土表面温度（℃）；

T_a——混凝土浇筑后 3 ~5d 空气平均温度（℃）；

λ——混凝土的导热系数，取 2.3W/m · K；

T_{max}——混凝土的中心最高温度（℃）；

$0.5h$——指中心向边界散热的距离，为结构厚度的一半；

K——传热系数的修正值，即透风系数。对易于透风的保温材料组成取 2.6 或 3.0（指一般刮风或大风情况，下同）；对不易透风的保温材料取 1.3 或 1.5；对混凝土表面用一层不易透风材料，上面再用容易透风的保温材料组成，取 2.0 或 2.3。

【例 4-18】　大体积混凝土基础底板厚度为 2.5m，在 3d 龄期时混凝土内部中心温度为 55℃，实测混凝土表面温度为 32℃，大气温度为 24℃，试求混凝土表面所需保温材料的厚度。

【解】　使用草袋保温，其导热系数 λ_i =0.14W/m · K，取 K=2.6；

则，保温材料的厚度为：

$$\delta_i = \frac{0.5h\lambda_i(T_b - T_a)}{\lambda(T_{max} - T_b)} \cdot K = \frac{0.5 \times 2.5 \times 0.14(32 - 24)}{2.3(55 - 32)} \times 2.6$$

$$= 0.026\text{m} = 2.6\text{cm}$$

即需要 2.6cm 厚度的草袋来覆盖混凝土表面进行保温。

各种保温材料的导热系数（W/m·K） 表 4-25

材料名称	λ	材料名称	λ
木模	0.23	甘蔗板	0.05
钢模	58.00	沥青玻璃棉毡	0.05
草袋	0.14	沥青矿棉	0.09～0.12
木屑	0.17	油毡纸	0.05
炉渣	0.47	泡沫塑料制品	0.03～0.05
干砂	0.33	普通混凝土	1.51～2.33
湿砂	1.31	加气混凝土	0.16
黏土	1.38～1.47	泡沫混凝土	0.10
红黏土砖	0.43	水	0.58
灰砂砖	0.69～0.79	空气	0.03

4.10.2 蓄水法温度控制计算

蓄水法是指在混凝土终凝后，在结构表面蓄以一定高度的水，利用水的良好保温隔热效果，控制混凝土表面与内部中心温度之间的差值在20℃以内并保持一定时间（7～10d），使混凝土在预定时间内具有一定的抗裂强度。

根据热交换原理，每立方米混凝土在规定时间内，内部中心温度降到表面温度时放出的热量，等于混凝土结构物在此养护期间散失到大气中的热量，因而混凝土表面所需的热阻系数可按下式计算：

$$R = \frac{XM(T_{max} - T_b)K}{700T_0 + 0.28m_c Q_{(t)}} \tag{4-41}$$

式中 R——混凝土表面的热阻系数（k/W）；

X——混凝土维持到预定温度的延续时间（h）；

M——混凝土结构物的表面系数（1/m）；

$T_{max} - T_b$——混凝土的中心温度与表面温度之差（℃），取值20℃进行计算，当其值大于20℃时，需进行蓄水深度计算调整；

K——传热系数修正值，一般取1.3；

700——混凝土的热容量，即比热与密度之乘积（kJ/m³·K）；

T_0——混凝土浇筑、振捣完毕开始养护时的温度（℃）；

m_c——每立方米混凝土的水泥用量（kg/m³）；

$Q_{(t)}$——混凝土在规定龄期内水泥的水化热（kJ/kg）。

蓄水法温度控制计算主要是计算混凝土表面的蓄水深度 h_w，通常按下式计算：

$$h_w = R \cdot \lambda_w \tag{4-42}$$

式中 h_w——混凝土表面的蓄水深度（m）；

R——混凝土表面的热阻系数（k/W）；

λ_w——水的导热系数，取0.58W/m·K。

当混凝土中心温度与表面温度之差大于20℃时，一般要采取提高水温或调整水深等措施。蓄水深度按下式进行调整：

$$h'_w = h_w \cdot \frac{T'_b}{T_a} \tag{4-43}$$

式中 h'_w——调整后的蓄水深度（m）；

h_w——按 $T_{max} - T_b = 20$ ℃时计算的蓄水深度（m）；

T'_b——需要的蓄水养护温度（℃），即 $T'_b = T_0 - 20$；

T_a——大气平均温度（℃）。

【例4-19】 某大体积混凝土基础底板长38m，宽21m，厚度为2.5m，使用32.5级矿渣水泥，采用蓄水法进行温度控制，温度控制时间为10d，每立方米混凝土的水泥用量275kg，经实测 $T_0 = 52$℃，$T_a = 27$℃，采取提高蓄水深度的办法，试求调整后的蓄水深度。

【解】 $X = 10 \times 24 = 240$ h

$$M = \frac{F}{V} = \frac{2(38 \times 2.5) + 2(21 \times 2.5) + 38 \times 21}{38 \times 21 \times 2.5} = 0.548\ (1/\text{m})$$

$$R = \frac{XM(T_{max} - T_b)K}{700T_0 + 0.28m_c Q_{(t)}} = \frac{240 \times 0.548 \times 20 \times 1.3}{700 \times 52 + 0.28 \times 275 \times 335} = 0.055\ \text{kW}$$

则混凝土的蓄水深度为：

$$h_w = R \cdot \lambda_w = 0.055 \times 0.58 = 0.032\ \text{m} = 3.2\ \text{cm}$$

因为 $T_{max} - T_b > 20$℃，所以要进行蓄水深度调整：

$$T'_b = T_0 - 20 = 32\ ℃$$

$$h'_w = h_w \cdot \frac{T'_b}{T_a} = 3.2 \times \frac{32}{27} = 3.8\ \text{cm} \quad 取\ h'_w = 4.0\ \text{cm}$$

故调整后的蓄水深度为4cm。

4.11 混凝土和钢筋混凝土结构伸缩缝间距计算

在现行的《混凝土结构设计规范》（GB 50010—2002）中虽对伸缩缝的设置有所规定，如现浇剪力墙结构在露天环境下的允许间距为30m，室内或土中的允许间距为45m。但是在某些情况下，常常需要对结构的伸缩缝间距进行必要的验算或计算，例如在建筑物中不宜设置伸缩缝或规范附注中允许通过计算或采取可靠技术措施来扩大伸缩缝间距等。

地下钢筋混凝土（或混凝土）底板或长墙的伸缩间距可按下式计算：

$$L_{max} = 1.5\sqrt{\frac{\overline{H} \cdot E_c}{C_x}} \text{arcch} \frac{|\alpha T|}{|\alpha T| - \varepsilon_p} \tag{4-44}$$

式中 L_{max}——板或墙允许最大伸缩缝间距；

$\overline{H}$——板的计算厚度或墙的计算高度，当实际厚度或高度 $H \leqslant 0.2L$（L 为底板或长墙的全长）时，取 $\overline{H} = H$，当 $H > 0.2L$ 时，取 $\overline{H} = 0.2L$；

E_c ——混凝土的弹性模量，按表 4-15 取用；

C_x ——反映地基对结构约束程度的地基水平阻力系数，可按表 4-26 取用；

T ——结构相对地基的综合温差，包括水化热温差、气温差和收缩当量温差，当截面厚度小于 500mm 时，不考虑水化热的影响；

α ——混凝土或钢筋混凝土的线膨胀系数，取 1.0×10^{-5}；

ε_p ——混凝土的极限变形值，按式（4-2）求得；

arcch——双曲线余弦函数的反函数。

地基水平阻力系数 **表 4-26**

项次	地基条件	C_x（N/mm^2）
1	软黏土	$1\sim3\times10^{-2}$
2	一般砂质黏土	$3\sim6\times10^{-2}$
3	坚硬黏土	$6\sim10\times10^{-2}$
4	风化岩、低强度等级素混凝土	$60\sim100\times10^{-2}$
5	C10 以上配筋混凝土	$100\sim150\times10^{-2}$

【例 4-20】 某混凝土基础底板厚度为 2.0m，横向配置受力筋，纵向配置Φ12 螺纹筋，间距 200mm，配筋率 0.2%，采用 C20 强度等级混凝土，地基为一般砂质土，施工条件正常（材料符合质量标准，水灰比准确，机械振捣，混凝土养护良好），试计算早期（15d）不出现贯穿性裂缝的允许间距。

【解】 施工条件正常，查表 4-14 得：

$M_1=M_2=M_3=M_5=M_8=M_9=1.0$，$M_4=1.42$，$M_6=0.93$，$M_7=0.70$，$M_{10}=0.95$。

混凝土 15d 的收缩变形值为：

$$\begin{aligned}\varepsilon_{y(15)}&=\varepsilon^0_{y(\infty)}(1-e^{-bt})\cdot M_1\cdot M_2\cdot M_3\cdots M_n\\&=3.24\times10^{-4}(1-2.718^{-0.15})\times1.42\times0.93\times0.70\times0.95\\&=0.396\times10^{-4}\end{aligned}$$

收缩当量温差为：

$$T_{y(15)}=-\frac{\varepsilon_{y(15)}}{\alpha}=\frac{0.396\times10^{-4}}{1.0\times10^{-5}}=3.96\approx4℃$$

根据工程实际资料：水泥含量为 $275kg/m^3$；重度为 $2400kg/m^3$；取散热系数为 0.5。则水化热平均降温差为：

$$T_2=0.5T_{max}=0.5\frac{m_cQ}{c\rho}=0.5\times\frac{275\times335}{0.96\times2400}=20.0℃,$$

由于养护条件较好且为早期裂缝的计算，所以气温差忽略不计，则混凝土总温差为：

$T=T_{(t)}+T_2+T_3=20+4=24℃$

混凝土的极限拉伸值为：

$$\varepsilon_{pa}=0.5f_t\left(1+\frac{\rho}{d}\right)\times10^{-4}=0.5\times1.10\times\left(1+\frac{0.2}{1.2}\right)\times10^{-4}=0.642\times10^{-4}$$

考虑徐变：$\varepsilon_p = 2\varepsilon_{pa} = 1.28 \times 10^{-4}$

混凝土 15d 龄期的弹性模量为：

$E_{(15)} = E_c(1 - e^{-0.09t}) = 2.55 \times 10^4 \times (1 - e^{-0.09 \times 15}) = 1.89 \times 10^4\ N/mm^2$

则此混凝土底板不出现贯穿性裂缝的伸缩缝最大允许间距为：

$$L_{max} = 1.5\sqrt{\frac{\overline{H} \cdot E_c}{C_x}} \text{arcch}\frac{|\alpha T|}{|\alpha T| - \varepsilon_p}$$

$$= 1.5\sqrt{\frac{2000 \times 1.89 \times 10^4}{0.045}} \times \text{arcch}\frac{1.0 \times 10^{-5} \times 24}{1.0 \times 10^{-5} \times 24 - 1.28 \times 10^{-4}}$$

$$= 1.5 \times 2.898 \times 10^4 \times \text{arcch}2.143 = 60677\text{mm} \approx 60.7\text{m}$$

【例 4-21】 某箱形基础工程底板已经浇好，现浇筑侧墙，纵向长 45m，高 10m，壁厚 300m，混凝土强度等级为 C20，沿长墙纵向采用ф10 钢筋，配筋率为 0.3%，基础底板处于土中，长侧墙长期不回填土而处于大气中，长墙与基础的平均相对降温差为 20℃，平均收缩当量温差为 18℃，试确定长墙的温度伸缩缝间距。

【解】 长墙所遭受的总温差为：　　$T = 20 + 18 = 38$ ℃

混凝土的极限拉伸值为：

$\varepsilon_{pa} = 0.5f_t\left(1 + \frac{\rho}{d}\right) \times 10^{-4} = 0.5 \times 1.10 \times \left(1 + \frac{0.3}{1.0}\right) \times 10^{-4} = 0.715 \times 10^{-4}$

考虑徐变：$\varepsilon_p = 2\varepsilon_{pa} = 1.43 \times 10^{-4}$

因为 $H = 10\text{m} > 0.2L = 9\text{m}$，墙体计算高度 $\overline{H} = 0.2L = 9\text{m}$

取地基水平阻力系数 $C_x = 1.10$；

则此混凝土长墙伸缩缝最大允许间距为：

$$L_{max} = 1.5\sqrt{\frac{\overline{H} \cdot E_c}{C_x}} \text{arcch}\frac{|\alpha T|}{|\alpha T| - \varepsilon_p}$$

$$= 1.5 \times \sqrt{\frac{9000 \times 2.55 \times 10^4}{1.10}} \times \text{arcch}\frac{1.0 \times 10^{-5} \times 38}{1.0 \times 10^{-5} \times 38 - 1.43 \times 10^{-4}}$$

$$= 1.5 \times 1.38 \times 10^4 \times 1.05 = 22750\text{mm} \approx 22.8\text{m}$$

伸缩缝间距小于长墙长度，所以需在中部设置一道伸缩缝。

设计施工过程中通过采取减少水灰比、加强浇筑质量控制、加强养护等综合技术措施来降低综合温差，提高混凝土的抗拉强度，可以达到增加伸缩缝间距的目的，有时还能保证混凝土结构全长不设缝亦可满足要求。

4.12　混凝土和钢筋混凝土结构位移值计算

地下混凝土和钢筋混凝土底板或长墙的位移值可按下式计算：

$$U = \frac{\alpha T}{\beta \text{ch}\beta \cdot \frac{L}{2}} \text{sh}\beta x \tag{4-45}$$

其中
$$\beta = \sqrt{\frac{C_x}{HE}}$$

式中　U——地下混凝土或钢筋混凝土底板或长墙任意一点的位移（mm）；

α——混凝土线膨胀系数；

L——底板或长墙的全长（mm）；

x——任意一点的距离（mm）；

$\mathrm{ch}\beta$、$\mathrm{sh}\beta$——双曲余弦函数和双曲正弦函数；

β——约束状态影响系数；

C_x——地基水平阻力系数；

H——底板的厚度或长墙的高（mm）；

E——混凝土的弹性模量（N/mm^2）；

当 $x = \frac{L}{2}$ 时，则

$$U = \frac{\alpha T}{\beta}\mathrm{th}\beta \cdot \frac{L}{2} \tag{4-46}$$

【例 4-22】 现浇钢筋混凝土矩形底板长 25m，厚 1.5m，地基土为坚硬黏土，综合温差 $T = 28℃$，地基水平阻力系数取 $C_x = 0.06$，试求底板因温差而产生的总位移值。

【解】 取 $\alpha = 1.0 \times 10^{-5}$，$E = 2.55 \times 10^4 N/mm^2$

代入式（4-46）得底板产生的总位移值为：

$$\begin{aligned} U &= 2 \cdot \frac{\alpha T}{\beta}\mathrm{th}\beta \cdot \frac{L}{2} = 2\alpha T \cdot \sqrt{\frac{HE}{C_x}} \cdot \mathrm{th}\sqrt{\frac{C_x}{HE}} \cdot \frac{L}{2} \\ &= 2 \times 1.0 \times 10^{-5} \times 28 \times \sqrt{\frac{1500 \times 2.55 \times 10^4}{0.06}} \\ &\quad \times \mathrm{th}\sqrt{\frac{0.06}{1500 \times 2.55 \times 10^4}} \times \frac{25000}{2} \\ &= 14.14\mathrm{th}0.495 = 6.48\mathrm{mm} \end{aligned}$$

所以底板因温差产生的总位移值为 6.48mm。

4.13 混凝土冬季施工计算

4.13.1 混凝土早期强度计算

混凝土养护温度 T 与硬化时间 t 的乘积称为成熟度。当混凝土养护温度为一变量时，可用成熟度法来估算混凝土的强度。使用成熟度法预估混凝土强度，需用实际工程使用的混凝土原材料和配合比，制做不少于 5 组混凝土立方体标准试件在标准条件下养护，得出 1d、2d、3d、7d、28d 的强度值，同时需取得现场养护混凝土的温度实测资料（温度、时间）。

成熟度法适用于不掺外加剂在 50℃ 正温养护和掺外加剂在 30℃ 以下养护的混凝土，亦可用于掺防冻剂负温养护法施工的混凝土，同时，此法只适用于预估混凝土强度标准值

60%以内的强度值。

混凝土的成熟度可按下式计算：

$$M = \sum (T + 10)t \tag{4-47}$$

式中　M——混凝土的成熟度（℃·h）；

T——在时间段 t 内混凝土平均温度（℃）；

t——每次测温的时间间隔（h）。

由式（4-47）求出 M 后，除以恒温值 T_m+10（T_m 为标准条件的恒温值（℃））换算成20℃标准条件下的养护时间，便可以由温度、龄期对混凝土强度影响参考曲线得出相对强度或算出绝对强度值。

成熟度系数　　表4-27

T（℃）	f_M	T（℃）	f_M	T（℃）	f_M
1	0.24	21	1.06	41	2.20
2	0.28	22	1.10	42	2.26
3	0.31	23	1.15	43	2.33
4	0.34	24	1.20	44	2.40
5	0.38	25	1.25	45	2.47
6	0.41	26	1.30	46	2.54
7	0.45	27	1.36	47	2.61
8	0.49	28	1.41	48	2.68
9	0.52	29	1.47	49	2.75
10	0.56	30	1.52	50	2.83
11	0.60	31	1.58	51	2.90
12	0.64	32	1.64	52	2.98
13	0.69	33	1.70	53	3.05
14	0.73	34	1.76	54	3.13
15	0.77	35	1.82	55	3.21
16	0.82	36	1.88	56	3.28
17	0.86	37	1.94	57	3.36
18	0.91	38	2.00	58	3.44
19	0.95	39	2.07	59	3.52
20	1.00	40	2.13	60	3.61

成熟度法计算混凝土早期强度有多种方法，我们这里主要介绍成熟度系数法和等效龄期法。

1. 成熟度系数法

式（4-47）中的 $T+10$ 如用成熟度系数 f_M 代替，可直接得出20℃标准条件下养护的时间，亦可查出混凝土的相对强度。我们称这种方法为成熟度系数法。

用成熟度系数法计算成熟度可按下式进行：

$$M = \sum f_{M} \cdot t \tag{4-48}$$

式中 f_{M}——混凝土的成熟度系数，按表 4-27 取用；

其他符号意义同前。

2. 等效龄期法

采用等效龄期法估算混凝土强度的步骤如下：

(1) 根据现场的实测混凝土养护温度资料，按下式计算混凝土已达到的等效龄期(相当于20℃标准养护的时间)：

$$t = \sum (\alpha_{T} \cdot t_{T}) \tag{4-49}$$

式中 t——等效龄期 (h)；

α_{T}——温度为 T℃的等效系数，按表 4-28 取用；

t_{T}——温度为 T℃的持续时间 (h)。

温度 T 与等效系数 α_{T} 表 **表 4-28**

温度 T (℃)	等效系数 α_{T}	温度 T (℃)	等效系数 α_{T}	温度 T (℃)	等效系数 α_{T}
50	3.16	28	1.45	6	0.43
49	3.07	27	1.39	5	0.40
48	2.97	26	1.33	4	0.37
47	2.88	25	1.27	3	0.35
46	2.80	24	1.22	2	0.32
45	2.71	23	1.16	1	0.30
44	2.62	22	1.11	0	0.27
43	2.54	21	1.05	-1	0.25
42	2.46	20	1.00	-2	0.23
41	2.38	19	0.95	-3	0.21
40	2.30	18	0.91	-4	0.20
39	2.22	17	0.86	-5	0.18
38	2.14	16	0.81	-6	0.16
37	2.07	15	0.77	-7	0.15
36	1.99	14	0.73	-8	0.14
35	1.92	13	0.67	-9	0.13
34	1.85	12	0.64	-10	0.12
33	1.78	11	0.61	-11	0.11
32	1.71	10	0.57	-12	0.11
31	1.65	9	0.53	-13	0.10
30	1.58	8	0.50	-14	0.10
29	1.52	7	0.46	-15	0.09

（2）用标准养护试件各龄期的强度数据，经回归分析拟合成下列形式曲线方程：

$$f = ae^{-\frac{b}{D}} \tag{4-50}$$

式中 f——混凝土立方体抗压强度（N/mm^2）；

a、b——回归系数，通常通过标准养护试件的成熟度和强度数据经回归分析得到；

D——混凝土养护龄期（d）。

（3）将等效龄期 t 作为养护龄期 D 代入式（4-50），算出混凝土的强度。

【例 4-23】 某大体积筏板基础采用C20混凝土，用32.5级矿渣水泥配置，测得20℃标准养护条件下混凝土各龄期强度如表4-29所示，养护过程中的实测温度如表4-30所示，试用成熟度系数法和等效龄期法求混凝土浇筑后38h的强度。

混凝土标准养护强度 **表 4-29**

龄期（d）	1	2	3	7
强度（N/mm^2）	1.8	2.7	3.5	6.0

混凝土浇筑后各龄期的测温记录 **表 4-30**

经过时间（h）	0	2	4	6	8	10	12	24	38
硬化温度（℃）	12	18	24	28	30	32	33	34	34

【解】（1）成熟度系数法：

其计算过程及结果如表4-31所示：

成熟度系数法计算过程及结果 **表 4-31**

经过时间（h）	2	4	6	8	10	24	38
平均硬化温度（℃）	15	21	26	29	31	33.5	34
时间间隔 t（h）	2	2	2	2	2	12	14
成熟度系数 f_M	0.77	1.06	1.30	1.47	1.58	1.73	2.00
$f_M \cdot t$（h）	1.54	2.12	2.60	2.94	3.16	20.76	28.00
$\Sigma f_M \cdot t$（h）	1.54	3.66	6.26	9.20	12.36	33.12	61.12

61.12h相当于2.53d，从而可以由温度、龄期对混凝土强度影响参考曲线得混凝土的相对强度为35%，即强度 $f = 9.6 \times 35\% = 3.36N/mm^2$。

（2）等效龄期法：

等效龄期的计算过程及结果见表4-32。

由表4-29拟合多项式得：

$$f = 6.045e^{-\frac{1.3013}{D}}$$

将等效龄期 $t = 60.74h$（2.53d）代入上式，得：

$$f = 6.045 \times 2.718^{-\frac{1.3013}{2.53}} = 3.61N/mm^2$$

即混凝土浇筑38h后的强度为 $3.61N/mm^2$。

两种方法计算结果稍有误差，应用时可互相校核。

等效龄期法计算过程及结果　　表 4-32

经过时间（h）	平均硬化温度（℃）	时间间隔 t（h）	α_T	$\alpha_T \cdot t_T$
2	15	2	0.77	1.54
4	21	2	1.05	2.10
6	26	2	1.33	2.66
8	29	2	1.52	3.04
10	31	2	1.65	3.30
24	33.5	12	1.82	22.2
38	34	14	1.85	25.9
$\Sigma \alpha_T \cdot t_T$				60.74

4.13.2 混凝土蓄热法计算

蓄热法是利用加热原材料（水泥除外）或混凝土所预加的热量及水泥水化热，再用适当的保温材料覆盖，防止热量过快散失，延缓混凝土的冷却速度，使混凝土在正温条件下增长强度，保证混凝土在冷却到0℃前达到要求的抗冻强度。目前国内采用较为广泛的蓄热法计算主要有斯氏蓄热法计算和吴氏蓄热法计算。

1. 斯氏蓄热法计算

斯氏蓄热法是由前苏联 B. K 斯克拉姆耶夫教授提出来的，其计算简便，计算内容包括混凝土冷却时间计算、混凝土冷却期间的平均温度计算以及保温材料的总传热系数及其热阻系数计算等。

（1）混凝土冷却时间的计算

根据每一立方米混凝土由初温降低到0℃所散发出的热量，相当于其组成材料所附加的热量与水泥本身所散发的热量之和，我们可以推算出混凝土冷却到0℃时的时间，按下式计算：

$$t_0 = \frac{C_c T_0 + m_{ce} Q_{ce}}{M(T_m - T_{m,a})} \cdot \frac{R}{w} \tag{4-51}$$

式中　t_0——混凝土冷却到0℃所用时间（h）；

C_c——混凝土的热容量，一般取 2510kJ/m³·K；

T_0——混凝土浇筑完毕后的初温（℃）；

m_{ce}——每立方米混凝土的水泥用量（kg）；

Q_{ce}——每千克水泥在冷却期间的水化热量（kJ/kg），按表 4-33 取用；

M——混凝土结构的表面系数（m^{-1}），按下式计算：

$$M = \frac{A(\text{混凝土冷却表面积})}{V(\text{结构的混凝土体积})} \tag{4-52}$$

对矩形截面的梁或柱：$M = \dfrac{2(a+b)}{ab}$（a、b 为梁或柱截面的边长（m））；

对楼板或墙：$M = \frac{2}{d}$（d 为板或墙的厚度（m））；

T_m ——混凝土由浇筑到冷却的平均温度（℃）；

$T_{m,a}$ ——混凝土冷却期间的室外大气平均温度（℃）；

R ——保温材料的热阻系数（$m^2 \cdot K/W$）；

w ——保温材料的透风系数，按表 4-34 取用。

水泥在不同期限内的发热量和水化速度系数　　　　**表 4-33**

水泥品种	水泥强度等级	每千克水泥的水化热量 Q_{ce}（kJ/kg）			水化速度系数 v_{ce}（1/d）
		3d	7d	28d	
普通硅酸盐水泥	42.5	315	355	375	0.43
	32.5	250	270	335	0.42
矿渣硅酸盐水泥	32.5	190	250	335	0.26
火山灰硅酸盐水泥	32.5	165	230	315	0.23

注：本表按平均温度为 15℃ 编制，当硬化时的平均温度为 7～10℃，则 Q_{ce} 值按表内数值的 60%～70% 采用。

透风系数 w　　　　**表 4-34**

项次	保温层组成	透风系数 w	
		w_1	w_2
1	单层模板	2.0	3.0
2	不盖模板的表面，用芦苇板、稻草、锯末、炉渣覆盖	2.6	3.0
3	密实模板或不盖模板的表面用毛毡、棉花毡或矿物棉覆盖	1.3	1.5
4	外层用第 2 项材料，内层用第 3 项材料做双层覆盖	2.0	2.3
5	外层用第 3 项材料，内层用第 2 项材料做双层覆盖	1.6	1.9
6	内外层均用第 3 项材料，中间夹层用第 2 层材料做三层覆盖	1.3	1.5

注：1. w_1 为风速小于 4m/s，结构物高出地面不大于 25m 情况下的系数；
　　2. w_2 为风速和高度大于注 1 情况的系数。

（2）混凝土由浇筑到冷却平均温度计算

根据大量的工程实测资料，我们总结出混凝土由浇筑到冷却的平均温度与结构的表面系数 M 有关，按下式计算：

当 $M < 3$　　　　$T_m = \frac{T_0 + 5}{2}$

当 $M = 3 \sim 8$　　　　$T_m = \frac{T_0}{2}$

当 $M = 8 \sim 12$　　　　$T_m = \frac{T_0}{3}$

当 $M > 12$　　　　$T_m = \frac{T_0}{4}$

或直接按下式计算：

$$T_m = \frac{T_0}{1.03 + 0.181M + 0.006T_0} \tag{4-53}$$

式中符号意义同前。

(3) 保温材料总传热系数及总热阻系数计算

保温材料的传热系数 K 或热阻系数 R 决定了混凝土围壁的隔热效果。传热系数 K 通常按下式计算：

$$K = \frac{1}{0.043 + \frac{d_1}{\lambda_1} + \frac{d_2}{\lambda_2} + \frac{d_3}{\lambda_3} + \cdots + \frac{d_n}{\lambda_n}} \tag{4-54}$$

$$K = \frac{w}{0.043 + \frac{d_1}{\lambda_1} + \frac{d_2}{\lambda_2} + \frac{d_3}{\lambda_3} + \cdots + \frac{d_n}{\lambda_n}} \tag{4-55}$$

若在保温围壁中有闭塞的空气层，传热系数 K 按下式计算：

$$K = \frac{w}{0.043 + \frac{d_1}{\lambda_1} + \frac{d_2}{\lambda_2} + \frac{d_3}{\lambda_3} + \cdots + \frac{d_n}{\lambda_n} + R_B} \tag{4-56}$$

热阻系数 R 反映的是保温材料阻止热量扩散的能力，它是传热系数的倒数，我们按下式计算：

$$R = 0.043 + \frac{d_1}{\lambda_1} + \frac{d_2}{\lambda_2} + \frac{d_3}{\lambda_3} + \cdots + \frac{d_n}{\lambda_n} \tag{4-57}$$

或为：

$$R = \frac{0.043 + \frac{d_1}{\lambda_1} + \frac{d_2}{\lambda_2} + \frac{d_3}{\lambda_3} + \cdots + \frac{d_n}{\lambda_n}}{w} \tag{4-58}$$

各种材料的导热系数　　表 4-35

材料名称	导热系数 λ (W/m·K)	材料名称	导热系数 λ (W/m·K)	材料名称	导热系数 λ (W/m·K)
新捣实混凝土	1.55	玻璃棉	0.06	水泥袋纸	0.07
硬化的混凝土	1.28	木材	0.17	厚纸板	0.23
珍珠岩混凝土	0.26~0.17	刨花板	0.12~0.20	毛毡	0.06
加气混凝土	0.21~0.14	岩棉板	0.04	聚氯乙烯泡沫	0.06
泡沫混凝土	0.21~0.14	石棉	0.22	聚氨酯泡沫塑料	0.025
干砂	0.58	锯屑	0.09	钢板	58
炉渣	0.29~0.22	草袋、草帘	0.10	干而松的雪	0.29
高炉水渣	0.20~0.16	草垫	0.06	潮湿密实的雪	0.64
矿渣	-	稻壳	0.21	水	0.58
蛭石	0.07~0.06	油毡、油纸	0.17~0.23	冰	2.33

空气层的热阻力 R_B　　**表 4-36**

空气薄层的特征		与以下薄层厚度对应的 R_B 值（$m^2 \cdot K/W$）					
		10	20	30	50	100	150～300
垂直热流		0.15	0.16	0.17	0.17	0.17	0.17
水平的	由下向上	0.13	0.15	0.15	0.15	0.15	0.15
	由上向下	0.15	0.18	0.20	0.21	0.22	0.22

若在保温围壁中有闭塞的空气层，热阻系数 R 按下式计算：

$$R = \frac{0.043 + \frac{d_1}{\lambda_1} + \frac{d_2}{\lambda_2} + \frac{d_3}{\lambda_3} + \cdots + \frac{d_n}{\lambda_n} + R_B}{w} \tag{4-59}$$

式中　d_1、d_2、d_3、…、d_n——各保温材料的厚度（m）；

λ_1、λ_2、λ_3、…、λ_n——各保温材料的导热系数（W/m·K），按表 4-35 取用；

R_B——与空气层厚度有关的热阻力（$m^2 \cdot K/W$），按表 4-36 查用；

w——保温材料的透风系数。

【例 4-24】　某工程混凝土墙厚 200mm，混凝土强度等级为 C20，使用 32.5 级普通硅酸盐水泥，每立方米水泥用量为 275kg，采用两层厚 30mm 密实木模板表面外贴棉花毡内填玻璃棉作为保温层，混凝土浇筑初温 $T_0 = 18℃$，室外平均气温 $T_{m,a} = -8℃$，试求冷却到 0℃ 时混凝土所达到的强度。

【解】　结构表面系数 $M = \frac{2}{d} = \frac{2}{0.2} = 10\ (m^{-1})$

混凝土从浇筑到冷却的平均温度 T_m 为：

$$T_m = \frac{T_0}{1.03 + 0.181M + 0.006T_0} = \frac{18}{1.03 + 0.181 \times 10 + 0.006 \times 18} = 6.11\ ℃$$

查表得 32.5 级普通硅酸盐水泥水化热量为 $Q_{ce} = 270kJ/kg$

保温模板的热阻系数 R 为：

$$R = 0.043 + 2 \times \frac{0.03}{0.17} + \frac{0.05}{0.06} + \frac{0.0015}{0.17} = 1.24\ (m^2 \cdot K/W)$$

保温模板的透风系数 w 由表查得 $w = 2.0$

冷却时间 t_0 为：

$$\begin{aligned} t_0 &= \frac{C_c T_0 + m_{ce} Q_{ce}}{M(T_m - T_{m,a})} \cdot \frac{R}{w} \\ &= \frac{2510 \times 18 + 275 \times 270}{10 \times (6.11 + 8)} \times \frac{1.24}{2 \times 3.6} \\ &= 145.8h \approx 6d \end{aligned}$$

查图得混凝土冷却到 0℃ 时所达到的强度为 55%。

2. 吴氏蓄热法计算

吴氏蓄热法是国家行业标准《建筑工程冬期施工规程》（JGJ 104—97）推荐的方法，

适用于非大体积混凝土的计算方法。表面系数 $M>5$ 的结构优先选用此法，当 $2<M\leqslant5$ 时亦可选用。其计算内容包括混凝土蓄热养护开始到任一时刻 t 的温度计算和混凝土蓄热养护开始到任一时刻 t 的平均温度计算及混凝土蓄热养护冷却至0℃的时间计算等。

（1）混凝土蓄热养护开始到任一时刻 t 的温度按下式计算：

$$T=\eta e^{-\theta\cdot V_{ce}\cdot t}-\varphi e^{-V_{ce}}+T_{m,a} \tag{4-60}$$

（2）混凝土蓄热养护开始到任一时刻 t 的平均温度按下式计算：

$$T_m=\frac{1}{V_{ce}t}\left[\varphi e^{-V_{ce}\cdot t}-\frac{\eta}{\theta}e^{-\theta\cdot V_{ce}\cdot t}+\frac{\eta}{\theta}-\varphi\right]+T_{m,a} \tag{4-61}$$

其中 θ、φ、η 为综合参数，分别按下式进行计算：

$$\theta=\frac{w\cdot K\cdot M}{V_{ce}\cdot C_c\cdot\rho_c}$$

$$\varphi=\frac{V_{ce}\cdot Q_{ce}\cdot m_{ce}}{V_{ce}\cdot C_c\cdot\rho_c-w\cdot K\cdot M}$$

$$\eta=T_3-T_{m,a}+\varphi$$

式中 T——混凝土蓄热养护开始到任一时刻 t 的温度（℃）；

V_{ce}——水泥水化速度系数（h^{-1}），按表4-37查用；

e——常数，取2.718；

$T_{m,a}$——混凝土蓄热养护开始到任一时刻 t 的平均气温（℃），可采用气象预报资料计算；

T_m——混凝土蓄热养护开始到任一时刻 t 的平均温度（℃）；

w——透风系数，由表4-38取用；

M——结构表面系数（m^{-1}）；

Q_{ce}——水泥水化累积最终放热量（kJ/kg），按表4-37查用；

m_{ce}——每立方米混凝土水泥用量（kg/m^3）；

C_c——混凝土的比热（kJ/kg·K）；

ρ_c——混凝土的质量密度（kg/m^3）；

T_3——混凝土入模温度（℃）；

K——结构围护层的总传热系数（$kJ/m^2\cdot h\cdot K$），按下式进行计算：

$$K=\frac{3.6}{0.04+\sum_{i=1}^{n}\frac{d_i}{\lambda_i}}$$

d_i——第 i 层围护层厚度（m）；

λ_i——第 i 层围护层的导热系数（W/m·K）。

（3）混凝土蓄热养护冷却至0℃的时间计算

可以通过式（4-60）来计算 T 并采用逐步逼近的方法来求得混凝土蓄热养护冷却到0℃的时间。当养护条件满足 $\frac{\varphi}{T_{m,a}}\geqslant1.5$，且 $KM\geqslant50$ 时，可按下式直接计算：

水泥水化累积最终放热量 Q_{ce} 和水泥水化速度系数 V_{ce}　　**表 4-37**

水泥品种和强度等级	Q_{ce} (kJ/kg)	V_{ce} (h-1)
42.5 级硅酸盐水泥	400	0.013
42.5 级普通硅酸盐水泥	360	
32.5 级普通硅酸盐水泥	330	
32.5 级矿渣、火山灰、粉煤灰硅酸盐水泥	240	

透 风 系 数　　**表 4-38**

围护层种类	透风系数 w		
	小风	中风	大风
围护层由易透风材料组成	2.0	2.5	3.0
易透风保温材料外包不易透风材料	1.5	1.8	2.0
围护层由不易透风材料组成	1.3	1.45	1.6

注：小风风速 $v_w < 3m/s$；中风风速 $3 \leqslant v_w \leqslant 5m/s$；大风风速 $v_w > 5m/s$。

$$t_0 = \frac{1}{V_{ce}} \ln \frac{\varphi}{T_{m,a}} \tag{4-62}$$

式中　t_0——混凝土蓄热养护冷却至 0℃ 的时间 (h)；

其他符号意义同前。

【例 4-25】　某工程冬期施工，施工早期 3d 的平均气温为 -6℃，采用 32.5 级普通硅酸盐水泥，每立方米水泥用量 300kg，混凝土比热容为 0.96kJ/kg · K，结构的表面系数为 $10m^{-1}$，保温层总传热系数为 $8.7kJ/m^2 \cdot h \cdot K$，混凝土入模温度为 12℃，透风系数 w = 1.3，试求混凝土冷却至 0℃ 的时间和从浇筑到冷却为 0℃ 时的平均温度 T_m。

【解】　求综合参数 θ、φ、η

$$\theta = \frac{w \cdot K \cdot M}{V_{ce} \cdot C_c \cdot \rho_c} = \frac{1.3 \times 8.7 \times 10}{0.013 \times 0.96 \times 2400} = 3.776$$

$$\varphi = \frac{V_{ce} \cdot Q_{ce} \cdot m_{ce}}{V_{ce} \cdot C_c \cdot \rho_c - w \cdot K \cdot M}$$

$$= \frac{0.013 \times 330 \times 300}{0.013 \times 2400 \times 0.96 - 1.3 \times 8.7 \times 10}$$

$$= -15.48$$

$$\eta = T_3 - T_{m,a} + \varphi = 12 + 6 - 15.48 = 2.52$$

由于 $\frac{\varphi}{T_{m,a}} = \frac{-15.48}{-6} = 2.58 > 1.05$，且 $KM = 8.7 \times 10 = 87 \geqslant 50$

则混凝土冷却到 0℃ 的时间为：

$$t_0 = \frac{1}{V_{ce}} \ln \frac{\varphi}{T_{m,a}} = \frac{1}{0.013} \ln \frac{-15.48}{-6} = 72.9h$$

混凝土从浇筑到冷却为 0℃ 时的平均温度为：

$$T_m = \frac{1}{V_{ce}t}\left[\varphi e^{-V_{ce}\cdot t} - \frac{\eta}{\theta}e^{-\theta\cdot V_{ce}\cdot t} + \frac{\eta}{\theta} - \varphi\right] + T_{m,a}$$

$$= \frac{1}{0.013\times72.9}\left[-15.48\times2.718^{-0.013\times72.9} - \frac{2.52}{3.776}\times2.718^{-3.776\times0.013\times72.9} + \frac{2.52}{3.776} + 15.48\right] - 6$$

$$= 4.697℃ \approx 4.7℃$$

综上得，混凝土从浇筑到冷却为0℃的时间为72.9h，这段时间内其平均温度为4.7℃。

4.13.3 混凝土暖棚法计算

暖棚法是指在混凝土结构周围，用保温材料搭设大棚，在棚内设热风机或蒸汽排管、火炉，使棚内空气保持正温，混凝土浇筑、养护均在棚内进行，并在正温下硬化。从结构形式上暖棚有绑扎式、组装式和装配式三种。绑扎式用料多，工作量大，棚内空间小，适用于小型不规则混凝土工程施工；组装式跨度增大，改善了浇筑施工条件，但需要花费较多人力物力；装配式内部空间大，且保温效果好，灰尘少，很大程度上改善了工人的工作和卫生条件。

暖棚法施工适用于地下结构工程和混凝土量比较集中的结构工程。采用暖棚法施工时，棚内个测点温度不得低于5℃，并应设专人检测混凝土及棚内温度。暖棚内测温点应选择具有代表性的位置进行布置可在离地面50cm高度处必须设点，每昼夜测温不应少于4次。养护期间应保证棚内湿度，确保混凝土不出现失水现象。

暖棚法计算包括耗热量计算和能源用量计算等。

1. 暖棚耗热量计算

暖棚在单位时间内的耗热量按下式计算：

$$Q_0 = Q_1 + Q_2 \tag{4-63}$$

$$Q_1 = \sum A\cdot K(T_b - T_a) \tag{4-64}$$

$$Q_2 = \frac{V\cdot n\cdot c_a\cdot\rho_a(T_b - T_a)}{3.6} \tag{4-65}$$

式中 Q_0——暖棚总耗热量（W）；

Q_1——通过围护结构各部位的散热量之和（W）；

Q_2——由通风换气引起的热损失（W）；

A——围护结构的总面积（m^2）；

K——围护结构的传热系数（W/m·K）可按下式计算：

$$K = \frac{1}{0.043 + \frac{d_1}{\lambda_1} + \cdots + \frac{d_n}{\lambda_n} + 0.114} \tag{4-66}$$

$d_1\cdots\cdots d_n$——围护结构各层的厚度（m）；

$\lambda_1\cdots\cdots\lambda_n$——围护结构各层的导热系数（W/m·K）；

T_b——暖棚内温度（℃）；

T_a——室外气温（℃）；

V——暖棚体积（m^3）；

n——每小时换气次数，一般按两次计算；

c_a——空气的比热容，取 1kJ/kg · K；

ρ_a——空气的重力密度，取 1.37kg/m^3；

3.6——换算系数。

2. 加热燃料用量计算

暖棚内用于加热的燃料用量可按下式计算：

$$G_p = \frac{Q_0 \eta \times 3.6}{R} \tag{4-67}$$

式中　G_p——燃料用量（kg/h）；

Q_0——暖棚总耗热量（W）；

η——加热器效率；

R——燃料发热量，可按表 4-39 取用。

常用燃料的发热量　　表 4-39

名称	发热量（kJ/kg）	名称	发热量（kJ/kg）
标准煤	29300	焦煤	27600 ~ 36800
泥煤	21000 ~ 24000	重油	37700 ~ 41900
褐煤	25000 ~ 24000	天然气	35000 ~ 41900
烟煤	32000 ~ 37000	发生炉煤气	5400 ~ 7500
无烟煤	31000 ~ 36000	石油气	35600 ~ 37700

【例 4-26】　某工程采用暖棚法施工，其平面尺寸为 18m × 25m，高为 3.6m，四周围护层为 30mm 厚的草帘，顶层采用 50mm 厚的玻璃棉作为围护层，棚外平均气温为 −6℃，棚内平均气温 12℃，加热器效率为 0.8，采用标准煤作为燃料，试求暖棚的总耗热量及标准煤的用量。

【解】　四周围护层的面积 $A_1 = (18 + 25) \times 2 \times 3.6 = 309.6\text{m}^2$

$$K_1 = \frac{1}{0.043 + \dfrac{0.03}{0.1} + 0.114} = 2.19\ \text{W/m}^2 \cdot \text{K}$$

棚顶围护面积 $A_2 = 18 \times 25 = 450\text{m}^2$

$$K_2 = \frac{1}{0.043 + \dfrac{0.04}{0.06} + 0.114} = 1.21\ \text{W/m}^2 \cdot \text{K}$$

$A_1 + A_2 = 759.6\text{m}^2$，　$V = 18 \times 25 \times 3.6 = 1620\text{m}^3$

$Q_1 = 309.6 \times 2.19 \times (12 + 6) + 450 \times 1.21 \times (12 + 6) = 22005\ \text{W}$

$$Q_2 = \frac{1620 \times 2 \times 1 \times 1.37 \times (12+6)}{3.6} = 22194\ \text{W}$$

$$Q_0 = Q_1 + Q_2 = 22005 + 22194 = 44199\ \text{W}$$

故该暖棚的总耗热量为44199W。

标准煤的发热量 $R = 29300$ kJ/kg，要满足加热要求，则其用量为：

$$G_p = \frac{Q_0 \eta \times 3.6}{R} = \frac{44199 \times 0.8 \times 3.6}{29300} = 4.34\ \text{kg/h}$$

即每小时需标准煤4.34kg。

4.13.4 混凝土蒸汽加热法计算

蒸汽加热养护是用蒸汽直接或间接养护新浇筑的混凝土，在混凝土结构周围造成湿热环境，以加速混凝土硬化，并保证养护完毕后混凝土的强度至少达到混凝土冬期施工的临界强度。其养护过程如图4-9所示。养护时应使用低压饱和蒸汽，当工地有高压蒸汽时，应通过减压阀或过水装置后方可使用，当采用普通硅酸盐水泥时最高养护温度不超过80℃，采用矿渣硅酸盐水泥时可提高到85℃，但对于内部通气法，最高加热温度不应超过60℃。在施工过程中要排除冷凝水，并防止渗入地基土中。

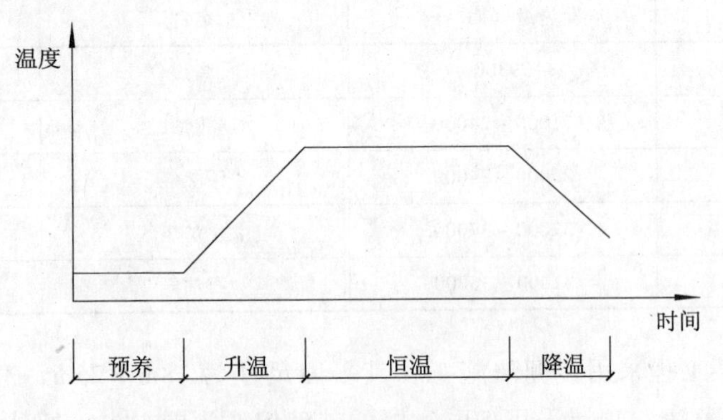

图4-9 混凝土蒸汽养护加热过程

采用蒸汽加热养护时，根据构件的表面系数，混凝土升温速度和降温速度有一定限制，参见表4-40。

蒸汽加热养护混凝土升温和降温速度 表4-40

结构表面系数（m^{-1}）	升温速度（℃/h）	降温速度（℃/h）
≥6	15	10
<6	10	5

混凝土蒸汽加热法包括蒸汽毛管模板法、蒸汽热模法、蒸汽套法以及内部通气法等，其适用范围应符合表4-41的要求。

混凝土蒸汽加热法的适用范围　　表 4-41

方　法	简　述	特　点	适用范围
蒸汽毛管模板法	在混凝土模板中开成适当的通汽槽，蒸汽通过汽槽加热混凝土	用汽少，加热均匀，温度易控制，养护时间短，设备复杂费用高，模板损失较大	常用于垂直柱
蒸汽热模法	模板外侧配置蒸汽管，加热模板养护	加热均匀、温度易控制，养护时间短，设备费用大	墙、柱及框架结构
蒸汽套法	制作密封保温外套，分段送汽养护混凝土	温度能适当控制，加热效果取决于保温构造，设施复杂	现浇梁、板、框架结构、墙、柱
内部通气法	结构内部留孔道，通蒸汽加热养护	节省蒸汽，费用较低，入汽端易过热，需处理冷凝水	预制梁、柱、桁架，现浇梁、柱、框架单梁

1. 蒸汽毛管模板法计算

蒸汽毛管模板法是在混凝土模板中开成适当的通汽槽（沟槽），蒸汽通过沟槽加热混凝土，对混凝土进行养护，使其达到要求的强度。其加热过程如图 4-10 所示。蒸汽毛管模板法中沟槽可以是三角形、矩形或半圆形，深一般取模板厚度的 4/5，宽为 40 ~ 60mm，一般用 0.5 ~ 2mm 厚的薄铁皮或 3 ~ 4mm 厚木板条盖上。沟槽的长度垂直方向不能超过 3.5m，水平方向不能超过 2mm。

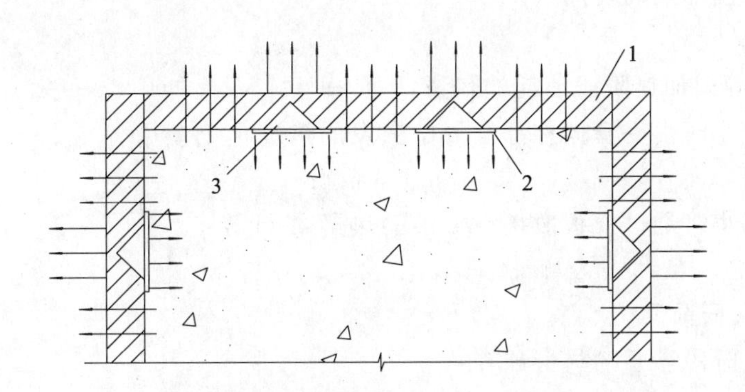

图 4-10　毛管模板蒸汽加热图

1—模板；2—薄钢板或木板条；3—沟槽

蒸汽毛管模板法计算包括混凝土升温加热阶段消耗的热量、等温加热阶段消耗的热量以及总热量的计算。

（1）混凝土升温加热阶段消耗的热量计算

1）每小时由毛管向混凝土中散发的热量计算：

$$q_1 = A_1(T_k - T_{cp})K_1 \tag{4-68}$$

式中　q_1——每小时由毛管向混凝土中散发的热量（W/h）；

A_1——毛管向混凝土中的散热面积（m^{-2}），$A_1 = nb$；

其中 n 为毛管数目，b 为毛管宽（mm），一般取 40mm；

T_k——毛管中蒸汽的平均温度，蒸汽进口时取100℃，每上升1m，温度降低5℃；

T_{cp}——混凝土加热的平均温度（℃）；

K_1——由毛管经盖板向混凝土中的传热系数（$W/m^2 \cdot K$），按式（4-54）计算。

2）混凝土每小时经过模板散入空气中的热量计算：

$$q_2 = A_2(T_{cp} - T_a)K_2 \tag{4-69}$$

式中 q_2——混凝土每小时经过模板散入空气中的热量（W/h）；

A_2——模板的散热面积（m^2）；

T_{cp}——构件加热平均温度（℃）；

T_a——室外大气温度（℃）；

K_2——模板的传热系数（$W/m^2 \cdot K$），按式（4-54）计算。

3）混凝土由初温 T_0 加热到最终温度 T 所需的热量计算：

$$q_3 = 2510V(T - T_0) \tag{4-70}$$

式中 q_3——将混凝土由初温 T_0 加热到最终温度 T 所需的热量（W）；

V——混凝土的体积（m^3）。

4）升温加热期内需要的总热量计算：

$$Q_1 = q_1t_1 + q_1t_1 + q_3 \tag{4-71}$$

式中 Q_1——升温加热期内需要的总热量（W）；

t_1——升温加热的时间（h）；

其他符号意义同前。

（2）混凝土等温加热阶段消耗的热量计算

1）混凝土每小时由毛管向外部空气中散发的热量 q_4 计算：

$$q_4 = q_1 \tag{4-72}$$

2）混凝土每小时经过模板散入空气中的热量 q_5 计算：

$$q_5 = A_2(T_{cp} - T_a)K_2 \tag{4-73}$$

式中符号意义同前。

3）等温加热阶段需要的热量计算：

$$Q_2 = (q_4 + q_5)t_2 \tag{4-74}$$

式中 Q_2——等温加热阶段消耗的热量（W）；

其他符号意义同前。

（3）总热量计算：

$$Q = Q_1 + Q_2 \tag{4-75}$$

式中 Q——蒸汽养护混凝土所消耗的总热量（W）；

其他符号意义同前。

【例4-27】 某工程钢筋混凝土柱截面尺寸0.5m×0.5m，柱高3.6m，采用蒸汽毛管模板法养护混凝土，毛管模板采用25mm厚木模板，毛管宽50mm，深20mm，已知 $n = 8$，内侧盖薄铁皮，室外大气温度为-8℃，混凝土初温为6℃，升温速度为4℃/h，经计算得升温加热时间为10h，等温加热时间为45h，试求蒸汽加热养护一根柱子需要消耗的总热量。

【解】（1）混凝土升温加热阶段消耗的热量计算

计算混凝土每小时由毛管向混凝土中散发的热量：

$$K_1 = \frac{1}{0.043 + \frac{d_1}{\lambda_1}} = \frac{1}{0.043 + \frac{0.025 + 0.005}{2 \times 0.17}} = 7.6\text{W/m}^2 \cdot \text{K}$$

$$A_1 = nb = 8 \times 0.05 = 0.4\text{m}^2, T_k = \frac{100 + 90}{2} = 95℃$$

$$q_1 = A_1(T_k - T_{cp})K_1 = 0.4 \times (95 + 8) \times 7.6 = 313\text{W}$$

计算混凝土每小时经过模板散入空气中的热量：

$$A_2 = (0.5 - 2 \times 0.05) \times 4 \times 1 = 1.6\text{m}^2$$

$$K_2 = \frac{1}{0.043 + \frac{d_1}{\lambda_1}} = \frac{1}{0.043 + \frac{0.025}{0.17}} = 5.3\text{W/m}^2 \cdot \text{K}$$

$$q_2 = A_2(T_{cp} - T_a)K_2 = 1.6 \times (30.5 + 8) \times 5.3 = 326\text{W}$$

计算混凝土由初温6℃加热到最终温度55℃所需的热量：

$$q_3 = 2510V(T - T_0) = 2510 \times 0.5 \times 0.5 \times 1 \times (55 - 6) = 30748\text{kJ}$$

则柱升温加热期内需要的总热量为：

$$Q_1 = (313 \times 10 \times 3.6 + 326 \times 10 \times 3.6 + 30748) \times 3.6 = 193507\text{kJ}$$

（2）混凝土等温加热阶段消耗的热量计算

混凝土每小时由毛管向外部空气中散发的热量为：

$$q_4 = q_1 = 313\text{W/h}$$

混凝土每小时经过模板散入空气中的热量为：

$$q_5 = A_2(T_{cp} - T_a)K_2 = 1.6 \times (30.5 + 20) \times 5.3 = 428\text{W/h}$$

则柱等温加热阶段需要的热量为：

$$Q_2 = (313 + 428) \times 45 \times 3.6 \times 3.6 = 432151\text{kJ}$$

（3）总热量计算：

蒸汽毛管模板法养护柱所需要的总热量为：

$$Q = Q_1 + Q_2 = 193507 + 432151 = 625658\text{kJ}$$

2. 蒸汽热模法计算

蒸汽热模法是指使用特制空腔式钢模板，将蒸汽通入模板的空腔中，加热模板后，再由模板将热量传给混凝土，对混凝土进行养护，达到所要求的强度。模板骨架由L50×5组成，在紧贴混凝土的一面满焊3mm厚钢模板，另一面满焊1.5mm厚钢板，形成一个不透气水的空腔。内部设置若干汽孔，模板外侧设保温层并用铁皮保护，向空腔内通蒸汽（如图4-11）。

（1）蒸汽耗用量计算

1）加热混凝土所需热量按下式计算：

$$Q_1 = \rho \cdot c \cdot V(T_h - T_0) \tag{4-76}$$

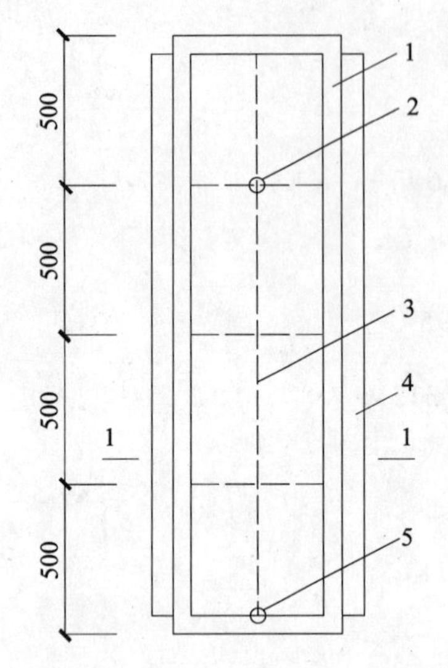

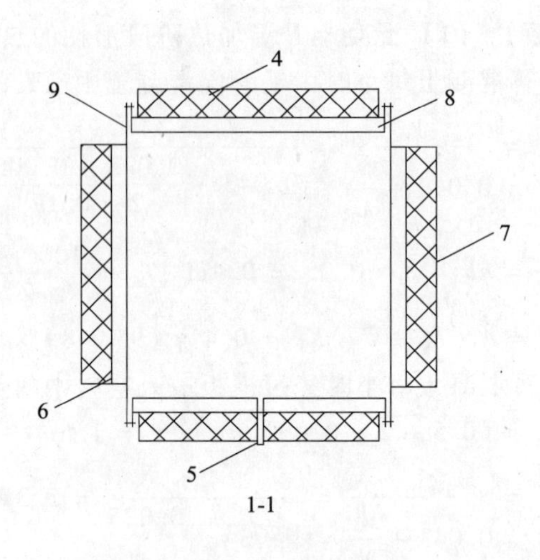

图 4-11　蒸汽热模构造

1—空腔式钢模板；2—进气口；3—隔板留孔；4—50mm 厚聚苯乙烯板；
5—出气口；6—1. 5mm 厚薄钢板；7—0. 75 厚铁皮；8—空腔；9—3mm 厚钢板

式中　Q_1——加热混凝土所需热量（kJ）；

ρ——混凝土的质量密度（kg/m^3）；

c——混凝土的比热，取 0. 96kJ/kg · K；

V——混凝土体积（m^3）；

T_h——混凝土恒温温度（℃）；

T_0——混凝土浇筑完毕时的温度（℃）。

2）加热模板和保温层所需热量

$$Q_2 = G_1 c_1 (T_h - T_a) + G_2 c_2 (T_h - T_a) \tag{4-77}$$

式中　Q_2——加热模板和保温层所需热量（kJ）；

G_1、G_2——分别为模板、保温层的重量（kg）；

c_1、c_2——分别为模板、保温层的比热（kJ/kg · K）

T_h——混凝土恒温温度（℃）；

T_a——环境温度（℃）。

3）散失的热量

$$Q_3 = 3.6A \cdot K \cdot T_1 \cdot w (T_h - T_a) + 3.6A \cdot K \cdot T_2 \cdot w (T_h - T_a) \tag{4-78}$$

式中　Q_3——向周围环境散失的热量（kJ）；

A——散热面积（m^2）；

K——围护层的传热系数（$W/m^2 \cdot K$），按式（4-54）计算；

T_1——升温加热阶段的时间（h）；

w——透风系数，按表 4-34 查用；

T_h——混凝土的平均温度（℃）；

T_a——环境温度（℃）；

T_2——等温加热阶段的时间（h）。

4）蒸汽充满空腔时的耗热量

$$Q_4 = 1256V_s \tag{4-79}$$

式中　Q_4——蒸汽充满时的耗热量（kJ）；

1256——每立方米整齐的热容量（kJ/m^3）；

V_s——空腔的体积（m^3）。

5）蒸汽用量

$$G_s = \frac{(Q_1 + Q_2 + Q_3 + Q_4)\ \beta}{2500} \tag{4-80}$$

式中　G_s——蒸汽用量（kg）；

β——损失系数，一般取 1.3 ~ 1.5；

2500——蒸汽含热量（kJ/kg）；

其他符号意义同前。

（2）煤耗用量计算

煤耗用量按下式计算：

$$G_m = \frac{(Q_1 + Q_2 + Q_3 + Q_4)\ \beta}{\eta_1 \cdot \eta_2 \cdot R} \tag{4-81}$$

式中　G_m——煤耗用量（kg）；

η_1——管道效率系数，取 0.8；

η_2——锅炉效率系数，取 0.6；

R——单位重量煤的发热量，取 2500kJ/kg；

其他符号意义同前。

【例 4-28】 某工程混凝土柱截面尺寸为 0.6m × 0.6m，高 3.6m，采用蒸汽热模法养护，已知钢模板重量为 650kg，聚苯乙烯板重量为 18kg，环境气温为 -6℃，混凝土浇筑完毕时的温度为 14℃，加热到 60℃后保持恒温，已知升温加热阶段时间为 7h，等温加热阶段持续时间为 21h，试求蒸汽耗用量及煤耗用量。

【解】（1）计算蒸汽耗用量：

加热混凝土所需热量为：

$Q_1 = \rho \cdot c \cdot V\ (T_h - T_0) = 2400 \times 0.96 \times 0.6 \times 0.6 \times 3.6 \times (60 - 14) = 137355\text{kJ}$

加热模板和保温层所需热量为：

$Q_2 = G_1 c_1\ (T_h - T_a) + G_2 c_2\ (T_h - T_a)$

$= 650 \times 0.47 \times (60 + 6) + 18 \times 1.47 \times (60 + 6) = 21909\text{kJ}$

散失的热量为：

$$K = \frac{1}{0.043 + \dfrac{0.05}{0.17}} = 2.97\ (\text{W/m}^2 \cdot \text{K})$$

$A=(0.6+0.6)\times2\times3.6=8.64\text{m}^2$

$$
\begin{aligned}
Q_3 &= 3.6A\cdot K\cdot T_1\cdot w\ (T_h-T_a)+3.6A\cdot K\cdot T_2\cdot w\ (T_h-T_a)\\
&= 3.6\times8.64\times2.97\times7\times1.3\left(\frac{60+14}{2}+6\right)+3.6\times8.64\times2.97\times21\\
&\quad\times1.3\left(\frac{60+14}{2}+6\right)\\
&= 144591\text{kJ}
\end{aligned}
$$

蒸汽充满空腔时的耗热量为：

$Q_4=1256V_s=1256\times8.64\times0.05=543\text{kJ}$

则，蒸汽用量为：

$$G_s=\frac{(Q_1+Q_2+Q_3+Q_4)\ \beta}{2500}=\frac{(137355+21909+144591+543)\ \times1.3}{2500}=158\text{kg}$$

（2）计算煤耗用量

煤用量为：

$$G_m=\frac{(Q_1+Q_2+Q_3+Q_4)\ \beta}{\eta_1\cdot\eta_2\cdot R}=\frac{(137355+21909+144591+543)\ \times1.3}{0.8\times0.6\times2500}=330\text{kg}$$

所以，要达到要求需蒸汽用量为158kg，煤用量为330kg。

3. 蒸汽套法计算

蒸汽套法是指在构件模板外再加密封的套板，模板与套板间的空隙不宜超过15cm，在套板内通入蒸汽加热养护混凝土。下部蒸汽套在浇筑混凝土前装设，上部蒸汽套随浇随装。蒸汽套内设通汽主管，主管上每隔2.5～3.0m设一根直径19mm喷汽短管，或在汽管上每隔1.5m开一直径3～6mm的喷汽孔，如图4-12所示。管道要保持一定坡度，以便冷凝水排出。

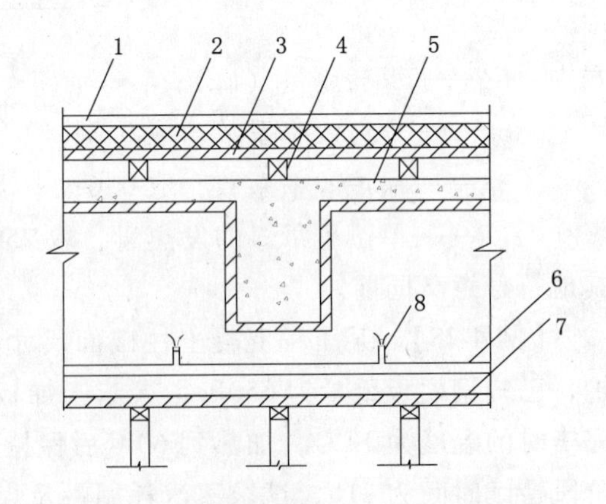

图4-12　加热肋形楼板的蒸汽套配置图

1—草袋一层；2—锯屑；3—木板；4—木楞；5—肋形梁板；6—主管；7—水泥纸袋；8—喷汽阀

此法加热均匀，但设备复杂，费用大，只在特殊条件下用于养护水平结构的梁、板等。

蒸汽套法计算包括内部通蒸汽加热时间计算和所需蒸汽量计算。

（1）内部通蒸汽加热时间计算

1）混凝土的升温时间

$$t_1=\frac{T-T_0}{v}\tag{4-82}$$

式中　t_1——升温时间（h）；

T——混凝土的恒温温度（℃）；

T_0——混凝土的初温（℃）；

v——升温速度（℃/h）。

不同温度与龄期的混凝土强度增长百分率（%）　　表 4-42

水泥品种和强度等级	硬化龄期（d）	混凝土硬化时的平均温度（℃）							
		1	5	10	15	20	25	30	35
32.5 级普通水泥	2	—	—	19	25	30	35	40	45
	3	14	20	25	32	37	43	48	52
	5	24	30	36	44	50	57	63	66
	7	32	40	46	54	62	68	73	76
	10	42	50	58	66	74	78	82	86
	15	52	63	71	80	88	—	—	—
	28	68	78	86	94	100	—	—	—
32.5 级矿渣水泥、火山灰水泥	2	—	—	—	15	18	24	30	35
	3	—	—	11	17	22	26	32	38
	5	12	17	22	28	34	39	44	52
	7	18	24	32	38	45	50	55	63
	10	25	34	44	52	58	63	67	75
	15	32	46	57	67	74	80	86	92
	28	48	64	83	92	100	—	—	—

2）混凝土等温加热时间

$$t_2 = \frac{t_0 - t_1 m_1}{m_2} \tag{4-83}$$

式中　t_2——混凝土等温加热时间（h）；

t_1——升温时间（h）；

t_0——混凝土在 20℃ 养护条件下达到要求强度的时间，按表 4-42 取用；

m_1、m_2——分别为温度在 $\frac{T+T_0}{2}$ 和 T 的混凝土凝固时间换算为 20℃ 时的当量系数，按表 4-43 取用，表中未给数据可用插值法求得。

混凝土凝固时间的当量关系换算系数　　表 4-43

平均养护温度（℃）	当量系数			平均养护温度（℃）	当量系数		
	普通水泥	矿渣水泥	火山灰水泥		普通水泥	矿渣水泥	火山灰水泥
0	0.31	0.19	0.18	20	1.00	1.00	1.00
4	0.43	0.31	0.30	24	1.21	1.40	1.44
8	0.56	0.44	0.42	28	1.48	1.80	1.88
12	0.70	0.60	0.58	32	1.74	2.26	2.38
16	0.85	0.79	0.78	36	2.02	2.78	2.94

续表

平均养护温度（℃）	当量系数			平均养护温度（℃）	当量系数		
	普通水泥	矿渣水泥	火山灰水泥		普通水泥	矿渣水泥	火山灰水泥
40	2.30	3.30	3.50	68	5.16	10.30	11.60
44	2.66	4.06	4.34	72	5.66	11.80	13.40
48	3.02	4.82	5.18	76	6.18	13.40	15.30
52	3.40	5.70	6.18	80	6.70	15.00	17.20
56	3.80	6.70	7.34	84	—	17.10	19.70
60	4.20	7.70	8.50	88	—	19.10	22.20
64	4.68	9.02	10.10	90	—	20.20	23.50

3）混凝土总加热时间

$$t = t_1 + t_2 \tag{4-84}$$

式中 t——总时间（h）；

其他符号意义同前。

（2）所需蒸汽量计算

1）混凝土及蒸汽套的吸热量

$$Q_1 = 2510\ (T - T_0)\ + 1.256 V_A + \phi \sum c\rho V_B\ (T - T_a) \tag{4-85}$$

式中 Q_1——混凝土及蒸汽套的吸热量（kJ）；

2510——混凝土比热与密度的乘积（kJ/kg · K · kg/m^3）；

1.256——空气的容积比热（kJ/m^2 · K）；

V_A——空气层体积（m^3）；

ϕ——温度系数，当采用一种保温材料时取 0.5，当采用两种或两种以上时取 0.7；

c——保温材料比热（kJ/kg · K），按表 4-44 取用；

ρ——保温材料质量密度（kg/m^3），按表 4-44 取用；

V_B——保温层体积（m^3）；

T_a——室外空气温度（℃）。

其他符号意义同前。

2）蒸汽套向外界环境散失的热量

$$Q_2 = A\ (T - T_a)\ \left(K_1 w_1 + K_2 w_2 + \frac{98.42 n V_A}{273 + T}\right) \tag{4-86}$$

式中 Q_2——蒸汽套向外界环境散失的热量（kJ/h）；

A——冷却面积（m^2）；

K_1、K_2——分别为上、下层蒸汽套的传热系数（W/m^2 · K），按式（4-54）计算；

w_1、w_2——分别为上、下层蒸汽套的透风系数；

n——每小时换气次数，一般取 1.0～1.5；

其他符号意义同前。

各种材料的质量密度和比热　　表 4-44

材料名称	质量密度 ρ (kg/m^3)	比热 c ($kJ/kg\cdot K$)	材料名称	质量密度 ρ (kg/m^3)	比热 c ($kJ/kg\cdot K$)
新捣实混凝土	2400	1.05	锯屑	250	2.51
硬化的混凝土	2200	0.84	草袋、草帘	150	1.47
珍珠岩混凝土	800～600	0.84	草垫	120	1.47
加气混凝土	600～400	0.84	稻壳	250	1.88
泡沫混凝土	600～400	0.84	油毡、油纸	600	1.51
干砂	1600	0.84	水泥袋纸	500	1.51
炉渣	1000700	0.84	厚纸板	1000	—
高炉水渣	900500	0.84	毛毡	150	—
矿渣	150	0.75	聚氯乙烯泡沫	190	1.47
蛭石	120150	1.34	聚氨酯泡沫塑料	—	-
玻璃棉	100	0.75	钢板	7850	0.63
木材	550	2.51	干而松的雪	300	2.09
刨花板	350500	2.51	潮湿密实的雪	500	2.09
岩棉板	—	—	水	1000	4.19
石棉	1000	—	冰	900	2.09

3）每立方米混凝土所需蒸汽量

$$W=\frac{Q_1+Q_2t}{I_w}(1+\alpha) \tag{4-87}$$

式中　W——每立方米混凝土所需蒸汽量（kg）；

t——混凝土总加热时间（h）；

I_w——单位重量蒸汽所含热量（kJ/kg）；

α——损失系数。一般取 0.2～0.3；

其他符号意义同前。

【例 4-29】　某工程楼板为现浇钢筋混凝土，厚 100mm，混凝土强度等级为 C25，用 32.5 级号普通硅酸盐水泥，采用蒸汽套法养护。已知混凝土初温为 14℃，等温加热温度时的温度为 45℃，室外气温为 -6℃，升温速度取 5℃/h；下层蒸汽套构造为 30mm 厚草袋，5mm 厚水泥纸袋，25mm 厚木板和 200mm 空气层；上层蒸汽套构造为 120mm 厚锯屑，30mm 厚草袋，30mm 厚木板和 150mm 空气层。若要将混凝土加热养护到设计强度的 60%，试求每立方米混凝土需要的蒸汽量。

【解】（1）加热时间计算

混凝土的升温时间为：

$$t_1=\frac{T-T_0}{v}=\frac{45-14}{5}=6.2\text{h}$$

由表4-42得，混凝土在20℃养护条件下达到设计强度的60%需要6.67d（160h）；

混凝土平均养护温度为$\frac{14+45}{2}=29.5$℃，由表4-43查得当量系数$m_1=1.58$；

$T=45$℃，查得$m_2=2.75$

混凝土等温加热时间为：

$$t_2=\frac{t_0-t_1m_1}{m_2}=\frac{160-6.2\times1.58}{2.75}=54.6\text{h}$$

则混凝土总加热时间$t=t_1+t_2=6.2+54.6=60.8\text{h}$

（2）所需蒸汽量计算

工程中下层蒸汽套预先加热，所以在计算混凝土及蒸汽套的吸热量时只需考虑上层蒸汽套。厚100mm混凝土每立方米的折算面积为10m^2。

$$V_A=0.15\times10=1.5\text{m}^3$$

$$\begin{aligned}Q_1&=2510(T-T_0)+1.256V_A+\phi\sum c\rho V_B(T-T_a)\\&=2510\times(45-14)+1.256\times1.5+0.7\times(2.51\times550\times10\times0.03\\&\quad+2.51\times250\times10\times0.12+1.47\times150\times10\times0.03)\times(45+6)\\&=121841\text{kJ}\end{aligned}$$

取$w_1=1.3$，$w_2=1.3$，$n=1$，$V_A=(0.15+0.2)\times10=3.5\text{m}^2$；

$$K_1=\frac{1}{0.043+\frac{0.03}{0.17}+\frac{0.12}{0.09}+\frac{0.03}{0.10}}=0.54；K_2=\frac{1}{0.043+\frac{0.025}{0.17}+\frac{0.005}{0.07}+\frac{0.03}{0.10}}=1.78$$

蒸汽套向外界环境散失的热量为：

$$\begin{aligned}Q_2&=A(T-T_a)\left(K_1w_1+K_2w_2+\frac{98.42nV_A}{273+T}\right)\\&=10\times(45+6)\times\left(0.54\times1.3+1.78\times1.3\times\frac{98.42\times1\times3.5}{273+45}\right)\\&=1632.4\text{W}\end{aligned}$$

每立方米混凝土所需蒸汽量为：

$$\begin{aligned}W&=\frac{Q_1+Q_2t}{I_w}(1+\alpha)\\&=\frac{121841+1632.4\times60.8\times3.6}{2675}(1+0.2)\\&=215\text{kg}\end{aligned}$$

4. 内部通汽法计算

在混凝土构件内部预埋白铁皮管或放置钢管、橡皮管（施工后可以拔出），将蒸汽通入孔道加热混凝土，对混凝土进行养护，使其达到所要求的强度。预埋管径一般取 25 ~ 50mm，加热时混凝土的温度要求控制在 30 ~ 45℃，升温速度在 5 ~ 8℃/h 之间。预留孔道的截面面积不宜超过整个截面面积的 2.5% 。蒸汽养护结束后要用水泥砂浆将孔道填满。

断面较小的柱子和梁留通汽孔形式如图 4-13 所示。柱中留孔，蒸汽从上部进入，冷凝水从底部排出；若蒸汽从底部进汽，则需要专门设置排冷凝水管。梁留孔的水平管应有 5‰的坡度，以利于排出冷凝水。

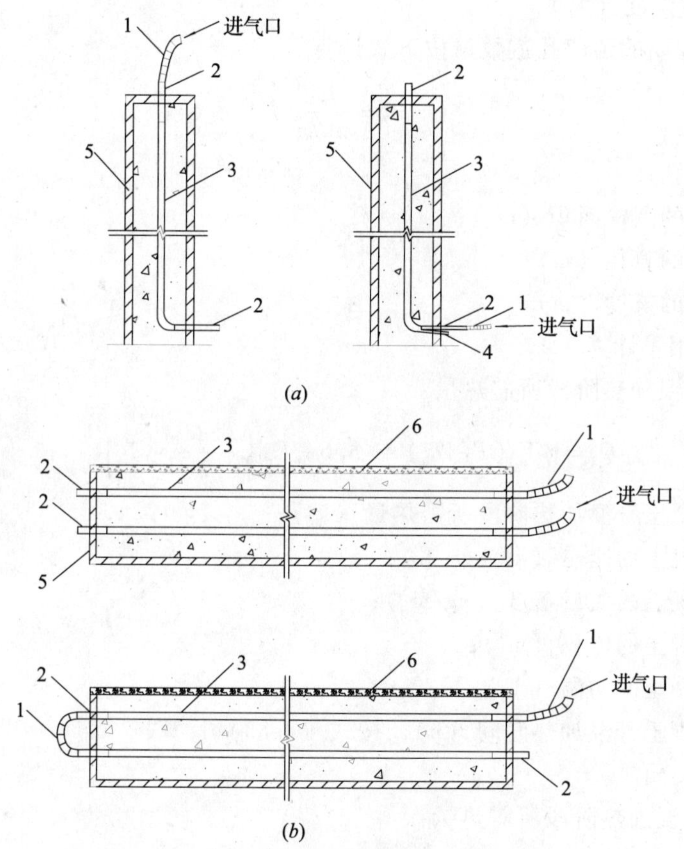

图 4-13　构件内部通汽示意图

(a) 柱内部通汽示意图；(b) 梁内部通汽示意图

1—胶片连接管；2—短管；3—孔道；4—冷凝水管；5—保温模板；6—覆盖保温材料

内部通气法计算包括预留孔数量的计算和蒸汽耗用量计算。

(1) 预留孔数量的计算

我们可以通过求得预留孔的围壁面积来计算结构内需要的预留孔道数量。根据孔道内蒸汽冷凝经孔壁散发出的热量等于混凝土结构经过围壁向空气散发出的热量，孔道的围壁面积按下式计算：

$$A_r = \frac{A_p K_p w \ (T - T_a)}{K_r \ (T_k - T)} \tag{4-88}$$

式中 A_r——孔道的围壁面积（m^2）；

A_p——混凝土围壁面积（m^2）；

K_p——混凝土围护层的总传热系数，按式（4-54）计算；

w——透风系数，按表4-34查用；

T——混凝土等温加热温度（℃）；

T_a——外界大气温度（℃）；

K_r——孔道壁周围混凝土的传热系数，一般取23.3W/m^2·K；

T_k——蒸汽温度（℃）；

则，结构内需要的预留孔道数量按下式计算：

$$n = \frac{A_r}{\pi dL} \tag{4-89}$$

式中 n——预留孔数；

A_r——孔道的围壁面积（m^2）；

d——孔道的直径（m）；

L——孔道的长度（m）。

（2）蒸汽耗用量计算

1）混凝土升温加热阶段所需热量：

$$Q_1 = c\rho V\ (T - T_0)\ + 3.6 A_p K_p \left(\frac{T - T_0}{2} - T_a\right) t_1 \tag{4-90}$$

式中 Q_1——混凝土升温加热阶段所需热量（kJ）；

c——混凝土的比热（kJ/kg·K）；

ρ——混凝土的质量密度（kg/m^3）；

V——混凝土的体积（m^3）；

T_0——混凝土的初温（℃）；

t_1——混凝土升温加热时间（h），按式（4-83）计算；

其他符号意义同前。

2）混凝土等温加热阶段所需热量：

$$Q_2 = 3.6 A_p K_p\ (T - T_a) t_2 \tag{4-91}$$

式中 Q_2——混凝土等温加热阶段所需热量（kJ）；

t_2——混凝土等温加热时间（h），按式（4-84）计算；

其他符号意义同前。

3）总的蒸汽耗用量：

$$W = \frac{Q_1 + Q_2}{I_w}\ (1 + \alpha) \tag{4-92}$$

式中 W——总的蒸汽耗用量（kg）；

I_w——单位重量蒸汽所含热量（kJ/kg），取2675kJ/kg；

α——损失系数，取0.2~0.3；

其他符号意义同前。

【例4-30】　某工程混凝土柱截面尺寸为0.6m×0.6m，柱高为3.6m，用32.5级普通硅酸盐水泥，采用内部通气法进行养护，预留管道外径40mm，蒸汽温度为70℃，等温加热温度为35℃，室外大气温度为-6℃，混凝土初温为14℃，升温速度取5℃/h，模板为30mm木模板，若要将混凝土加热养护到设计强度的60%，试求预留孔道数及蒸汽需用量。

【解】（1）预留孔道数计算：

$$A_p = (0.6+0.6)\times 2\times 3.6 = 8.64\text{m}^2$$

$$K_p = \frac{1}{0.043+\frac{0.03}{0.17}} = 4.56\text{W/m}^2\cdot\text{K}$$

$$A_r = \frac{A_pK_pw\ (T-T_a)}{K_r\ (T_k-T)}$$

$$= \frac{8.64\times 4.56\times 1.3\times (35+6)}{23.3\times (70-35)}$$

$$= 2.58\text{m}^2$$

则预留孔数为：

$n = \frac{A_r}{\pi dL} = \frac{2.58}{3.14\times 0.04\times 3.6} = 5.7$，取6个，经验算满足要求。

（2）蒸汽耗用量计算

升温加热时间 $t_1 = \frac{T-T_0}{v} = \frac{35-14}{5} = 4.2\text{h}$

混凝土升温加热阶段所需热量为：

$$Q_1 = c\rho V\ (T-T_0)\ + 3.6A_pK_p\left(\frac{T-T_0}{2}-T_a\right)t_1$$

$$= 0.96\times 2400\times (0.6\times 0.6\times 3.6)\times (35-6)\ + 3.6\times 8.64\times 4.56\times\left(\frac{35-14}{2}+6\right)\times 4.2$$

$$= 96423\text{kJ}$$

由表4-41得，混凝土在20℃养护条件下达到设计强度的60%需要6.67d（160h）；

混凝土平均养护温度为$\frac{14+35}{2} = 24.5$℃，由表4-42查得当量系数 $m_1 = 1.24$；

$T = 35$℃，查得 $m_2 = 1.81$

则混凝土等温加热阶段的时间为：

$$t_2 = \frac{t_0 - t_1m_1}{m_2} = \frac{160-4.2\times 1.24}{1.81} = 85.5\text{h}$$

混凝土等温加热阶段所需热量

$$Q_2 = 3.6A_pK_p\ (T-T_a)t_2$$

$$= 3.6\times 8.64\times 4.56\times (35+6)\times 85.5$$

$$= 497200\text{kJ}$$

养护此柱的蒸汽耗用量为：

$$W=\frac{Q_1+Q_2}{I_w}(1+\alpha)$$
$$=\frac{96423+497200}{2675}\times(1+0.2)$$
$$=266.3\text{kg}。$$

4.13.5 混凝土电热法计算

电热法养护是在混凝土结构内部或外部接通电源，由于混凝土的电阻作用，使电能转变为热能，对混凝土进行加热，以达到抗冻要求的强度。

电热法养护混凝土的温度应符合表 4-45 要求。

电热法养护包括电极加热法、工频涡流法、线圈感应加热法以及电热毯加热法等，根据工程具体情况选用合适的电热法。

电热法养护混凝土的温度（℃） 表 4-45

水泥强度等级	结构表面系数（m^{-1}）		
	<10	10~15	>15
32.5	40	40	35

采用电热法养护混凝土时升温和降温的速度要满足表 4-46 要求。

电热法养护混凝土升温和降温速度 v 表 4-46

结构表面系数（m^{-1}）	升温速度（℃/h）	降温速度（℃/h）
≥6	15	10
<6	10	5

1. 电极加热法

电极加热法是在结构内部或外表面设置电极，通以低压电流，由于混凝土的电阻作用，使电能变为热能产生热量，对混凝土进行加热养护，达到要求的强度。电极加热法适用于表 4-47 所示的情况。

电极加热法养护混凝土的适用范围 表 4-47

分类		常用电极规格	设备方法	适用范围
内部电极	棒形电极	$\phi6\sim\phi12$ 的钢筋短棒	混凝土浇筑后，将电极穿过模板或在混凝土表面插入混凝土体内	梁、柱、厚度大于 15cm 的板、墙及设备基础
	弦形电极	$\phi6\sim\phi16$ 的钢筋长 2~2.5cm	在浇筑混凝土前，将电极装入其位置与结构纵向平行地方，电极两端弯成直角，由模板孔引出	含筋较少的墙、柱、梁，大型柱基础以及厚度大 20cm 单侧配筋的板
表面电极		$\phi6$ 钢筋或厚 1~2mm、宽 30~60mm 的扁钢	电极固定在模板内侧，或装在混凝土的外表面	条形基础、墙及保护层大于 5cm 的大体积结构和地面等

电极加热法应使用交流电，不得使用直流电。电极的形式、尺寸、数量及配置应能保证混凝土各部位加热均匀，且仅应加热到设计的混凝土强度标准值的50%。在电极附近的辐射半径方向每隔1cm距离的温度差不得超过1℃。在混凝土浇筑后应立即送电，送电前混凝土表面应保温覆盖。混凝土在保温加热过程中，其表面不应出现干燥脱水，并应随时向混凝土上表面晒水或洒盐水，洒水应在断电后进行。

电极加热法计算包括热量计算、需用电力计算、需用电量计算、电极布置计算和变压器容量计算等。

(1) 热量计算

电极加热法产生的热能可按下式计算：

$$Q=3.617I^2\cdot R\cdot T \tag{4-93}$$

$$Q=3.617\frac{U^2}{R}\cdot T \tag{4-94}$$

$$Q=3.617P\cdot T \tag{4-95}$$

式中 Q——电能产生的热量（kJ）；

I——电流（A）；

R——电阻（Ω）；

U——电压（V）；

T——加热时间（h）；

P——电能（W）。

(2) 需用电力计算

为简化计算，一般假定加热模板耗用的热量与水泥在加热过程中水化作用所发生的热量相等，所以在计算需用电力时不考虑两者，则电热法加热1m³混凝土所需最大电力（电功率）可按下式计算：

$$P=P_1+P_2 \tag{4-96}$$

$$P_1=\frac{1}{3.6}c\rho v+KM\left(\frac{T_0+T}{2}-T_a\right) \tag{4-97}$$

$$P_2=KM(T-T_a) \tag{4-98}$$

式中 P——需用电力（kW/m³）；

P_1——升温阶段所需的电功率（kW/m³）；

P_2——等温阶段所需要的电功率（kW/m³）；

c——混凝土的比热（kJ/kg·K）；

ρ——混凝土的质量密度（kg/m³），钢筋混凝土为2400～2500kg/m³；

v——升温速度（℃/h），按表4-45取用；

K——总传热系数（W/m²·K）；

M——结构表面系数（m⁻¹）；

T_0——混凝土浇筑温度（℃）；

T——等温加热的温度（℃），随水泥品种、标号、结构表面系数而变化，但不能超过表4-45规定范围；

T_a——室外大气平均温度（℃）。

（3）需用电量计算

加热每立方米混凝土每小时所用电量可按下式计算：

$$W = P_1 t_1 + P_2 t_2 \tag{4-99}$$

式中　W——加热$1m^3$混凝土所需用电量（$kW \cdot h/m^3$）；

t_1——升温加热的时间（h），按式（4-82）计算；

t_2——等温加热的时间（h）；

其他符号意义同前。

（4）电极布置距离计算

布置组电极时，电极距离 b 及 h（如图4-14所示）的数值可根据加热$1m^3$混凝土使用的最大电功率查表4-48得到。

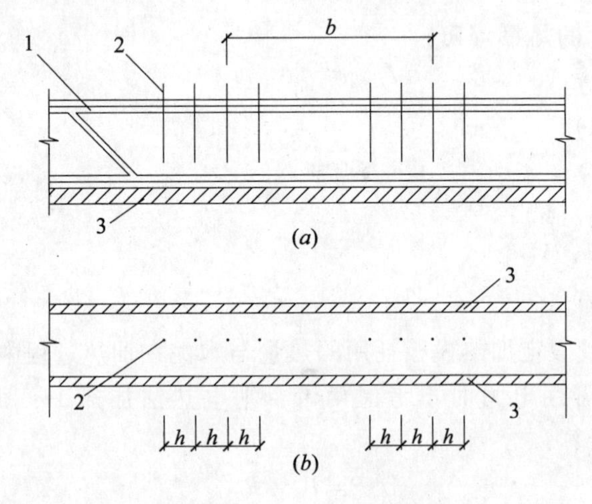

图4-14　混凝土构件中组电极的布置

（a）立面；（b）平面

1—钢筋；2—电极；3—模板

b—电极组的间距；h—同一相的电极间距

（5）变压器容量计算

变压器容量可按下式计算：

$$P_0 = (P_1 V_1 + P_2 V_2) \times \frac{1}{0.82} \tag{4-100}$$

式中　P_0——变压器容量（kVA）；

V_1——一次加热混凝土体积（m^3）；

V_2——同时等温加热的混凝土体积（m^3）；

0.82——平衡系数；

其他符号意义同前。

电极间距确定表　　表 4-48

电压 (V)	距离 (cm)	最大电功率（kW/m^3）								
		2.5	3	4	5	6	7	8	9	10
51	*b*	39	36	32	28	26	25	23	22	21
	h	15	13	11	10	10	10	8	7	7
65	*b*	51	48	42	37	34	32	30	28	24
	h	14	13	11	10	9	8	8	7	7
87	*b*	71	65	57	51	47	43	41	38	36
	h	13	13	11	10	9	8	8	7	7
106	*b*	89	81	71	69	58	54	51	48	46
	h	14	12	11	9	9	8	7	7	7
220	*b*	192	175	152	146	124	115	108	102	96
	h	13	12	10	9	8	8	7	7	7

注：电压为开始通电加热时使用的电压；使用单相电时，*b* 值不变，*h* 值减小 10% ~15%。

【例 4-31】 用电极电热法加热厚 120mm，高 3.3m，长 45m 的钢筋混凝土墙，采用 C25 混凝土，32.5 级普通水泥配置，混凝土浇筑温度 $T_0=8℃$，大气温度 $T_a=-6℃$，模板传热系数 $K=3.72W/m^2\cdot K$，要求混凝土加热完毕后降温到 6℃时达到设计强度的 40%，试求所需电力、用电量、电极布置及变压器台数。

【解】 (1) 计算所需电力、用电量：

钢筋混凝土墙的表面系数为：$M=\dfrac{2}{0.12}=16.7\geqslant 6$

选取混凝土升温速度 $v=4℃/h$，查表 4-45 得等温加热温度为 $T=40℃$，

则升温时间 $t_1=\dfrac{40-8}{4}=8h$；

升温阶段的平均温度为$\dfrac{40+8}{2}=24℃$，换算为等温加热温度 40℃时的当量时间为 4h；降温阶段的平均温度为 23℃，$v=4℃/h$，降到 6℃所用时间为 8.5h，换算为等温加热温度 40℃时的当量时间为 4h。

由高温养护下混凝土强度增长曲线查得，40℃养护下混凝土达到设计强度的 40% 需要 28h，故需等温加热时间 $t_2=28-4-4=20h$

$$P_1=\frac{1}{3.6}c_{\rho v}+KM\left(\frac{T_0+T}{2}-T_a\right)$$

$$=\frac{1}{3.6}\times 0.96\times 2400\times 4+3.72\times 16.7\times\left(\frac{8+40}{2}+6\right)$$

$$=4424W/m^3=4.42kW/m^3$$

$P_2=KM(T-T_a)$

$=3.72\times16.7(40+6)=2858\text{W/m}^3=2.86\text{kW/m}^3$

所需用电力为：

$P=P_1+P_2=4.42+2.86=7.28\text{kW/m}^3$

所需用电量为：

$W=P_1t_1+P_2t_2=4.42\times8+2.86\times20=92.6\text{kW}\cdot\text{h/m}^3$

（2）电极布置

根据最大电力 $P=7.28\text{kW}\cdot\text{h/m}^3$，查表 4-48 得，若电压取 87V，则 $b=420\text{mm}$，$h=80\text{mm}$；由于墙厚为 120mm，每组电极的根数为$\frac{120}{80}=1.5$，取 2 根。

（3）求变压器台数

混凝土总量为 $0.12\times3.3\times45=17.8\text{m}^3$

变压器容量为：

$$P_0=(P_1V_1+P_2V_2)\times\frac{1}{0.82}$$

$$=(4.42\times17.8+2.86\times17.8)\times\frac{1}{0.82}$$

$$=158.0\text{kVA}$$

选用 100kVA 低压变压器，则需要$\frac{158.0}{100}=1.58$ 台，用 2 台。

2. 工频涡流法计算

工频涡流法是在钢模板外侧焊有钢管，中间穿以导线。当频率为 50Hz（工频）的交流电通过导线时，管壁上产生感应电流，且成漩涡状（成为涡流），从而产生热效应使钢管、模板发热升温，达到加热养护混凝土的目的。

当采用工频涡流法养护时，各阶段送电功率应使预养与恒温阶段功率相同，升温阶段功率应大于预养阶段功率的 2.2 倍。通常作为涡流管的钢管直接宜为 12.5mm，壁厚宜为 3mm，其技术参数见表 4-49。工频涡流模板的主要工艺参数见表 4-50。

工频涡流管技术参数 　　**表 4-49**

项　目	饱和电压降值（V/m）	饱和电流值（A）	钢管极限功率（W/m）	涡流管间距（mm）
取　值	1.05	200	195	150～250

工频涡流模板主要工艺参数 　　**表 4-50**

三相交流输入电压（V）	三相交流输出电压（V）	模板输出功率（W/m^2）	模板输出热量（$\text{kJ/h}\cdot\text{m}^2$）
380	100～140	0.8～1.13	2000～4000

工频涡流法计算包括加热所需热量计算和模板功率计算等。

（1）加热所需热量计算

加热所需总热量按下式计算：

$$Q = Q_1 + Q_2 + Q_3 \tag{4-101}$$

其中

$$Q_1 = c_c \cdot \rho \cdot V \cdot v \tag{4-102}$$

$$Q_2 = c_1 m_1 v + c_2 m_2 v \tag{4-103}$$

$$Q_3 = A\ (T - T_a)\ \frac{\lambda}{d_1} \tag{4-104}$$

式中　Q_1——混凝土在升温阶段每小时所需热量（kJ/h）

Q_2——钢模板及保温材料加热每小时所需热量（kJ/h）；

Q_3——每小时内墙体散发的热量（kJ/h）；

c_c——混凝土比热（kJ/kg·K）；

ρ——混凝土质量密度（kg/m^3）；

V——混凝土体积（m^3）；

v——混凝土升温速度（℃）。

c_1、c_2——分别为钢模板与保温材料的比热（kJ/kg·K）；

m_1、m_2——分别为钢模板与保温材料的质量（kg）；

A——散热面积（m^2）；

λ——保温材料导热系数（W/m·K）；

d_1——保温材料厚度（m）。

（2）模板功率计算

1）涡流管的饱和电流值可按下式计算：

$$I_k = 2\pi\ (R - 0.5\delta)\ H_k \tag{4-105}$$

式中　I_k——涡流管的饱和电流值；

R——钢管外半径（mm）；

δ——钢管壁厚度（mm）；

H_k——涡流管管壁中心磁场强度，当磁感应达到饱和强度时，磁场强度为40A/cm。

2）涡流管单位长度的极限功率按下式计算：

$$P_k = I_k \cdot U_k \cdot \cos\varphi \tag{4-106}$$

式中　P_k——涡流管单位长度的极限功率（W/m^3）；

I_k——涡流管的饱和电流值；

U_k——导线单位长度饱和电压降（V/m^2），取1.125；

$\cos\varphi$——功率因素，取0.8。

3）钢模板单位面积的极限功率按下式计算：

$$P_a = l \cdot P_k \tag{4-107}$$

式中　P_a——钢模板单位面积的极限功率（W/m^2）；

l——在单位面积模板上布设的涡流管总长度（m/m^2）；

P_k——涡流管单位长度的极限功率（W/m³）；

【例 4-32】 现浇钢筋混凝土墙厚 120mm，采用工频涡流法养护混凝土，室外大气温度 $T_a=-6℃$，升温速度 $v=5℃/h$，恒温 $T=28℃$，选用双面钢模板，模板总重 120kg/m²（$c_1=0.48kJ/kg\cdot K$），40mm 厚岩棉板保温层（$c_2=0.75kJ/kg\cdot K$，$\rho_2=200kg/m^3$，$\lambda_2=0.07W/m\cdot K$）工频涡流管采用外径 2.124cm，试计算每平方米钢模板上需敷设涡流管的数量。

【解】（1）计算工频涡流法所需热量

$$Q_1=c_c\cdot\rho\cdot V\cdot v=0.96\times2400\times0.12\times1\times5=1382kJ/h$$

$$Q_2=c_1m_1v+c_2m_2v=0.48\times112\times5+0.75\times200\times0.04\times2\times5=328.8kJ/h$$

$$Q_3=A\ (T-T_a)\ \frac{\lambda}{d_1}=2\times1\times\ (28+6)\ \times\frac{0.07}{0.04}=119kJ/h$$

$$Q=Q_1+Q_2+Q_3=1382+328.8+119=1830kJ/h$$

（2）计算涡流管单位长度的极限功率

涡流管采用外径为 12.5mm，壁厚为 3mm，$H_k=40A/cm$，则涡流管的饱和电流值 I_k：

$$I_k=2\pi\ (R-0.5\delta)\ H_k$$
$$=2\pi\ (1.25-0.5\times0.3)\ \times40=276.3A$$

涡流管单位长度的极限功率为：

$$P_k=I_k\cdot U_k\cdot\cos\varphi$$
$$=276.3\times1.125\times0.8=248.7W/m^2$$

（3）计算每立方米钢模板上需敷设涡流管数量

钢模板单位面积需要的极限功率为：

$$P_a=\frac{Q}{3.6}=\frac{1830}{3.6}=508.3W/m^2$$

则单位面积钢模板上需敷设涡流管长度为：

$$l=\frac{P_a}{P_k}=\frac{508.3}{248.7}=2.04m/m^2$$，取 2.5m/m²。

3. 线圈感应加热法

线圈感应加热法是用绝缘电缆缠绕在梁、柱构件的外表面以形成线圈，通以交流电使钢模板、钢筋或构件由所含的型钢因感应而发热升温，并加热养护混凝土，使其达到要求的强度。本法宜用于梁、柱结构，以及各种装配式钢筋混凝土结构的接头混凝土的加热养护，亦可用于密筋结构的钢筋和模板预热，及受冻钢筋混凝土结构构件的解冻。

采用线圈感应加热法养护混凝土时，变压器宜选择 50kVA 和 100kVA 低压加热变压器，电压宜在 36～110V 间调整，电流大小要符合表 4-51 要求。感应线圈宜选用截面面积为 35mm² 铝质或铜质电缆，加热主电缆的截面面积可选用 150mm²。当缠绕感应线圈时，宜靠近钢模板，构件两端线圈导线的间距应比中间加密 1 倍，加密范围宜由端部开始向内至一个线圈直径的长度为止，且端头应密缠五圈。

电缆允许电流值　　表4-51

导线截面面积 (mm^2)	铜质电缆		铝质电缆	
	橡　胶	塑　料	橡　胶	塑　料
35	180	170	138	130
50	230	215	175	165
120	400	—	310	—
150	470	—	360	–

线圈感应加热法计算包括热源表面积、电功率、磁场强度、线圈电阻和感应阻抗、加载系统有效电阻和感应阻抗、感应器加载系统有效电阻、感应电阻和总电阻、线圈匝数以及电流的计算等。

（1）热源表面积计算

当使用钢模板时，热源表面积计算简图如图4-15所示。

构件为矩形截面时：

$$A=[4(h+b)+n\pi d]\ l \tag{4-108}$$

构件为圆形截面时：

$$A=(4\pi r+n\pi d)\ l \tag{4-109}$$

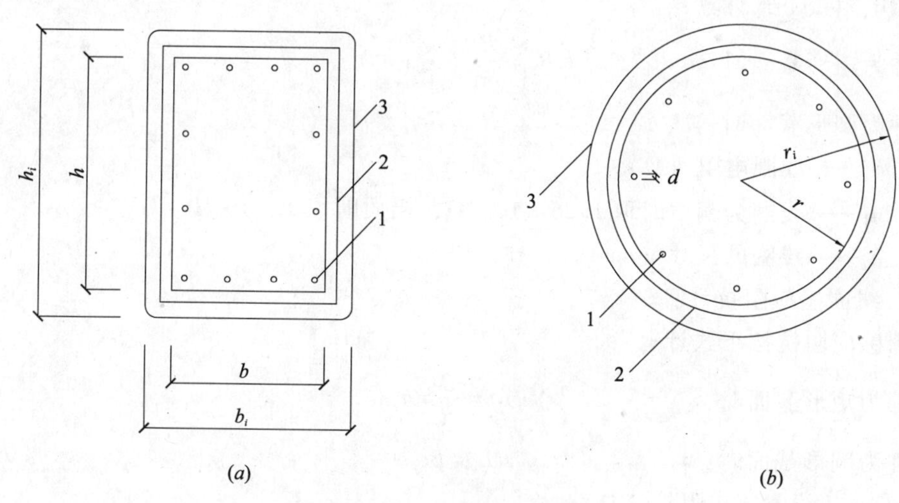

图4-15　热源表面积计算简图

1—钢筋；2—钢模板；3—线圈

式中　A——每个构件热源表面积（cm^2）；

h、b、r——构件截面尺寸（cm），如图4-17所示；

n——钢筋根数；

l——构件长度（cm）；

d——钢筋直径（cm）。

若构件内含有型钢时，应加上型钢的表面积。

（2）电功率计算

单位热源表面积需要的电功率按下式计算：

$$P_A = \frac{P}{A} \tag{4-110}$$

式中 P_A——单位热源表面积需要的电功率（W/cm²）；

P——根据能耗计算求得的每个构件加热需要的电功率（W）；

A——每个构件热源表面积（cm²）。

（3）磁场强度计算

磁场强度按下式计算：

$$H = 5.9 + 244P_A - 110P_A^2 \tag{4-111}$$

式中 H——线圈内的磁场强度（A/cm）。

（4）单位阻抗计算

线圈的单位阻抗按下式计算：

$$P_H = \frac{P_A}{H^2} \tag{4-112}$$

式中 P_H——线圈的单位阻抗（Ω/cm）。

（5）线圈电阻计算

线圈电阻按下式计算：

构件为矩形截面时： $$R_i = \frac{B}{\pi}(b_i + h_i) \tag{4-113}$$

构件为圆形截面时： $$R_i = Br_i \tag{4-114}$$

式中 R_i——线圈电阻（Ω）；

B——线圈为铜质时取 1.26×10^{-5}Ω，铝质时取 1.66×10^{-5}Ω；

r_i、b_i、h_i——线圈的尺寸（cm）。

（6）线圈感应阻抗计算

线圈感应阻抗按下式计算：

构件为矩形截面时： $$wL_i = \frac{\beta}{\pi} b_i h_i \alpha \tag{4-115}$$

构件为圆形截面时： $$wL_i = \beta r_i^2 \alpha \tag{4-116}$$

式中 wL_i——线圈感应阻抗（Ω）；

β——取 1.24×10^{-5}（Ω）；

b_i、h_i、r_i——线圈的尺寸（cm）；

α——形状系数，可由图4-16查得，其中

对于矩形截面取 $r_i = \frac{b_i + h_i}{\pi}$。

（7）加载系统有效电阻和感应阻抗计算

加载系统有效电阻和感应阻抗分别按下式计算：

$$R_s = S \cdot P_H \tag{4-117}$$

$$wL_s = R_s \tag{4-118}$$

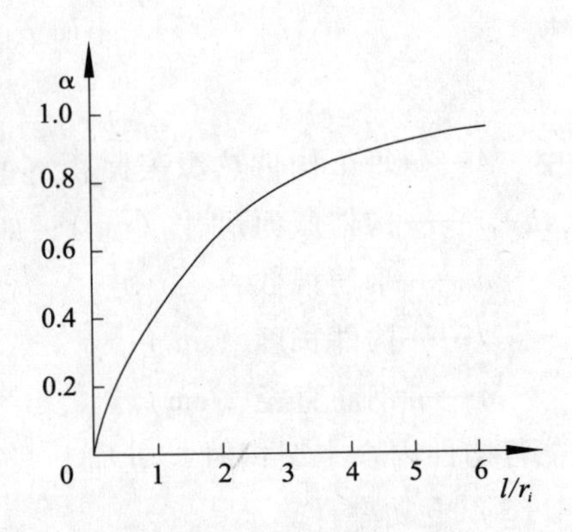

图4-16 形状系数 α

式中 R_s——加载系统有效电阻（Ω）；

wL_s——感应阻抗（Ω）；

P_H——线圈的单位阻抗（Ω/cm）；

S——热源周长（cm），对矩形截面：$S=4(b+h)+n\pi d$；

对圆形截面：$S=4\pi r+n\pi d$。

（8）感应器加载系统有效阻抗、感应电阻和总电阻计算

感应器加载系统有效阻抗、感应电阻和总电阻分别按下式计算：

$$R=R_i+R_s \tag{4-119}$$

$$wL=wL_i+wL_s \tag{4-120}$$

$$R_z=\sqrt{R^2+wL^2} \tag{4-121}$$

式中 R——感应器加载系统有效阻抗（Ω）；

wL——感应电阻（Ω）；

R_z——总电阻（Ω）；

其他符号意义同前。

（9）线圈匝数计算

每个构件缠绕的线圈匝数按下式计算：

$$N=\frac{U}{R_s\cdot H} \tag{4-122}$$

式中 N——线圈匝数；

U——电压（V）；

其他符号意义同前。

（10）电流计算

线圈内的电流按下式计算：

$$I=\frac{H\cdot l}{N} \tag{4-123}$$

式中 I——线圈内的电流（A）；

其他符号意义同前。

【例 4-33】 某钢筋混凝土柱截面尺寸为 0.6m×0.6m，高为 3.3m，钢筋采用 12 ⌽ 25，混凝土浇筑温度为 8℃，外界温度为 -6℃，升温速度为 3℃/h，养护时期保持 26℃恒温，已知升温阶段所需电功率为 4450W，选用 60V 电压，若采用 35mm 铜质橡胶电缆进行线圈感应加热养护，试计算确定工艺参数。

【解】（1）热源表面积计算

$A=[4(h+b)+n\pi d]\,l$

$=[4\times(60+60)+12\times3.14\times2.5]\times330=189486\text{cm}^2$

（2）电功率计算

$P_A=\frac{P}{A}=\frac{4450}{189486}=0.0235\text{W/cm}^2$

（3）磁场强度计算

$H = 5.9 + 244P_A - 110P_A^2$

$= 5.9 + 244 \times 0.0235 - 110 \times 0.0235^2 = 11.57\text{A/cm}$

（4）单位阻抗计算

$P_H = \frac{P_A}{H^2} = \frac{0.0235}{11.57^2} = 0.000176\Omega/\text{cm}$

（5）线圈电阻计算

$R_i = \frac{B}{\pi}(b_i + h_i) = \frac{1.26 \times 10^{-5}}{3.14}(70 + 70) = 56.2 \times 10^{-5}\Omega$

（6）线圈感应阻抗计算

$r_i = \frac{b_i + h_i}{\pi} = \frac{70 + 70}{3.14} = 44.6\text{cm}$；

$\frac{l}{r_i} = \frac{330}{44.6} = 7.4$，查图4-16得：$\alpha = 1.0$

$wL_i = \frac{\beta}{\pi} b_i h_i \alpha = \frac{1.24 \times 10^{-5}}{3.14} \times 70 \times 70 \times 1.0 = 0.0194\Omega$

（7）加载系统有效电阻和感应阻抗计算

$S = 4(b + h) + n\pi d = 4 \times (60 + 60) + 12 \times 3.14 \times 2.5 = 574.2\text{cm}$

$R_s = S \cdot P_H = 574.2 \times 0.000176 = 0.101\Omega$

$wL_s = R_s = 0.101\Omega$

（8）感应器加载系统有效阻抗、感应电阻和总电阻计算

$R = R_i + R_s = 56.2 \times 10^{-5} + 0.101 = 0.102\Omega$

$wL = wL_i + wL_s = 0.0194 + 0.101 = 0.120\Omega$

$R_z = \sqrt{R^2 + wL^2} = \sqrt{0.102^2 + 0.120^2} = 0.157\Omega$

（9）线圈匝数计算

$N = \frac{U}{R_s \cdot H} = \frac{60}{0.157 \times 11.57} = 33.1$，取34匝

（10）电流计算

$I = \frac{H \cdot l}{N} = \frac{11.57 \times 330}{34} = 112\text{A} < 180\text{A}$，满足要求。

在柱中央230cm范围内布置18匝，在两端50cm范围内各布置8匝。

4. 电热毯加热法计算

电热毯加热法是将电热毯设在构件钢模板的区格内或包裹构件，在外面再覆盖围护保温材料（如岩棉板等），通电后电热毯发热经钢模板传导给混凝土，从而加热养护混凝土，使其达到要求的强度。

电热毯是由四层玻璃纤维布中间夹以电阻丝制成。其几何尺寸应根据混凝土表面或模板外侧与龙骨组成的区格大小确定，电压为60～80V，功率宜为75～100W/块。当布置电热毯时，在模板周边的各区格应连续布毯，中间区格可间隔布毯，并应与对面模板错开。电热毯

养护的通电持续时间应根据气温及养护温度确定，可采取分段、间断或连续通电养护工序。

电热毯加热法计算包括构件升温阶段所需热量计算、钢模板和保温材料加热所需热量计算、构件每小时内散发的热量以及电热毯功率计算等。

（1）混凝土构件在升温阶段每小时所需热量计算

$$Q_1 = c_c \cdot \rho \cdot V \cdot v \tag{4-124}$$

式中　Q_1——混凝土构件在升温阶段每小时所需热量（kJ/h）；

c_c——混凝土比热，取 0.96kJ/kg·K；

ρ——混凝土质量密度（kg/m^3）；

V——混凝土体积（m^3）；

v——升温速度（℃/h）。

（2）钢模板和保温材料加热所需热量计算

$$Q_2 = m_1 c_1 v_1 + m_2 c_2 v_2 \tag{4-125}$$

式中　Q_2——钢模板和保温材料加热所需热量（kJ/kg）；

m_1、m_2——钢模板和保温材料的重量（kg）；

c_1、c_2——钢模板和保温材料的比热（kJ/kg·K）；

v_1、v_2——钢模板和保温材料的升温速度（℃/h）。

（3）构件每小时散失的热量计算

$$Q_3 = A\ (T - T_a)\ \left(\frac{\lambda_1}{d_1} + \cdots + \frac{\lambda_n}{d_n}\right) \tag{4-126}$$

式中　Q_3——构件每小时散失的热量（kJ/h）；

A——散热面积（m^2）；

T——混凝土恒温加热温度（℃）；

T_a——室外大气温度（℃）；

$\lambda_1 \cdots \lambda_n$——各层保温材料的导热系数（W/m·K）；

$d_1 \cdots d_n$——各层保温材料的厚度（m）。

（4）电热毯功率计算

$$P = \frac{Q_1 + Q_2 + Q_3}{3.6} \tag{4-127}$$

式中符号意义同前。

【例 4-34】　某工程钢筋混凝土墙厚 200mm，室外气温 $T_a = -6$℃，混凝土浇筑温度为 14℃，混凝土恒温加热温度 $T = 40$℃，升温速度为 5℃/h，采用电热毯加热法养护，电热毯的功率为 100W，选用双面钢模板，模板总重为 $120kg/m^2$（$c_1 = 0.48kJ/kg \cdot K$），40mm 厚岩棉板保温层（$c_2 = 0.75kJ/kg \cdot K$，$\rho_2 = 200kg/m^3$，$\lambda_2 = 0.07W/m \cdot K$），试求每平方米需布设多少块电热毯。

【解】　混凝土墙在升温阶段每小时需要的热量为：

$Q_1 = c_c \cdot \rho \cdot V \cdot v = 0.96 \times 2400 \times 1 \times 0.2 \times 5 = 2304kJ/h$

钢模板和保温材料加热所需的热量为：

$Q_2 = m_1c_1v_1 + m_2c_2v_2 = 120 \times 0.48 \times 5 + 2 \times 0.04 \times 200 \times 0.75 \times 5 = 348\text{kJ/h}$

墙每小时散失的热量为：

$Q_3 = A\ (T - T_a)\ \frac{\lambda}{d} = 2 \times\ (40 + 6)\ \times \frac{0.07}{0.04} = 161\text{kJ/h}$

电热毯的功率为：

$P = \frac{Q_1 + Q_2 + Q_3}{3.6} = \frac{2304 + 348 + 161}{3.6} = 781.4\text{W}$

每平方米墙体两侧共需布设的电热毯数量为$\frac{781.4}{100} = 7.814$，取 8 块。

4.13.6 远红外加热法计算

红外线是一种肉眼不可见的射线，当其辐射到原子的外层电子时，可引起物体分子的剧烈旋转和振荡，从而产生热。远红外加热法，指在已浇筑的混凝土构件附近设置红外线辐射器，对混凝土进行辐射加热。利用红外线对混凝土进行加热养护，就是利用红外辐射加强混凝土拌合物中水分子的运动，除去拌合物中的多余水分。在红外线热养护过程中，红外线一方面向混凝土表面辐射；另一方面是向金属模板辐射，模板吸收射线而升温，然后通过直接接触将热量传给混凝土。

辐射器依形状不同分为管式、板式或金属网式，在冬期露天现浇构件进行加热时，一般多使用电热管式辐射器。在加热过程中，应在保温罩内设置若干水盆，保持一定的湿度，防止混凝土开裂，并派遣专人管理和记录温、湿度。

1. 远红外线加热法计算

远红外线加热法计算包括以下各项：

(1) 辐射波长与强度

任何物件，温度在热力学温度零度以上，都会产生热辐射，辐射器产生的辐射波长与辐射器表面温度有以下关系式：

$$\lambda_m T = C \tag{4-128}$$

式中 T——辐射器表面的热力学温度（K），$T = 273 + t$；

t——摄氏温度（℃）；

λ_m——辐射器产生的辐射波长（μm）；或被加热物体对远红外线最大吸峰波长（μm）：对水的吸收波长 3 ~ 7、14 ~ 16μm；水泥、砂、石的吸收波长为 3 ~ 9μm；新拌混凝土为 4 ~ 10μm；

C——常数，取 2897。

(2) 辐射器的表面积计算

辐射器的辐射表面积 A（m^2），按下式计算：

$$A = \frac{Q}{C_0\left[\left(\frac{T}{100}\right)^4 - \left(\frac{T_0}{100}\right)^4\right]} \tag{4-129}$$

式中　Q——辐射器的发热量（kJ/h）；

C_0——黑体辐射系数，取 $13.5W/m^2 \cdot K^4$；

T——辐射器的表面温度（K）；

T_0——被加热物体的表面温度（K）。

（3）辐射器功率计算

辐射器的功率 P（W）按下式计算：

$$P = \frac{Q}{3.6\eta} \tag{4-130}$$

式中　Q——辐射器的发热量（kJ/h）；

η——热效率，取 0.85；

3.6——换算系数；

（4）辐射器所需电阻丝的功率和长度计算

电热管式远红外线辐射器中所需电阻丝的电功率 P_0（W）可按下式计算：

$$P_0 = \frac{U^2}{R} = \frac{U^2}{\rho \cdot \frac{4l}{\pi d^2}} \tag{4-131}$$

用于辐射器的电阻丝每平方厘米表面积的负担以 3～5W 为宜，故电功率也等于：

$$P_0 = \pi dlW \tag{4-132}$$

令上面两式相等，得到：

$$l = \sqrt{\frac{U^2 d}{4\rho W}} \tag{4-133}$$

式中　U——电源电压（V）；

R——电阻（Ω）；

ρ——电阻丝的电阻系数，铁铬铝电阻丝为 $0.00014\Omega \cdot cm^2/cm$，镍铬电阻丝为 $0.00011\Omega \cdot cm^2/cm$；

l——电阻丝长度（cm）；

d——电阻丝直径（cm）；

W——电阻丝每平方厘米表面积的负担（W）。

常用的铁铬粗电阻丝的参数见表 4-52。

铁铬粗电阻丝的技术参数　　　表 4-52

电阻丝直径（cm）	电阻丝总长度（cm）	烧成内径为 4mm 的长度（cm）	参数			
			电压（V）	电阻（Ω）	电流（A）	总功率（W）
0.04	1073	31.0	220	120.0	1.84	406
0.06	1314	54.6	220	65.0	3.38	744
0.08	1518	80.5	220	42.3	5.20	1145
0.10	1697	108.1	220	30.3	7.27	1600
0.12	1859	136.6	220	23.0	9.56	2103

注：辐射器钢管长度为电阻丝撕成内径 4mm 长度的 1.8～2.0 倍。

【例 4-35】 新拌混凝土冬期施工养护采用管式电热远红外辐射器，排管表面温度为110℃，需要热量为 $Q=4660\text{kJ/h}$，求远红外辐射器的表面温度、表面积和辐射器的功率。

【解】 （1）远红外辐射器的表面温度

$$T=\frac{C}{\lambda_m}=\frac{2897}{5}=579\text{K}$$

（2）远红外辐射器的表面积

黑体辐射系数 $C_0=13.5\text{W/m}^2\cdot\text{K}^4$；$T=579\text{K}$；$T_0=110+273=383\text{K}$。

辐射器的辐射表面积 A 按式（4-129）计算：

$$A=\frac{Q}{C_0\left[\left(\frac{T}{100}\right)^4-\left(\frac{T_0}{100}\right)^4\right]}=\frac{4660}{13.5\left[\left(\frac{579}{100}\right)^4-\left(\frac{383}{100}\right)^4\right]}=0.38\text{m}^2$$

（3）辐射器功率的计算

辐射器的功率 P 按式（4-130）计算：

$$P=\frac{Q}{3.6\eta}=\frac{4660}{3.6\times0.85}=1522.9\text{W}$$

2. 大模板远红外线加热法计算

大模板远红外线加热法如图 4-17 布置，一般墙体的中间部位采用单侧加热，即在一侧设辐射器，另一侧不设。墙体的底部和周边部位采用双侧加热，两个侧面均设辐射器，以保持墙体温度均匀一致。通电后升温速度均为 3℃/h，停电后降温速度约为 3℃/h。每立方米混凝土约需装辐射器 6kW。

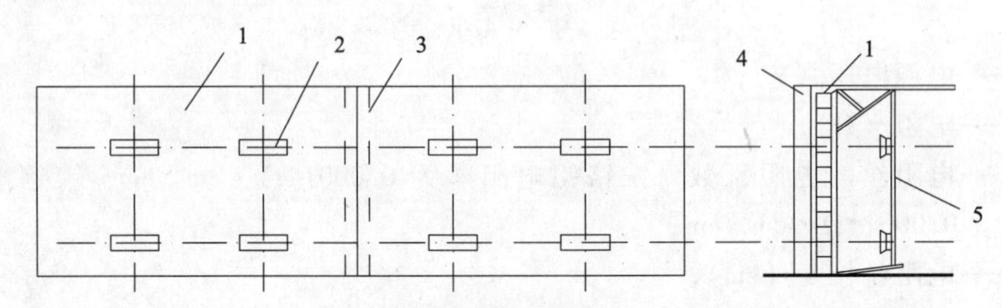

图 4-17 大模板远红外线示意图

1—大模板；2—红外线辐射器；3—内纵墙；4—大模板横墙；5—内纵墙

本法与一般电热法相比，具有绝缘性能好，不易损坏，移动方便，易于管理，节省资源，一次投资费用低，施工安全等优点。

大模板远红外加热法计算包括：：墙体加热总耗热量、所需电功率及热功率计算等。

（1）加热总耗热量计算

1）混凝土单位体积每小时升温需要的热量 Q_1（kg/h）：

$$Q_1=c\cdot\rho\cdot V\cdot v \tag{4-134}$$

式中 c——混凝土比热，取 $c=1.05\text{kJ/kg}\cdot\text{K}$；

ρ——混凝土质量密度，取 $\rho=2400\text{kg/m}^3$；

V——混凝土体积（m^3）；

v——混凝土升温速度（℃/h）；

2）保温层单位面积每小时散热量 Q_2（kg/h）：

$$Q_2 = 3.6A_1 (T - T_a) \left(\frac{\lambda_1}{d_1} + \frac{\lambda_2}{d_2}\right) \tag{4-135}$$

式中　A_1——墙体的面积，$A_1 = 1.0\text{m}^2$；

T——混凝土的等温养护温度（℃）；

T_a——室外平均气温（℃）；

λ_1、λ_2——分别为内外侧保温材料的导热系数（W/m·K）；

d_1、d_2——分别为内外侧保温材料的厚度（m）。

（2）所需电功率计算

每平方米墙体所需的电热管功率 P（kW/m²）：

$$P = \frac{Q}{4.1868 \times 864} \tag{4-136}$$

每个单元层所需总电功率 P_T（kW）：

$$P_T = P \cdot A \tag{4-137}$$

热效率 η（%）可按下式计算：

$$\eta = \frac{Q_1}{Q} \times 100\% \tag{4-138}$$

符号意义同前。

3. 室内装修远红外线加热法计算

远红外线室内装修加热养护，是以远红外线辐射电热管作为室内热源，进行室内装修或装配式结构的现浇接头的加热养护。由于可以采用分段加热养护方法，因此比一般室内暖气加热法简单方便，能耗低（仅为蒸汽的1/10左右），费用省。

室内装修远红外线加热法计算有以下几个方面：

（1）围护结构基本耗热量 Q_1（J/h）计算

$$Q_1 = 3600\left(\sum_{i=1}^{n} A_i \cdot K_i \cdot D_i\right)\Delta T \tag{4-139}$$

其中

$$K_i = \frac{1}{0.17 + \frac{d_i}{\lambda_i} + 0.17} \tag{4-140}$$

式中　A_i——各散热面面积（m²）；

K_i——散热面的传热系数（W/m²·K）；

D_i——附加系数，考虑日照风力的影响，北面取20%；南面取 -10%；东西面取10%；

ΔT——室内外温差（℃）；

d_i——围护材料的厚度（m）；

λ_i——围护材料的导热系数（W/m·K）。

（2）冷风渗透散热量 Q_2（J/h）计算

$$Q_2 = 0.24 \times 4.1868 \times 10^3 B \cdot L \cdot \rho \cdot \Delta T \cdot n \quad (4\text{-}141)$$

式中 B——门窗缝渗入的冷空气量（$m^3/m \cdot h$）；

L——门窗缝隙长度（m）；

ρ——空气的质量密度，近似取 $1.33kg/m^3$；

n——方向修正系数，南面取0.2；北面取1.0。

其他符号意义同前。

（3）需要的功率 P（kW）计算

$$P = \frac{Q}{864 \times 4.1868 \times 10^3} \quad (4\text{-}142)$$

符号意义同前。

【例4-36】 某楼建造中采用远红外线作室内热源进行装修，设四面为砖墙，内墙不考虑，各参数见表4-53所示，已知室内外温差 $\Delta T = 15℃$，门窗缝渗入的冷空气量 $B = 7m^3/m \cdot h$，试求需要配置远红外电热管的总功率。

【解】（1）总耗热量的计算

围护结构基本耗热量计算：

热损失计算表　　表4-53

方向	围护材料	面积 A_i (m^2)	厚度 d_i (m)	导热系数 λ_i (W/m·K)	传热系数 K_i ($W/m^2 \cdot K$)	附加系数 D_i	室内外温差 ΔT (℃)	耗热量 $A_i \cdot K_i \cdot D_i \cdot \Delta T$ (W)
南	砖墙	25	0.37	0.814	1.258	0.9	15	424.6
	玻璃	15	0.002	0.756	2.918	0.9	15	590.9
北	砖墙	20	0.37	0.814	1.258	1.2	15	452.9
	玻璃	10	0.002	0.756	2.918	1.2	15	525.2
东	砖墙	30	0.37	0.814	2.258	1.1	15	1117.7
西	混凝土墙	30	0.16	1.547	2.255	1.1	15	1116.2
上	混凝土楼板	150	0.12	1.547	2.432	1.0	15	5472
下	混凝土楼板	150	0.12	1.547	2.432	1.0	15	5472

$$Q_1 = 3600\left(\sum_{i=1}^{n} A_i \cdot K_i \cdot D_i\right)\Delta T$$

$$= 3600 \times (424.6 + 590.6 + 452.9 + 525.2 + 1117.7 + 1116.2 + 5472 + 5472)$$

$$= 54616 \times 10^3 J/h$$

冷风渗透散热量计算，其中 $l = 37m$：

$$Q_2 = 0.24 \times 4.1868 \times 10^3 B \cdot l \cdot \rho \cdot \Delta T \cdot n$$

$$= 0.24 \times 4.1868 \times 10^3 \times 7 \times 37 \times 1.33 \times 15 \times 1$$

$$= 5192 \times 10^3 J/h$$

总耗热量：

$$Q = Q_1 + Q_2 = 59808 \times 10^3 J/h$$

（2）需要的功率计算

$$P=\frac{Q}{864\times 4.1868\times 10^3}=\frac{59808\times 10^3}{864\times 4.1868\times 10^3}=16.53\text{kW}。$$

4.13.7　抗冻外加剂用量及配制

1. 抗冻外加剂用量

负温条件下养护混凝土，根据设计温度、混凝土的水灰比和选定的最佳初始成冰率等因素，抗冻外加剂用量按下式计算：

$$a=C\left(1-\frac{i}{100}\right)\frac{W}{C}\cdot dt \tag{4-143}$$

常用亚硝酸钠碳酸钾抗冻外加剂不同负温掺量　　表 4-54

外加剂种类	W/C	外加剂用量（占水泥重量%） 设计温度（℃）			
		-6	-10	-15	-17
$NaNO_2$	0.4	4.5	8.7	—	—
KCO_3		5.9	10.7	13.8	15.0
$NaNO_2$	0.45	5.1	9.5	—	—
K_2CO_3		6.6	12.1	—	—
$NaNO_2$	0.50	5.63	—	—	—
K_2CO_3		7.3	13.4	—	—
$NaNO_2$	0.60	6.8	—	—	—
K_2CO_3		8.8	—	—	—

式中　a——抗冻外加剂用量（占水泥用量的百分比）；

C——外加剂浓度（%）；

i——计划的初始含冰率（%）。一般取 30% ~60%；

W/C——设计的水灰比；

dt——对应设计温度的抗冻外加剂溶液密度（g/mm^3）。

不考虑初始含冰率，按式（4-143）计算出的常用抗冻外加剂用量见表 4-54。

常用单一品种外加剂掺量及主要作用见表 4-55。

常用单一品种外加剂掺量及主要作用　　表 4-55

外加剂种类	常用掺量（%）	早期强度	28d 强度	主要作用
$NaCl$	0.5 ~2	增强	略有降低	早强、防冻
$CaCl_2$	1 ~3	增强	略有降低	早强、防冻
$NaNO_2$	2 ~8	略有增强	降低 10% ~15%	早强、防冻、阻锈
Na_2SO_4	1 ~3	增强显著	不降低	早强
$N(C_2H_4OH)_3$	0.03 ~0.05	正温增强、低温不明显	略有增强	早强催化
$C_2H_4ON_2$	10	缓凝	降低 20%	防冻
$NaOH$	2 ~4	增强	降低 20% ~30%	防冻
$Ca(NO_2)_2$	10	不明显	略有降低	防冻

2. 抗冻外加剂浓度配制计算

在配制抗冻外加剂溶液时，采用一次配制成定量浓度的溶液，再在拌制砂浆时加进去，或者先配制成高浓度的溶液，使用时再稀释到含盐量合乎要求，作为拌合水加进去。

(1) 第一种配制方法计算

先配制外加剂浓度为 A (%) 的溶液，计算公式如下：

$$A\% = \frac{G \cdot B\%}{W + G} \tag{4-144}$$

式中 G——无水外加剂（盐）的用量（kg）；

W——溶解水的用量（kg）；

B——外加剂（盐）的纯度（%）。

溶液配制好后，再按掺加量计算每次拌制的用量，并在拌和水中扣去这部分水量。

(2) 第二种方法计算

按上述方法先配制20%浓度的溶液，然后在桶内放入定量的水，再经过计算，把先配好的上述溶液加入水中，配成含盐量合乎要求的拌合水，计算公式如下：

$$B = a \cdot W \tag{4-145}$$

式中 B——20%浓度的溶液用量（kg）；

W——拌合水用量（kg）；

a——稀释系数，按表4-56取用。

常用抗冻外加剂有氯化钠、氯化钙、亚硝酸钠。各种浓度的氯化钠溶液的相对密度见表4-57；各种相对密度的氯化钠、氯化钙、亚硝酸钠溶液中的氯化钠、氯化钙、亚硝酸钠含量和冻结温度见表4-58、表4-59和表4-60。

稀释系数 a 值 表4-56

拌合水浓度（%）	1	2	3	4	5	6
a	0.0526	0.1111	0.1765	0.2500	0.3333	0.4285
拌合水浓度（%）	7	8	9	10	11	12
a	0.5385	0.6667	0.8181	1.0000	1.2212	1.5000

无水氯化钠不同浓度的相对密度 表4-57

拌合水浓度（%）	相对密度	拌合水浓度（%）	相对密度	拌合水浓度（%）	相对密度
1	1.005	5	1.034	9	1.063
2	1.013	6	1.041	10	1.071
3	1.020	7	1.049	11	1.078
4	1.027	8	1.056	12	1.086

各种相对密度的氯化钠溶液及冻结温度　表 4-58

+15℃时溶液相对密度	无水氯化钠含量（kg）			冻结温度（℃）	+15℃时溶液相对密度	无水氯化钠含量（kg）			冻结温度（℃）
	1L溶液中	1kg溶液中	1kg水中			1L溶液中	1kg溶液中	1kg水中	
1.01	0.015	0.015	0.015	-0.9	1.10	0.149	0.136	0.157	-9.8
1.02	0.029	0.029	0.030	-1.8	1.11	0.165	0.149	0.175	-11.0
1.03	0.044	0.044	0.045	-2.6	1.12	0.182	0.162	0.193	-12.2
1.04	0.058	0.056	0.060	-3.5	1.13	0.198	0.175	0.231	-13.6
1.05	0.075	0.070	0.075	-4.4	1.14	0.213	0.188	0.242	-15.1
1.06	0.088	0.083	0.090	-5.4	1.15	0.230	0.200	0.250	-16.0
1.07	0.103	0.096	0.106	-6.4	1.16	0.246	0.212	0.269	-18.2
1.08	0.112	0.110	0.123	-7.5	1.17	0.263	0.224	0.290	-20.2
1.09	0.134	0.122	0.140	-8.6	1.175	0.271	0.231	0.301	-21.2

各种相对密度的氯化钙溶液及冻结温度　表 4-59

+15℃时溶液相对密度	无水氯化钙含量（kg）			冻结温度（℃）	+15℃时溶液相对密度	无水氯化钙含量（kg）			冻结温度（℃）
	1L溶液中	1kg溶液中	1kg水中			1L溶液中	1kg溶液中	1kg水中	
1.01	0.013	0.013	0.013	-0.6	1.20	0.263	0.219	0.280	-21.2
1.03	0.037	0.036	0.037	-1.8	1.21	0.276	0.228	0.296	-23.3
1.05	0.062	0.059	0.063	-3.0	1.22	0.290	0.238	0.312	-25.7
1.07	0.089	0.083	0.090	-4.4	1.23	0.304	0.247	0.329	-28.3
1.09	0.114	0.105	0.117	-6.1	1.24	0.319	0.257	0.346	-31.2
1.11	0.140	0.126	0.144	-8.1	1.25	0.334	0.266	0.362	-34.6
1.13	0.166	0.147	0.173	-10.2	1.26	0.351	0.275	0.379	-38.6
1.15	0.193	0.168	0.202	-12.7	1.27	0.368	0.287	0.395	-43.6
1.17	0.221	0.189	0.233	-15.7	1.28	0.385	0.298	0.411	-50.1
1.19	0.249	0.209	0.265	19.2	1.29	0.402	0.310	0.427	-55.6

各种相对密度的亚硝酸钠溶液及冻结温度　表 4-60

+15℃时溶液相对密度	无水亚硝酸钠含量（kg）			冻结温度（℃）	+15℃时溶液相对密度	无水亚硝酸钠含量（kg）			冻结温度（℃）
	1L溶液中	1kg溶液中	1kg水中			1L溶液中	1kg溶液中	1kg水中	
1.013	0.0198	0.0198	0.0199	-0.9	1.062	0.0962	0.0909	0.0995	-4.5
1.026	0.0395	0.0387	0.0398	-1.8	1.074	0.1141	0.1068	0.1194	—
1.038	0.0588	0.0567	0.0597	-2.7	1.086	0.1322	0.1222	0.1398	—
1.050	0.0777	0.0741	0.0796	-3.6	1.095	0.1496	0.1377	0.1592	-5.8

续表

+15℃时溶液相对密度	无水亚硝酸钠含量（kg）			冻结温度（℃）	+15℃时溶液相对密度	无水亚硝酸钠含量（kg）			冻结温度（℃）
	1L溶液中	1kg溶液中	1kg水中			1L溶液中	1kg溶液中	1kg水中	
1.104	0.1665	0.1524	0.1191	—	1.167	0.2690	0.2321	0.2936	-8.9
1.114	0.1835	0.1666	0.1990	-6.9	1.176	0.2850	0.2440	0.3184	—
1.126	0.2010	0.1810	0.2189	—	1.185	0.2990	0.2550	0.3383	—
1.137	0.2190	0.1963	0.2388	—	1.194	0.3160	0.2670	0.3582	—
1.148	0.2362	0.2083	0.2587	-7.6	1.210	0.3470	0.2890	0.3980	-13.8
1.158	0.2521	0.2210	0.2785	—	1.226	0.3760	0.3090	0.4376	—

【例4-37】 用砂浆搅拌机拌制砂浆，按配合比每次拌制用水泥50kg，掺入4%的氯化钠，它的纯度为87%，先配成20%浓度的溶液，拌制时加入拌合水中，配制用比重控制相对密度。(1) 计算配制溶液时每千克氯化钠要用多少水？每次拌制要用溶液和拌合水各多少？(2) 将配成20%浓度的溶液再稀释至4%浓度时的拌合水，要加入多少千克的溶液？

【解】 (1) 计算配成20%浓度氯化钠

配制溶液1kg氯化钠的用水量

$$W=G\left(\frac{B\%}{A\%}-1\right)=1\times\left(\frac{87}{20}-1\right)=3.35\text{kg}$$

每次拌制应用氯化钠量：$50\times4\%=2\text{kg}$

因此，每次拌制应加入的溶液：$\frac{2}{20\%}=10\text{kg}$

每次拌制加入水量：$50-(10-2)=42\text{kg}$

查表得，20%氯化钠溶液的相对密度为1.15，施工中按此进行测定。

(2) 计算配成4%浓度拌合水时加入20%浓度溶液量

假定先把100kg的水放入桶中，按式(4-145)计算：

$B=a\cdot W=0.25\times100=25\text{kg}$

即要配成4%浓度的拌合水需加入20%浓度的溶液量为25kg。

第 5 章

预应力混凝土工程施工计算

5.1 预应力混凝土台座工程

预应力构件在台座上进行张拉、锚固、混凝土浇筑、养护以及预应力筋的放松等工序，可张拉中型或大型构件，也可同时生产很多根构件，防止由于台座的变形、滑移和倾覆，使得预应力损失增大。因此，设计台座时，必须具有足够的强度、刚度和稳定性，并且校核验算。

下面分别介绍几个常用台座的形式、设计方面、使用注意处等，包括墩式台座、槽式台座、构架式台座以及预埋式台座。根据生产构件的种类、所需要的承载力、设备条件及地形土质，选择适合的台座形式。

5.1.1 预应力墩式台座计算

在先张法中，应用最为广泛的一种台座形式是墩式台座，多用于小型构件或多层重叠浇筑的预应力混凝土构件。主要有以下常见的形式：

重力式墩：采用混凝土墩作为承载力结构的台座，由传力台墩、台座板、台面和横梁等组成（图 5-1）。长度在 100 ~ 150m 之间，张拉力较大（可达 1000 ~ 2000kN）。

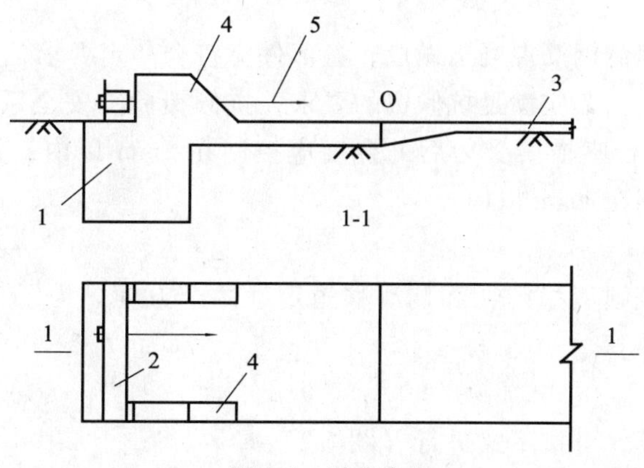

图 5-1　墩式台座

1—钢筋混凝土墩式台座；2—横梁；3—混凝土台面；4—牛腿；5—预应力筋

传力墩与台面共同受力：主要依靠加厚的台面分担张拉力，顶撑传力墩的滑移，分担张拉力。

爆扩桩式传力墩：用两根斜桩或一根直桩构成，适用小型构件。

下面介绍重力式墩的形式与检验计算方法。

1. 台座

台座长度主要根据构件长度、生产规模以及地形条件确定。一般，可以同时浇筑几个构件，其总长度可按下式计算：

$$L = l \times n + (n-1) \times 0.5 + 2K \tag{5-1}$$

式中 L——台座长度（m）；

l——构件的长度（m）；

n——一条生产作业线内生产的构件数（根）；

0.5——两根构件相邻端头间的距离（m）；

K——台座横梁到第一根构件端头的距离，一般为1.25～1.50m。

台座长度不能太长，钢筋在运输和放入台座都不方便，而且钢筋垂度过大，对预应力有一定影响。台座表面应光滑平整，平整度用2m靠尺检查，不得超过3mm；横向应做成0.5%的排水坡度。

台座宽度根据构件规格尺寸、布筋宽度及张拉、浇筑操作以及用料的经济性要求而定，一般每组为1.5～2.0m，不大于2.5m。通常将几条生产线并列在一起，以充分利用场地面积。

在台座的端部应留出张拉操作用地和通道。两侧要有构件运输和堆放的场地。

钢筋混凝土台座面层每隔一定距离应设置伸缩缝，伸缩缝的间距可根据当地的温差情况和经验确定，宜在10～15m之间。

如果采用预应力混凝土滑动台面，可不设置伸缩缝。但台座的基层和面层之间应有可靠的隔离措施，在台墩与面层的连接处留有供台面伸缩的间隙，构件生产时在台座端部应留出长度不小于1m的钢丝。

2. 台墩计算

墩式台座一般由现浇钢筋混凝土做成，各部件应符合一定要求，台座的承力台墩必须具有足够的强度和刚度，并应满足抗倾覆的要求，抗倾覆验算安全系数不得小于1.5；抗滑移的不得小于1.3；台座横梁受力后的挠度应控制在2mm以内，并不得产生翘曲；钢丝锚固板的挠度应控制在1mm以内。

（1）稳定性验算

稳定性验算包括抗倾覆稳定性和抗滑移稳定性两个方面。为了工程计算的简便和快速，作了很多的近似计算。

1）抗倾覆验算：

台墩的抗倾覆验算，可按下式进行（图5-2）：

$$K = \frac{M_r}{M_{ov}} = \frac{G_1 l_1 + G_2 l_2 + E_p \dfrac{2H}{3}}{N h_1} \tag{5-2}$$

式中 K——抗倾覆安全系数，一般不小于1.5；

M_r——抗倾覆力矩，由台座自重力和土压力等产生；

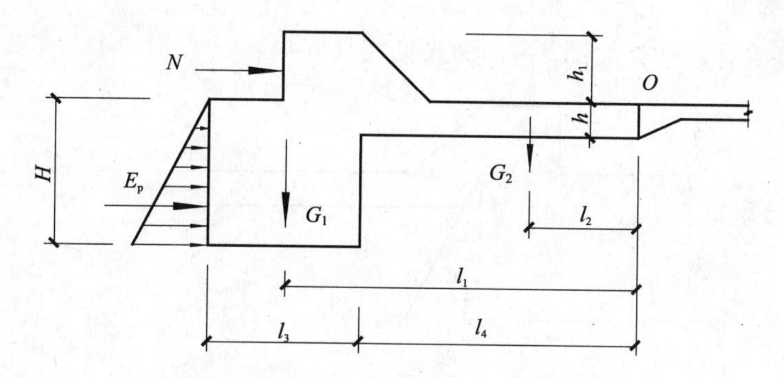

图 5-2　墩式台座抗倾覆稳定性验算简图

M_{ov} ——倾覆力矩，由预应力筋的张拉力产生；

G_1 ——台座外伸部分的重力；

l_1 —— G_1 点至 O 点的水平距离；

G_2 ——台座部分的重力；

l_2 —— G_2 点至 O 点的水平距离；

N ——预应力筋的张拉力；

h_1 ——张拉力合力作用点至倾覆转动点 O 的垂直距离；

E_p ——台墩后面的被动土压力合力，当台墩埋置深度较浅时，可忽略不计；

H ——台座的埋置深度。

台墩倾覆点的位置，对与台面共同工作的台墩，按理论计算倾覆点应在混凝土台面的表面处；实际上台墩的倾覆趋势使得台面端部顶点出现局部应力集中和混凝土面抹面层的施工质量，因此在实际计算中也可把倾覆点的位置可取于混凝土台面往下 4～5cm，如图 5-3 所示。

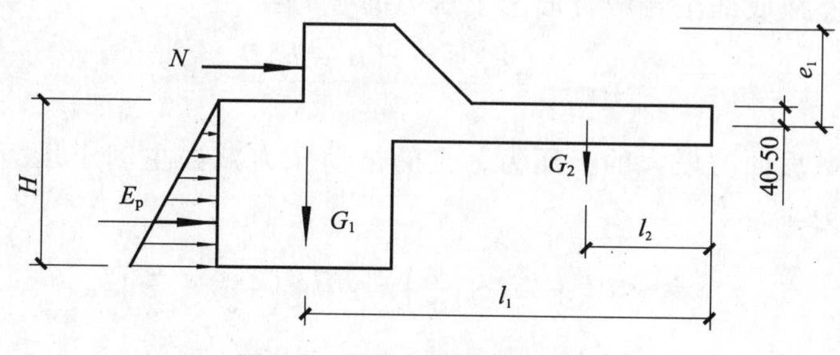

图 5-3　实际倾覆点计算位置

因此，公式（5-2）可以更改为：

$$K = \frac{M_r}{M_{ov}} = \frac{G_1 l_1 + G_2 l_2 + E_p \cdot \frac{2H}{3}}{N e_1} \tag{5-3}$$

式中　e_1 ——张拉力至倾覆转动点之间的垂直距离；

其余符号同前。

2）抗滑移验算：

台墩抗滑移验算，计算简图5-4，公式见式（5-4）：

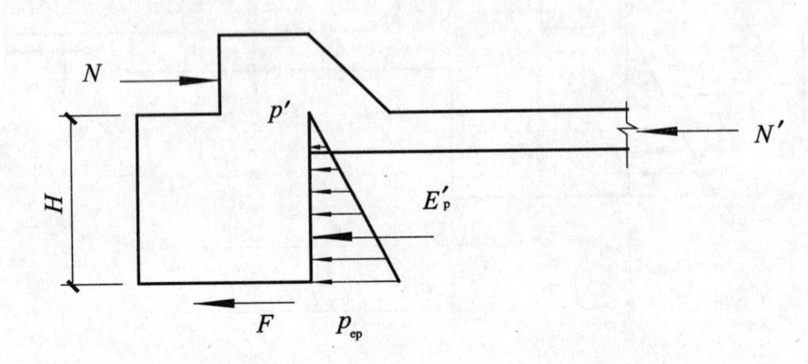

图5-4 墩式台座抗滑移验算简图

$$K_c = \frac{N_1}{N} \geqslant 1.3 \tag{5-4}$$

式中 K_c——抗滑移安全系数，一般不小于1.30；

N——滑动力，即预应力筋的总张拉力；

N_1——抗滑移的力，$N_1 = N' + F + E'_P$；

N'——台面板抗力（kN），当混凝土强度为10～15MPa时，台面厚$d = 60$mm，$N' = 150 \sim 200$kN/m；$d = 80$mm，$N' = 200 \sim 250$kN/m；$d = 100$mm，$N' = 250 \sim 300$kN/m台面宽；

F——混凝土台墩与土的摩阻力，$F = \mu(G_1 + G_2)$；

G_1——台墩外伸部分的重力；

G_2——台座板部分的重力；

μ——摩擦系数，对黏性土，$\mu = 0.25 \sim 0.40$；对砂土$\mu = 0.40$；对碎石$\mu = 0.40 \sim 0.50$；

E'_P——台座板底部至台墩背面上土压力的合力：

$$E'_P = \frac{(p_{ep} + p')(H - h)B}{2}$$

p_{ep}——台墩后面的最大的土压力，土的被动压力减去主动土压力，并忽略土的黏聚力：

$$p_{ep} = \gamma H \mathrm{tg}^2\left(45° + \frac{\varphi}{2}\right) - \gamma H \mathrm{tg}^2\left(45° - \frac{\varphi}{2}\right)$$

p'——台座板底部的土压力：

$$p' = \frac{hp_{ep}}{H}$$

γ——土的重度；

φ——土的内摩擦角，对粉质黏土φ；

H——台墩的埋设深度；

h——台座板厚度；

B——台墩宽度。

在实际工程中，当台墩与台面连接好时，可以不作抗滑移验算，而应验算台面的承载力。主要因为考虑到作用于台墩的力，几乎全部传给了台面。

（2）截面设计计算

1）台墩外伸部分（图 5-5）：

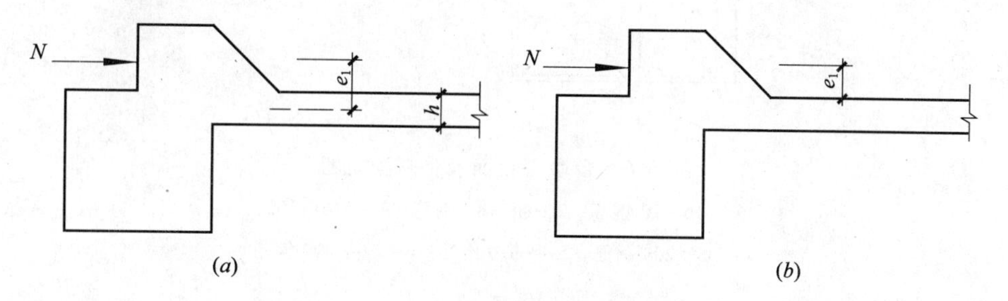

图 5-5　墩式台座截面计算简图

（a）台墩外伸部分；（b）牛腿

台墩的牛腿和延伸部分，按下式计算：

$$N \leqslant f_{cm} bx + f'_y A'_s - f_y A_s \tag{5-5}$$

或

$$Ne \leqslant f_{cm} bx\left(h_0 - \frac{x}{2}\right) + f'_y A'_s (h_0 - a'_s) \tag{5-6}$$

其中

$$e = \eta e_1 + \frac{h}{2} - a$$

式中　N——作用外伸部分的轴力；

f_{cm}——混凝土受弯曲强度设计值；

x——混凝土的受压区高度；

b——截面的宽度；

h_0——截面的有效高度，（扣除保护层厚度）；

a'_s——A'_s的合力点到截面近边的距离；

f_y——纵向受拉钢筋的强度设计值；

A_s、A'_s——纵向受拉、压钢筋截面面积；

e——轴向力作用点至受拉钢筋合力点之间距离；

η——偏心受压构件考虑挠曲影响的轴向力偏心矩增大系数；

e_1——初始偏心矩，$e_1 = e_0 + e_a$；

e_0——轴向力对截面重心的偏心矩，$e_0 = \frac{M}{N}$；

e_a——附加偏心矩；$e_a = 0.12(0.3h - e_0)$，当 $e_0 \geqslant 0.3h_0$ 时，取 $e_a = 0$；

a——纵向受拉钢筋合力点到截面近边的距离。

2）牛腿的配筋设计（图 5-6）：

牛腿配筋应符合《混凝土结构设计规范》（GB 50010—2002）中的规定，一般形式如图 5-6 所示。

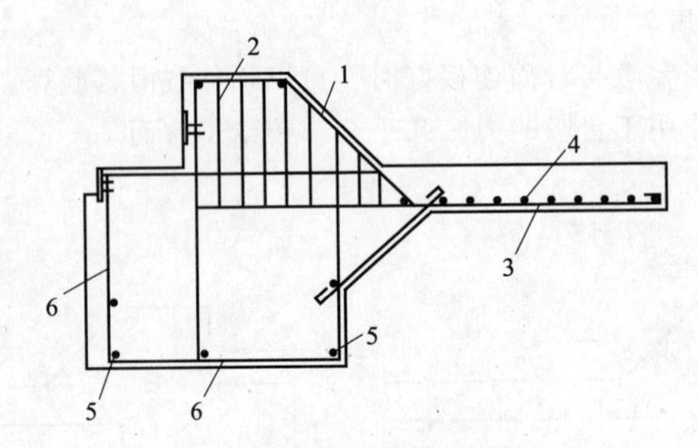

图 5-6　台墩、台面及牛腿配筋图

1—ϕ16～20 钢筋；2—ϕ8～10 钢筋；3—ϕ10@200；
4—ϕ8@200 钢筋；5—8ϕ10 钢筋；6—ϕ6@200 箍筋

3）钢横梁计算：

横梁为支撑定位板、固定预应力钢材、并将张拉力传给台座的构件，一般用型钢或钢板焊接制成。在计算中需要验算其强度与刚度，保证其使用性能。

弯矩验算：

$$M = \frac{1}{8}ql^2 \tag{5-7}$$

其中

$$q = \frac{N}{l} \tag{5-8}$$

$$W \geqslant \frac{M}{f} \tag{5-9}$$

式中　M——钢梁承受的最大弯矩；

q——承力钢板传给每根钢横梁的均布荷载；

N——传给钢横梁的荷载

l——横梁的跨度；

W——钢梁的截面抵抗矩；

f——钢材的抗拉强度设计值。

钢横梁的剪应力按下式复核：

$$V = \frac{1}{2}ql \tag{5-10}$$

$$\tau = \frac{V}{A} \leqslant f_v \tag{5-11}$$

式中　V——作用于钢横梁的剪力；

τ——钢横梁的剪应力；

f_v——钢材抗剪强度设计值；

A——钢横梁的截面面积。

刚度验算：

$$w_{max} = \frac{5ql^2}{384EI} \leqslant [w] = \frac{l}{400} \qquad (5\text{-}12)$$

式中 w_{max}——钢梁的挠度；

E——钢材的弹性模量；

I——钢梁的惯性矩；

$[w]$——钢梁的允许挠度，应小于 $l/400$，且不大于 2mm。

预应力筋的定位板用于固定预应力钢材，一般采用钢板，其厚度应根据横梁间距和张拉力大小确定。

3. 台面计算

参见“普通混凝土台面计算”一节。

【例 5-1】 预应力墩式台座，尺寸如图 5-7 所示。已知张拉力 $N = 1150$kN，$G_1 = 250$kN，$G_2 = 80$kN，台墩用 C20 混凝土，HPB235 级钢筋，台面厚度为 100mm，$N' = 300$kN/m，传力墩之间距离 $B = 4.0$m，$\mu = 0.35$，地基为砂质黏土，$\gamma = 18\text{kN/m}^3$，$\varphi = 30°$。试验算台座抗倾覆、抗滑移稳定性，并进行截面设计，确定钢梁截面。

【解】 (1) 抗倾覆验算

因埋置不深，且在开挖土方时后面土被扰动，可忽略土压力作用。

平衡力矩 $M_r = G_1 l_1 + G_2 l_2 = 250 \times 3.5 + 80 \times 1.4 = 987\text{kN}\cdot\text{m}$

倾覆力矩 $M_{ov} = Nh_1 = 1150 \times 0.35 = 403\text{kN}\cdot\text{m}$

抗倾覆安全系数

$$K = \frac{M_r}{M_{ov}} = \frac{987}{403} = 2.45 \geqslant 1.5 \quad 安全$$

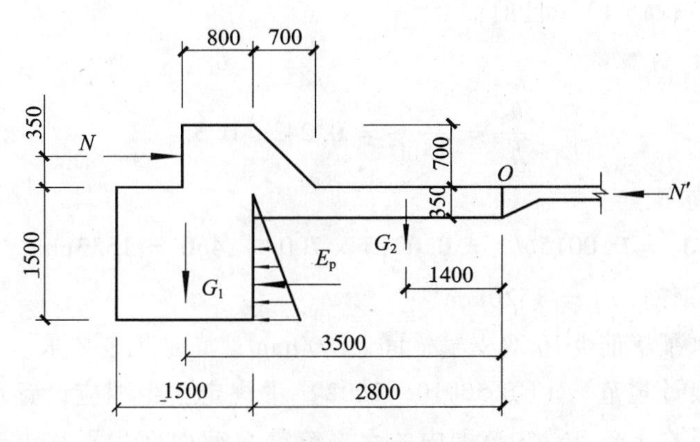

图 5-7 墩式台座计算尺寸

(2) 抗滑移验算

台面板抗力 $N' = 300 \times 4 = 1200$kN

台墩与土的摩阻力 $F = \mu(G_1 + G_2) = 0.35 \times (250 + 80) = 115.5$kN

台墩后面的最大土压力 $p_{ep} = \gamma H \tan^2\left(45° + \frac{\varphi}{2}\right) - \gamma H \tan^2\left(45° - \frac{\varphi}{2}\right)$

$$= 1.8 \times 1.5 \times (\tan^2 60° - \tan^2 30°)$$

$$=72\text{kN/m}^2$$

台座板底部的土压力 $p' = \frac{hp_{ep}}{H} = \frac{0.35 \times 72}{1.5} = 16.8\text{kN/m}^2$

台座板底部至台墩背面上土压力的合力

$$E'_P = \frac{(p_{ep} + p')(H - h)B}{2}$$

$$= \frac{(72 + 16.8)(1.5 - 0.35) \times 4}{2}$$

$$= 204\text{kN}$$

抗滑移的力 $N_1 = N' + F + E'_p = 1200 + 115.5 + 204 = 1519.5\ \text{kN}$

抗滑安全系数 $K_c = \frac{N_1}{N} = \frac{1519.5}{1150} = 1.32 \geqslant 1.3$ 安全。

（3）截面设计

1）牛腿配筋计算：

$$h_0 = 1500 - 40 = 1460\text{mm}$$

$$A_s = \frac{Nh_1}{0.85h_0 f_g} = \frac{1150 \times 350 \times 10^3}{0.85 \times 1150 \times 210} = 1544\text{mm}^2$$

设计规范规定，当采用 HPB235 级钢筋，纵向受拉钢筋的最小配筋率 $\left(\frac{A_s}{bh_0}\right)$ 不应小于 0.2%，现 A_s 小于规范规定，故取：

$$A_s = 0.002 \times 700 \times 1460 = 2044\text{mm}^2$$

选用 6ϕ22mm 钢筋，$A_s = 2281\text{mm}^2$

2）弯起钢筋 A_s 计算：

台座中 $\frac{h_1}{h_0} = \frac{350}{1460} = 0.24 \leqslant 0.3$

故应按规范要求配筋：

$$A_s = 0.0015bh_0 = 0.0015 \times 700 \times 1460 = 1533\text{mm}^2$$

选用 6ϕ18mm 钢筋，$A_s = 1526\text{mm}^2$

3）牛腿采用水平箍筋⏀10 双支箍，间距 100mm，满足规范要求。

《混凝土结构设计规范》（GB 50010—2002）中规定：牛腿应设置水平箍筋，间距宜为 100 ~ 150mm，且在上部 $2h_0/3$ 范围内的水平箍筋总截面面积不宜小于承受竖向力的受拉钢筋截面面积的 1/2。

4）裂缝控制验算：

$$N \leqslant \frac{\beta f_{tk} bh_0}{0.5 + h_1/h_0}$$

式中 β——裂缝控制系数，取 $\beta = 0.80$

f_{tk}——混凝土抗拉标准值，为 1.54N/mm^2

代入，得到：$\dfrac{0.8\times1.54\times700\times1460}{0.5+350/1460}=1702.1\text{kN}>1150\text{kN}$　安全

5）台座板配筋的计算：

已知：$h=350\text{mm}$；$h_0=350-35=315\text{mm}$；$a=35\text{mm}$；$b=4000\text{mm}$；$f_{cm}=11\text{N/mm}^2$；$f_y=210\text{N/mm}^2$。

$$e_0=\frac{M}{N}=\frac{1150\times350}{1150}=350\geqslant0.3\times315=94.5\text{mm}$$

设 $\varphi=\dfrac{l_0}{h}=\dfrac{2800}{350}=8$（台座板长度设为 2.8m），故不考虑挠度的影响。

分别由公式（5-5）、式（5-6）得到：

$$e=e_0+\frac{h}{2}-a=350+175-35=490\text{mm}$$

$$x=\frac{1150\times10^3}{4000\times11}=26.1\text{mm}$$

$$A_s=\frac{1150\times10^3\times490-11\times4000\times26.1\left(315-\dfrac{26.1}{2}\right)}{210\,(315-35)}=3686\text{ mm}^2$$

选用 26 根 $\phi14$ 钢筋，$A_s=4000\text{mm}^2$，底板箍筋用 $\phi6@300\text{mm}$。

（4）钢横梁计算：

钢梁承受的均布荷载（设钢横梁长度为 3.3m）：

$$q=\frac{N}{l}=\frac{1150}{3.3}=348.5\text{kN/m}$$

$$M=\frac{1}{8}ql^2=\frac{1}{8}\times348.5\times3.3^2=474.4\text{kN}\cdot\text{m}$$

钢横梁需要的截面抵抗矩：

$$W=\frac{M}{f}=\frac{474.4\times10^6}{315}=1506\times10^3\text{mm}^3$$

用 16Mn 钢，2I40b，$W_x=1140\times10^3\times2=2280\times10^3\text{mm}^3\geqslant1506\times10^3\text{mm}^3$，安全。

钢梁的剪力：

$$V=\frac{1}{2}ql=\frac{1}{2}\times348.5\times3.3=575\text{kN}$$

钢梁的剪应力：

$$\tau=\frac{V}{F}=\frac{575\times10^3}{9410\times2}=30.6\text{N/mm}^2\leqslant f_v=185\text{N/mm}^2$$

钢梁变形值：

$$w_{max}=\frac{5ql^4}{384EI}=5.9\text{mm}\leqslant\frac{l}{400}=8.3\text{mm}$$，满足要求。

5.1.2　预应力槽式台座计算

预应力槽式台座，又称压杆式台座，由传力柱、台面及传力架（横梁、螺丝杆等）

组成。一般可做成整体式的或装配式的，前者为现浇钢筋混凝土；后者传力柱用预制柱装配而成，多做成装配式的。考虑到台座材料的用量，构件钢筋的搬运以及安装方便等综合因素，传力柱可分段制作，每段长 5～6m，台座不宜过长，总长度一般 45～76m，宽度随构件外形及制作方式而定，一般每条生产线宽 1.0～2.0m。台座构造如图 5-8 所示。

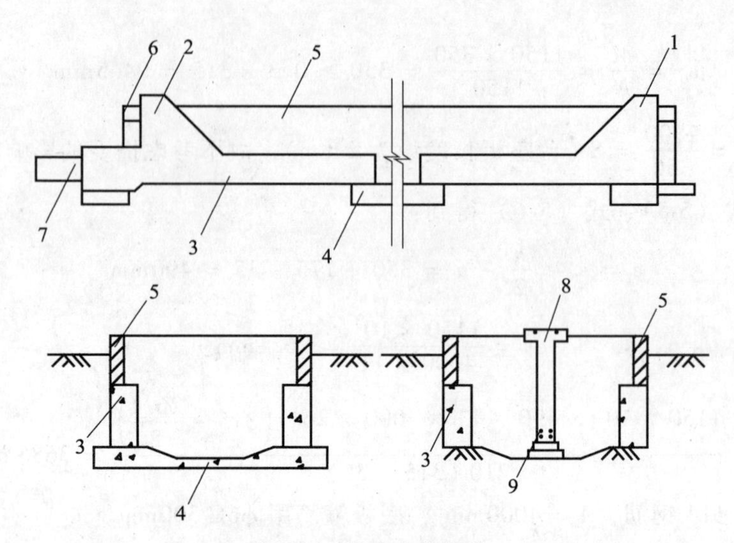

图 5-8　槽式台座构造

1—锚固端柱；2—张拉端柱；3—传力柱；4—基础板；
5—砖墙；6—上横梁；7—下横梁；8—吊车梁；9—吊车梁预应力筋

槽式台座能承受的张拉力较大（100～400t），台座变形较小，但建造时较墩式台座材料消耗多，需用时间长，又可作养生槽用，适用于生产张拉力和倾覆力矩均较大的中型预应力构件，如吊车梁、屋架等。为便于混凝土运输和蒸汽养护，槽式台座多低于地面。在施工现场还可利用已预制好的柱、桩等构件装配成简易槽式台座。

1. 端柱计算

（1）抗倾覆稳定性验算

1）锚固端柱稳定性验算（图 5-9）：

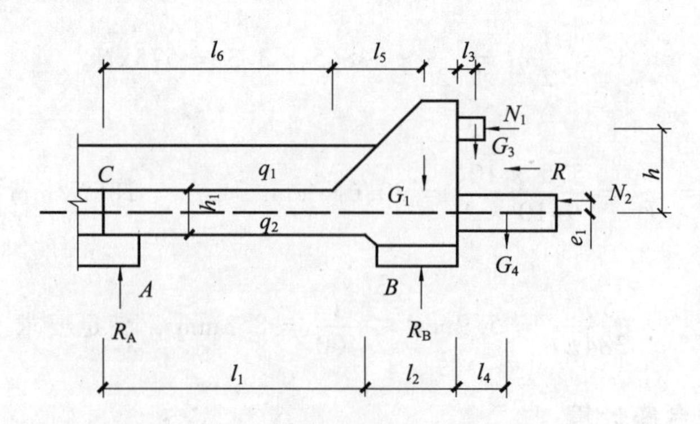

图 5-9　槽式台座锚固端抗倾覆验算

锚固端柱的抗倾覆可按下式验算：

$$K = \frac{M_r}{M_{ov}} = \frac{M_1 + M_2}{M_{ov}} \geqslant 1.5 \tag{5-13}$$

式中　K——抗倾覆安全系数，一般不小于 1.5；

M_r——抗倾覆力矩，$M_r = M_1 + M_2$

$$= \left[N_2\left(\frac{h_1}{2} - e_1\right)\right] + \left[G_3(l_1 + l_2 + l_3) + G_4(l_1 + l_2 + l_4) + G_1(l_5 + l_6) + \frac{1}{2}(q_1 + q_2)l_6^2 \right];$$

M_{ov}——倾覆力矩，$M_{ov} = N_1\left(h - \frac{h_1}{2}\right)$；

M_1——构件底部切除部分预应力筋后剩余预应力筋产生的抗倾覆力矩；

M_2——锚固端自重力产生的抗倾覆力矩；

N_1——上部预应力钢筋的压力；

N_2——下部除去断掉的预应力钢筋后是剩下的预应力钢筋对一根端柱的压力；

q_1、q_2——分别为砖墙、传力柱每米长重力；

G_1——锚固端柱一段及基础板一半的重力；

G_2——张拉端柱一段及基础板一半的重力；

G_3、G_4——分别上横梁、下横梁一半重力；

l_1、$l_2 \cdots l_n$——构件各部分的相对关系；

对 G_1、$G_2 \cdots G_4$ 等应先求出作用力的位置，以确定对绕 C 点取力矩的距离。

2）张拉端柱稳定性验算（图 5-10）：

取 C' 点的力矩来进行抗倾覆稳定性验算，其计算方法与锚固端柱相同。

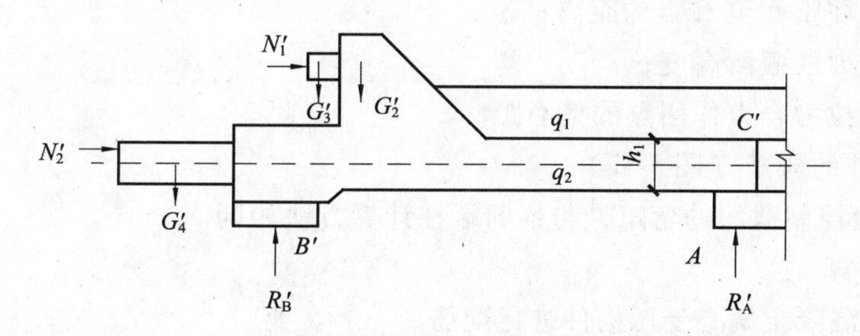

图 5-10　槽式台座张拉端抗倾覆验算

（2）弯矩计算

1）锚固端柱的弯矩（图 5-11）：

以 1—1 截面作为控制截面的弯矩，得到计算公式：

$$M_{1-1} = R_A l_7 + Re_0 - \frac{1}{2}(q_1 + q_2)l_6^2 \tag{5-14}$$

分别求出支座反力，反力作用位置代入上式进行计算。

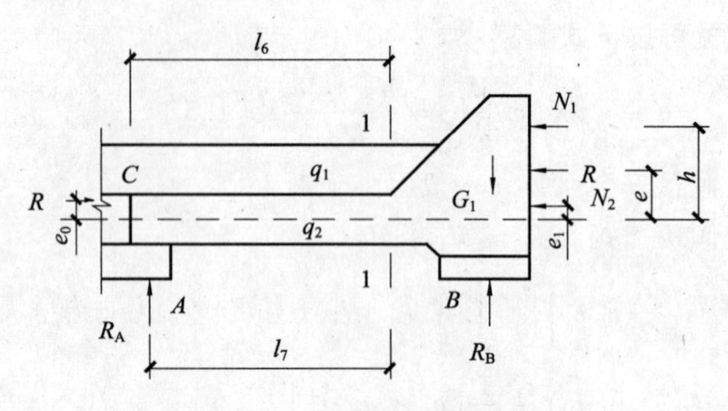

图 5-11　锚固端柱弯矩计算

反力作用点距截面中心的距离 e_0 的求解公式（图 5-12）：

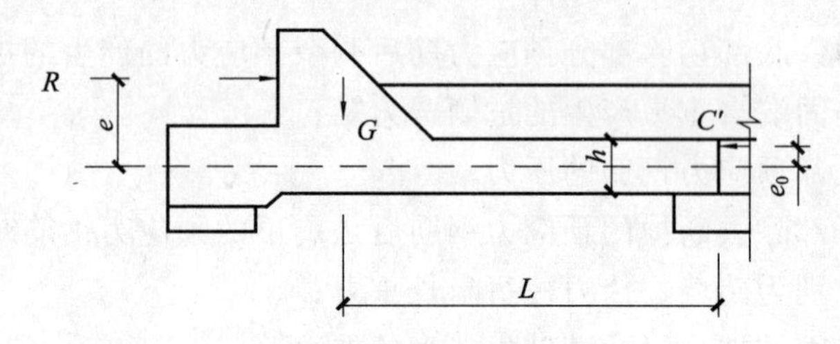

图 5-12　e_0 值计算简图

$$e_0 = \frac{e \cdot \frac{h}{2}}{\frac{GL}{R} + \frac{h}{2}} \tag{5-15}$$

式中　G——端柱自重力；

R——预应力筋张拉力的合力；

L——端柱重心至 C 点的距离；

h——传力柱截面高度；

e——张拉力合力作用点的偏心距。

2）张拉端柱的弯矩（图 5-13）：

以 M_{2-2} 作为控制截面的弯矩，与锚固端柱计算方法相同。

（3）配筋计算

一般按钢筋混凝土偏心受压构件进行配筋。

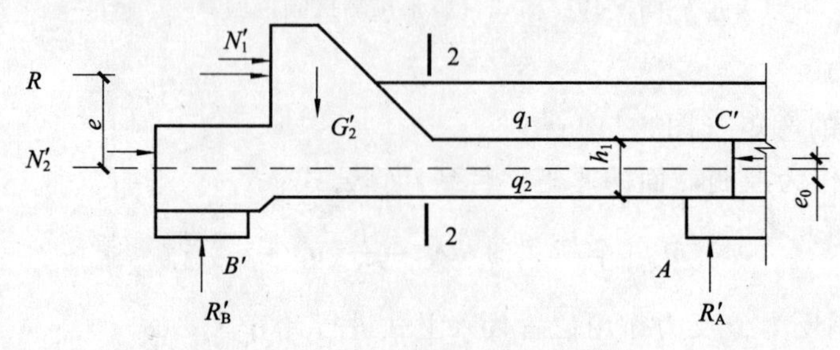

图 5-13　张拉端柱弯矩计算简图

2. 传力柱计算

(1) 计算长度确定

传力柱按偏心受压计算，其计算长度 l_0 与张拉力、截面积等有关，按下式计算：

$$l_0 = 2\sqrt{\frac{Re}{\rho A}} \tag{5-16}$$

式中　R——预应力筋张拉力之合力；

e——张拉力合力作用点之偏心矩；

A——传力柱横截面积；

ρ——混凝土的重力密度。

(2) 传力柱弯矩计算

分别计算在全部预应力钢筋产生的合力 R_1 作用下（图 5-14）以及下部部分预应力筋切断掉后，在剩余预应力筋产生的合力 R_2 作用下的弯矩。

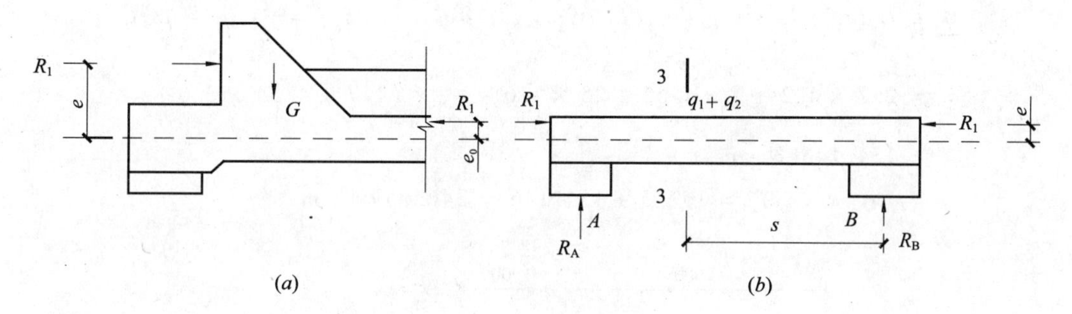

图 5-14　传力柱计算简图

(a) e_0 计算简图；(b) 传力柱计算简图

在全部预应力钢筋产生的合力 R_1 作用下，求控制截面 3-3 的弯矩：

$$M_{3-3} = R_B \cdot S + R_1 e_0 + \frac{1}{2}(q_1 + q_2)S^2 \tag{5-17}$$

其中，e_0 为传力柱反力位置，需要先计算出来，计算简图 5-14 (a)。R_B 为底板反力，另外列式计算。同理，可求得切断部分的预应力筋后，剩下的预应力筋在传力柱上产生的最大弯矩值。

(3) 配筋计算

分别按上述两种情况，即：(1) $N_1 = R_1$ 和 M_{max}；(2) $N_2 = R_2$ 和 M_{max} 的内力组合，按钢筋混凝土偏心受压构件计算进行截面配筋（略）。

3. 横梁计算

横梁按两端支承于端柱上的简支梁计算，弯矩如下：

$$M = \frac{1}{4}Nl \tag{5-18}$$

剪力计算公式如下：

$$V = \frac{N}{2} \tag{5-19}$$

式中　N——作用于横梁中点的集中力，由于横梁由两片组成，$N=2N_1$（或 $2N_2$）；

　　　l——横梁跨度，等于台座两根传力柱之间的距离。

当横梁截面大，跨度相对比较小时，按简支梁计算存在一定的误差，需要增设必要的构造配筋。

【例 5-2】 预应力槽式台座，如图 5-15 所示。已知张拉力 $N_1=180\text{kN}$，$N_2=500\text{kN}$，$q_1=1.7\text{kN}$，$q_2=4.5\text{kN}$，$G_1=25\text{kN}$，$G_3=2.7\text{kN}$，$G_4=7\text{kN}$。试验算台座的稳定性以及锚固端柱的轴力和控制弯矩。

【解】 （1）抗倾覆验算

取 C 点作为抗倾覆旋转中心内

平衡力矩
$$M_r=M_1+M_2$$

其中
$$M_1=N_2\left(\frac{h_1}{2}-e_1\right)=500\times(0.25+0.135)=192.5\text{kN}\cdot\text{m}$$

$$M_2=G_3(l_1+l_2+l_3)+G_4(l_1+l_2+l_4)+G_1(l_5+l_6)+\frac{1}{2}(q_1+q_2)l_6^2$$
$$=2.7\times4.2+7\times4.55+25\times3.6+\frac{1}{2}\times(1.7+4.5)\times2.6^2$$
$$=154.146\text{kN}\cdot\text{m}$$

$$M_r=192.5+154.146=346.65\text{kN}\cdot\text{m}$$

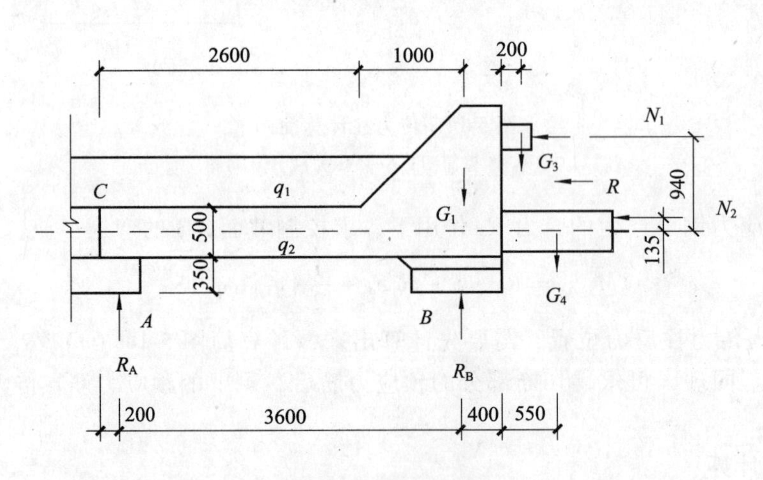

图 5-15　计算简图

倾覆力矩

$$M_{ov}=N_1\left(h-\frac{h_1}{2}\right)=180\times(0.94-0.5/2)=124.2\text{kN}\cdot\text{m}$$

抗倾覆安全系

$$K=\frac{M_r}{M_{ov}}=\frac{346.65}{124.2}=2.8\geqslant1.5\quad\text{安全}$$

（2）轴力、弯矩计算（计算简图见图 5-16）

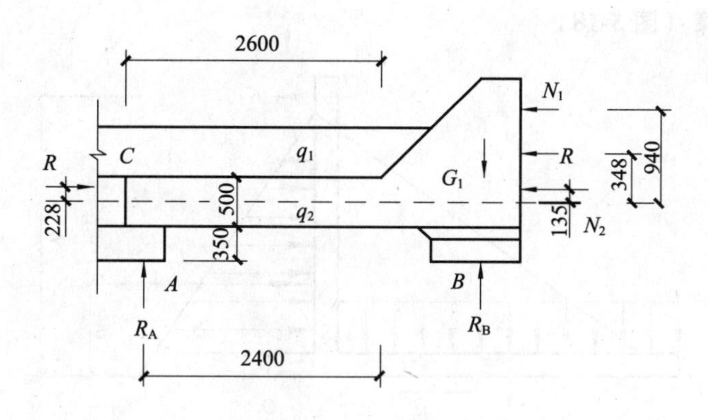

图 5-16 轴力、弯矩计算简图

张拉的轴力 $N = 180 + 500 = 680\text{kN}$

合力离柱轴线距离 $e = 0.348\text{m}$

根据公式（5-15）得到： $e_0 = 0.228\text{m}$

取 $M_B = 0$，求出支座反力 $R_A = 35\text{kN}$

根据公式（5-14）得到：$M_{1\text{-}1} = R_A l_7 + Re_0 - \dfrac{1}{2}(q_1 + q_2) l_6^2 = 218\text{kN} \cdot \text{m}$

因此得到：轴力和我弯矩分别为 680kN 和 218kN · m。

5.1.3 预应力构架式台座计算

当张拉力和倾覆力矩较大时，采用墩式不经济，可采用预应力构架式台座，适用于张拉力不大的中、小型构件。构架式多采用装配式的，由多个 1m 宽、重约 2.4t 的三角形块体组成，构造如图 5-17 所示。一般每一个可承受约 130kN，可根据台座需要的张拉力，设置一定数量的块体组成。

台座的计算不做讨论，与前面基本相同。

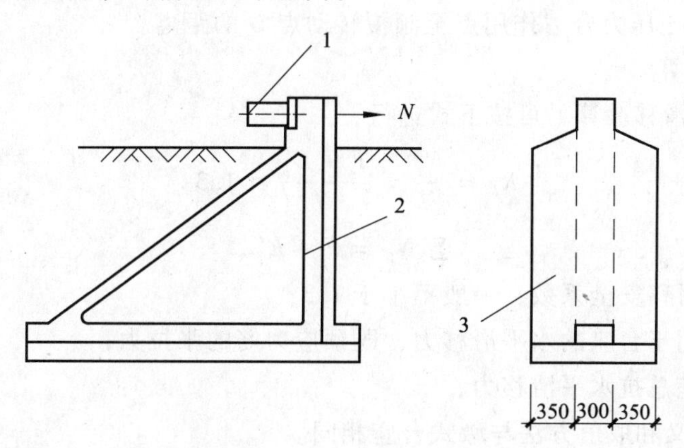

图 5-17 构架式台座构造

1—承力架；2—1m 宽三角形混凝土台座块体；3—块体

1. 稳定性验算（图 5-18）

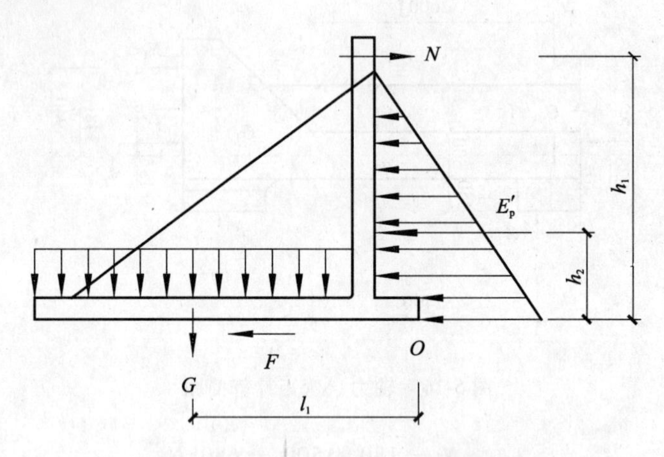

图 5-18　构架式台座稳定性验算简图

（1）抗倾覆验算

构架式台座的抗倾覆验算可按下式进行：

$$K = \frac{M_r}{M_{ov}} = \frac{G_1 l_1 + E'_p h_2}{N h_1} \tag{5-20}$$

式中　K——按倾覆安全系数，一般不小于 1.5；

M_{ov}——预应力筋对台座的倾覆力矩；

M_r——抗倾覆力矩，由台座自重力和土压力等产生；

N——预应力筋的张拉力；

h_1——张拉力至台座底的距离；

G_1——构架式台座和上部土的自重力；

l_1——G_1 合力点至台座端 O 点的距离；

E'_p——构架式台座后面的被动土压力合力；

h_2——被动土压力合力作用点至倾覆转动点 O 的距离。

（2）抗滑移验算

构架式台座抗滑移验算，可按下式进行：

$$K_c = \frac{N_1}{N} = \frac{F + E'_p}{N} \geqslant 1.3 \tag{5-21}$$

其中

$$\sum N_1 = F + E'_p$$

式中　K_c——抗滑移安全系数，一般不小于 1.3；

N——作用于台座的水平滑移力，既预应力筋的张拉力；

N_1——台座总抗水平滑移力；

F、E'_p 符号意义和取值方法与墩式台座相同。

2. 台座内力计算与截面计算

（1）立柱

按悬臂梁来计算（图 5-19a）。对于斜杆，按轴心受拉构件考虑。从立柱计算中，可得到支座反力 R，则 $T = R/\cos a$，按照 $\sigma = \frac{T}{A} \leqslant f$ 验算截面（图 5-19b）。

（2）底座

立柱和斜柱杆求得的内力作为外荷载作用在底座上面，再加上土体荷载、地基反力进行分析，求解并进行截面设计。

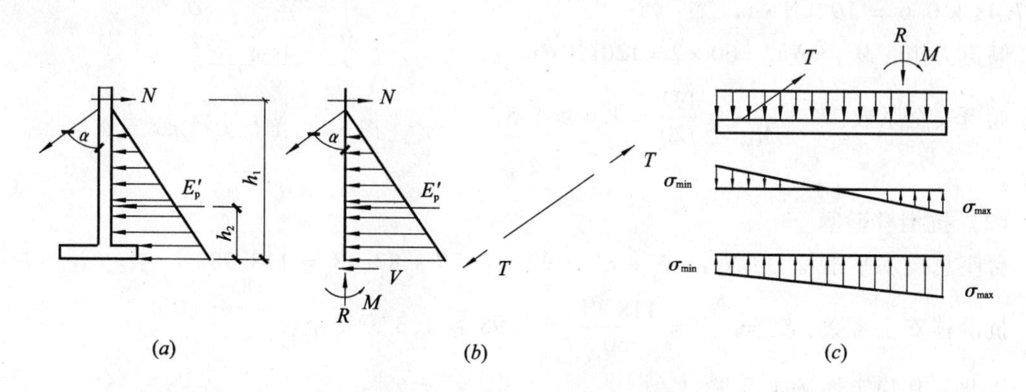

图 5-19　构架式台座计算简图

（a）立柱；（b）斜杆；（c）底座

3. 地基强度验算

对地基强度的验算（图 5-19c），按下面式子进行验算：

$$\sigma_{\min}^{\max} = \frac{M}{W} \pm \frac{N}{A} \tag{5-22}$$

式中　$\sigma_{\min}^{\max}$——构架式台座作用于地基上的最大或最小应力；

M——作用于构架式台座地基的弯矩；

W——构架式台座底面的抵抗矩；

N——作用于构架式台座地基上的垂直荷载；

A——底面积。

验算公式：

$$\sigma_{\max} \leqslant 1.2f \tag{5-23a}$$

$$\frac{N}{A} \leqslant f \tag{5-23b}$$

地基反力应同时满足式（5-23a）、式（5-23b），其中 f 为地基承载力设计值。

4. 钢横梁计算

钢横梁的计算方法，与墩式台座一致。

【例 5-3】　预应力构架式台座，尺寸如图 5-20 所示。已知张拉力 $N = 60\text{kN}$，$G_1 = 90\text{kN}$。土的重度 $\gamma = 18\text{kN/m}^3$，内摩檫角 $\varphi = 30°$，摩檫系数 $\mu = 0.35$，验算台座的稳定性。

【解】（1）抗倾覆验算

被动土压力：$E'_p = \frac{\gamma H^2}{2} \cdot \tan^2\left(45° + \frac{\varphi}{2}\right) = \frac{18 \times 1.8^2}{2} \cdot \tan^2\left(45° + \frac{30}{2}\right) = 87.48\text{kN}$

抗倾覆力矩：$M_r = G_1 l_1 + E'_p h_2 = 90 \times 1.55 + 87.48 \times 0.6 = 192\text{kN} \cdot \text{m}$

倾覆力矩：$M_{ov} = Nh_1 = 60 \times 2 = 120\text{kN} \cdot \text{m}$

倾覆安全系数：$K = \frac{M_r}{M_{ov}} = \frac{192}{120} = 1.6 \geqslant 1.5$，安全。

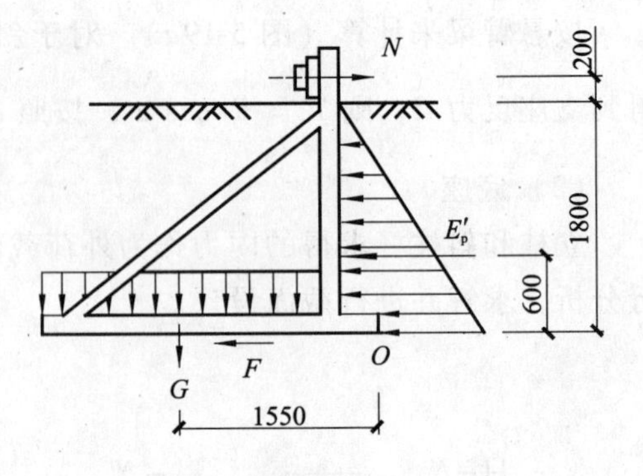

图 5-20　预应力构架式台座

（2）抗滑移验算

台座总抗水平滑移力：$N_1 = F + E'_p = 90 \times 0.35 + 87.48 = 118.98\text{kN}$

抗滑移安全系数：$K_c = \frac{N_1}{N} = \frac{118.98}{60} = 1.98 \geqslant 1.3$，安全。

因此，其稳定性满足要求。

5.1.4　预应力换埋式台座计算

预应力换埋式台座利用砂床埋住挡板（可用旧楼板或小梁）、立柱，以代替现浇混凝土台墩，其构造见图 5-21。预应力换埋式台座可多次周转使用，适用于临时性预制场生产预应力圆孔板和预应力拆板等张拉力不大的中、小型构件。在设计中，需要考虑抗倾覆验算（埋设深度）以及确定砂床宽度。

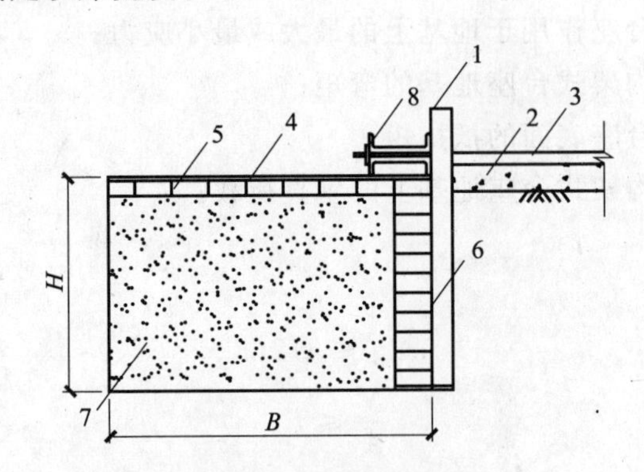

图 5-21　预应力换埋式台座

1—旧钢轨立柱；2—混凝土铺垫层；3—预应力筋；4—水泥砂浆 20～30mm 厚；5—铺砌红砖；6—预制混凝土挡板；7—砂床；8—槽钢横梁

1. 台座抗倾覆计算

预应力换埋式台座的抗倾覆计算实际是对埋设深度的计算。通过假设一个安全系数 K 来，求得埋设深度 H。

砂床的计算简图如 5-22 所示，张拉产生的倾覆力矩，将由立柱下部另侧被动土压力产生的抗倾覆力矩平衡，倾覆点位于立柱与台面接触处。

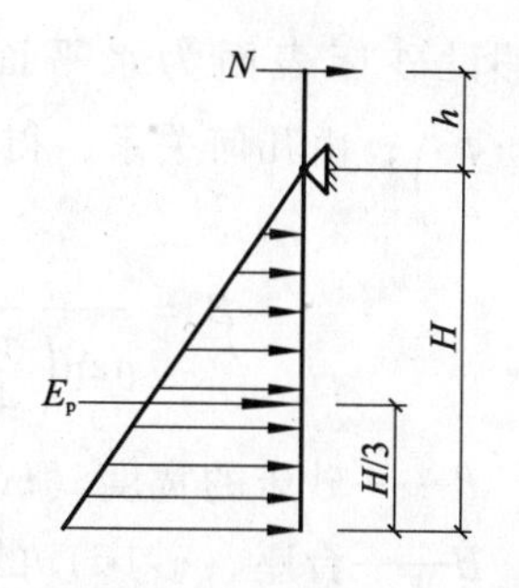

图 5-22　砂床埋设深度计算简图

预应力筋对台座的倾覆力矩：$M_{ov} = N \cdot h$

由土压力产生的抗倾覆力矩：

$$M_r = E_p \times \frac{2}{3}H = \frac{1}{3}\gamma H^3 \tan^2\left(45° + \frac{\varphi}{2}\right)$$

考虑一个安全系数 K，得到：

$$H = \sqrt[3]{\frac{3KNh}{\gamma \tan^2\left(45° + \frac{\varphi}{2}\right)}} \tag{5-24}$$

式中　K——按倾覆安全系数，一般不小于 1.5；

N——预应力筋的张拉力；

h——张拉力至台面的距离；

H——台座埋设深度；

φ——砂土的内摩擦角（℃）；按表 5-1 取用；

γ——砂土的重力密度（kN/m^3）。

砂类土内摩擦角 φ 计算值（℃）　　表 5-1

砂土类别	孔隙比		
	0.41～0.50	0.51～0.60	0.61～0.70
砾砂和粗砂	41°	38°	36°
中　　砂	38°	36°	33°
细　　砂	36°	34°	30°

不同张拉倾覆力矩的台座埋深（m）　　表 5-2

φ \ M_{ov}	10	20	30	40	50	60	70	80	90	100
30°	0.98	1.23	1.41	1.55	1.67	1.78	1.87	1.96	2.04	2.11
32°	0.95	1.20	1.37	1.51	1.63	1.73	1.82	1.91	1.98	2.05
34°	0.93	1.17	1.34	1.47	1.59	1.68	1.77	1.85	1.93	2.00
36°	0.90	1.13	1.30	1.43	1.54	1.64	1.72	1.80	1.87	1.94
38°	0.87	1.10	1.26	1.39	1.50	1.59	1.67	1.75	1.82	1.88
40°	0.85	1.07	1.23	1.35	1.45	1.54	1.62	1.70	1.77	1.83

注：表中砂土重力密度取 $\gamma = 16kN/m^3$，M_{ov} 为每米台座上所作用的倾覆力矩（kN·m）

2. 砂床宽度计算

砂床宽度计算，如图 5-23 所示。

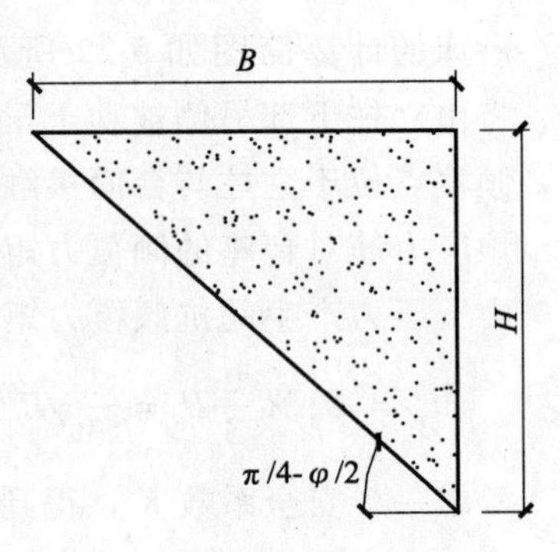

图 5-23　砂床宽度计算简图

假设砂床表面为水平面，它与滑面之间夹角为$\left(\frac{\pi}{4}-\frac{\varphi}{2}\right)$，由几何关系，得到砂床的最小宽度：

$$B=\frac{H}{\tan\left(\frac{\pi}{4}-\frac{\varphi}{2}\right)} \tag{5-25}$$

式中　B——砂床的宽度（m）；

H——台座（砂床）的埋置深度（m）；

φ——砂土的内摩擦角（°）。

【例 5-4】　预应力换埋式台座，已知每米台座张拉力$N=60\text{kN}$，张拉力至台面的距离$h=600\text{mm}$，砂床的重度$\gamma=16\text{kN/m}^3$，内摩檫角$\varphi=30°$，试求台座的埋设深度和砂床宽度。

【解】　(1) 抗倾覆验算

$$台座埋设深度: H=\sqrt[3]{\frac{3KNh}{\gamma\tan^2\left(45°+\frac{\varphi}{2}\right)}}=\sqrt[3]{\frac{3\times1.5\times60\times0.6}{16\times\tan^2(60°)}}=1.5\text{m}$$

$$砂床的宽度: B=\frac{H}{\tan\left(\frac{\pi}{4}-\frac{\varphi}{2}\right)}=\frac{1.5}{\tan30°}=2.6\text{m}$$

5.2　混凝土台面计算

5.2.1　普通混凝土台面计算

普通混凝土台面的水平承载力计算如下：

$$P=\frac{\varphi Af_c}{K_1K_2} \tag{5-26}$$

式中　P——台面的水平承载力；

φ——轴心受压纵向弯曲系数，取$\varphi=1$；

A——台面截面面积；

f_c——混凝土轴心抗压强度设计值；

K_1——超载系数，取1.25；

K_2——考虑台面截面不均匀和其他影响因素的附加安全系数，取$K_2=1.5$

具体做法：夯实地面，铺设一层100～200mm厚的碎石，夯压密实，再在其上浇筑一层厚60～100mm的混凝土。一般，在台面设置伸缩缝，每10m一条，可根据当地温差和经验设置，或可以采用预应力混凝土滑动台面，不流设施工缝。

【例 5-5】　预应力墩式台座台面。已知张拉力$N=1150\text{kN}$，台面面积$A=100\times3500\text{mm}^2$，混凝土采用C15，$f_c=7.5\text{N/mm}^2$，试求台面承载力是否满足要求。

【解】　由公式（5-26）得到：

台面的水平承载力：$P = \frac{\varphi A f_c}{K_1 K_2} = \frac{1 \times 100 \times 3500 \times 7.5}{1.25 \times 1.5} = 1400\text{kN} \geq 1150\text{kN}$

因此，台面是安全的。

5.2.2 预应力混凝土台面计算

普通混凝土台面经常受温差的影响，会影响其使用性能，缩短使用时间，因此，现在构件预制厂采用了预应力混凝土滑动台面。这种台面具有明显的优点，不易受温差影响，增加台面的使用寿命。

预应力混凝土滑动台面的构造如图 5-24。

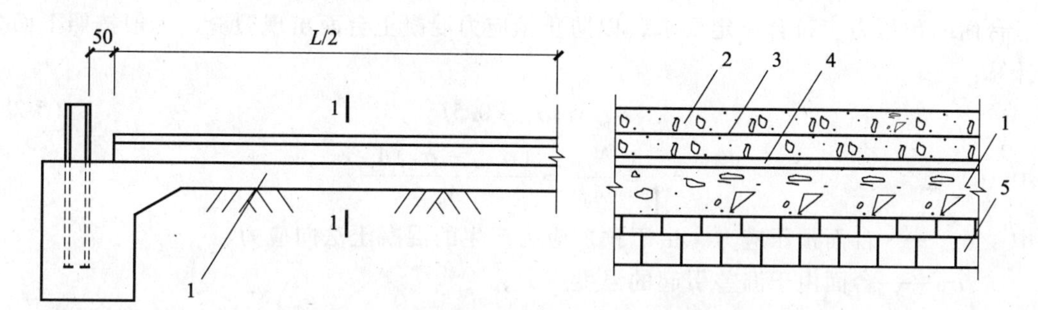

图 5-24　预应力混凝土滑动台面构造

1—原有台面；2—预应力滑动台面；3—预应力钢丝；4—隔离层；5—垫层

具体做法：在原有的台面或新浇的混凝土基层上刷隔离剂，张拉预应力钢丝，浇筑混凝土面层。在混凝土达到放张强度后，再切断钢丝，台面就发生滑动，可避免裂缝的出现。

台面的基层要平整，隔离层要好，减少摩擦力，台面宜在春秋季施工，减少温差引起的温度应力。

1. 台面温度应力计算

温度应力计算见下式（5-27）：

$$\sigma_t = 0.5\mu\rho\left(1 + \frac{h_2}{h_1}\right)B \cdot L \cdot K_t \tag{5-27}$$

式中　σ_t——台面由于温差引起的温度应力；

μ——台面与混凝土基层之间的摩擦系数，采用不同材料时可参照表 5-3；

ρ——台面混凝土及其上构件或堆积物的重力密度；

h_1——预应力混凝土台面厚度；

h_2——台面上构件或堆积物等的折算密度；

B——台面宽度；

L——台面长度；

K_t——由于台面上生产构件的预应力筋锚固影响而使面层的温度应力增大的附加系数，根据实验，一般取 $K_t = 1.3$。

采用不同隔离层材料的摩擦系数 μ 表 5-3

项　次	隔离层材料	摩擦系数
1	塑料材料 + 滑石粉	0.5 ~ 0.6
2	塑料材料 + 薄砂层	0.8
3	废机油两度 + 滑石粉	0.6 ~ 0.7
4	皂脚废机油	0.65

2. 台面预应力计算

台面的预压力应符合一定要求，以防止预应力混凝土台面出现裂缝，一般按照下面公式计算：

$$\sigma_{pc} > \sigma_t - 0.5f_{tk} \tag{5-28}$$

其中
$$\sigma_{pc} = \frac{N_{po}}{A_0} = \frac{(\sigma_{con} - \sigma_L)A_p}{A_0}$$

式中 σ_{pc}——台面预压应力，由于预加应力产生的混凝土法向应力；

σ_t——台面由于温差引起的温度应力；

f_{tk}——混凝土的抗拉强度标准值；

N_{po}——预应力筋的合力；

A_0——台面面层的换算截面面积；

A_p——预应力筋之截面面积；

σ_{con}——预应力筋的张拉控制应力值，$\sigma_{con} = (0.75 \sim 0.80)f_{ptk}$；

f_{ptk}——冷拔低碳钢丝的标准强度；

σ_L——预应力损失总合值。

3. 台面钢丝选用及配置

一般，预应力台面用的钢丝，可用 $\phi^b4 \sim 5$ 冷拔丝和 ϕ^k5 刻痕钢丝，居中配置。混凝土多为 C30 和 C40，具体配置可参见表 5-4。

【例 5-6】 构件预制厂预应力混凝土台面，长 100mm，厚 80mm，采用 C30 混凝土，$f_{cu,k} = 30\text{N/mm}^2$，$f_{tk} = 2\text{N/mm}^2$，$E_c = 3 \times 10^4\text{N/mm}^2$，$\rho = 25\text{kN/mm}^2$，预应力筋采用 ϕ^b5 冷拔丝，$f_{ptk} = 700\text{N/mm}^2$，$E_c = 2 \times 10^4\text{N/mm}^2$，间距为 40mm。隔离层采用塑料薄膜 + 滑石粉，$\mu = 0.5$。台面上构件的折算厚度为 70mm，预应力损失总合值 $\sigma_L = 110\text{N/mm}^2$，试计算台面上产生的温度应力和验算台面预压应力是否满足要求。

【解】 （1）温度应力计算

由公式（5-27）得到：

$$\sigma_t = 0.5\mu\rho\left(1 + \frac{h_2}{h_1}\right)B \cdot L \cdot K_t = 0.5 \times 0.5 \times 25 \times 10^{-6}$$
$$\times \left(1 + \frac{70}{80}\right) \times 100 \times 10^3 \times 1.3 = 1.52\text{N/mm}^2$$

滑动台面预应力筋配置参考表　　表5-4

台面荷载 (kN/m²)	台面厚度 h (mm)	滑动台面预应力钢筋配置			
		在下列台面长度 (m)			
		50	75	100	125
2	60	$\phi^b4@75$	$\phi^b4@50$	$\phi^b5@50$	$\phi^k5@100$
	80	$\phi^b4@65$	$\phi^b5@65$	$\phi^b5@40$	$\phi^k5@90$
3	60	$\phi^b4@65$	$\phi^b5@65$	$\phi^b5@40$	$\phi^k5@90$
	80	$\phi^b4@50$	$\phi^b5@50$	$\phi^k5@100$	$\phi^k5@75$

注：1. 混凝土等级：$\phi^b4\sim5$ 为C30；ϕ^k5 为C40。

2. 张拉控制应力：ϕ^b4，$\sigma_{con}=487N/mm^2$；

ϕ^b5，$\sigma_{con}=450N/mm^2$；

ϕ^k5，$\sigma_{con}=1050N/mm^2$。

3. 隔离剂 $\mu=0.7$；如 $\mu>0.7$，其配筋量按比例增加。

4. 预应力台面的长度 $L>125m$ 时，宜设置横向缝一条。

(2) 台面预压应力验算

预应力筋之截面面积：$A_p=19.6\times25=490mm^2$

台面面层的换算截面面积：$A_0=bh_1+\frac{E_s}{E_c}A_p=83266.7mm^2$

预应力筋的张拉控制应力值：$\sigma_{con}=0.75f_{ptk}=525N/mm^2$

台面预压应力：$\sigma_{pc}=\frac{(\sigma_{con}-\sigma_L)A_p}{A_0}=\frac{(525-110)\times490}{83266.7}=2.44N/mm^2$

$\sigma_t-0.5f_{tk}=1.52-0.5\times2=0.52N/mm^2<2.44N/mm^2$，台面不会开裂，满足使用要求。

5.3　预应力筋张拉力和张拉力控制力计算

5.3.1　预应力筋张拉力计算

预应力张拉控制力是指预应力筋张拉时需要达到的应力，一般是由于张拉设备压力表直接度量得到的，所以一般作为计算基点，并作为预应力损失扣除的起点（对于超张拉除外）。

预应力筋的张拉力计算一般按照下面公式计算，在计算时，考虑张拉具体的张拉程序：

$$N=\sigma_{con}\cdot A_p \tag{5-29}$$

式中　N——预应力筋的张拉力；

A_p——预应力筋之截面面积；

σ_{con} ——预应力筋的张拉控制应力值。

张拉力不能过小，使得构件过早出现裂缝，影响使用功能；张拉力越高，预应力损失值越大，抗裂性能和刚度都可提高，但不能过高，否则，会出现下列情况：

（1）构件出现裂缝荷载接近破坏荷载，破坏前没有预告，即脆性破坏；

（2）张拉力过大，使得反拱过大；

（3）由于张拉力过大，在预拉区出现裂缝或局压破坏；

（4）由于钢筋的不均匀性，使钢筋拉断。

因此，在施工中必须准确计算预应力筋的张拉力，当施工过程中产生的损失与设计不一致时，应重新调整张拉力，另外，《混凝土结构设计规范》（GB 50010—2002）中明确规定了张拉控制应力的上限值，参见表5-5。

张拉控制应力 σ_{con} 限值表 表5-5

钢筋种类	张拉方法		下限值
	先张法	后张法	
消除应力钢丝、钢绞线	$0.75f_{ptk}$	$0.75f_{ptk}$	$0.4f_{ptk}$
热处理钢筋	$0.70f_{ptk}$	$0.65f_{ptk}$	$0.4f_{ptk}$

注：当符合下列情况之一时，表5-5中的张拉控制应力限值可提高 $0.05f_{ptk}$：

1. 要求提高构件在施工阶段的抗裂性能而在使用阶段受压区内设置的预应力钢筋；
2. 要求部分抵消由于应力松弛、摩擦、钢筋分批张拉以及预应力钢筋与张拉台座之间的温差等因素产生的预应力损失。

先张法的 σ_{con} 比后张法的高。因为后张法中，构件在张拉钢筋的同时混凝土已经发生弹性压缩，不必考虑混凝土弹性压缩而引起的应力降低。

【例5-7】 某二层厂房框架梁钢筋采用高强度低松弛预应力钢绞线：1860级 $\phi^{s}15.2$ 低松弛预应力钢绞线，$f_{ptk}=1860\text{N/mm}^2$，$f_{py}=1395\text{N/mm}^2$，$A_p=139\text{mm}^2$，$E_s=1.95\times10^5\text{N/mm}^2$。张拉程序为0→103% σ_{con}，试求单根钢丝的张拉力。

【解】 张拉控制应力：$\sigma_{con}=0.75f_{ptk}=0.75\times1860=1395\text{N/mm}^2$

由式（5-29）计算预应力筋的张拉力：$N=\sigma_{con}\cdot A_p=1395\times1.03\times139=199.7\text{kN}$。

5.3.2 预应力筋有效预应力值计算

在构件施工和使用的过程中，由于材料、张拉工艺等原因，使得张拉控制值降低。所以在计算中，需要考虑实际有效的预应力值，一般按照下面公式计算：

$$\sigma_{pc}=\sigma_{con}-\sum_{i=1}^{n}\sigma_{li} \tag{5-30}$$

式中 σ_{pc} ——预应力筋的有效预应力值；

σ_{con} ——预应力筋的张拉控制应力值；

σ_{li} ——第 i 项预应力损失值。

其中，预应力损失值将在5.7节讨论。

5.3.3　预应力筋张拉控制力计算

预应力张拉设备一般由液压千斤顶、高压油泵和外接油管组成。压力表上的指数为油缸内的单位油压，在理论上其张拉控制力为读数乘以活塞面积，如下式：

$$N_{con} = A_y \cdot p \tag{5-31}$$

式中　N_{con} ——张拉控制力；

A_y ——油缸的工作面积；

p ——压力表的读数；

上式计算所得为理论值，但由于油缸与活塞之间有一定的摩阻力，会抵消部分张拉力，因此应该定期检查成套张拉机具的摩阻力，以得到准确的张拉力值。校验时，应将千斤顶及配套使用的油泵、油压表一起配套使用，校验期一般不超过 6 个月。图 5-25 为张拉力与读数的关系曲线，再测定摩擦损失后，应求出其标定曲线。一般情况下，式(5-31)的结果仅做压力表最大读数，或作为校验的参考数值。

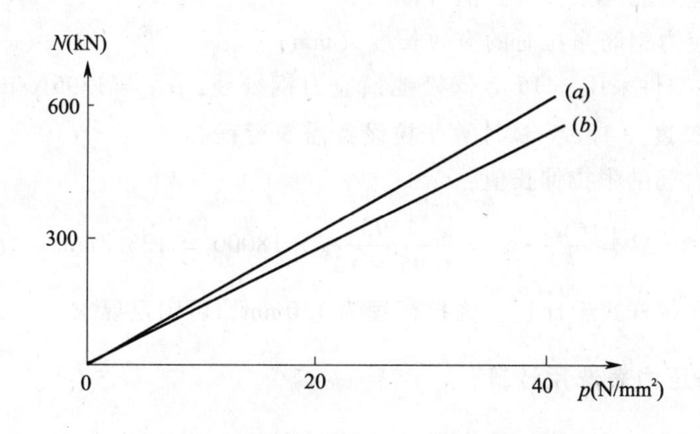

图 5-25　千斤顶张拉力与读数间关系曲线

(a) 千斤顶被动工作；(b) 千斤顶主动工作

5.4　预应力张拉设备选用计算

在张拉钢筋前，需要选择适当的张拉设备，即根据具体的参数确定张拉设备是否可以安全、有能力张拉钢筋。通常有以下几个参数确定，张拉设备的张拉力、张拉设备的行程、张拉设备的压力表、油管等，具体计算见下面。

5.4.1　张拉设备需要能力计算

对于张拉设备而言，其大小应该由预应力钢筋要求的张拉力大小确定，为安全起见，设备张拉力取钢筋张拉力的 1.5 倍，即：

$$F = 1.5N \tag{5-32}$$

式中 F——张拉设备所需要的张拉能力；

N——预应力筋的张拉力。

【**例 5-8**】 某构件采用 10 根 $\phi^s15.2$ 低松弛预应力钢绞线，$\sigma_{con}=1395\text{N/mm}^2$，$E_s=1.95\times10^5\text{N/mm}^2$。试求张拉设备能力。

【**解**】 查得：$A_p=1390\text{mm}^2$，$N=\sigma_{con}\cdot A_p=1395\times139=193.9\text{kN}$

由公式（5-32）计算张拉设备所需要的张拉能力：

$$F=1.5N=1.5\times193.9=290.85\text{kN}。$$

5.4.2 张拉设备需要行程计算

为满足钢筋张拉时的伸长要求，张拉设备应满足一定的行程长度，见下式：

$$l_s\geqslant\Delta l=\frac{\sigma_{con}}{E_s}\cdot L \tag{5-33}$$

式中 l_s——张拉设备的行程长度（mm）；

Δl——预应力筋的张拉伸长值（mm）；

L——预应力钢筋张拉时的有效长度（mm）。

【**例 5-9**】 某构件采用 $\phi^s15.2$ 低松弛预应力钢绞线，$\sigma_{con}=1395\text{N/mm}^2$，$E_s=1.95\times10^5\text{N/mm}^2$，有效长度为 18m。试计算张拉设备需要行程。

【**解**】 预应力筋的张拉伸长值：

$$\Delta l=\frac{\sigma_{con}}{E_s}\cdot L=\frac{1395}{1.95\times10^5}\times18000=128.8\text{mm}$$

可选用 600kN 拉杆式千斤顶，张拉行程为 150mm，可满足要求。

5.4.3 张拉设备压力表选用计算

压力表上指示的压力读数是指张拉设备的工作油压面积（活塞面积）上每单位面积承受的压力，与钢筋的张拉力及工作面积有关，见下式计算：

$$p_n=\frac{N}{A_s} \tag{5-34}$$

式中 p_n——计算压力表读数（N/mm^2）；

A_s——张拉设备的工作油压面积（mm^2）。

为保证压力表使用安全，一般取实际压力表最大读数的 1/2～1/3。

【**例 5-10**】 已知：预应力钢筋的张拉力 $N=193.9\text{kN}$，采用 600kN 拉杆式千斤顶，试选用压力表。

【**解**】 由 600kN 拉杆式千斤顶，查得 $A_s=20000\text{mm}^2$

由式（5-34）得到压力表上的压力读数：

$$p_n=\frac{N}{A_s}=\frac{193.9\times10^3}{20000}=9.695\text{N/mm}^2$$

压力表最大读数为 $2p_n=2\times9.695=19.39\text{N/mm}^2$

可选用最大读数为 30N/mm² 的压力表。

5.4.4　张拉设备油管选用计算

为满足油压要求，张拉机具配套的输油管（一般采用紫铜管）管径应满足下面的要求，:

$$\frac{p \cdot d_y}{2\delta_y} \leqslant [\sigma] \tag{5-35}$$

式中　p——压力表读数（N/mm^2）；

d_y——油管的内径（mm）；

δ_y——油管壁厚度（mm）；

$[\sigma]$——紫铜的许用应力，取为 $80N/mm^2$。

在使用中，当 p 值不大于 $40N/mm^2$ 时，多采用内径 5mm，外径 8mm、壁厚 1.5mm 的油管。

【例 5-11】　选用最大读数为 $20N/mm^2$ 的压力表，试选择合适的油管。

【解】　初选内径 5mm，外径 8mm、壁厚 1.5mm 的紫铜油管，由式（5-35）计算：

$$\frac{p \cdot d_y}{2\delta_y} = \frac{20 \times 5}{2 \times 1.5} = 33.4N/mm^2 < [\sigma] = 80N/mm^2$$

满足要求，即可选用内径 5mm，外径 8mm、壁厚 1.5mm 的紫铜油管。

5.5　预应力筋张拉伸长值计算

在预应力筋张拉中，需计算出预应力筋的张拉伸长值，作为确定预应力值和校核液压系统压力表所示值之用。对于多曲线段组成的曲线筋，考虑到其准确性，应分段计算，然后叠加。

5.5.1　张拉伸长值计算

1. 直线段张拉伸长值计算

预应力筋张拉伸长值，按弹性定理，可按下式计算：

$$\Delta l = \frac{Pl}{A_p E_s} \tag{5-36}$$

式中　P——预应力筋张拉力；

l——预应力筋长度；

A_p——预应力筋截面面积；

E_s——预应力筋弹性模量，可由实测得到或按《混凝土结构设计规范》（50010—2002）取用；

消除应力钢丝（光面钢丝、螺旋肋钢丝、刻痕钢丝）：$2.05 \times 10^5 N/mm^2$；

热处理钢筋：$2.0 \times 10^5 N/mm^2$；

钢绞线：$1.95\times10^5 N/mm^2$。

先张法构件，张拉力是沿着钢筋全长均匀建立的。而对于后张法构件，P 值取为计算段内钢筋拉力的平均值，原因是由于预应力钢筋与孔道之间存在摩擦阻力，预应力筋沿长度方向各截面的张拉力，沿钢筋全长并非均匀建立，而是从张拉段开始向内逐渐减小。

2. 曲线段张拉伸长值计算

曲线段张拉伸长值计算参见图 5-26。取一段曲线预应力筋，起点拉力 P，经过长度 l 之后终点处拉力 P_s，取微段 $dP_s=\mu P_s d\theta$，对 l 段积分：

$$\int_P^{P_s}\frac{dP_s}{P_s}=\int_0^{\theta}\mu d\theta$$

得：
$$P_s=P\cdot e^{-\mu\theta} \tag{5-37}$$

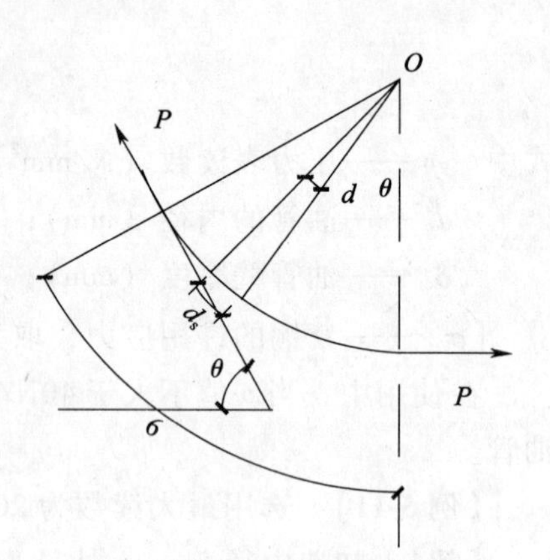

图 5-26　张拉伸长值计算简图

同时，考虑到孔道局部偏差对摩阻的影响，对公式（5-37）进行修正：

$$P_s=P\cdot e^{-(kl+\mu\theta)} \tag{5-38}$$

式中　μ——预应力筋与孔道壁之间的摩擦系数，按表 5-6 取用；

k——考虑孔道每米长度局部偏差的摩擦系数，按表 5-6 取用；

l——从起点至计算截面的孔道长度（m）；

θ——从起点至计算截面曲线孔道部分切线夹角（rad），当直线段时，$\theta=0$。

摩 擦 系 数　　　　**表 5-6**

项　次	孔道成型方式	k	μ
1	预埋金属波纹管	0.0015	0.25
2	预埋钢管	0.0010	0.30
3	橡胶管或钢管抽芯成型	0.0014	0.55

注：1. 表中系数也可根据实测数据确定；
2. 当采用钢丝束的钢质锥形锚具及类似形式锚具时，尚应考虑锚环口处的附加摩擦损失，其值可根据实测数据确定。

l 段内预应力拉力之平均值为：

$$\overline{P}=\frac{1-e^{-(kl+\mu\theta)}}{kl+\mu\theta}\cdot P \tag{5-39}$$

将式（5-39）代入式（5-36），得到曲线段预应力筋的张拉伸长值：

$$\Delta l=\frac{Pl}{A_pE_s}\left[\frac{1-e^{-(kl+\mu\theta)}}{kl+\mu\theta}\right] \tag{5-40}$$

经过简化，得到：

$$\Delta l=\frac{Pl}{A_pE_s}\left[1-\frac{kl+\mu\theta}{2}\right] \tag{5-41}$$

5.5.2　多曲线伸长值计算

对于多曲线段或直线段与曲线段组成的曲线预应力筋，张拉伸长值应分段计算，然后叠加，对于曲线段与直线段的计算公式，预应力筋拉力应考虑起损失，其余方法与第 5.5.2 节中的计算公式一致：

$$\Delta L = \sum_{i=1}^{n} \frac{(\sigma_{i1} + \sigma_{i2}) L_i}{2E_s} \tag{5-42}$$

式中　σ_{i1}、σ_{i2}——分别为第 i 段两端的预应力筋拉力；

L_i——第 i 段预应力筋长度。

其他符号同前。具体的计算方法可参见例 5-11。

【例 5-12】　现有 15m 预应力框架梁，采用为 $16\phi^s 9.5$ 低松弛预应力钢绞线，放于预埋波纹管，直线段长 9m，曲线 $l_1 = l_2 = 3\text{m}$，$\theta = 30°$；一端张拉，$P = 1250\text{kN}$，量测伸长的初拉力取 $P_0 = 50\text{kN}$，试求此束钢筋张拉伸长值。

【解】（1）曲线段 AC，$l_1 = 3\text{m}$

查得 $k = 0.0015$，$\mu = 0.25$，$E_s = 1.95 \times 10^5 \text{N/mm}^2$，$A_p = 16 \times 54.8 = 876.8\text{mm}^2$。由于 $\sigma_{i1} = \sigma_{i2}$，$\theta = 30° = 0.5236\text{rad}$。

$kl + \mu\theta = 0.0015 \times 3 + 0.25 \times 0.5236 = 0.1354$

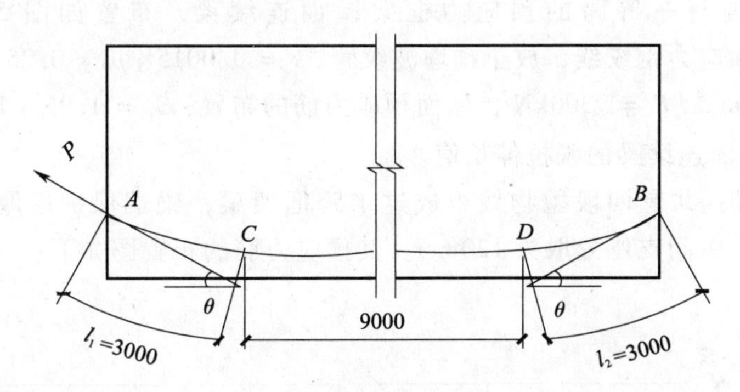

图 5-27　15m 梁张拉伸长值计算简图

由式（5-41）得到：

$$\Delta l_1 = \frac{Pl}{A_p E_s}\left[1 - \frac{kl + \mu\theta}{2}\right] = \frac{1250 \times 10^3 \times 3000}{876.9 \times 1.95 \times 10^5}\left[1 - \frac{0.1354}{2}\right] = 20.46\text{mm}$$

（2）直线段 CD

由公式（5-38）求出 C 处的预应力筋拉力：

$$P_s = P \cdot e^{-(kl+\mu\theta)} = 1250 \times e^{-0.1354} = 1092\text{kN}$$

由公式（5-36）计算直线段伸长值：

$$\Delta l_2 = \frac{Pl}{A_p E_s} = \frac{1092 \times 10^3 \times 9000}{876.9 \times 1.95 \times 10^5} = 57.48\text{mm}$$

（3）曲线段 DB，$l_2 = 3\text{m}$

D 处预应力钢筋拉力：$P = 1092\text{kN}$

$$\Delta l_3 = \frac{Pl}{A_p E_s}\left[1 - \frac{kl + \mu\theta}{2}\right] = \frac{1092 \times 10^3 \times 3000}{876.9 \times 1.95 \times 10^5}\left[1 - \frac{0.1354}{2}\right] = 17.87\text{mm}$$

推算总伸长值：$\Delta l = \Delta l_1 + \Delta l_2 + \Delta l_3 = 20.46 + 57.48 + 17.87 = 95.81\text{mm}$

即，此束钢筋张拉伸长值为 95.81m。

5.5.3 抛物线型曲线伸长值计算

对于预应力筋是抛物线型曲线，按照下面计算公式计算，见图 5-28：

$$\Delta l = \frac{PL_p}{A_p E_s} \tag{5-43}$$

其中

$$L_p = \left(1 + \frac{8H^2}{3L^2}\right)\frac{L}{2} \tag{5-44}$$

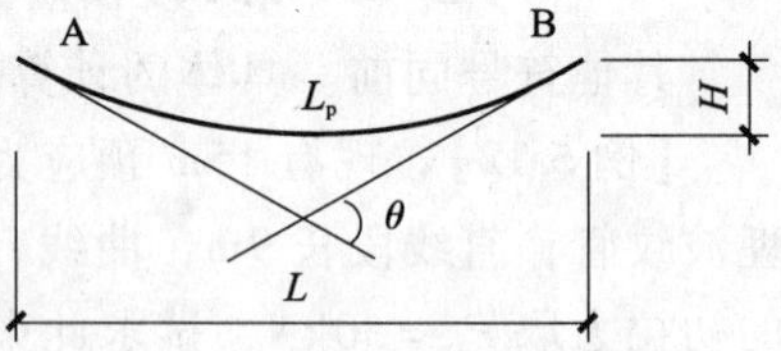

式中 L_p——预应力筋张拉力；

H——抛物线的矢高；

L——抛物线的水平投影长度；

θ——从张拉端至计算截面曲线孔道部分的夹角（rad）；

其他符号意义同前。

图 5-28 抛物线线型的几何尺寸

【例 5-13】 现有一等跨的预应力框架屋面连续梁，布置如图 5-29。共采用为 $18\phi^s15.2$ 低松弛预应力钢绞线，放于预埋波纹管，$k = 0.0015$，$\mu = 0.25$，两端张拉，初始应力为 1395N/mm^2，$P = 9300\text{kN}$，屋面预应力筋的布置，$E_s = 1.95 \times 10^5\text{N/mm}^2$，$A_p = 6672\text{mm}^2$。试求屋面连续梁的张拉伸长值。

预应力的布置：共有四段抛物线组成这半跨框架梁，梁端保护层厚度取为 250mm，跨中取为 150mm，中间支座处取为 120mm。其预应力筋的布置图如下：

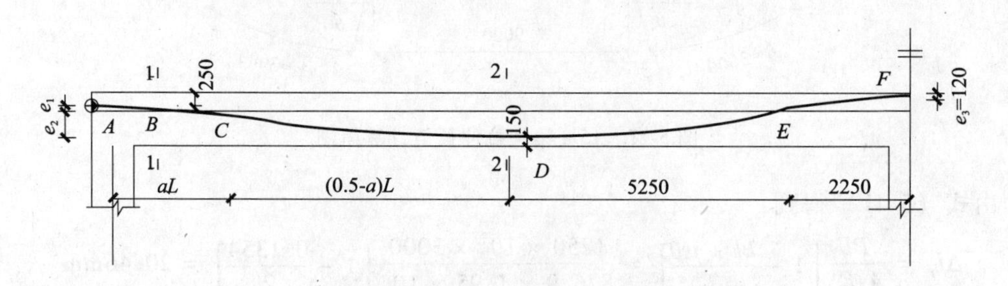

图 5-29 预应力框架屋面连续梁

尺寸计算资料：

断部直线段 $L_0 = 400\text{mm}$，取 a 为 0.15，并且以跨中为分界点。则得到 $BC = 2250\text{mm}$；$CD = 5250\text{mm}$。曲线点矢高 $e = e_1 + e_2 = 1000 - 250 - 150 = 600\text{mm}$，以 D 点为坐标，得到四段曲线方程为：

$$BC: y = -\frac{600}{2250 \times 7500}(x + 7500)^2 + 600,\ y' = -\frac{1200}{2250 \times 7500}(x + 7500),$$

$$y'' = -\frac{1200}{2250 \times 7500}$$

$$CD: y = \frac{600}{5250 \times 7500}x^2, \ y' = \frac{1200}{5250 \times 7500}x, \ y'' = \frac{1200}{5250 \times 7500}$$

$$DE: y = \frac{730}{5250 \times 7500}x^2, \ y' = \frac{1460}{5250 \times 7500}x, \ y'' = \frac{1460}{5250 \times 7500}$$

$$EF: y = -\frac{730}{2250 \times 7500}(x-7500)^2 + 730, \ y' = -\frac{1460}{2250 \times 7500}(x-7500),$$

$$y'' = -\frac{1460}{2250 \times 7500}$$

【解】 抛物线的实际计算：

抛物线 $L_{p(B-C)} = \left(1 + \frac{8 \times 0.18^2}{3 \times 5.5^2}\right) \times 2.25 = 2.256\text{m}$；

抛物线 $L_{p(C-D)} = \left(1 + \frac{8 \times 0.42^2}{3 \times 10.5^2}\right) \times 5.25 = 5.272\text{ m}$；

抛物线 $L_{p(D-E)} = \left(1 + \frac{8 \times 0.511^2}{3 \times 10.5^2}\right) \times 5.25 = 5.283\text{ m}$；

抛物线 $L_{p(C-D)} = \left(1 + \frac{8 \times 0.219^2}{3 \times 5.5^2}\right) \times 2.25 = 2.260\text{ m}$。

各线段终点应力计算表　　表 5-7

线　段	L_p (m)	θ	$kL_P + \mu\theta$	$e^{-(kL_P+\mu\theta)}$	终点应力 (N/mm²)
AB	2.25	$\frac{1200}{2250 \times 7500} \times 10^3 = 0.071$	0.0211	0.9791	1365.8
CD	5.25	$\frac{1200}{5250 \times 7500} \times 10^3 = 0.030$	0.0154	0.9847	1344.9
DE	5.25	$\frac{1460}{5250 \times 7500} \times 10^3 = 0.037$	0.0171	0.9830	1322.1
EF	2.25	$\frac{1460}{2250 \times 7500} \times 10^3 = 0.087$	0.0251	0.9752	1289.3

预应力筋张拉伸长值，按照公式 (5-42) 计算：

$$\Delta L = \sum_{i=1}^{n} \frac{(\sigma_{i1} + \sigma_{i2})L_i}{2E_s}$$

$$= \frac{1}{2 \times 1.95 \times 10^5}[(1395 + 1365.8) \times 2250 + (1365.8 + 1344.9) \times 5250$$

$$+ (1344.9 + 1322.1) \times 5250 + (1322.1 + 1289.3) \times 2250]$$

$$= 103.4\text{mm}$$

5.6 预应力筋下料长度计算

钢筋工程中提及在钢筋加工前，需要进行下料长度。对于预应力钢筋，同样有这个必要。下料过短，可能导致整根钢筋报废；下料过长，导致影响施工的质量，并造成材料浪费。所以在钢筋加工前，需要进行下料长度计算。

预应力筋下料长度计算应该考虑以下因素：预应力钢材品种、锚具形式、焊接接头、镦粗头、冷拉拉长率、弹性回缩率、张拉伸长值、台座长度、构件孔道长度、张拉设备和施工方法等，其具体的计算方法参见下面各节。

5.6.1 冷拉钢筋下料长度计算

用螺丝端杆锚具，适用于锚固直径不大于36mm的冷拉Ⅱ、Ⅲ级钢筋。以拉杆式或千斤顶，在构件上张拉时，下料长度可按图5-30所示尺寸计算：

1. 两端用螺丝端杆锚具时（5-30*a*）

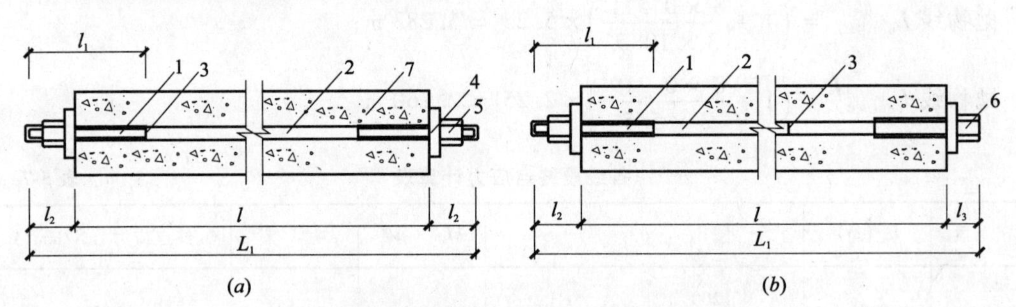

图5-30 冷拉钢筋下料长度计算简图

（*a*）两端用螺丝端杆锚具 （*b*）一端用螺丝端杆

1—螺丝端杆；2—预应力钢筋；3—对焊接头；4—垫板；

5—螺母；6—帮条锚具；7—混凝土构件

预应力筋的成品长度（冷拉后的全长）按下式计算：

$$L_1 = l + 2l_2 \tag{5-45}$$

预应力筋钢筋部分的成品长度按下式计算：

$$L_0 = L_1 - l_1 \tag{5-46}$$

预应力筋钢筋部分的下料长度按下式计算：

$$L = \frac{L_0}{1 + r - \delta} + nl_0 \tag{5-47}$$

2. 一端用螺丝端杆，另一端用帮条（或镦头）锚具时（5-30*b*）

预应力筋的成品长度按下式计算：

$$L_1 = l + l_2 + l_3 \tag{5-48}$$

预应力筋钢筋部分的成品长度按下式计算：

$$L_0 = L_1 - l_1 \tag{5-49}$$

预应力筋钢筋部分的下料长度按下式计算：

$$L = \frac{L_0}{1 + r - \delta} + nl_0 \tag{5-50}$$

式中　L_0——预应力筋钢筋部分的成品长度；

L_1——预应力筋钢筋部分的成品长度；

L——预应力筋钢筋部分的下料长度；

l_0——每个对焊接头的压缩长度；

l_1——螺丝端杆长度；

l_2——螺丝端杆伸出构件外的长度：

对张拉端　$l_2 = 2H + h + 0.5\text{cm}$

对固定端　$l_2 = H + h + 1\text{cm}$

H——螺母高度；

h——垫板厚度；

l_3——墩头或帮条锚具长度（包括垫板厚度 h）；

l——构件的孔道长度或台座长度（包括横梁在内）；

r——钢筋冷拉拉长率（由试验确定）；

δ——钢筋冷拉弹性回缩率（由试验确定）；

n——对焊接头的数量。

【例 5-14】 24m 跨度的预应力折线形屋架，配 2 根冷拉 $45MnSiV_4$ 虫^{l}28 钢筋，一端用螺丝端杆锚具，另一端用帮条锚具，采用 60t 拉伸机张拉，构件孔道长 23.8m，$r = 5\%$，$\delta = 0.4\%$，$n = 2$，$l_0 = 25\text{mm}$，试计算钢筋下料长度。

【解】 已知，$l = 23800\text{mm}$，$H = 45\text{mm}$，$h = 25\text{mm}$，$l_1 = 320\text{mm}$，$l_3 = 70\text{mm}$

对张拉端：$l_2 = 2H + h + 0.5\text{cm} = 2 \times 45 + 25 + 5 = 120\text{mm}$

预应力筋的成品长度：$L_1 = l + l_2 + l_3 = 23800 + 120 + 70 = 23990\text{mm}$

预应力筋钢筋部分的成品长度：$L_0 = L_1 - l_1 = 23900 - 320 = 23670\text{mm}$

预应力筋钢筋部分的下料长度：

$$L = \frac{L_0}{1 + r - \delta} + nl_0 = \frac{23670}{1 + 0.05 - 0.004} + 2 \times 25 = 22.679\text{m}$$

可见，用 3 根加起来长度为 22.679m。

5.6.2　钢丝束下料长度计算

1. 采用钢质锥形锚具，以锥锚式千斤顶在构件上张拉（图 5-31）

钢质锥形锚具，又称弗氏锚具，适用于锚固 6～30ϕ_5^s 和 12～24 ϕ_7^s 钢丝束。

（1）当两端张拉时：

$$L = l + 2\,(l_1 + l_2 + 80) \tag{5-51}$$

（2）一端张拉时：

$$L = l + 2\,(l_1 + 80) + l_2 \tag{5-52}$$

式中 L——预应力钢丝的下料长度；

l——构件的孔道长度或台座长度；

l_1——锚环厚度；

l_2——千斤顶分丝头至卡盘外端距离，对 YZ85 型千斤顶为 470mm（包括大缸伸出 40mm）。

2. 采用镦头锚具，以拉杆式或穿心式千斤顶在构件上张拉（图 5-32）

镦头锚具适用于锚固任意根数的 ϕ_5^s 与 ϕ_7^s 钢丝束。镦头锚具的形式与规格，可根据需要自己进行设计。一般有 A 型和 B 型。A 型由锚杯和螺母组成，用于张拉段。B 型为锚板，用于固定段。

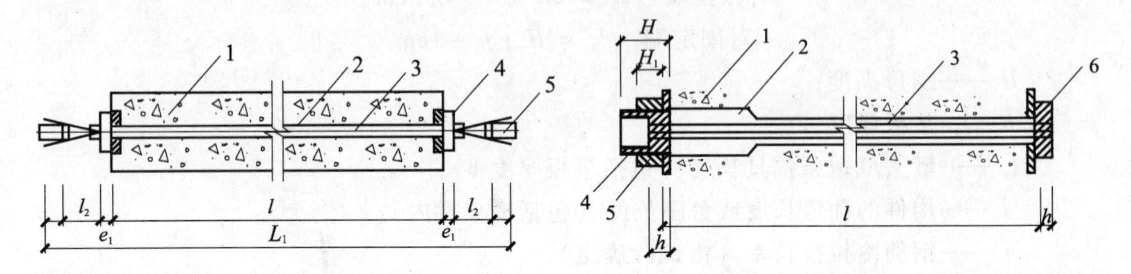

图 5-31 钢丝束下料计算简图
1—混凝土构件；2—孔道；3—钢丝束；
4—钢质锥形锚具；5—缀锚式千斤顶

图 5-32 采用镦头锚具时钢丝下料长度计算简图
1—混凝土构件；2—孔道；3—钢丝束；
4—锚杯；5—螺母；6—锚板

在计算钢丝的下料长度时，应考虑钢丝束张拉锚具后螺母位于锚环中部，按下式计算：

$$L = l + 2(h + \delta) - K(H - H_1) - \Delta L - C \tag{5-53}$$

式中 L——预应力钢丝的下料长度；

l——构件的孔道长度或台座长度

h——锚杯底部厚度或锚板厚度；

δ——钢丝镦头留量，对取 10mm；

K——系数，一端张拉时取 0.5，两端张拉时取 1.0；

H——锚杯高度；

H_1——螺母高度；

ΔL——钢丝束张拉伸长值；

C——张拉时构件混凝土的弹性压缩值。

【例 5-15】 现有 15m 预应力屋架，下弦配 2 束钢筋束，每束 15 根 $\phi^P 5$ 碳素钢丝，采用钢质锥形锚具，TD=60 型锥锚式千斤顶两端张拉，构件孔道长 $l = 14800$mm，试计算每根钢丝的下料长度。

【解】 已知，$l = 14800\text{mm}, l_1 = 55\text{mm}, l_2 = 640\text{mm}$

两端张拉的下料长度，由式（5-51）得到：

$$L = l + 2(l_1 + l_2 + 80) = 14800 + 2 \times (55 + 640 + 80) = 16.35\text{m}$$

即，每根钢丝的下料长度为16.35m。

5.6.3　钢绞线下料长度计算

采用夹片锚具（如JM、XM、QM与OVM型等），以穿心式千斤顶在构件上张拉时，钢绞线束的下料长度可按图5-33计算：

（1）当两端张拉时：

$$L = l + 2(l_1 + l_2 + l_3 + 100) \tag{5-54}$$

（2）一端张拉时：

$$L = l + 2(l_1 + 100) + l_2 + l_3 \tag{5-55}$$

式中　L——预应力钢绞线束的下料长度；

l——构件的孔道长度或台座长度；

l_1——夹片式工作锚厚度（一般取60mm）；

l_2——穿心式千斤顶长度；

l_3——夹片式工具锚厚度（一般取80mm）。

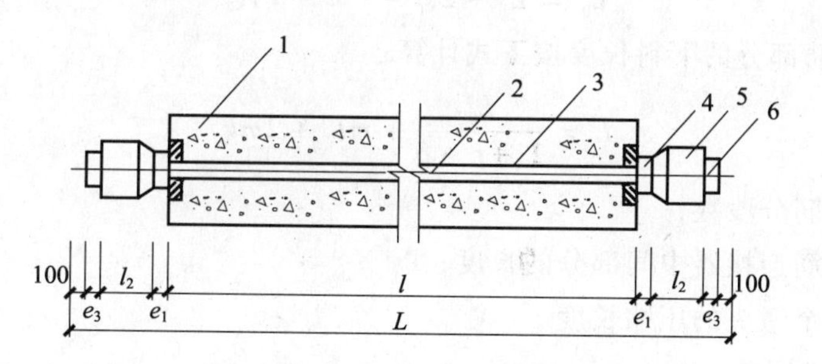

图5-33　钢绞线束下料长度的计算简图

1—混凝土构件；2—钢绞线；3—孔道；

4—夹片式工作锚；5—穿心式千斤顶；6—夹片式工具锚

【例5-16】　现有15m预应力框架梁，配6根5ϕ^s15.2mm钢绞线，采用YC60型穿心式千斤顶一端张拉，用JM型夹片式锚具锚固，构件孔道长l = 14.8m，试计算钢绞线的下料长度。

【解】　已知，l = 14800mm，l_1 = 58mm，l_2 = 435mm，l_3 = 56mm

一端张拉的下料长度，由式（5-55）得到：

$$\begin{aligned} L &= l + 2(l_1 + 100) + l_2 + l_3 \\ &= 14800 + 2 \times (58 + 100) + 435 + 56 \\ &= 15.607\text{m} \end{aligned}$$

即，钢绞线的下料长度为15.607m。

5.6.4　长线台座粗钢筋下料长度计算

长线台座粗钢筋下料长度可参照图5-34计算：

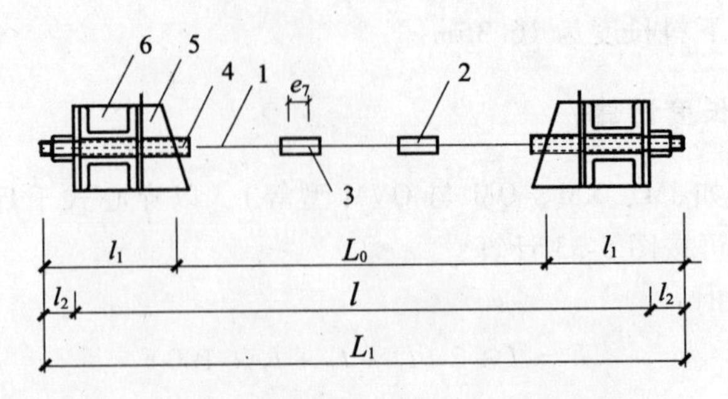

图 5-34　长线台座粗钢筋下料长度的计算简图

1—分段预应力筋；2—镦头；3—钢筋连接器

4—螺丝端杆连接器；5—台座承力架；6—横梁

预应力筋的成品长度按下式计算：

$$L_1 = l + 2l_2 \tag{5-56}$$

预应力筋钢筋部分的成品长度按下式计算：

$$L_0 = L_1 - 2l_1 - (m-1)l_7 \tag{5-57}$$

预应力筋钢筋部分的下料长度按下式计算：

$$L = \frac{L_0}{1 + r - \delta} + ml_0 + 2ml_8 \tag{5-58}$$

式中　m ——钢筋分段数；

l_7 ——钢筋连接器中间部分的长度；

l_8 ——每个镦头的压缩长度。

其他符号意义同前。

【例 5-17】　采用先张法长线台座制作预应力吊车梁，长线台座长为 80m，预应力钢筋直径 25mm 的 45MnSiV 直条钢筋，每根长为 9m，使用 YC 型穿心式千斤顶在一端张拉，两端用螺丝端杆锚具，取 $r=5\%$，$\delta=0.4\%$，试计算预应力筋下料长度。

【解】　已知，$l = 80000\text{mm}$，$l_1 = 320\text{mm}$，$l_7 = 60\text{mm}$，$l_8 = 30\text{mm}$，$H = 36\text{mm}$，$h = 16\text{mm}$。

对张拉端：$l_2 = 2H + h + 0.5\text{cm} = 2 \times 36 + 16 + 5 = 93\text{mm}$

对固定端：$l_2 = H + h + 1\text{cm} = 36 + 16 + 10 = 62\text{mm}$

预应力筋的成品长度按式（5-56）计算：

$$L_1 = l + 2l_2 = 80000 + 93 + 62 = 80155\text{mm}$$

预应力筋钢筋部分的成品长度按式（5-57）计算：

$$L_0 = L_1 - 2l_1 - (m-1)l_7 = 80155 - 2 \times 320 - 7 \times 60 = 79095\text{mm}$$

预应力筋钢筋部分的下料长度按式（5-58）计算：

$$L = \frac{L_0}{1 + r - \delta} + 2ml_8 = \frac{79095}{1 + 0.05 - 0.004} + 2 \times 8 \times 30 = 76.096\text{m}$$

即，预应力筋下料长度为 76.096m。

5.6.5　电热法钢筋下料长度计算

1. 后张预应力粗钢筋下料长度（图5-35*a*）

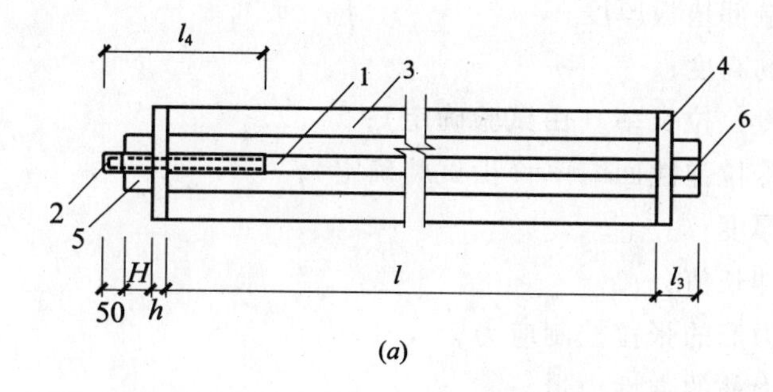

(*a*)

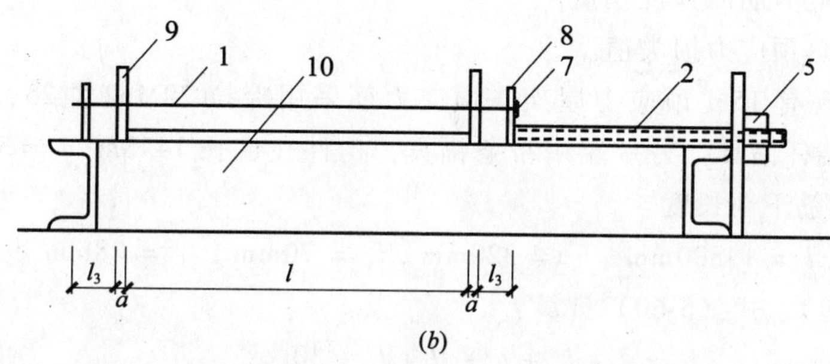

(*b*)

图5-35　电热法钢筋下料长度计算

（*a*）后张法预应力粗钢筋；（*b*）先张法预应力钢丝

1—预应力筋；2—螺丝端杆；3—混凝土孔道；4—垫板；5—螺母；6—帮条锚具；7—镦粗头；8—梳筋板；9—顶头模板；10—钢模底板

下料长度按下式计算：

$$L_0 = l + l_3 + h + H + l_4 + 30 \tag{5-59}$$

$$L = \frac{L_0}{1 + r - \delta} + n_1 l_1 + n_2 l_2 \tag{5-60}$$

2. 先张预应力钢丝下料长度（图5-33*b*）

下料长度按下式计算：

$$L_0 = l + 2a + 2l_5 \tag{5-61}$$

$$\Delta l = \frac{\sigma_{con}}{E_s}(l + 2a) + \sum \Delta t \tag{5-62}$$

$$L = L_0 - \Delta l + n_2 l_2 \tag{5-63}$$

式中　L_0——钢筋的计算长度；

l_1——每个对焊接头的预留量（一般为钢筋直径）；

l_2——每个镦粗头的压缩长度；

l_4——螺丝端杆的长度（一般为32cm）；

l_5 ——钢丝伸出模板端板至锚固板之间的距离；

n_1 ——对焊接头的数量；

n_2 ——镦粗头的数量；

h ——构件端部垫板厚度；

H ——螺帽的高度；

r ——钢筋冷拉拉长率（由试验确定）；

δ ——钢筋冷拉弹性回缩率（由试验确定）；

a ——模板厚度；

Δl ——电热伸长值；

σ_{con} ——预应力筋的张拉控制应力；

E_s ——预应力筋的弹性模量；

Δt ——电热预应力损失值。

【例 5-18】 现有 15m 预应力屋架，预应力筋采用冷拉 20Mn2 ⌀25，采用电热法张拉，一端用螺丝端杆锚具，另一端用帮条锚具，构件孔道长 14.8m，$r=5\%$，$\delta=0.4\%$，$n_1=1$，试计算钢筋下料长度。

【解】 已知，$l=14800\text{mm}$，$l_4=320\text{mm}$，$l_3=70\text{mm}$，$l_1=28\text{mm}$。

由公式（5-59）、式（5-60）计算：

$$\begin{aligned} L_0 &= l + l_3 + h + H + l_4 + 30 \\ &= 14800 + 70 + 25 + 50 - 320 + 30 \\ &= 14655\text{mm} \end{aligned}$$

$$\begin{aligned} L &= \frac{L_0}{1+r-\delta} + n_1 l_1 \\ &= \frac{14655}{1+0.05-0.004} + 28 \\ &= 14039\text{mm} \end{aligned}$$

即，钢筋的下料长度为 14.039m。

5.7 预应力筋应力损失值计算

预应力损失的计算方法有三种：总损失估算法，分项计算法以及精确计算法。我国现行的规范《混凝土结构设计规范》（50010—2002）是采用分项计算法，下面将分别进行讨论。

预应力钢筋张拉阶段与混凝土预压后阶段引起的预应力损失，可按表 5-8 计算。

当计算求得的预应力总损失值小于下列数值时，应按下列数值取用：

先张法构件 100N/mm^2

后张法构件 80N/mm^2

预应力构件在各阶段的预应力损失值宜按表 5-9 的规定进行组合。

另外，由于施工方法不同引起的预应力损失，如弹性压缩损失；如分批、叠层张拉等引起的损失在第八节讨论。

预应力损失值（N/mm²）　　　　**表 5-8**

引起损失的因素		符号	先张法构件	后张法构件
张拉端锚具变形和钢筋内缩		σ_{l1}	按本章 5.7.1 的规定计算	
预应力钢筋的摩擦	与孔道壁之间的摩擦	σ_{l2}	——	按本章 5.7.2 的规定计算
	在转向装置处的摩擦		按实际情况确定	
混凝土加热养护时，受张拉的钢筋与承受拉力的设备之间的温差		σ_{l3}	$2\Delta t$	——
预应力钢筋的应力松弛		σ_{l4}	按本章 5.7.4 的规定计算	
混凝土的收缩和徐变		σ_{l5}	按本章 5.7.5 的规定计算	
用螺旋式预应力钢筋作配筋的环形构件，当直径 $d\leqslant3$m 时，由于混凝土的局部挤压		σ_{l6}	按本章 5.7.6 的规定计算	

注：1. 表中 Δt 为混凝土加热养护时，受张拉的预应力钢筋与承受拉力的设备之间的温差（℃）；

2. 表中超张拉的张拉程序为从应力为零开始张拉至 $1.03\sigma_{con}$；或从应力为零开始张拉至 $1.05\sigma_{con}$，持荷 2min 后，卸载至 σ_{con}；

3. 当 $\sigma_{con}/f_{ptk}\leqslant0.5$ 时，预应力钢筋的应力松弛损失值可取为零；

4. 用螺旋式预应力钢筋作配筋的环形构件，参照《混凝土结构设计规范》(50010—2002) 计算。

各阶段预应力损失值的组合　　　　**表 5-9**

预应力损失值的组合	先张法构件	后张法构件
混凝土预压前（第一批）的损失	$\sigma_{l1}+\sigma_{l2}+\sigma_{l3}+\sigma_{l4}$	$\sigma_{l1}+\sigma_{l2}$
混凝土预压后（第二批）的损失	σ_{l5}	$\sigma_{l4}+\sigma_{l5}+\sigma_{l6}$

注：先张法构件由于钢筋应力松弛引起的损失值 σ_{l4} 在第一批和第二批损失中所占的比例，如需区分，可根据实际情况确定。

5.7.1　锚固应力损失计算

张拉端锚固时由于锚具变形和预应力筋内缩引起的预应力损失称为锚固损失。根据预应力筋的形状不同，分别采用下列算法。

1. 直线预应力筋的锚固损失计算

直线预应力筋的锚固损失 σ_{l1} 计算，可按下式计算：

$$\sigma_{l1}=\frac{a}{L}\cdot E_s \tag{5-64}$$

式中　σ_{l1}——由于锚具变形和预应力钢筋内缩引起的预应力损失值（N/mm²）；

a——张拉端锚具变形和钢筋内缩值（mm），可按表 5-10 采用；

L——张拉端至锚固端之间的距离（mm），先张法中为台座长度，后张法为构件的长度；

E_s——预应力筋的弹性模量（N/mm²）。

块体拼成的结构，其预应力损失尚应计及块体间填缝的预压变形。当采用混凝土或砂浆为填缝材料时，每条填缝的预压变形值可取为 1mm。

锚具变形和钢筋内缩值表（mm） 表 5-10

锚具类别		a
支承式锚具（钢丝束镦头锚具等）	螺帽缝隙	1
	每块后加垫板的缝隙	1
锥塞式锚具（钢丝束的钢质锥形锚具等）		5
夹片式锚具	有顶压时	5
	无顶压时	6～8

注：1. 表中的锚具变形和钢筋内缩值也可根据实测数据确定；
2. 其他类型的锚具变形和钢筋内缩值应根据实测数据确定。

2. 曲线预应力筋的锚固损失计算

预应力曲线钢筋或折线钢筋由于锚具变形和预应力钢筋内缩引起的预应力损失值 σ_{l1}，应根据预应力曲线钢筋或折线钢筋与孔道壁之间反向摩擦影响长度 l_f 范围内的预应力钢筋变形值等于锚具变形和钢筋内缩值的条件确定。

（1）抛物线形预应力钢筋可近似按圆弧形曲线预应力钢筋考虑。当其对应的圆心角 $\theta \leqslant 30°$ 时（图 5-36），由于锚具变形和钢筋内缩，在反向摩擦影响长度 l_f 范围内的预应力损失值 σ_{l1} 可按下列公式计算：

$$\sigma_{l1} = 2\sigma_{con} l_f \left(\frac{\mu}{r_c} + k\right)\left(1 - \frac{x}{l_f}\right) \tag{5-65}$$

反向摩擦影响长度 l_f 按下列公式计算：

$$l_f = \sqrt{\frac{aE_p}{1000\sigma_{con}(\mu/r_c + k)}} \tag{5-66}$$

式中 σ_{con}——预应力筋的张拉控制应力（N/mm^2）；
r_c——圆弧形曲线预应力钢筋的曲率半径（m）；
μ——预应力钢筋与孔道壁之间的摩擦系数，按表 5-6 采用；
k——考虑孔道每米长度局部偏差的摩擦系数，按表 5-6 采用；
x——张拉端至计算截面的距离（m）；
a——张拉端锚具变形和钢筋内缩值（mm）按表 5-10 采用。

（2）端部为直线（直线长度为 l_0），而后由两条圆弧形曲线（圆弧对应的圆心角 $\theta \leqslant 30°$）组成的预应力钢筋（图 5-37），由于锚具变形和钢筋内缩，在反向摩擦影响长度 l_f 范围内的预应力损失值 σ_{l1} 可按下列公式计算：

当 $x \leqslant l_0$ 时：

$$\sigma_{l1} = 2i_1(l_1 - l_0) + 2i_2(l_f - l_1) \tag{5-67a}$$

当 $l_0 < x \leqslant l_1$ 时：

$$\sigma_{l1} = 2i_1(l_1 - x) + 2i_2(l_f - l_1) \tag{5-67b}$$

当 $l_1 < x \leqslant l_f$ 时：

$$\sigma_{l1} = 2i_2(l_f - x) \tag{5-67c}$$

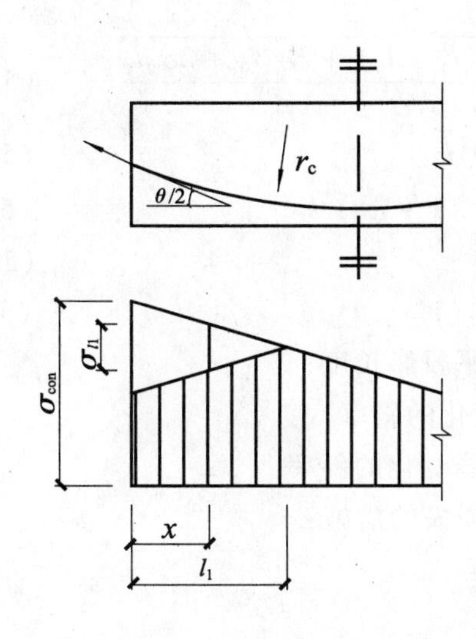

图 5-36　圆弧形布置的 σ_{l1}

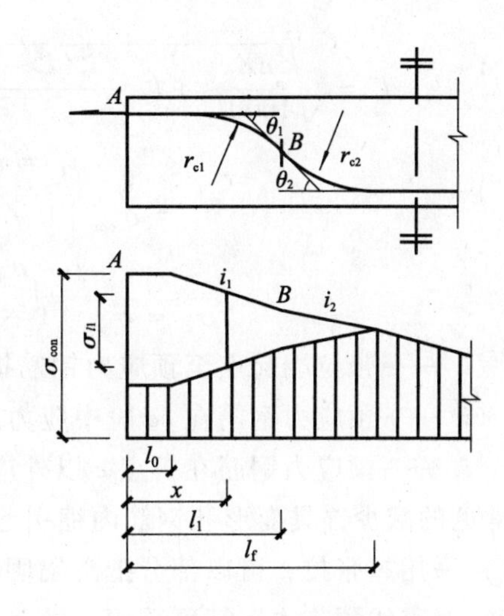

图 5-37　两条圆弧形布置的 σ_{l1}

反向摩擦影响长度 l_f 按下列公式计算：

$$l_f = \sqrt{\frac{aE_P}{1000i_2} - \frac{i_1(l_1^2 - l_0^2)}{i_2} + l_1^2} \tag{5-68a}$$

$$i_1 = \sigma_a\left(k + \frac{\mu}{r_{c1}}\right) \tag{5-68b}$$

$$i_2 = \sigma_b\left(k + \frac{\mu}{r_{c2}}\right) \tag{5-68c}$$

式中　l_1 ——预应力钢筋张拉端起点至反弯点的水平投影长度；

i_1、i_2 ——第一、二段圆弧形曲线预应力钢筋中应力近似直线变化的斜率；

r_{c1}、r_{c2} ——第一、二段圆弧形曲线预应力钢筋的曲率半径；

σ_a、σ_b ——预应力钢筋在 a、b 点的应力。

（3）当折线形预应力钢筋的锚固损失消失于折点 c 之外时（图 5-38），由于锚具变形和钢筋内缩，在反向摩擦影响长度 l_f 范围内的预应力损失值 σ_{l1} 可按下列公式计算：

当 $x \leqslant l_0$ 时：

$$\sigma_{l1} = 2\sigma_1 + 2i_1(l_1 - l_0) + 2\sigma_2 + 2i_2(l_f - l_1) \tag{5-69a}$$

当 $l_0 < x \leqslant l_1$ 时：

$$\sigma_{l1} = 2i_1(l_1 - x) + 2\sigma_2 + 2i_2(l_f - l_1) \tag{5-69b}$$

当 $l_1 < x \leqslant l_f$ 时：

$$\sigma_{l1} = 2i_2(l_f - x) \tag{5-69c}$$

反向摩擦影响长度 l_f 按下列公式计算：

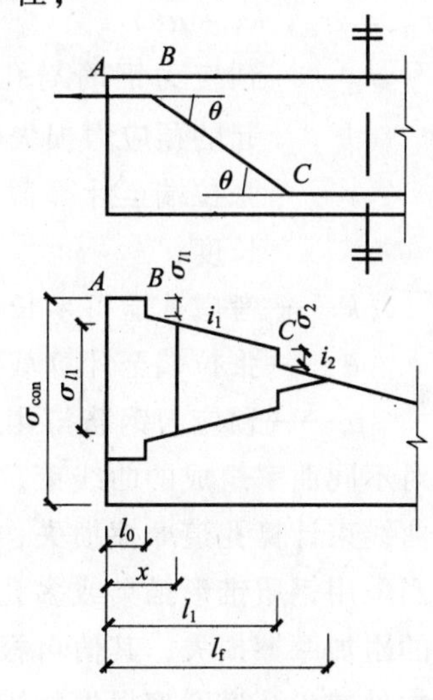

图 5-38　折线形布置的 σ_{l1}

$$l_f = \sqrt{\frac{aE_P}{1000i_2} + l_1^2 - \frac{i_1(l_1^2 - l_0^2) + 2i_1l_0(l_1 - l_0) + 2\sigma_1l_0 + 2\sigma_2l_1}{i_2}} \tag{5-70a}$$

$$i_1 = \sigma_{con}(1 - \mu\theta)k \tag{5-70b}$$

$$i_2 = \sigma_{con}[1 - k(l_1 - l_0)](1 - \mu\theta)^2k \tag{5-70c}$$

$$\sigma_1 = \sigma_{con}\mu\theta \tag{5-70d}$$

$$\sigma_2 = \sigma_{con}[1 - k(l_1 - l_0)](1 - \mu\theta)\mu\theta \tag{5-70e}$$

式中 l_1——张拉端起点至预应力钢筋折点 c 的水平投影长度；

i_1——预应力钢筋在 bc 段中应力近似直线变化的斜率；

i_2——预应力钢筋在折点 c 以外应力近似直线变化的斜率。

常见的减少锚具变形和钢筋内缩引起的预应力损失的措施：

1）采用超张拉，可以部分抵消锚固损失；

2）对直线预应力钢筋可采用一端张拉方法；

3）选择锚具变形和内缩值较小的锚具；

4）减少垫板块数或螺帽个数。

5.7.2 孔道摩擦应力损失计算

预应力钢筋与孔道壁之间的摩擦引起的预应力损失值一般运用以下公式计算得到，对在重要的预应力混凝土工程，可采用精密压力表法和传感器法作现场测试。

预应力钢筋与孔道壁之间的摩擦引起的预应力损失值 σ_{l2}（图 5-39），宜按下列公式计算：

$$\sigma_{l2} = \sigma_{con}\left(1 - \frac{1}{e^{kx+\mu\theta}}\right) \tag{5-71a}$$

当 $kx + \mu\theta \leqslant 0.2$ 时，σ_{l2} 可按下列近似公式计算：$\sigma_{l2} = \sigma_{con}(kx + \mu\theta)$ (5-71b)

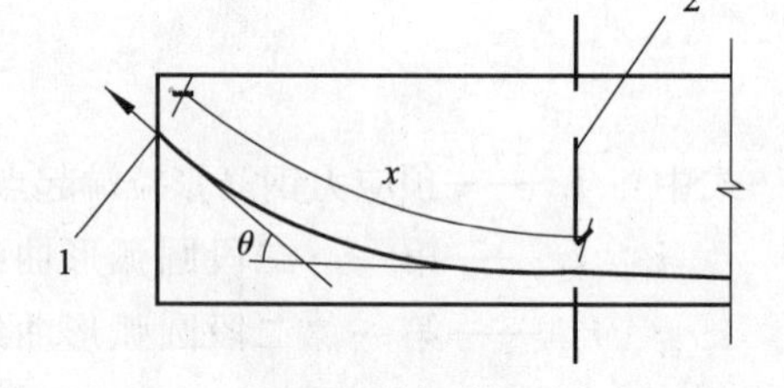

图 5-39 预应力摩擦损失计算

1—张拉端；2—计算截面

式中 σ_{l2}——预应力钢筋与孔道壁之间的摩擦引起的预应力损失值（N/mm^2）；

x——张拉端至计算截面的孔道长度（m），可近似取该段孔道在纵轴上的投影长度；

k——考虑孔道每米长度局部偏差的摩擦系数，按表 5-6 取用；

θ——张拉端至计算截面曲线孔道部分切线的夹角（rad）；

μ——预应力钢筋与孔道壁之间的摩擦系数，按表 5-6 取用。

对不同曲率组成的曲线束，宜分段计算孔道摩擦损失，较为准确。对空间曲线，可按平面曲线束计算孔道摩擦损失，但 θ 角应取空间曲线包角，x 取空间曲线弧长。

当采用钢质锥形锚具或多孔加片锚具（QM 与 OVM 型等）时，尚应考虑锚杯或锥形孔处的附加摩擦损失，其值可根据实测数据确定。

常见减少孔道摩擦损失的措施：

（1）改善预留孔道与预应力筋制作质量

孔道局部偏差的影响系数，不仅理解为孔道本身有无局部弯曲，而且包括预应力筋弯折、焊接接头有偏心和毛刺、端部预埋钢板与孔道不垂直、张拉时对中程度等影响在内。

（2）采用润滑剂

对曲线段包角大的孔道，预应力损失很大，可采用涂刷肥皂液、复合钙基脂加石墨、工业凡士林加石墨等润滑剂，以减少摩擦损失，μ 值可能降低 0.1 ~ 0.15。工业凡士林加石墨的 μ 值稍高于复合钙基脂加石墨，但遇水不皂化，防锈性能比复合钙基脂好。

对有粘结筋，润滑剂偶尔可用，但用后要用水冲掉，以免破坏最后靠灌浆实现的粘结。

（3）采取超张拉方法

预应力筋采取超张拉，是减少孔道摩擦损失的有效措施。减少摩擦所需要的超张拉，减少锚固损失及减少预应力筋松弛所需要的超张拉不可叠加，取三者大者。

5.7.3　温度应力损失计算

在先张法施工过程中，为了缩短生产周期，通常在浇筑混凝土后用蒸汽养护。在升温的过程中，预应力钢筋与台座之间存在温差，此时固定在台座上的预应力钢筋受热伸长导致应力降低而损失。

温度应力损失计算公式如下：

$$\sigma_{l3} = 2\Delta t \tag{5-72}$$

式中　σ_{l3} ——预应力钢筋与台座之间存在温差引起的应力损失（N/mm^2）；

Δt ——预应力钢筋与台座之间的温差（℃）。

减少此项损失的方法可以采用两次升温养护，即首先按设计允许的温差范围控制升温，待混凝土凝固并具有一定的强度后再进行第二次升温。

5.7.4　预应力筋应力松弛损失计算

预应力钢筋在高应力下，若保持其长度不变，随着时间的增大，应力逐渐降低，导致应力损失。一般，张拉应力越大、温度越高，松弛量越大。

预应力钢筋应力松弛损失 σ_{l4} 的计算方法如下：

1. 预应力钢丝、钢绞线

普通松弛：

$$\sigma_{l4} = 0.4\psi\left(\frac{\sigma_{con}}{f_{ptk}} - 0.5\right)\sigma_{con} \tag{5-73}$$

低松弛：

当 $\sigma_{con} \leqslant 0.5f_{ptk}$ 时　$\sigma_{l4} = 0$　(5-74a)

当 $\sigma_{con} \leqslant 0.7f_{ptk}$ 时　$\sigma_{l4} = 0.125\left(\frac{\sigma_{con}}{f_{ptk}} - 0.5\right)\sigma_{con}$　(5-74b)

当 $0.7f_{ptk} < \sigma_{con} \leqslant 0.8f_{ptk}$ 时　$\sigma_{l4} = 0.2\left(\frac{\sigma_{con}}{f_{ptk}} - 0.575\right)\sigma_{con}$　(5-74c)

减少此项损失可采用超张拉的方法。

2. 热处理钢筋

一次张拉：
$$\sigma_{l4} = 0.05\sigma_{con} \tag{5-75a}$$

超张拉：
$$\sigma_{l4} = 0.035\sigma_{con} \tag{5-75b}$$

式中 σ_{l4}——预应力钢筋应力松弛损失值（N/mm^2）；

σ_{con}——预应力钢筋的张拉控制应力（N/mm^2）；

f_{ptk}——预应力钢筋的标准强度（N/mm^2）；

ψ——当一次张拉时，$\psi=1$；当超张拉 $\psi=0.9$。

如果需要求出 σ_{l4} 随时间变化的值，可以乘以时间影响系数，时间影响系数见表 5-12 中的值。

5.7.5 混凝土收缩徐变应力损失计算

由于混凝土的收缩或徐变导致受拉区和受压区预应力钢筋的预应力的损失 σ_{l5}、σ'_{l5}。影响的因素很多，一般受本身结构、材料、施工工艺、环境以及时间的影响。

1. 先张法构件

$$\sigma_{l5} = \frac{45 + 280\sigma_{pc}/f'_{cu}}{1 + 15\rho} \tag{5-76a}$$

$$\sigma'_{l5} = \frac{45 + 280\sigma'_{pc}/f'_{cu}}{1 + 15\rho'} \tag{5-76b}$$

2. 后张法构件

$$\sigma_{l5} = \frac{35 + 280\sigma_{pc}/f'_{cu}}{1 + 15\rho} \tag{5-77a}$$

$$\sigma'_{l5} = \frac{35 + 280\sigma'_{pc}/f'_{cu}}{1 + 15\rho'} \tag{5-77b}$$

式中 σ_{l5}、σ'_{l5}——由于混凝土的收缩或徐变导致受拉区和受压区预应力钢筋的预应力的损失值（N/mm^2）；

σ_{pc}、σ'_{pc}——在受拉区、受压区预应力钢筋合力点处的混凝土法向压应力（N/mm^2）；

f'_{cu}——施加预应力时的混凝土立方体抗压强度（N/mm^2）；

ρ、ρ'——受拉区、受压区预应力钢筋和非预应力钢筋的配筋率

对先张法构件，$\rho = (A_p + A_s)/A_0$，$\rho' = (A'_p + A'_s)/A_0$；

对后张法构件，$\rho = (A_p + A_s)/A_n$，$\rho' = (A'_p + A'_s)/A_n$；

对于对称配置预应力钢筋和非预应力钢筋的构件，配筋率 ρ、ρ' 应按钢筋总截面面积的一半计算。

σ_{pc}、σ'_{pc} 的值不应大于 $0.5f'_{cu}$；当 σ'_{pc} 为拉应力时，取零；计算混凝土的发向压应力 σ_{pc}、σ'_{pc}，可根据构件的制作情况考虑自重的影响；在平均相对湿度低于 40% 的干燥气候下使用的结构，由于混凝土收缩较大，按上述公式计算的损失应当增加 30%；当采用泵

送混凝土时，宜根据实际情况考虑混凝土收缩徐变引起的预应力损失值的增大影响。

对重要的结构构件，当需要考虑与时间相关的混凝土收缩、徐变及钢筋应力松弛预应力损失值时，可按下面方法进行计算。

混凝土收缩和徐变引起预应力钢筋的预应力损失终极值可按下列规定计算：

$$\sigma_{l5} = \frac{0.9a_p\sigma_{pc}\varphi_\infty + E_s\varepsilon_\infty}{1+15\rho} \tag{5-78a}$$

$$\sigma'_{l5} = \frac{0.9a_p\sigma'_{pc}\varphi_\infty + E_s\varepsilon_\infty}{1+15\rho} \tag{5-78b}$$

式中 σ_{pc}——受拉区预应力钢筋合力点处由预加力（扣除相应阶段预应力损失）和梁自重产生的混凝土法向压应力，其值不得大于 $0.5f'_{cu}$；对简支梁可取跨中截面与四分之一跨度处截面的平均值；对连续梁和框架可取若干有代表性截面的平均值（N/mm^2）；

σ'_{pc}——受压区预应力钢筋合力点处由预加力（扣除相应阶段预应力损失）和梁自重产生的混凝土法向压应力，其值不得大于 $0.5f'_{cu}$，当 σ'_{pc} 为拉应力时，取 $\sigma'_{pc}=0$（N/mm^2）；

φ_∞——混凝土徐变系数终极值；

ε_∞——混凝土收缩应变终极值；

E_s——预应力钢筋弹性模量（N/mm^2）；

a_p——预应力钢筋弹性模量与混凝土弹性模量的比值。

对受压区配置预应力钢筋 A'_p 及非预应力钢筋 A'_s 的构件，在计算公式（5-78a）、(5-78b)中的 σ_{pc} 及 σ'_{pc} 时，应按截面全部预加力进行计算。

当无可靠资料时，φ_∞、ε_∞ 值可按表 5-11 采用。如结构处于年平均相对湿度低于 40% 的环境下，表列数值应增加 30%。

混凝土收缩应变和徐变系数终极值 **表 5-11**

终极值		收缩应变终极值 ε_∞（$\times10^{-4}$）				徐变系数终极值 φ_∞			
理论厚度 $2A/u$（mm）		100	200	300	≥600	100	200	300	≥600
加力时的混凝土龄期（d）	3	2.50	2.00	1.70	1.10	3.0	2.5	2.3	2.0
	7	2.30	1.90	1.60	1.10	2.6	2.2	2.0	1.8
	10	2.17	1.86	1.60	1.10	2.4	2.1	1.9	1.7
	14	200	1.80	1.60	1.10	2.2	1.9	1.7	1.5
	28	1.70	1.60	1.50	1.10	1.8	1.5	1.4	1.2
	≥60	1.40	1.40	1.30	1.00	1.4	1.2	1.1	1.0

注：1. 预加力时的混凝土龄期，对先张法构件可取 3~7d，对后张法构件可取 7~28d；

2. A 为构件截面面积，u 为该截面与大气接触的周边长度；

3. 当实际构件的理论厚度和预加力时的混凝土龄期为表列数值的中间值时，可按线性内插法确定。

考虑时间影响的混凝土收缩和徐变引起的预应力损失值按计算结果得到后，再乘以时间影响系数。时间影响系数参见表 5-12。

随时间变化的预应力损失系数 表 5-12

时间（d）	松弛损失系数	收缩徐变损失系数
2	0.50	—
10	0.77	0.33
20	0.88	0.37
30	0.95	0.40
40	1.00	0.43
60		0.50
90		0.60
180		0.75
365		0.85
1095		1.00

混凝土收缩徐变引起的预应力损失在总损失中占的比重较大，减少措施有：

（1）控制混凝土法向压应力，其值不大于 $0.5f'_{cu}$；

（2）采用高强度等级水泥，以减少水泥用量；

（3）采用级配良好的骨料及掺加高效减水剂，减少水灰比；

（4）振捣密实，加强养护。

5.7.6 环向预应力引起的预应力损失计算

σ_{l6} 是当环形构件采用螺旋式预应力钢筋作配筋时，由于混凝土的局部挤压造成的，按下式计算：

当环形构件的直径 $d \leqslant 3$m 时， $\sigma_{l6}=30\text{N/mm}^2$ （5-79a）

当环形构件的直径 $d>3$m 时， $\sigma_{l6}=0$ （5-79b）

【例 5-19】 现有 30m 两跨后张无粘结预应力屋面梁，混凝土 C40，预应力钢筋选用高强度低松弛预应力钢绞线：1860 级 $\phi^s15.2$ 低松弛预应力钢绞线，$f_{pth}=1860\text{N/mm}^2$，$f_{py}=1395\text{N/mm}^2$，$A_p=139\text{mm}^2$，$E_s=1.95\times10^5\text{N/mm}^2$，梁与钢筋的布置形式与例 5-12 相同，采用夹片式锚具，试求预应力损失。

【解】 张拉控制应力 $\sigma_{con}=0.75f_{ptk}=0.75\times1860=1395\text{N/mm}^2$

（1）由于锚具变形和预应力筋内缩引起的预应力损失值 σ_{l1}

已知：内缩值 $a=5$mm，$E_p=1.95\times10^5\text{N/mm}^2$，$\sigma_a=\sigma_{con}=1395\text{N/mm}^2$，$k=0.004$，$\mu=0.09$，$\sigma_b=1362.36\ \text{N/mm}^2$，$L_1=2650$mm，$L_0=400$mm，曲率半径 $r_{c1}=2250\times7500/600\times2=14.06$，$r_{c2}=5250\times7500/600\times2=32.81$

$$i_1=\sigma_a\left(k+\frac{\mu}{r_{c1}}\right)=1395\times\ (0.004+0.09/14.06)\ =14.51$$

$$i_2 = \sigma_a\left(k + \frac{\mu}{r_{c2}}\right) = 1395 \times (0.004 + 0.09/32.81) = 9.19$$

反向摩擦影响长度　　$L_f = \sqrt{\frac{aE_p}{1000i_2} - \frac{i_1(L_1^2 - L_0^2)}{i_2} + L_1^2} = 10.113\text{m}$

当 $x \leqslant L_0$，　$\sigma_{l1} = 2i_1\ (L_1 - L_0)\ + 2i_2\ (L_f - L_1) = 202.46\text{N/mm}^2$

当 $x = L_1$，　　　　$\sigma_{l1} = 165.08\text{N/mm}^2$

当在跨中时候，　　$\sigma_{l1} = 2i_2(L_f - x) = 40.67\text{N/mm}^2$

（2）无粘节预应力筋与护套之间的摩擦引起的预应力损失 σ_{l2}：

计算公式：$\sigma_{l2} = \sigma_{con}\left(1 - \frac{1}{e^{kx+\mu\theta}}\right)$，

其中查《无粘结预应力混凝土结构技术规程》得到：$k = 0.004$，$\mu = 0.09$

无粘结预应力损失 σ_{l2} 计算结果　　　　表 5-13

编号	X（m）	θ	$kx + \mu\theta$	$\sigma_{l2} = (kx + \mu\theta)\sigma_{con}$	终点应力（kN/mm²）	$\Sigma\sigma_{l2}$（kN/mm²）
B C	2.25	0.16	0.0234 <0.2	32.64	1362.36	32.64
C D	5.25	0.16	0.0354 <0.2	48.23	1314.13	80.87
D E	5.25	0.195	0.03855 <0.2	50.66	1263.47	131.53
E F	2.25	0.195	0.02655 <0.2	33.55	1229.92	165.08

损失 σ_{l1} 和 σ_{l2} 汇总　　　　表 5-14

截　面	σ_{l1}（N/mm²）	σ_{l2}（N/mm²）	$\sigma_{l1} + \sigma_{l2}$（N/mm²）
端支座	202.46	0	202.46
跨　中	40.67	80.87	121.54
内支座	0	165.08	165.08

（3）钢筋松弛预应力损失 σ_{l4}

$\sigma_{con} = 1395\text{N/mm}^2$，$f_{ptk} = 1860\text{N/mm}^2$

由于 $0.7f_{ptk} < \sigma_{con} < 0.8f_{ptk}$，则 $\sigma_{l4} = 0.20\left(\frac{\sigma_{con}}{f_{ptk}} - 0.575\right) \times \sigma_{con} = 48.825\text{N/mm}^2$

（4）混凝土收缩徐变引起的损失 σ_{l5}

公式：$\sigma_{l5} = \dfrac{35 + 280\dfrac{\sigma_{pc}}{f'_{cu}}}{1 + 15\rho}$

其中：f'_{cu} 取为混凝土设计强度等级，$f'_{cu}=40N/mm^2$

$$\sigma_{pc}=\frac{N_p}{A}+(N_pe_p-M_G)e_p/I$$

a. 支座处

$A=370000mm^2$，$e_p=104mm$，$M_G=464217000N\cdot m$，$I=3.7352\times10^{10}mm^4$

$N_p=(\sigma_{con}-\sigma_{l1}-\sigma_{l2})\times A_p=(1395-202.46)\times2224=2652209N$

$\sigma_{pc}=\frac{N_p}{A}+(N_pe_p-M_G)e_p/I=6.65N/mm^2$

b. 跨中

$A=370000mm^2, e_p=496mm, M_G=711500000N\cdot m, I=3.7352\times10^{10}mm^4$

$N_p=(\sigma_{con}-\sigma_{l1}-\sigma_{l2})\times A_p=(1395-121.54)\times2224=2832175.04N$

$\sigma_{pc}=\frac{N_p}{A}+(N_pe_p-M_G)e_p/I=16.85N/mm^2<0.5f'_{cu}=20N/mm^2$

c. 支座

$A=370000mm^2, e_p=234mm, M_G=1386944000N\cdot m, I=3.7352\times10^{10}mm^4$

$N_p=(\sigma_{con}-\sigma_{l1}-\sigma_{l2})\times A_p=(1395-165.08)\times2224=2735342.08N$

$\sigma_{pc}=\frac{N_p}{A}+(N_pe_p-M_G)e_p/I=2.71N/mm^2<0.5f'_{cu}=20N/mm^2$

假设非预应力钢筋面积（Ⅲ级钢），取预应力度 $\lambda=0.75$，得到各截面的非预应力钢筋面积：$A_s=\frac{A_pf_{yp}(1-\lambda)}{f_y\lambda}=\frac{2224\times1320\times(1-0.75)}{360\times0.75}=2718mm^2$，取 6 ϕ 25，$A_s=2945mm^2$，

$\rho=(2224+2945)/420000=0.012$。

d. 端支座处

$$\sigma_{l5}=\frac{35+280\frac{\sigma_{pc}}{f'_{cu}}}{1+15\rho}=\frac{35+280\frac{6.65}{40}}{1+15\times0.012}=69.11N/mm^2$$

e. 同理：跨中 $\sigma_{l5}=129.62N/mm^2$

内支座 $\sigma_{l5}=45.74N/mm^2$

（5）总预应力损失

总预应力损失及有效预加力汇总表　　表 5-15

截　面	第一批预应力损失 $\sigma_1=\sigma_{l1}+\sigma_{l2}$	第一批预应力损失 $\sigma_2=\sigma_{l4}+\sigma_{l5}$	$\sigma_l=\sigma_{l1}+\sigma_{l2}+\sigma_{l4}+\sigma_{l5}$ (N/mm^2)	σ_{pc} (N/mm^2)
端支座	202.46	117.91	202.46+48.8+69.11=320.37	1074.605
跨　中	121.54	178.42	121.54+48.8+129.62=299.96	1095.015
内支座	165.08	94.54	165.08+48.8+45.74=259.62	1135.355

各截面处的预应力总损失均大于 80N/mm²，满足要求。

5.8　预应力筋分批和叠层张拉计算

5.8.1　预应力筋分批张拉计算

对于有多种预应力筋的构件，应分皮、对称张拉。对称张拉是为避免张拉时构件截面呈过大的偏心受压状态。分批张拉是考虑后批预应力筋张拉时，产生的混凝土弹性压缩对现批张拉的预应力筋的影响，而将先批预应力筋的张拉力提高。其张拉力的增加值 ΔP 按下述方法计算：

$$\Delta P = \alpha_E \sigma_{pc} A_{p1} \tag{5-80}$$

其中 σ_{pc} 为由预加应力在先批预应力筋作用点出产生的混凝土法向应力，其计算方法如下式：

$$\sigma_{pc} = \frac{\sigma_{pe} A_{p2}}{A_n} \pm \frac{\sigma_{pe} A_{p1} e_{pn}}{I_n} \cdot y_n \tag{5-81}$$

式中　σ_{pe}——后批张拉的预应力筋的有效预应力；

A_{p2}——后批张拉预应力筋的截面面积；

A_{p1}——先批张拉预应力筋的截面面积；

A_n——构件净截面面积；

I_n——净截面惯性矩；

e_{pn}——净截面重心至后批张拉预应力筋作用点之距离；

y_n——净截面重心至先批张拉预应力筋作用点之距离；

α_E——预应力筋弹性模量 E_s 与混凝土弹性模量 E_c 的比值。

【例 5-20】　某单层厂房预应力屋架下弦截面为 220mm × 240mm，混凝土采用 C40，$E_c = 3.25 \times 10^4 \text{N/mm}^2$，预留 4 个直径为 50 的预留孔，分别搁放 1 束预应力钢丝 $16\phi^P5$，每束钢丝 $A_P = 313.6\text{mm}^2$，$E_s = 2.05 \times 10^5 \text{N/mm}^2$，张拉力为 350kN，分两批张拉，非预应力筋采用 4 ⌀12，$A_s = 452\text{mm}^2$，弹性模量为 $2 \times 10^5 \text{N/mm}^2$，试求各束钢丝的张拉力。

【解】　预应力筋弹性模量 E_s 与混凝土弹性模量 E_c 的比值：

$$\alpha_E = \frac{E_s}{E_c} = \frac{2.05 \times 10^5}{3.25 \times 10^4} = 6.31$$

构件净截面面积：

$$A_n = 240 \times 220 - 4 \times \frac{\pi}{4} \times 50^2 - 452 \times \frac{2.0 \times 10^5}{3.25 \times 10^4} = 42164\text{mm}^2$$

第二批张拉的每束张拉力：　$P_2 = 350\text{kN}$

后批张拉预应力筋的张拉控制应力：　$\sigma_{con} = \frac{350000}{313.6} = 1116\text{N/mm}^2$

设由计算，得到： $\sigma_{L1} = 80\text{N/mm}^2$

后批张拉的预应力筋的有效预应力： $\sigma_{pe} = \sigma_{con} - \sigma_{L1} = 1116 - 80 = 1036\text{N/mm}^2$

混凝土法向应力： $\sigma_{pc} = \dfrac{\sigma_{pe} A_{p2}}{A_n} = \dfrac{1036 \times 313.6 \times 2}{42164} 15.4\text{N/mm}^2$

第一批张拉的每束张拉力：

$$\Delta P = \alpha_E \sigma_{pc} A_{p1} = 6.31 \times 15.4 \times 313.6 = 30.5\text{kN}$$

$$P_1 = P_2 + \Delta P = 350 + 30.5 = 380.5\text{kN}$$

所以，通过计算得到第一、二批张拉的每束张拉力分别为350kN、380.5kN。

5.8.2 预应力筋叠层张拉计算

对平卧叠浇的预应力混凝土构件，上层构件的重量产生接触面上的摩擦阻力，阻止下层构件在预应力筋张拉时混凝土弹性压缩的自由变形，待上层构件起吊后后，由于摩阻力影响的消失而引起钢筋的预应力损失。影响叠层摩阻损失大小的因素有：预应力筋品种、隔离剂种类、构件自重以及接触表面的状况等。张拉时可先实测各层构件的压缩值，再按下式计算叠层摩阻损失值：

$$\sigma_{lm} = \frac{\Delta l - \Delta l_i}{L} \cdot E_s \tag{5-82}$$

式中 σ_{lm} ——叠层生产因摩阻消失而引起的第 i 层构件预应力损失；

Δl ——构件张拉时理论弹性压缩变形计算值，其值为 $\dfrac{\sigma_{pc}}{E_c} \cdot L$；

Δl_i ——第 i 层构件混凝土弹性压缩变形实测值；

L ——构件长度（以百分表之间的长度计）；

E_s ——预应力钢筋弹性模量；

E_c ——混凝土弹性模量；

σ_{pc} ——预应力筋张拉产生的混凝土法向应力。

根据式（5-82）即可分别计算出各层的超张拉值，作为实际张拉的依据。

一般会采用逐层加大超张拉来弥补该项预应力损失。但底层的超张拉值不宜比顶层张拉力大5%（钢丝、钢绞线、热处理钢筋），并保证底层构件的控制应力不超过表5-5。

【例5-21】 某单层厂房24m预应力屋架，采取现场四层叠浇、张拉，下弦截面为220mm×240mm，长度为23.8m，百分表安装在构件两端90cm处，混凝土采用C40，$E_c = 3.25 \times 10^4\text{N/mm}^2$，预留2个直径为50的预留孔，分别搁放2束预应力钢丝16 ϕ^P5，每束钢丝 $A_{P1} = 313.6\text{mm}^2$，$E_s = 2.05 \times 10^5\text{N/mm}^2$，锚具变形与钢筋回缩值 $a = 5\text{mm}$，采用一端张拉，$\sigma_{con} = 1150\text{N/mm}^2$，非预应力筋采用4 Φ 12，$A_s = 452\text{mm}^2$，弹性模量为 $2 \times 10^5\text{N/mm}^2$，实测屋架下弦混凝土的弹性压缩值，自上而下分别为：9.64、8.23、6.01、3.27，试求每层应增加的超张拉力值。

【解】 构件净截面面积：

$$A_n = 240 \times 220 - 2 \times \frac{\pi}{4} \times 50^2 - 452 \times \frac{2.0 \times 10^5}{3.25 \times 10^4} = 46091\text{mm}^2$$

直线预应力筋的锚固损失：

$$\sigma_{l1} = \frac{a}{L} \cdot E_s = \frac{5}{23800} \times 2.05 \times 10^5 = 43\text{N/mm}^2$$

混凝土预压应力：$\sigma_{pc} = \dfrac{(\sigma_{con} - \sigma_{l1})A_P}{A_n} = \dfrac{(1150 - 43) \times 313.6 \times 2}{46091} = 15.06\text{N/mm}^2$

屋架张拉时理论弹性压缩变形计算值：

$$\Delta L = \frac{\sigma_{pc}}{E_c} \cdot L = \frac{15.06}{3.25 \times 10^4} \times (23800 - 1800) = 10.19\text{mm}$$

各层的超张拉值按式（5-81）计算。

对第一层屋架，超张拉百分比为：

$$\sigma_{lm1}/\sigma_{con} = \frac{10.19 - 9.64}{22000} \times 2.05 \times 10^5/1150 = 0.45\%$$

因为是最上面一层，无须超张拉。并以9.64为基数。

对第二层屋架，超张拉百分比为：

$$\sigma_{lm2}/\sigma_{con} = \frac{9.64 - 8.23}{22000} \times 2.05 \times 10^5/1150 = 1\%$$

对第三层屋架，超张拉百分比为：

$$\sigma_{lm3}/\sigma_{con} = \frac{9.64 - 6.01}{22000} \times 2.05 \times 10^5/1150 = 3\%$$

对第四层屋架，超张拉百分比为：

$$\sigma_{lm4}/\sigma_{con} = \frac{9.64 - 3.57}{22000} \times 2.05 \times 10^5/1150 = 5\%$$

根据以上的计算，得到四榀屋架自上而下逐层超张拉值分别为：0%、1%、3%和5%。

5.9　预应力筋放张计算

5.9.1　预应力筋放张回缩值计算

在预应力筋放张过程中，无论采用怎样的锚固形式，都会产生预应力钢筋的回缩现象，导致预应力损失。

可根据钢丝应力传递长度 l_{tr}（即钢丝应力由端部为零逐步增至 σ_{pl} 所需的长度），如图5-40所示，求出放张时钢丝在混凝土内的回缩值 a。如放张时实测回缩值 a' 小于 a，则认为钢丝与混凝土粘结良好，可以进行放张。

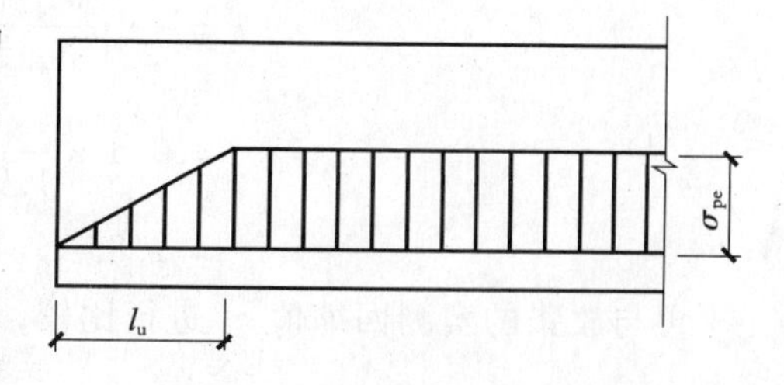

图5-40　先张法构件预应力筋传递长度范围内预应力值的变化范围

回缩值可按下式计算：

$$a = \frac{1}{2} \cdot \frac{\sigma_{pl}}{E_s} \cdot l_{tr} > a' \tag{5-83}$$

式中 a——钢丝在混凝土内的回缩值（mm）；

σ_{pl}——第一批预应力损失完成后，预应力钢丝中的有效预应力（N/mm^2）；

E_s——预应力钢筋弹性模量；

l_{tr}——预应力筋传递长度，可按表 12-10 取用（mm）；

a'——放张的实测回缩值（mm）。在实测 α' 时应检查钢丝应力是否与 σ_{pl} 接近，若相差很大时，则实测回缩值 α' 仍不能作为判断粘结效果的依据。

预应力筋传递长度 l_{tr}（mm） **表 5-16**

项次	钢筋种类	混凝土强度等级			
		C20	C30	C40	≥C50
1	刻痕钢筋直径 $d=5mm$，$\sigma_{pl}=100N/mm^2$	150d	100d	65d	50d
2	钢绞线直径 $d=9\sim15mm$	—	85d	70d	70d
3	冷拔低碳钢丝直径 $d=4\sim5mm$	110d	90d	80d	80d

注：1. 确定传递长度 l_{tr} 时，表中混凝土强度等级应按传力锚固阶段混凝土立方体抗压强度确定。

2. 当刻痕钢丝的有效预应力值 σ_{pl} 大于或小于 $1000N/mm^2$ 时，其传递长度应根据本表项次 l 的数值按比例增减。

3. 当采用骤然放张预应力钢筋的施工工艺时，l_{tr} 起点应从离构件末端 $0.25\,l_{tr}$ 处开始计算。

4. 冷拉Ⅱ、Ⅲ级钢筋的传递长度 l_{tr} 可不考虑。

【例 5-22】 有 15m 预应力框架梁，采用为 $16\phi^s9.5$ 低松弛预应力钢绞线，弹性模量为 $E_s = 1.95\times10^5 N/mm^2$，其标准强度 $f_{ptk} = 1860\ N/mm^2$，混凝土为 C40，放张时混凝土强度为 $30N/mm^2$，试求钢筋回缩值。

【解】 控制应力：$\sigma_{con} = 0.75f_{ptk} = 1395N/mm^2$

考虑第一批损失为 $0.1\sigma_{con}$，$\sigma_{pl} = 0.9\sigma_{con} = 1674N/mm^2$

查表 5-16，当放张时混凝土强度为 $30N/mm^2$，其传递长度 $l_{tr} = 70d$

由公式（5-83）得到钢筋回缩值：

$$a = \frac{1}{2} \cdot \frac{\sigma_{pl}}{E_s} \cdot l_{tr}$$

$$= 0.5 \times \frac{1674}{1.95\times10^5} \times 70 \times 9.5$$

$$= 2.85$$

再与放张的实测回缩值 a' 进行比较，如果是大于的，则可以放张预应力筋。

5.9.2 预应力筋楔块放张计算

在台座与横梁间预先设置钢楔块，放张时，旋转螺母，使螺杆向上移动，而使钢楔块退出，便可同时放张预应力筋。预应力楔块用来控制放张速度，使得构件受力冲击减弱。楔块放张装置构造如图5-41所示。

楔块坡角 α 与摩擦系数 μ 的关系如下：

$$\mathrm{tg}\alpha \leqslant \mu \tag{5-84}$$

式中　α——楔块坡角（°）；

μ——楔块与钢块之间的摩擦系数，取0.15～0.20。

张拉后横梁对钢块的正压力为 N，可按下式计算：

$$Q = N(\mu + \mu\cos 2\alpha - \sin 2\alpha) \tag{5-85}$$

式中　Q——楔块（或螺杆）所受之轴向力；

其他符号意义同上。

5.9.3　预应力筋砂箱放张计算

砂箱放张装置构造如图5-42所示，用来控制放张速度。当张拉钢筋时，箱内砂被压实，承担着横梁的反力；放张钢筋时，将出砂口打开，使砂慢慢流出，从而可慢慢放张钢筋。

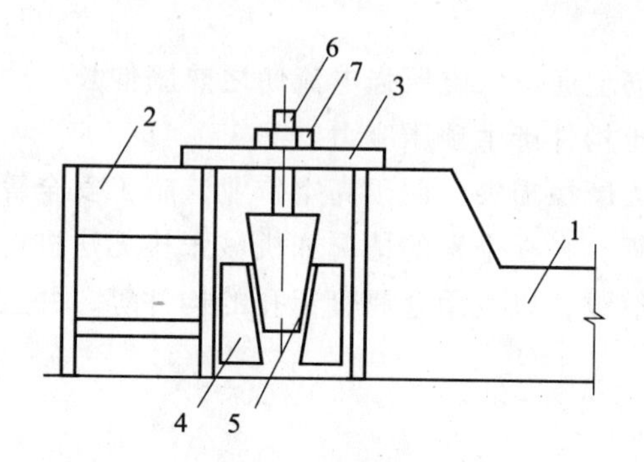

图5-41　用楔块放张预应力筋构造
1—台座；2—横梁；3—承力板；4—钢块；5—钢楔块；6—螺杆；7—螺母

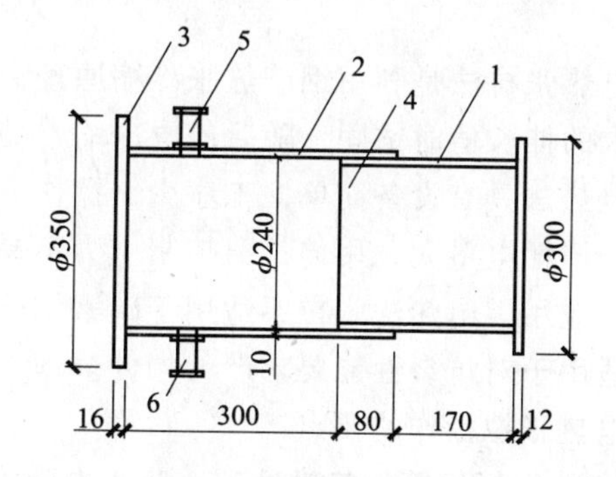

图5-42　放张预应力筋（1600kN）砂箱构造
1—活塞；2—套箱；3—箱套底板；4—具有级配的干砂；5—进砂口（φ25mm螺丝）；6—出砂口（φ16mm螺丝）

砂箱的承载能力主要取决于筒壁的厚度，可按下式计算：

$$t \geqslant \frac{pr}{[f]} \tag{5-86}$$

其中：

$$p = \frac{N}{A}\tan^2\left(45 - \frac{\varphi}{2}\right) \tag{5-87}$$

式中　t——砂箱筒壁的厚度（mm）；

p——箱壁所受的压力（N/mm^2）；

N——砂箱所受正压力（即横梁对砂箱的压力（kN））；

A——砂箱活塞面积（mm^2）；

φ——砂的内摩擦角（°）；

r——砂箱的内半径（mm）；

$[f]$——筒壁钢板允许应力（N/mm^2）。

【例 5-23】 已知：放张砂箱最大承载力 1600kN，砂箱内直径 $D=240mm$，砂的内摩擦角所受正压力 $\varphi=35°$，筒壁钢板用 Q235，允许应力 $[f]=215\ N/mm^2$，试求需要用筒壁钢板厚度。

【解】 考虑超载系数为 1.1，即 $N=1.1\times1600=1760\ kN$

由式（5-87）计算箱壁所受的压力：

$$p=\frac{N}{A}\tan^2\left(45-\frac{\varphi}{2}\right)=\frac{1760}{\frac{\pi}{4}\times240^2}\tan^2(45°-17.5°)=10.5N/mm^2$$

由式（5-87）计算砂箱筒壁的厚度：

$$t\geqslant\frac{pr}{[f]}=\frac{10.5\times120}{215}=5.9mm$$

经过计算，并考虑到加工损耗减薄等，取砂箱筒壁的厚度为 8mm。

5.10 预应力筋电热张拉工艺计算

电热张拉法是利用钢筋热胀冷缩原理，在钢筋上通以低电压强电流使之热胀伸长，达到要求的伸长值时锚固，随后停电冷缩，使混凝土构件产生预压应力。

电热法具有设备简单，工序少，操作方便，无摩擦损失，便于高空作业，施工安全等优点；但耗电量大，用伸长值控制应力不易准确等，只在个别的情况如机械张拉无法进行的部位应用。电热法张拉不适用于碳素钢丝、钢绞线，以及用金属管留孔的构件等，并且亦不适用于对抗裂性能要求严的构件。

电热张拉操作的要点：

（1）作好钢筋的绝缘处理，防止电流产生分歧；

（2）调整初应力，用拧紧螺母的方法，使各预应力筋松紧一致，建立相同的初应力，并作出测量伸长值的标记；

（3）在电热张拉前检查电热系统线路、次极电压、钢筋中的电流密度和电压降是否符合要求；

（4）测量伸长值宜在构件的一端进行，另一端顶紧，以保证伸长集中在一端；

（5）冷拉钢筋的电热温度应不超过 350℃，反复电热次数不宜超过三次；

（6）锚固，即拧紧螺母或插入垫板，应同钢筋伸长同时进行，直至达到预定的伸长值停电为止；

（7）停电冷却，一般 12h 后，将预应力筋、螺母、垫板和预埋铁板相互焊牢后即可灌浆。

5.10.1 电热张拉工艺参数计算

1. 张拉伸长值计算

钢筋电热张拉所需的伸长值，按下式计算：

$$\Delta l = \frac{\sigma_{con} + 30}{E_s} \cdot l \tag{5-88}$$

式中 Δl——基本伸长值（mm）；

σ_{con}——张拉控制应力值，先张法构件按表5-10的规定采用；对后张法构件，为提高其抗裂度，可适当提高σ_{con}的值，但电热张拉完毕时钢筋的预应力值，不宜大于表5-5中后张法规定的数值。

E_s——电热后预应力筋的筋的弹性模量（N/mm^2），由试验确定，无条件试验时，按下列数值采用：

HPB235级钢筋、冷拉Ⅰ级钢筋……2.1×10^5

HRB335、HRB400级钢筋及热处理钢筋碳素钢丝、冷拔、地碳钢丝……2.0×10^5

冷拉Ⅱ级钢筋、冷拉Ⅲ级钢筋、冷拉Ⅳ级钢筋、刻痕钢丝、钢绞线……1.8×10^5

l——电热前预应力钢筋的总长度（mm）；

30——附加应力，即考虑钢筋下料时不直以及在高温和应力状态下的塑性变形所产生的预应力损失（N/mm^2）。

还应考虑预应力损失折合成的伸长值，称为附加伸长值。在考虑钢筋电热长度时，应该考虑进去。

主要有模具变形引起的附加伸长值Δl_1、钢筋不直或热塑性变形引起的附加伸长值Δl_2、混凝土的弹性压缩损失引起附加伸长值Δl_3、块体拼装裂缝引起的附加伸长值Δl_4、台座或钢模变形引起的附加伸长值Δl_5组成总的附加伸长值。

电热的总伸长值，为基本伸长值与附加伸长值之和，计算公式如下：

$$\Delta L = \frac{\sigma_{con}}{E_s} \cdot L + \sum \Delta l_i \tag{5-89}$$

式中 $\sum \Delta l_i$——电热法施工中预应力损失引起的附加伸长值，

$$\sum \Delta l_i = \Delta l_1 + \Delta l_2 + \Delta l_3 + \Delta l_4 + \Delta l_5;$$

Δl_1——模具变形引起的附加伸长值，按表5-10采用；

Δl_2——钢筋不直或热塑性变形引起的附加伸长值，$\Delta l_2 = 0.00015L$或按$\frac{30}{E_s} \cdot L$取用；

Δl_3——混凝土弹性压缩引起的附加伸长值，$\Delta l_3 = \frac{\sigma_{pc}}{E_c} \cdot L$；

σ_{pc}——预应力筋合力点处混凝土的预压应力（N/mm^2）；

$$先张法构件：\sigma_{pc} = \frac{N_{pc}}{A_0} \pm \frac{N_{pc} \cdot e_{p0}}{I_0} y_0$$

$$后张法构件：\sigma_{pc} = \frac{N_p}{A_n} \pm \frac{N_p \cdot e_{pn}}{I_n} y_n$$

N_{pc}、N_p——预应力筋的合力（N），（$N_{pc}(N_p)$）$= \sigma_{con} A_p$；

A_p——预应力筋截面面积（mm^2）；

A_0、A_n——换算截面面积及净截面面积（扣除预应力筋和孔道面积）（mm^2）；

I_0、I_n——换算截面惯性矩及净截面惯性矩（mm^4）；

e_{p0}、e_{pn}——换算截面形心及净截面形心至预应力筋合力点的距离（mm）；

y_0、y_n——换算截面形心及净截面形心至所计算纤维处的距离（mm）；

E_s——混凝土的弹性模量（N/mm^2）；

Δl_4——块体拼装裂缝引起的附加伸长值，$\Delta l_4 = 0.05\sum\delta$；

δ——块体拼装缝竖缝宽度；

Δl_5——台座或钢模变形引起的附加伸长值，根据实测确定；

其他符号意义同前。

【例 5-24】 现有 15m 预应力屋架，混凝土等级为 C30，截面为 150mm×200mm，有两个直径为 48mm 的预留孔，每个设一束钢筋束 15 根 $\phi^P 5$ 碳素钢丝，$E_s = 2.05\times10^5 N/mm^2$，$A_P = 294.5mm^2$，采用钢质锥形锚具，TD = 60 型锥锚式千斤顶，构件孔道长 $l = 14800mm$，预应力钢筋全长为 14.4m。试计算钢筋电热伸长值。

【解】 查得：混凝土的弹性模量：$E_c = 3.0\times10^4 N/mm^2$；$f_{ptk} = 1570N/mm^2$

锚具变形：$\Delta l_1 = 5mm$；

钢筋不直或热塑性变形引起的附加伸长值：$\Delta l_2 = \dfrac{30}{E_s}\cdot L = \dfrac{30\times14400}{2.05\times10^5} = 2.11mm$；

预应力筋截面面积：$A_P = 2\times294.5 = 589mm^2$；

净截面面积：$A_n = 160\times220 - 2\times\dfrac{\pi\times48^2}{4} = 31581mm^2$；

预应力筋的控制应力：$\sigma_{con} = 0.75f_{ptk} = 0.75\times1570 = 1177.5N/mm^2$；

预应力筋合力点处混凝土的预压应力：$\sigma_{pc} = \dfrac{N_p}{A_n} = \dfrac{1177.5\times589}{31581} = 22N/mm^2$；

混凝土弹性压缩引起的附加伸长值：$\Delta l_3 = \dfrac{\sigma_{pc}}{E_c}\cdot L = \dfrac{22}{3.0\times10^4}\times14800 = 10.85mm$；

电热法施工中预应力损失引起的附加伸长值：

$$\begin{aligned}\sum\Delta l_i &= \Delta l_1 + \Delta l_2 + \Delta l_3\\ &= 5 + 2.11 + 10.85\\ &= 17.96mm;\end{aligned}$$

由式（5-89）计算总伸长值：

$$\begin{aligned}\Delta L &= \frac{\sigma_{con}}{E_s}\cdot L + \sum\Delta l_i\\ &= \frac{1177.5}{2.05\times10^5}\times14400 + 17.96\\ &= 100.7mm\end{aligned}$$

即，钢筋电热伸长值为 100.7mm。

2. 钢筋电热温度计算

采用电热时，钢筋增加的温度，与其预计的伸长长度、钢筋有关，可按下式计算：

$$T = \frac{\Delta l}{\alpha l} \tag{5-90}$$

或

$$T = \frac{\sigma_{con} + 30}{\alpha E_s} \tag{5-91}$$

$$T' = T + T_0 \tag{5-92}$$

式中 T——温度增高值（℃）；

Δl——钢筋的设计计算长度值（mm）；

α——钢筋的线膨胀系数；

T'——电长后的钢筋温度（℃）；

T——电长前的钢筋温度（℃）；

其他符号意义同前。

规范中规定“采用电热法张拉时，预应力筋的电热温度，不宜超过350℃；反复电热次数不宜超过三次。”一般HRB335级钢筋宜$T' \leqslant 250$℃；HRB400级钢筋宜$T' \leqslant 300$℃；HRB500级钢筋宜$T' \leqslant 350$℃。

3. 张拉应力控制值计算

张拉控制应力应满足下面公式的计算值：

$$\sigma_{pf} = \sigma_{con} - \sigma_{s4} \tag{5-93}$$

式中 σ_{pf}——校核时钢筋应建立的预应力值；

σ_{s4}——钢筋的应力松弛损失，$\sigma_{s4} = 5\% \sigma_{con}$；

σ_{con}——张拉应力控制值。

如果超过+10%或-5%时，应调整总伸长值，直到符合规定。

【例5-25】 条件同【例5-23】，试校核应力与张拉力。

【解】 钢筋的应力松弛损失：$\sigma_{s4} = 5\% \sigma_{con} = 5\% \times 1177.5 = 58.88\text{N/mm}^2$；

校核的应力值：$\sigma_{pf} = \sigma_{con} - \sigma_{s4} = 1177.5 - 58.88 = 1118.62\text{N/mm}^2$；

1根钢丝束的张拉力：$1118.62 \times 294.5 = 329.4\text{kN}$

即，可根据计算结果与实际进行校核。

5.10.2 电热张拉设备选用计算

1. 电热设备电工参数计算

(1) 电热需用热量计算

电热张拉时，钢筋加热需要的热量由钢筋加热至预定温度所需要的热量与钢筋散失的热量两部分组成，可按下式计算：

$$Q = Q_1 + Q_2 \tag{5-94}$$

式中 Q——钢筋张拉加热所需热量（kJ）；

Q_1——钢筋加热至预定温度所需要的热量（kJ），$Q_1 = c \cdot g \cdot L \cdot T$；

Q_2——钢筋散失的热量（kJ），$Q_2 = \alpha \cdot s \cdot \theta \cdot t$；

c——钢筋的比热（kJ）；

g——每米钢筋的重量；

L——钢筋张拉加热所需热量（kJ）；

T——钢筋电张到伸长值时所需升高的温度（℃），即温度升高值；

α——散热系数（kJ/mm²·℃·S）；采用后张法，钢筋处于混凝土孔道中取 1×10^{-8}kJ/mm²·℃·S；采用先张法钢筋裸露时 1.5×10^{-8}kJ/mm²·℃·S；

s——钢筋散热表面积（mm²）；$S = \pi dL$

d——钢筋直径（mm）；

θ——散热面与周围环境的温度差（℃），钢筋处于混凝土孔道中，取 $\theta = \frac{2}{3}T'$；

钢筋裸露时，$\theta = T' - T_0$；

T'——电热后的钢筋温度（℃）；

T_0——电热前的钢筋温度（℃）；

t——电热持续时间（s），一般以12min（720s）计。

（2）电热电阻值计算

二次回路的总电阻R，一般按下式计算：

$$R = R_1 + R_2 + R_3 + R_4 \tag{5-95}$$

$$R = \rho_\alpha \cdot \frac{L_a}{A_p} \tag{5-96}$$

式中 R_1——钢筋终温时的电阻（Ω），$R_1 = \beta \cdot \rho_\alpha \cdot \frac{L}{F_a}$；

β——电阻增大系数，一般取 $\beta = 2.5$；

ρ_a——15℃时的电阻系数，又称钢筋的电阻率，取0.13Ω·mm²/m；

L——钢筋长度（m）；

F_a——钢筋截面积（mm²）；

R_2——二次导热电阻（Ω），$R_2 = \frac{\rho_n \cdot l_n}{F_n}$；

ρ_n——导线的电阻系数，铜线为0.017；铝线为0.0283Ω·mm²/m；

l_n——导线长度（m）；

F_n——导线截面积，按电流为420～450A，查表5-17选用；

R_3——导线与钢筋连接接头电阻（Ω），$R_3 = 0.015n_1$；

n_1——接头数（个）；

R_4——钢筋对焊接头电阻（Ω），$R_4 = 0.001n_2$；

n_2——接头个数（个）；

L_a——钢筋的总长度（m）；

A_p——钢筋总截面积（mm²）。

电热张拉时，钢筋的电阻随着温度的升高而增大，其计算式如下：

$$R' = R_{15}[1 + \alpha_1(T' - 15)] \tag{5-97}$$

式中 R'——温度为 T'（℃）时的钢筋电阻；

R_{15}——温度为 15℃时的钢筋电阻；

α_1——钢筋电阻系数，取，取 0.0063（℃）$^{-1}$。

交流电的电流通过钢筋时，其电流密度沿其中心至表面逐渐增大，此种集肤效应的现象使电阻值增大，增大系数以 ζ 表示为：

$$\zeta = \sqrt{f \cdot \gamma \cdot \mu} \cdot d \tag{5-98}$$

式中 f——交流电频率，取 50Hz；

γ——导电系数，取 7.7×10^3（Ω · mm）$^{-1}$；

μ——导磁系数，取 0.13（2.6 ~ 3.5）$\times 10^{-7}$（Ω · s/mm）；

d——钢筋直径（mm）。

如钢筋上有锈蚀现象，也应该考虑进入 R_p 值内。

（3）电热需用电流计算

电热张拉所需电流可按下式计算：

$$I = \sqrt{\frac{Q}{0.24Rt}} \tag{5-99}$$

式中 I——钢筋电张拉需用二次工作电流值（A/mm^2）；

Q——电热张拉所需热量（kJ）；

R——电热张拉二次回路的电阻（Ω）；

t——电热张拉所需时间（s）。

规范要求二次额定电流值为 $I/F_a = 1.2 \sim 4.0\ \text{A/mm}^2$。

（4）电热需用电压计算

电热张拉所需变压器二次电压可按下式计算：

$$V = I\sum R = I(R_1 + R_2 + R_3 + R_4) \tag{5-100}$$

式中 V——电热张拉电热变压器需用二次电压（V）；

I——电热张拉工作电流（A）；

ΣR——电路总电阻（Ω）；

其他符号意义同前。

2. 电热变压器选用计算

电热张拉要求在安全低压下通过强大的电流，并且在较短的时间完成，最好选用三相低压变压器。变压器所需功率，可按下近似式计算：

$$P = \frac{GCT}{380t} \cdot \frac{1}{\cos\phi} \tag{5-101}$$

或

$$P = \frac{IV}{\cos\phi} \times 10^{-3} \tag{5-102}$$

式中 P——电热变压器所需功率（kVA）；

G——同时电热张拉钢筋的重量（kg）；

C——钢筋的热容量，取 0.115；

T——钢筋加热温度增高值（℃），计算见式（5-89）；

t——钢筋通电加热时间（h）；

$\cos\phi$——功率因素，一般变压器约取 0.9；弧焊机约取 0.4；

其他符号上，其中，P 值尚应考虑铁耗和铜耗，一般再乘以 1.08～1.15 的系数。

钢筋加热至所需温度的电能 W（MJ）消耗，可按下近似式计算：

$$W=\frac{GCT}{158.3} \tag{5-103}$$

其他符号意义同前。

电热变压器的需用范围：

（1）电热设备最好选低压变压器或弧焊机。一次电压为 220～380V；二次电压为30～65V；

（2）电压降应保持 2～3V/m，变压器功率一般不大于 45（kVA）；

（3）二次额定电流应满足钢筋中的电流密度要求，不得小于下列数值；对冷拉Ⅱ级钢筋 $120A/cm^2$；对冷拉Ⅲ级钢筋为 $150A/cm^2$。

现场如果没有大容量的变压器时，可同电弧焊机代替进行电热张拉，其容量最好在 75 千伏安以上。若一台弧焊机容量不够，可将几台同厂、同规格、同型号的弧焊机一起使用；当电流不够时，采用并联以加大电流；也可以采用串联，以提高工作效率。

3. 电热导线选用计算

从电源处接出电热变压器的线路，称为一次导线，用普通绝缘硬钢线或铝线；从电热变压器或电弧焊机接出的电线，称为二次导线，宜用绝缘软铜丝绞线，截面积与电流相匹配。

当二次导线合并时，需要扭结称为一根，并焊成整体，防止影响电热效果。导线温度需要控制在 50℃以下，以防止导线的胶皮烧坏，绝缘体破坏，电压降低。

导线夹具用于连接导线与钢筋之间，常用杠杆式和钳式，见图 5-43。选用夹具时，选导热性能好；接头电阻小；能与钢筋紧密结合，接触良好；构造简单，便于快装快拆。

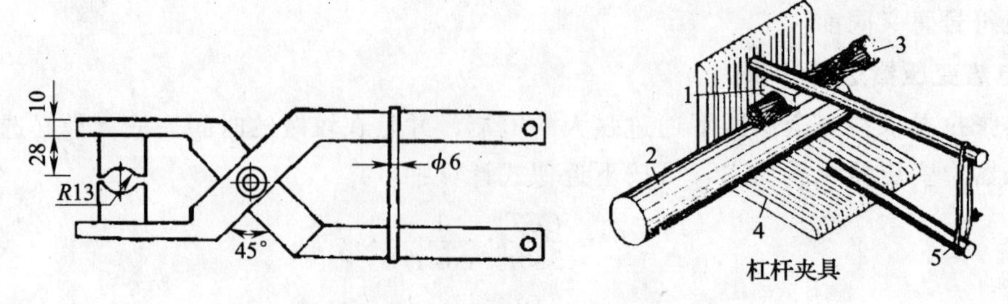

图 5-43　夹板式和杠杆式夹具

1—紫铜填块；2—钢筋；3—导线；4—角钢；5—套环

根据 5.10.2.1 节计算所得的一、二次电流的大小，可按表 5-17 选用所需要的导线的截面积。

钢导线截面积查用表　　表 5-17

项　次	导线截面（mm^2）	（A）	（mm）	（A/cm^2）
1	1000	1540	30～40	218～123
2	850	1340	28～36	206～132
3	750	1050	25～32	214～131
4	500	900	28～32	237～138
5	400	700	20～25	223～143
6	325	670	20～25	213～136
7	250	570	18～24	224～126
8	200	470	16～22	234～124
9	150	430	16～20	214～137
10	125	340	14～18	221～134
11	100	280	12～16	247～139

注：同拌的电流，如使用铝线，其截面积应增大 1.5 倍。

第6章

结构吊装工程施工计算

6.1 吊装索具设备计算

6.1.1 吊绳计算

1. 白棕绳（麻绳）容许拉力计算

白棕绳，又称棕绳、麻绳，是一种用剑麻茎纤维挫成线、线挫成股、股挫成绳的绳索，性软。白棕绳多用于牵拉、捆绑，有时也用于起吊轻型构件或用作受力不大的缆风绳、溜绳等。

白棕绳的容许拉力，可按下式计算：

$$[F_z] = \frac{F_z}{K} \tag{6-1}$$

式中 $[F_z]$——白棕绳（麻绳，下同）的容许拉力（kN）；

F_z——白棕绳的破断拉力（kN），常用白棕绳的规格及破断拉力见表6-1；旧绳取新绳的40%～50%；

K——白棕绳的安全系数，按表6-2取用。

白棕绳的容许拉力亦可按以下经验公式计算：

$$[F_z] = d(\text{mm}) \times d(\text{mm}) \div 0.2(\text{N}) \tag{6-2}$$

白棕绳技术性能表 **表6-1**

直径（mm）	圆周（mm）	每卷重量（kg）	破断拉力（kN）	直径（mm）	圆周（mm）	每卷重量（kg）	破断拉力（kN）
6	19	6.5	2.00	22	69	70	18.5
8	25	10.5	3.25	25	79	90	24.00
11	35	17	5.75	29	91	120	26.00
13	41	23.5	8.00	33	103	165	29.00
14	44	32	9.50	38	119	200	35.00
16	50	41	11.50	41	129	250	37.50
19	60	52.5	13.00	44	138	290	45.00
20	63	60	16.00	51	160	330	60.00

麻绳安全系数表　　表6-2

麻绳的用途	使用程度	安全系数值 K
一般吊装	新绳 旧绳	3 6
作缆风绳	新绳 旧绳	6 12
作捆绑吊索或重要的起重吊装		8～10

【例6-1】 某工地使用一根直径为25mm的新白棕绳对小型构件进行一般吊装，试求其容许拉力。

【解】 由表6-1可知，直径为25mm的白棕绳破断拉力为24.00kN，又由表6-2查得安全系数 $K=3$。

由式（6-1）可得其容许拉力为：

$$[F_z]=F_z/K=24.00/3=8\text{kN}$$

或由式（6-2）得：

$$[F_z]=d\times d/0.2=25\times 25/0.2=3125\text{N}=3.125\text{kN}$$

所以，该新白棕绳的容许拉力为3kN。

2. 钢丝绳容许拉力计算

钢丝绳是由几股钢丝子绳和一根绳芯（一般为浸油麻芯或棉纱芯）捻成，具有强度高，弹性大，韧性、耐磨性、耐久性好，磨损易于检查（钢丝绳磨损后表面生成许多毛刺）等优点。钢丝细绕成的钢丝绳比较柔软，反之钢丝粗绕成的钢丝绳则较硬。

按钢丝绳结构形式可分为普通式、复合式、闭合式；绳芯分为：麻芯、棉芯、石棉芯、金属芯等。普通式及复合式钢丝绳，按捻制方向又可分为：顺绕（同向左捻，同向右捻）、反绕（交互左捻，交互右捻）、混合绕。

结构吊装中常采用6股钢丝绳，每股由19、37、61根0.1～3.0mm的高强钢丝组成。通常表示方法是：6×19、6×37+1、6×61+1；前两种使用最多，6×19钢丝绳多用作缆风绳和吊索；6×37钢丝绳多用于滑车组和作吊索。

使用钢丝绳的注意事项：① 捆绑有棱角的构件，应用木板或草袋等衬垫，避免钢丝绳磨损；② 起吊前应检查绳扣是否牢固，起吊时如发现打结，要随时拔顺，以免钢丝产生永久性扭弯变形；③ 定期对钢丝绳加润滑油，以减少磨损；④ 存放在仓库里的钢丝绳应成圈排列，避免重迭堆放，库中应保持干燥，防止受潮锈蚀。

钢丝绳的容许拉力可按下式计算：

$$[F_g]=\frac{\alpha\beta F_g}{K} \tag{6-3}$$

式中　$[F_g]$——钢丝绳的容许拉力（kN）；

F_g——钢丝绳的钢丝破断拉力总和（kN）；

α——钢丝绳破断拉力换算系数，对 6×19、6×37、6×61 的钢丝绳，α 的取值分别为 0.85、0.82、0.80；

K——钢丝绳的安全系数，按表 6-3 取用；

β——钢丝绳的新旧程度系数（0.4～1.0），可按表 6-4 取用。

F_g 可以从表 6-5～表 6-7 查用，如无表时，可按下式近似地计算：

$$F_g = 0.5d^2 \tag{6-4}$$

式中　d——钢丝绳直径。

钢丝绳安全系数及需要滑车直径　　**表 6-3**

钢丝绳的用途			滑轮直径	安全系数 K
缆风绳及拖拉绳			$\geqslant 12d$	3.5
驱动方式	人力		$\geqslant 16d$	4.5
	机械	轻级	$\geqslant 16d$	5
		中级	$\geqslant 18d$	5.5
		重级	$\geqslant 20d$	6
千斤绳	有绕曲		$\geqslant 2d$	6～8
	无绕曲			5～7
地锚绳				5～6
捆绑绳				10
载人升降机			$\geqslant 40d$	14

注：d 为钢丝绳直径。

钢丝绳新旧程度系数 β　　**表 6-4**

类别	钢丝绳表面现象	钢丝绳新旧程度系数 β	准用场所
1	各股钢丝位置未动，磨损轻微，无绳股凸起现象	1.0	重要场所
2	各股钢丝已有变位、压扁及凸出现象，但未露出绳芯； 个别部分由轻微锈痕； 有断头钢丝，钢丝绳每米长度内断头数目不超过钢丝总数的 3%	0.75	重要场所
3	钢丝绳每米长度内断头数目超过钢丝总数的 3%，但少于 10%； 有明显锈痕	0.50	次要场所
4	钢丝绳股有明显的扭曲、凸出现象； 钢丝绳全部有锈痕，将锈痕刮去后钢丝上留有凹痕； 钢丝绳每米长度内断头数超过 10%，但少于 25%	0.40	不重要场所或辅助工作

6×19 钢丝绳的主要规格及荷重性能 表 6-5

直径		钢丝总断面积	参考重量	钢丝绳公称抗拉强度（N/mm²）				
钢丝绳	钢丝			1400	1550	1700	1850	2000
				钢丝破断拉力总和				
（mm）		（mm²）	（kg/100m）	（kN）不小于				
6.2	0.4	14.32	13.53	20.0	22.1	24.3	26.4	28.6
7.7	0.5	22.37	21.14	31.3	34.6	38.0	41.3	44.7
9.3	0.6	32.22	30.45	45.1	49.9	54.7	59.6	64.4
11.0	0.7	43.85	41.44	61.3	67.9	74.5	81.1	87.7
12.5	0.8	57.27	54.12	80.1	88.7	97.3	105.5	114.5
14.0	0.9	72.49	68.50	101.0	112.0	123.0	134.0	144.5
15.5	1.0	89.49	84.57	125.0	138.5	152.0	165.5	178.5
17.0	1.1	103.28	102.3	151.5	167.5	184.0	200.0	216.5
18.5	1.2	128.87	121.8	180.0	199.5	219.0	238.0	257.5
20.0	1.3	151.24	142.9	211.5	234.5	257.0	279.5	302.0
21.5	1.4	175.40	165.8	245.5	271.5	298.0	324.0	350.5
23.0	1.5	201.35	190.3	281.5	312.0	342.0	372.0	402.5
24.5	1.6	229.09	216.5	320.5	355.0	389.0	423.5	458.0
26.0	1.7	258.63	244.4	362.0	400.5	439.5	478.0	517.0
28.0	1.8	289.95	274.0	405.5	449.0	492.5	536.0	579.5
31.0	2.0	357.96	338.3	501.0	554.5	608.5	662.0	715.5
34.0	2.2	433.13	409.3	306.0	671.0	736.0	801.0	
37.0	2.4	515.46	487.1	721.5	798.5	876.0	953.5	
40.0	2.6	604.95	571.7	846.5	937.5	1025.0	1115.0	
43.0	2.8	701.60	663.0	982.0	1085.0	1190.0	1295.0	
46.0	3.0	805.41	761.1	1125.0	1245.0	1365.0	1490.0	

注：表中，粗线左侧，可供应光面或镀锌钢丝绳，右侧只供应光面钢丝绳。

6×37 钢丝绳的主要规格及荷重性能 表 6-6

直径		钢丝总断面积	参考重量	钢丝绳公称抗拉强度（N/mm²）				
钢丝绳	钢丝			1400	1550	1700	1850	2000
				钢丝破断拉力总和				
（mm）		（mm²）	（kg/100m）	（kN）不小于				
8.7	0.4	27.88	26.21	39.0	43.2	47.3	51.5	55.7
11.0	0.5	43.57	40.96	60.9	67.5	74.0	80.6	87.1
13.0	0.6	62.74	58.98	87.8	97.2	106.5	116.0	125.0
15.0	0.7	85.39	80.57	119.5	132.0	145.0	157.5	170.5

续表

直径		钢丝总断面积	参考重量	钢丝绳公称抗拉强度（N/mm²）				
钢丝绳	钢丝			1400	1550	1700	1850	2000
				钢丝破断拉力总和				
（mm）		（mm²）	（kg/100m）	（kN）不小于				
17.5	0.8	111.53	104.8	156.0	172.5	189.5	206.0	223.0
19.5	0.9	141.16	132.7	197.5	213.5	239.5	261.0	282.0
21.5	1.0	174.27	163.3	243.5	270.0	296.0	322.0	348.5
24.0	1.1	210.87	198.2	295.0	326.5	358.0	390.0	421.5
26.0	1.2	250.95	235.9	351.0	388.5	426.5	464.0	501.5
28.0	1.3	294.52	276.8	412.0	456.5	500.5	544.5	589.0
30.0	1.4	341.57	321.1	478.0	529.0	580.5	631.5	683.0
32.5	1.5	392.11	368.6	548.5	607.5	666.5	725.0	784.0
34.5	1.6	446.13	419.4	624.5	691.5	758.0	825.0	892.0
36.5	1.7	503.64	473.4	705.0	780.5	856.0	931.5	1005.0
39.0	1.8	564.63	530.8	790.0	875.0	959.5	1040.0	1125.0
43.0	2.0	697.08	655.3	975.5	1080.0	1185.0	1285.0	1390.0
47.5	2.2	843.47	792.9	1180.0	1305.0	1430.0	1560.0	
52.0	2.4	1003.80	943.6	1405.0	1555.0	1705.0	1855.0	
56.0	2.6	1178.07	1107.4	1645.0	1825.0	2000.0	2175.0	
60.5	2.8	1366.28	1234.3	1910.0	2115.0	2320.0	2525.0	
65.0	3.0	1568.43	1474.3	2195.0	2430.0	2665.0	2900.0	

注：表中，粗线左侧，可供应光面或镀锌钢丝绳，右侧只供应光面钢丝绳。

6×61钢丝绳的主要规格及荷重性能 表6-7

直径		钢丝总断面积	参考重量	钢丝绳公称抗拉强度（N/mm²）				
钢丝绳	钢丝			1400	1550	1700	1850	2000
				钢丝破断拉力总和				
（mm）		（mm²）	（kg/100m）	（kN）不小于				
11.0	0.4	45.97	43.21	64.3	71.2	78.1	85.0	91.9
14.0	0.5	71.83	67.52	100.5	111.0	122.0	132.0	143.5
16.5	0.6	103.43	97.22	144.5	160.0	175.5	191.0	206.5
19.5	0.7	140.78	132.3	197.0	218.0	239.0	260.0	281.5
22.0	0.8	183.88	172.3	257.0	285.0	312.5	340.0	367.5
25.0	0.9	232.72	218.3	325.5	360.5	395.5	430.5	465.0
27.5	1.0	287.31	270.1	402.0	445.0	488.0	531.5	574.5
30.5	1.1	347.65	326.8	486.5	538.5	591.0	643.0	695.0

续表

直径		钢丝总断面积	参考重量	钢丝绳公称抗拉强度（N/mm²）				
				1400	1550	1700	1850	2000
钢丝绳	钢丝			钢丝破断拉力总和				
（mm）		（mm²）	（kg/100m）	（kN）不小于				
33.0	1.2	413.73	388.9	579.0	641.0	703.0	765.0	827.0
36.0	1.3	485.55	456.4	679.5	752.5	825.0	898.0	971.0
38.5	1.4	563.13	529.3	788.0	872.5	957.0	1040.0	1125.0
41.5	1.5	640.45	607.7	905.0	1000.0	1095.0	1195.0	1290.0
44.0	1.6	735.51	691.4	1025.0	1140.0	1250.0	1360.0	1470.0
47.0	1.7	830.33	780.5	1160.0	1285.0	1410.0	1535.0	1660.0
50.0	1.8	930.88	875.0	1300.0	1440.0	1580.0	1720.0	1860.0
55.5	2.0	1149.24	1080.3	1605.0	1780.0	1950.0	2125.0	2295.0
61.0	2.2	1390.58	1307.1	1945.0	2155.0	2360.0	2570.0	
66.5	2.4	1654.91	1555.6	2315.0	2565.0	2810.0	3060.0	
72.0	2.6	1942.22	1825.7	2715.0	3010.0	3300.0	3590.0	
77.5	2.8	2252.21	2117.4	3150.0	3490.0	3825.0	4165.0	
83.0	3.0	2585.79	2430.6	3620.0	4005.0	4395.0	4780.0	

注：表中，粗线左侧，可供应光面或镀锌钢丝绳，右侧只供应光面钢丝绳。

【例 6-2】　采用直径为 23mm、6×19 的新钢丝绳作构件吊装时的吊索，钢丝的强度极限为 1550N/mm²，试求该吊索的容许拉力。

【解】　由表 6-5 可查得，6×19、直径 23mm 的钢丝绳的钢丝破断拉力总和为 $F_g = 312.0$kN；破断拉力换算系数 $\alpha = 0.85$，又由表 6-3 得，安全系数 $K = 7.0$，

由式（6-3）可得钢丝绳的容许拉力为：

$$[F_g] = \frac{\alpha\beta F_g}{K} = \frac{0.85 \times 1 \times 312.0}{7.0} = 37.8\text{kN}$$

在没有钢丝绳技术性能表的时候，钢丝绳的破断拉力可由式（6-4）近似计算：

$$F_g = 0.5 \times 23^2 = 264.5\text{kN}$$

$$[F_g] = \frac{0.85 \times 264.5}{7.0} = 32.1\text{kN}$$

查表与估算误差 15.1%，误差较大，应采用查表所得数据。

3. 钢丝绳的复合应力和冲击荷载计算

钢丝绳在承受拉伸和弯曲时的复合应力可按下式计算：

$$\sigma = \frac{F}{A} + \frac{d_0}{D} \times E_0 \leqslant [\sigma] \tag{6-5}$$

式中　σ——钢丝绳承受拉伸和弯曲的复合应力（MPa）；

F——钢丝绳承受的综合计算荷载（kN）；

A——钢丝绳钢丝截面总和（mm^2）；

d_0——单根钢丝的直径（mm）；

D——滑轮或卷筒槽底的直径（mm）；

E_0——钢丝绳的弹性模量（MPa）；

$[\sigma]$——钢丝绳的容许拉应力（MPa）。

在起重吊装作业中，钢丝绳应防止冲击荷载（如紧急刹车等）作用，冲击荷载对设备和钢丝绳均有损害，冲击荷载可按下式计算（图 6-1）：

$$F_s = Q\left(1 + \sqrt{1 + \frac{2EAh}{QL}}\right) \tag{6-6}$$

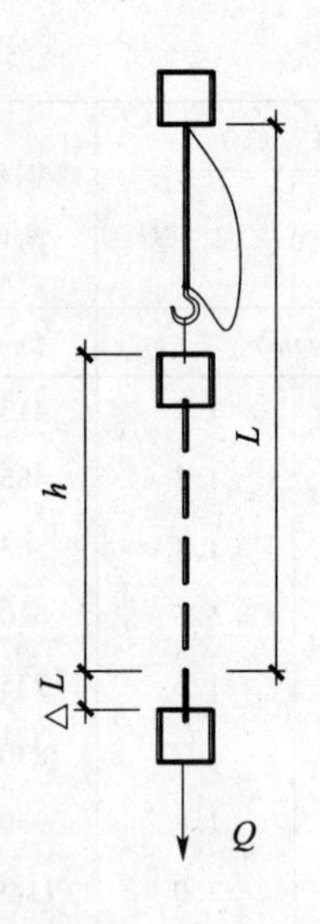

图 6-1　冲击荷载计算简图

式中　F_s——冲击荷载（N）；

Q——静荷载（N）；

E——钢丝绳的弹性模量（MPa）；

A——钢丝绳的截面积（mm^2）；

h——落下高度（mm）；

L——钢丝绳的悬挂长度（mm）。

【例 6-3】　有一根 6×61、钢丝直径为 16.5mm 的钢丝绳（$A = 103.43mm^2$，$E = 78400MPa$），悬挂长度 5m，吊重（静荷载）22.54kN，落下距离为 165mm，求其冲击荷载为静荷载的多少倍。

【解】　由式（6-6）可得：

$$\begin{aligned} F_s &= Q\left(1 + \sqrt{1 + \frac{2EAh}{QL}}\right) \\ &= 22540 \times \left(1 + \sqrt{1 + \frac{2 \times 78400 \times 103.43 \times 165}{22540 \times 5000}}\right) \\ &= 22540 \times (1 + 4.87) \\ &= 132372N \\ &\approx 132.4N \end{aligned}$$

从计算可知，冲击荷载将近静荷载的 6 倍，要比静荷载大的多。

在起重吊装作业中，钢丝绳绑扎形式很多，其受力大小也有所变化，为避免事故，保证安全生产，以起重吊装作业中最常见的形式，来说明绳的受力变化。

（1）单点绑扎绳扣

在图 6-2 中明显表明，当钢丝绳在弯曲处可能同时承受拉力和剪力的混合力，这使钢丝绳的破断拉力降低 30% 左右。因此在选择钢丝绳时，要适当提高安全系数，加强安全储备。

（2）吊装圆柱体时

钢丝绳在捆绑圆柱体时，绳的受力变化与圆柱体的直径大小有关。具体见表 6-8 及图 6-3。

钢丝绳破断拉力与曲率半径关系表　　表 6-8

吊物直径：钢丝绳直径（D：d）	25	20	15	5	3	2	1
破断拉力降低率（%）	5	7	10	20	25	35	50

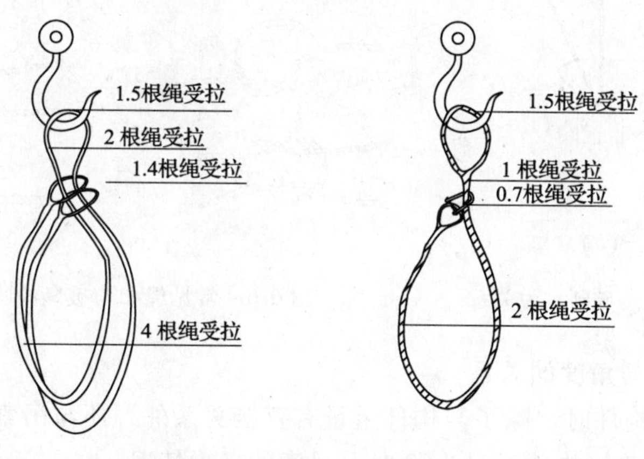

图 6-2　单点绑扎绳扣受力变化

（3）吊装物体的底部有角度时

如图 6-4 所示，吊装物体底部有角度时，其破断拉力也会降低。表 6-9 为物体底部角度与绳破断拉力的关系。

底部角度与破断拉力关系表　　表 6-9

底部角度 α（°）	120	90	60	45
破断拉力降低率（%）	30	35	40	47

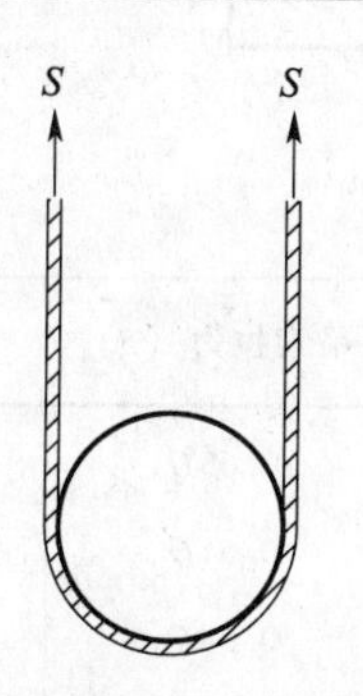

图 6-3　钢丝绳绑扎圆柱体时受力示意图

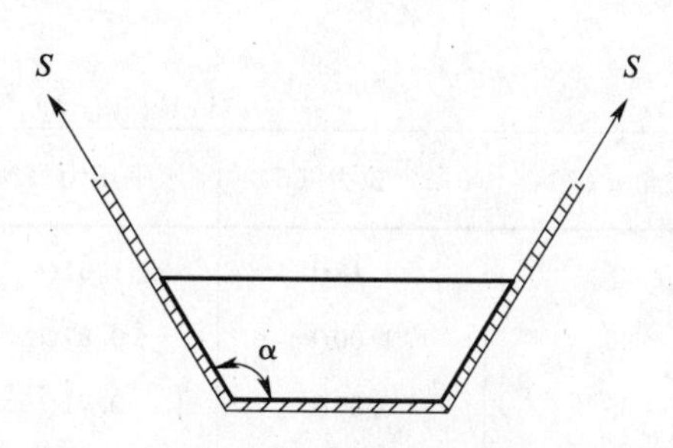

图 6-4　吊装物体底部有角度时受力示意图

（4）角钢上悬挂钢丝绳

图 6-5 是钢丝绳悬挂在角钢上的两种形式，（*a*）为角钢成 ∧ 方向，（*b*）为角钢成 L 方向，钢丝绳的破断拉力分别降低 33% 和 42% 。

（5）部分绳结受力

在起重吊装作业中，有时要一部分绳结，各种形式的绳结对绳的破断拉力影响程度不一，常见的绳节与其破断拉力保持率的关系见图 6-6。

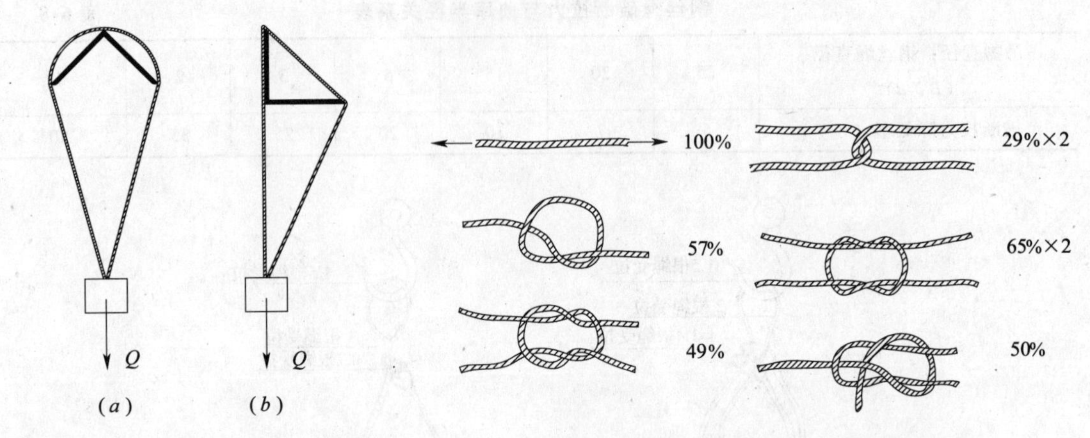

图 6-5　角钢放置形式与破断拉力关系　　　图 6-6　常见绳扣与破断拉力保持率关系图

（6）吊索受力与角度的关系

钢丝绳在捆绑构件时，除了与构件重量有直接关系外，还与吊索绑扎构件时相交夹角有关。表 6-10 所列为当构件重量为 Q 时，吊索的受力情况。

吊索拉力与角度的关系　　表 6-10

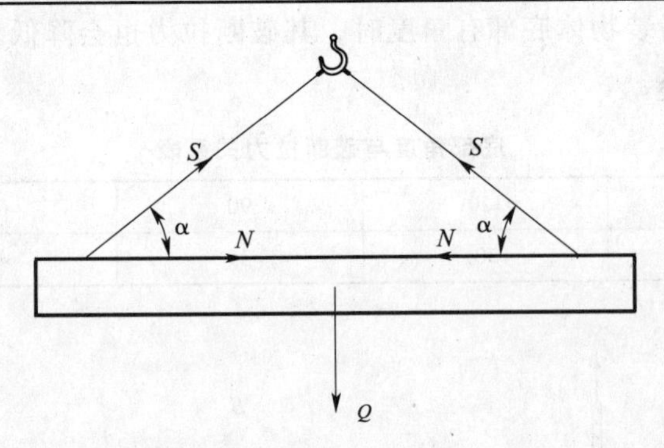

夹角 α（°）	吊索拉力（S）	水平压力（N）	夹角 α（°）	吊索拉力（S）	水平压力（N）
25	1.18Q	1.07Q	50	0.65Q	0.42Q
30	1.00Q	0.87Q	55	0.61Q	0.35Q
35	0.87Q	0.71Q	60	0.58Q	0.29Q
40	0.78Q	0.60Q	65	0.56Q	0.24Q
45	0.71Q	0.50Q	70	0.53Q	0.18Q

6.1.2　吊装工具计算

1. 卡环计算

卡环又称卸甲，是吊索与吊索或吊索与构件吊环之间连接的常用工具，由弯环与销子两部分组成。卡环可分为直形卡环（螺栓式和活络式）和马蹄形卡环（螺栓式和活络式）两种类型。

常用的卡环的主要规格和安全荷重可查表6-11取用。

常用卡环规格及安全荷重 **表6-11**

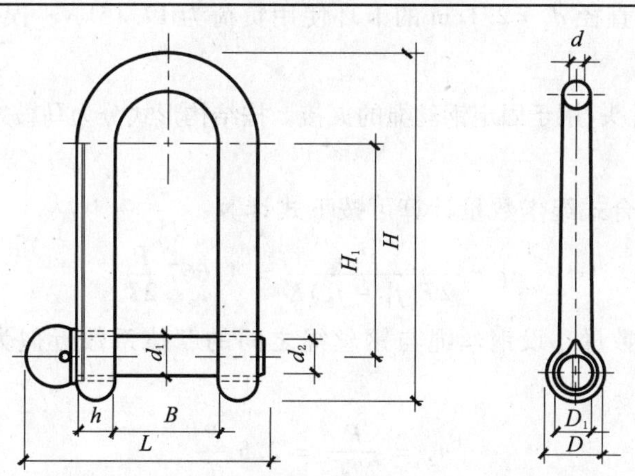

型　号	使用负荷		D	H	H_1	L	d	d_1	d_2	B	重量
	(N)	(kg)	(mm)								(kg)
0.2	2450	250	16	49	35	34	6	8.5	M8	12	0.04
0.4	3920	400	20	63	45	44	8	10.5	M10	18	0.09
0.6	5880	600	24	72	50	53	10	12.5	M12	20	0.16
0.9	8820	900	30	87	60	64	12	16.5	M16	24	0.30
1.2	12250	1250	35	102	70	73	14	18.5	M18	28	0.46
1.7	17150	1750	40	116	80	83	16	21	M20	32	0.69
2.1	20580	2100	45	132	90	98	20	25	M22	36	1.00
2.7	26950	2750	50	147	100	109	22	29	M27	40	1.54
3.5	34300	3500	60	164	110	122	24	33	M30	45	2.20
4.5	44100	4500	68	182	120	137	28	37	M36	54	3.21
6.0	58800	6000	75	200	135	158	32	41	M39	60	4.57
7.5	73500	7500	80	226	150	175	36	46	M42	68	6.20
9.5	93100	9500	90	255	170	193	40	51	M48	75	8.63
11.0	107800	11000	100	285	190	216	45	56	M52	80	12.03
14.0	137200	14000	110	318	215	236	48	59	M56	90	15.58
17.5	171500	17500	120	345	235	254	50	66	M64	100	19.35
21.0	205800	21000	130	375	250	288	60	71	M68	110	27.83

在施工现场作业中，卡环的容许荷载，可根据卡环的销子直径按下式近似计算：

$$[F_K] = (3.5 \sim 4.0)d^2 \tag{6-7}$$

式中　$[F_K]$——卡环的容许荷载（kN）；

d——卡环销子直径（cm）。

半自动卡环是在柱子吊装时，为减少高空作业而使用的一种卡环，系各单位自制。受力可采用普通卡环容许荷载公式估算。

【例 6-4】 已知某卡环的销子直径为 2.1cm，试求卡环的容许荷载。

【解】 取系数为 3.8，由式（6-7）可得卡环的容许荷载为：

$$[F_K] = 3.8d^2 = 3.8 \times 2.1^2 = 16.8\text{kN}$$

查表 6-11 可知，销子直径 $d_1 = 2.1$cm 的卡环使用负荷为 17.15kN，误差不大。

2. 绳卡计算

绳卡又称夹头或轧头,用于固定钢丝绳的夹接。按结构形式分为马鞍式、抱合式、骑马式。

绳卡数量计算：

（1）马鞍式、抱合式绳卡数量计算可按下式计算：

$$n_1 = \frac{P}{2T(f_1 - f_2)K} = 1.667\frac{P}{2T} \tag{6-8}$$

（2）马鞍式绳卡数量，设钢丝绳与钢丝绳之间的摩擦系数近似为零，则其数量可按下式计算：

$$n_2 = \frac{P}{2Tf_2} = 2.5\frac{P}{T} \tag{6-9}$$

式中 n_1——马鞍式、抱合式绳卡的数量（个）；

P——钢丝绳上所受综合计算荷载（kN）；

T——栓紧绳卡螺帽时，螺栓所受的力（N），可从表 6-12 中查得；

f_1——钢丝绳与钢丝绳的摩擦系数，一般取为 0.4；

f_2——钢丝绳与绳卡夹箍的摩擦系数，一般取为 0.2；

n_2——骑马式绳卡的数量（个）；

K——折减系数，取 $K=3$。

钢丝绳卡数量和间距亦可按表 6-13 参考使用。

栓紧绳卡螺帽时螺栓所受的力 **表 6-12**

螺栓直径（mm）	螺纹外的断面计算面积（cm^2）	螺栓上所受力		螺栓直径（mm）	螺纹外的断面计算面积（cm^2）	螺栓上所受力	
		（N）	（kg）			（N）	（kg）
9.5	0.44	3920	400	22.2	2.72	34300	3500
12.7	0.78	7350	750	25.4	3.57	45080	4600
15.8	1.31	15190	1550	28.4	4.49	56840	5800
19.0	1.96	24500	2500	31.8	5.77	73500	7500

钢丝绳使用绳卡数量和间距 **表 6-13**

钢丝绳直径（mm）	7～18	19～27	28～37	38～45
绳卡数量（个）	3	4	5	6
绳卡间距（mm）	100～150	150～200	200～250	250～300

注：绳卡压头应在钢丝绳长头的一边，绳卡间距不应小于钢丝绳直径的 6 倍（摘自 GB 6067—85）。

【例 6-5】 钢丝绳所受综合计算荷载为 28.5kN，采用马鞍式和骑马式绳卡夹接，采用 ϕ19mm 的螺栓紧固，试求需要绳卡数量。

【解】 由表 6-12 可查得紧固绳卡时，螺栓上所受的力为 24.5kN。

由式（6-8）可得需要马鞍式绳卡的数量为：

$$n_1 = 1.667\frac{P}{2T} = 1.667\times\frac{28.5}{2\times24.5} = 0.97\text{个} \quad \text{用 1 个}$$

由式（6-9）可得需要骑马式绳卡的数量为：

$$n_2 = 2.5\frac{P}{T} = 2.5\times\frac{28.5}{24.5} = 2.91\text{个} \quad \text{用 3 个}$$

故知，需要马鞍式绳卡一个，骑马式绳卡 3 个。

3. 吊钩计算

吊钩为吊装作业中勾挂绳索或构件吊环的必备工具，一般用 20 号优质钢经锻造后退火制成。吊钩按其使用不同分双吊钩和单吊钩两种。前者主要用于起重设备上作为起重机的附件，吊装工程上应用最广泛的是带环吊钩。其常用规格及容许起重量见表 6-14。

单吊钩承载力计算，应验算三个截面（即吊钩螺杆部分、水平截面和垂直截面）的强度（图 6-7）：

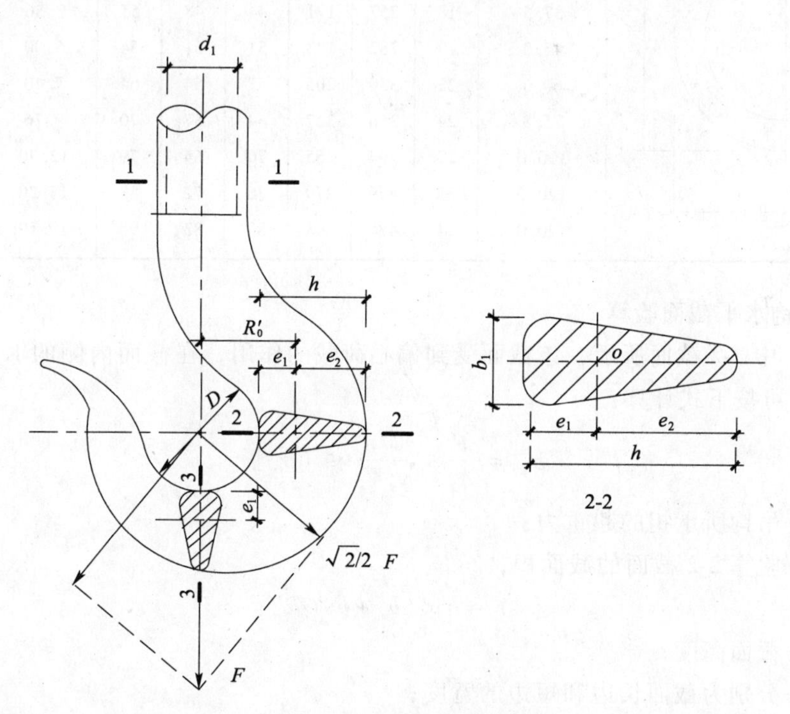

图 6-7　吊钩构造与验算简图

（1）吊钩螺杆部分截面验算

如图 6-7 中的 1-1 截面，吊钩螺杆部分可按受拉构件由下式计算：

$$\sigma_t = \frac{F}{A_1} \leqslant [\sigma_t] \tag{6-10}$$

式中　σ_t——吊钩螺杆部分的拉应力；

F——吊钩所承担的起重力；

A_1——螺杆扣除螺纹后的净截面积，$A_1=\frac{\pi d_1^2}{4}$；

其中　d_1——螺杆扣除螺纹后的螺杆直径；

$[\sigma_t]$——钢材容许拉应力，取50MPa。

带环吊钩的主要规格及安全荷重　　**表6-14**

带环吊钩简图	容许起重量(kN)	尺寸(mm) A	B	C	D	E	F	重量(kg)	钢丝绳适用直径(mm)
	5.0	7	114	73	19	19	19	0.34	6
	7.5	9	133	86	22	25	25	0.45	6
	10.0	10	146	98	25	29	27	0.79	8
	15.0	12	171	109	32	32	35	1.25	10
	20.0	13	191	121	35	35	37	1.54	11
	25.0	15	216	140	38	38	41	2.04	13
	30.0	16	232	152	41	41	48	2.90	14
	37.5	18	257	171	44	48	51	3.86	16
	45.0	19	282	193	51	51	54	5.00	18
	60.0	22	330	206	57	54	64	7.40	19
	75.0	24	356	227	64	57	70	9.76	22
	100.0	27	394	255	70	64	79	12.30	25
	120.0	33	419	279	76	72	89	15.20	29
	140.0	34	456	308	83	83	95	19.10	32

(2) 吊钩水平截面验算

如图6-7中2-2截面所示，该截面受到偏心荷载的作用，在截面内侧的K点产生最大拉应力σ_c，可按下式计算：

$$\sigma_c=\frac{F}{A_2}+\frac{M_x}{\gamma_x W_x}\leqslant[\sigma_c] \tag{6-11}$$

式中　F——吊钩所承担的起重力；

A_2——验算2-2截面的截面积，

$$A_2\approx h\times(b_1+b_2)/2$$

其中　h——截面高度；

b_1、b_2——分别为截面长边和短边的宽度；

M_x——在2-2截面上所产生的弯矩，$M_x=F\times(D/2+e_1)$；

其中　D——吊钩的弯曲部分内圆的直径；

e_1——梯形截面重心到截面内侧长边的距离，$e_1=\frac{h}{3}\left(\frac{b_1+2b_2}{b_1+b_2}\right)$，可从截面对$X$—$X$轴的面积矩求得；

γ_x——截面塑性发展系数，取为 1.0；

W_x——截面对 $X—X$ 轴的抵抗矩，$W_x = I_x/e_1$；

其中　I_x——水平梯形截面惯性矩，

$$I_x = \frac{h^3}{36}\left[\frac{(b_1 + b_2)^2 + 2b_1b_2}{b_1 + b_2}\right]$$

$[\sigma_c]$——钢材的容许压应力，可取 60～80MPa。

（3）吊钩垂直截面强度验算

如图 6-7 中的 3-3 截面所示，假定荷载 F 是沿着两条与垂直线成 45°角方向线作用，将其水平力作为偏心荷载，截面承受偏心压力，其应力计算与 2-2 截面验算相同。3-3 截面承受的剪应力 τ 可按下式计算：

$$\tau = F/2A_3 \tag{6-12}$$

式中　F——吊钩所承担的起重力；

A_3——验算 3-3 截面的竖载面面积。

求出 σ、τ 后，再根据强度理论公式按下式验算应力：

$$\sigma = \sqrt{\sigma^2 + 3\tau^3} \leqslant [\sigma] \tag{6-13}$$

$[\sigma]$——Q235 钢取为 140MPa。

4. 吊环计算

吊装工程常用吊环有圆环和整体环两种形式。前者多用于轻荷载情况；后者常用于较重的负荷情况。其计算为超静定问题，较为复杂，工程上常用简化近似计算法，同时以降低容许应力（即增大安全系数）来弥补计算误差。

（1）圆形吊环计算

圆形吊环计算简图如图 6-8 所示，近似计算公式如下：

1）在作用点 A 处截面的最大弯矩 M 为：

$$M = \frac{1}{\pi}PR_0 \tag{6-14}$$

2）圆环的弯曲应力 σ_0 按下式验算：

$$\sigma_0 = \frac{M}{W} = \frac{\frac{1}{\pi}PR_0}{\frac{\pi}{32}d^2} = 3.24\frac{PR_0}{d^2} \leqslant [\sigma_0] \tag{6-15}$$

式中　P——作用于圆环上的荷载（N）；

R_0——环的中心圆半径（mm）；

d——圆环截面积的直径（mm）；

$[\sigma_0]$——圆环容许应力，取 80MPa。

（2）整体吊环计算

整体吊环计算简图如图 6-9。为减少自重，截面多做成变截面，计算较繁琐，多按以下近似公式计算：

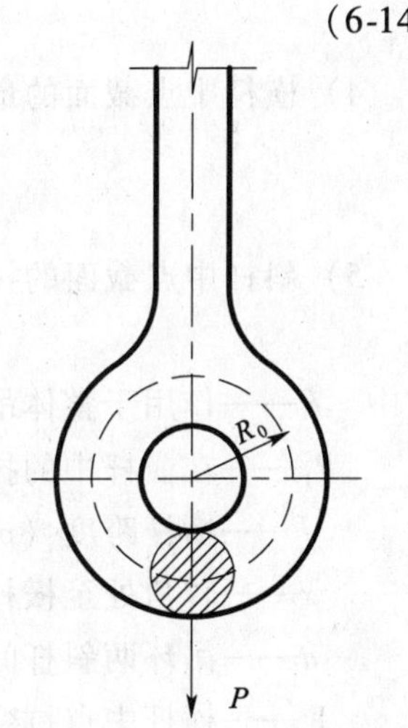

图 6-8　圆形吊环计算简图

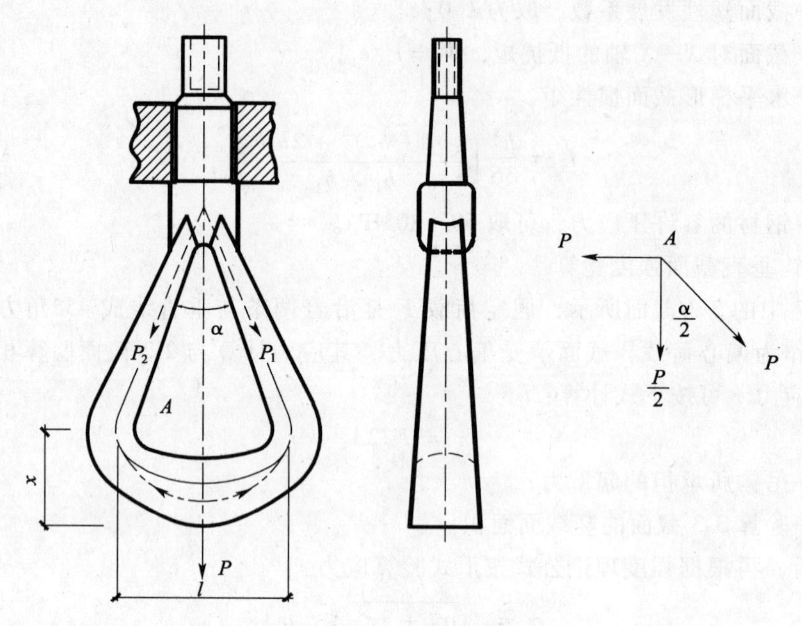

图 6-9　整体吊环计算简图

1）在横杆中点截面的弯矩 M_1 和拉力 P_1 按下式计算：

$$M_1 \approx \frac{Pl}{6} + P_1 x \tag{6-16}$$

其中

$$P_1 = \frac{P}{2} \times \tan\frac{a}{2} \tag{6-17}$$

2）在吊环转角处截面中（A 点）的弯矩 M_2：

$$M_2 = Pl/13 \tag{6-18}$$

3）在斜杆中的拉力 P_2：

$$P_2 = P/2\cos a \tag{6-19}$$

4）横杆中点截面的最大拉应力 σ_1 为：

$$\sigma_1 = \frac{M_1}{W} + \frac{P_1}{F_1} \leqslant [\sigma] \tag{6-20}$$

5）斜杆中点截面的拉应力 σ_2 为：

$$\sigma_2 = P_2/F_2 \leqslant [\sigma] \tag{6-21}$$

式中　P——作用于整体吊环上的荷载（N）；

P_1——在横杆中的拉力（N）；

l——横杆跨度（mm）；

x——转角处至横杆中线的距离（mm）；

a——吊环两斜杆间的夹角（mm）；

W——横杆中点抗弯截面抵抗矩（mm^3）；

F_1——横杆中点截面面积（mm^2）；

F_2——斜杆中点截面面积（mm^2）；

[σ]——容许应力，取为 80MPa。

5. 横吊梁（铁扁担）计算

吊索与水平面的夹角越小，吊索受力越大。吊索受力越大，则其水平分力也就越大，对构件的轴向压力也就越大。当吊装水平长度较大的构件时，为使构件的轴向压力不致过大，吊索与水平面的夹角应不小于 45°。但是吊索要占用较大的空间高度，增加了对起重设备起重高度的要求，降低了起重设备的利用率。为了提高机械的利用程度，必须缩小吊索与水平面的夹角，因此而加大的轴向压力，由一金属支杆来代替构件承受，这一金属支杆就是所谓的横吊梁（又称铁扁担）。

横吊梁的作用有二：一是减少吊索高度；二是减少吊索对构件的横向压力。常用的横吊梁包括以下几种：

（1）滑轮横吊梁　用于 8t 以下的柱子吊装，能够保证在起吊和直立柱子时，使吊索受力均匀，柱子易于垂直，便于就位。

（2）钢板横吊梁　用于 10t 以下的柱子吊装。

（3）桁架横吊梁　用于双机台吊安装柱子，能够使吊索受力均匀，柱子吊直后能够绕转轴旋转，便于就位。

（4）钢管横吊梁　用于屋架吊装，能够降低起吊高度，减少吊索的水平分力对屋架的压力。

下面对其中几种横吊梁的计算进行介绍。

（1）钢板横吊梁计算

钢板横吊梁常用于柱子的吊装，长约 0.6～1.0m，高由计算确定（图 6-10），钢板横吊梁中的两个挂卡环孔的距离应比柱的厚度大 200mm，以便于柱子“进档”。

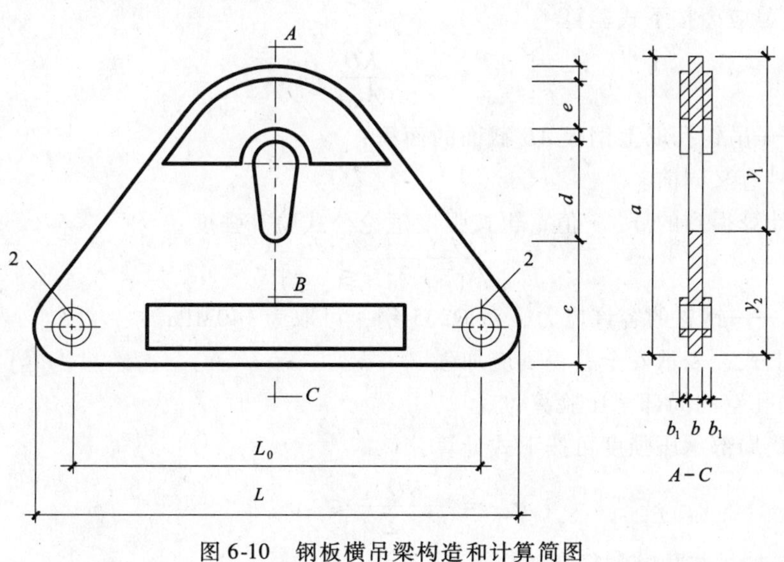

图 6-10　钢板横吊梁构造和计算简图

1—挂吊钩孔；2—挂卡环孔

钢板横吊梁一般按受弯构件计算。其计算步骤方法一般是根据经验初步选定截面尺寸，再进行强度验算。钢板横吊梁计算应对中部截面进行强度验算和对吊钩孔壁、卡环孔壁进行局部承压验算。

1）中部截面强度验算：

A-C 截面的弯矩 M 可按下式计算：

$$M = \frac{1}{4}KQl \tag{6-22}$$

式中 M——钢板横吊梁弯矩；

Q——构件重力；

K——动力系数，取 $K=1.5$；

l——两挂卡环孔间距离。

横吊梁为受弯构件，根据求出之弯矩 M，按下式验算强度：

$$\sigma_1 = \frac{M}{W_1} \leqslant f \tag{6-23}$$

$$\sigma_2 = \frac{M}{W_2} \leqslant f \tag{6-24}$$

式中 σ_1、σ_2——分别为钢板横吊梁上、下部分的应力；

W_1、W_2——分别为上、下两部分的截面抵抗矩；

$$W_1 = I/y_1;\ W_2 = I/y_2$$

其中 I——截面惯性矩；

f——横吊梁受弯强度设计值；

y_1、y_2——分别为截面的重心轴到上、下边缘的距离。

求得 σ_1、σ_2 取其较大值作为验算值。

AB 截面剪应力按下式验算：

$$\tau = \frac{KQ}{A_{AB}} \tag{6-25}$$

式中 A_{AB}——吊钩孔以上钢板 AB 截面的面积；

其他符号意义同前。

将以上计算得到的 σ、τ 值，再按强度理论公式验算强度：

$$\sqrt{\sigma^2 + 3\tau^2} \leqslant [\sigma] \tag{6-26}$$

式中 $[\sigma]$——钢材的容许应力，对 Q235 钢，可取为 140MPa。

如满足上式，表示安全，否则应加强。

2）吊钩孔壁的局部承压验算：

吊钩孔壁局部承压强度可按下式计算：

$$\sigma_{cd} = \frac{KQ}{b \times \sum d} \leqslant [\sigma_{cd}] \tag{6-27}$$

式中 σ_{cd}——吊装孔壁的局部压应力；

b——吊钩的宽度；

$\sum d$ ——孔壁钢板的总厚度；

$[\sigma_{cd}]$ ——钢材局部承压强度容许应力，取 $0.9f_c$。

其他符号意义同前。

3）卡环孔壁局部承压验算：

$$\sigma_{cd} = \frac{KQ}{2b_i \times \sum d_i} \leqslant [\sigma_{cd}] \tag{6-28}$$

式中　b_i——卡环宽度，等于卡环直径 d；

$\sum d_i$ ——孔壁钢板的总厚度；

其他符号意义同前。

钢板横吊梁的选用亦可参照表 6-15。

（2）钢管横吊梁计算

横吊梁通常采用钢管或型钢制造。吊装屋架时，使用横吊梁可有效降低屋架绑扎高度和减少吊绳对屋架的横向压力。计算时除了考虑由吊重及自重引起的轴向力弯矩外，还应考虑由于荷载偏心引起的弯矩。根据吊梁受力情况可按双向受弯或双向压弯构件计算。

钢板横吊梁规格选用表　　**表 6-15**

规格	起重量（kN）	L_0（mm）	L（mm）	各部分尺寸（mm）						材质	重量（kg）
				a	b	b_1	c	d	e		
板 1 号	100	700	840	400	30	15	190	160	30	A3F	42
板 2 号	200	1000	1140	450	50	15	210	180	40		110

横吊梁的整体稳定性可按下式计算：

$$\frac{N}{\varphi_x A} + \frac{\beta_{mx} M_x}{W_{1x}\left(1 - \varphi_x \frac{N}{N_{Ex}}\right)} + \frac{\beta_{ty} M_y}{W_{1y}} \leqslant f \tag{6-29}$$

式中　N——吊重对横吊梁的轴向压力；

M_x、M_y——分别为横吊梁自重产生的跨中弯矩和侧向弯矩；

W_{1x}、W_{1y}——分别为横吊梁在水平和垂直方向的截面抵抗矩；

φ_x ——在弯矩作用平面内的轴心受压构件稳定系数；

A——横吊梁截面面积；

β_{mx} ——弯矩作用平面内的等效弯矩系数；

β_{ty} ——弯矩作用平面外的等效弯矩系数；

N_{Ex}——欧拉临界力，$N_{Ex} = \dfrac{\pi^2 EA}{\lambda_x^2}$；

E——钢材的弹性模量；

λ_x——横吊梁于 x 方向的长细比。

此外，还应验算横吊梁两端上、下部吊环的强度。

【例 6-6】 某工地采用钢板横吊梁对柱子绑扎吊装，柱子重力为 130kN，横吊梁材质为 Q235 号钢，其外形及主要尺寸如图6-11所示，两挂卡环孔间的距离为 0.7m，试进行强度验算和孔壁局部承压验算。

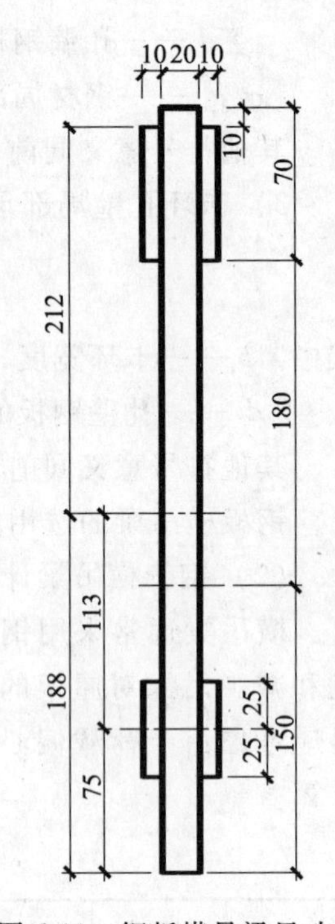

图 6-11 钢板横吊梁尺寸

【解】 (1) 对 *A-C* 截面进行强度验算

由式 (6-22) 可得，截面弯矩为：

$$M = \frac{1}{4}KQl = \frac{1}{4} \times 1.5 \times 130 \times 0.7 = 34.13\text{kN} \cdot \text{m}$$

设 x 为主重心轴到受拉边缘的距离，则：

$$x = \frac{70 \times 20 \times 35 + 60 \times 20 \times 40 + 150 \times 20 \times 325 + 50 \times 20 \times 325}{70 \times 20 + 60 \times 20 + 150 \times 20 + 50 \times 20}$$

$$= 212\text{mm}$$

$$I = \left(\frac{1}{12} \times 20 \times 150^3 + 20 \times 150 \times 113^2\right) + \left(\frac{1}{12} \times 20 \times 50^3 + 20 \times 50 \times 113^2\right) + \left[\frac{1}{12} \times 20 \times 70^3 + 20 \times 70 \times (212 - 35)^2\right] + \left[\frac{1}{12} \times 20 \times 60^3 + 20 \times 60 \times (212 - 40)^2\right]$$

$$= 137202400\text{mm}^4$$

$$W_1 = \frac{I}{y_1} = \frac{137202400}{212} = 647181.13\text{mm}^2$$

$$W_2 = \frac{I}{y_2} = \frac{137202400}{188} = 729800\text{mm}^2$$

$$\sigma_1 = \frac{M}{W_1} = \frac{34.13 \times 10^6}{647181} = 52.7\text{MPa}$$

$$\sigma_2 = \frac{M}{W_2} = \frac{34.13 \times 10^6}{729800} = 46.8\text{MPa}$$

$$\tau = \frac{KQ}{A_{AB}} = \frac{1.5 \times 130000}{70 \times 20 + 60 \times 20} = 75\text{MPa}$$

由上计算所得可验算复合应力

$$\sqrt{\sigma_1^2 + 3\tau^2} = \sqrt{52.7^2 + 3 \times 75^2} = 140.2\text{MPa} > [\sigma] = 140\text{MPa}$$

∴ *A-C* 截面不安全，应予以加强

(2) 吊钩孔壁局部承压验算

取吊钩宽度 $b = 80\text{mm}$，则：

$$\sigma_{cd} = \frac{KQ}{b\sum d} = \frac{1.5 \times 130000}{80 \times (20 + 20)} = 60.9\text{MPa} < [\sigma_{cd}] = 0.9 \times 215 = 193.5\text{MPa}$$

(3) 卡环孔壁局部承压验算

取卡环的宽度 $b_i = 22\text{mm}$，则

$$\sigma_{cd} = \frac{KQ}{2b_i \sum d_i} = \frac{1.5 \times 130000}{2 \times 22 \times (20 + 20)} = 110.8\text{MPa} < [\sigma_{cd}] = 0.9 \times 215 = 193.5\text{MPa}$$

所以，该钢板横吊梁的中截面应予以加强。

【例6-7】 某厂房屋架重力为120kN，拟采用一根长7.5m的横吊梁吊装，横吊梁有两根20a号槽钢组成，其主要尺寸如图6-12所示，钢材用Q235号，抗弯强度设计值$f=215\text{N/mm}^2$，试校核其强度。

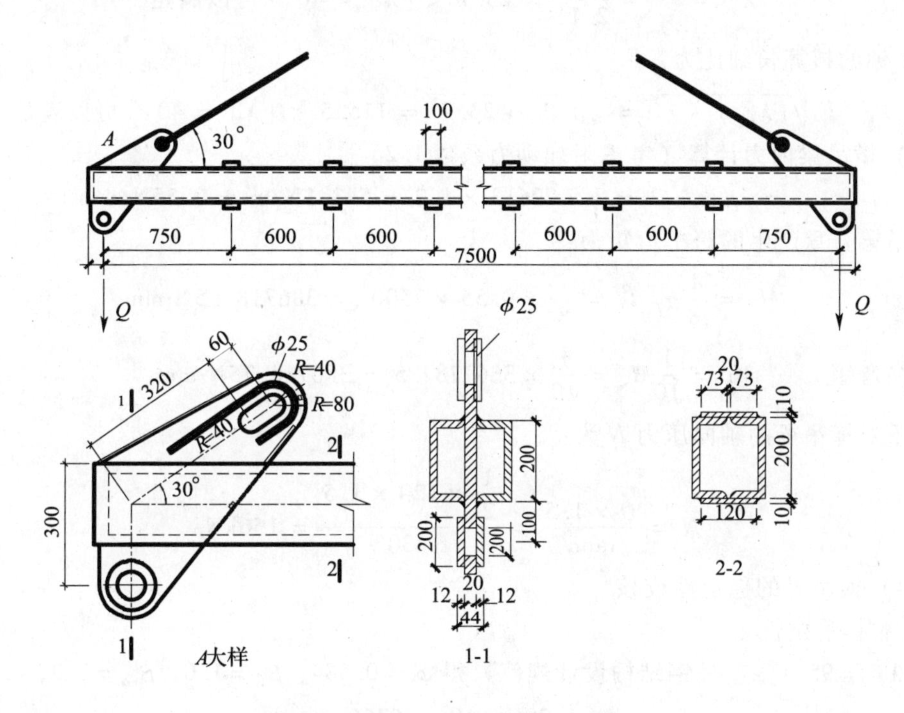

图6-12　吊装屋架横吊梁计算简图

【解】 (1) 查型钢表可得20a号槽钢的有关数据

高度 $h=200\text{mm}$，翼宽 $b=73\text{mm}$，腹板厚度 $d=7\text{mm}$，截面面积 $A=28.83\text{cm}^2$，重力为 $g=226.3\text{N/m}$；截面惯性矩 $I_x=1780.4\text{cm}^4$，$I_y=128.0\text{cm}^4$；截面抵抗矩 $W_x=178.0\text{cm}^3$，$W_y=24.2\text{cm}^3$；截面回转半径 $i_x=7.86\text{cm}$，$i_y=2.11\text{cm}$；截面形心至腹板外侧的距离 $Z_0=2.01\text{cm}$。

横吊梁组合截面的截面面积、惯性矩及回转半径：$A_{总}=2\times28.83=57.66\text{cm}^2$，$I_{x总}=2\times1780.4=3560.8\text{cm}^4$，$W_{x总}=2\times178.0=356.0\text{cm}^3$，$i_{x总}=\sqrt{\frac{I_{x总}}{A_{总}}}=\sqrt{\frac{3560.8}{57.66}}=7.86\text{cm}$，

$I_{x总}=2\times\left[128+28.33\times\left(\frac{2.0}{2}+7.3-2.01\right)^2\right]=2537\text{cm}^4$，$W_{y总}=\frac{2537}{1.0+7.3}=306\text{cm}^3$，

$i_{x总}=\sqrt{\frac{I_{y总}}{A_{总}}}=\sqrt{\frac{2537}{57.66}}=6.63\text{cm}$。

(2) 横吊梁长细比校核

$$\lambda_{x总} = \frac{l_0}{i_{x总}} = \frac{750}{7.86} = 95.4 < [\lambda] = 150 \quad 可以满足$$

$$\lambda_{y总} = \frac{l_0}{i_{y总}} = \frac{750}{6.63} = 113$$

缀板间净距为50cm，那么

$$\lambda_{hy} = \frac{50}{i_y} = \frac{50}{2.11} = 23.7 < [\lambda] = 40 \quad 可以满足$$

Y-Y 轴的核算长细比为：

$$\lambda_{hy} = \sqrt{(\lambda_{y总}) + \lambda_1^2} = \sqrt{113^2 + 23.7^2} = 115.5 < [\lambda] = 40 \quad 可以满足$$

(3) 横吊梁内力计算（考虑附加动力系数1.2）

$$g_{总} = 2g \times 1.2 = 2 \times 226.3 \times 1.2 = 543.1\text{N/m} \approx 0.55\text{N/mm}$$

横吊梁自重产生的跨中弯矩为：

$$M_x = \frac{1}{8} g_{总} l_0^2 = \frac{1}{8} \times 0.55 \times 7500^2 = 3867187.5\text{N·mm}$$

侧向弯矩 $$M_y = \frac{1}{10} M_x = \frac{1}{10} \times 3867187.5 = 386718.75\text{N·mm}$$

吊重对横吊梁的轴向压力 N 为：

$$N = \frac{Q \times 1.5}{\tan\alpha} = \frac{\frac{1}{2} \times 120 \times 1.5}{\tan 30°} = 156\text{kN}$$

(4) 横吊梁的稳定性校核

1) 整体稳定性

因 $\lambda_{x总} = 95.4$，查《钢结构设计规范》得 $\varphi_x = 0.584$，$\beta_{ty} = 1.0$，$\beta_{mx} = 1.0$，

$$N_{EX} = \frac{\pi^2 \times 206 \times 10^3 \times 5766}{95.4^2} = 410010\text{N}$$

将上述数据代入公式 (6-29) 可得：

$$\frac{156000}{0.584 \times 5766} + \frac{1.0 \times 3867187.5}{356000 \times \left(1 - 0.584 \times \frac{156000}{410010}\right)} + \frac{1.0 \times 386718.75}{24200}$$

$$= 46.3 + 14 + 16 = 76.3\text{N/mm}^2$$

小于 215N/mm^2，故满足稳定性要求。

2) 计算单肢稳定性

由于此横吊梁受弯矩甚小，单肢长细比也很小，单肢稳定性验算可以从略。

(5) 横吊梁端部吊环强度校核

1) 上吊环强度校核

可参考《混凝土结构设计规范》有关吊环设计。

$$N = \frac{Q}{2} = \frac{120000}{2} = 60000\text{N}$$

$$\sigma = \frac{\frac{1.5N}{\sin\alpha}}{A} = \frac{\frac{60000 \times 1.5}{\sin 30^\circ}}{2 \times 20 \times 40 + 4 \times \pi \times \left(\frac{25}{2}\right)^2} = 50\text{N/mm}^2 \leqslant [\sigma] = 50\text{N/mm}^2 \quad \text{可以满足}$$

2）下吊环应力验算

承压应力　$\sigma'_c = \dfrac{\frac{1}{2} \times 120000 \times 1.5}{40 \times 42} = 53.6\text{N/mm}^2 < f = 215\text{N/mm}^2$

剪应力　$\tau = \dfrac{\frac{1}{2} \times 120000 \times 1.5}{2 \times 44 \times 45} = 22.7\text{N/mm}^2 < f_v = 125\text{N/mm}^2$

经验算，此横吊梁吊装重力为 120kN 的屋架是安全的。

6.1.3　滑车和滑车组计算

滑车是吊装作业中的一种简易起重工具。组装成滑车组后，起重能力加大，并可以改变受力方向。滑车组中可以分为定滑车（可改变力的方向，但不省力）和动滑车（不能改变力的方向，但可以省力）。

滑车及滑车组的使用应遵守下述规定：

(1) 滑车应按铭牌规定的允许负荷使用。如无铭牌，则应经计算和试验后方可使用。

(2) 滑车使用前应进行检查。如发现滑轮转动不灵、吊钩变形、槽壁磨损达原尺寸的 10%，槽底磨损达 3mm 以上，以及有裂纹、轮缘破损等情况者，不得继续使用。

(3) 滑轮直径与钢丝绳直径之比应符合表 6-3 的要求。

(4) 在受力方向变化较大的场合和高处作业中，应采用吊环式滑车。如采用吊钩式滑车，必须对吊钩采取封口保险措施。

(5) 使用开门滑车时，必须将开门的钩环锁紧。

(6) 滑车组两滑车滑轮中心的最小距离不得小于表 6-16 的要求。

滑车组两滑轮中心最小允许距离　　**表 6-16**

滑车起重量(t)	滑轮中心最小允许距离(mm)	滑车起重量(t)	滑轮中心最小允许距离(mm)
1	700	10～20	1000
5	900	32～50	1200

1. 滑车计算

滑车的安全起重力，一般标在滑车夹套的铭牌上。常用的起重滑车规格及安全荷重性能见表 6-17，起重力可按表规定使用。

常用起重滑车规格及安全荷重性能　　表 6-17

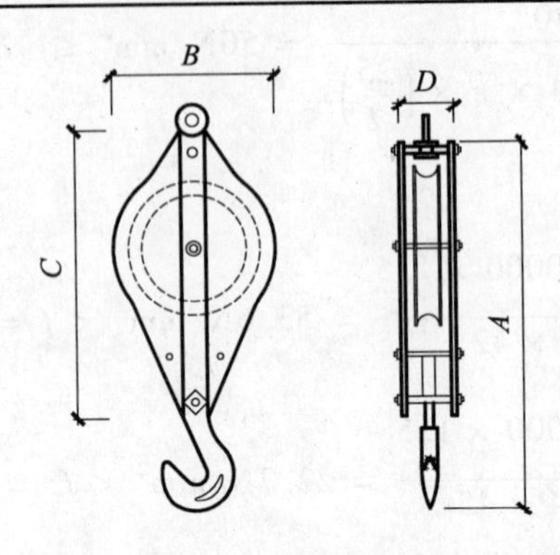

起重力 (kN)	轮数	滑车直径 (mm)	主要轮廓尺寸 (mm)				自重 (kg)	钢丝绳直径 (mm)
			A	B	C	D		
5	1	125	425	160	245	75	6	6.2
10	1	150	535	195	355	90	12	11.0
30	1	250	855	310	565	140	50	17.5
60	1	350	1070	420	715	160	90	21.5
100	1	450	1400	530	955	182	180	26.0
20	2	150	615	195	370	140	20	11.0
60	2	250	920	310	575	190	85	17.5
100	2	350	1230	420	775	270	200	19.5
20	3	150	690	195	405	170	40	11.0
100	3	250	1080	310	645	250	160	17.5
150	3	350	1345	420	820	300	280	21.5
200	3	450	1610	530	1010	380	470	25.0
250	3	450	1740	530	1045	380	550	26.0
200	4	350	1450	420	880	370	380	21.5
250	5	450	1648	530	1045	560	660	28.0

对起重力不明的滑车，应根据轮轴的剪应力及支承应力来估算，轮轴的抗剪强度按 $70N/mm^2$ 采用；夹套板支承面容许抗压强度按 $110N/mm^2$ 采用，取二者计算容许最低值作为安全起重力；或按下经验公式近似计算：

$$F = D^2/2 \tag{6-30}$$

式中　F——滑车安全起重力 (N)；

　　　D——滑轮直径 (mm)。

2. 滑车组计算

滑车组装成滑车组后，起重能力有效加大，并可以省力和改变力的方向。滑车组中钢丝绳的穿绕方法关系到滑车组在使用中钢丝绳受力是否均衡和滑车组是否平稳。滑车组的钢丝绳穿法有两种，即顺穿法和花穿法。

滑车组跑头拉力（滑车组引出钢丝绳拉力）需根据滑车组的穿法计算确定。计算公式如下：

$$S = k_1 k_2 Q \tag{6-31}$$

式中　S——滑车组绕出绳头（跑头）的拉力，即滑车组的拉力（N）；

k_1——滑车组省力系数，取值可参照表 6-18；

跑头从定滑轮绕出时，$k_1 = \dfrac{f^n(f-1)}{(f^n-1)}$

跑头从动滑轮绕出时，$k_1 = \dfrac{f^{n-1}(f-1)}{(f^n-1)}$

f——单个滑车的转动阻力系数，对滚珠或滚柱轴承，$f=1.02$；对青铜衬套轴承，$f=1.04$；对无衬套轴承的滑轮，$f=1.06$；

Q——构件重力（即吊装荷载），为构件重力和索具重力之和（N）；

n——滑车组的工作绳数（即绕过动滑车上的绳索根数，亦即分支数）或叫走几；

k_2——卷扬机动力系数，取值见表 6-19。

滑车组省力系数　　　　**表 6-18**

滑车组跑头绕出	滑车阻力系数	工作线数 n									
		1	2	3	4	5	6	7	8	9	10
定滑轮	1.04	1.04	0.53	0.36	0.28	0.22	0.19	0.17	0.15	0.13	0.12
动滑轮	1.02	—	0.52	0.35	0.27	0.22	0.18	0.15	0.14	0.12	0.11
动滑轮	1.04	—	0.54	0.36	0.28	0.23	0.19	0.17	0.15	0.13	0.12
动滑轮	1.06	—	0.56	0.38	0.29	0.24	0.30	0.18	0.16	0.15	0.14

卷扬机动力系数　　　　**表 6-19**

卷扬机起重量（t）	<5	5～10	10～30	30～50	>50
卷扬机动力系数 k_2	1.0	1.1	1.2	1.3	1.5

注：卷扬机牵引力 $F=f^k S$，k 为滑车组与卷扬机之间的导向滑轮数目。

常用滑车组的穿绕方式和提升时绕出绳头（跑头）的拉力 S 亦可从表 6-20 直接查得。根据跑头拉力的大小，可以选择钢丝绳的直径和卷扬机的型号、规格；反之，如果卷扬机的型号规格已知，亦可用表 6-20 确定穿走几滑车组。

对于与卷扬机连接的导向滑车，一般可按起重滑车平均单轮起重力选用，也可按以下方法选用：

导向滑车的吨位与钢丝绳牵引力有以下关系：

$$Q_0 = KF \tag{6-32}$$

式中　Q_0——导向滑车的吨位（起重力）（kN）；

F——卷扬机的牵引力（kN）；

K——导向滑车系数，根据导向角度 β 的大小按表 6-21 选用。

表 6-20

常用滑车组的穿绕方式和提升时绕出绳头（跑头）的拉力

过动滑车上绳的根数 n（走几）		走1	走2	走3	走4	走5	走6	走7	走8	走9	走10
绳头自动滑车绕出											
滑车数（门）K	定滑车	1	1	2	2	3	3	4	4	5	5
	动滑车	0	1	1	2	2	3	3	4	4	5
钢丝绳总数		2	3	4	5	6	7	8	9	10	11
重物相对移动速度（m/min）		4.5	3.0	2.2	1.8	1.5	1.3				
需要钢丝绳总长度相当于重物移动的倍数		4	6	8	10	12	14	16	18	20	22
绕出绳头（跑头）的拉力 S		1.04Q	0.53Q	0.36Q	0.28Q	0.23Q	0.19Q	0.17Q	0.15Q	0.13Q	0.12Q

续表

过动滑车上绳的根数 n（走几）		走2	走3	走4	走5	走6	走7	走8	走9	走10
绳头自动滑车绕出		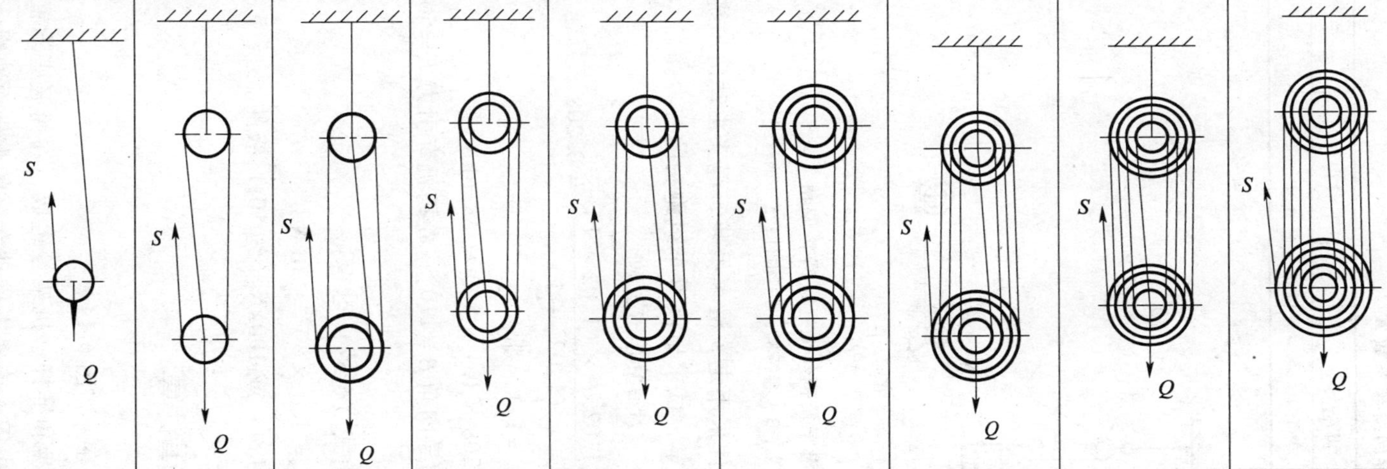 S Q	S Q	S Q	S Q	S Q	S Q	S Q	S Q	S Q
滑车数（门）K	定滑车	0	1	1	2	2	3	3	4	4
	动滑车	1	1	2	2	3	3	4	4	5
钢丝绳总数		1	2	3	4	5	6	7	8	9
重物相对移动速度（m/min）		8	4	2.7	2	1.6	1.3			
需要钢丝绳总长度相当于重物移动的倍数		2	4	6	8	10	12	14	16	18
绕出绳头（跑头）的拉力 S		0.52Q	0.35Q	0.26Q	0.22Q	0.18Q	0.16Q	0.14Q	0.13Q	0.12Q

注：1. Q 为所吊重物的重力。

2. 表中数据值按滑动铜轴承计算，滑车转动阻力系数采用 $f=1.04$。

3. 为便于看清绳索穿绕滑车情况，图中用一个圆圈代表一个滑车，画成大小不一，实际滑车的直径是相同的。

导向滑车系数 K 表 6-21

导向角 β	<60°	60°~90°	90°~120°	>120°
系数 K	2.0	1.7	1.4	1.0

注：β 角如图 6-13 所示。

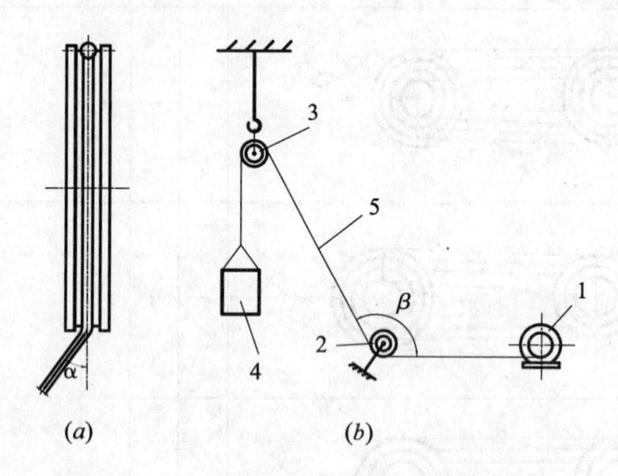

图 6-13 导向滑车及钢丝绳通过滑轮偏角

1—定滑车；2—导向滑车；3—卷扬机；4—构件；5—钢丝绳

【例 6-8】 已知某重为 300kN 的构件采用走 5 滑车吊装，绳头由动滑车绕出，滑车组安装在滚珠轴承上，且经过两个导向滑车，试求出该滑车组跑头的拉力。

【解】 由题意可知，$f=1.02$，$n=5$，$Q=300\text{kN}$，则

$$k_1=\frac{f^{n-1}(f-1)}{(f^n-1)}=\frac{1.02^{5-1}\times(1.02-1)}{(1.02^5-1)}=0.208$$

查表 6-19 可得，卷扬机动力系数 $k_2=1.1$，那么

$$S=k_1k_2Q=0.208\times1.1\times300=68.6\text{kN}$$

【例 6-9】 如图 6-13，导向滑车的导向角 $\beta=110°$，卷扬机牵引力 $F=50\text{kN}$，试选用导向滑车。

【解】 查表 6-21 可得，$K=1.4$，由式（6-32）可得：

$$Q_0=KF=1.4\times50=70\text{kN}$$

所以该处导向滑车应选用 80kN（约 8t）或 100kN（约 10t）级的。

6.2 卷扬机牵引力及锚固压重计算

吊装的牵引设备，有绞盘和卷扬机等，如图 6-14。

绞盘又称绞磨，由一个直立卷筒转盘和推杆、机架等组成，卷筒底座设置棘钩锁定装置。起重时，先将绞盘固定在地面上，由四人或多人推动卷筒的推杆而使绳索绕在筒上而牵引重物。绞盘制作简单，搬运方便，但速度慢，牵引力小，仅适用于小型构件起重或收紧桅索、拖拉构件等。

卷扬机有手摇式和电动式两种。手摇式卷扬机又称手摇绞车，是由一对机架支承横卧的卷筒，利用轮轴的机械原理，通过带摇柄的转轴上的齿轮，采用二级或多级转动推动卷

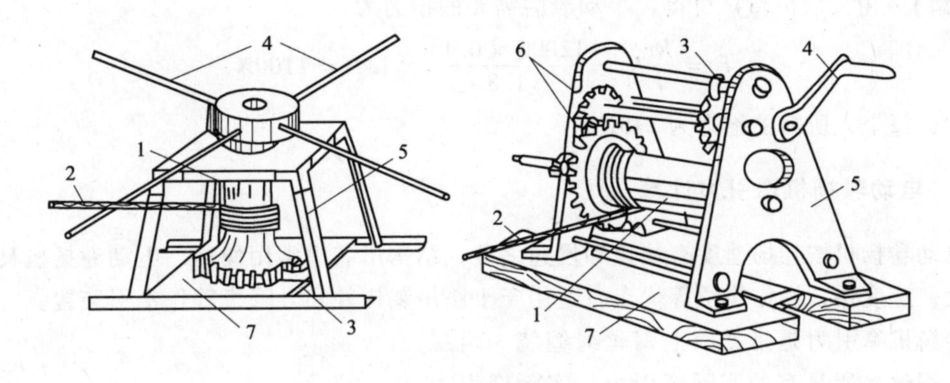

图6-14　卷扬机设备示意图

1—卷筒；2—缆绳；3—棘钩；4—推杆（或摇柄）；5—机架；6—齿轮；7—底盘

筒上的齿轮，牵引钢丝绳拉动重物，主要由机架、大小齿轮、卷筒、制动装置、手柄等部件组成。电动卷扬机是电动机通过齿轮的传动变速机构来驱动卷筒，并设有磁吸式或手动的制动装置，主要由卷筒、电动机、减速机和电磁抱闸等部件组成。

6.2.1　手动卷扬机（绞磨）推力计算

手动卷扬机主要用于无电源地区作桅杆的垂直运输和起吊构件用。

推动绞磨推杆需要的推力 F 可按下式计算（图6-15）：

$$F = \frac{Rr}{l}K \tag{6-33}$$

式中　F——推动绞磨推杆需要的推力（N）；

R——钢丝绳的拉力（N）；

r——鼓轮的半径（m）；

l——推力作用点至中心轴的距离（m）；

K——阻力系数，取 $K = 1.1 \sim 1.2$。

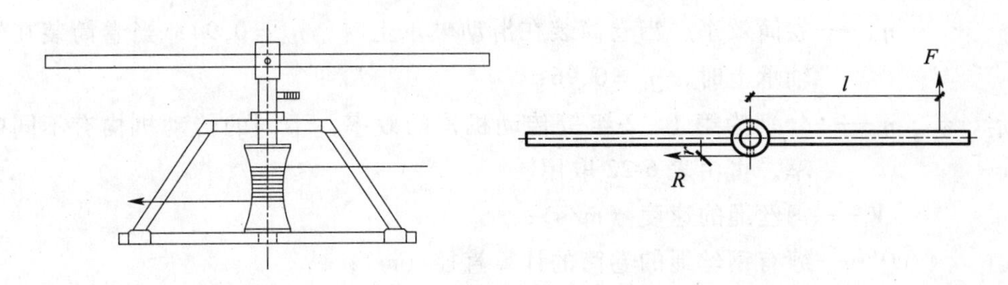

图6-15　绞磨作用力计算简图

【例6-10】　某工地采用四人绞磨对构件进行平地拖运，已知绞磨的推杆长为 $l = 1.8\text{m}$，孤轮半径 $r = 0.15\text{m}$，阻力系数取 $K = 1.1$，试求拖运一重为12kN的构件所需的推力。

【解】 由式（6-33）可得，手动绞磨需要的推力为：

$$F = \frac{Rr}{l}K = \frac{12000 \times 0.15}{1.8} \times 1.1 = 1100\text{N}$$

故，每个人所需的推力为275N。

6.2.2 电动卷扬机牵引力计算

电动卷扬机按卷扬速度有快速和慢速之分，结构吊装中常用慢速。电动卷扬机具有其中量大，速度快，操作简便等优点。适用于土法吊装构件和升降机等作牵引装置。

卷扬机牵引力是指卷筒上钢丝绳缠绕一定层数时，钢丝绳所具有的实际牵引力。实际牵引力与额定牵引力有时不一致，当钢丝绳缠绕层数较少时，实际牵引力比额定牵引力大，需要按实际情况进行计算。

电动卷扬机的传动简图如图6-16所示。其卷筒上钢丝绳的牵引力可按下式计算：

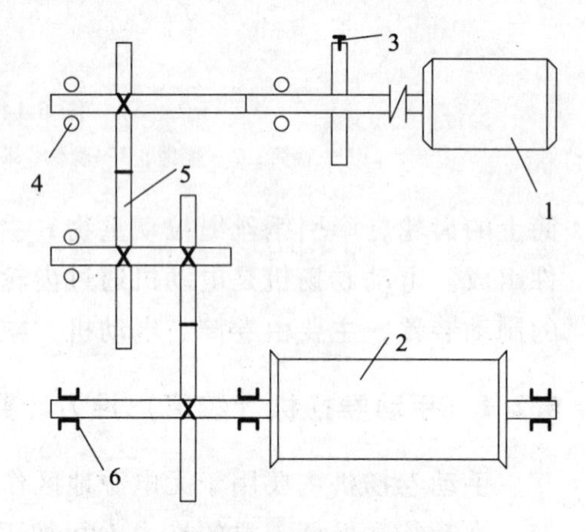

图6-16 电动卷扬机传动简图

1—电动机；2—卷筒；3—制动器；4—滚动轴承；5—齿轮；6—滑动轴承

$$S = 1020\frac{P_{\text{H}}\eta}{V} \tag{6-34}$$

其中

$$V = \pi D' n_{n} \tag{6-35}$$

$$V = \frac{\pi D' n_{e}}{i} \tag{6-36}$$

$$\eta = \eta_0 \times \eta_1 \times \eta_2 \times \eta_3 \times \cdots \times \eta_n \tag{6-37}$$

式中 S——作用于卷筒上钢丝绳的牵引力（N）；

P_{H}——电动机的功率（kW）；

η——卷扬机传动机构总效率（%），等于各传动机构效率的总乘积；根据齿轮传动方式及轴承类别决定；

η_0——卷筒效率。当卷筒装在滑动轴承上时，$\eta_0 = 0.94$；当卷筒装在滚动轴承上时，$\eta_0 = 0.96$；

η_1、η_2、η_3、η_n——分别为第1、2组等传动机构的效率，不同的传动机构有不同的效率，可由表6-22取用。

V——钢丝绳的速度（m/s）；

D'——缠有钢丝绳的卷筒的计算直径（m）；

$$D' = D + (2m-1)d$$

D——卷筒直径（m）；

d——钢丝绳直径（m）；

m——钢丝绳在卷筒上的缠绕层数；

n_n——卷筒转速（r/s），

$n_n = n_h \cdot i/60$；

n_h——电动机转数（r/min）；

n_e——电动机转速（r/s）；

i——传动比，$i = T_e/T_p$；

T_e——所有主动齿轮的乘积；

T_p——所有被动齿轮的乘积。

各种传动机构的效率表　　**表 6-22**

项　次	传动机构名称			传动效率 η
1	平皮带传动			0.92～0.97
2	三角皮带传动			0.90～0.94
3	卷筒	滚动轴承		0.93～0.95
4	卷筒	滑动轴承		0.93～0.96
5	齿轮（圆柱）传动	开式传动	滚动轴承	0.93～0.95
6	齿轮（圆柱）传动	开式传动	滑动轴承	0.93～0.96
7	齿轮（圆柱）传动	闭式传动	滚动轴承	0.95～0.97
8	齿轮（圆柱）传动	闭式传动	滑动轴承	0.96～0.98
9	蜗轮蜗杆传动	单头		0.70～0.75
10	蜗轮蜗杆传动	双头		0.75～0.80
11	蜗轮蜗杆传动	三头		0.80～0.85
12	蜗轮蜗杆传动	四头		0.85～0.92

【例 6-11】　一台电动卷扬机，技术性能见图 6-17，$P_H = 20\text{kW}$，$n_h = 600\text{r/min}$，有两对齿轮（滑动轴承），$T_1 = 26$，$T_2 = 110$，$T_3 = 22$，$T_4 = 65$，卷筒直径为 0.30m，试求其牵引力。

【解】　由题意，可得：

$$i = \frac{26 \times 22}{110 \times 65} = 0.08$$

$$n_n = \frac{n_h i}{60} = \frac{600 \times 0.08}{60} = 0.8$$

$$V = \pi D n_n = 3.14 \times 0.3 \times 0.8$$

$$= 0.75\text{m/s}$$

$$\eta = 0.94 \times 0.93 \times 0.93$$

$$= 0.813$$

取 $\eta = 0.81$

由式（6-39）可得其牵引力为：

$$S = 1020 \times \frac{20 \times 0.81}{0.75} = 22032\text{N}$$

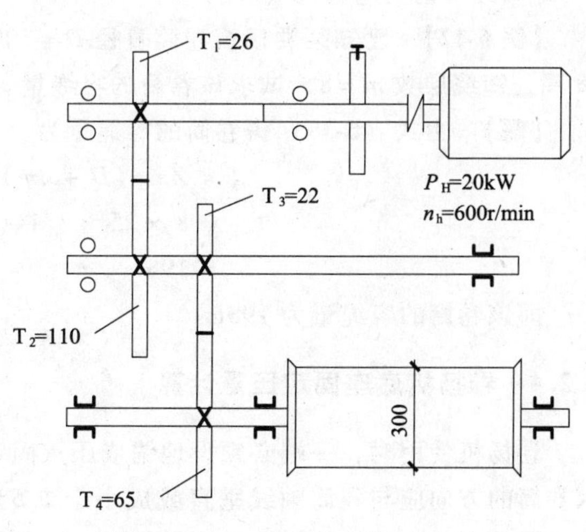

图 6-17　卷扬机技术性能

6.2.3 卷扬机卷筒容绳量计算

卷扬机的钢丝绳绕入卷筒的方向应与卷筒轴线垂直，缠绕方式应根据钢丝绳的捻向和卷扬的转向而采用不同的方法，使钢丝绳互相紧靠在一起成为平整的一层，而不会自行散开，互相错叠，增加摩擦。一般用右捻（或左捻）钢丝绳上卷时，绳一端固定在卷筒左边（或右边），由左（或右）向右（或向左）卷；如钢丝绳下卷时，则缠绕相反。为安全运行，卷筒上的钢丝绳不应全部放出，至少要保留3～4圈。

卷扬机卷筒容绳量是指卷筒可缠绕钢丝绳的长度，一般可按下式计算（图6-18）：

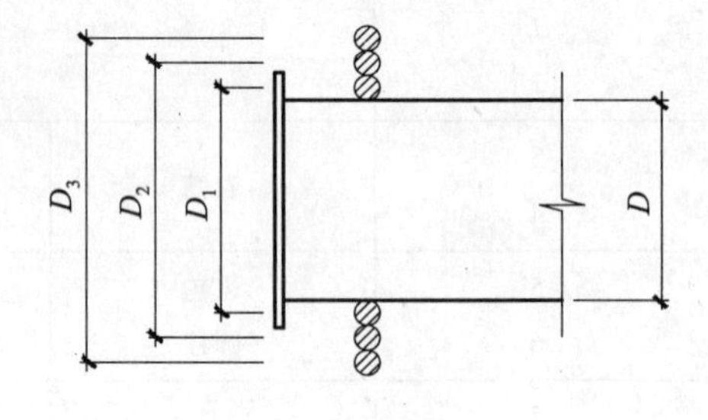

图6-18 卷筒缠绕钢丝绳计算简图

$$L = Z\pi(D_1 + D_2 + D_3 + \cdots + D_m)$$

其中 $D_1 = D + d; D_2 = D + 3d$

$$D_m = D + (2m - 1)d$$

代入上式可得：

$$L = Z\pi\{m D + d[1 + 3 + 5 + \cdots + (2m - 1)]\}$$
$$= Z\pi[m D + d \times (1 + 2m - 1) \times m/2]$$
$$= Z\pi(m D + dm^2)$$

即 $$L = Zm\pi(D + dm) \tag{6-38}$$

式中 L——卷筒容绳量（m）；

Z——卷筒每层能缠绕钢丝绳的圈数；

m——卷筒上缠绕钢丝绳的层数；

D——卷筒直径（m）；

d——钢丝绳直径（m）。

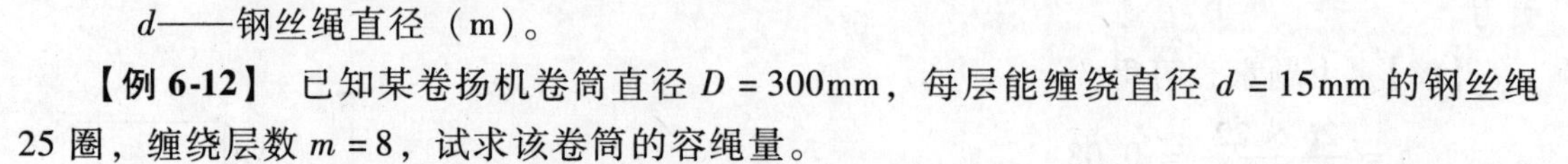

【例6-12】 已知某卷扬机卷筒直径 $D = 300$mm，每层能缠绕直径 $d = 15$mm 的钢丝绳25圈，缠绕层数 $m = 8$，试求该卷筒的容绳量。

【解】 由式（6-38）得卷筒的容绳量为：

$$L = Zm\pi(D + dm)$$
$$= 8 \times 25 \times 3.14(0.30 + 0.015)$$
$$= 198\text{m}$$

即该卷筒的容绳量为198m。

6.2.4 卷扬机底座固定压重计算

卷扬机使用时，一端必须设地锚或压重固定，以防起重时产生滑移或倾覆。钢丝绳绕入卷筒的方向应与卷筒轴线垂直或成小于1.5°的偏角，使绳圈能排列整齐，不致斜绕和互相错叠挤压。其计算方法分两种情况：

1. 卷扬机仅受到钢丝绳水平拉力 S 作用时（图 6-19）

（1）为防止绕 A 点倾覆，应满足以下条件：

$$Q_1 = K\frac{(S \times h - G \times a)}{b} \tag{6-39}$$

（2）卷扬机底座抗水平滑动可按下式计算：

$$Q_1\mu_1 + G\mu_2 \geqslant S \tag{6-40}$$

式中　Q_1——防倾覆或滑移在卷扬机后的压重力；

K——安全系数，取 $K=1.5$；

S——钢丝绳的水平拉力；

G——卷扬机的自重力；

μ_1——重物与土的摩擦系数，钢板与土，$\mu_1=0.4$；木板与土，$\mu_1=0.5$；

μ_2——卷扬机底座与土的摩擦系数。

h、a、b 符号意义见图 6-19。

2. 当卷扬机受到钢丝绳倾斜拉力 S 的作用的时候（图 6-20）

（1）钢丝绳与水平倾斜角为 α，那么卷扬机底座除受到钢丝绳的水平分力 $S\cos\alpha$ 作用绕 A 点倾覆外，同时还受到钢丝绳的垂直分力 $S\sin\alpha$ 作用，还存在绕 B 点倾覆的可能性，因此必要时，应在底座前面加压重物 Q_2。

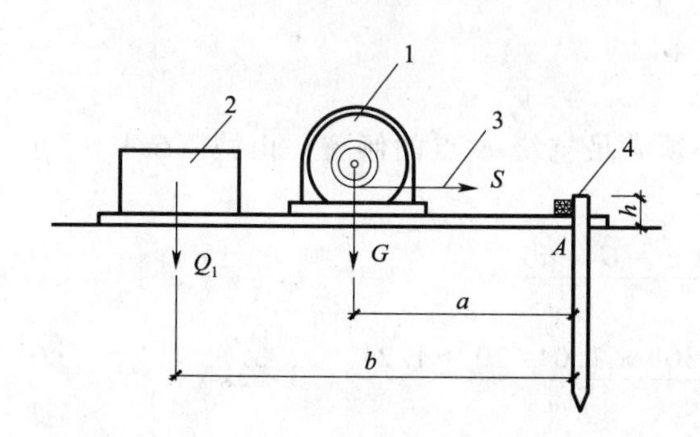

图 6-19　承受水平拉力的卷扬机底座固定

1—卷扬机；2—后部压重；

3—钢丝绳拉力；4—锚桩

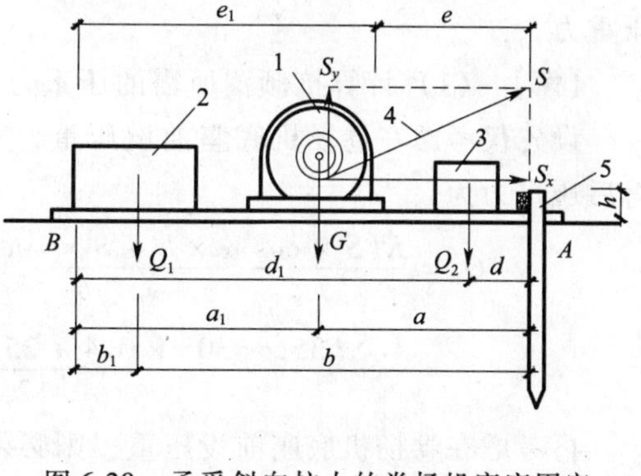

图 6-20　承受斜向拉力的卷扬机底座固定

1—卷扬机；2—后部压重；3—前压重；

4—钢丝绳斜拉力；5—锚桩

设先不考虑在底座前面加重物 Q_2，仅在后面加压重物 Q_1，则防止绕 A 点倾覆，应满足以下条件：

$$Q_1 \geqslant \frac{K(S \times \cos\alpha \times h + S \times \sin\alpha \times e - G \times a)}{b} \tag{6-41}$$

如上式条件得不到满足，则需要在底座前面加压上重物 Q_2，此时防止绕 B 点倾覆，则应满足以下条件：

$$Q_2 \geqslant \frac{K(S \times \sin\alpha \times e_1 - S \times \cos\alpha \times h - Ga_1 - Q_1 b_1)}{d_1} \tag{6-42}$$

（2）卷扬机底座抗水平滑移应满足以下条件：

$$(Q_1 + Q_2)\mu_1 + (G - S \times \sin\alpha)\mu_2 \geqslant S\cos\alpha \tag{6-43}$$

式中 Q_1——卷扬机后压重力；

Q_2——卷扬机前压重力；

S——钢丝绳倾斜拉力；

K、W、μ_1、μ_2 符号意义同前；h、a、b、e、a_1、b_1、d_1、e_1 符号意义见图 6-20。

【例 6-13】 某卷扬机拉力 $S = 30\text{kN}$，采用压重固定底座，已知 $a = 0.5\text{m}$，$b = 1.8\text{m}$，$h = 0.4\text{m}$，$G = 15\text{kN}$，布置情况如图 6-19，$\mu_1 = \mu_2 = 0.5$，试计算所需的压重力。

【解】 由式（6-39）可得抗倾覆所需的压重力为：

$$Q_1 = K\frac{(S \times h - G \times a)}{b} = \frac{1.5(30 \times 0.4 - 15 \times 0.5)}{1.8} = 3.75\text{kN}$$

由式（6-40）可得抗水平滑动所需的压重力为：

$$Q_1 = \frac{S - G\mu_2}{\mu_1} = \frac{30 - 15 \times 0.5}{0.5} = 45\text{kN}$$

所以应采取压重为 45kN。

【例 6-14】 已知卷扬机拉力为 35kN，方向与地面夹角为 30°，采取压重固定底座，如图 6-20 所示。其中 $a = 1.2\text{m}$，$a_1 = 1.5\text{m}$，$b = 2.4\text{m}$，$b_1 = 0.3\text{m}$，$d = 0.5\text{m}$，$d_1 = 2.2\text{m}$，$e = 1.0\text{m}$，$e_1 = 1.7\text{m}$，$h = 0.4\text{m}$，$G = 20\text{kN}$，$\mu_1 = \mu_2 = 0.5$，试求该卷扬机底座前后所需的压重力。

【解】 （1）计算抗倾覆所需的压重力

设先仅考虑在卷扬机底座前设压重，则必须满足抗绕 A 点的倾覆，由式（6-41）可得后压重力为：

$$Q_1 = \frac{K(S \times \cos\alpha \times h + S \times \sin\alpha \times e - G \times a)}{b}$$

$$= \frac{1.5(35\cos 30° \times 0.4 + 35\sin 30° \times 1.0 - 20 \times 1.2)}{2.4} = 3.52\text{kN}$$

再考虑在卷扬机底座前设压重，则必须满足抗绕 B 点倾覆的要求，由式（6-42）得：

$$Q_2 = \frac{K(S \times \sin\alpha \times e_1 - S \times \cos\alpha \times h - Ga_1 - Q_1 b_1)}{d_1}$$

$$= \frac{1.5 \times (35\sin 30 \times 1.7 - 35\cos 30 \times 0.4 - 20 \times 1.5 - 3.52 \times 0.3)}{2.2}$$

$$= -9.16\text{kN}$$

计算出的值为负，说明不需要设前压重即可满足抗倾覆需求。

（2）由式（6-43）可得抗水平滑移所需的压重为：

$$Q_1 + Q_2 = \frac{S\cos\alpha - (G - S \times \sin\alpha)\mu_2}{\mu_1}$$

$$= \frac{35\cos 30 - (20 - 35 \times \sin 30) \times 0.5}{0.5} = 58.12\text{kN}$$

6.3 锚碇计算

在土法吊装过程中，常用锚碇来固定卷扬机、定滑车、导向滑车和缆风绳等，是土法吊装中重要的稳定系统。锚碇又称地锚或地垅，可分为垂直（桩式）锚碇、水平（卧式）锚碇和活动锚碇等。一般桩式地锚适用于固定荷载不大的情况，水平地锚和半埋式地锚适用于固定荷载较大的情况，混凝土地锚适用于永久性荷载不很大的情况，活动地锚适用于临时性、荷载较小的情况。

6.3.1 垂直（桩式）锚碇计算

垂直锚碇又称桩式锚碇，是把圆木成排地垂直或稍倾斜打入土中而成，一般受力为 10～50kN。桩式锚碇又可分为埋桩式和打入桩式地锚，埋桩式锚碇每根桩的入土深度不得小于 1.5m，打入桩式锚碇桩长一般为 1.5～2.0m，入土深度不小于 1.2m，距地面 0.4m 处埋入一根挡木，根据荷载需要亦可打入两根或多根桩连在一起。所需的排数、圆木尺寸以及入土深度，可根据作用力大小参考表 6-23 和表 6-24 计算数据选用。

圆木埋桩式锚碇规格及容许作用力　　表 6-23

类　型	作用力 N（kN）	10	15	20	30	40	50
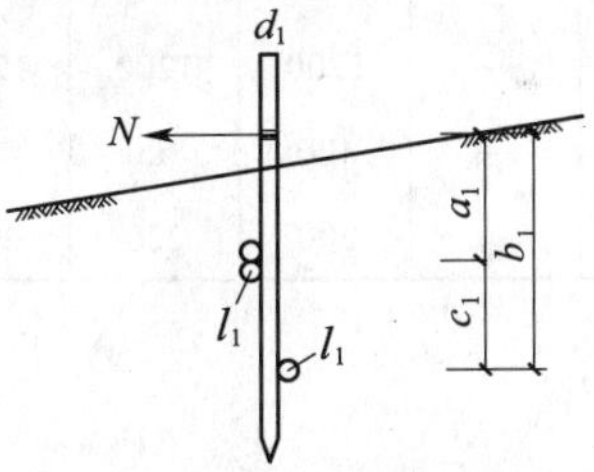	a_1（mm）	500	500	500	—	—	—
	b_1（mm）	1600	1600	1600	—	—	—
	c_1（mm）	900	900	900	—	—	—
	d_1（mm）	180	200	220	—	—	—
	l_1（mm）	1000	1000	1200	—	—	—
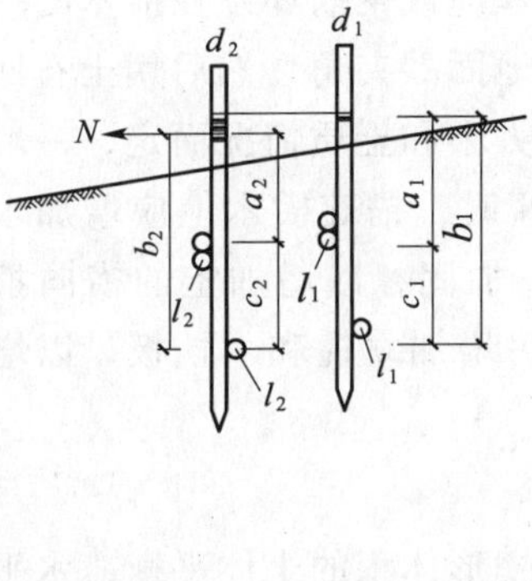	a_1（mm）	—	—	—	500	500	500
	b_1（mm）	—	—	—	1600	1600	1600
	c_1（mm）	—	—	—	900	900	900
	d_1（mm）	—	—	—	180	200	220
	l_1（mm）	—	—	—	1000	1000	1200
	a_2（mm）	—	—	—	500	500	500
	b_2（mm）	—	—	—	1500	1500	1500
	c_2（mm）	—	—	—	900	900	900
	d_2（mm）	—	—	—	220	250	260
	l_2（mm）	—	—	—	1000	1000	1000
	e（mm）	—	—	—	900	900	900

注：作用于土的压力为 $0.25N/mm^2$，挡木直径与桩柱直径相同。

圆木桩式锚碇规格及容许作用力　　表 6-24

类型	作用力 N（kN）	10	15	20	30	40	50
	施于土的压力（MPa）	0.15	0.20	0.23	0.31	—	—
	a（mm）	300	300	300	300	—	—
	b（mm）	1200	1200	1200	1200	—	—
	c（mm）	400	400	400	400	—	—
	d（mm）	180	200	220	260	—	—
	施于土的压力（MPa）	—	—	—	0.15	0.20	0.28
	a_1（mm）	—	—	—	300	300	300
	b_1（mm）	—	—	—	1200	1200	1200
	c_1（mm）	—	—	—	900	900	900
	d_1（mm）	—	—	—	220	250	260
	a_2（mm）	—	—	—	300	300	300
	b_2（mm）	—	—	—	1200	1200	1200
	c_2（mm）	—	—	—	400	400	400
	d_2（mm）	—	—	—	200	220	240

注：水平圆木长 1000mm，直径与桩相等。

6.3.2 水平（卧式）锚碇计算

水平锚碇又称卧式锚碇，可分为有挡板和无挡板两种。无挡板地锚是用一根或几根圆木或方木、枕木捆绑在一起，横卧着埋入锚坑内而成，用钢丝绳或钢筋环系在横木的一点或两点从锚坑前端的槽中引出，绳与地面的夹角等于缆风与地面的夹角，然后用土石回填夯实。它可以承受较大的作用力，埋入深度应根据锚碇受力大小和土质情况而定，一般为 1.5～3.5m，可承受作用力 30～400kN，当作用力超过 75kN 时，锚碇横木上应增加水平压板；当作用力大于 150kN，还应用圆木作成板栅（护板）加固，以增加土的横向抵抗力（图 6-21）。有挡板的地锚系在无挡板地锚的做法基础上另增加立柱和木挡板，以增加横向抵抗力。

1. 无护板加固地锚受力计算

无护板加固地锚受力计算，假定锚碇垂直分力由一直立楔形体积的土体平衡，水平分力由等于 H 深处的被动土抗平衡，取两者中较小值作为锚碇的容许拉力（抗拔力）。计算

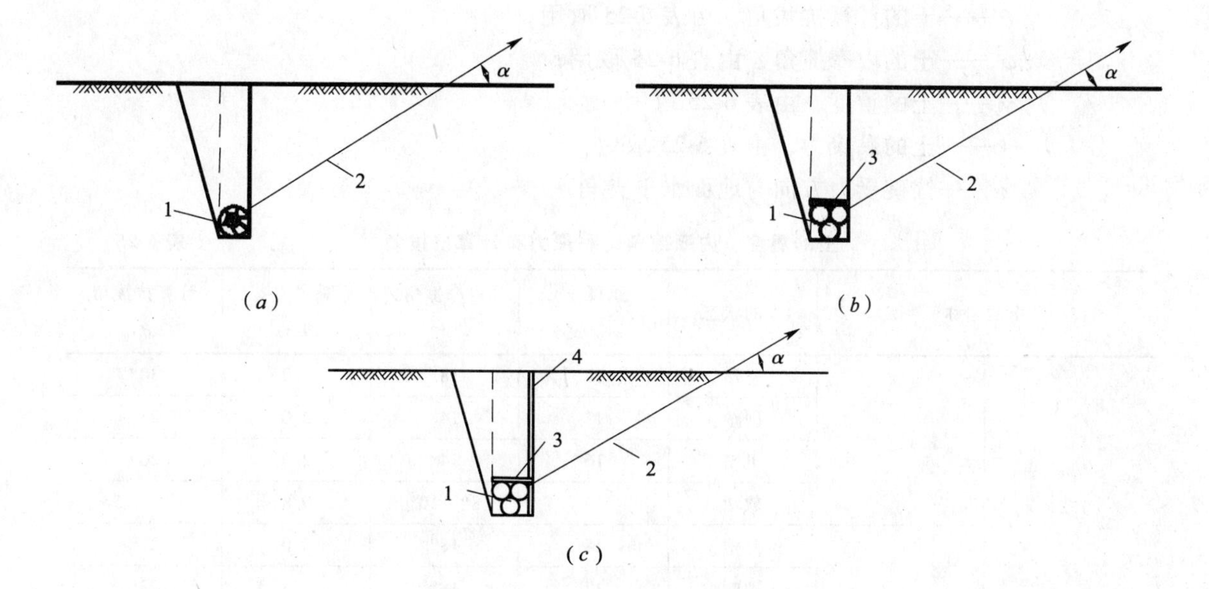

图 6-21　水平锚碇构造示意图

(a) 普通锚碇；(b) 有压板水平锚碇；(c) 有立柱水平锚碇

1—横木；2—钢丝绳（或拉索）；3—压板；4—立柱

简图如图 6-22，则水平锚碇的容许拉力按下列二式计算：

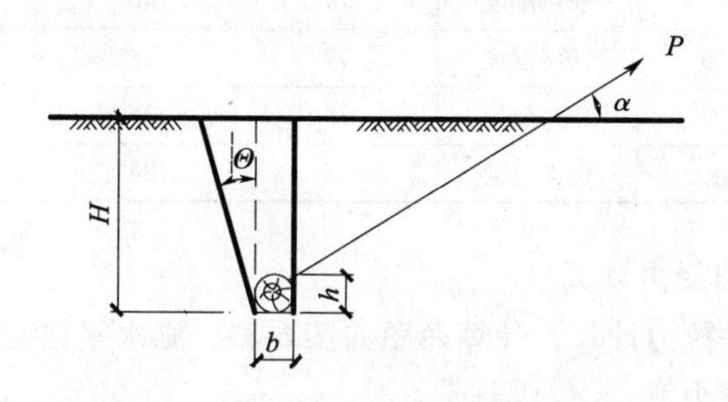

图 6-22　无护板加固地锚计算简图

$$[P]=\frac{1}{K}\left(blH+\frac{1}{2}lh^{2}\tan\theta\right)\gamma\frac{1}{\sin\alpha} \tag{6-44}$$

$$[P]=0.5hlH\gamma\left[\tan^{2}\left(45^{\circ}+\frac{\varphi}{2}\right)+2c\times\tan\left(45^{\circ}+\frac{\varphi}{2}\right)\right]\frac{1}{\cos\alpha} \tag{6-45}$$

式中　$[P]$——锚碇容许拉力（kN）；

K——抗拔安全系数，取 2～3；

b——锚坑下口宽度（m）；

l——横木长度（m）；

H——横木中心距地面深度（m）；

h——横木直径或高度（m）；

θ——土的计算抗拔角，由表6-25取用；

φ——土的内摩擦角，由表6-25取用；

γ——土的重度，由表6-25取用；

c——土的黏聚力，由表6-25取用；

α——锚碇受力方向与地面水平夹角。

土的重度、内摩擦角、黏聚力和计算抗拔角　　表6-25

土的名称		土的状态	重度 γ (kN/m³)	内摩擦角 φ	黏聚力 c kN/m²	计算抗拔角 θ
黏性土	黏　土	坚塑	18	18°	5.0	30°
		硬塑	17	14°	2.0	25°
		可塑	16	14°	2.0	20°
		软塑	16	8°~10°	0.8	10°~15°
	粉质黏土	坚塑	18	18°	3.0	27°
		硬塑	17	18°	1.3	23°
		可塑	16	18°	1.3	19°
		软塑	16	13°~14°	0.4	10°~15°
	粉质黏土	坚塑	18	20°	1.5	27°
		可塑	17	22°	0.8	23°
砂性土	砾石及粗纱	任何湿度	18	40°		30°
	中　砂	任何湿度	17	38°		28°
	细　纱	任何湿度	16	36°		26°
	粉　砂	任何湿度	15	34°		22°

2. 有护板加固地锚受力计算

假定同无板栅容许拉力计算，计算简图如图6-23，则水平锚碇的容许拉力，按下列二式计算，并取二式中较小值。

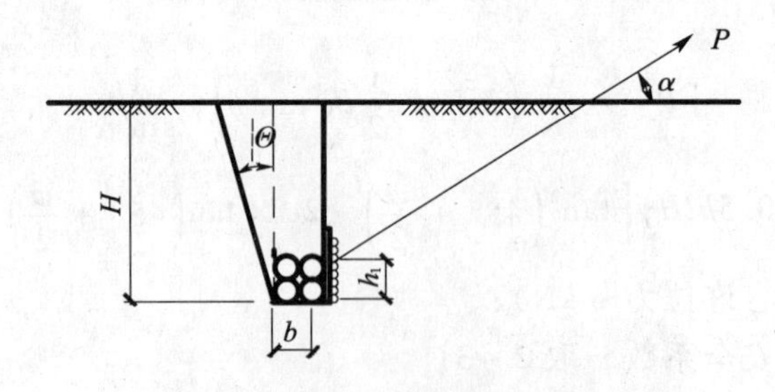

图6-23　有护板加固地锚计算简图

$$[P]=\frac{1}{K}\left(blH+\frac{1}{2}lh^{2}\tan\theta\right)\gamma\frac{1}{\sin\alpha}\qquad(6\text{-}46)$$

$$[P] = 0.5h_1 lH\gamma\left[\tan^2\left(45° + \frac{\varphi}{2}\right) + 2c \times \tan\left(45° + \frac{\varphi}{2}\right)\right]\frac{1}{\cos\alpha} \tag{6-47}$$

式中　h_1——圆木护板的高度（m）；

其他符号意义同前。

3. 锚碇横木截面应力验算

当锚碇横木为圆形截面时，按单向受弯构件计算；当为矩形截面时，则按双向受弯构件计算。

（1）当一根钢丝绳系在横木上时（6-24a），其最大弯矩为：

对圆木横木：

$$M = \frac{Pl}{8} \tag{6-48}$$

对矩形横木：

$$M_x = \frac{p_2 l}{8};\quad M_y = \frac{p_1 l}{8} \tag{6-49}$$

对圆木横木应力：

$$\sigma = \frac{M}{W_n} \leqslant f_m \tag{6-50}$$

对矩形横木应力：

$$\sigma_m = \frac{M_x}{W_{nx}} + \frac{M_y}{W_{ny}} \leqslant f_m \tag{6-51}$$

式中　M、W_n——圆木横木所受的弯矩和截面抵抗矩；

M_x、W_{nx}——矩形横木于水平方向所受的弯矩和截面抵抗矩；

M_y、W_{ny}——矩形横木于垂直方向所受的弯矩和截面抵抗矩；

f_m——横木受弯强度设计值，对落叶松一般取 17N/mm²；对杉木可取 11N/mm²。

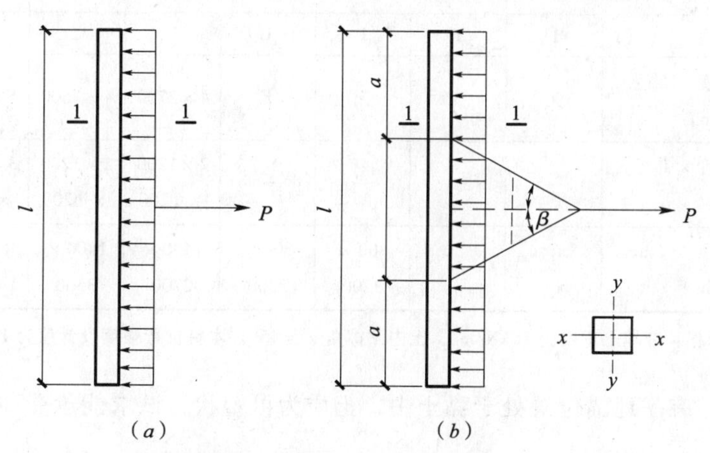

图 6-24　锚碇横木计算简图
（a）一根拉索的水平锚碇；（b）两根拉索的水平锚碇

（2）当二根钢丝绳系在横木上时（图 6-24b），其最大弯矩为：

对圆木横木

$$M = \frac{Pa^2}{2l} \tag{6-52}$$

对矩形横木 $M_x = \dfrac{P_2 a^2}{2l}$； $M_y = \dfrac{P_1 a^2}{2l}$ （6-53）

圆形或矩形横木的轴向力为： $N_0 = \dfrac{P}{2}\text{tg}\beta$ （6-54）

圆木横木应力：

$$\sigma = \frac{Mf_c}{W_n f_n} + \frac{N_0}{A_n} \leqslant f_c \tag{6-55}$$

矩形横木应力

$$\sigma = \frac{M_x}{W_{nx}} + \frac{M_y}{W_{ny}} + \frac{N_0}{A} \leqslant f_c \tag{6-56}$$

式中 a——横梁端点到绳的距离；

β——二绳夹角的一半；

A——横木截面面积；

f_c——木材顺纹抗压强度设计值；

其余符号意义同前。

水平地锚规格及允许作用荷载亦可参考表6-26选用。

水平地锚规格及允许作用力 表6-26

作用力（kN）	28	50	75	100	150	200	300	400
缆绳的水平夹角 （°）	30	30	30	30	30	30	30	30
横梁根数×长度 （mm）（直径24mm）	1×2500	2×2500	3×3200	3×3200	3×2700	3×3500	3×4000	4×4000
埋深 H （m）	1.7	1.7	1.8	2.2	2.5	2.75	2.75	3.5
横梁上系绳点数 （点）	1	1	1	1	2	2	2	2
挡木：根树×长度×直径（直径24mm）	无	无	无	无	4×2700	4×3500	5×4000	5×4000
柱木：跟数×长度×直径（mm）	—	—	—	—	2×1200×Φ200	2×1200×Φ200	3×1500×Φ220	3×1500×Φ220
压板：长×宽 （mm）（密排 Φ10mm）	—	—	800×3200	800×3200	1400×2700	1400×3500	1500×4000	1500×4000

注：本表计算依据：夯填土重度为16kN/m³，土内摩擦角 $\varphi=45°$，木材抗弯强度设计值为11N/m²。

【例6-15】 有一地锚位置处于黏土中，土质为可塑状，试求能承受30kN（约3t）的地锚拉力。

【解】 由题意，初设 $b=0.5\text{m}$；$l=2.5\text{m}$；$H=1.7\text{m}$；K 取2，$\alpha=30°$，$h=0.24\text{m}$，查表6-25可得，$\theta=20°$，$\gamma\approx16\ \text{kN/m}^3$，$c=2$，$\varphi=14°$。

由式（6-44）先求出抗拔力［P］为：

$$[P] = \frac{1}{K}\left(blH + \frac{1}{2}lh^2\tan\theta\right)\gamma\frac{1}{\sin\alpha}$$

$$= \frac{1}{2}(0.5 \times 2.5 \times 1.7 + 0.5 \times 2.5 \times 1.7^2 \times \tan 20°) \times 16 \times \frac{1}{\sin 30°}$$

$$= 55\text{kN} > 30\text{kN}(\text{安全})$$

由式（6-45）可得水平土抗力为：

$$[P] = 0.5hlH\gamma\left[\tan^2\left(45° + \frac{\varphi}{2}\right) + 2c \times \tan\left(45° + \frac{\varphi}{2}\right)\right]\frac{1}{\cos\alpha}$$

$$= 0.5 \times 0.24 \times 2.5 \times 1.7 \times 16$$

$$\times\left[\tan^2\left(45° + \frac{14°}{2}\right) + 2 \times 2 \times \tan\left(45° + \frac{14°}{2}\right)\right]\frac{1}{\cos 30°}$$

$$= 8.16 \times (1.64 + 4 \times 1.28) \times 1.15$$

$$= 63.4\text{kN} > 30\text{kN}(\text{安全})$$

地锚强度核算：

30kN 的地锚可以用单点固定圆木地锚计算。

由式（6-48）和式（6-50）得

$$q = \frac{30}{2.5} = 12\text{kN/m}$$

$$M = \frac{ql^2}{8} = \frac{12 \times 2.5^2}{8} = 9.375\text{kN} \cdot \text{m} = 937.5\text{kN} \cdot \text{cm}$$

$$W = 0.1d^3n = 0.1 \times 0.24^3 \times 1 = 1382\ \text{cm}^3$$

$$\sigma = \frac{M}{W} = \frac{937.5}{1382} = 0.68\ \text{kN/cm}^2 = 6.8\text{MPa} < 10\text{MPa}(\text{安全})$$

6.3.3　活动锚碇计算

当锚碇需经常移动时，为避免转移麻烦，节省费用，常采用活动锚碇，计算简图如图 6-25 所示。

在锚碇 P 的垂直分力和水平分力作用下，为保持稳定，活动锚碇的容许拉力按下列二式计算，并取二式中的较小值：

$$[P] \leqslant \frac{Gl}{K \cdot L \cdot \sin\alpha} \tag{6-57}$$

$$[P] \leqslant \frac{Gf}{K(\cos\alpha + f\sin\alpha)} \tag{6-58}$$

式中　P——活动锚碇的容许拉力；

K——安全系数，取 2；

L——活动锚碇的长度（m）；

l——活动锚碇的重心至边缘的距离（m）；

α——活动锚碇受力方向与地面的夹角（°）；

f——滑动摩擦系数，取 0.5；

G——活动锚碇的重量（kN）。

【例 6-16】 一缆风锚碇采用活动地锚，缆风绳拉力为 30kN，与地面的夹角为 30°，试求需要的重量。

【解】 由题意，取 $K=2$，$L=2\text{m}$，$l=1\text{m}$，$f=0.5$

那么，由式（6-57）和式（6-58）可得锚碇需要的重量为：

$$G=\frac{PKL\sin\alpha}{l}=\frac{30\times 2\times 2\times \sin 30°}{1}=60\text{kN}$$

$$G=\frac{PK(\cos\alpha+f\sin\alpha)}{f}=\frac{30\times 2\times(\cos 30°+0.5\times\sin 30°)}{0.5}=133.92\text{kN}$$

所以，锚碇需要的重量为 133.92kN。

6.4 吊装设备选用和稳定性计算

6.4.1 起重机工作参数选用计算

起重机的类型主要根据厂房的结构特点、跨度、构件重量、吊装高度来确定。一般中小型厂房跨度不大，构件的重量及安装高度也不大，可采用履带式起重机、轮胎式起重机或汽车式起重机，以履带式起重机应用最普遍。缺乏上述起重设备时，可采用桅杆式起重机（独脚拔杆，人字拔杆等）。重型厂房跨度大、构件重、安装高度大，根据结构特点可选用大型的履带式起重机、轮胎式起重机、重型汽车式起重机，以及重型塔式起重机、塔桅式起重机等。起重机型号主要根据工作结构特点、构件的外形尺寸、重量、吊装高度、起重（回转）半径以及设备和施工现场条件等确定。起重量、起重高度和起重半径为选择计算起重机型号的三个主要工作参数。

1. 起重机起重量计算

（1）起重机单机吊装的起重量必须大于所安装构件的重量与索具重量之和，即：

$$KQ\geqslant Q_1+Q_2 \tag{6-59}$$

式中 Q——起重机的起重量（t）；

Q_1——构件的重量（t）；

Q_2——绑扎索重、构件加固及临时脚手等的重量；

K——起重机的降低系数，一般取 0.8。

单机吊装的起重机在特殊情况下，当采取一定的有效技术措施（如按起重机实际超载试验数据；在机尾增加配重；改善现场施工条件等）后，起重量可提高 10% 左右。

（2）结构吊装双机台吊的起重机起重量可按下式计算：

$$(Q_{主}+Q_{副})K\geqslant Q_1+Q_2 \tag{6-60}$$

式中 $Q_{主}$——主机起重量（t）；

$Q_{副}$——副机起重量（t）；

其他符号意义同前。

双机台吊构件选用起重机时，应尽量选用两台同类型的起重机，并进行合理的荷载分配。

2. 起重机起重高度

起重机的起重高度是指起重机水平停车面至吊具允许最高位置的垂直距离。对吊钩和货叉，算至它们的支承表面；对其他吊具，算至它们的最低点（闭合状态）。起重机的起重高度必须满足所吊装的构件的安装高度要求，可由下式计算（图 6-25）；

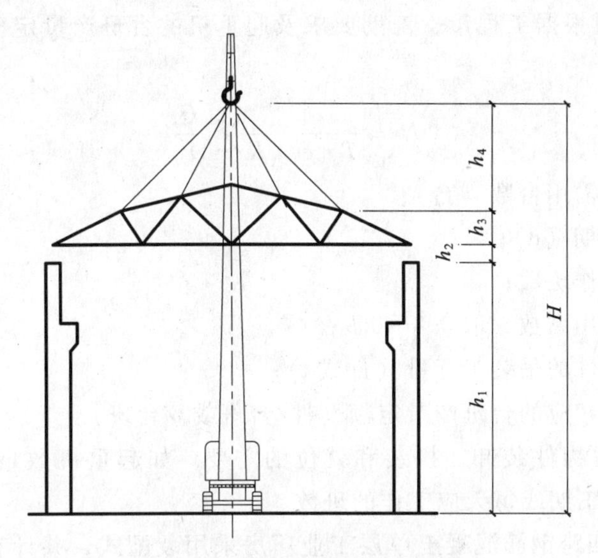

图 6 – 25 起重机起重高度计算简图

$$H \geqslant h_1 + h_2 + h_3 + h_4 \tag{6-61}$$

式中 H——起重机的起重高度（m）；

h_1——安装支座表面高度（m）；

h_2——安装间隙，视具体情况而定，一般取 0.2 ~0.5m；

h_3——绑扎点至构件吊起后底面的距离（m）；

h_4——吊装高度（m），自绑扎点至吊钩面的距离，视实际情况而定（m）。

3. 起重机起重半径计算

起重机不能开到构件吊装位置附近去吊装构件时，就要根据实际情况确定起吊时的起重半径 R，并根据此时的起重量 Q，起重高度 H 及起重半径 R 来选择起重机型号及起重臂长度。

如果起重机在吊装构件时，起重臂要跨越已吊装好的构件上空去吊装（如跨过屋架吊装屋面板），还要考虑起重臂是否会与已吊好的构件相碰。依此来选择确定起吊构件时的最小臂长及相应的起重半径，根据 Q、H、R 三个参数选定起重机的型号。

起重机的起重半径一般可按下式计算：

$$R = F + L\cos\alpha \tag{6-62}$$

式中 R——起重机的起重半径（m）；

F——起重机臂杆支点中心至起重机回转中心的距离（m）；

L——所选择起重的臂杆长度（m）；

α——所选择起重机的仰角（°），可按 6.4.1 中计算求得或图解法量得。

按计算出的 L 及 R 值，查起重机的技术性能表或曲线表复核起重量 Q 及起重高度 H，如能满足构件吊装要求，即可根据 R 值确定起重机吊装屋面板时的停机位置。

6.4.2 起重机需用数量计算

起重机需用数量根据工程量、工期要求及起重机的台班产量定额而定，可用下式计算：

$$N = \frac{1}{T \cdot m \cdot K} \sum \frac{Q_i}{P_i} \tag{6-63}$$

式中 N——起重机需用台数（台）；

T——要求工期（d）；

m——每天工作班数；

K——时间利用系数，取 0.8 ~0.9；

Q_i——每种构件的吊装工程量（件或 t）；

P_i——起重机相应的台班产量定额（件/台班或 t/台班）。

除此，还应考虑构件装卸、拼装和就位的需要。如起重机数量 N 已定，亦可用式（6-63）来计算所需工期或每天应工作的班数。

【例 6-17】 某四跨钢筋混凝土单层工业厂房采用装配式，共计有基础梁 112 根，柱 180 根，连系梁、过梁、吊车梁等构件 500 根，屋架 120 榀，大型屋面板 2160 块，问如配备起重机 4 台，其需要的工期。若要求工期为 40 天，需要起重机的台数。

【解】 查起重机台班产量表可知，基础梁 $P_1 = 70$ 根，柱 $P_2 = 14$ 根，过梁、吊车梁 $P_3 = 35$ 根，屋架 $P_4 = 10$ 榀，大型屋面板 $P_5 = 100$ 块。

（1）配备 4 台起重机时，由式（6-63）可得吊装工期为：

$$T = \frac{1}{N \cdot m \cdot K} \sum \frac{Q_i}{P_i}$$

$$= \frac{1}{4 \times 1 \times 0.8} \times \left(\frac{112}{70} + \frac{180}{14} + \frac{500}{35} + \frac{120}{10} + \frac{2160}{100} \right)$$

$$= 0.3125 \times 62.3 = 19.5 \text{台班}, \quad \text{取为 20 台班}$$

（2）当工期为 40 天时，由式（6-63）可得所需起重机台班数为：

$$N = \frac{1}{T \cdot m \cdot K} \sum \frac{Q_i}{P_i}$$

$$= \frac{1}{40 \times 1 \times 0.8} \times 62.3 = 1.9 \text{台班}, \quad \text{取为 2 台班}$$

6.4.3 起重机稳定性验算

起重机的稳定性包括以下几个方面：

（1）倾斜轴线：指起重机各相邻支点的连线。当用支腿作业时，倾翻轴线是支腿中心线的连线。当不用支腿作业时，对于单排轮胎，倾翻轴线是各轮胎（刚性悬挂）触地点的连线；

对于双排轮胎，倾翻轴线是外侧轮胎触地点的连线（刚性轴和被锁住的弹性轴）。

（2）作业稳定性：当起重机进行起重作业时，其整机作业稳定性是指对抗倾翻力矩的能力。

（3）最不利的稳定位置：是指在臂架幅度相同的条件下，稳定临界状态总起重量为最小时的起重臂所处的位置。

（4）作业方位和方位区：起重机作业时，作业方位是指起重臂纵轴线与起重臂下车纵线在水平面上投影的相对位置；方位区是指用支腿作业时，由回转中心通过各支腿中心的射线，将水平面按行驶方向划分为几个区。若起重机的四支腿左右对称布置时，一般划分为前方、后方、左侧方、右侧方四个方位区。若汽车式起重机下车前方无支腿时，前方区通常不允许起吊载荷。

（5）作业方式：对于汽车起重机，只有用支腿作业的一种作业方式，不允许吊载行驶。对于轮胎式起重机，分为用支腿作业和不用支腿作业两种方式。前一种方式作业时的额定起重量比后一种方式大，要分别按不同作业方式时起重机的特性曲线或起重特性表来确定额定起重量。轮胎式起重机可以吊载行驶。对于履带式起重机，通常不带支腿，往往是针对不同的作业特点，需要不同的作业装置。此时，应按起重机使用说明书进行作业。

（6）起重机特性曲线和起重特性表：起重机的起重特性曲线和起重特性表都是用来表示起重机在某一臂长、幅度、方位和支腿使用情况下的额定起重量和相应起升高度的。掌握和了解起重特性曲线和起重特性表，是司机防止超载事故，确定起重机的起重能力大小的主要依据。

验算起重机稳定性常用“稳定性安全系数”法，简称稳定系数法。它是评价起重机抗倾翻能力的一个数量指标，通常用稳定力矩 M_w 与抗倾翻力矩 M_q 的比值来表通常用稳定力矩示，即稳定条件为：

$$K = M_w / M_q \geqslant [K]$$

起重机的稳定性分为载重稳定性（工作时）和自身稳定性（非工作时）两种情况分别进行验算，应选择起重机处于最不利的工况、承受最不利的载荷作用进行计算。验算时，起重机防滑装置的作用不予考虑。以下是对几种常见起重机稳定性的验算方法简介：

1. 履带式起重机稳定性验算

（1）起重机臂杆不接长稳定性验算

履带式起重机采用原起重臂杆稳定性的最不利情况如图6-26所示。为保证机身稳定，应使履带重点 O 的稳定力矩 M_r 大于倾覆力矩 M_{ov}，并按下述两种状态验算：

1）应考虑吊装荷载以及所有附加荷载时的稳定性安全系数 K_1 按下式计算：

$$K_1 = \frac{M_r}{M_{ov}} = \frac{G_1 l_1 + G_2 l_2 + G_0 l_0 - (G_1 h_1 + G_2 h_2 + G_0 h_0 + G_3 h_3)\sin\beta - G_3 l_3 + M_F + M_G + M_L}{(Q + q)(R - l_2)} \geqslant 1.15 \tag{6-64a}$$

2）只考虑吊装荷载，不考虑附加荷载时的稳定性安全系数 K_2 按下式计算：

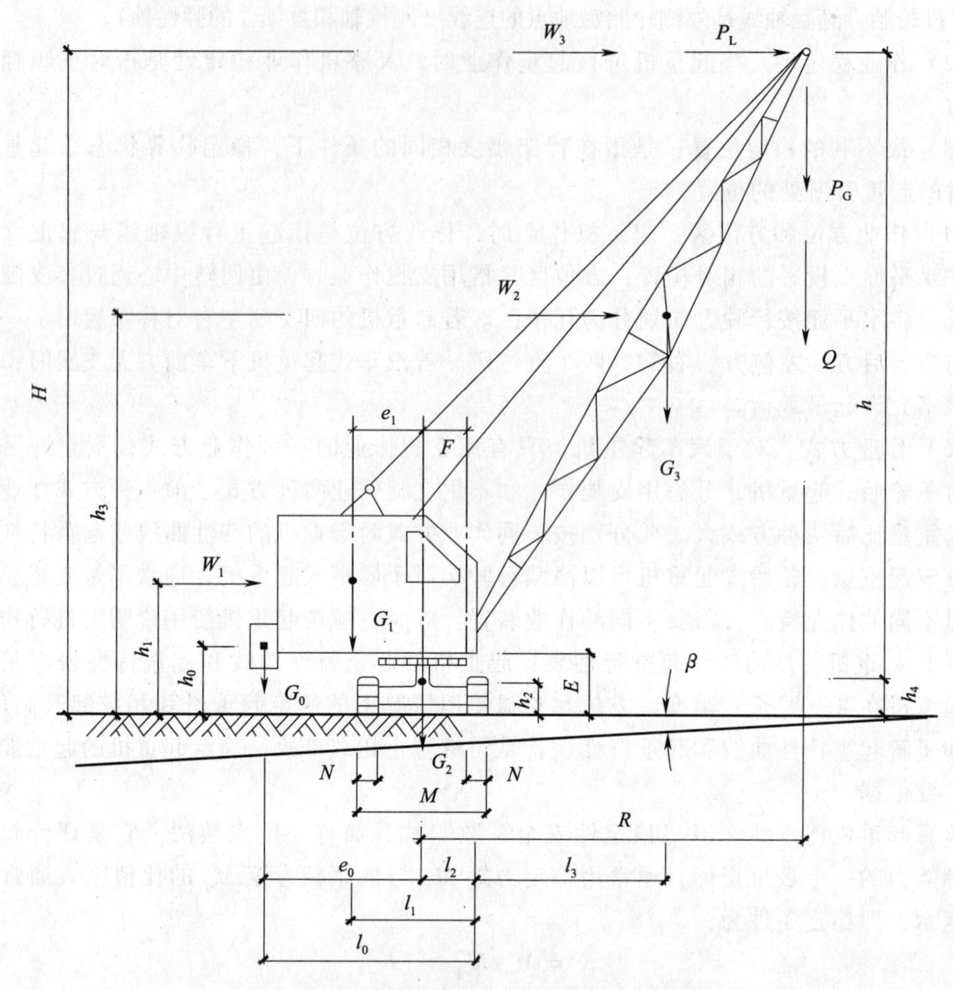

图 6-26　履带式起重机稳定性验算简图

$$K_2 = \frac{M_r}{M_{ov}} = \frac{G_1 l_1 + G_2 l_2 + G_0 l_0 - G_3 l_3}{(Q + q)(R - l_2)} \geqslant 1.4 \qquad (6\text{-}64b)$$

式中　G_1——起重机机身可转动部分的重力（kN）；

G_2——起重机机身不转动部分的重力（kN）；

G_0——平衡重的重力（kN）；

G_3——起重臂重力（kN）；

Q——吊装荷载（包括构件重力和索具重力）（kN）；

q——起重滑车组的重力（kN）；

l_1——G_1 重心至 0 点的距离（地面倾斜影响忽略不计，下同）（m）；

l_2——G_2 重心至 0 点的距离（m）；

l_3——G_3 重心至 0 点的距离（m）；

l_0——G_0 重心至 0 点的距离（m）；

h_1——G_1 重心至地面的距离（m）；

h_2——G_2 重心至地面的距离（m）；

h_3——G_3 重心至地面的距离（m）；

h_4——构件最低位置时的重心高度（m）；

h_0——G_0 重心至地面的距离（m）；

β——地面倾斜角度，应限制在3°以内；

R——起重半径（即工作幅度）（m）；

M_F——风载引起的倾覆力矩（kN·m），起重臂长度小于25m时，可以不计；

M_g——重物下降时突然刹车的惯性力矩所引起的倾覆力矩（kN·m）；

$$M_G = P_G(R - l_2) = \frac{(Q + q)v}{gt}(R - l_2) \tag{6-65}$$

其中 P_G——惯性力（kN）；

v——吊钩下降速度（m/s），取为吊钩起重速度的1.5倍；

g——重力加速度（9.8m/s²）；

t——从吊钩下降速度 v 变到0所需的制动时间，取1s；

M_L——起重机回转时的离心力所引起的倾覆力矩，为：

$$M_L = P_L H = \frac{(Q + q)Rn^2}{900 - n^2 h} \cdot H \tag{6-66}$$

其中 P_L——离心力（kN）；

n——起重机回转速度（r/min）；

h——所吊钩件最低位置时，其重心至起重杆顶端的距离（m）；

H——起重机顶端至地面的距离（m）。

（2）起重机臂杆接长稳定性验算

履带式起重机超载吊装时或由于施工需要而接长起重臂时，为保证起重机的稳定性，保证在吊装中不发生倾覆事故需进行整个机身在作业时的稳定性验算。验算后，若不能满足要求，则应采用增加配重等措施。在图6-27所示的情况下（起重机与行驶方向垂直），起重机的稳定性最差。此时，以履带中心点为倾覆中心，验算起重机的稳定性。

履带式起重机接长起重臂后，所能具有的最大起重力 Q'，可从起重机原有性能表（或性能曲线）查出最大臂杆长时的最大起重量，然后可近似地按力矩等量换算原则求得，如图6-27。

由 $\sum M_A = 0$ 可得出：

$$Q'\left(R' - \frac{M - N}{2}\right) + G'\left(\frac{R' + R}{2} - \frac{M - N}{2}\right) \leqslant Q\left(R - \frac{M - N}{2}\right)$$

化简后，得

$$Q' \leqslant \frac{1}{2R' - M + N}\left[Q(2R - M + N) - G'(R' + R - M + N)\right] \tag{6-67}$$

式中 R'——接长起重臂后得最小起重半径（m）；

R——起重机原有最大臂长得最小起重半径（m）；

G'——起重臂载中部接长后，端部所增长部分得重力（图示虚线部分（kN））；

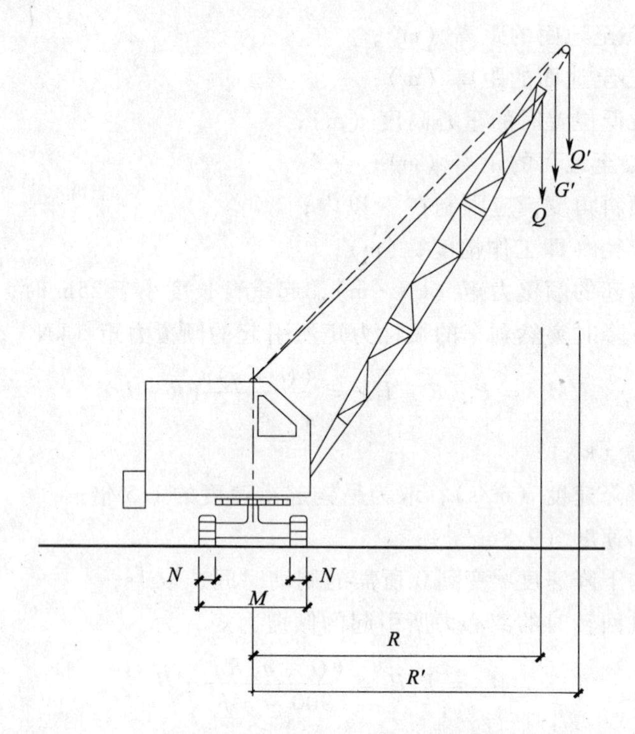

图 6-27　起重臂接长计算简图

Q——起重机原有性能表（或性能曲线）查出最大臂长时的最大起重力（kN）；

M——起重机履带外边缘宽度（m）；

N——起重机履带宽度（m）。

当计算得 Q' 大于所吊构件重力时，即可满足吊装要求，否则应采取相应稳定措施（如起重臂顶端系缆风绳等）以保证稳定和安全。

2. 轮胎式起重机稳定性验算

轮胎式起重机是把起重机构安装在加重型轮胎和轮轴组成的特制底盘上的一种全回转式起重机，其上部构造与履带式起重机基本相同。为了保证安装作业时机身的稳定性，起重机设有四个可伸缩的支腿。在平坦地面上可不用支腿进行小起重量吊装及吊物低速行驶。与汽车式起重机相比其优点有：轮距较宽、稳定性好、车身短、转弯半径小，可在360°范围内工作。但其行驶时对路面要求较高，行驶速度较汽车式慢，不适于在松软泥泞的地面上工作。

轮胎式起重机计算简图如图 6-28 所示，则考虑吊装荷载及附加荷载时得稳定安全系数 K 可按下式计算：

$$K=\frac{1}{Q[(R-l_2)+H\sin\alpha]}[M_s-G_3(l_3-l_2)-(G_1h'_1+G_2h'_2+G_3h'_3+G_0h_0)]\sin\alpha-\frac{Qn^2R}{900-n^2h}H-\frac{Qv}{gt_2}(R-l_2)-W_1h_1-W_2h_2\geqslant 1.15 \tag{6-68}$$

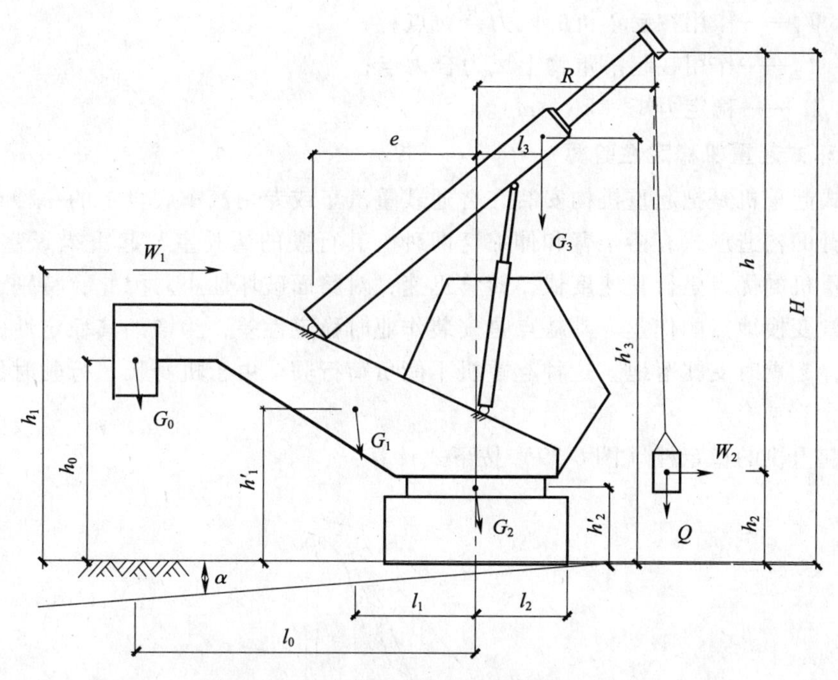

图 6-28　轮胎式起重机稳定性验算示意图

式中　h_1——风力 W_1 作用合力点高度（m）；

h_2——W_2 的重心高度（m）；

h'_1——G_1 的重心高度（m）；

h'_2——G_2 的重心高度（m）；

h'_3——G_3 吊臂重量的重心高度（m）；

h——吊臂顶至重物重心高度（m）；

H——吊臂顶至地面高度（m）；

l_2——回转重心至倾覆点的距离（m）；

l_3——回转重心至吊臂重心距离（m）；

Q——吊装重物重量（包括吊具、索具）（kN）；

G_0——平衡重（即配重）重量（kN）；

G_1——起重机回转部分重量（kN）；

G_2——起重机底盘部分重量（kN）；

G_3——吊臂重量（kN）；

R——回转半径（m）；

α——起重机倾斜度，用支腿找平，一般控制在 1°～1°30′，不用支腿时为 3°；

n——回转速度（m/s）；

t_2——吊钩下降制动时间（s）；

g——重力加速度（9.8m/s²）；

v——重物起升速度（m/s）；

W_1——作用在起重机的风力合力点；

W_2——作用在起吊重物上风力合力点；

M_s——稳定力矩（kN·m）。

3. 汽车式起重机稳定性验算

汽车式起重机是把起重机构安装在普通载重汽车或专用汽车底盘上的一种自行式起重机。起重臂的构造形式有桁架臂和伸缩臂两种。其行驶的驾驶室与起重操纵室是分开的。汽车式起重机的优点是行驶速度快，转移迅速，对路面破坏性小。因此，特别适用于流动性大，经常变换地点的作业。其缺点是安装作业时稳定性差，为增加其稳定性，设有可伸缩的支腿，起重时支腿落地。这种起重机不能负荷行驶。由于机身长，行驶时的转弯半径较大。

汽车起重机的稳定性（图 6-29）按下式计算：

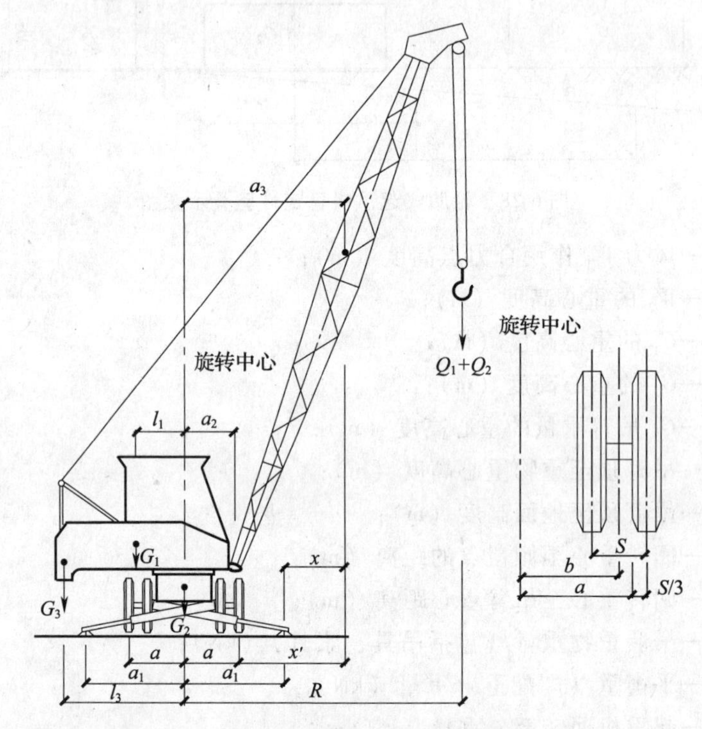

图 6-29　汽车式起重机的稳定性验算简图

（1）装支腿作业时：

$$K_1 = \frac{M_r}{M_{ov}} = \frac{G_1(l_1 + a_1) + G_2 a_1 + G_3(l_3 + a_1)}{(Q_1 + Q_2)(R - a_1) + Q_3 x} \geqslant 1.333 \tag{6-69}$$

（2）不装支腿作业时：

$$K_2 = \frac{M_r}{M_{ov}} = \frac{G_1(l_1 + a) + G_2 a + G_3(l_3 + a)}{(Q_1 + Q_2)(R - a) + Q_3 x'} \geqslant 1.5 \tag{6-70}$$

在计算中，如 $x = x_3 - a$，及 $x' = a_3 - a$ 出现负值时，则力矩 Q_3x 和 Q_3x' 应按稳定力矩计算，即：

$$K_1 = \frac{G_1(l_1 + a_1) + G_2 a_1 + G_3(l_3 + a_1) + Q_3 x}{(Q_1 + Q_2)(R - a_1)} \geqslant 1.333 \quad (6\text{-}71)$$

$$K_2 = \frac{G_1(l_1 + a) + G_2 a + G_3(l_3 + a) + Q_3 x'}{(Q_1 + Q_2)(R - a)} \geqslant 1.5 \quad (6\text{-}72)$$

式中　Q_1——吊装荷载（包括构件重力和索具重力）；

Q_2——吊钩重力；

Q_3——起重臂重力；

G_1——起重机机身可转动部分的重力（不包括起重臂、吊钩、配重）；

G_2——起重机底盘重力；

G_3——平衡重力；

a——旋转中心至轮胎倾翻支点的距离；

a_1——旋转中心至支腿倾翻支点的距离；

a_2——旋转中心至起重臂下铰点的距离；

a_3——旋转中心至起重臂重心的距离；

l_1、l_3——顺序为 G_1、G_3 至旋转中心的距离；

x、x'——顺序为支腿倾翻支点和轮胎倾翻支点至起重臂重心的距离；

R——额定起重量时的幅度。

4. 塔式起重机稳定性验算

塔式起重机具有竖直的塔身。其起置臂安装在塔身顶部与塔身组成“Γ”形，使塔式起重机具有较大的工作空间。它的安装位置能靠近施工的建筑物，有效工作半径较其他类型起重机大。塔式起重机种类繁多，广泛应用于多层及高层建筑工程施工中。

塔式起重机按其行走机构、旋转方式、变幅方式、起重量大小分为多种类型。常用的塔式起重机的类型有：轨道式塔式起重机，型号 *QT*；爬升式塔式起重机，型号 *QTP*；附着式塔式起重机，型号 *QTF*。

塔式起重机的稳定性验算可分为有荷载时和无荷载时两种状态。

（1）塔式起重机有荷载时稳定性验算

塔式起重机有荷载时，稳定安全系数可按下式验算（图 6-30*a*）：

$$K_1 = \frac{1}{Q(a-b)}\left[G(c - h_0 \sin\alpha + b) - \frac{Qv(a-b)}{gt} - W_1 P_1 - W_2 P_2 - \frac{Qn^2 ah}{900 - Hn^2}\right] \geqslant 1.15 \quad (6\text{-}73)$$

式中　K_1——塔式起重机有荷载时的稳定安全系数，取 1.15；

G——起重机自重力（包括配重、压重）(kN)；

c——起重机重心至旋转中心的距离（m）；

h_0——起重机重心至支承平面距离（m）；

b——起重机旋转中心至倾覆边缘的距离（m）；

Q——最大工作荷载（kN）；

g——重力加速度（m/s^2），取 9.81；

v——起升速度，当可以自由降落重物时，计算速度值取 $1.5v$；

t——制动时间（s）；

a——起重机旋转中心至悬挂吊物重心的水平距离（m）；

W_1——作用在起重机上的风力（kN）；

W_2——作用在荷载上的风力（kN）；

P_1——自 W_1 作用线至倾覆点的垂直距离（m）；

P_2——自 W_2 作用线至倾覆点的垂直距离（m）；

h——吊杆端部至支承平面的垂直距离（m）；

n——起重机的旋转速度（r/min）；

H——吊杆端部至重物最低位置时的重心距离（m）；

α——起重机的倾斜角（轨道或道路的坡度）一般取 $\alpha=2°$

（2）塔式起重机无荷载时稳定性验算

塔式起重机无荷载时稳定系数可按下式验算（图 6-30b）：

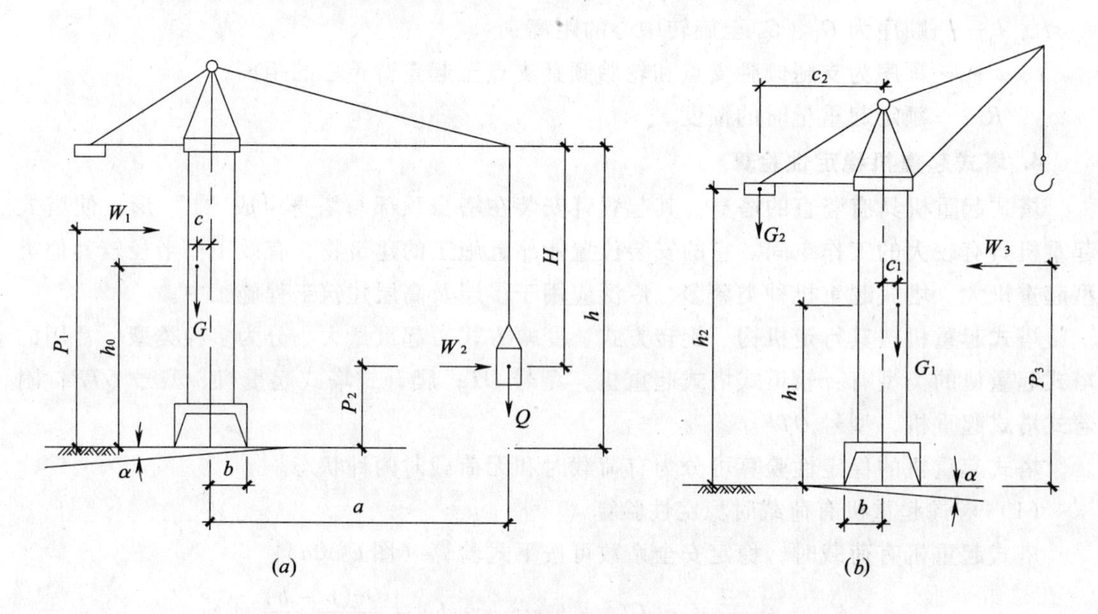

图 6-30 塔式起重机稳定性验算简图

（a）有荷载时；（b）无荷载时

$$K_2=\frac{G_1(b+c_1-h_1\sin\alpha)}{G_2(c_2-b+h_2\sin\alpha)+W_3P_3}\geqslant 1.15 \tag{6-74}$$

式中 K_2——塔式起重机无荷载时的稳定性安全系数，取 1.15；

G_1——后倾覆点前面起重机各部分的重力（kN），一般按吊杆倾角最大时的位置考虑；

c_1——G_1 至旋转中心的距离（m）；

h_1——G_1 至支承平面的距离（m）；

G_2——使起重机倾覆部分的重力（kN）；

c_2——G_2 至旋转中心的距离（m）；

h_2——G_2 至支承平面的距离（m）；

W_3——作用在起重机上的风力（kN）；

P_3——W_3 至倾覆点的距离（m）；

其他符号意义同前。

6.4.4　起重机辅助装置

当履带式起重机、轮胎式起重机的起重能力不能满足吊装需要时，可采取一定技术措施（如在起重吊臂增加牵引绳、支柱或采取两台起重机吊臂之间加设横梁等），以提高原起重机的起重能力，使满足吊装工程的需要。但起重机在加辅助装置后，要求做到安全可靠，装拆快速，移动简便，不损失原机。同时改装后要进行必要的动、静荷载试验，动力系数可取 1.3 以上。

1. 起重机臂杆增加牵引绳计算

在起重吊臂杆上增加牵引绳如图 6-31 所示。

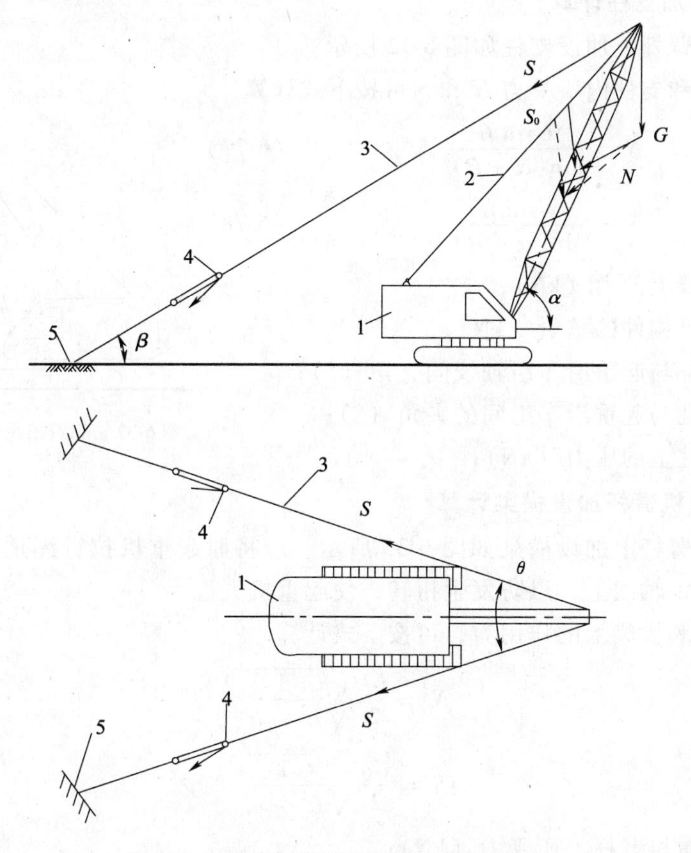

图 6-31　起重机臂杆上加牵引绳计算简图

1—起重机；2—原起重机拉臂杆绳；3—增加牵引绳；4—滑车组；5—锚碇点

起重机臂杆上所受的力 N 和牵引绳的牵引拉力，可按下式计算：

$$N = \frac{1.1G\cos\beta}{\sin(\alpha+\beta)} \tag{6-75}$$

$$S = \frac{G\cos\alpha}{2\sin(\alpha-\beta)\cos\frac{\theta}{2}} \tag{6-76}$$

式中 N——作用于起重机吊臂杆上的力（kN）；

S——增加牵引绳的牵引拉力（kN）；

G——起吊构件的重量（kN）；

β——牵引绳与地面的夹角（°）；

β_1——牵引绳在通过臂杆立面上的投影角（°）；

$$\beta_1 \approx \sin^{-1}\frac{\sin\beta}{\cos\frac{\theta}{2}}$$

α——起重机吊臂杆仰角（°）；

θ——左右两根牵引绳的平面夹角（°）。

2. 起重臂杆加支柱计算

在起重机吊臂杆上加设支柱如图 6-32 所示。

起重机臂杆和支柱内所受力 N 和 S 可按下式计算：

$$N = \frac{G\sin\beta}{\sin(\alpha+\beta)} \tag{6-77}$$

$$S = \frac{G\sin\alpha}{\sin(\alpha+\beta)} \tag{6-78}$$

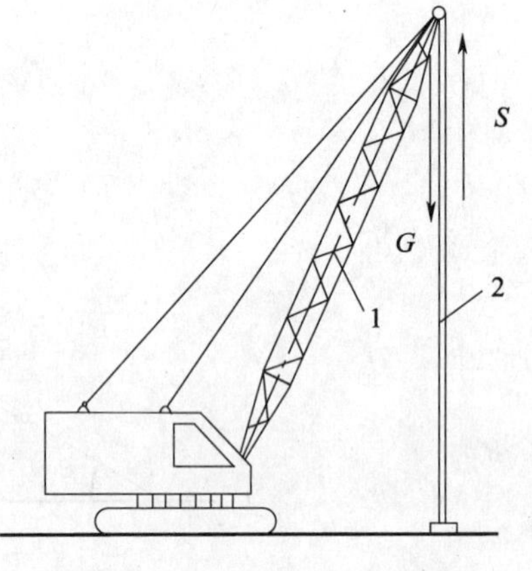

图 6-32 起重机吊臂杆加设人字支柱

式中 N——吊臂上的力（kN）；

G——起吊构件的重量（kN）；

α——臂杆与起重滑车组轴线间夹角（°）；

β——支柱与起重滑车组间的夹角（°）；

S——支柱上的压力（kN）；

3. 两台起重机臂杆加设横梁计算

在两台起重臂杆上加设横梁如图 6-33 所示。应将原起重机拉臂绳适当放松，并使两台起重机处于同一轴线上，以防发生扭转，使起重机失稳。

起重机臂杆和横梁上的作用力，可按下式计算

$$N = \frac{GL}{2}\sqrt{\frac{1}{L^2-a^2}} \tag{6-79}$$

$$S = \frac{Ga}{2}\sqrt{\frac{1}{L^2-a^2}} \tag{6-80}$$

式中 N——起重机臂杆上所受力（kN）；

G——抬吊构件的重量（kN）；

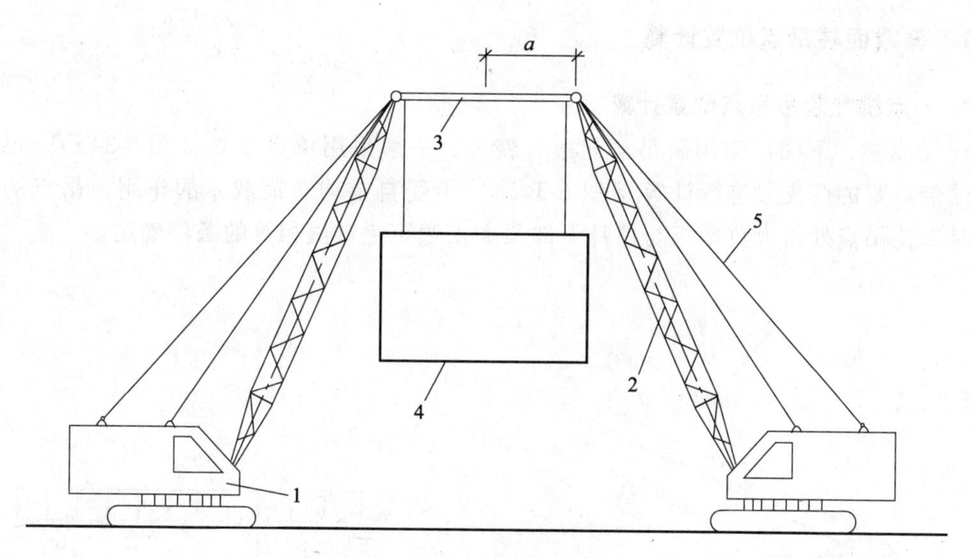

图 6-33　起重机臂杆加设横梁

1—起重机；2—臂杆；3—横梁；4—抬吊构件；5—原拉臂绳

L——起重机臂杆长度（m）；

a——臂杆距回转中心线距离（m）；

S——横梁上所受的力（kN）。

6.5　柱绑扎计算

单层工业厂房钢筋混凝土柱一般均为现场预制，其截面形式有矩形，工字形、双肢形等。当混凝土的强度达到75%混凝土强度标准值以上时方可吊装。柱的吊装方法，按柱起吊后柱身是否垂直，分为直吊法和斜吊法；按柱在吊升过程中柱身运动的特点，分为旋转法和滑行法。

绑扎柱子用的吊具，有铁扁担，吊索，卡环等。为使在高空中脱钩方便，尽量采用活络式卡环。为避免起吊时吊索磨损构件表面，要在吊索与构件之间垫以麻袋或木板。

柱子在现场预制时，一般用砖模或土模平卧（大面向上）生产。在制模、浇混凝土前，就要确定绑扎方法，在绑扎点预埋吊环、预留孔洞或底模悬空，以便绑扎时能穿钢丝绳。

柱子的绑扎点数目和位置，视柱子的外形、长度、配筋和起重机性能确定：中，小型柱子（重13t以下），可以绑扎一点，重型柱子或配筋少而细长的柱子（如抗风柱），为防止起吊过程中柱身断裂，需绑扎两点。绑扎点位置应使两根吊索的合力作用线高于柱子中心，这样才能保证柱子起吊后自行回转直立状态。一点绑扎时，绑扎位置常选在牛腿下，工字形截面和双肢柱，绑扎点应选在实心处（工字形柱的矩形截面处和双肢柱的平腹杆处），否则，应在绑扎位置用方木垫平。

以下是对等截面及变截面柱吊点位置计算的介绍。

6.5.1 等截面柱吊点位置计算

1. 一点绑扎起吊吊点位置计算

柱（或桩，下同）采用斜吊法起吊、就位，一般采用单点吊立（图 6-34*a*），可简化为一端带悬臂的简支梁进行计算（图 6-34*b*），承受自重均布荷载 q 的作用，吊点的合理位置是以使吊点处最大负弯矩与柱身下部最大正弯矩绝对值相等的条件确定。

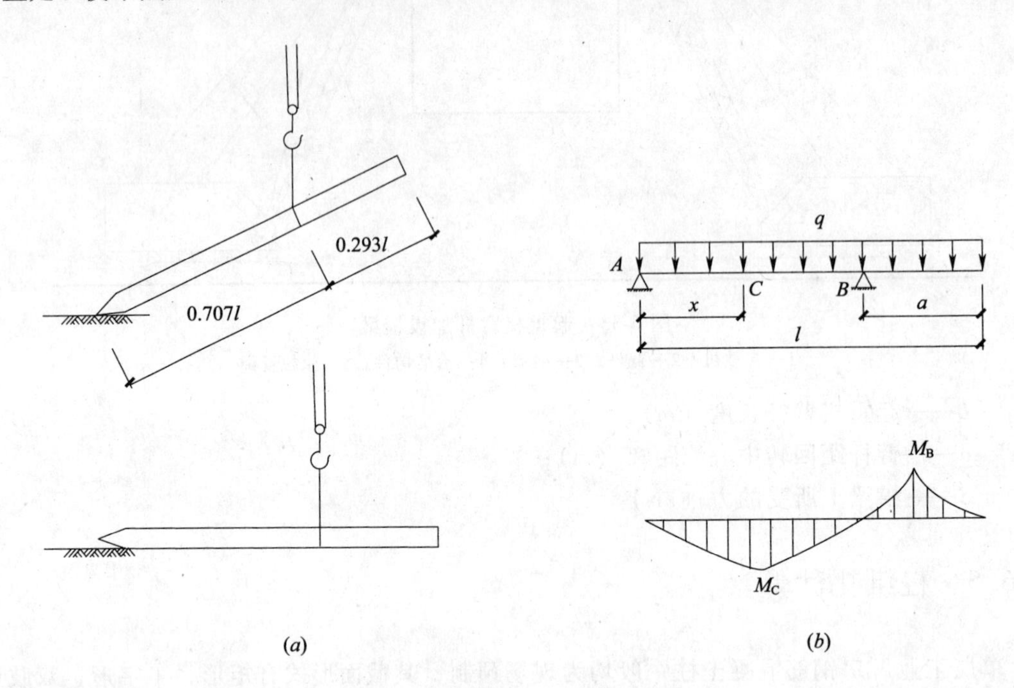

图 6-34 预制构件一点绑扎起吊
（*a*）一点起吊情形；（*b*）受力计算简图

设 M_C 为柱下部最大正弯矩，则 C 处剪力（V）为零，根据剪力 $V_C=0$ 条件，则有：

$$qx=\frac{q(l-a)}{2}-\frac{qa^2}{2}\left(\frac{1}{l-a}\right)$$

则
$$x=\frac{l(l-2a)}{2(l-a)} \tag{6-81}$$

再根据 $M_B=M_C$ 条件，则有：

$$\frac{qa^2}{2}=\frac{q(l-a)}{2}x-\frac{qx^2}{2}-\left(\frac{qa^2}{2}\right)\frac{x}{l-a} \tag{6-82}$$

将 x 代入（6-82）式简化得：

$$a=\left(1-\frac{\sqrt{2}}{2}\right)l=0.2929l \tag{6-83}$$

将 a 代入（6-81）式得：

$$x = \left(1 - \frac{\sqrt{2}}{2}\right) l = 0.2929l \tag{6-84}$$

即

$$a = x = 0.2929l \approx 0.3l \tag{6-85}$$

故，合理的吊点位置在离构件一端 0.3l 处。

2. 两点绑扎起吊吊点位置计算

吊装配筋少且细长的等截面柱，往往采用两点绑扎吊装（如图 6-35），其吊点位置的确定，一般是使其自重产生的跨间最大正弯矩和柱顶悬挑制作处负弯矩相等，这时产生的吊装弯矩最小。

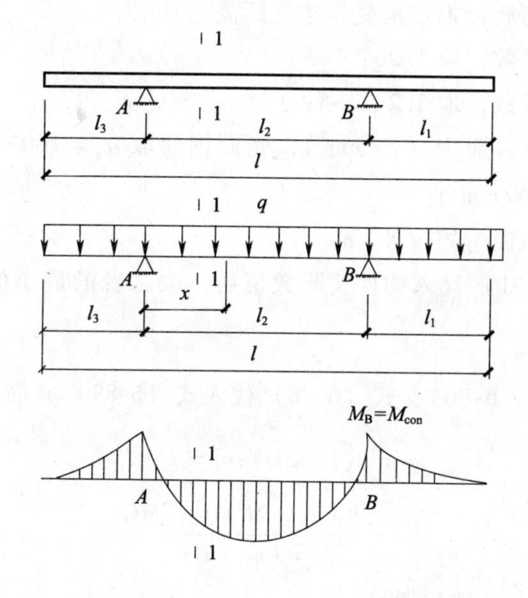

图 6-35　两点起吊受力计算简图

设柱水平搁置，吊点（支点）为 A、B，两端为悬挑端。令 A 支点到跨间最大弯矩1-1截面的长度为 x

由静力平衡 $\sum M_B = 0$ 得：

$$R_A = \frac{l(l - 2l_1)q_0}{2(l - l_1 - l_3)} \tag{6-86}$$

令最大正弯矩 1-1 截面处剪力为零，得：

$$R_A - (x + l_3)q_0 = 0 \tag{6-87}$$

将式（6-86）代入式（6-87）并解之得：

$$x = \frac{l(l - 2l_1)}{2(l - l_1 - l_3)} - l_3 \tag{6-88}$$

按：

$$M_{1-1} = R_A x - \frac{(l_3 + x)^2}{2} \cdot q_0$$

并令

$$M_{1-1} = M_{con} \tag{6-89}$$

M_{con}为同时满足吊装抗弯强度、裂缝宽度条件的柱截面控制弯矩值，可由下式计算：

$$M_{抗弯}=\frac{f_yA_s(h_0-a'_g)}{K_1\cdot K} \tag{6-90}$$

$$M_{抗裂}=\frac{0.87A_sh_0\sigma_s}{K} \tag{6-91}$$

式中　f_y——受拉钢筋强度设计值（N/mm^2）；

A_s——受拉钢筋截面面积（mm^2）；

h_0——截面计算有效高度（mm）；

a'_g——受压钢筋合力点至受压边缘距离（mm）；

K_1——安全系数，取1.26；

K——动力系数，取1.2～1.5；

σ_s——钢筋计算应力（N/mm^2），光面钢筋取$\sigma_s=160N/mm^2$，螺纹钢筋取$\sigma_s=200N/mm^2$；

$M_{抗弯}$、$M_{抗裂}$——吊装截面弯矩（N·mm）。

式（6-90）、式（6-91）代入构件实际数值后，取二者的最小值作为构件截面的控制弯矩M_{con}值。

将$M_{con}=\frac{q_0l_1^2}{2}$、式（6-86）、式（6-88）代入式（6-89）并简化得：

并令　$$m=l(l-2l_1);n=l-l_1$$

解之得　$$l_3=\frac{n(m-2l_1^2)-\sqrt{2}ml_1}{2(m-l_1^2)} \tag{6-92}$$

l_3即为计算最佳吊点A的位置。

当按式（6-92）求出的$l_3\leqslant0$时，可用1点（B点）起吊；当$0\leqslant l_3\leqslant l_1$时，可用两点起吊；当$l_3>l_1$时，说明$A$点处的负弯矩大于$M_{con}$值，两点起吊不能满足要求，而应改用其他方法起吊。

【例6-18】 一单层工业厂房采用等截面长柱，已知柱长为20.0m，$f_y=300N/mm^2$，$A_s=1480.5mm^2$，$h_0=550mm$，$a'_s=35mm$，$\sigma_s=200N/mm^2$，$q_0=6kN/m$，采取两点绑扎吊装，试求其吊点位置。

【解】 由式（6-90）、式（6-91）可得：

$$M_{抗弯}=\frac{f_yA_s(h_0-a'_s)}{K_1\cdot K}$$

$$=\frac{300\times1480.5\times(550-35)}{1.5\times1.26}=121025000N\cdot mm$$

$$=121.0kN\cdot m$$

$$M_{抗裂}=\frac{0.87A_sh_0\sigma_s}{K}$$

$$= \frac{0.87 \times 1480.5 \times 550 \times 200}{1.5} = 94455900\text{N} \cdot \text{mm}$$

$$= 94.5\text{kN} \cdot \text{m}$$

取较小值作为控制弯矩，即 $M_{con} = M_{抗裂} = 94.5\text{kN} \cdot \text{m}$

由 $M_{con} = \frac{q_0 l_1^2}{2}$ 可得：

$$l_1 = \sqrt{\frac{2M_{con}}{q_0}} = \sqrt{\frac{2 \times 94.5}{6}} = 5.61\text{m}$$

又

$$m = l(l - 2l_1) = 20 \times (20 - 2 \times 5.61) = 175.6\text{m}^2$$

$$n = l - l_1 = 20 - 5.61 = 14.39\text{m}$$

将 m、n、l_1 值代入式（6-92）可得：

$$l_3 = \frac{n(m - 2l_1^2) - \sqrt{2}ml_1}{2(m - l_1^2)}$$

$$= \frac{14.39 \times (175.6 - 2 \times 5.61^2) - \sqrt{2} \times 175.6 \times 5.61}{2 \times (175.6 - 5.61^2)} = 0.79\text{m}$$

故两点绑扎吊装吊点位置分别离柱端 5.61m 和 0.79m。

3. 长柱三点绑扎起吊吊点位置计算

工业厂房高跨围护柱及山墙柱，长柱较大（25m 以上），而截面较小，常需采用三点吊装（其中一点着地）方法吊装。

设长柱为等截面、等配筋，强度等级为已知，控制弯矩 M_{con}、l_1 经计算为已知，采用三点平吊如图 6-36。

另需确定的 B 吊点距 A 点距离为 x，c 吊点距右端悬臂端为 l_1，根据连续梁的三弯矩方程有：

$$M_A x + 2M_B(l - l_1) + M_C(l - l_1 - x) = -6(\bar{A}_{n+1} + \bar{B}_n) \tag{6-93}$$

根据控制条件为：

$$M_B = M_C = M_{con} = -\frac{1}{2}ql^2; M_A = 0$$

$$\bar{A}_{n+1} = \frac{1}{2} \cdot \frac{1}{3}M_{BC}(l - l_1 - x)$$

$$= \frac{1}{24}q(l - l_1 - x)^3$$

$$\bar{B}_n = \frac{1}{2} \cdot \frac{1}{3}M_{AB}x = \frac{1}{24}qx^3$$

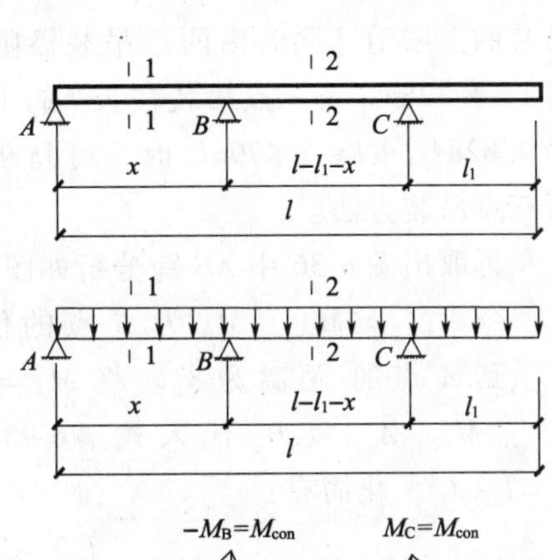

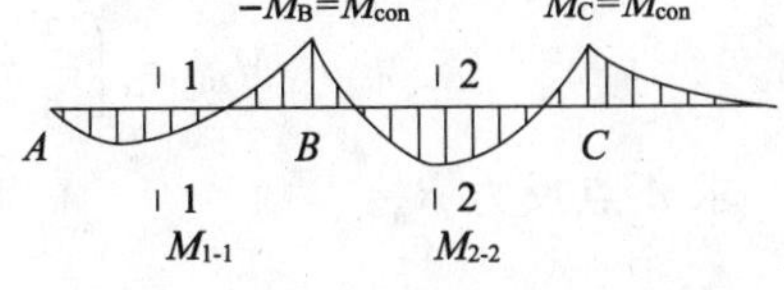

图 6-36　水平搁置柱三点吊装

将 M_A、M_B、$\bar{A}_{n+1}$、$\bar{B}_n$ 值代入式（6-93），并令 $\eta = l - l_1$ 化简得：

$$3\eta x^2 - (3\eta^2 - 2l_1^2)x + (\eta^3 - 6\eta l_1^2) = 0 \tag{6-94}$$

解方程式（6-95）有：

$$\begin{matrix} x_1 \\ x_2 \end{matrix} = \frac{(3\eta^2 - 2l_1^2) \mp \sqrt{60\eta^2 l_1^2 + 4l_1^4 - 3\eta^4}}{6\eta} \tag{6-95}$$

x_1、x_2 为吊点 B 的两个位置。

令 $K_1 = \frac{x_1}{l_1}$；$K_2 = \frac{x_2}{l_2}$；$K = \frac{l - l_1}{l_1}$

代入式（6-95）为：

$$\begin{matrix} K_1 \\ K_2 \end{matrix} = \frac{(3K^2 - 2) \mp \sqrt{60K + 4 - 3K^4}}{6K} \tag{6-96}$$

当式（6-95）右边根号内为零时，如是得重根为：

$$x = \frac{3\eta^2 - 2l_1^2}{6\eta} \tag{6-97}$$

这时只有一个吊点 B 位置满足三点吊装，柱长达到三点吊位置的极限长度。

令式（6-95）右边根号为零，则

$$3\eta^4 - 60\eta^2 l_1^2 - 4l_1^4 = 0 \tag{6-98}$$

解式（6-98）得：

$$l = 5.4796l_1 \tag{6-99}$$

当 $l \leqslant 5.4796l_1$，不等式成立时，表明长柱可采用三点吊装。而长柱 $l = 5.4796l_1$ 时为三点吊装的上限值。同时由两点吊装极限状态可求得 $l = 4.8284l_1$ 为三点吊装柱长 l 的下限值。即当 $4.8284l_1 \leqslant l \leqslant 5.4796l_1$ 时，可判断长柱宜采用三点吊装方法。

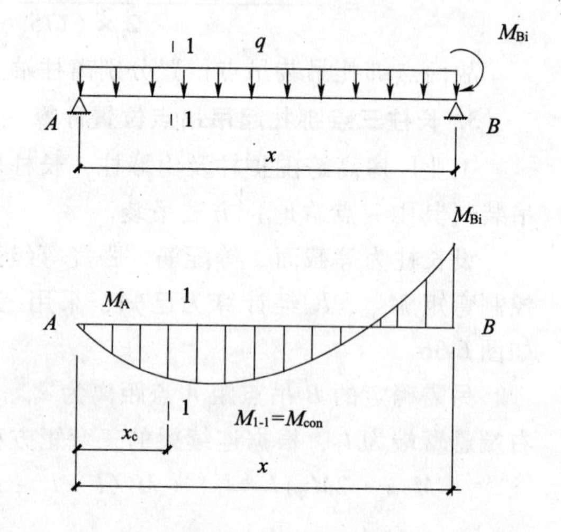

图 6-37　AB 跨计算简图

再取出图 6-36 中 AB 跨分析如图 6-37。

令 $M_{1-1} = M_{con}$，M_{Bi} 为 B 点的任意弯矩。M_{1-1} 到 A 点的距离为 x_0。将 $M_A = 0$、$M_A = M_{con}$、M_{Bi}、$\bar{A}_{n+1}$、$\bar{B}_n$ 代入式（6-93），并令：$\eta = l - l_1$，化简有：

$$M_{Bi} = \left[\frac{3}{8}x^2 - \left(\frac{3\eta}{8} - \frac{l_1^2}{4\eta}\right)x + \left(\frac{\eta^2}{8} - \frac{l_1^2}{4}\right)\right]q \tag{6-100}$$

求 A 点反力 R_A：

$$R_A = \frac{qx}{2} - \frac{M_{Bi}}{x}$$

最大弯矩处剪力为零得：$R_A - qx_0 = 0$

则
$$x_0 = \frac{R_A}{q} = \frac{x}{2} - \frac{M_{Bi}}{xq}$$

$$= \frac{1}{8}x + \left(\frac{3\eta}{8} - \frac{l_1^2}{4\eta}\right) - \left(\frac{\eta^2}{8x} - \frac{l_1^2}{4x}\right) \quad (6\text{-}101)$$

又
$$M_{1-1} = R_A x_0 - \frac{1}{2}qx_0^2 = \frac{1}{2}qx_0^2 \quad (6\text{-}102)$$

令
$$M_{1-1} = \frac{1}{2}ql_1^2$$

故
$$\frac{1}{2}ql_1^2 = \frac{1}{2}qx_0^2$$

解之得
$$x_0 = l_1 \quad (6\text{-}103)$$

比较式（6-103）和式（6-105）有：

$$\frac{1}{8}x + \left(\frac{3\eta}{8} - \frac{l_1^2}{4\eta}\right) - \left(\frac{\eta^2}{8x} - \frac{l_1^2}{4x}\right) = l_1 \quad (6\text{-}104)$$

令
$$K = \frac{l - l_1}{l_1} = \frac{\eta}{l_1};\ K_3 = \frac{x}{l_1}$$

解式（6-106）得：

$$K_3 = \frac{1}{K} - 1.5K + 4 + \sqrt{3.25K^2 + \frac{1}{K^2} - 12K + \frac{8}{K} + 11} \quad (6\text{-}105)$$

对于已定的长柱，在已知 K 的条件下，便可利用式（6-105）求 B 吊点位置 x：

$$x = K_3 l \quad (6\text{-}106)$$

利用式（6-96）和式（6-106）可绘出 $K_1 = f_1(K)$、$K_2 = f_2(K)$ 和 $K_3 = f_3(K)$ 三条曲线，如图6-38。这三条曲线所包围的区间便是 K_i 的取值范围，则 $x_i = K_i l_1$。当吊点 B 位置取 x_i 时，则长柱由自重力产生的 M_B、M_{1-1} 和 M_C 各点的弯矩均小于或等于 M_{con}。

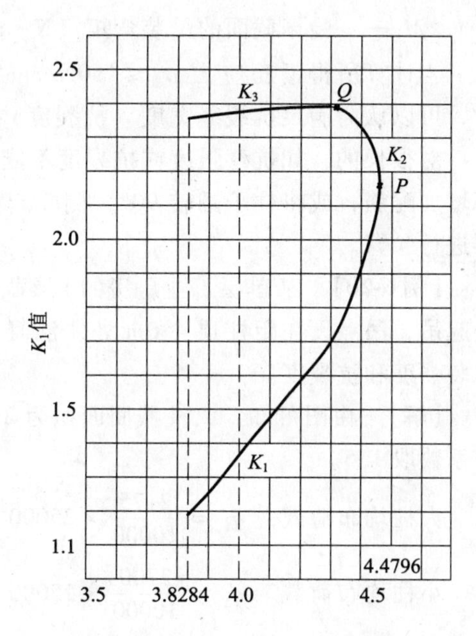

图6-38 K_1、K_2、K_3 曲线图

【例6-19】 某工业厂房中的柱长为35m，已知 $q_0 = 8\text{kN/m}$，$M_{con} = 128\text{kN}\cdot\text{m}$，$l_1 = 7\text{m}$，现采用三点吊装，试求吊点位置。

【解】 由题意可知，$3.8284 < K = \frac{l - l_1}{l_1} = \frac{35-7}{7} = 4 < 4.4796$，故宜采用三点吊装。

查图6-38得：

$$\begin{matrix} K_1 \\ K_2 \end{matrix} = \frac{(3K^2 - 2) \mp \sqrt{60K + 4 - 3K^4}}{6K} = \frac{46 \mp 14}{24} = \begin{matrix} 1.333 \\ 2.385 \end{matrix}$$

任取 $K_i = 2$，则 $x_i = K_i \cdot l_1 = 2 \times 7 = 14\text{m}$，此时 M_{1-1}、M_B 均能满足小于或等于 M_{con} 的控制条件。

6.5.2 变截面柱绑扎吊点位置计算

1. 一点绑扎起吊吊点位置计算

变截面柱采用一点起吊，当柱子长度不太长时，吊点的位置通常设在柱牛腿根部，一般不需计算，但需复核抗弯强度或抗裂度。计算内力可按一端带有悬臂的简支梁进行分析。验算时，荷载一般应将构件自重力乘以动力系数1.5，根据受力实际情况，动力系数可适当增减。

柱子一般均为平卧预制，中等长度的柱子，均可采用一点不翻身平吊，吊点位置确定后，据此复核产生最大弯矩处的抗弯强度。当满足抗弯强度计算要求，即认为满足不翻身平吊要求。对特殊要求的柱，应进行抗裂验算，要求其满足抗裂度条件或裂缝宽度限制，可按下式计算：

$$\sigma_s = KM_K/0.87h_0A_s \tag{6-107}$$

式中 σ_s——钢筋计算应力（N/mm^2）；

A_s——受拉钢筋截面面积（mm^2）；

h_0——吊装时构件截面计算有效高度（mm）；

K——动力系数，视吊装受力情况取1.2～1.5；

M_K——验算截面的吊装弯矩（N·mm）。

当计算所得钢筋应力 $\sigma_s \leqslant 160N/mm^2$（光面钢筋）或 $\sigma_s \leqslant 160N/mm^2$（螺纹钢筋）时，可以认为满足抗裂缝宽度（抗裂度）要求。

对很长的，如抗弯强度或抗裂度不能满足平吊要求时，应考虑将四角的钢筋加粗或局部增加配筋；或将柱子翻转90°，侧立起吊；或采用两点平吊等措施，并按采取措施后，再进行验算。

【例6-20】 某单层工业厂房的I形截面柱，几何尺寸、配筋见图6-39，拟采用一点平卧起吊，吊点设在距柱顶4.0m处，混凝土强度等级为C30，钢筋采用HRB400，试验算吊装强度和抗裂度。

【解】 由图可知，大柱截面面积为$2175cm^2$，小柱截面面积为$2700cm^2$，自重力的动力系数取1.5。

大柱均布荷载 $q_1 = \dfrac{2175}{10000} \times 25000 \times 1.5 = 8156.25N/m$

小柱均布荷载 $q_2 = \dfrac{2700}{10000} \times 25000 \times 1.5 = 10125N/m$

起吊时应对最危险的截面进行验算，各截面弯矩值为：

$$M_B = 10125 \times 2.9 \times \left(4 - \frac{2.9}{2}\right) + 8156.25 \times \frac{(4-2.9)^2}{2} = 79808.9N\cdot m$$

$$M_C = \frac{1}{8} \times 8156.25 \times 11.4^2 - \frac{1}{2} \times 79808.9 = 92593.8N\cdot m$$

$$M_D = \frac{1}{2} \times 10125 \times 2.9^2 = 42575.6N\cdot m$$

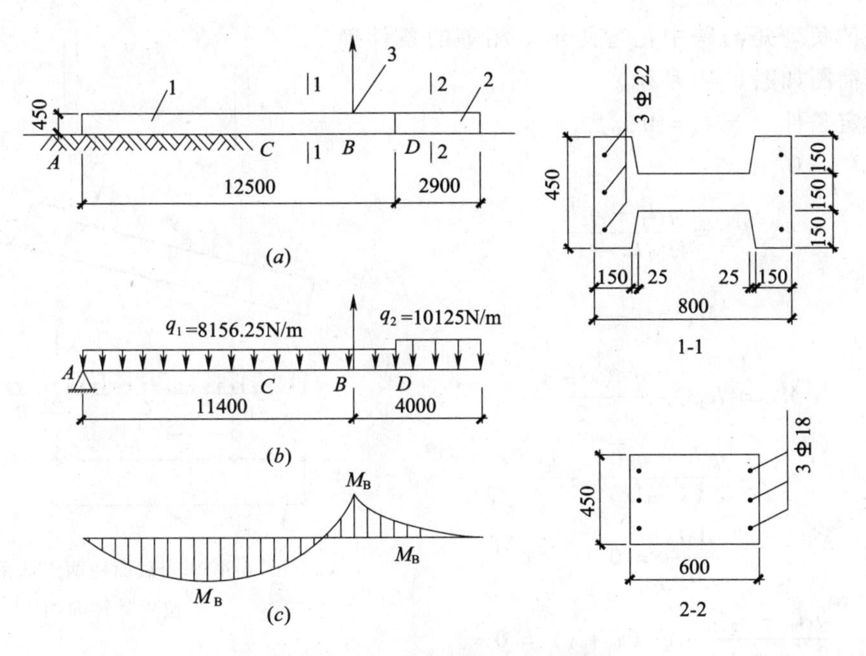

图 6-39　柱子平放一点起吊计算简图

（a）柱的几何尺寸；（b）验算简图；（c）弯矩图

1—大柱；2—小柱；3—吊点

∵ $M_C > M_B$，B 和 C 截面尺寸和配筋均相同，故可只验算截面 C。

（1）抗弯强度验算

1）截面 B 采用平卧起吊，$h = 450$mm，仅考虑四角钢筋，$A_s = A'_s = 7.60 \times 10^2$ mm^2（2 Φ 22），$h_0 = 450 - 35 = 415$mm，

吊装时的强度验算按受弯构件考虑。按双筋梁计算截面强度。该截面能承受的弯矩为：

$$M' = A'_s f_g (h_0 - a'_s) = 7.60 \times 10^2 \times 360 \times (415 - 35)$$
$$= 104004309\text{N} \cdot \text{mm} = 104004.3\text{N} \cdot \text{mm}$$

大于 M_C，强度满足要求。

2）截面 D 采用平卧起吊，$h = 450$mm，与大柱相同，$A_s = A'_s = 5.09 \times 10^2$ mm^2（2 Φ 18），那么该截面所能承受的弯矩为：

$$M' = A'_s f_g (h_0 - a'_s) = 5.09 \times 10^2 \times 360 \times (415 - 35)$$
$$= 69622719\text{N} \cdot \text{mm} = 69622.7\text{N} \cdot \text{mm}$$

大于 M_D，强度满足要求。

（2）裂缝宽度（抗裂度）验算

截面 C　$\sigma_s = 92593800/(0.87 \times 760 \times 415) = 337\ \text{N/mm}^2 < 360\text{N/mm}^2$

截面 D　$\sigma_s = 42575600/(0.87 \times 509 \times 415) = 231\ \text{N/mm}^2 < 360\text{N/mm}^2$

经以上验算，平卧一点绑扎起吊各截面的抗弯强度及抗裂能力都满足吊装要求。

2. 两点绑扎起吊吊点位置计算（一）

变截面柱采用两点起吊，吊点位置通常一点设在牛腿处，另一合理的吊点位置应以牛

腿处吊点的负弯矩与跨中正弯矩绝对相等的条件确定，计算简图如图6-40所示。

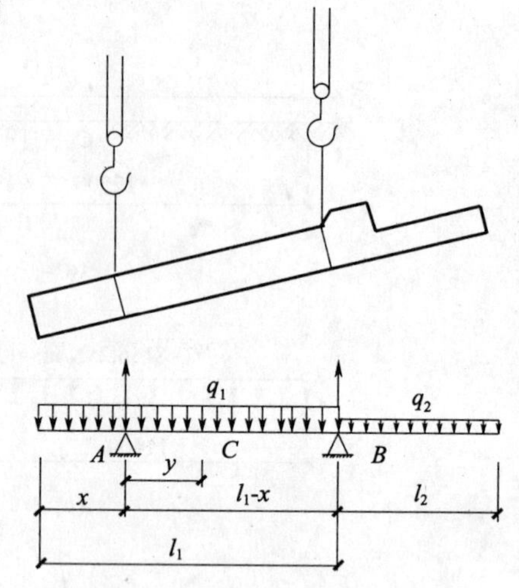

图6-40　变截面柱两点起吊绑扎位置计算简图

由假定条件　　$M_A = M_{AB(max)}$

取$\sum M_B = 0$

$$R_A = \frac{q_1 l_1^2 - q_2 l_2^2}{2(l_1 - x)}$$

$$M_A = \frac{q_1 x^2}{2}$$

则

$$M_C = R_A y - \frac{q_1 (x+y)^2}{2}$$

$$= \frac{q_1 l_1^2 - q_2 l_2^2}{2(l_1 - x)} y - \frac{q_1 (x+y)^2}{2}$$

令

$$\frac{dM_C}{dy} = 0$$

$$\frac{q_1 l_1^2 - q_2 l_2^2}{2(l_1 - x)} - q_1 (x+y) = 0$$

$$y = \frac{q_1 l_1^2 - q_2 l_2^2}{2(l_1 - x) q_1} - x$$

设$\frac{q_1 l_1^2 - q_2 l_2^2}{2} = \alpha$；$\frac{\alpha}{q_1} = \beta$

所以

$$M_{AB(max)} = \frac{\alpha}{l_1 - x}\left(\frac{\beta}{l_1 - x} - x\right) - \frac{q_1}{2}\left(\frac{\beta}{l_1 - x}\right)^2$$

使

$$M_A = M_{AB(max)}$$

得

$$\frac{q_1 x^2}{2} = \frac{\alpha}{l_1 - x}\left(\frac{\beta}{l_1 - x} - x\right) - \frac{q_1}{2}\left(\frac{\beta}{l_1 - x}\right)^2$$

整理后得：

$$f(x) = q_1 x^4 - 2l_1 q_1 x^3 + (q_1 l_1^2 - 2\alpha)x^2 + 2\alpha l_1 x + \beta(q_1 \beta - 2\alpha) = 0 \quad (6\text{-}108)$$

当吊点A的位置满足式（6-108）时，其位置为合理的吊点。式（6-108）为x的一元四次方程式，可用近似根法求解。

设近似根

$$x_0 = 0.26 l_1 \quad (6\text{-}109)$$

更近似根

$$x = x_0 + h_1 \quad (6\text{-}110)$$

而

$$h_1 = \frac{f(x_0)}{f'(x_0)}$$

其中

$$f'(x) = 4q_1 x^3 - 6l_1 q_1 x^2 + 2(q_1 l_1^2 - 2\alpha)x + 2\alpha l_1 \quad (6\text{-}111)$$

【例6-21】 某工业厂房，柱长16.0m，其中下柱长12.0m，截面为450mm×600mm，配筋为4⌀25+2⌀20；上柱长4.0m，截面为450mm×450mm，配筋为4⌀20，混凝土采用C25，当混凝土强度达到100%时，采用两点起吊，动力系数取1.5，试求该柱的吊点位置。

【解】 吊点 B 取在牛腿处，另一吊点 A 的位置确定如下：

计算均布荷载：

$$q_1 = 0.45 \times 0.6 \times 1 \times 25 = 6.75\text{kN/m}$$

$$q_2 = 0.45 \times 0.45 \times 1 \times 25 = 5.0625\text{kN/m}$$

按式（6-108）求解 x 如下：

设第一次近似根

$$x_0 = 0.26l_1 = 0.26 \times 12 = 3.12\text{m}$$

$$\alpha = \frac{q_1 l_1^2 - q_2 l_2^2}{2} = \frac{6.75 \times 12^2 - 5.0625 \times 4^2}{2} = 445.5$$

$$\beta = \frac{\alpha}{q_1} = \frac{445.5}{6.75} = 66$$

那么

$$\begin{aligned} f(x_0) &= 6.75 \times 3.12^4 - 2 \times 12 \times 6.75 \times 3.12^3 + (6.75 \times 3.12^2 - 2 \times 445.5) \\ &\quad \times 3.12^2 + 2 \times 445.5 \times 12 \times 3.12 + 66 \times (6.75 \times 66 - 2 \times 445.5) \\ &= -8358.23 \end{aligned}$$

$$\begin{aligned} f'(x_0) &= 4 \times 6.75 \times 3.12^3 - 6 \times 12 \times 6.75 \times 3.12^2 + 2 \times \\ &\quad (6.75 \times 12^2 - 2 \times 445.5) \times 3.12 + 2 \times 445.5 \times 12 \\ &= 7286.55 \end{aligned}$$

$$h_1 = -\frac{f(x_0)}{f'(x_0)} = -\frac{-8358.23}{7286.55} = 1.147 \approx 1.15\text{m}$$

$$x = x_0 + h_1 = 3.12 + 1.15 = 4.27\text{m}$$

$$M_A = \frac{q_1 x^2}{2} = \frac{6.75 \times 4.27^2}{2} = 61.54\text{kN}\cdot\text{m}$$

$$M_B = \frac{q_2 l_2^2}{2} = \frac{5.0625 \times 4^2}{2} = 40.5\text{kN}\cdot\text{m}$$

$$R_A = \frac{[(1/2) \times 6.75 \times 12^2 - 40.5]}{12 - 3.12} = 45.09\text{kN}$$

$$y = \frac{\beta}{l_1 - x} - x = \frac{66}{12 - 4.27} - 4.27 = 4.27\text{m}$$

所以

$$\begin{aligned} M_{AB(\max)} &= R_A y - \left[\left(\frac{q_1}{2}\right)(x + y)^2\right] \\ &= 45.09 \times 4.27 - \left[\frac{6.75}{2} \times (4.27 + 4.27)^2\right] \\ &= 53.61\text{kN}\cdot\text{m} \end{aligned}$$

∵ $M_A < M_{AB}$，所以可以选用此吊点，距柱脚 4.27m 处。

裂缝宽度（抗裂度）验算：

由于下柱截面较大，配筋较多，可不进行裂缝宽度验算，主要对 B 点进行验算如下：

$$\sigma_s = \frac{KM_B}{0.87h_0A_s} = \frac{1.5\times40.5\times10^6}{0.87\times415\times628.32} \approx 267.8\text{N/mm}^2 < 300\text{N/mm}^2$$

满足抗裂度要求。

3. 两点绑扎起吊吊点位置计算（二）

变截面柱采用两点绑扎起吊，当一吊点不设在牛腿（变截面）处时，确定吊点位置，可分为“短臂”和“长臂”两种情况计算。

（1）短臂柱吊点位置计算

如图 6-41a，计算时，亦令 $M_A = M_B = M_C$，以确定吊点位置。

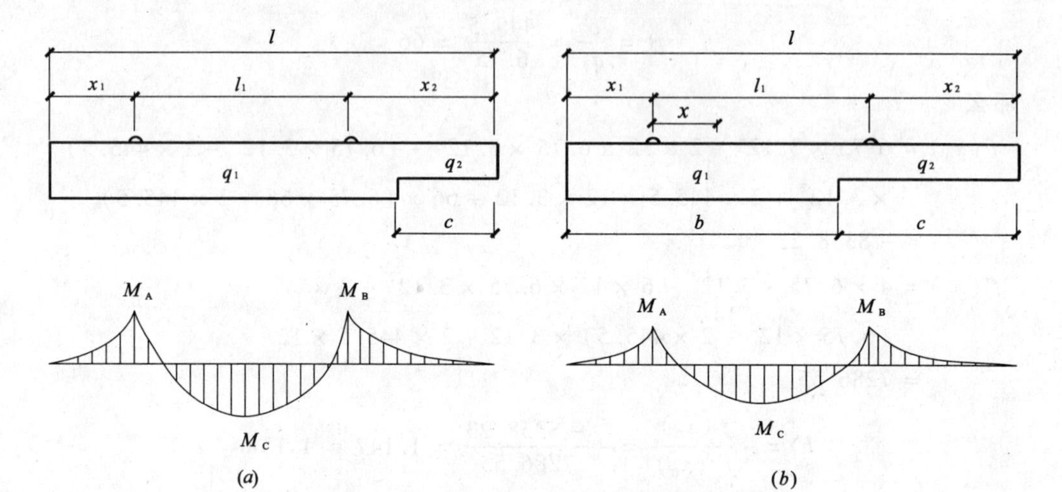

图 6-41　变截面柱采用两点起吊时受力计算简图
（a）短臂柱受力计算简图；（b）长臂柱受力计算简图

令
$$M_A = M_C$$

即
$$\frac{q_1x_1^2}{2} = \frac{q_1l_1^2}{8} - \frac{q_1x_1^2}{2}$$

得
$$l_1 = \sqrt{8}x_1 = 2.83x_1$$

再令
$$M_A = M_B$$

$$\frac{q_1x_1^2}{2} = \frac{q_1(x_2-c)^2}{2} + q_2c\left(x-\frac{c}{2}\right)$$

又
$$x_1 = \frac{l_2}{2.83} = \frac{l-x_1-x_2}{2.83}$$

得
$$x_1 = \frac{l-x_2}{3.83}$$

代入上式并化简得：

$$x_2^2 + (0.146l - 2.15c\beta)x_2 - (0.073l^2 - 1.07c^2\beta) = 0 \tag{6-112}$$

式中
$$\beta = 1 - \frac{q_2}{q_1}$$

解式（6-113）可得 x_2，再代入 $x=\frac{l-x_2}{3.83}$，可求得 x_1。

（2）长臂柱吊点位置计算

如图6-41b，由于吊环位于两个不同的截面上，故按承受正负弯矩等强设计，宜使各段的抗裂性能相同，即应使 $\frac{M}{\gamma W_0}$ 相等（γ 为截面抵抗矩的塑性系数）。

从图中知　$M_A=\frac{q_1x_1^2}{2}$；$M_B=\frac{q_2x_2^2}{2}$；$M_C=R_Ax-\frac{q_1(x+x_1)^2}{2}$

当 M_C 最大时　$\frac{dM_C}{dx}=0$　　$R_A=q_1(x+x_1)$

∴

$$x=\frac{R_A}{q_1}-x_1$$

以 x 代入 M_C 得：

$$M_C=\frac{R_A^2}{2q_1}-R_Ax_1$$

即

$$R_A^2-2q_1R_Ax_1-q_1^2x_1^2=0$$

解之得

$$R_A=2.41q_1x_1$$

从取 R 处的力矩平衡条件得：

$$R_Al_1=q_2l\left(\frac{l}{2}-x_2\right)+(q_1-q_2)b\left(l-\frac{b}{2}-x_2\right)$$

以 $R_Al_1=2.41q_1x_1(l-x_1-x_2)$ 代入

使

$$\frac{M_A}{\gamma_1W_{01}}=\frac{M_B}{\gamma_2W_{02}}$$

即

$$\frac{q_1x_1^2}{2\gamma_1W_{01}}=\frac{q_2x_2^2}{2\gamma_2W_{02}}$$

得

$$x_1=\sqrt{\frac{q_2\gamma_1W_{01}}{q_1\gamma_2W_{02}}}\times x_2$$

再令

$$\left.\begin{aligned}&\sqrt{\frac{q_2\gamma_1W_{01}}{q_1\gamma_2W_{02}}}=\varphi,\ 1+\varphi=\omega\\&\frac{q_2}{q_1}=\alpha,\ 1-\alpha=\beta\end{aligned}\right\}\tag{6-113}$$

于是

$$2.41q_1\varphi x_1(l-\omega x_2)=\frac{q_2l^2}{2}-q_2lx_2+(q_1-q_2)b\left(l-\frac{b}{2}\right)-(q_1-q_2)bx_2$$

整理得：

$$x_2^2-\left(\frac{l}{\omega}+\frac{\alpha l+\beta b}{2.41\varphi\omega}\right)x_2+\frac{\alpha l^2+\beta b(2l-b)}{4.28\varphi\omega}=0\tag{6-114}$$

用此式求得 x_2 后，按 $x_1=\varphi x_2$，可求得 x_1。

变截面悬臂柱是属于“长臂”还是“短臂”可按下式判定：

$$c'=\frac{1}{1+3.82\sqrt{\frac{q_2}{q_1}}}\cdot l\tag{6-115}$$

当 $c < c'$ 或 $c < 0.21l$　　　　　　　　属短臂

当 $c > c'$　　　　　　　　　　　　　　　属长臂

【例 6-22】 已知某单层工业厂房，柱长为 14.5m，悬臂 $c = 3.0\text{m}$，$q_1 = 6.5\text{kN/mm}$，$q_2 = 3.5\text{kN/mm}$，试确定该柱的吊点位置。

【解】 由题可知，$l = 14.5\text{m}$，$c = 3.0\text{m}$，$\beta = 1 - \dfrac{3.5}{6.5} = 0.462$

由式（6-115）知 $c' = \dfrac{1}{1 + 3.82\sqrt{\dfrac{q_2}{q_1}}} \cdot l = \dfrac{1}{1 + 3.82 \times \sqrt{0.462}} \times 14.5 = 4.03 > c$，故属短臂。

由式（6-112）可得：

$$x_2^2 + (0.146 \times 14.5 - 2.15 \times 3.0 \times 0.462)x_2 - (0.073 \times 14.5^2 - 1.07 \times 3.0^2 \times 0.462) = 0$$

化简得：

$$x_2^2 - 0.8629x_2 - 10.89919 = 0$$

解上式得

$$x_2 = 3.76\text{m}$$

$$x_1 = \frac{l - x_2}{3.83} = \frac{14.5 - 3.76}{3.83} = 2.80\text{m}$$

【例 6-23】 已知某单层工业厂房，柱长为 18m，悬臂 $c = 5.5\text{m}$，吊绳与柱身成 60°，柱宽 600mm，配筋上下均为 6 ⌀22，钢筋保护层厚度为 35mm，几何尺寸见图 6-42，试确定该柱的吊点位置。

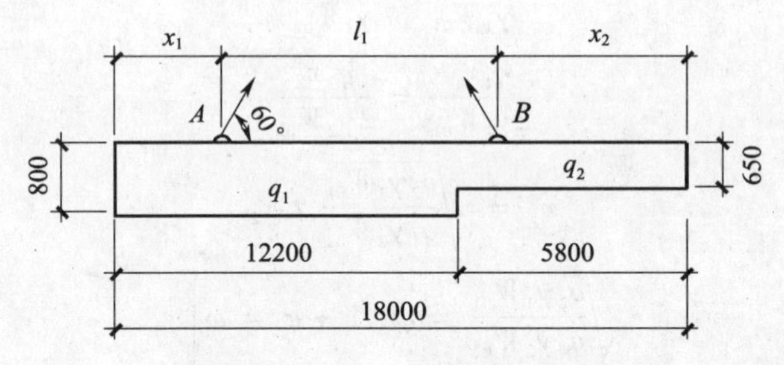

图 6-42　变截面柱实例计算简图

【解】 由题意，可知 $q_1 = 0.8 \times 0.6 \times 25000 = 12000\text{N/m} = 12\text{kN/m}$，$q_2 = 0.65 \times 0.6 \times 25000 = 9750\text{N/m} = 9.75\text{kN/m}$

由式（6-115）可知：

$$c' = \frac{1}{1 + 3.82\sqrt{\dfrac{q_2}{q_1}}} \cdot l = \frac{1}{1 + 3.82 \times \sqrt{\dfrac{9.75}{12}}} \times 18 = 4.05\text{m} < c = 5.8\text{m}，故属长臂。$$

又　$\dfrac{q_1}{q_2} = \dfrac{6.5}{8}$；$\gamma_1 = \gamma_2$；$\dfrac{W_{01}}{W_{02}} = \dfrac{8^2}{6.5^2}$

故 $\varphi = \sqrt{\dfrac{8}{6.5}} = 1.109$，$\omega = 1 + 1.109 = 2.109$

$$\alpha = \frac{6.5}{8} = 0.8125, \beta = 1 - 0.8125 = 0.1875$$

求式（6-114）中的各项系数：

$$\frac{l}{\omega} + \frac{\alpha l + \beta b}{2.41\varphi\omega} = \frac{18}{2.109} + \frac{0.8125 \times 18 + 0.1875 \times 12.2}{2.41 \times 1.109 \times 2.109} = 11.54$$

$$\frac{\alpha l^2 + \beta b(2l - b)}{4.28\varphi\omega} = \frac{0.8125 \times 18^2 + 0.1875 \times 12.2 \times (2 \times 18 - 12.2)}{4.28 \times 1.109 \times 2.109} = 31.7$$

代入式（6-114）得　$x_2^2 - 11.54x_2 + 31.7 = 0$

解之得　$x_2 = 7.0\text{m} > 5.5\text{m}$（舍去）或 $x_2 = 4.5\text{m}$

又　$x_1 = \varphi x_2 = 1.109 \times 4.5 = 4.99\text{m}$

由于吊绳与柱身成60°角，尚应求产生的附加弯矩 M'_C

在 A 点　$R_A = 2.41q_1x_1 = 2.41 \times 12 \times 4.99 = 144.31\text{kN}$

$$M'_C = R_A \cot\alpha\left(y_s - \frac{W_0}{A_0}\right) = 144.31 \times \cot 60° \times \left(0.4 - \frac{0.8}{6}\right) = 22.22\text{kN} \cdot \text{m}$$

$$M_C = M_A = \frac{12 \times 4.99^2}{2} = 149.4\text{kN} \cdot \text{m}$$

小截面抗裂度验算：

$$A_s = A'_s = 2281\ \text{mm}^2, a_s = a'_s = 35\text{mm}, n = \frac{E_s}{E_c} = \frac{2.0 \times 10^5}{2.6 \times 10^4} = 7.69$$

那么 $I_0 = \dfrac{60 \times 65^3}{12} + 2 \times 7.69 \times 22.81 \times (32.5 - 3.5)^2 = 1668162.77\text{cm}^4$

$$W_0 = \frac{I_0}{h/2} = \frac{1668162.77}{32.5} = 51328\ \text{cm}^3$$

考虑动力系数为1.3，可得：

$$M_B = \frac{q_2 x_2^2}{2} \times 1.3 = \frac{9.75 \times 4.5^2}{2} \times 1.3 = 128.33\text{kN} \cdot \text{m}$$

$$\begin{aligned}\gamma f_{tk} W_0 &= 1.75 \times 1.78 \times 10^6 \times 51328 \times 10^{-6} \\ &= 159886.72\text{N} \cdot \text{m} \\ &\approx 159.89\text{kN} \cdot \text{m} > M_B\end{aligned}$$

满足要求。

大截面抗裂度验算：

吊点 A 处不需再验算，因 $M_A \approx M_B$，且截面强于 B 处。

C 处最大负弯矩为：$M_C + M'_C = 149.4 + 22.22 = 171.62\text{kN} \cdot \text{m}$

又　$I_0 = \dfrac{60 \times 80^3}{12} + 2 \times 7.69 \times 22.81 \times (40 - 3.5)^2 = 3027377.01\text{cm}^4$

$$W_0 = \frac{I_0}{h/2} = \frac{3027377.01}{40} = 75684\text{cm}^3$$

$$M = 1.3 \times 171.62 = 223.11\text{kN} \cdot \text{m}$$

$$\gamma f_{tk} W_0 = 1.75 \times 1.78 \times 75684 = 235755.66\text{N} \cdot \text{m}$$
$$\approx 235.76\text{kN} \cdot \text{m} > M$$

故，可取吊点为距柱底5.0m和距柱顶4.5m处。

6.6 柱子吊装裂缝宽度验算

柱子绑扎起吊吊点位置确定后，对配筋较少、长度较长、刚度较差的细长柱，往往还应进行裂缝宽度验算。

柱子吊装时裂缝宽度的验算，可用以下公式计算柱内纵向受拉钢筋的应力，并由此近似判断其是否满足裂缝宽度要求：

$$\sigma_{sk} = \frac{M_k}{0.87 A_s h_0} \tag{6-116}$$

式中 σ_{sk}——按荷载效应的标准组合计算的柱内纵向受拉钢筋的应力（N/mm^2）；

M_k——按荷载效应的标准组合计算的弯矩（N·m）；

h_0——柱截面计算高度（mm）；

A_s——受拉区钢筋截面面积（mm^2）。

按式（6-116）计算的钢筋应力 σ_{sk}，如果小于或等于160N/mm^2（光面钢筋）或200N/mm^2（变形钢筋）时，可认为满足裂缝宽度要求，否则，应按《混凝土结构设计规范》（GB 50010—2002）裂缝宽度公式进行精确验算。

$$\omega_{max} = \alpha_{cr} \psi \frac{\sigma_{sk}}{E_s}\left(1.9c + 0.08\frac{d_{eq}}{\rho_{te}}\right) \tag{6-117}$$

其中

$$\psi = 1.1 - 0.65\frac{f_{tk}}{\rho_{te}\sigma_{sk}}$$

$$d_{eq} = \frac{\sum n_i d_i^2}{\sum n_i v_i d_i}$$

$$\rho_{te} = \frac{A_s}{A_{te}}$$

式中 ω_{max}——构件按荷载效应的标准组合并考虑长期作用影响计算的最大裂缝宽度，以mm计；

α_{cr}——构件受力特征系数，按表6-27选用；

ψ——裂缝间纵向受拉钢筋应变不均匀系数，$0.2 \leqslant \psi \leqslant 1.0$；

σ_{sk}——按荷载效应的标准组合计算的柱内纵向受拉钢筋的应力（N/mm^2）；

E_s——钢筋弹性模量（N/mm^2）；

c——最外层纵向受拉钢筋外边缘至受拉区底边的距离（mm），$20 \leqslant c \leqslant 65$；

ρ_{te}——按有效受拉混凝土截面面积计算的纵向受拉钢筋配筋率，$\rho_{te} \geqslant 0.01$；

A_{te}——有效受拉混凝土截面面积：对轴心受拉构件，取构件截面面积；对受弯、偏心受压和偏心受拉构取，此处 $A_{te} = 0.5bh + (b_f - b)h_f$，此处 b_f、h_f 为受拉翼缘的宽度、高度；

A_s——受拉区纵向钢筋截面面积（mm^2）；

f_{tk}——混凝土轴心抗拉强度标准值（N/mm^2）；

d_{eq}——受拉区纵向钢筋的等效直径（mm）；

d_i——受拉区第 i 种纵向钢筋的公称直径（mm）；

n_i——受拉区第 i 种纵向钢筋的根数；

υ_i——受拉区第 i 种纵向钢筋的相对粘结特性系数，光圆钢筋 $\upsilon_i=0.7$，带肋钢筋 $\upsilon_i=1.0$。

构件受力特征系数 表6-27

类　型	α_{cr}	
	钢筋混凝土构件	预应力混凝土构件
受弯、偏心受压	2.1	1.7
偏心受拉	2.4	—
轴心受拉	2.7	2.2

【例6-24】 某单层工业厂房矩形混凝土柱，采用两点绑扎起吊，已知吊点中部控制弯矩 $M_C=128kN\cdot m$，柱的计算高度为 $h=750mm$，配筋为4⌀22，试问该柱吊装时是否满足抗裂度要求。

【解】 由式（6-116）可得：

$$\sigma_{sk}=\frac{M_k}{0.87A_sh_0}=\frac{128\times10^6}{0.87\times1520\times750}=129.1N/mm^2<200N/mm^2$$

故裂缝宽度满足要求。

【例6-25】 某单层工业厂房工字形混凝土柱，截面几何尺寸见图6-43，采用两点绑扎起吊，已知吊点中部控制弯矩 $M_{con}=180kN\cdot m$，柱的计算高度为 $h=665mm$，采用C30混凝土，配筋为4⌀20，试问该柱吊装时是否满足抗裂度要求。

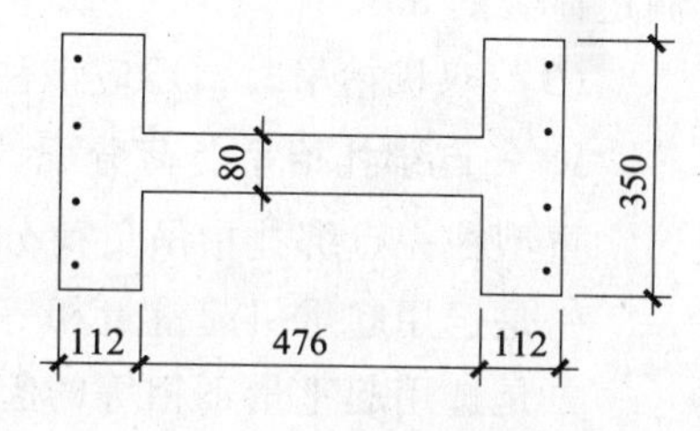

图6-43 工字形柱截面简图

【解】 由式（6-116）可得：

$$\sigma_{sk}=\frac{M_k}{0.87A_sh_0}=\frac{180\times10^6}{0.87\times1256\times665}=247.7N/mm^2>200N/mm^2$$

不满足抗裂度要求，因此改用裂缝宽度计算公式（6-117）进行精确验算。

由图可知，$b_f=350mm$，$h_f=112mm$，$f_{tk}=2.0N/mm^2$，$E_s=2.0\times10^5N/mm^2$，$c=35mm$，$\alpha_{cr}=2.1$，$\upsilon=1.0$

又 $A_{te}=0.5bh+(b_f-b)\ h_f$

$=0.5\times350\times700+(350-350)\times112$

$=12.25\times10^4mm^2$

$$\rho_{te}=\frac{A_s}{A_s'}=\frac{1256}{12.25\times10^4}=0.01025$$

$$\psi = 1.1 - 0.65\frac{f_{tk}}{\rho_{te}\sigma_{sk}} = 1.1 - 0.65 \times \frac{2.0}{0.01025 \times 247.7} = 0.59$$

裂缝宽度由式（6-127）得：

$$\begin{aligned}\omega_{max} &= \alpha_{cr}\psi\frac{\sigma_{sk}}{E_s}\left(1.9c + 0.08\frac{d_{eq}}{\rho_{te}}\right)\\ &= 2.1 \times 0.59 \times \frac{247.7}{2.0 \times 10^5}\left(1.9 \times 35 + 0.08 \times \frac{20 \times 0.7}{0.01025}\right)\\ &= 0.27\text{mm}\end{aligned}$$

计算出的裂缝宽度 $\omega_{max} < 0.30$mm，故抗裂度满足要求。

6.7 重型柱吊装工艺

重型柱采用双机抬吊时，要考虑荷载的合理分配，以避免造成起重机因负荷不均，或吊点不均衡而失稳。

6.7.1 重型柱双机抬吊工艺

在单层工业厂房结构吊装施工中，对于重型柱常采用两台或多台起重量相对较少的起重机进行联合抬吊作业，往往更加经济、合理。其绑扎位置应考虑：

（1）柱子抗弯能力必须能够承受吊装中产生的荷载；

（2）双机或多机抬吊柱子时，要考虑荷载的分配。每台起重机承担的重量不能超过额定荷载的80%；

（3）双机抬吊时，还应该注意选择在起落钩、回转速度等性能基本接近的起重机。

1. 一点绑扎抬吊负荷分配计算

重型柱一点绑扎抬吊负荷分配有两种情况：

一是选用起重机起重量相等，此时可用等分的方法分配荷载。

二是选用起重量不相等的起重机，其荷载分配采用增加垫木厚度以平衡起重量。双机抬吊一点绑扎荷载分配计算见表6-28。

双机一点抬吊时（图6-44），柱吊直并离开地面后起重机的负荷最大，两台起重机的荷载分配为：

$$P_1 = KG\frac{a_2 + 0.5b}{a_1 + a_2 + b} \tag{6-118}$$

$$P_2 = KG\frac{a_1 + 0.5b}{a_1 + a_2 + b} \tag{6-119}$$

式中 G——柱子的重力

K——双机抬吊可能引起的超负荷系数，一般取$K = 1.25$；

其他符号意义同前。

双机抬吊柱子负荷分配表　　　**表 6-28**

类别		计算简图	计算式
起重机起重量	相等	P_1　P_2　$b/2$　$b/2$　Q	$P_1 \cdot \frac{b}{2} = P_2 \cdot \frac{b}{2}$
	不相等	P_1　P_2　a_1　$b/2$　$b/2$　a_2　Q	增加板厚： $a_2 = \frac{P_1 a_1 + \frac{b}{2}(P_1 - P_2)}{P_2}$

表中　P_1——第一台主起重机负荷（kN）；

P_2——第二台副起重机负荷（kN）；

b——柱的厚度（m）；

a_1、a_2——主、副机侧垫木厚度。

【例 6-26】　某厂房重型柱的重力为150kN，采用双机一点绑扎起吊，绑扎点离柱重心位置为 $a_1 + b = 0.58\text{m}$，$a_2 + b = 0.66\text{m}$，试求主、副机各承担的荷载。

【解】　由式（6-118）和式（6-119）可得荷载分配为：

$$P_1 = KG\frac{a_2 + 0.5b}{a_1 + a_2 + b} = 1.25 \times 150 \times \frac{0.66}{0.58 + 0.66} = 99.8\text{kN}$$

$$P_2 = KG\frac{a_1 + 0.5b}{a_1 + a_2 + b} = 1.25 \times 150 \times \frac{0.58}{0.58 + 0.66} = 87.7\text{kN}$$

所以，主机承担的荷载为99.8kN，副机承担的荷载为87.7kN。

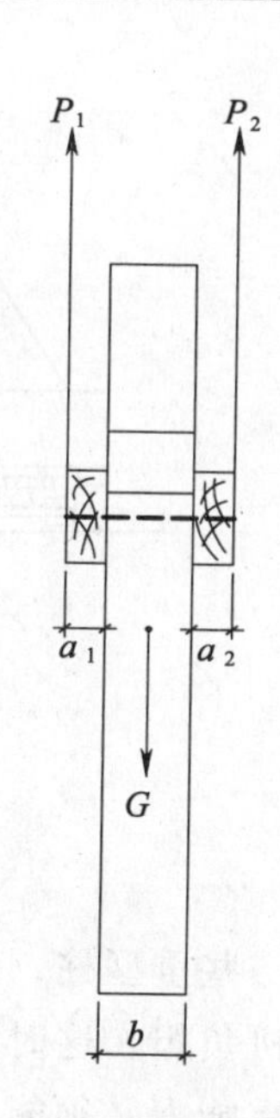

图 6-44　柱双机抬吊一点绑扎负荷分配计算简图

2. 两点绑扎抬吊荷载分配计算

两点抬吊，是用两台起重机分别钩扎在柱身的两个不同位置进行抬吊。通常一台起重机钩扎在上吊点（近牛腿处），另一台起重机钩扎在下吊点（近柱脚）。两点抬吊重型柱时，可采用双机并立相对旋转法吊装（如图6-45）。两点抬吊，两台起重机的负荷分配，应按平卧吊升时（图6-45*b*）及柱吊直后（图6-45*d*）的情况，分别进行计算，以选择适当的起重机。对起重机的开行路线、停机位置，都要事先规划确定。

吊装时，两台起重机同时升钩将柱吊离地面，其距离不小于 $D+300\text{mm}$（图6-45*b*），D 为下吊点至柱脚的距离。但也不要离地面太高。经检查无误后，上吊点的起重机继续升钩，并适当转向基础；下吊点的起重机不升钩，但适当旋转，配合上吊点的起重机将柱吊至基础上方（如图6-45*c*）。柱转为直立后，在统一指挥下，起重机降钩，将柱脚插入杯口。经对位、临时固定、校正后将柱最后固定。

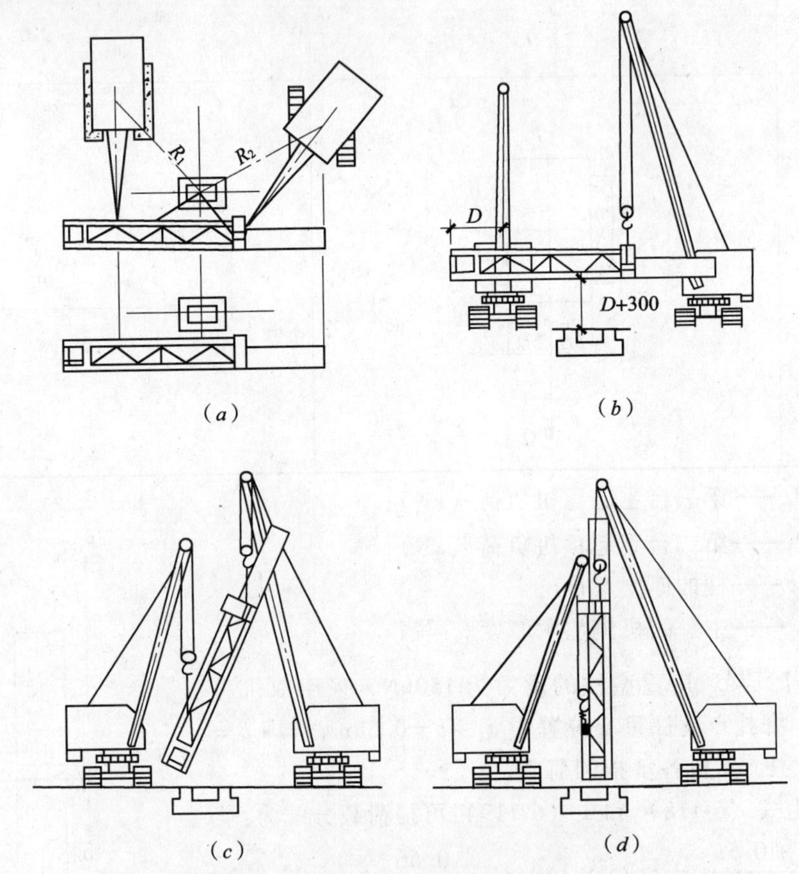

图6-45　两点抬吊吊装重型柱

（*a*）柱的平面布置及起重机就位图；（*b*）两机同时将柱吊升

（*c*）两机协调旋转，并将柱吊直；（*d*）将柱插入杯口

对一些重型柱，有时开始也用两台起重机抬吊；但当柱直立后，荷载就完全由上吊点的起重机负担，这时下吊点的起重机只起配合作用，或干脆摘钩。因此，所选上吊点起重机的起重能力必须能单独完成柱的吊装。

采用双机抬吊，必须注意两台起重机的统一指挥，相互配合，协调动作和安全措施。

两点抬吊荷载分配：一般确定主机的负荷值和绑扎点位置，然后按力的平衡条件求出副机的负荷值，再根据力矩平衡条件求副机的绑扎点位置。两点绑扎抬吊荷载分配要考虑两种情况：一是起吊时情况；一是柱子被立直后的情况。

柱起吊时的负荷分配如图6-46所示。设柱重为W，则由力的平衡条件得：

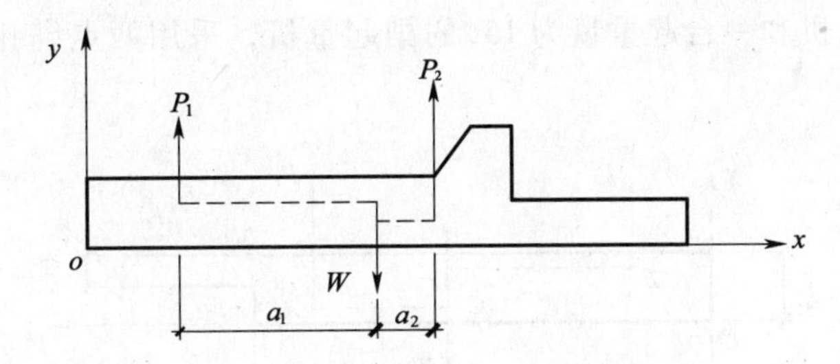

图6-46　柱两点绑扎起吊时的荷载分配

$$P_2 = W - P_1 \quad (6\text{-}120)$$

由$\sum M_C = 0$得

$$P_1 \cdot a_1 = P_2 \cdot a_2 \quad \therefore \quad a_2 = \frac{P_1 a_1}{P_2} \quad (6\text{-}121)$$

又柱立直时荷载分配如图6-47所示，则由力矩平衡条件$\sum M_C = 0$可得：

$$P_1 \cdot b_1 = P_2 \cdot b_2 \quad \therefore \quad b_2 = \frac{P_1 b_1}{P_2} \quad (6\text{-}122)$$

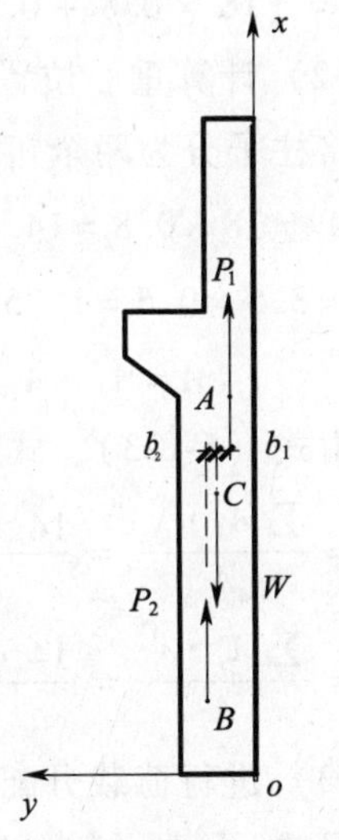

图6-47　柱两点绑扎立直时的荷载分配

计算P_1、P_2负荷分配时，亦应乘以可能引起的超负荷系数K。

式中　P_1——第一台主起重机负荷（kN）；

P_2——第一台主起重机负荷（kN）；

a_1、a_2——分别为P_1和P_2至柱重心C的距离（m）；

b_1、b_2——分别为P_1和P_2至柱重心C的距离（m）。

计算时，应先求出柱的重心位置，其计算式如下：

$$x_c = \frac{\sum A_i \cdot x_i}{A} \quad (6\text{-}123)$$

$$y_c = \frac{\sum A_i y_i}{A} \quad (6\text{-}124)$$

式中　x_c、y_c——柱子形心C的x坐标和y坐标（m）；

$\sum A_i \cdot x_i$——柱子各简单图面积与其形心的x坐标乘机之和（m^3），即$\sum A_i \cdot x_i = A_1 \cdot x_1 + A_2 \cdot x_2 + A_3 \cdot x_3 + \cdots$；

$\sum A_i \cdot y_i$——柱子各简单图面积与其形心的y坐标乘积之和（m^3），即$\sum A_i \cdot y_i = A_1 \cdot y_1 + A_2 \cdot y_2 + A_3 \cdot y_3 + \cdots$；

A_1、A_2、A_3——各简单图形的面积（m^2）；

x_1、x_2、x_3——各简单图形形心的 x 坐标（m）；

y_1、y_2、y_3——各简单图形形心的 y 坐标（m）；

A——柱子的总面积（m^2），即 $A = A_1 + A_2 + A_3 + \cdots$。

【例 6-27】 某装配式厂房钢筋混凝土柱，其外形尺寸见图 6-48 所示，现拟用一台起重量为 20t 的主起动机和一台起重量为 15t 的副起重机，采用两点绑扎双机抬吊，试对该柱的吊装进行设计。

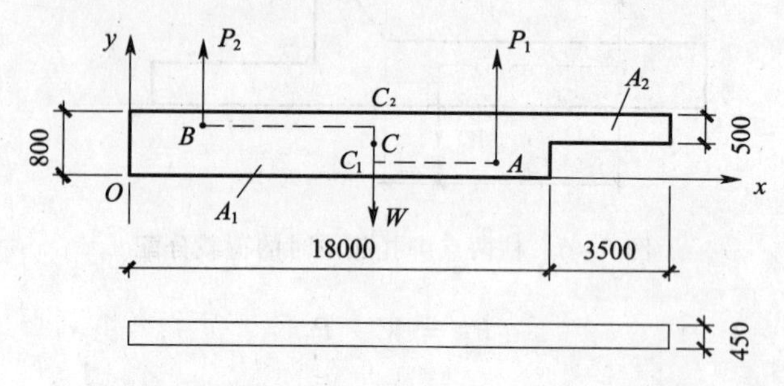

图 6-48 双机抬吊负荷和绑扎点位置计算简图

【解】（1）计算柱子的重力 W

$$W_1 = (18 \times 0.8 + 0.5 \times 3.5) \times 0.45 \times 25 = 181.69\text{kN}$$

（2）计算重心位置 C（x_c、y_c）

将柱子分为两个矩形 A_1、A_2，其面积分别为：

$A_1 = 18 \times 0.8 = 14.4\text{m}^2$， $x_1 = 9.0\text{m}$， $y_1 = 0.4\text{m}$

$A_2 = 3.5 \times 0.5 = 1.75\text{m}^2$， $x_2 = 19.75\text{m}$， $y_2 = 0.55\text{m}$

$$A = A_1 + A_2 = 14.4 + 1.75 = 16.15\text{m}^2$$

由式（6-123）、式（6-124）可得该柱的重心为：

$$x_c = \frac{\sum A_i \cdot x_i}{A} = \frac{14.4 \times 9.0 + 1.75 \times 19.75}{16.15} = 10.17\text{m}$$

$$y_c = \frac{\sum A_i \cdot y_i}{A} = \frac{14.4 \times 0.4 + 1.75 \times 0.55}{16.15} = 0.42\text{m}$$

（3）进行荷载分配

因柱子重力为 181.69kN，考虑超负荷系数，则 $181.69 \times 1.25 = 227.11\text{kN}$，主机起重力为 200kN，故两机将柱子直立后均不能卸钩，而两机实际荷载均不宜大于各机容许负荷的 80%，即

$$P_1 \leqslant 0.8 \times 20 \times 10 = 160\text{kN}，P_2 \leqslant 0.8 \times 15 \times 10 = 120\text{kN}$$

现取 $P_1 = 130\text{kN}$，$P_2 = 227.11 - 130 = 97.11\text{kN}$

（4）确定绑扎点位置

1）起吊时在 x 轴方向的绑扎点位置计算

计算简图见图 6-49，令主机 P_1 在 x 轴方向的绑扎点位

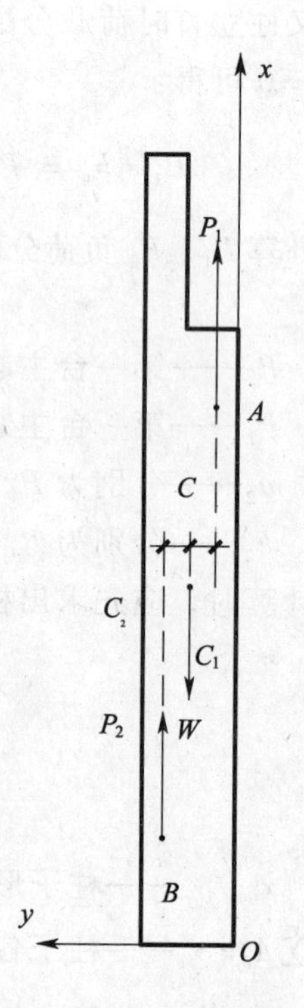

图 6-49 双机两点绑扎抬吊直立后在 y 轴方向的绑扎点位置示意图

置为距柱顶下4.5m处（A点），即$x_A=21.5-4.5=17m$，$AC_1=18-1-10.17=6.83m$

再令副机P_2在x轴方向的绑扎点位置为B点，由$\sum M_C=0$得：

$$P_1\times AC_1=P_2\times BC_2$$

则
$$BC_2=\frac{P_1\times AC_1}{P_2}=\frac{130\times 6.83}{97.11}=9.14m$$

B点至柱脚的距离为：$x_C-BC_2=10.17-9.14=1.03m$

2）柱直立后在y轴方向的绑扎点位置计算如图6-49所示

令$CC_2=0.48m$，即B点的y坐标为：$0.42+0.48=0.9m$，由$\sum M_C=0$得：

$$P_1\times CC_1=P_2\times CC_2$$

则
$$CC_1=\frac{P_2\times CC_2}{P_1}=\frac{97.11\times 0.48}{130}=0.36m$$

那么A点的坐标为：$y_A=0.42-0.36=0.07m$

由上计算可知：

主机负荷：$P_1=130kN$，绑扎点为A点，其坐标为$x_A=17m$，$y_A=0.07m$；

副机负荷：$P_2=97.11kN$，绑扎点为B点，其坐标为$x_B=1.03m$，$y_B=0.9m$；

6.7.2 重型柱分节吊装工艺

当厂房柱过重或过长，由于缺乏大型起重设备，而不可能整体吊装时，也可分节吊装。每节柱的自重，应按起重机的起重能力来确定。节数越少越好。节点构造由设计确定，但应考虑施工方便，拼接容易。重型柱分节位置通常采取在牛腿下方而接近牛腿处。节点构造多采用钢板装配式刚性节点。在受力假定上，有点传力节点和面传力节点两种形式（图6-50），其区别在于柱子轴向力的传递，前者是通过“定心垫板”来传递；后者是通过节点的全截面来传递。至于弯距的传递，则都依靠钢板与柱内主筋相焊接的办法来实现，其他型式节点构造、传力方式大体相同。

柱子可采取整根统长预制预留接口的方法。吊装前将钢筋切断，做成坡口。吊装时，先吊下节柱。下节柱的对位、校正均应力求准确。上节柱需在接头钢筋焊接后，能确保安全的情况下，起重机才可以松钩。在必要的情况下，可加缆绳作为临时固定。接头处用比较高一级强度等级的混凝土浇筑密实。

1. 内力分析计算

分节柱的节点一般都存在三种内力：即轴向力、弯距和横向剪力。单肢实心柱的内力可由厂房排架内力分析直接求得。双肢柱的内力可按下列公式推算（图6-51）

$$N_1、N_2=\frac{N}{2}\pm\frac{MS}{I} \tag{6-125}$$

$$M_1=M\frac{I_1}{I_2} \tag{6-126}$$

式中 N_1、N_2——每肢柱轴向力；

M_1——每肢柱弯距。

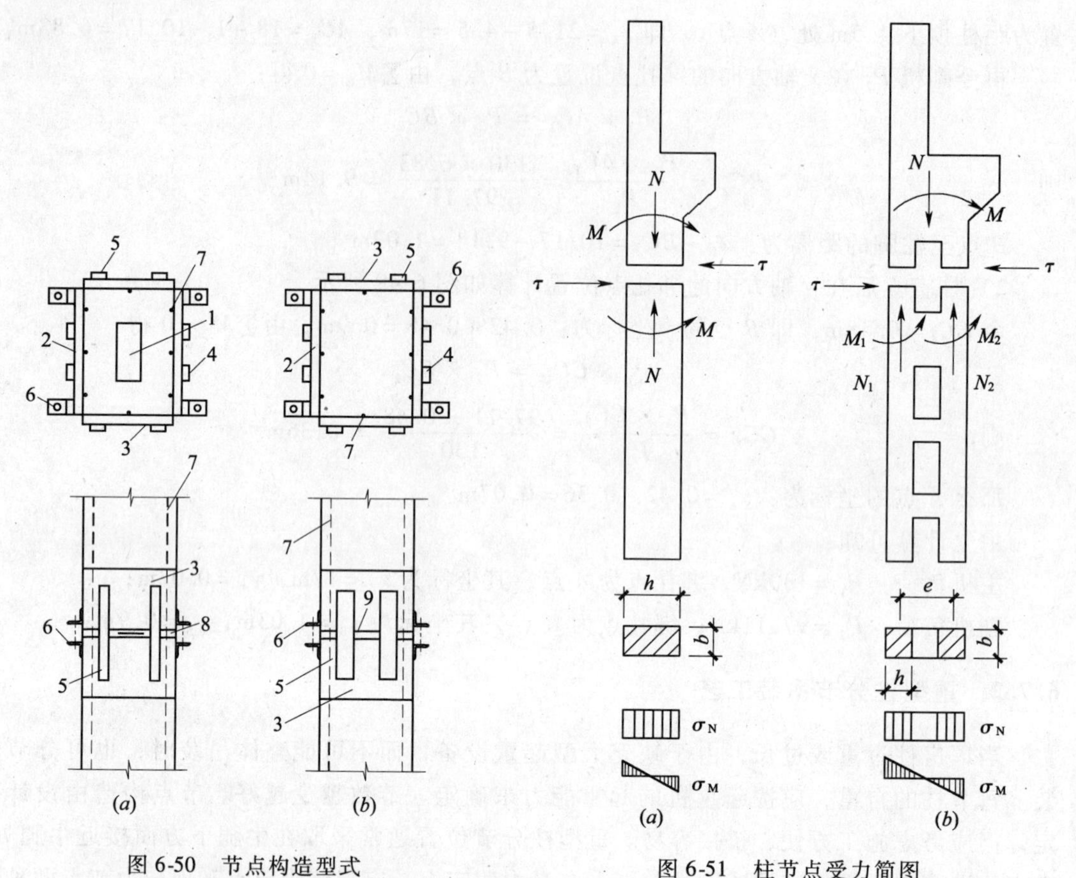

图 6-50　节点构造型式
（a）点传力节点；（b）面传力节点
1—定心垫板，上下两块；2、3—预埋钢板（钢帽）；
4、5—连接钢板；6—安装用角钢及螺栓；
7—柱内钢筋；8—低收缩性水泥砂浆填缝；
9—面垫板（固定于上节或下节）

图 6-51　柱节点受力简图
（a）单肢柱；（b）双肢柱

$$S = \frac{bhe}{2}; \quad I = 2I_1 + Se; \quad I_1 = \frac{bh^3}{12}$$

2. 节点验算

按以上求得节点的内力后，即可采用下列公式进行节点连接验算：

（1）轴向力的传递验算

面传递节点的传力与不分节柱子一样，一般可不验算。但在制作时，要求节点的上下两面接触严密，需要在起重一面（上节面或下节面）埋设一块与柱截面大小相等的垫板（厚度为 8 ~ 12mm）。节传力节点的轴向力全部由定心垫板承受，垫板厚度一般为 12 ~ 14mm，面积由混凝土的局部受压强度决定，可按下式计算：

$$A_{CT} = \frac{N}{mf_c\phi} \tag{6-127}$$

式中　N——柱子轴向力；

m——工作条件系数；

f_c——混凝土强度设计值；

ϕ——系数，$\phi = \sqrt{A/A_{CT}}$，一般控制在 1.5 ~ 2.0 之间；

其中　A——节点全部截面积。

根据施工要求，定心垫板的边长，以取柱截面边长的 1/3 ~ 1/2 为宜。

（2）弯距传递验算

面传力节点与点传力节点对弯距的传递，都依靠柱侧产钢板（即钢帽）与柱内钢筋相焊接的办法来实现，可用下列方法之一验算：

1）按实际内力计算：根据柱子实际弯距来计算连接板截面和焊缝。节点连接板的总受力或钢帽与柱内钢筋连接焊缝的总受力（图 6-52*a*）可用下式求得：

$$T = \frac{M_1}{h_1} \tag{6-128}$$

式中　M_1——柱子节点处的弯距；

h_1——两侧连接板（或焊缝）的距离。

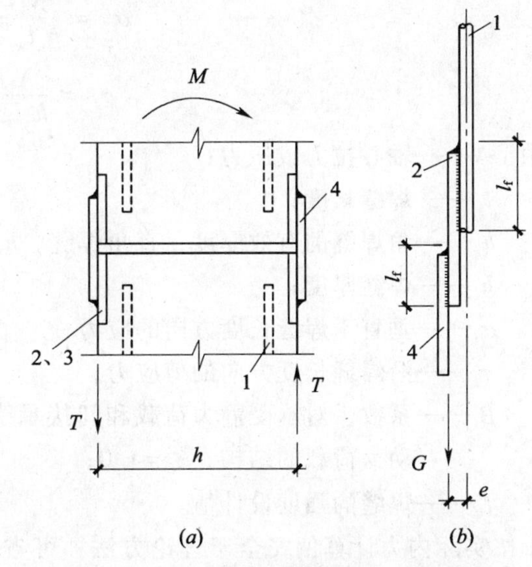

图 6-52　节点连接的受力情况与焊缝情况

（*a*）节点连接的受力情况；

（*b*）连接板与预埋板的焊缝情况

1—钢筋；2、3—预埋板；4—连接板

2）按等强度换算：要求节点连接板的强度或焊缝的强度均不小于柱内配筋强度。

① 柱内主筋与 2 号预埋板（由构造决定，厚度应不小于 12mm）的连接焊缝长度：

$$l_f = \frac{1.3A_s f_y}{2 \times 0.7 h_f f_f^w} \tag{6-129}$$

式中　A_s——钢筋截面积；

f_y——钢筋的强度设计值；

f_y^w——贴角焊缝的强度设计值；

h_f——焊缝贴角厚度一般取钢筋直径的 1/3 ~ 1/2。

按上式求得的焊缝长度，应满足下式要求：

$$l_f \geqslant 5d \text{（双侧焊缝）}$$

式中　d——钢筋直径。

②4 号连接板。根据选择的块数和宽度，按下式计算需要厚度 d：

$$d = \frac{1.3A_s f_y}{nbf} \tag{6-130}$$

式中　n——连接板块数；

b——连接板宽度；

f——连接钢板的强度设计值。

按构造要求，其厚度不应小于14mm。

3）4号连接板与2号预埋板的焊缝应满足下式要求：

$$\sqrt{\left(\frac{\sigma_f}{\beta_f}\right)^2+\tau_f^2}\leqslant f_f^w \tag{6-131}$$

$$\sigma_f=\frac{N}{h_e l_w}\leqslant\beta_f f_f^w \tag{6-132}$$

$$\tau_f=\frac{N}{h_e l_w}\leqslant f_f^w \tag{6-133}$$

式中 N——轴心拉力或压力；

l_w——焊缝长度；

h_e——角焊缝的有效厚度，直角焊缝，$h_e=0.7h_f$；

h_f——焊缝厚度；

σ_f——垂直于焊缝长度方向的应力；

τ_f——沿焊缝长度方向的剪应力；

β_f——系数，对承受静力荷载和间接承受动力荷载的结构，$\beta_f=1.22$；对直接承受动力荷载的结构，$\beta_f=1.0$；

f_f^w——焊缝的强度设计值。

按实际内力计算偏安全于理论方法，可省一些钢材。实际多采用按等强度换算的方法，计算简单，保证安全，偏于实际应用。

（3）横向剪力的传递验算

柱子的横向力由节点的长边预埋板3及连接板5来传递，但一般厂房柱子的横向力均很小，按构造要求决定，不必进行验算。3号预埋板厚度一般不小于12mm，应与柱体内钢筋焊接。5号连接板厚度应不小于12mm。

【例6-28】 某厂房大型钢筋混凝土双肢柱，拟采用分节吊装，传力节点及具体尺寸如图6-53所示，试进行节点验算。

【解】（1）轴向力

因采用面传力节点，故轴向力可不予验算。

（2）弯矩按等强度验算

1）主筋与2号钢板连接焊缝，h_f 取为10mm，则由式（6-129）焊缝长度为：

$$l_f=\frac{1.3A_s f_y}{2\times0.7h_f f_f^w}=\frac{1.3\times210\times8.04\times10^2}{2\times0.7\times10\times160}=98\text{mm}$$

$$l_f=5\times32=160\text{mm}，实际采用180\text{mm}。$$

2）2号板由构造确定，采用 $\frac{300\times674}{16}$，其与主筋的连接采取错开施焊。

3）4号连接板选用200mm×500mm，每侧两块，由式（6-130）可得板的厚度为：

$$d=\frac{1.3A_s f_y}{nbf}=\frac{1.3\times(3\times804.3+2\times615.8)\times210}{2\times200\times215}=11.6\text{mm}$$

实际采用18mm。

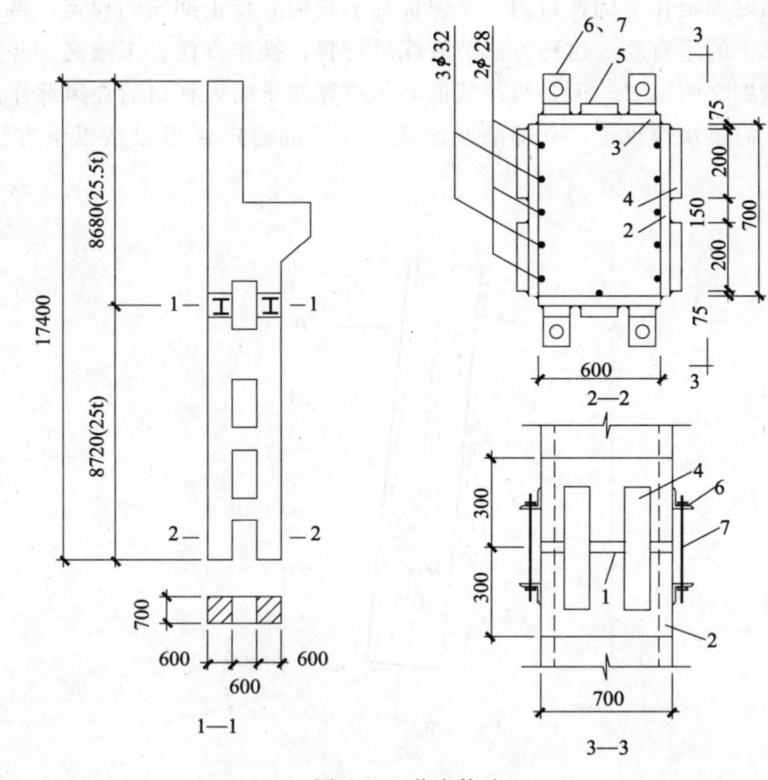

图 6-53　节点构造

1—面传力垫板；2、3—预埋板；4、5—连接板；6—角钢；7—安装用的螺栓

4）4 号连接板与 2 号板的焊缝

$$N = \sum A_s \cdot f_y = 3650 \times 210 = 766500\text{N}$$

$$h_e = 0.7h_f = 0.7 \times 18 = 12.6\text{mm}$$

$$l_w = 250\text{mm}, \quad \beta_f = 1.22$$

$$\therefore \quad \sigma_f = \frac{N}{h_e l_w n} = \frac{766500}{12.6 \times 250 \times 4} = 61\text{N/mm}^2 < f_f^w = 1.22 \times 160\text{N/mm}^2$$

$$\therefore \ \tau_f = \frac{N}{h_e l_w n} = \frac{766500}{12.6 \times 250 \times 4} = 61\text{N/mm}^2 < f_f^w = 1.22 \times 160\text{N/mm}^2$$

$$\tau = \sqrt{\left(\frac{\sigma_f}{\beta_f}\right)^2 + \tau_f^2} = \sqrt{\left(\frac{61}{1.22}\right)^2 + 61^2} = 79\text{N/mm}^2 < f_f^w = 160\text{N/mm}^2$$

（3）横向剪力

因实际横向剪力很小，不作验算，采用 3 号预埋板（200mm × 580mm，$d = 12$mm）及 4 块 5 号连接板（300mm × 500mm，$d = 12$mm）承担。

6.8　柱子稳定性验算

多层厂房预制柱吊装，一般采用无风缆临时固定和校正柱子的方法。它是利用硬木或钢楔，将柱子临时固定在基础杯口内，来保证柱子脱钩后校正期间的稳定，再利用简单校正工具来校正柱子的垂直度。这种方法节省缆风材料，操作方便，工效高，并且不影响其他工序，可以做到文明施工。但是再吊装前必须核算柱子插入杯口后在风载作用下的稳定性，同时就位后需要快速校正，立即灌浆固定。柱子的稳定性可以按以下方法验算（图6-54）。

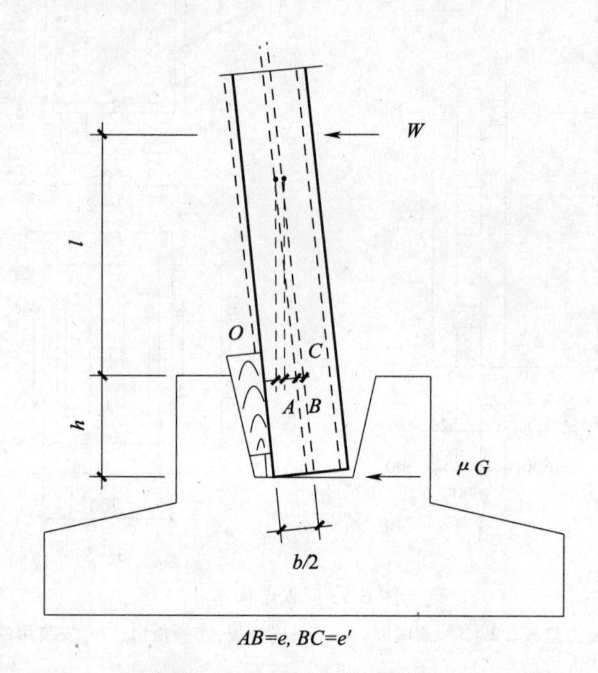

图 6-54　无风缆校正验算简图

柱子在风载 W 作用下产生的倾覆力矩 M_{ov}：

$$M_{ov} = W \cdot l \tag{6-134a}$$

柱子用木（或钢）锲临时固定，抵抗倾覆的力矩 M_r：

$$M_r = G\left(\frac{b}{2} - e - e'\right) + G\mu h \tag{6-134b}$$

抗倾覆稳定系数 K：

$$K = \frac{M_r}{M_{ov}} = \frac{G\left(\frac{b}{2} - e - e'\right) + G\mu h}{W \cdot l} \geqslant 1.25 \tag{6-135}$$

式中　G——柱子总重力；

b——柱子截面短边的宽度；

e——柱子校正前重心的偏心值；

e'——固定柱子的硬木锲变形引起的柱子中心偏心值；

μ——混凝土于混凝土之间的摩擦系数，$\mu = 0.6 \sim 0.7$；

l——柱子重心位置至杯口的距离；

h——杯口深度，$h \geqslant 600\text{mm}$；

W——总的风压，$W = w_0 S$

其中 w_0——基本风压，按《建筑结构荷载规范》取用，一般取 0.6～0.7kPa；

S——柱子截面长边的挡风面积。

当计算的 $K \geqslant 1.25$ 时，柱子可采用无缆风吊装校正，否则需要采取措施，保持柱子的稳定。

【例 6-29】 某钢筋混凝土厂房，采用矩形截面柱，柱长 18m，截面尺寸为 850mm × 1000mm，杯口深度 $h = 1.25$m，现采用无缆风绳校正方法，试验算其稳定性。

【解】 由题意，柱子的重力为：$G = 0.85 \times 1.0 \times 18 \times 25 = 382.5$kN

柱子校正前重心的偏心值及木楔变形引起的柱子中心偏心值取为 $e + e' = 120$mm，取 $\mu = 0.6$，$w_0 = 0.7$kPa，由式（6-135）可知：

$$K = \frac{G\left(\dfrac{b}{2} - e - e'\right) + G\mu h}{W \cdot l}$$

$$= \frac{382.5 \times \left(\dfrac{0.85}{2} - 0.12\right) + 382.5 \times 0.6 \times 1.25}{1.0 \times 1.0 \times 18 \times (9 - 1.25)}$$

$$= 2.89 \geqslant 1.25$$

故该柱可采用无缆风校正。

6.9　梁、板绑扎起吊位置及吊索内力计算

1. 梁、板起吊位置计算

等截面梁、板两点起吊，可简化为双悬臂简支梁计算，受均布荷载 q 作用，最合理的吊点位置是使吊点处负弯矩与跨中正弯矩绝对值相等（图 6-55）。

即
$$M_A = M_B = M_C$$

而
$$M_A = M_B = \frac{qx^2}{2}$$

$$M_C = \frac{q(l - 2x)^2}{2} - \frac{qx^2}{2}$$

代入简化得：
$$x = 0.207l \tag{6-136}$$

即吊点位置在离构件一端 $0.207l$ 处。

以上计算是忽略吊绳水平分力对构件的影响，可作一般确定吊点的粗略计算。实际吊装构件，除采用吊架起吊外，一般起吊的吊索均与构件轴线成一定角度，在吊环（或绑扎）处存在水平力，造成两吊点间产生附加弯矩，因此计算的吊点应略往内移，以使此斜角加大，改善起吊条件。

两点起吊如考虑吊索水平力的影响，如图 6-56 所示。

设叠加后跨中增加弯矩值为 M'_C，则考虑到偏心力产生的弯矩，减去轴向压力引起的相应弯矩，当有如下关系：

$$M'_c = Ny_s - \frac{NW_0}{A_0} = Pc\tan\left(y_s - \frac{w_0}{A_0}\right) \tag{6-137}$$

式中 W_0——换算截面受拉边缘（下缘）的弹性抵抗矩；

A_0——换算截面面积。

考虑水平力的影响，则应使 $M_c + M'_c = M_A = M_B$，即

$$\frac{q(l-2x)^2}{8} - \frac{qx^2}{2} + \frac{ql^2}{2}c\tan\alpha\left(y_s - \frac{W_0}{A_0}\right) = \frac{qx^2}{2}$$

整理得：

$$x^2 - lx - l\left[c\tan\alpha\left(y_s - \frac{W_0}{A_0}\right) + \frac{l}{4}\right] = 0 \tag{6-138}$$

据此可以求得 x 值。

例如对于矩形截面：$y_s = \frac{h}{2}$，$\frac{W_0}{A_0} = \frac{h}{6}$（略去配筋影响）；若 $\alpha = 60^o$，$\frac{h}{l} = \frac{1}{20}$，则（6-138）式常数项应为 $-0.26l$，解得 $x = 0.214l$。

在实际应用中，可按式（6-136）求得的 x 值稍微加大，使 $x \approx 0.21l$ 或稍大一些的整数值。一般钢筋混凝土梁板构件，上部架立筋和负筋常小于下缘受力钢筋，吊环位置往往取略小于 $0.207l$，而在（1/5 ~ 1/6）附近。

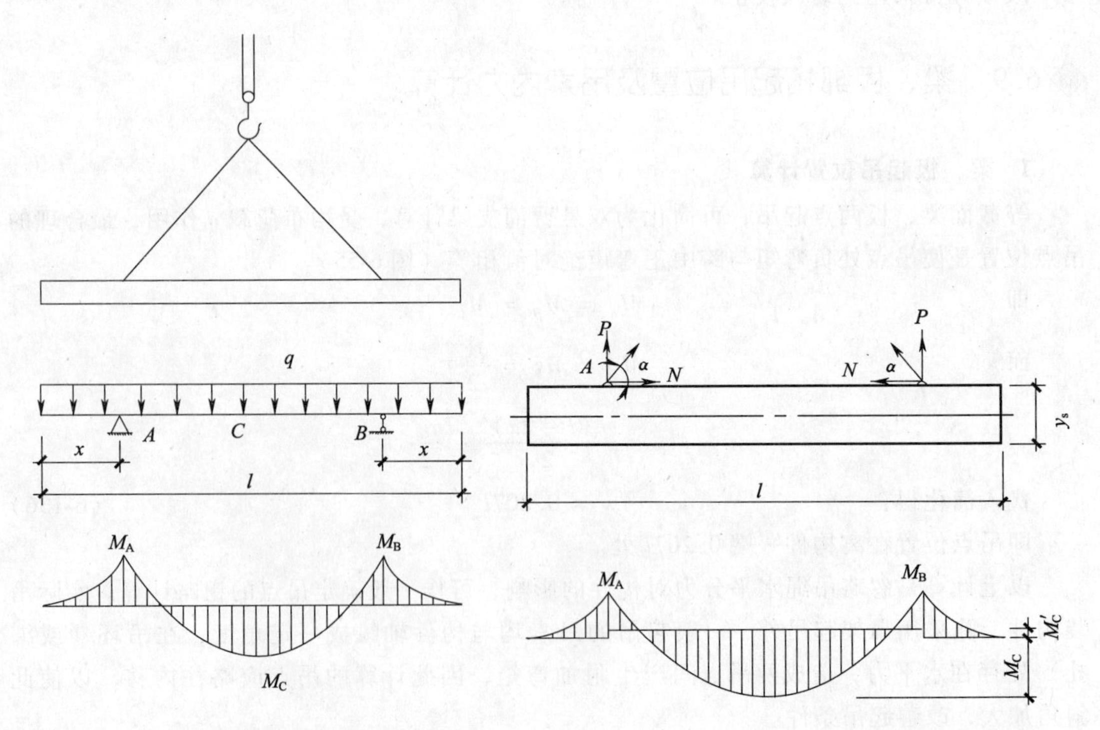

图 6-55 梁、板两点绑扎起吊受力计算简图　　图 6-56 两点起吊考虑绳水平力影响计算简图

【例 6-30】某工业厂房等截面矩形梁，梁长为 10m，截面尺寸为 650mm × 300mm（高 × 宽），拟采用两点起吊，吊绳与梁身成 60°角，忽略配筋影响，试计算吊点位置。

【解】（1）不考虑吊索水平力影响时：

$$x = 0.207l = 0.207 \times 10 = 2.07\text{m}$$

（2）考虑吊索的水平力影响时，由式（6-148）可得：

$$x^2 - 10x - 10 \times \left[\cot 60° \left(\frac{0.65}{2} - \frac{0.65}{6}\right) + \frac{10}{4}\right] = 0$$

化简得
$$x^2 - 10x - 26.25 = 0$$

解之得
$$x = 12.16\text{m}$$

2. 梁、板起吊吊索内力计算

标准的大型屋面板规格有 1.5m×6m、3m×6m 两种。屋面板的吊装，一般都采取两块板串吊，板与板之间距离不能小于 50cm，主要才能满足摘钩要求，如图 6-57*a*。

梁、板起吊吊索的内力，根据所吊构件的重量、吊索的根数和吊索与水平夹角大小等，一般可按下式计算（图 6-57）：

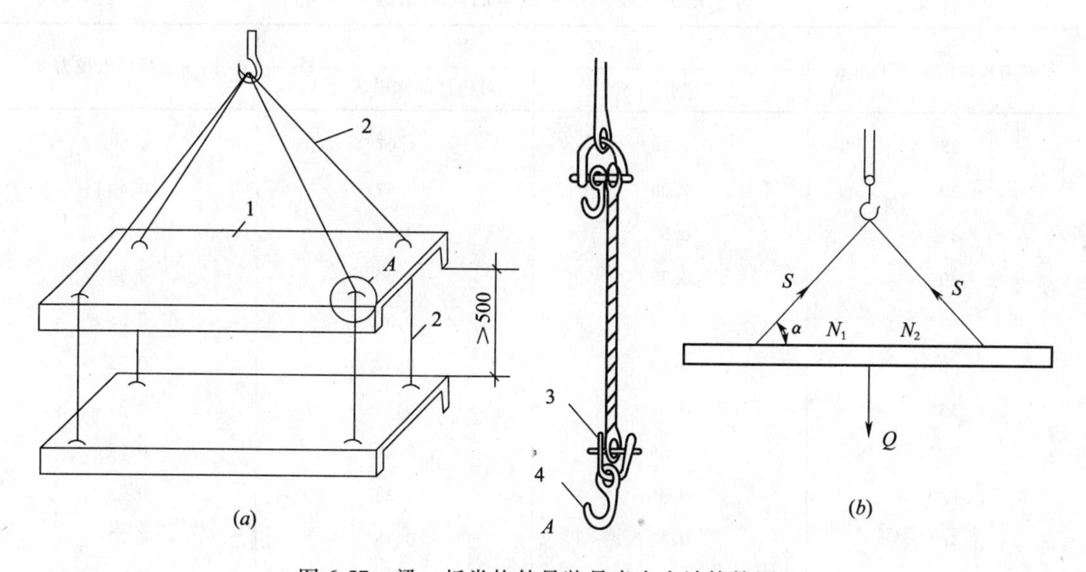

图 6-57　梁、板类构件吊装吊索内力计算简图

（*a*）屋面板四支吊索起吊；（*b*）双支吊索起吊

1—屋面板；2—吊索；3—卡环；4—挂板钩

$$S = \frac{Q}{n} \cdot \frac{1}{\sin \alpha} \leqslant \frac{S_b}{K} \tag{6-139}$$

双支、四支起吊对构件的水平压力按下式计算：

$$N_1 = S \cos \alpha \tag{6-140}$$

$$N_2 = 2S \cos \alpha \cdot \cos \frac{\beta}{2} \tag{6-141}$$

式中　S——一根吊索所承受的内力；

Q——所吊梁、板类构件的重力；

n——吊索的支（根）数；

α——吊索与水平面的夹角，一般为45°~60°，最小不小于30°；

S_b——钢丝绳的破断拉力总和（kN），可由钢丝绳规格及荷重性能表查得，也可近似按 $S_b=0.5d^2$ 计算；

d——钢丝绳直径；

K——安全系数，一般取6~10；

N_1——双支起吊吊索对构件的水平压力；

N_2——四支起吊吊索对构件的水平压力；

β——四支起吊吊索水平面投影的交角。

采用单支吊索起吊，吊索的内力等于构件的重力；采用双支或四支吊索绑扎，吊索在不同水平夹角的内力值，亦可从表6-29查得。

根据求得的 S 值进行吊索直径的选择，或从表6-29所列的数值选择需要的吊索。

吊索在不同水平夹角的内力系数 **表6-29**

吊索与构件的水平夹角 α	双支起吊		四支起吊吊索拉力 S
	吊索拉力 S	对构件的水平压力 N_1	
25°	1.18	1.07	0.59
30°	1.00	0.87	0.50
35°	0.87	0.71	0.44
40°	0.78	0.60	0.39
45°	0.71	0.50	0.35
50°	0.65	0.42	0.33
55°	0.61	0.35	0.31
60°	0.58	0.29	0.29
65°	0.56	0.24	0.28
70°	0.53	0.18	0.27
75°	0.52	0.13	0.26
90°	0.50	—	0.25

【例6-31】 某工地吊装一重65kN的梁，使用双支吊索起吊，当吊索与梁水平面夹角分别为60°、45°、30°时，试求每根吊索的受力大小及对构件的水平压力。

【解】 由题意知，$Q=65\text{kN}$，$n=2$，代入式（6-139）、式（6-140）可得：

当 $\alpha=60°$ 时，
$$S=\frac{Q}{n}\cdot\frac{1}{\sin\alpha}=\frac{65}{2}\times\frac{1}{\sin 60°}=37.5\text{kN}$$

$$N=S\cos\alpha=37.5\times\cos 60°=18.8\text{kN}$$

当 $\alpha=45°$ 时，
$$S=\frac{65}{2}\times\frac{1}{\sin 45°}=46.0\text{kN}$$

$$N=45\times\cos 45°=31.8\text{kN}$$

当 $\alpha = 30°$时，

$$S = \frac{65}{2} \times \frac{1}{\sin 30°} = 65\text{kN}$$

$$N = 65 \times \cos 30° = 56.3\text{kN}$$

6.10　屋架吊装验算

屋架的型式有三角形屋架、梯形屋架、拱形屋架、折线形屋架，如图6-58所示。屋架制作材料有：木屋架、钢筋混凝土屋架（包括预应力钢筋混凝土屋架）、钢屋架。

钢筋混凝土屋架的重量比钢屋架重，且受力状态较钢屋架差，故这里重点讲述钢筋混凝土屋架的吊装工艺。

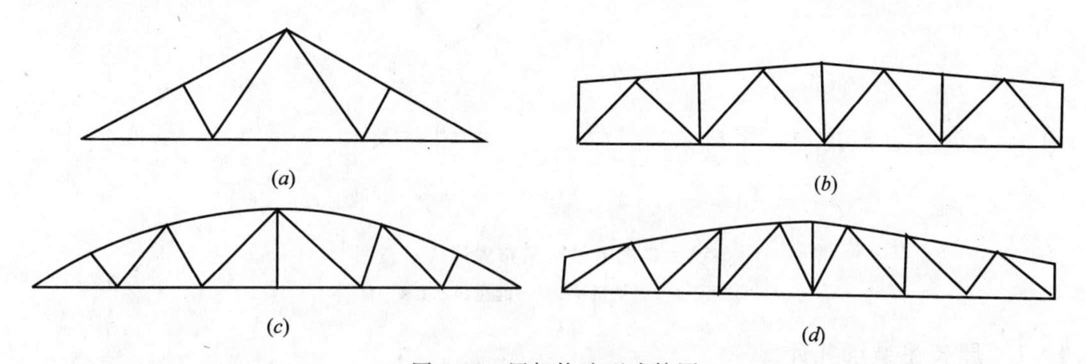

图6-58　屋架构造型式简图

（a）三角形屋架；（b）梯形屋架；（c）拱形屋架；（d）折线型屋架

钢筋混凝土屋架的吊升，根据使用起重机的数量分为单机吊装和双机抬吊。

1. 单机吊装

（1）单机吊装时，先将屋架吊离地面30cm左右，运至应安装的轴线处，然后再起钩。待屋架吊升超过柱顶0.8m～1.0m时停住。

（2）利用屋架端头的溜绳，将屋架调整对准柱头。

（3）落钩，将屋架落至柱顶，以刚接触柱顶为止。再运用起重机的起、落吊臂、转向等动作，同时用撬杠配合，将屋架准确地对位后，再稍落一点钩（注意吊索地松弛程度，俗语称"吃劲大小"），这便完成了屋架吊升及就位过程。

2. 双机抬吊屋架

当屋架过重、单机吊不动时，则采用双机抬吊屋架，图6-59所示为屋架就位在跨中时双机抬吊方法，其操作过程如下：

甲、乙两起重机同时抬起屋架离地30cm左右，甲车不行走，只作少许的起落吊臂和转向，而乙车则要转向进行"掏档"，而后再负荷行走。当屋架运至安装位置时，同时吊升至柱，其他操作工序基本同单机一样。

双机抬吊选用的起重机在起落钩、回转速度要基本一致。负荷行走时，起重机的道路要坚实平整。

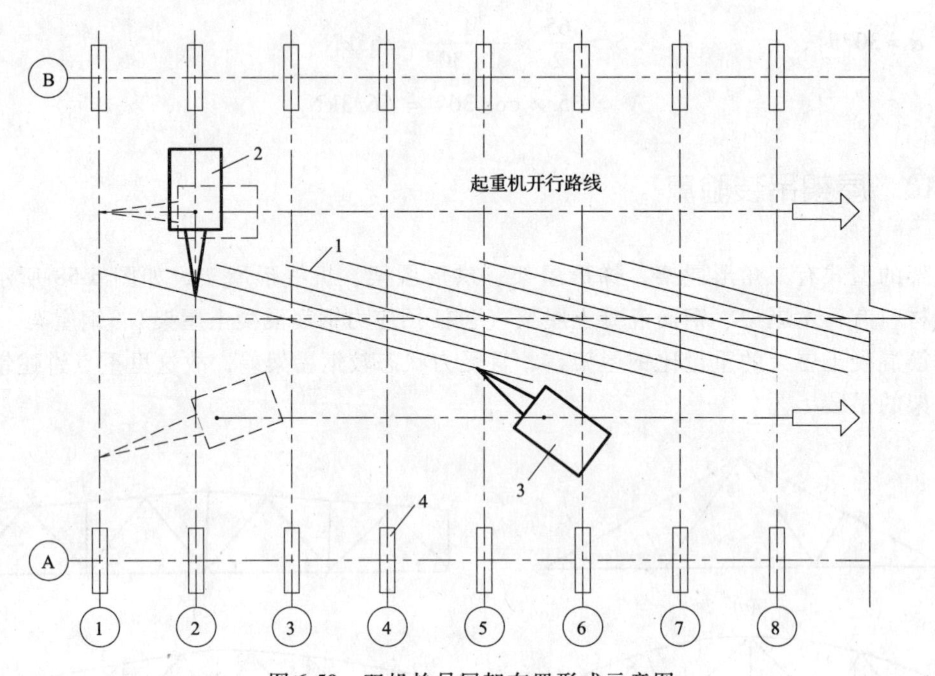

图 6-59 双机抬吊屋架布置形式示意图

1—屋架；2—起重机甲；3—起重机乙；4—柱子

6.10.1 屋架吊装绑扎计算

钢筋混凝土屋架的绑扎点多少及位置很重要，一般选在上弦节点处及附近 50cm 区域之内。屋架在使用阶段，其受力状态一般是上弦受压，下弦受拉。而在吊装阶段，设屋架的全部自重力作用在下弦的节点上（图 6-60），则受力状态使用阶段完全相反，上弦受拉，下弦受压。为保证屋架在翻身时不损坏上弦，应根据吊装时吊索长短、绑扎形式复核计算绑扎点处的受力状况，特别是大跨度屋架，一定要验算、校核。

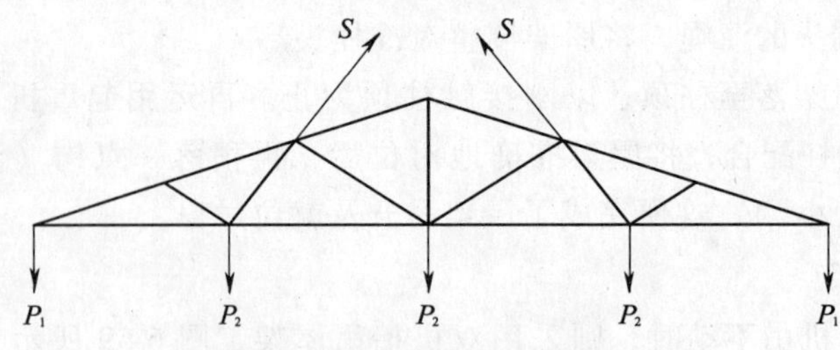

图 6-60 屋架吊装时的受力状态

1. 强度验算

系设屋架全部自重力作用于下弦节点上，则

下弦杆中间个节点荷载 $$P_2 = 1.5\frac{l_1 Q}{L} \tag{6-142}$$

下弦杆端节点荷载 $$P_1 = 0.5P_2 \tag{6-143}$$

式中　l_1——下弦节点间距；

Q——屋架的总重力；

L——屋架的跨度（总长度）；

1.5——起吊时的动力系数。

根据设置的起吊点的位置、数量和作用在下弦节点上的荷载，可求出每一根吊索所承担的拉力 S。在此将节点荷载 P_1，P_2 和 S 同时作用于屋架上，用一般求解桁架内力的力学分析方法，如节点法、截面法或图解法等，即可求得上、下弦杆的内力，以其最大值来进行强度验算。通常只对上弦进行验算，对大跨度屋架尚应考虑叠加下弦放张时引起的上弦拉力值。

验算时轴心受拉构件按下式计算：

$$N \leqslant f_y A_s \tag{6-144}$$

式中　N——验算轴向力，$N=1.2N_k$；

N_k——吊装时杆件承受的轴向力；

f_y——受拉钢筋的强度设计值；

A_s——起吊时，上弦杆截面所需要的钢筋截面积。

如计算得的 A_s' 小于上弦设计配置的钢筋截面积 A_s 时，即 $A_s' \leqslant A_s$，则可满足吊装强度需要，是安全的。否则需要采取加固措施才能吊装。

2. 裂缝宽度验算

按《混凝土结构设计规范》（GB 50010—2002），上弦的裂缝宽度下式计算：

$$\omega_{max} = \alpha_{cr}\psi \frac{\sigma_{sk}}{E_s}\left(1.9c + 0.08\frac{d_{eq}}{\rho_{te}}\right) \tag{6-145}$$

其中

$$\psi = 1.1 - 0.65\frac{f_{tk}}{\rho_{te}\sigma_{sk}}$$

$$d_{eq} = \frac{\sum n_i d_i^2}{\sum n_i v_i d_i}$$

$$\rho_{te} = \frac{A_s}{A_{te}}$$

式中　ω_{max}——构件按荷载效应的标准组合并考虑长期作用影响计算的最大裂缝宽度，以 mm 计；

α_{cr}——构件受力特征系数，上弦为轴心受拉构件，取 $\alpha_{cr}=2.7$；

ψ——裂缝间纵向受拉钢筋应变不均匀系数，$0.2 \leqslant \psi \leqslant 1.0$；

σ_{sk}——按荷载效应的标准组合计算的柱内纵向受拉钢筋的应力（N/mm^2）；

E_s——钢筋弹性模量（N/mm^2）；

c——最外层纵向受拉钢筋外边缘至受拉区底边的距离（mm），$20 \leqslant c \leqslant 65$；

ρ_{te}——按有效受拉混凝土截面面积计算的纵向受拉钢筋配筋率，$\rho_{te} \geqslant 0.01$；

A_{te}——有效受拉混凝土截面面积：对轴心受拉构件，取构件截面面积；对受弯、偏心受压和偏心受拉构取，此处 $A_{te}=0.5bh+(b_f-b)h_f$，此处 b_f、h_f 为受拉翼缘的宽度、高度；

A_s——受拉区纵向钢筋截面面积（mm^2）；

f_{tk}——混凝土轴心抗拉强度标准值（N/mm^2）；

d_{eq}——受拉区纵向钢筋的等效直径（mm）；

d_i——受拉区第 i 种纵向钢筋的公称直径（mm）；

n_i——受拉区第 i 种纵向钢筋的根数；

υ_i——受拉区第 i 种纵向钢筋的相对粘结特性系数，光圆钢筋 $\upsilon_i=0.7$，带肋钢筋 $\upsilon_i=1.0$。

【例 6-32】 某预制厂房 16m 跨屋架重 40kN，采取两点起吊，吊点位置及几何尺寸见图 6-61，屋架混凝土采用 C30，上弦纵向钢筋为 4 ⌀ 16，$f_y=300kN/mm^2$，试验算吊装阶段上弦裂缝宽度及抗裂度。

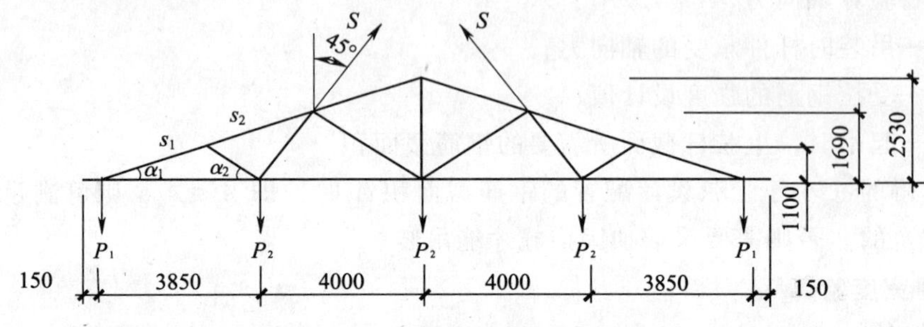

图 6-61　拱形屋架受力计算简图

【解】（1）强度验算

由题意可知，$Q=40kN$，动力系数取 1.5，那么由式（6-142）、（6-143）可得：

$$P_2=1.5\frac{l_1Q}{L}=1.5\times\frac{4.0\times40}{16}=15kN,$$

$$P_1=0.5P_2=0.5\times15=7.5kN$$

两点起吊，每根吊索的拉力 S 为：

$$S=\frac{1.5Q}{2}\cdot\frac{1}{\sin 45°}=\frac{1.5\times40}{2\times\sin 45°}=42.43kN$$

将 P_1、P_2、S 作为节点荷载施加于屋架下弦核上弦节点上，计算屋架上弦 S_1 和 S_2 内力。

由图可知，$\sin\alpha_1=\dfrac{2530}{7850}=0.3222$

$\sin\alpha_2=0.8718$

那么，$S_1=\dfrac{P_1}{\sin\alpha_1}=\dfrac{7.5}{0.3222}=23.28kN$，　$S_2=\dfrac{3850\times7.5}{618\times\sin\alpha_2}=26.24kN$

取 S_1 和 S_2 中的大值作为计算值，按轴心受拉构件验算：

$$\sigma_{sk}=\frac{N}{A_s}=\frac{1.2\times26.24\times10^3}{804}=39.16\ N/mm^2<f_y=300N/mm^2$$

故，上弦强度满足要求。

（2）抗裂度验算

由前计算知：$\sigma_{sk}=39.16\text{N/mm}^2$

又由式（6-145）可得：$\rho_{te}=\dfrac{A_s}{A_{te}}=\dfrac{804}{48400}=0.0166$

$$\psi=1.1-0.65\frac{f_{tk}}{\rho_{te}\sigma_{sk}}=1.1-\frac{0.65\times2.0}{0.0166\times39.16}=-0.9<0.2$$

故，取 $\psi=0.2$

$$\omega_{max}=\alpha_{cr}\psi\frac{\sigma_{sk}}{E_s}\left(1.9c+0.08\frac{d_{eq}}{\rho_{te}}\right)$$

$$=2.7\times0.2\times\frac{39.16}{2.0\times10^5}\times\left(1.9\times35+0.08\times\frac{16\times0.7}{0.0166}\right)$$

$$=0.013\text{mm}$$

因计算出的 $\omega_{max}=0.013\text{mm}<0.2\text{mm}$，满足要求。

6.10.2　屋架翻身扶直验算

钢筋混凝土屋架一般是平卧单层或重叠制作，混凝土达到设计强度后拼装，吊装前要将屋架翻身扶正。屋架扶直时，吊索与水平夹角不能小于45°，当角度小于45°时，可增加铁扁担等措施。因屋架扶正时产生的内力与使用阶段不同，设计未予考虑，因此对屋架翻身扶正要进行施工验算，步骤和方法如下：

1. 确定屋架起吊点位置和数量

根据屋架的跨度，确定节点位置、数量、吊装机械性能等，屋架绑扎点一般讲，15m 跨以内为两点，18m 跨以上屋架为四点。30m 以上跨度可选用六点或八点。如图 6-62 所示。

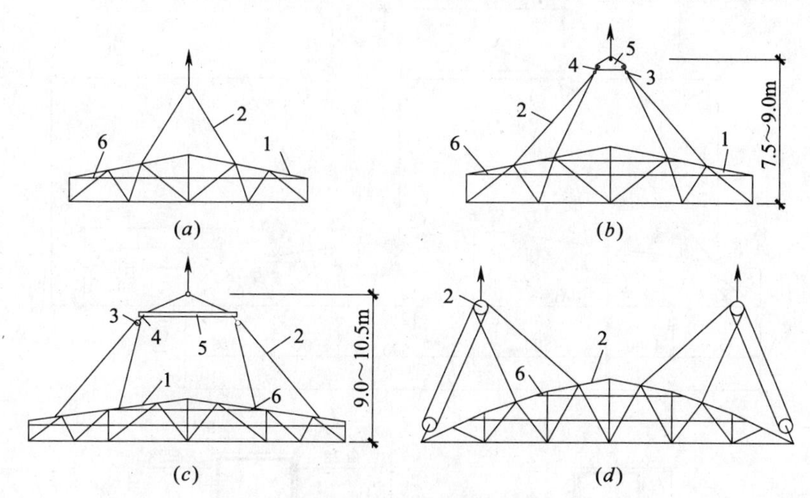

图 6-62　屋架绑扎点示意图

（a）15m 屋架绑扎；（b）18m 折线型屋架绑扎点；（c）24m 折线型屋架绑扎点；（d）36m 折线型屋架绑扎点

1—屋架；2—吊索；3—滑轮；4—卡环；5—铁扁担；6—加固杉杆

2. 绘制计算简图

屋架翻身扶直时，绕下弦转动，下弦不离地面，此时上弦处屋架平面外受力的最不利情况，应验算屋架上弦在平面外的强度和抗裂度。作用在屋架上弦的荷载，包括屋架上弦的自重力，屋架一半的腹杆自重力，并考虑1.5的动力系数。

3. 计算内力

内力分析方法，常用的有两种；一是将屋架上弦视为连续梁，将屋架两端支垫点及起吊点视为支座，用弯矩分配法或查表法计算上弦弯矩，然后按受弯构件进行验算；一是将屋架上弦视作简支梁，将屋架两端支垫点视作支座，把吊索拉力视为集中荷载。在一般情况下，吊索由一根钢丝绳通过若干滑车或横吊梁组成。此时如不计摩擦力，吊点上各钢丝绳中的拉力是相等的，因而可先求出钢丝绳上的拉力及屋架两端支点的支座反力，进而用分析普通静定结构的方法计算出屋架上弦的弯矩。由于结构荷载对称，均可取半跨计算。

4. 强度和裂缝宽度验算

两种方法均验算屋架上弦刚离地面时（即屋架平面与地面夹角 $\alpha=0$ 时）的杆件强度、裂缝宽度和抗裂度。根据实践，后一种将屋架上弦视作简支梁计算较简单，更符合实际情况。对验算角度，有的还验算屋架升至地面夹角 $\alpha=\arctan\left(\frac{a}{b}\right)$ 时（当 $a=b$，$\alpha=45°$）上弦最大弯矩截面的裂缝情况，以其最不利情况作为控制。但应指出，在与地面成45°时，由于腹杆的支撑作用，弯矩值相应减少很多，因此只要按起吊的初始（$a=b$）状态验算是不会出现较大的误差，故屋架扶直验算一般仍按起吊时的初始水平位置进行，可以满足扶直要求。这样将可大大简化计算工作，减少验算的复杂性。

【例6-33】 某预应力折线型屋架，几何尺寸及配筋如图6-63所示，混凝土强度为C30，动力系数取1.5，试验算该屋架翻身扶直时的强度及抗裂度。

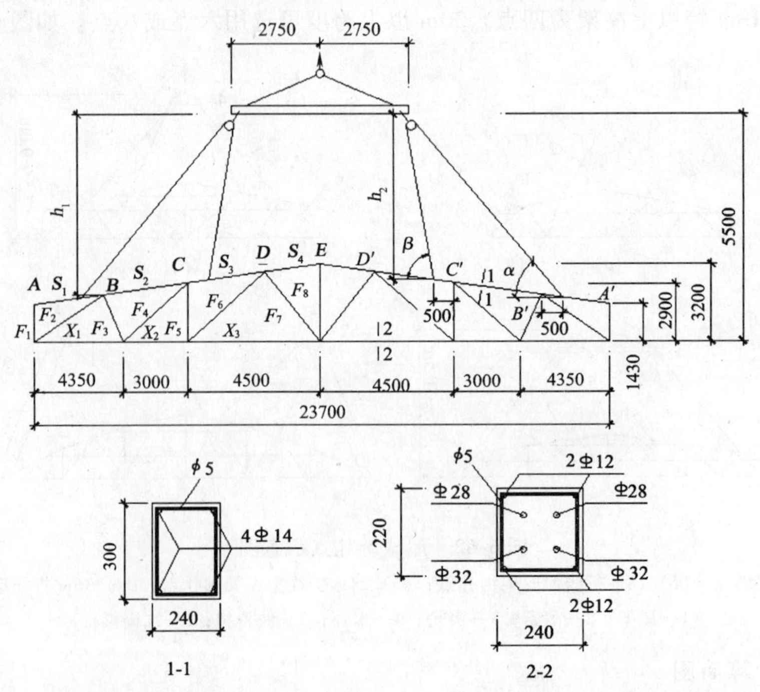

图6-63 预应力几何尺寸及配筋图

【解】（1）内力计算

1）自重计算见表6-30，节点荷载见表6-31。

自重计算表 **表6-30**

杆件编号	几何尺寸（高×宽×长）(m)	体 积 (m^3)	重 量 (kN)
S_1	0.3×0.24×2.906	0.209	5.12
S_2	0.3×0.24×4.589	0.33	8.09
S_3	0.3×0.24×3.007	0.217	5.3
S_4	0.3×0.24×1.503	0.108	2.65
F_1	0.12×0.24×1.430	0.041	1.00
F_2	0.24×0.24×3.482	0.2	4.9
F_3	0.14×0.12×2.50	0.042	1.03
F_4	0.14×0.12×4.172	0.07	1.72
F_5	0.14×0.12×2.90	0.049	1.2
F_6	0.14×0.12×4.314	0.072	1.76
F_7	0.14×0.12×3.444	0.058	1.42
F_8	0.14×0.12×3.20	0.054	1.32
x_1	0.22×0.24×4.35	0.23	5.63
x_2	0.22×0.24×3.00	0.158	3.87
x_3	0.22×0.24×4.50	0.238	5.83
合 计		2.076	50.84

节点荷载表 **表6-31**

节点编号	杆件组合	节点荷载 (kN)
$A=A'$	(5.12+1.0)×1/2	3.06
$B=B'$	(5.12+8.09+4.9+1.03)×1/2	9.58
$C=C'$	(8.09+5.3+1.72+1.2)×1/2	8.16
$D=D'$	(5.3+2.65+1.76+1.42)×1/2	5.57
E	(2.65+1.32)×1/2	1.66

计算可得，整榀屋架重为：　$50.84\times2\approx102\text{kN}$

2）以屋架扶直时绑扎情形，求吊索拉力 P。

为降低起重高度和保证吊索夹角不小于45°，增加铁扁担一根（本例中长5.5m），如图6-63。

设 B 点吊索与水平夹角 $\alpha=45°$，

则
$$h_1=9.5-2.75=6.75\text{m}$$
$$h_2=8.7-2.95=5.75\text{m}$$

又
$$\tan\beta=\frac{5.75}{4.5-0.5-2.75}=4.6\Rightarrow\beta=77°44'06''$$
$$\sin77°44'06''=0.9772\qquad\sin45°=0.7071$$

求吊索的垂直分力 P。假设以下弦为力矩中心，建立平衡方程：

$$P\sin 45° \times 1.95 + P\sin 77°44'06'' \times 2.95$$
$$= 3.06 \times 1.43 + 9.58 \times 2 + 8.16 \times 2.9 + 5.57 \times 3.1 + 1.66 \times 3.2$$

$$P = \frac{69.78}{4.262} = 16.37\text{kN}$$

$$P_1 = 16.37 \times \sin 45° = 11.5\text{kN}$$
$$P_2 = 16.37 \times \sin 77°44'06'' = 16\text{kN}$$

3）建立计算简图，计算弯矩

为简化计算，假设上弦为简支梁，作用在梁上荷载有上弦自重、腹杆自重、吊索垂直分力。图 6-64 为计算简图及弯矩图。各点弯矩计算如下：

$$\sum M_{A1} = -0.5 \times 2.4 - \frac{1}{2} \times 1.764 \times 2.4^2$$
$$= -6.28\text{kN}$$

$$\sum M_B = -0.5 \times 2.9 - \frac{1}{2} \times 1.764 \times 2.9^2 + 11.58 \times 0.5$$
$$= -3.08\text{kN} \cdot \text{m}$$

$$\sum M_C = -0.5 \times 7.5 - 2.97 \times 4.6 - \frac{1}{2} \times 1.764 \times 7.5^2 + 11.58 \times 5.1$$
$$= -7.97\text{kN} \cdot \text{m}$$

B—C 间弯矩最大处，设为 x 长

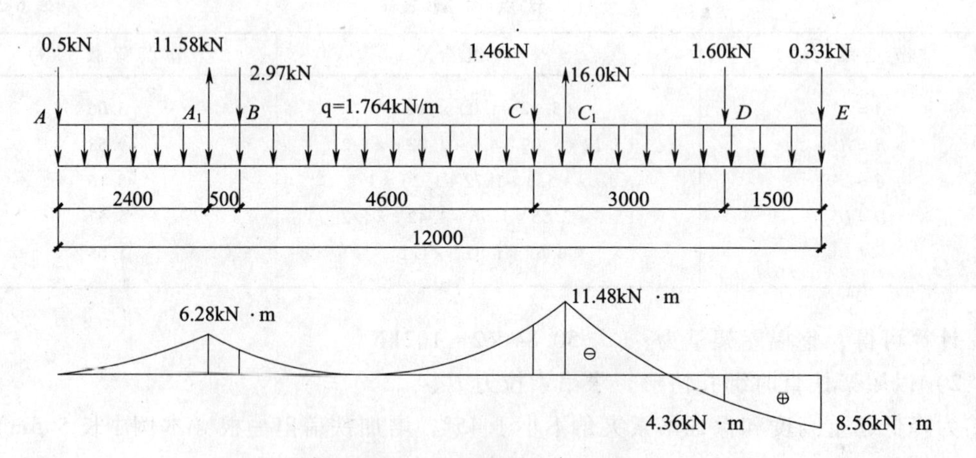

图 6-64 计算简图及弯矩图

$$x = \frac{11.58 - 0.5 - 2.97}{1.764} = 4.6\text{m}$$

$$\sum M_{4.6} = -0.5 \times 4.6 - \frac{1}{2} \times 1.764 \times 4.6^2 - 2.97 \times 1.7 + 11.58 \times 2.2$$
$$= -0.54\text{kN} \cdot \text{m}$$

$$\sum M_{C1} = -0.5 \times 8 - 2.97 \times 5.1 - 1.46 \times 0.5 + 11.58 \times 5.6 - \frac{1}{2} \times 1.764 \times 8^2$$

$$= -11.48\text{kN} \cdot \text{m}$$

$$\sum M_D = -0.5 \times 10.5 - 2.97 \times 7.6 - 1.46 \times 3 - \frac{1}{2} \times 1.764 \times 10.5^2$$

$$+ 11.58 \times 8.1 + 16 \times 2.5 = 4.36\text{kN} \cdot \text{m}$$

$$\sum M_E = -0.5 \times 12 - 2.97 \times 9.1 - 1.46 \times 4.5 - \frac{1}{2} \times 1.764 \times 12^2$$

$$+ 11.58 \times 9.6 + 16 \times 4 = 8.56\text{kN} \cdot \text{m}$$

（2）验算屋架上弦处平面的抗弯强度

根据图6-63中屋架的上弦配筋图得知：

$$M = f_y \cdot A_s(h_0 - a'_s) = 310 \times 3.08 \times (22 - 2) = 19.1\text{kN} \cdot \text{m}$$

$$K = \frac{19.1}{1.3 \times 11.48} = 1.28 > 1.26$$

满足计算强度要求。

（3）抗裂度验算

$$f_y = \frac{M}{0.87A_s h_0} = \frac{11.48 \times 10^5}{0.87 \times 4.62 \times 22} = 129.8\ \text{N/mm}^2 < 196\text{N/mm}^2$$

抗裂度也满足要求。

故该预应力屋架选择此四点绑扎翻身扶直是安全的。

6.10.3　屋架吊装吊索内力计算

屋架垂直吊起后，按力的平衡条件吊索中垂直分力之和应等于屋架的重力，则吊索内力 P、S 可按下式计算（图6-65）：

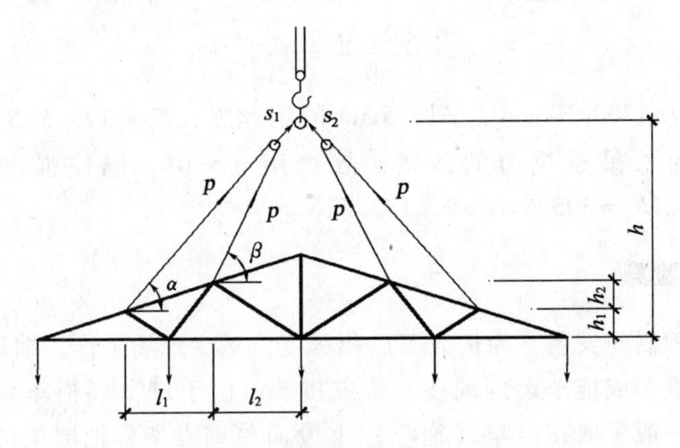

图6-65　屋架吊索内力计算简图

$$P = \frac{Q}{2(\sin\alpha + \sin\beta)} \tag{6-146}$$

$$S_1 = 2P \tag{6-147}$$

其中
$$\alpha \approx \arctan\frac{h-h_1}{l_1-l_2}$$
$$\beta \approx \arctan\frac{h-(h_1+h_2)}{l_2}$$

式中 P、S_1——吊索内力；

Q——屋架的总重力；

α、β——吊索与上弦的夹角。

吊索规格按下式计算：

$$\alpha \cdot F_g \leqslant K \cdot P \tag{6-148}$$

或

$$\alpha \cdot F_g \leqslant K \cdot S_1 \tag{6-149}$$

式中 P、S_1——吊索内力；

F_g——钢丝绳的破断拉力；

α——考虑钢丝绳荷载不均的换算系数，对6×19、6×37、6×61钢丝绳分别取0.85、0.82、0.80；

K——钢丝绳使用安全系数，取5~7。

【例6-34】 如图6-65所示，屋架及吊索几何尺寸为 $l_1=l_2=3.5\text{m}$，$h_1=1.92\text{m}$，$h_2=1.35\text{m}$，$h=7.5\text{m}$，$\alpha=45°$，屋架重力68kN，试计算吊索内力并选择吊索。

【解】 由 β 的近似计算式可得：

$$\beta \approx \arctan\frac{h-(h_1+h_2)}{l_2}=\arctan\frac{7.5-(1.92+1.35)}{3.5}\approx 50°$$

由式（6-146）可得吊索内力为：

$$P=\frac{Q}{2(\sin\alpha+\sin\beta)}=\frac{68}{2\times(\sin 45°+\sin 50°)}\approx 23.0\text{kN}$$

吊索取6×61，换算系数为 $\alpha=0.80$，安全系数取 $K=6$，由式（6-148）可得：

$$F_g=\frac{6\times 23.0}{0.80}=172.5\text{kN}$$

选用抗拉强度为1700kN/mm²、ϕ16.5mm的钢丝绳，$F_g=175.5\text{kN}$，可以满足要求。短吊索中的拉力为长吊索拉力的两倍，故选用6×61、抗拉强度为1700kN/mm²、ϕ25.0mm的钢丝绳，$F_g=395.5\text{kN}>2\times172.5\text{kN}$。

6.10.4 屋架运输验算

钢筋混凝土屋架制作安装，为扩大工厂化程度，减少现场工作，缩短工期，常采取在工厂预制，用重型汽车或拖车运到现场安装或拼装。由于汽车（拖车）长度和运输道路转弯半径的限制，一般采取在汽车（拖车）上设简单钢支架，把屋架的支点移到下弦的第二节点处。这就改变了屋架使用阶段的受力状态，运输时应根据实际受力情况对屋架弦杆进行必要的强度和抗裂度验算，以确保运输中不损坏屋架。

18m跨以内的屋架可以整榀运输，如图6-66所示，24m跨度以上屋架，多采用半榀运输，但也有采用整榀运输。图6-67为24m预应力钢筋混凝土屋架的运输架及运输示意图。钢屋架可以用半挂车平放运输，但要求支点必须放在节点处，而且要垫平、加固好。钢屋架还可以整榀或半榀挂在专用架上运输，如图6-68。

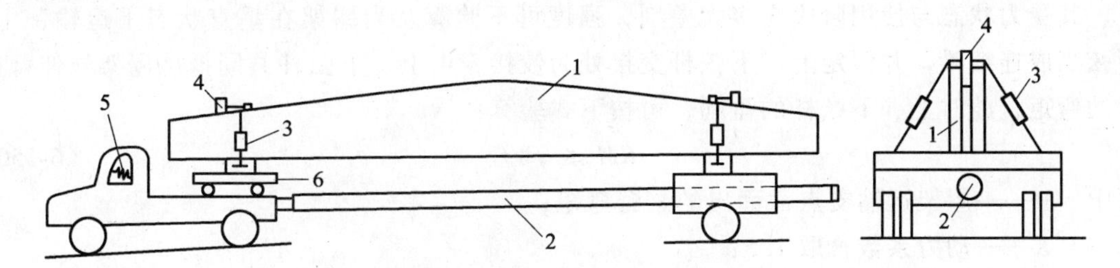

图6-66 利用炮车式半挂运输屋架

1—屋架；2—无缝钢管；3—花篮螺栓或葫芦；4—木楔；5—车头；6—转盘

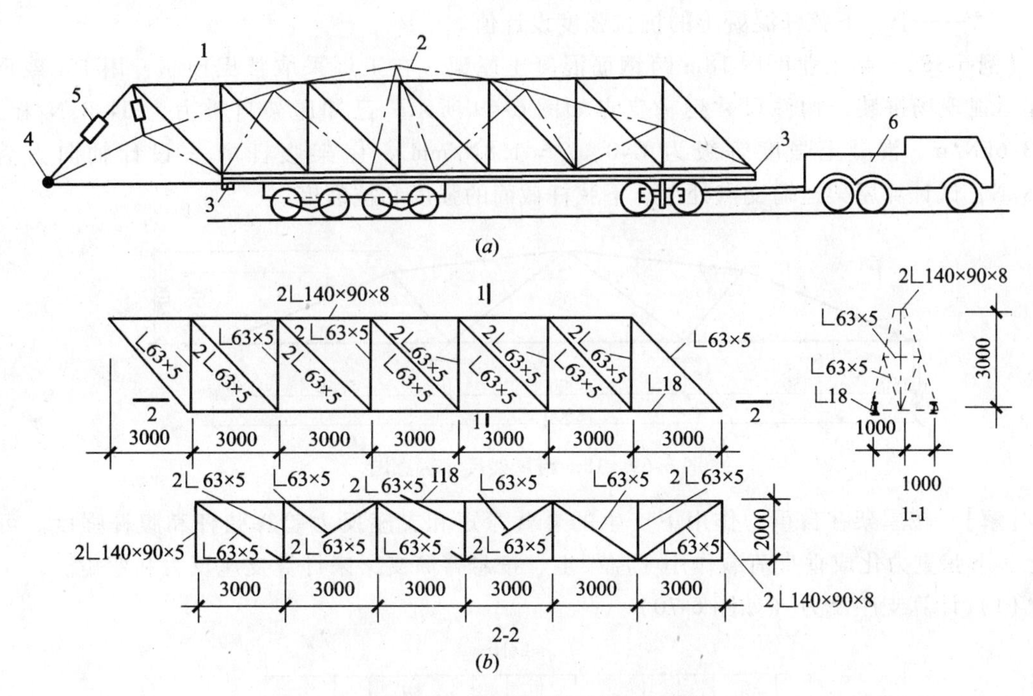

图6-67 24m屋架运输及运输架

(a) 屋架运输示意图；(b) 运输屋架专用桁架

1—钢桁架；2—屋架；3—垫木；4—加固木；5—花篮螺栓或葫芦；6—拖车头

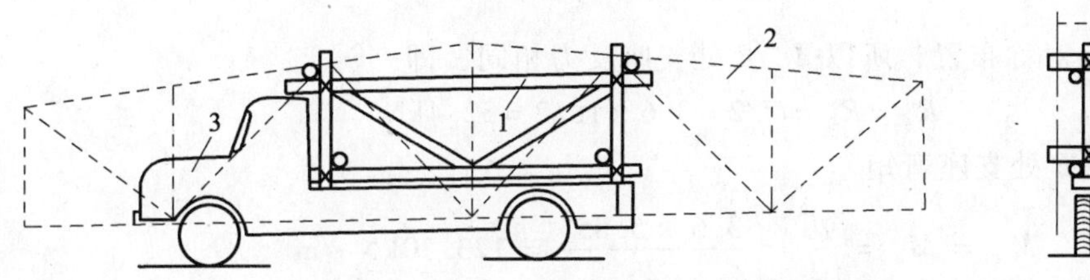

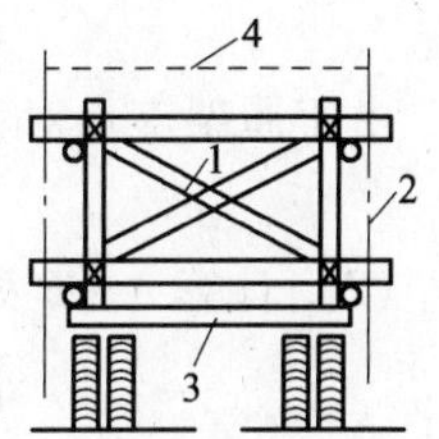

图6-68 用专用架子挂运钢屋架

1—杉木杆制成的架子；2—钢屋架；3—汽车；4—拉紧绳

屋架在运输时，一般采取垂直状态，主要验算外伸臂产生的弯矩对上、下弦杆及腹杆的影响，验算其强度和抗裂度。至于屋架上、下弦本身受力按连续梁考虑，在自重作用下，其受力状态与使用阶段无多大差别，强度可不验算。当屋架在垂直状态下运输，上、下弦当成连续梁，并假定上、下弦杆交接处为铰接，由上、下弦杆共同抵抗屋架外伸臂产生的弯矩，此时上、下弦杆的盈利，可按下式验算：

$$KM \leqslant \gamma W f_t \tag{6-150}$$

式中 M——屋架运输支点截面出的悬臂弯矩；

K——动力系数，取1.5；

W——上、下弦杆对 x 轴的截面抵抗矩；

γ——截面抵抗矩的塑性系数，取 $\gamma = 1$

f_t——上、下弦杆混凝土的抗拉强度设计值。

【例6-35】 某工业厂房18m跨钢筋混凝土屋架，在工厂采取整榀预制，用15t载重汽车运往现场拼装，构件尺寸运输支点如图6-69所示。已知屋架自重力为64.8kN/榀，$q = 3.6\text{kN/m}$，混凝土强度等级为C40，$f_t = 1.8\text{N/mm}^2$，屋架腹杆 N_1、设计轴向力为46.8kN，试计算屋架运输支点处上、下弦杆截面的强度和抗裂度。

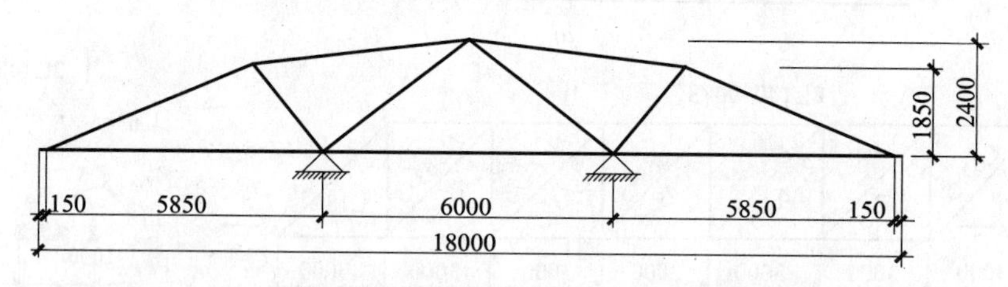

图6-69 18m跨屋架尺寸示意图

【解】 按屋架在自重力作用下产生的悬臂弯矩和支座反力验算弦杆和腹杆强度。可将上、下弦重力化成垂直荷载作用于屋架上，按悬臂简支梁来计算支座反力和弯矩。

（1）计算支座反力（如图6-70）

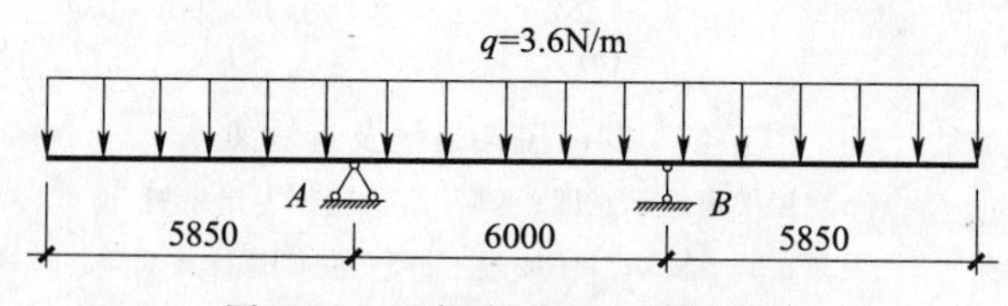

图6-70 屋架支座反力计算简图

由于屋架支点对称布置，所以 A、B 处支座反力相同，即

$$R_A = R_B = ql/2 = 3.6 \times 18/2 = 32.4\text{kN}$$

（2）计算 A、B 处支座弯矩

$$M_A = M_B = \frac{ql_1^2}{2} = \frac{3.6 \times 5.85^2}{2} = 123.20\text{kN} \cdot \text{m}$$

（3）取节点 A 计算 N_1、N_2 杆和上弦杆 N_{1-2} 的轴向力（如图6-71）

$$N_1' = R_A \cos 38.6° = 32.4 \times 0.782 = 25.3\text{kN}$$

$$N'_2 = R_A \sin 38.6° = 32.4 \times 0.624 = 20.2\text{kN}$$

$$N'_{1-2} = \sqrt{N_1'^2 + N_2'^2} = \sqrt{25.3^2 + 20.2^2} = 32.37\text{kN}$$

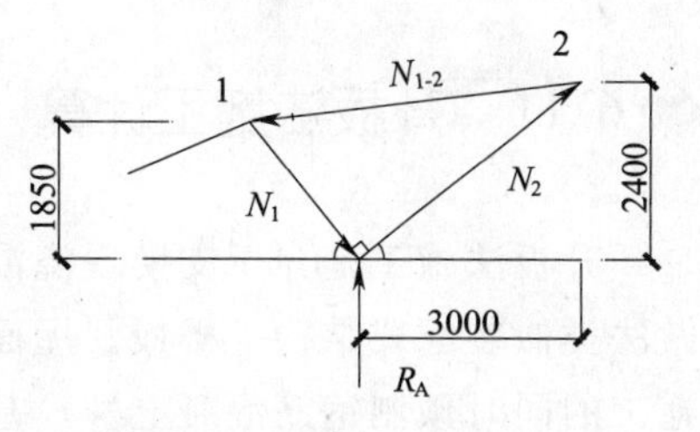

图 6-71　A 点轴向力计算简图

(4) 验算由于悬臂弯矩和支座反力的 N_1、N_2 杆和上弦杆 N_{1-2}的应力

屋架悬臂弯矩 M_A 对上弦产生的轴力 N''_{1-2} 为：

$$N''_{1-2} = \frac{M_A}{l_{1-2}} = \frac{123.20}{2.017} = 61.08\text{kN}$$

屋架上弦所受力为：$N_{1-2} = N'_{1-2} + N''_{1-2} = 32.37 + 61.08 = 93.45\text{kN}$

上弦不考虑钢筋作用，按 $KN_{1-2} \leqslant bhf_{tk}$验算，取动力系数 $K = 1.5$，$f_{tk} = 2.45\text{N/mm}^2$

$$KN_{1-2} = 1.5 \times 93.45 = 140.18\text{kN}$$

$$bhf_{tk} = 220 \times 350 \times \frac{2.45}{1000} = 188.7\text{kN} > 140.18\text{kN}$$

$$N_1 = 46.8\text{kN} > N'_1 = 25.3\text{kN}$$

$$N_2 = 46.8\text{kN} > N'_2 = 20.2\text{kN}$$

(5) 验算悬臂弯矩对节点 A 处 S-S 截面上、下弦杆的应力（图 6-72）

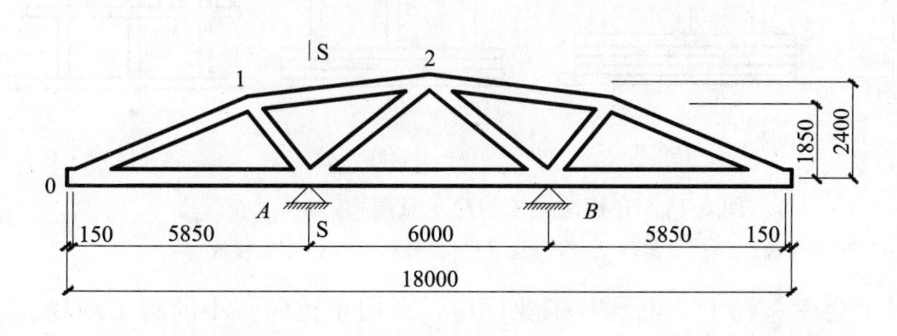

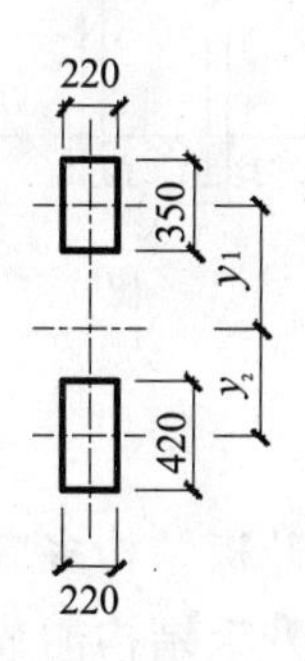

图 6-72　屋架 S-S 截面上、下弦应力验算简图

取　$y_1 = 83\text{cm}$，$y_2 = 76\text{cm}$

先求截面 S-S，上弦杆对 x 轴的惯性矩（钢筋不计）。

$$I_{x1} = \frac{bh^3}{12} + bhy_1^2 = \frac{22 \times 35^3}{12} + 22 \times 35 \times 83^2 = 5383134\text{cm}^4$$

$$I_{x2} = \frac{bh^3}{12} + bhy_2^2 = \frac{22 \times 42^3}{12} + 22 \times 42 \times 76^2 = 5472852\text{cm}^4$$

$$I = I_1 + I_2 = 5383134 + 5472852 = 10855986\text{cm}^4$$

$$W = \frac{I}{h/2} = \frac{10855986}{159/2} = 136553.28\text{cm}^3$$

又　$$\sigma = \frac{KM}{W} = \frac{1.5 \times 123.20 \times 10^6}{136553.28 \times 1000} = 1.35\text{N/mm}^2 \leqslant f_t = 1.8\text{N/mm}^2$$

由上计算可知，屋架运输安全。

6.11 升板法施工计算

升板法施工是介于支模现浇混凝土和顶制装配化之间的一种施工方法。其基础与柱的做法类似装配式结构，楼板、屋面板采用整块就地挠捣整块提升。其施工顺序为：在基础施工的同时预制钢筋混凝上柱。基础施工完毕回填土后，就可进行预制钢筋混凝土柱的吊装，接着进行底层地坪施工。地坪是各层楼板和屋面板的预制台座，因此要求平整光洁。然后在地坪上涂刷隔离剂并逐层预制楼板和屋面板。待各层预制板有适当强度后，即可在柱子上安装提升设备，将各层板提升到设计标高，并加以固定，使板与注连成整体，这样就完成了升板建筑的结构施工，其性能相当于一个现浇的无梁楼盖结构。图 6-73 为升板法施工程序示意图。

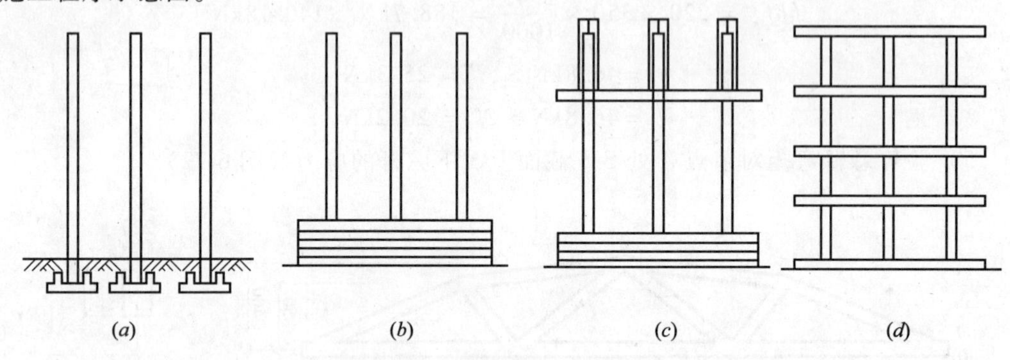

图 6-73 升板法施工程序示意图

(*a*) 吊装立柱；(*b*) 做地坪迭浇楼板；(*c*) 提升板；(*d*) 固定楼板

升板结构多应用于仓库、轻工、电器等工业厂房，适用于比较狭小的施工现场。

升板结构能节约 90% 以上的模板，施工中，能减少高空作业，减轻工人劳动强度，工序简化、工效高，提升设备比较简单，而且设计简单，柱网布置较灵活。但是，升板结构用钢量较大，造价较高，在抗震方面较现浇结构差。

升板法施工应对提升设备负荷、承重销的承载能力以及提升时柱子的稳定性进行设计计算或验算，以保证工程质量和工程、施工操作安全。

6.11.1 提升设备负荷计算

我国的升板设备经历了由简到繁，逐步完善的过程，从手动液压千斤顶、电动蜗轮蜗扦到电动穿心式提升机和自升式提升机。板的水平标高控制，从水槽式发展到激光、光电、数控式控制台。其技术性能如表 6-32。

升板机械是升板技术的关键设备。楼板的垂直运输全由升板机械完成，它与工程质量、施工进度、安全都有密切关系。

在编制施工组织设计时应较准确的进行提升设备负荷计算，以便据此选定提升设备。

提升机担负的负荷应考虑板的自重荷载、施工荷载，开始提升时板与板之间的粘结力，提升过提升过程中的振动力以及提升差异引起的附加力等，一般可按下式计算：

升板设备主要技术性能　　表6-32

设备名称	起重机（kN）	提升速度（m/h）	提升差异（mm）
手动液压千斤顶	500	1.45	20左右
电动穿心式提升机	150~200	1.89	≤10
电动蜗轮蜗杆提升机	180~250	1.4~1.92	≤10
自动液压千斤顶	500	0.56~0.60	基本同步上升

$$Q = K(q_1 + q_2)A \tag{6-151}$$

式中　Q——每台提升机所承受的荷载（kN）；

q_1——升板的自重荷载（kPa）；

q_2——施工荷载，对于屋面板应考虑提升设备的重量，取1.0~1.5kPa；对于各层楼板，取0.5kPa；如有堆砖荷载应另加，但不宜大于0.5kPa；

K——工作系数，考虑提升过程中的振动力和提升差异附加力，因振动很小，主要是后者，当提升差异控制在10mm以下时，K值可取1.3~1.5；

A——提升机所担负的楼面范围（m^2），可近似取相邻柱中到中面积；

板与板之间在制作时虽然设置隔离层，但仍具一定的粘结力，一般在0.5kPa以下，个别的达到0.75kPa，由于这种粘结力只在开始瞬间存在，且比振动力和提升差异附加力之和小，一般可不计入，但如隔离层受到破坏，计算提升机负荷时仍应考虑加入。

【例6-36】　某升板结构为6×6柱网，楼板厚度为200mm，拟采用提升力为300kN的自升式电动提升机提升，复核提升板的提升力是否满足。

【解】　取工作系数$K=1.5$，由式（6-151）可得：

$$Q = K(q_1 + q_2)A = 1.5 \times (0.2 \times 25 + 1) \times 6 \times 6 = 162\text{kN} < 300\text{kN}$$

所以，采用这种提升机能满足要求。

6.11.2　承重销计算

承重销为提升时搁置板的重要工具，所以应保证承重销的施工质量。由于承重销在制作中加劲肋位置不准或者板底垫铁被放在加劲肋的外侧，当楼板搁置后，加劲肋失效使承重销腹板变形；加劲肋与翼缘的焊接不好，存在着空隙，楼板搁置后翼缘发生变形；使用中将加劲肋的方向放反或者柱子上预留孔底不平、板底不平，使承重销受力不均而产生扭转变形；楼板的提升孔太大，产生较大的弯矩使承重销产生弯曲变形。凡已变形的承重销均应重新更换。加工制造不正确的一律重新加工。

事前要对板底、孔底进行认真检查，不平整的地方要预先修凿平整。承重销要按图纸验收。施工中对操作班组要仔细交底。

升板结构的板柱节点，按其承重是否永久保留可分为两类：一类是承重销永久保留在节点中，由设计确定；一类是承重销仅起临时搁置之用，由施工单位自行设计计算确定，但计算原理方法基本相同。

1. 计算跨度确定

承重销的计算简图如图 6-74 所示，以销的悬出部分支承平板，其伸出柱边的长度 $a+d$ 不宜小于 100mm，其计算跨度为：

$$l_0=\frac{a}{3}+d+\frac{b}{6} \tag{6-152}$$

式中 l_0——承重销悬臂计算跨度（m）；

a——板的搁置长度（m）；

d——板与柱之间的间歇，取 25mm；

b——柱宽度（m）。

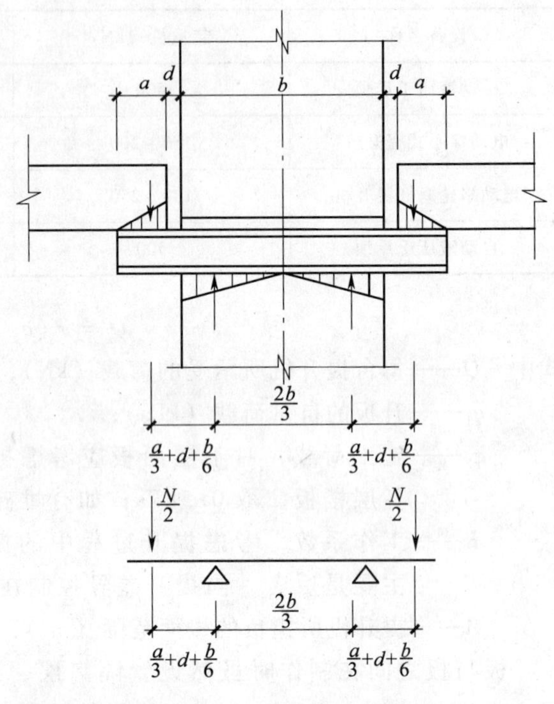

图 6-74 承重销计算简图

2. 荷载计算

承重销的总荷载可按下式计算：

$$N=(q_1+q_2)A+N_1 \tag{6-153}$$

式中 N——承重销承受的总荷载（kN）；

q_1、q_2——分别为板的自重、施工荷载，计算详见 6.11.1 一节；

A——承重销所担负的板面面积（m^2）；

N_1——搁置差异的附加力（kN），其求法是：先求由于搁置差异所引起的支座弯矩，再求支座剪力，然后将其相加即得。

3. 内力计算与截面验算

当 B 点搁置差异为 Δ 时（图 6-75），支座弯矩可按下式计算：

$$M_{B(或C)}=K\frac{B_s}{l^2}\cdot\Delta \tag{6-154}$$

式中 $M_{B(或C)}$——支座 B 或 C 的弯矩（N·cm）；

K——支座弯矩系数（可查《建筑结构静力计算手册》中，等跨连续梁支座沉陷时的支座弯矩系数表，见表 6-33）；

B_s——梁的刚度（$N\cdot cm^2$），板在提升阶段按等代梁计算：

$$B_s=0.85E_c I_c \tag{6-155}$$

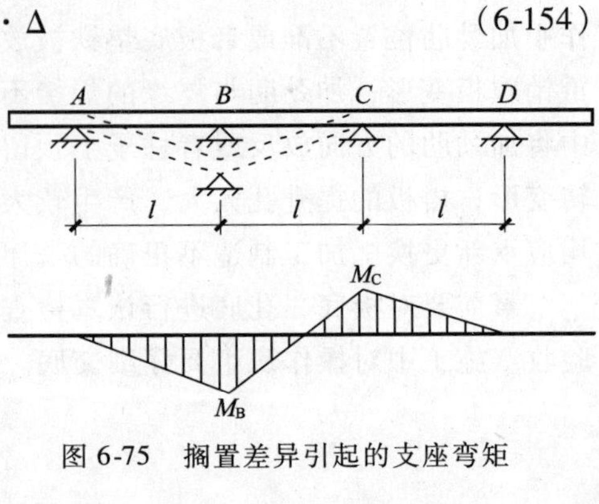

图 6-75 搁置差异引起的支座弯矩

E_c——板的混凝土弹性模量；

I_c——等代梁截面惯性矩；

l——板的计算跨度（cm），取柱中心线之间的距离；

Δ——板的搁置差异（cm）。

等跨连续梁在支座沉陷时的支座弯矩系数　　**表 6-33**

支座弯矩 = 表中系数 × $\frac{EI}{l^2}\Delta$，式中 Δ——支座的沉陷值

梁的简图	支座弯矩	发生沉陷的支座					
		A	*B*	*C*	*D*	*E*	*F*
2	M_B	-1.5000	-3.0000	-1.5	—	—	—
3	M_B	-1.6000	3.6000	-2.4000	0.4000	—	—
	M_C	0.4000	-2.4000	3.6000	-1.6000		
4	M_B	-1.6071	3.6428	-2.5714	0.6428	-0.1071	—
	M_C	0.4286	-2.5714	4.2857	-2.5714	0.4266	
	M_D	-0.1071	0.6428	-2.5714	3.6428	-1.6071	
5	M_B	-1.6071	3.6459	-2.5837	0.6890	-0.1722	0.0287
	M_C	0.4306	-2.5837	4.3349	-2.7558	0.6890	-0.1148
	M_D	-0.1148	0.6890	-2.7558	4.3349	-2.5837	0.4306
	M_E	0.0287	-0.1722	0.6890	-2.5837	3.6459	-1.6076

注：连续梁每跨长为 l，从左至右支点分别为 *A*、*B*、*C*. . . 。

当 *B* 点搁置差异为 Δ 时，支座剪力可按下式计算：

$$Q_{BA}=\frac{M_B}{l},\quad Q_{BC}=\frac{M_B+M_C}{l} \tag{6-156}$$

式中　Q_{BA}、Q_{BC}——支座 *BA*，*BC* 处的剪力（kN）；

其他符号的意义同前。

于是，*B* 点搁置差异附加力 $N_1=Q_{BA}+Q_{BC}$

承重销每段的荷载为 $N/2$，最大弯矩为 $\frac{1}{2}Nl$。

承重销一般采用工字钢制成，主要验算抗弯能力。当验算抗弯能力满足要求，而抗剪能力不够时，可在工字钢腹板两侧加焊钢板。

【例 6-37】　某升板结构为 9m × 9m 柱网，纵横三跨，柱的截面为 450mm × 450mm，楼板厚度为 220mm，共三层。板的搁置差异为 8mm，承重销伸出柱边长度为 120mm，板与柱间隙为 30mm，承重销采用工字钢，其抗弯强度设计值 $f=215\text{N/mm}^2$，抗剪强度设计值 $f_v=215\text{N/mm}^2$；楼板混凝土采用 C35，其弹性模量为 $3.15\times10^4\text{N/mm}^2$；永久荷载分项系数取 1.2，可变荷载分项系数取 1.4，试对该处承重销进行设计。

【解】　（1）计算跨度

板的搁置长度　　　　　　　$a=120-30=90\text{mm}$

由式（6-152）可得承重销悬臂的计算跨度为：

$$l_0 = \frac{a}{3} + d + \frac{b}{6} = \frac{90}{3} + 30 + \frac{450}{6} = 135\text{mm}$$

（2）计算荷载与内力

楼板自重 $q_1 = 0.22 \times 25 = 5.5\text{kN/m}^2$

施工荷载 $q_2 = 0.5\text{kN/m}^2$

承重销所担负的楼板面积为： $A = 9 \times 9 = 81\text{m}^2$

由式（6-155）可得等代梁的刚度为：

$$B_s = 0.85E_c I_c = 0.85 \times 3.15 \times 10^4 \times 9000 \times 220^3/12 = 2.14 \times 10^{14}\text{N} \cdot \text{mm}^2$$

当 B 点的搁置差异为 8mm 时，由式（6-154）可得支座弯矩为：

$$M_B = K\frac{B_s}{l^2} \cdot \Delta = 3.6 \times \frac{2.14 \times 10^{14}}{9000^2} \times 8$$

$$= 76026720\text{N} \cdot \text{mm} = 76\text{kN} \cdot \text{m}$$

$$M_C = K\frac{B_s}{l^2} \cdot \Delta = -2.4 \times \frac{2.14 \times 10^{14}}{9000^2} \times 8$$

$$= 50684480\text{N} \cdot \text{mm} = 50.7\text{kN} \cdot \text{m}$$

其中，从表 6-33 中可查得 B、C 处支座弯矩系数 K 分别为 3.6、－2.4

由式（6-156）可得支座处剪力为：

$$Q_{BA} = \frac{M_B}{l} = \frac{76}{9} = 8.44\text{kN}$$

$$Q_{BC} = \frac{M_B + M_C}{l} = \frac{76 + 50.7}{9} = 14.08\text{kN}$$

于是 B 点搁置附加力为：

$$N_1 = Q_{BA} + Q_{BC} = 8.44 + 14.08 = 22.52\text{kN}$$

则承重销每端的荷载为：

$$\frac{N}{2} = \frac{(1.2 \times 5.5 + 1.4 \times 0.5) \times 9 \times 9 + 1.4 \times 22.52}{2} = 311.41\text{kN}$$

$$M = \frac{N}{2}l_0 = 311.41 \times 0.135 = 42.04\text{kN} \cdot \text{m}$$

（3）截面验算

承重销选用 20a 工字钢，$W_x = 236.8\text{cm}^3$；$I_x = 2369\text{cm}^4$；$S_x = 136.1\text{cm}^3$；$t_w = 0.7\text{cm}$

承重能力验算：

$$M_x = f W_x = 215 \times 236.8 \times 10^3/10^6 = 50.91\text{kN} \cdot \text{m} > M = 42.04\text{kN} \cdot \text{m}$$

抗剪强度验算：

$$V = f_v \frac{It_w}{S} = 125 \times \frac{2369 \times 10^4 \times 7}{136.1 \times 10^3} = 152.31\text{kN} < 311.41\text{kN}$$

由计算知，抗剪能力不够，因此在工字钢腹板上加焊两块厚度为 6mm 的钢板以加强承重销的抗剪能力，可知

$$t'_w = 7 + 6 \times 2 = 19\text{mm}$$

$$V = f_v \frac{It_w}{S} = 125 \times \frac{2369 \times 10^4 \times 19}{136.1 \times 10^3} = 413.40\text{kN} > 311.41\text{kN}$$

满足要求。

6.11.3 板提升阶段柱子稳定性验算

1. 柱子稳定性验算

升板施工中，提升阶段群柱稳定是一个重要问题。设计时，柱的截面一般是由使用与吊装要求来决定，对提升阶段只作提升第一块板时柱子的稳定验算，而认为楼板提升起来与柱子临时固定后，柱子的稳定性即大大改善。其实不然，工程实践表明，升板工程柱子稳定最不利阶段，是在各层楼板升到设计位置而尚未永久固定的时候。因为，这时柱子与板（或梁）还未连接成整体，形成刚接，柱子还处在独立悬臂柱状态，其计算长度 l_0 相当于柱长 l 的两倍，柱的长细比 λ 很大，稳定性就很差。因此，必须进行稳定性验算，以确保施工安全。

验算时先绘制出柱子预留孔图和提升顺序排列图，然后对各层板在最不利的搁置状态和提升状态进行计算，其计算简图可取一等代悬臂柱。计算时假定板在平面内刚度极大，对柱能起到水平连杆作用（如用下承式承重搁置楼板）。群柱稳定性可通过等代悬臂柱偏心距增大系数 η 来验算，其公式为：

$$\eta = \frac{1}{1 - \dfrac{\gamma_F F_c}{10 a_s \xi E_c^b I_c^b} l_0^2} \tag{6-157}$$

式中 γ_F——折算荷载系数分项系数，取1.0；

F_c——提升单元内总的折算垂直荷载，其计算见后；

a_s——考虑升板结构柱提升阶段实际工作状况的系数，根据偏心距 e_0 与柱截面高度 h_c 之比，按表6-34采用，（$e_0 = \dfrac{M}{N}$，M 为柱受风荷载和竖向偏差所产生的柱尾最大弯矩，N 为竖向荷载总和，M、N 的计算公式见后）；

E_c^b——验算状态下柱底的混凝土的弹性模量；

I_c^b——提升单元内所有单柱柱底混凝土截面惯性矩的总和，按 $I_c^b = \sum_{i=1}^{n} I_i$ 取用，n 为提升单元内柱数；

l_0——计算长度，一般取 $l_0 = 2H_{n1}$。H_{n1}（承重销底截面混凝土地面高度）值：当验算搁置状态时取最高一层永久或临时搁置板处的承重销底距混凝土地坪面的高度 l_k（图6-76a）；若验算正在提升的状态，则取提升机距混凝土地坪面的高度 l_G（图6-76b）；若下面一层或楼板已就位，且板柱节点已形成可靠的刚接时，则 l_m 应按图6-77取 l'_m；

ξ——变刚度等代梁悬臂柱的截面刚度修正系数，当采用预制柱时取1.0。

a_s 值 表 表 6-34

e_0/h_c	0.05	0.10	0.15	0.20	0.25	0.30	0.35
a_s	0.776	0.715	0.668	0.631	0.601	0.577	0.555
e_0/h_c	0.40	0.50	0.60	0.70	0.80	0.90	≥1.00
a_s	0.538	0.509	0.488	0.471	0.459	0.447	0.440

注：e_0 为偏心距，为取式（6-172）计算的柱底最大弯距值与柱底以上的板、柱、提升机等重力设计值及其他荷载设计总和之比值，h_c 为柱截面高度。

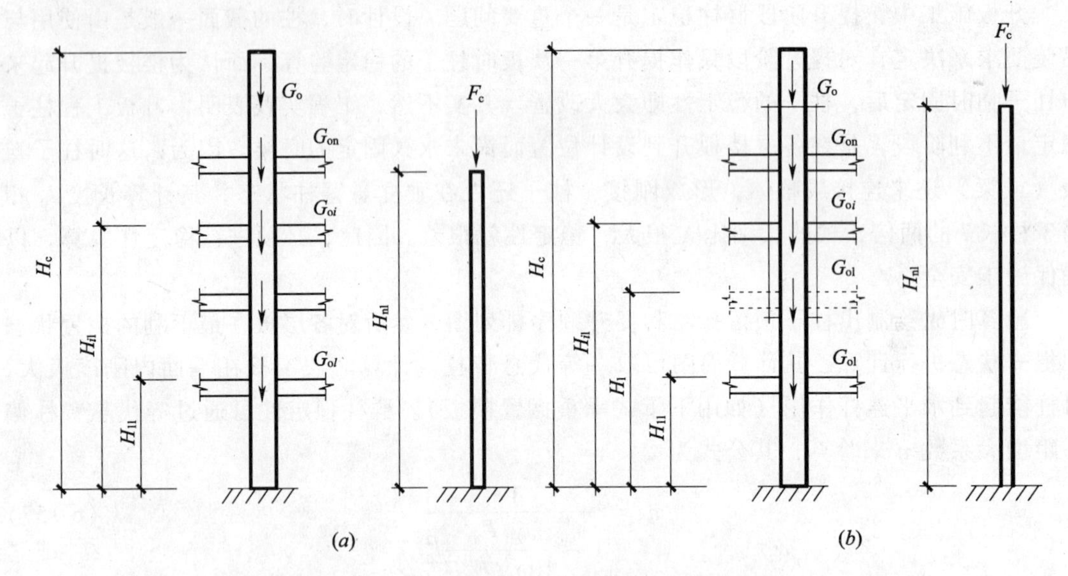

图 6-76 搁置时和正在提升时柱的计算简图

（a）搁置时；（b）正在提升时

求得的 η 值为负值或大于 3 时，说明稳定性不足，应先考虑改变提升工艺，必要时再考虑加大截面尺寸或改进结构布置。

验算步骤：先验算第一层板提升到设计位置时（即就位），其他各层板按提升程序在上面临时搁置状态，求得 η 值，如为负值或大于 3 时，说明稳定性差，应采取措施；如 $0<\eta\leq3$，则可进一步验算第二层就位时的 η 值。如果此时 $\eta<0$ 或 $\eta>3$ 时，则可采取先浇捣第一层下面的柱帽，待柱帽混凝土强度达到 10N/mm^2 以上，使第一层板与柱形成刚接后，再提升以上各层；然后再继续验算第三、四层……板就位时的 η 值。

（1）折算荷载 F_c 的计算

验算搁置状态的群柱稳定性时，折算荷载 F_c 按下列公式计算（可参阅图 6-76a 及图 6-77a）；

$$F_c = \sum_{i=1}^{n} G_{oi}\beta_i + G_{oc} + G_o \tag{6-158}$$

若验算一层（或叠层）板正在提升而其他各层处于搁置状态的柱群稳定性时，折算荷载 F_c 按下列公式计算（见图 6-76b 及图 6-77b）：

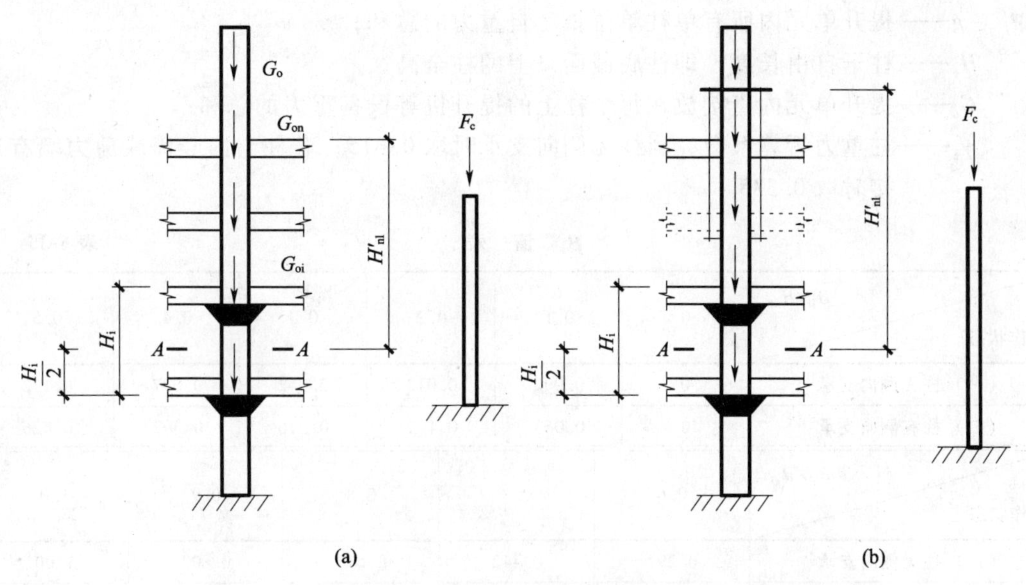

图 6-77　一层或数层节点刚接后搁置和提升时柱的计算简图
（a）搁置时；（b）正在提升时

$$F_c = G_{ol}\gamma_1 + \sum_{i=1}^{n} G_{oi}\beta_i + G_{oc} + G_o \tag{6-159}$$

式中　n——层数；

G_{oi}——永久或临时搁置的第 i 层板自重力设计值和按实际情况采用的其他荷载设计值，屋面施工荷载标准值，预制柱升板取 0.5kPa，升提、升滑系数取 1.5kPa；楼面施工荷载在一般情况下可不计入，不乘动力系数；

G_{ol}——正在提升的一层板或重叠板（即叠层提升的数层板）的总自重力及按实际情况采用的其他荷载，荷载取值与 G_{oi} 相同；

β_i——搁置折算系数，当柱无侧向支承时，按表 6-35（一）采用，若柱与竖筒或剪力墙连接时，则按表 6-35（二）采用，或按下式计算：

$$\beta_i = \frac{H_{il}}{H_{nl}} - \frac{1}{\pi}\sin\frac{\pi H_{il}}{H_{nl}} \tag{6-160a}$$

γ_1——提升折算系数，可以从表 6-36 查得，或按下式计算

$$\gamma_l = 1 - 0.75\frac{\cos^2\dfrac{\pi H_1}{H_{nl}}}{1 - \dfrac{H_1}{H_{nl}}} \tag{6-160b}$$

其中　H_{il}——第 i 层板永久或临时搁置处的高度；

H_{nl}——验算正在提升的状态时，正在提升的一层板或叠层板的高度；

G_{oc}——折算得柱自重总和，按下式计算：

$$G_{oc} = \gamma_c g H_c \left(\frac{H_c}{H_{nl}}\right)^2 \tag{6-161}$$

其中 g——提升单元内所有单柱单位长度自重力的总和；

H_c——柱子自由长度，即柱底截面以上的柱全高；

G_o——提升单元内直接放在每个柱上的提升机等设备重力的总和；

γ_c——柱重力折算系数，当柱无侧向支承时取 0.315；若柱与内竖筒或剪力墙有连接时取 0.385

β_i 值表 表 6-35

工作状态 \ H_{i1}/H_{n1}	0	0.1	0.2	0.3	0.4	0.5
（一）柱无侧向支承	0	0.002	0.013	0.042	0.097	0.132
（二）柱有侧向支承	0	0.063	0.192	0.316	0.397	0.426

工作状态 \ H_{i1}/H_{n1}	0.6	0.7	0.8	0.9	1.0
（一）柱无侧向支承	0.297	0.442	0.613	0.802	1.00
（二）柱有侧向支承	0.430	0.475	0.584	0.750	1.00

注：H_{i1}为第 i 层板永久或临时搁置处的高度。

γ_c 值表 表 6-36

H_{i1}/H_{n1}	0	0.1	0.2	0.3	0.4	0.5
γ_c	0.250	0.187	0.152	0.149	0.182	0.250
H_{i1}/H_{n1}	0.6	0.7	0.8	0.9	1.0	
γ_c	0.352	0.485	0.643	0.816	1.000	

注：H_i 为验算正在提升状态时被采用的一层板（或叠层提升时的数层板）的高度。

（2）风荷载的计算

升板结构提升阶段风荷载应根据各地具体情况决定，一般可取七级风的风荷载，即风压值 180N/m^2，如大于上述风级时，应暂停提升并采取相应得措施，确保群柱的稳定性。风荷载分布如图 6-78。

风荷载和竖向偏差所产生的柱底最大弯矩：

$$M = \sum_{i=1}^{n} W_i H_{i1} + \frac{1}{2}\omega H_c^2 + \sum_{i=1}^{n} \frac{1}{1000} G_{oi} H_{i1} \tag{6-162}$$

式中 W_i——第 i 层板处所受的集中风荷载设计值的总和；

ω——提升单元内全部柱所受的均布风荷载设计值，当柱子较高时，尚应考虑荷载沿高度的变化。

公式（6-172）中第一项为风荷载作用于楼板时对柱底产生的弯矩；第 2 项为风荷载作用于柱全高对柱底产生的弯矩；第 3 项为柱竖向偏差（按 1/100 考虑）对柱底产生的弯矩。

（3）N 值得计算

公式（6-167）中 a_s 所需要的 $e_0 = \dfrac{M}{N}$，其中 N 值按下式计算：

$$N = \sum_{i=1}^{n} G_{oi} + gH_c + G_o \tag{6-163}$$

符号意义同上。

2. 保持和提高群柱稳定性技术措施

（1）选择合理的提升程序，使提升时柱所受的荷裁作用点尽量降低，以避免出现头重脚轻的现象。具体的做法是，在第一层楼板固定以前，最大限度地压低上部楼板的提升高度，即在原休息孔之间适当增加 1~2 个休息孔，使顶层板搁置在较低位置上，并在提升中，及时由下而上将板与柱永久固定而形成刚接。

（2）在提升阶段，应分别按提升程序对各个提升单元进行柱群稳定性验算，如不稳定，应采取措施加强操作控制和施工管理，以防止出现意外偏心荷载，导致群柱失稳。

（3）板采用四点提升，使丝杆与吊杆的接头能通过楼板，使板距由 3.6m 压低到 1.8m，有效地降低重心，提高柱的稳定性。如提升机能力较大，可采用叠层提升楼板，以降低楼板提升高度，降低重心，尽早固定下层楼板，以加快提升速度。

（4）采取拉缆风的方法。即在柱上部两块或三块板的四角拉缆风绳，并在柱与板之间打入木楔以达到改变柱子的支承情况。提升时，松一道，紧 1~2 道，交替进行。拉缆风时要注意，四角缆风绳位置要对称，绳与地面角度一般为 45°，不宜过大，而几绳的拉紧力要相等，否则板要被拉歪，反而增加危险。

（5）楼板每提升一段，模板孔与柱子四周之间立即用钢楔打紧。对四层以上的升板结构，在提升过程中，最上两层至少有一层板交替与柱楔紧，并应尽早由下而上将板与柱永久固定而形成刚接。

（6）采用柱顶式提升时，利用柱顶间的临时走道将各柱顶连接固定，亦可利用水平短撑或拉条与已安好并固定的单元联系固定。

（7）在柱子安装时，使相邻柱的休息孔方向互相垂立，这样在板临时搁置时，承重销的方向就垂直交叉，可使柱与板之间在两个方向都有一定的抗弯能力。这项措施仅是附加安全度，设计时不予考虑。

（8）当升板建筑设有电梯井、楼梯间、竖井等筒体时，其筒体采取先行施工，以便利用作为柱群侧向联系的支点；对五层或 20m 以上的升板结构，在提升和搁置时，至少有一层板与先行施工的抗侧力结构有可靠的连接（如空隙间用钢楔打紧或与电梯井、楼梯间的预埋铁件临时焊接等）。

（9）提升阶段，当实际风荷载大于验算取值时，应停止提升，并采取有效措施将板临时固定，如加柱间支承，嵌木楔与相邻建筑连接，柱上部二块或三块板的四角用缆风绳进行临时固定，以改善柱的支承情况，适应较大的水平荷载，保证柱的稳定。

（10）加强柱子垂直偏差的观测与校正，如发现过大或异常的变形和摇晃，特别是四角向同一方向出现过大变形，应立即加设支承或拉缆风绳等措施使之稳定。

（11）每层楼板就位后，立即现浇柱帽与楼板结成整体，以减少柱的计算长度。

（12）经常与气象台联系，掌握当地气象情况，尽量避免在大风期间升板。

【例 6-38】 某仓库采用升板法施工，平剖面如图 6-78 所示，柱截面 500mm×500mm，采用C40混凝土，楼板和屋面板厚度为190mm，采用C30混凝土，围护结构为C20混凝土；提模自重力为5kN/m，挂于屋面板上，试验算提升过程中的群柱稳定性。

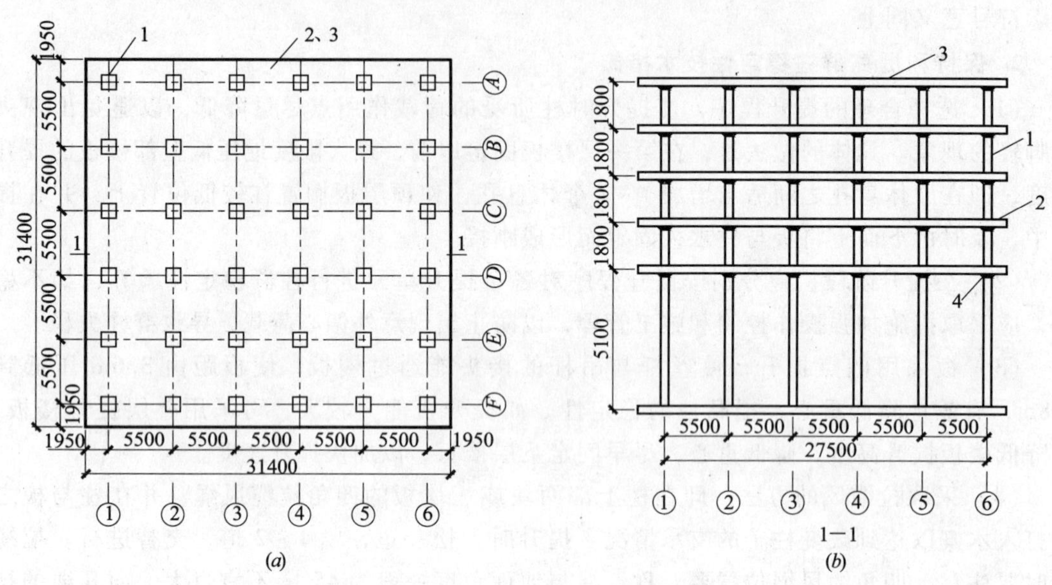

图6-78　某升板结构简图

(a) 平面图；(b) 剖面图

1—柱子；2—楼板；3—屋面板；4—柱帽

【解】　排出柱子预留孔图及编制提升程序图（图6-79）。根据提升程序图对各层板在最不利的搁置状态和提升状态的稳定性进行验算。

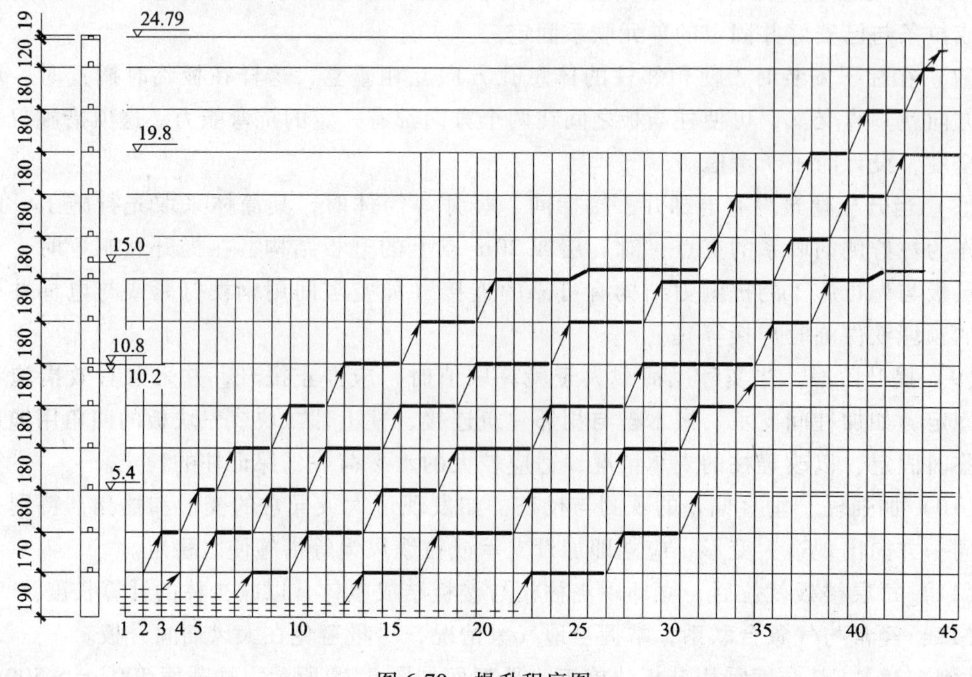

图6-79　提升程序图

楼板及屋面板自重力 = 25 × 0.19 × 31.4 × 31.4 = 4683.31kN

提模自重力 = 5 × 31.4 × 4 = 628kN

屋面施工荷载 = 1 × 31.4 × 31.4 = 985.96kN

柱子上提升机等设备自重力 ≈ 36 × 5 = 180kN

每个柱的自重力 = 25 × 0.5 × 0.5 = 6.25kN/m

1. 第一层板就位时的搁置状态验算（见图 6-79 第 32 顺序和图 6-80a）

由式（6-161）可得：

$$H_{n1} = 5.4 + 3.6 + 1.8 + 3.6 + 0.6 = 15\text{m}$$

$$G_{oc} = \gamma_c g H_c \left(\frac{H_c}{H_{n1}}\right)^2 = 0.315 \times 36 \times 6.25 \times 24.6 \times (24.6/15)^2 = 4689.38\text{kN}$$

板提升或搁置系数由表 6-35 查得，详见表 6-37。

β_i计算值表　　　　**表 6-37**

层　次	第　一　层	第　二　层	第　三　层	第　四　层	第　五　层
H_{i1}/H_{n1}	$\frac{5.4}{15}=0.36$	$\frac{9}{15}=0.6$	$\frac{10.8}{15}=0.72$	$\frac{14.4}{15}=0.96$	$\frac{15}{15}=1.0$
β_i	$\beta_i=0.072$	$\beta_i=0.297$	$\beta_i=0.475$	$\beta_i=0.920$	$\beta_i=1.000$

由式（6-158）可得提升单元内总的折算垂直荷载为：

$$\begin{aligned} F_c &= \sum_{i=1}^{5} G_{oi}\beta_i + G_{oc} + G_o \\ &= 4683.31 \times (0.072 + 0.297 + 0.475 + 0.920) \\ &\quad + (4683.31 + 985.96 + 628) \times 1.0 + 4689.38 + 180 \\ &= 19428\text{kN} \end{aligned}$$

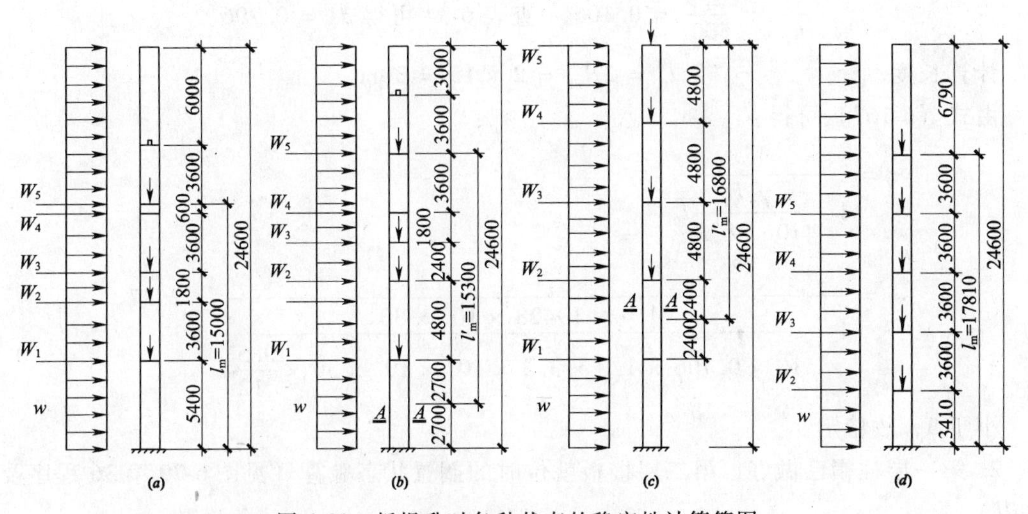

图 6-80　板提升时各种状态的稳定性计算简图

（a）第一层板就位时的搁置状态；（b）第一层柱帽已做好，第二层楼板就位时的搁置状态；（c）第五层板就位时的搁置状态；（d）正在提升第一层板时的提升状态

风荷载和竖向偏差所产生的柱底最大弯矩：

风压取 $0.18kN/m^2$

$$W_1 = W_2 = W_3 = W_4 = W_5$$
$$= 0.18 \times 0.19 \times 31.4 \times (0.8 + 0.5)$$
$$= 1.4kN$$
$$\omega = 0.18 \times 36 \times 1.3 \times 0.5 = 4.21kN/m$$
$$M_1 = \sum_{i=1}^{5} W_i H_{i1}$$
$$= 1.4 \times (5.4 + 9 + 10.8 + 14.4 + 15)$$
$$= 76.44kN \cdot m$$
$$M_2 = \frac{1}{2}\omega H_c^2 = \frac{1}{2} \times 4.21 \times 24.6 = 1270.84kN$$
$$M_3 = \frac{1}{1000}G_{oi}H_{i1} = \frac{1}{1000} \times 4683.31 \times (5.4 + 9 + 10.8 + 14.4)$$
$$+ \frac{1}{1000} \times (4683.31 + 985.96 + 628) \times 15$$
$$= 279.92kN$$
$$M = M_1 + M_2 + M_3 = 76.44 + 1270.84 + 279.92$$
$$= 1627.20kN$$
$$N = 4683.31 \times 5 + 985.96 + 628 + 36 \times 6.25 \times 24.6 + 180$$
$$= 30745.51kN$$
$$e_0 = \frac{M}{N} = \frac{1627.20}{30745.51} = 0.0529m = 52.9mm$$

$$\frac{e_0}{h_c} = \frac{52.9}{500} = 0.106$$ 查表6-34可得 $a_s = 0.706$

计算长度 $l_0 = 2H_{n1} = 2 \times 15 = 30m$

由式（6-167）可得：

$$\eta = \frac{1}{1 - \frac{\gamma_F F_c}{10a_s \xi E_c^b I_c^b} l_0^2}$$
$$= \frac{1}{1 - \frac{1.4 \times 19428 \times 10^3 \times 30^2}{10 \times 0.706 \times 1.0 \times 3.3 \times 10^4 \times 10^6 \times 36 \times \frac{0.5^4}{12}}} = 2.27$$

小于3，故稳定。

2. 第一层柱帽已做好，第二层楼板就位时的搁置状态验算（见图6-79第36程序及图6-80*b*）

$$H'_{n1} = \frac{5.4}{2} + 4.8 + 2.4 + 1.8 + 3.6 = 15.3$$

$$G_{oc} = 0.315g(L - 2.7)\left(\frac{H - 2.7}{H'_{nl}}\right)^2 = 0.315 \times 36 \times 6.25 \times 21.9 \times \left(\frac{21.9}{15.3}\right)^2 = 3180.11\text{kN}$$

提升板或搁置系数，可查表 6-35 或由式（6-170a）计算而得，详见表 6-38。

β_i计算值表　　**表 6-38**

层次	第一层	第二层	第三层	第四层	第五层
H_{il}/H'_{nl}	$\frac{2.7}{15.3}=0.18$	$\frac{7.5}{15.3}=0.49$	$\frac{9.9}{15.3}=0.65$	$\frac{11.7}{15.3}=0.76$	$\frac{15.3}{15.3}=1.0$
β_i	$\beta_i=0.009$	$\beta_i=0.172$	$\beta_i=0.366$	$\beta_i=0.542$	$\beta_i=1.000$

$$\begin{aligned} F_c &= 4683.31 \times (0.009 + 0.172 + 0.366 + 0.542 + 1.000) \\ &\quad + (4683.31 + 985.96 + 628) \times 1.000 + 3180.11 + 180 \\ &= 19440.81\text{kN} \end{aligned}$$

$$M_1 = 1.4 \times (2.7 + 7.5 + 9.9 + 11.7 + 15.3) = 65.94\text{kN}$$

$$M_2 = \frac{1}{2} \times 4.21 \times (24.6 - 2.7)^2 = 1009.58\text{kN}$$

$$\begin{aligned} M_3 &= \frac{1}{1000} \times 4683.31 \times (2.7 + 7.5 + 9.9 + 11.7) \\ &\quad + \frac{1}{1000} \times (4683.31 + 985.96 + 628) \times 15.3 \\ &= 245.28\text{kN} \end{aligned}$$

$$M_{A-A} = M_1 + M_2 + M_3 = 65.94 + 1009.58 + 245.28 = 1320.80\text{kN}$$

$$\begin{aligned} N &= 4683.31 \times 5 + 985.96 + 628 + 36 \times 6.25 \times (24.6 - 2.7) + 180 \\ &= 30138.01\text{kN} \end{aligned}$$

$$e = \frac{1320.80}{30138.01} = 0.0438\text{mm} = 4.38\text{cm}$$

$$\frac{e_0}{h_c} = \frac{43.8}{500} = 0.088 \quad \text{查表 6-34 可得 } \alpha_s = 0.739$$

$$\eta = \frac{1}{1 - \dfrac{1.4 \times 19440.81 \times 10^3 \times (2 \times 15.3)^2}{10 \times 0.739 \times 1.0 \times 3.3 \times 10^4 \times 10^6 \times 36 \times \dfrac{0.5^4}{12}}} = 2.26$$

$\because 0 < \eta = 2.26 < 3.0$

$\therefore$ 满足稳定性要求。

按上述方法可继续核算第二层柱帽做好后第五层屋面板就位时的搁置状态（见图 6-79 第 45 程序及图 6-80c），及正在提升第一层板时的提升状态（见图 6-79 第 21 程序及图 6-80d）等（略）。

第7章

钢结构工程施工计算

7.1 钢材重量计算

1. 钢材重量计算基本公式

$$W = F \times L \times \gamma \times \frac{1}{1000} \tag{7-1}$$

式中 W——钢材的重量（kg）；

F——钢材截面积（mm^2）；

L——钢材的长度（m）；

γ——钢材的密度（g/cm^3），取 $7.85g/cm^3$。

【例7-1】 已知一块钢板长4.0m，宽0.8m，厚4mm，试求这块钢板重量。

【解】 钢板截面积 $F = 800 \times 4 = 3200\ mm^2$

钢板的重量由式（7-1）得：

$$W = F \times L \times \gamma \times \frac{1}{1000} = 3200 \times 4.0 \times 7.85 \times \frac{1}{1000} = 100.5kg$$

故钢板的重量为100.5kg。

2. 钢材重量计算简式

钢材重量计算简式见表7-1：

钢材重量计算简式　　表7-1

项次	型钢名称	钢材重量	代号说明
1	扁钢、钢板、钢带	$W = 0.00785at$	a～边宽；t～厚度
2	圆钢、线材、钢丝	$W = 0.00617d^2$	d～直径
3	方钢	$W = 0.00785a^2$	a～边宽
4	钢管	$W = 0.02466t(D-t)$	D～直径；t～壁厚
5	圆角方钢	$W = 0.00785(a^2 - 0.8584r^2)$	a～边宽；r～圆角半径
6	圆角扁钢	$W = 0.00785(at - 0.8584r^2)$	a～边宽；t～厚度；r～圆角半径

续表

项　次	型钢名称	钢材重量	代号说明
7	等边角钢	$W = 0.02466d\ (2b-d)$	d ~边厚；b ~边宽
8	不等边角钢	$W = 0.00785d\ (B+b-d)$	d ~边厚；B ~长边宽；b ~短边宽
9	工字钢	$W = 0.00785d\ [h+f\ (b-d)]$	h ~高度；b ~腿宽；d ~腰厚；f ~见注
10	槽钢	$W = 0.00785d\ [h+e\ (b-d)]$	h ~高度；b ~腿宽；d ~腰厚；e ~见注

注：1. 表中 W 为单位长度（1m）钢材重量。
2. 角钢、工字钢、槽钢的简式用于计算近似值。
3. f 值：一般型号及带 a 的为 3.34；带 b 的为 2.65；带 c 的为 2.26。
4. e 值：一般型号及带 a 的为 3.26；带 b 的为 2.44；带 c 的为 2.24。
5. 各长度单位均为 mm。

【例 7-2】 已知一根长 8m ∟160×10 等边角钢和一根长 5m ∟100×80×8 不等边角钢，试分别求其重量。

【解】 等边角钢重量由表 7-1 简式得：

$$W = 0.00785 \times 10 \times (2 \times 160 - 10) \times 8 = 194.68\text{kg}$$

不等边角钢重量由表 7-1 简式得：

$$W = 0.00785 \times 8 \times (100 + 80 - 8) \times 5 = 54.01\text{kg}$$

故两种角钢的重量分别为 194.68kg 和 54.01kg。

7.2 钢结构零件加工计算

7.2.1 冲剪下料冲剪力计算

冲剪下料常采用机械进行，其剪切力可按下式计算：

直剪刀剪断时
$$P = 1.4Ff_t \tag{7-2}$$

斜剪刀剪断时
$$P = 0.55t^2 f_t / \text{tg}\beta \tag{7-3}$$

式中 P——剪切力（N）；

F——切断材料的截面积（mm^2）；

f_t——钢材抗拉强度（N/mm^2）（因考虑到材料的厚度不均、刃口变钝等因素，故不用抗剪强度，而用抗拉强度）；

t——切断材料的厚度（mm）；

β——剪刀倾斜角，对于短剪刀取 $\beta = 10° \sim 20°$；对于长剪刀取 $\beta = 5° \sim 6°$为宜。

【例 7-3】 用冲剪机剪切厚 6mm、宽 1500mm 钢板，已知 $f_t = 460N/mm^2$，$\beta = 5°$，试求用直剪刀和倾角为 5°的斜剪刀剪断时的剪切力。

【解】（1）直剪刀剪断时的剪切力由式（7-2）得：

$$P = 1.4Ff_t = 1.4 \times 6 \times 1500 \times 460$$
$$= 5796000\ \text{N} = 5796\ \text{kN}$$

（2）斜剪刀剪断时的剪切力由式（7-3）得：

$$P = 0.55t^2f_t/\text{tg}\beta = 0.55 \times 6^2 \times 460/\text{tg}5^\circ$$
$$= 104091\ \text{N} \approx 104.1\ \text{kN}$$

7.2.2 零件压弯计算

1. 压弯料长度计算

（1）钢板压弯长度 L（mm）的计算：

$$L = L_1 + \frac{\pi\alpha}{180^\circ}(R + n't) \tag{7-4}$$

（2）角钢煨圆长度 L（mm）的计算：

$$L = L_1 + \frac{\alpha}{180^\circ}(\pi R + nt) \tag{7-5}$$

式中 L_1——钢板或角钢直线部分长度（mm）；

α——圆弧部分的圆心角度数；

R——圆弧半径（mm），板材弯曲最小半径参见表 7-4；

n'——钢板压弯时中心层内移系数，由表 7-2 取用；

n——角钢煨圆时中心层移位系数，由表 7-3 取用；

t——钢板或角钢厚度（mm）。

钢板压弯时中心层内移系数 n' 表 7-2

图形	R/t	0.5	0.8	1.0	2.0	3.0	4.0	5.0	6.0	7.0	≥8.0
	n'	0.25	0.30	0.35	0.37	0.40	0.42	0.44	0.46	0.48	0.50

角钢煨圆时中心层移位系数 n 表 7-3

角钢规格	长肢边方向	短肢边方向
∟90×56×6	±10.0	±4.0
∟75×50×5	±6.5	±4.0
∟63×40×6	±7.0	±3.5
等边角钢	±6.0	±6.0

注：1. 其他规格不等边角钢可参照上述数值考虑。

2. 角钢外煨时取正号，里煨时取负号。

金属板材的最小弯曲半径 R　　　　　表 7-4

图　形	板材钢种	弯曲半径 R	
		经　退　火	不经退火
	钢 Q235、25、30	0.5t	1.0t
	钢 Q235、5、35	0.8t	1.5t
	钢 45	1.0t	1.7t
	铜	—	0.8t
	铝	0.2t	0.8t

注：1. t—板材厚度。

2. 当煨弯方向垂直于轧制方向时，R 应乘以系数 1.90。

3. 当边缘经加工去除硬化边缘时，R 应乘以系数 2/3。

【例 7-4】　一钢板拟压弯成如图 7-1 所示形状，钢板厚 $t = 10$mm，宽 1500mm，圆弧半径 $R = 60$ mm，圆心角 $\alpha = 150°$，试求钢板压弯长度。

【解】　由 $R/t = 60/10 = 6$，查表 7-2 得，$n' = 0.46$，钢板压弯长度由式 7-4 可得：

$$L = L_1 + \frac{\pi\alpha}{180°}(R + n't)$$

$$= 400 + 500 + \frac{3.14 \times 150}{180}$$

$$\times (60 + 0.46 \times 10)$$

$$= 1069 \text{ mm}$$

故钢板压弯长度为 1069mm。

【例 7-5】　∟90×56×6mm 角钢拟弯成如图 7-2 所示形状，圆弧半径 $R = 600$ mm 的零件，试计算角钢两个面的煨圆长度。

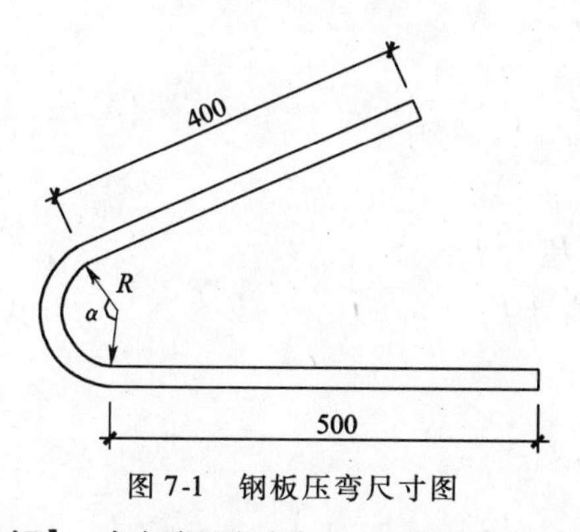

图 7-1　钢板压弯尺寸图

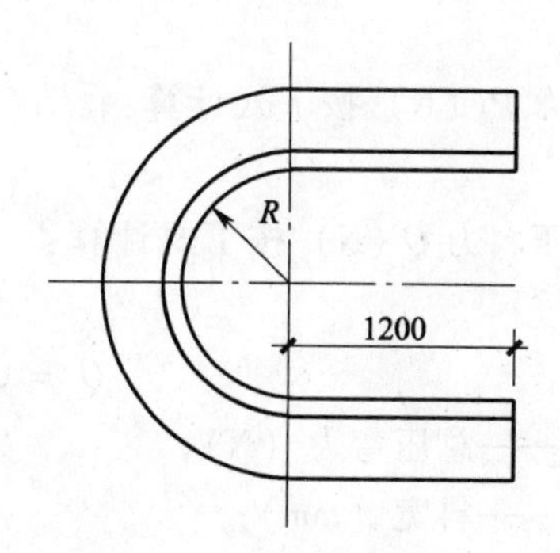

图 7-2　不等肢角钢煨弯尺寸图

【解】　角钢煨圆时中心层移位系数查表 7-3 得，煨 90 边方向，$n = 10.0$；煨 56 边方向，$n = 4.0$

角钢煨圆 90 边总长度由式（7-5）得：

$$L = L_1 + \frac{\alpha}{180°}(\pi R + nt)$$

$$= 1200 \times 2 + \frac{180}{180} \times (3.14 \times 600 + 10.0 \times 6)$$

$$= 4344\text{mm}$$

同样，角钢煨圆 56 边总长度为：

$$L = 1200 \times 2 + (3.14 \times 600 + 4.0 \times 6)$$

$$= 4308\text{ mm}$$

故角钢煨圆，长肢边方向和短肢边方向总长度分别为 4344mm 和 4308mm。

2. 压弯弯曲力计算

压弯时的弯曲力随压弯方法和压弯性质而不同，其弯曲力计算见表 7-5：

弯曲力计算 **表 7-5**

项　次	压弯方法	压弯性质	压弯力
1		纯压弯 矫正	$P = P_1$　(7-6) $P = P_1 + P_2$　(7-7)
2		压料不矫正 压料矫正	$P = P_1 + Q$　(7-8) $P = P_1 + P_2 + Q$　(7-9)

其中，最大压弯力 P_1（N）按下式计算：

$$P_1 = \frac{bt^2 f}{R + t} \tag{7-10}$$

矫正力 P_2（N）按下式计算：

$$P_2 = Fq \tag{7-11}$$

最大压料力 Q（N）按下式计算：

$$Q = 0.81P_1 \tag{7-12}$$

或

$$Q = 0.25\%(P_1 + P_2) \tag{7-13}$$

式中　P——总压弯力（N）；

b——料宽（mm）；

t——料厚（mm）；

f——抗拉强度（N/mm^2）；

R——内压弯半径（mm）；

F——凸模矫正面积（mm^2）；

q——单位矫正压力（N/mm^2）。

【例 7-6】 压弯钢板厚 6mm，宽 1200mm，钢材抗拉强度 $f_t = 460\ N/mm^2$，压弯圆弧

半径 $R=60$ mm，试求其最大压弯力。

【解】　最大压弯力由式（7-10）得：

$$P_1=\frac{bt^2f}{R+t}=\frac{1200\times6^2\times460}{60+6}$$

$$=301091\ \text{N}\approx301\ \text{kN}$$

7.2.3　冲孔冲裁力计算

冲孔是用冲孔机将板料冲出孔来，效率高，但质量较钻孔差，在钢结构制作中，冲孔一般仅用于非圆孔和薄板制孔。

冲孔的冲裁力可按下式计算：

$$P=S\cdot t\cdot f \tag{7-14}$$

式中　P——冲孔冲裁力（N）；

S——落料周长（mm）；

t——材料的厚度（mm）；

f——材料抗拉强度（N/mm^2）；因考虑到材料厚度不均、刃口变钝等因素，故不用抗剪强度而用抗拉强度，一般 Q235 钢，取 $f=460N/mm^2$；Q345 钢，$f=630N/mm^2$。

为减小冲裁力，常把冲头做成对称的斜度或弧形，当斜度 $\alpha=6°$时，冲裁力可减小 50% 左右。

【例 7-7】　Q345 钢板厚 12mm，拟用斜度 $\alpha=6°$的冲头冲直径 24mm 孔，试求其冲裁力。

【解】　冲孔冲裁力由式（7-14）得：

$$P=0.5S\cdot t\cdot f=0.5\times3.14\times24\times12\times630$$

$$=284860.8\ \text{N}\approx285\ \text{kN}$$

故冲孔冲裁力为 285kN。

7.2.4　收缩应力计算

当设备能力受到限制或钢材厚度较厚时，采用冷矫正有困难或达不到质量要求时，可采用热矫正，即火焰矫正，其收缩应力按下式计算：

$$\sigma_0=E\cdot\alpha\cdot T \tag{7-15}$$

火焰烤红宽度按下式计算：

$$\Delta=\frac{\varepsilon}{\alpha\cdot T} \tag{7-16}$$

式中　σ_0——火焰矫正收缩应力（N/mm^2）；

E——钢材的弹性模量，取 $2.1\times10^5 N/mm^2$；

α——钢材的收缩率，取 $1.48\times10^{-6}/℃$；

T——加热温度，一般取 700℃ ~800℃；

Δ——火焰矫正烤红宽度（mm）；

ε——边缘应变量（mm）。

【例 7-8】 一钢板零件 2400×300mm，厚 10mm，在运输过程中产生了弯曲变形，拟采用火焰矫正，加热温度为 700℃，烘烤加热时气温为 25℃，试求其加热后矫正收缩应力。

【解】 由公式 7-15 可得：

$$\sigma_0 = E \cdot \alpha \cdot T = 2.1 \times 10^5 \times 1.48 \times 10^{-6} \times (700 - 25)$$
$$= 210\ \text{N/mm}^2$$

故加热后的矫正收缩应力为 210N/mm²。

7.3 钢结构焊接连接计算

焊缝连接是现代钢结构最主要的连接方法。焊缝连接形式按被连接钢材的相互位置可分为对接、搭接、T 形连接和角部连接四种，这些连接中常用的焊接形式有两种：一种是对接焊缝连接；一种是角焊缝连接。前者主要用于厚度相同或接近相同的两构件相互连接；后者适用于不同厚度构件的搭接连接，目前在工程中应用较多。

在钢结构制作和安装中，对焊缝形式及焊缝尺寸的构造要求，设计和规范都有较明确的规定，但在某些情况下，材料长度不够，需要施工单位根据具体情况按等强的原则进行连接计算和核算，以下简介其基本计算方法。

1. 对接焊缝连接计算

由于对接焊缝是焊件截面的组成部分，焊缝中应力分布情况基本上与焊件相同，故计算方法与构件强度计算一样。

（1）轴心受力的对接焊缝

轴心受力的对接焊缝可按下式计算：

$$\sigma = \frac{N}{l_w t} \leqslant f_t^w \text{ 或 } f_c^w \tag{7-17}$$

式中 N——轴心拉力或压力；

l_w——焊缝的计算长度。加引弧板施焊时，取焊缝实际长度；当未采用引弧板时，取实际长度减去 $2t$；

t——在对接接头中连接件的较小厚度；在 T 形接头中为腹板厚度；

f_t^w、f_c^w——对接焊缝的抗拉、抗压强度设计值。

当承受轴心力的板件用斜焊缝对接（如图 7-3 所示），焊缝与作用力间的夹角 θ 满足 $\text{tg}\theta \leqslant 1.5$ 时，其强度可不必验算。

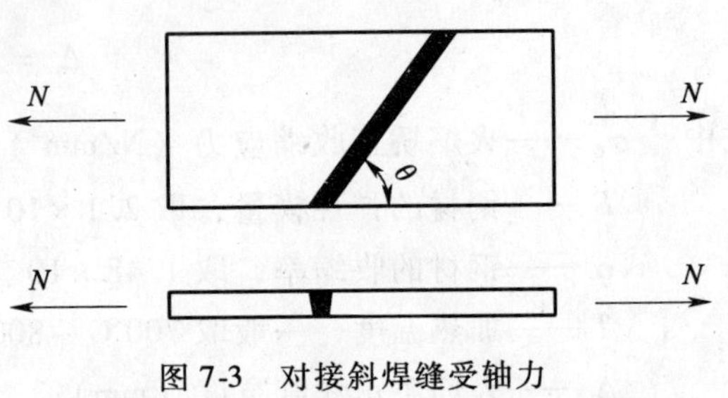

图 7-3 对接斜焊缝受轴力

（2）弯矩和剪力共同作用的对接焊缝

承受弯矩和剪力共同作用的对接焊缝，其正应力和剪应力应按下式分别进行计算：

$$\sigma = \frac{M}{W_w} = \frac{6M}{l_w^2 t} \leqslant f_t^w \tag{7-18}$$

$$\tau = \frac{VS_w}{I_w t} = \frac{1.5V}{l_w t} \leqslant f_v^w \tag{7-19}$$

式中　M、V——弯矩、剪力；

W_w——焊缝截面模量；

S_w——焊缝截面面积矩；

I_w——焊缝截面惯性矩；

f_v^w——对接焊缝抗剪强度设计值。

在同时受有较大正应力和剪应力处（例如梁腹板横向对接焊缝的端部），应按下式计算折算应力：

$$\sqrt{\sigma_1^2 + 3\tau_1^2} \leqslant 1.1 f_t^w \tag{7-20}$$

式中　σ_1、τ_1——验算点处的焊缝正应力和剪应力；

1.1——考虑到最大折算应力只在局部出现，而将强度设计值适当提高的系数。

2. 角焊缝连接计算

工程中一般采用直角焊缝，由于它的抗剪能力较强，其抗剪强度设计值较对接焊缝取值较高，且角焊缝受剪力情况居多，故不分受力种类，抗拉、抗压、抗剪的强度设计值均采用同一标准，其焊缝强度可按下式计算：

（1）在通过焊缝形心的拉力、压力或剪力作用下：

1）正面角焊缝（作用力垂直于焊缝长度方向）：

$$\sigma_f = \frac{N}{h_e l_w} \leqslant \beta_f f_f^w \tag{7-21}$$

2）侧面角焊缝（作用力平行于焊缝长度方向）：

$$\tau_f = \frac{N}{h_e l_w} \leqslant f_f^w \tag{7-22}$$

3）在各种力综合作用下，

$$\sqrt{\left(\frac{\sigma_f}{\tau_f}\right)^2 + \tau_f^2} \leqslant f_f^w \tag{7-23}$$

式中　σ_f——按焊缝有效截面（$h_e l_w$）计算，垂直于焊缝长度方向的应力；

τ_f——按焊缝有效截面计算，沿焊缝长度方向的剪应力；

h_e——角焊缝的计算厚度，对直角角焊缝等于 $0.7h_f$；

h_f——焊脚尺寸；

l_w——角焊缝的计算长度，对每条焊缝取其实际长度减去 $2h_f$；

f_f^w——角焊缝的强度设计值；

β_f——正面角焊缝的强度设计值增大系数，对承受静力荷载和间接承受动力荷载的结构，$\beta_f = 1.22$；对直接承受动力荷载的结构，$\beta_f = 1.0$。

（2）在钢桁架中，角钢腹杆与节点板的连接焊缝一般采用两面侧焊，轴心力通过角钢截面的形心。但由于角钢形心轴线距肢背和肢尖的距离 e_1 和 e_2 不等（图 7-4）。计算时应使角钢上的焊缝所受力 N_1、N_2 的合力通过角钢截面形心，以免产生偏心作用。因而要求距形心近的肢背处焊缝受力较大，距形心远的肢尖处焊缝受力较小，针对角钢连接的不同情况，肢背和肢尖焊缝受力可按表 7-6 分配。

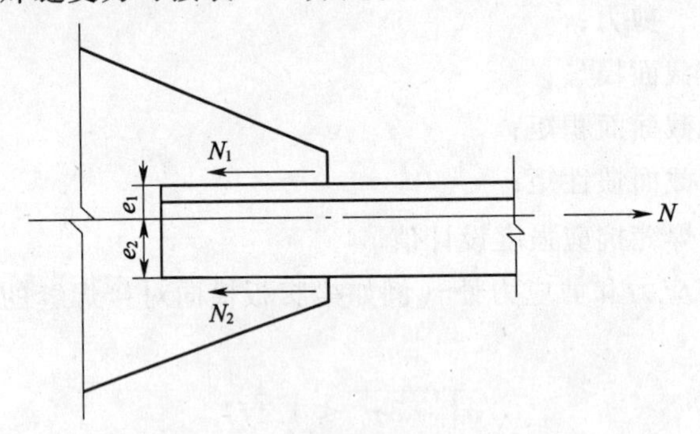

图 7-4　角钢角焊缝上受力分配

角钢肢背和肢尖的角焊缝内力分配系数 k_1 和 k_2 值　　表 7-6

项　次	角钢类别与连接形式		分配系数	
			k_1	k_2
1		等边角钢一肢相连	0.7	0.3
2		不等边角钢短肢相连	0.75	0.25
3		不等边角钢长肢相连	0.65	0.35

【例 7-9】 如图 7-5 所示两块钢板的拼接采用对接焊缝，轴心力的设计值 N 为 2000kN，钢板截面尺寸为 20×540mm。钢材为 Q235 钢，手工焊，焊条为 E43 型，三级检验标准的焊缝，加引弧板施焊，试验算对接焊缝强度。（已知对接焊缝抗拉强度设计值为 175N/mm²）

【解】 直缝连接焊缝计算长度 $l_w = 54\text{cm}$。焊缝正应力为：

$$\sigma_f = \frac{N}{l_w t} = \frac{2000 \times 10^3}{540 \times 20} = 185\text{N/mm}^2 > f_t^w = 175\text{N/mm}^2$$

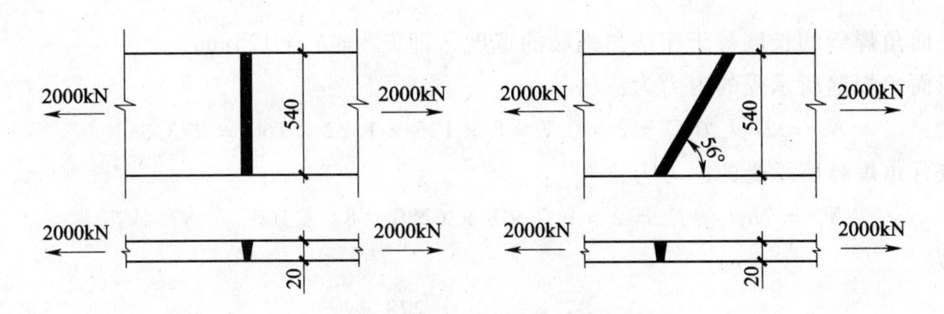

图 7-5　两块钢板的对接焊缝连接

(*a*) 直对接焊缝连接；(*b*) 斜对接焊缝连接

不满足要求，可改用斜对接焊缝，使焊缝与作用力夹角 θ 满足 $\mathrm{tg}\theta = 1.5$，即 $\theta = 56°$，焊缝长度 $l_w = \dfrac{54}{\sin 56°} = 65\mathrm{cm}$。

故此时焊缝的正应力为：

$$\sigma = \frac{N\sin\theta}{l_w t} = \frac{2000 \times 10^3 \times \sin 56°}{650 \times 20} = 128\mathrm{N/mm^2} < f_t^w = 175\mathrm{N/mm^2}$$

剪应力为：

$$\tau = \frac{N\cos\theta}{l_w t} = \frac{2000 \times 10^3 \times \cos 56°}{650 \times 20} = 86\mathrm{N/mm^2} < f_v^w = 120\mathrm{N/mm^2}$$

当 $\mathrm{tg}\theta < 1.5$ 时，焊缝强度可满足要求。

【例 7-10】　两角钢 2∟125×10 与节点板采用三面围焊连接，如图 7-6 所示。已知节点板厚度为 8mm，肢背焊缝长度为 280mm，焊脚尺寸 $h_f = 8\mathrm{mm}$，钢材为 Q235-B，手工焊，焊条为 E43 型。试求焊缝连接的承载力及肢尖焊缝的长度。

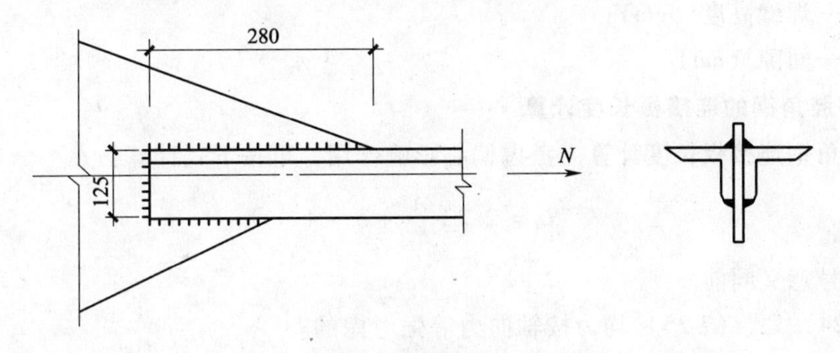

图 7-6　角钢与节点板焊接连接

【解】　角焊缝强度设计值 $f_f^w = 160\mathrm{N/mm^2}$。焊缝内力分配系数 $k_1 = 0.7$，$k_2 = 0.3$。

正面角焊缝的长度等于相连角钢肢的宽度，即 $l_{w3}=b=125\text{mm}$。

正面角焊缝所承受的内力为：

$$N_3=2h_e l_{w3}\beta_f f_f^w=2\times0.7\times8\times125\times1.22\times160=273.3\text{kN}$$

肢背角焊缝所承受的内力为：

$$N_1=2h_e l_{w3}\beta_f f_f^w=2\times0.7\times8\times(280-8)\times160=487.4\text{kN}$$

又因为

$$N_1=k_1N-\frac{N_3}{2}=0.7N-\frac{273.3}{2}=487.4\text{kN}$$

则可得焊缝总承载力：

$$N=\frac{487.4+136.6}{0.7}=891.4\text{kN}$$

从而肢尖角焊缝承受的内力为：

$$N_2=k_2N-\frac{N_3}{2}=0.3\times891.4-136.6=130.8\text{kN}$$

由此可算出肢尖焊缝的长度为：

$$l_{w2}=\frac{N_2}{2h_e f_f^w}+8=\frac{130.8\times10^3}{2\times0.7\times8\times160}+8=81\text{mm}$$

7.4 钢结构焊接连接板长度计算

1. 等肢角钢、工字钢、槽钢的翼缘和腹板的连接板长度计算

$$L=2.02\frac{A}{h_f}+\delta+4 \tag{7-24}$$

式中 L——连接板长度（cm）；

A——等肢角钢截面积（cm^2）；工字钢、槽钢一块翼缘的截面面积（cm^2）；工字钢、槽钢腹杆截面积的一半（cm^2）；

h_f——焊缝高度（cm）；

δ——间隙（cm）。

2. 不等肢角钢的连接板长度计算

不等肢角钢连接板长度计算需考虑偏心影响作用，可按下式计算：

$$L=2.22\frac{A}{h_f}+\delta+4 \tag{7-25}$$

式中符号意义同前。

式（7-24）、式（7-25）均为按轴向力等强考虑的。

型钢结构接头的种类很多，不同规格的型钢和不同位置的接头，要按标准规定正确处理覆板、盖板的连接和尺寸要求。等肢角钢、不等肢角钢、槽钢和工字钢标准接头规定见表7-7～表7-10。

等肢角钢标准接头　　　　表 7-7

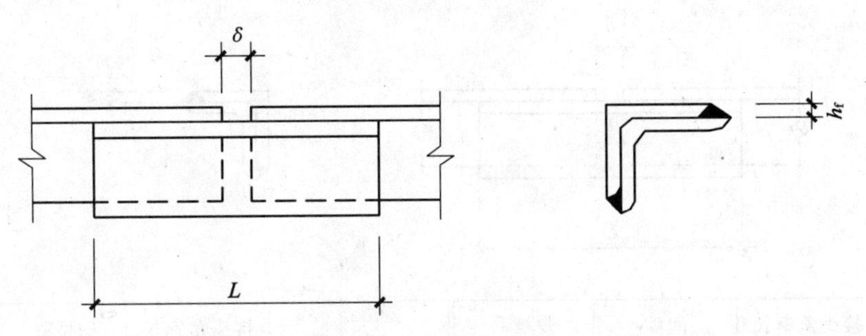

角钢型号	接头角钢长 L	间隙 δ	焊缝高 h_f	角钢型号	接头角钢长 L	间隙 δ	焊缝高 h_f
20×4	130	5	3.5	75×7	400	10	6
25×4	155	5	3.5	80×8	460	12	7
30×4	180	5	3.5	90×8	460	12	7
35×4	205	5	3.5	100×10	490	12	9
40×4	225	5	3.5	110×10	540	12	9
45×4	240	5	3.5	125×12	640	14	10
50×5	250	5	4.5	140×14	690	14	12
56×5	300	10	4.5	160×14	790	14	12
63×6	350	10	5	180×16	860	14	14
70×7	370	10	6	200×20	840	20	18

注：1. 当角钢肢宽大于 125mm 时，考虑角钢受力均匀，对受拉杆件要求其两肢按图 7-7 方式切斜，两角钢间加设垫板，以减少截面的削弱，受压构件可不切斜，在节点板处可不设垫板。

2. 连接角钢与被连接角钢相贴合处应切削成弧形。

3. 表中连接板长度均按轴向力等强考虑，以下表均同。

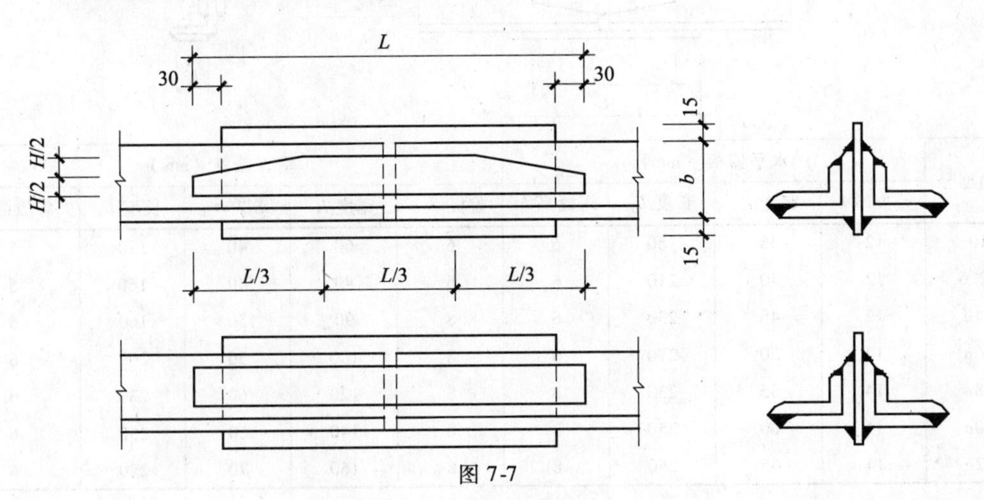

图 7-7

不等肢角钢标准接头 表 7-8

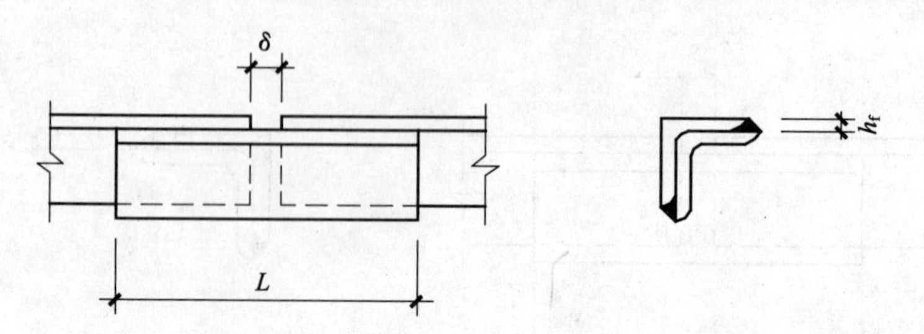

角钢型号	接头角钢长 L	间隙 δ	焊缝高 h_f	角钢型号	接头角钢长 L	间隙 δ	焊缝高 h_f
25×16×4	140	5	3.5	90×56×6	440	10	5
32×20×4	170	5	3.5	100×63×8	450	10	7
40×25×4	205	5	3.5	100×80×8	460	12	7
45×28×4	235	5	3.5	110×70×8	460	12	7
50×32×4	250	5	3.5	125×80×10	540	12	9
56×36×4	275	5	3.5	140×90×12	590	12	11
63×40×5	300	8	4.5	160×100×14	700	12	12
70×45×5	340	10	4.5	180×110×14	780	14	12
75×50×5	370	10	4.5	200×125×16	850	14	14
80×50×6	390	10	5				

注：肢宽大于125mm的角钢，受拉杆件应用肢部切斜方法见表7-7等肢角钢注。

槽钢标准接头 表 7-9

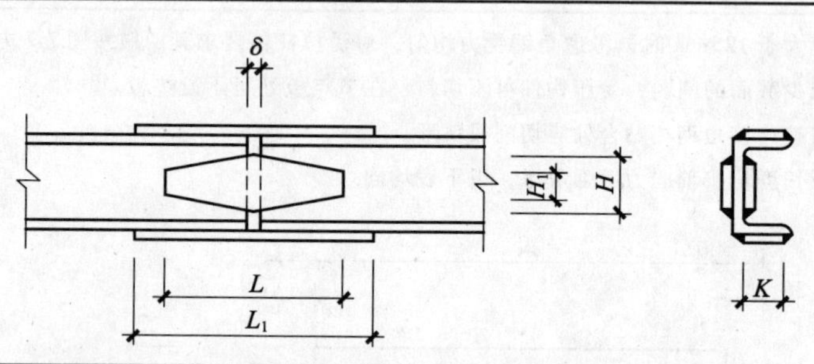

截面型号	水平盖板（mm）				垂直盖板（mm）				
	盖板厚 h	宽度 K	长度 L_1	焊缝高 h_f	盖板厚 h	宽度 H	宽度 H_1	长度 L	焊缝高 h_f
10	12	35	180	6	6	60	40	130	5
12.6	12	40	210	6	6	80	40	160	5
14a	12	45	230	6	8	90	50	160	6
16a	14	50	270	6	8	100	50	200	6
18a	14	55	230	8	8	120	60	230	6
20a	14	60	250	8	8	140	60	250	6
22a	14	65	260	8	8	160	70	280	6

续表

截面型号	水平盖板（mm）				垂直盖板（mm）				
	盖板厚 h	宽度 K	长度 L_1	焊缝高 h_f	盖板厚 h	宽度 H	宽度 H_1	长度 L	焊缝高 h_f
25*a*	16	65	280	8	8	180	80	300	6
28*a*	16	70	340	8	8	200	90	300	6
32*a*	18	70	340	8	8	230	100	330	8
36*a*	20	75	360	10	10	270	120	410	8
40*a*	24	80	420	10	12	300	130	430	10

工字钢标准接头　　表 7-10

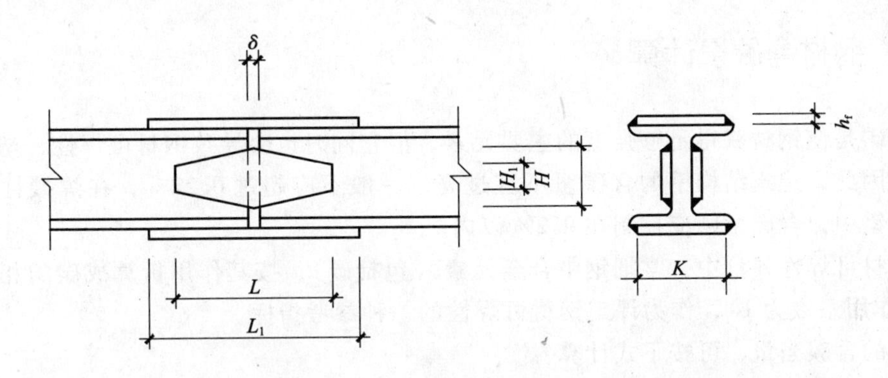

截面型号	水平盖板（mm）				垂直盖板（mm）				
	盖板厚 h	宽度 K	长度 L_1	焊缝高 h_f	盖板厚 h	宽度 H	宽度 H_1	长度 L	焊缝高 h_f
10	10	55	260	5	6	60	40	120	5
12.6	12	60	310	5	6	80	40	150	5
14	14	60	320	6	8	90	50	160	6
16	14	65	350	6	8	100	50	190	6
18	14	75	400	6	8	120	60	220	6
20*a*	16	80	470	6	8	140	60	260	6
22*a*	16	90	520	6	8	160	70	290	6
25*a*	16	95	470	8	10	180	80	290	8
28*a*	18	100	480	8	10	200	90	300	8
32*a*	18	110	570	8	10	250	110	410	8
36*a*	20	110	500	10	12	270	120	360	10
40*a*	22	110	540	10	12	300	130	440	10
45*a*	24	120	600	10	12	350	150	540	10
50*a*	30	125	620	12	14	380	170	480	12
56*a*	30	125	630	12	14	480	180	590	12
63*a*	30	135	710	12	14	480	200	660	12

【例 7-11】 钢桁架等肢角钢型号为∟100×10mm，按轴向力等强考虑，试计算需用连接角钢长度。

【解】 由题意知角钢截面积 $A=19.26\text{cm}^2$，设两角钢接头间空隙 $\delta=1.2\text{cm}$，接头板焊缝高度 $h_f=0.9\text{cm}$

连接角钢长度由式（7-24）得：

$$L=2.02\frac{A}{h_f}+\delta+4=2.02\times\frac{19.26}{0.9}+1.2+4$$

$$=48.4\text{cm}, \quad 取 490\text{mm}$$

故需连接角钢长度为 490mm。

7.5 钢材含碳量计算

尽管碳是使钢材获得足够强度的主要元素，但它同时也会导致钢材可焊性、塑性和韧性降低，因此，建筑结构钢的含碳量不宜过高，一般不应超过 0.22%，在焊接性能要求高的结构钢中，含碳量则应控制在 0.2% 以内。

在钢材可焊性评价中，常把钢中合金元素（包括碳），按其作用折算成碳的相当含量（以碳的作用系数为 1），作为评定钢材可焊性的一种参考指标。

钢材的含碳当量，可按下式计算：

$$C_{egu}=C+\frac{Mn}{6}+\frac{Cr+Mo+V}{5}+\frac{Ni+Cu}{15} \tag{7-26}$$

式中 C_{egu}——碳的相当含量（%）；

C——碳的含量（%）；

Mn——锰的含量（%）；

Cr——铬的含量（%）；

Mo——钼的含量（%）；

V——钒的含量（%）；

Ni——镍的含量（%）；

Cu——铜的含量（%）。

碳当量 C_{egu} 值越大，钢材淬硬倾向越大，冷裂敏感性也越大。当 $C_{egu}<0.4\%$ 时，钢材可焊性优良，淬硬倾向不明显，焊接时不必预热；当 $C_{egu}=0.4\%\sim0.6\%$ 时，钢材的淬硬性倾向逐渐明显，需采取适当的预热和控制线能量等措施；当 $C_{egu}>0.6\%$ 时，淬硬性强，属于较难焊接的钢材，需采取较高的预热温度和严格的工艺措施。

【例 7-12】 一低合金结构所采用钢材的化学成分为：C=0.18%，Mn=0.75%，Mo=0.1%，Cr=0.09%，V=0.02%，Ni=0.07%，Cu=0.075%，试求碳当量并评价其可焊性。

【解】 钢材的碳当量由式（7-26）得：

$$C_{egu}=C+\frac{Mn}{6}+\frac{Cr+Mo+V}{5}+\frac{Ni+Cu}{15}$$

$$= \left(0.18 + \frac{0.75}{6} + \frac{0.09 + 0.1 + 0.02}{5} + \frac{0.07 + 0.075}{15}\right)\%$$

$$= 0.357\%$$

钢材的碳当量为 0.357%，小于 0.4%，故可焊性优良。

7.6 高强度螺栓施工计算

7.6.1 高强度螺栓长度计算

扭剪型高强度螺栓的长度为螺栓头根部至螺栓刃口头处的长度；对高强度大六角头螺栓应再加一个垫圈的厚度。

高强度螺栓长度应按下式计算：

$$l = l' + \Delta l \tag{7-27}$$

式中　l'——连接板层总厚度（mm）；

Δl——附加长度，即紧固长度加长值（mm），可按下式计算：

$$\Delta l = m + ns + 3p \tag{7-28}$$

其中　m——高强度螺母公称厚度（mm）；

n——垫圈个数，扭剪型高强度螺栓为 1，大六角头高强度螺栓为 2；

s——高强度垫圈公称厚度（mm）；

p——螺纹螺距（mm）。

螺栓的长度应为紧固连接板厚度加上一个螺母和一个垫圈的厚度，并且紧固后要余留出三扣螺纹的长度，通常按连接板厚加表 7-11 中增加长度，并取 5mm 的整倍数。

高强度螺栓紧固长度加长值　　**表 7-11**

螺栓公称直径	扭剪型高强度螺栓增加长度（mm）	高强度大六角头螺栓增加长度（mm）
M16	25 以上	30 以上
M20	30 以上	35 以上
M22	35 以上	40 以上
M24	40 以上	45 以上

【例 7-13】 两钢板拼接，采用 M20 高强度大六角头螺栓连接，螺母厚 $m = 20.7$mm，垫圈厚 $s = 4.3$mm，螺纹螺距 $p = 2.0$mm，板层的总厚度为 48mm，试计算需要螺栓长度。

【解】 因采用大六角头高强度螺栓，$n = 2$，螺栓长度由式（7-27）得：

$$l = l' + \Delta l$$

$$= l' + m + ns + 3p$$

$$= 48 + 20.7 + 2 \times 4.3 + 3 \times 2$$

$$= 83.3\text{mm} \quad 取 85\text{mm}$$

故需要螺栓长度85mm。

7.6.2 高强螺栓受剪承载力计算

高强度螺栓连接按其受力特征分为摩擦型连接和承压型连接两种类型。摩擦型连接是依靠被连接件之间的摩擦阻力传递内力，并以在荷载设计值下连接件之间产生相对滑移作为承载能力极限状态，螺栓的预拉力、摩擦面间的抗滑移系数和钢材种类等都直接影响到高强螺栓连接的承载力。承压型连接在荷载设计值下，则以螺栓或连接件达到最大承载能力作为承载能力极限状态。

由于承压型连接剪切变形大，不得用于直接承受动力荷载的结构中，钢结构工程大多应用摩擦型连接。

摩擦型连接的抗剪承载力取决于构件接触面的摩擦力，而此摩擦力的大小与螺栓所受预拉力和摩擦面的滑移系数以及连接的传力摩擦面数有关。一个摩擦型连接高强度螺栓的抗剪承载力设计值可按下式计算：

$$N_v^b = 0.9 n_f \mu P \tag{7-29}$$

摩擦型连接同时承受剪切和螺杆轴方向的外拉力时的抗剪承载力设计值为：

$$\frac{N_v}{N_v^b} + \frac{N_t}{N_t^b} \leqslant 1 \tag{7-30}$$

式中 N_v^b——高强螺栓受剪承载力设计值；

n_f——传力摩擦面数目；单剪时，$n_f = 1$；双剪时 $n_f = 2$；

μ——摩擦面的抗滑移系数，按表7-12采用；

P——高强度螺栓的设计预拉力，按表7-13采用；

N_t^b——高强螺栓受拉承载力设计值；

N_t——某个高强度螺栓在杆轴方向所受外拉力，其值不得大于0.8 P。

试验证明，低温对摩擦型高强螺栓抗剪承载力无明显影响，但当温度 t =100℃～150℃时，螺栓的预拉力将产生温度损失，故此时的摩擦型高强螺栓抗剪承载力设计值应降低10%。

摩擦面的抗滑移系数按国家规范《钢结构设计规范》（GB 500017）规定的抗滑移系数值，见表7-12。

摩擦面抗滑移系数 μ 值 表7-12

连接处构件摩擦面的处理方法	构件钢号		
	Q235钢	Q345、Q390钢	Q420钢
喷砂	0.45	0.50	0.50
喷砂后涂无机富锌漆	0.35	0.40	0.40
喷砂后生赤锈	0.45	0.50	0.50
钢丝刷清除浮锈或未经处理的干净轧制表面	0.30	0.30	0.40

一个高强度螺栓的设计预拉力值 P（kN）　　表7-13

螺栓的性能等级	螺栓公称直径（mm）					
	M16	M20	M22	M24	M27	M30
8.8级	80	125	150	175	230	280
10.9级	100	155	190	225	290	355

【例7-14】 截面为600mm×20mm的钢板，采用两块盖板连接，钢材用Q235钢，高强度螺栓为8.8级的M20，连接处构件接触面喷砂后涂无机富锌漆，作用在螺栓群形心处的轴心拉力设计值 $N=900\text{kN}$，试求按摩擦型连接计算时一个高强度螺栓的受剪承载力和需用高强螺栓数量。

【解】 由题意知 $n_f=2$，$k=0.9$，又经查表可得，$\mu=0.35$，$P=125\text{kN}$。

按摩擦型计算，一个高强螺栓的受剪承载力由式（7-28）得：

$$\begin{aligned}N_v^b &= 0.9n_f\mu P\\ &= 0.9\times2\times0.35\times125\\ &= 78.8\text{kN}\end{aligned}$$

需用高强螺栓的数量 n 为：

$$n=\frac{N}{N_v^b}=\frac{900}{78.8}=11.4\text{个}\quad\text{取12个}$$

故连接两边需要高强螺栓数量为 $12\times2=24$ 个。

7.6.3 高强螺栓抗滑移系数计算

高强螺栓摩擦面抗滑移系数 μ 的检验应以钢结构制造批为单位，每批三组，以单项工程每2000t为一批，不足2000t的也作为一批。此外，试件所代表的构件应为同一材质、同一摩擦面处理工艺、同批制作，使用同一性能等级、同一直径的高强度螺栓连接副。

高强螺栓预拉力值的大小对测定抗滑移系数有直接的影响，抗滑移系数应根据试验所测得的滑动荷载和螺栓预拉力的实测值，按下式计算：

$$\mu=\frac{N_v}{nn_f\sum P_t}\tag{7-31}$$

式中　N_v——由试验测得的滑动荷载（kN）；

n——传递 N_v 的螺栓数目；

n_f——传力摩擦面数，取 $n_f=2$；

$\sum P_t$——与试件滑动荷载一侧对应的高强螺栓预拉力实测值之和。

【例7-15】 高强螺栓试件，钢板用Q235钢，连接摩擦面采用喷砂处理，共装设4个大六角头高强螺栓，实测预拉力总和为335kN，在拉力试验机上测出滑动荷载为1200kN，试求摩擦面的抗滑移系数。

【解】 由题意可知 $N_v = 1200\text{kN}$, $\sum P_t = 335\text{kN}$, $n = 4$, $n_f = 2$

根据摩擦面的抗滑移系数式（7-30）可得：

$$\mu = \frac{N_v}{nn_f\sum P_t} = \frac{1200}{4 \times 2 \times 335} = 0.45$$

故摩擦面抗滑移系数为0.45。

7.6.4 高强螺栓紧固轴力计算

先通过试验测定高强螺栓的紧固扭矩值，然后按下式计算导入螺栓中的紧固力：

$$P = \frac{M_k}{Kd} \tag{7-32}$$

式中 P——紧固轴力（kN）；

M_k——施加于螺母的紧固扭矩（N. m）；

K——扭矩系数；

d——螺栓公称直径（mm）。

常温下高强螺栓的紧固轴力应符合表7-14规定。

紧固轴力 表7-14

螺栓公称直径（mm）	紧固轴力平均值（kN）	螺栓公称直径（mm）	紧固轴力平均值（kN）
M16	107.9～130.4	M22	207.9～251.1
M20	168.7～203.0	M24	242.2～292.2

【例7-16】 两钢板采用M22高强螺栓连接，通过试验测得其紧固扭矩为650N·m，试求其紧固轴力。

【解】 取平均扭矩系数 $K = 0.13$

高强螺栓的紧固轴力由式（7-31）可得：

$$P = \frac{M_k}{Kd} = \frac{650}{0.13 \times 22} = 227.2\text{kN} \quad 取228\text{kN}$$

所以导入高强螺栓中的紧固力为228kN。

7.6.5 高强螺栓扭矩计算

为了使接头上各螺栓受力均匀，规定扭剪型高强螺栓的紧固至少应分为两次进行（即初拧和终拧），对于大型螺栓群或接头刚度较大、钢板较厚，则须增加复拧，甚至多次紧固。初拧扭矩一般控制在终拧扭矩的50%左右即可，复拧扭矩等于终拧扭矩。对高强度大六角头螺栓尚应在终拧后进行扭矩值检验。

初拧或复拧后的高强螺栓应涂上标记，然后用专用扳手进行终拧，直至拧掉螺栓尾部的梅花头。紧固顺序原则上按照以接头刚度较大的部位向约束较小的方向、栓群中心向四周的顺序进行。

1. 初拧扭矩值计算

扭剪型高强螺栓的初拧扭矩值可按下式计算：

$$T_0 = 0.065 P_c d \tag{7-33}$$

其中

$$P_c = P + \Delta P \tag{7-34}$$

式中　T_0——扭剪型高强螺栓的初拧扭矩（N·m）；

P_c——高强螺栓施工预拉力（kN）；

d——高强螺栓公称直径（mm）；

P——高强螺栓设计预拉力（kN）；

ΔP——预拉力损失值，一般取设计预拉力值的 5% ~10%。

初拧扭矩值也可参照表 7-15 选用，如下所示：

初 拧 扭 矩 值　　**表 7-15**

螺栓直径（mm）	16	20	(22)	24
初拧扭矩（N. m）	115	220	300	390

2. 终拧扭矩值计算

高强度大六角头螺栓的终拧扭矩，可按下式计算：

$$T_c = K P_c d \tag{7-35}$$

其中

$$P_c = P + \Delta P \tag{7-36}$$

式中　T_c——高强度大六角头螺栓的终拧扭矩（N·m）；

K——高强螺栓连接副的扭矩系数平均值（按出厂批复验连接副的扭矩系数，每批复验 5 套，其平均值应在 0.110 ~0.150 范围之内，其标准差≤0.010），一般取 0.13。

P_c——高强螺栓施工预拉力，可按表 7-16 取用；

其他符号意义同前。

大六角头高强螺栓施工预拉力（kN）　　**表 7-16**

螺栓性能等级	螺栓公称直径（mm）						
	M12	M16	M20	(M22)	M24	(M27)	M30
8.8S	45	75	120	150	170	225	275
10.9S	60	110	170	210	250	320	390

3. 检查扭矩值计算

高强度大六角头螺栓扭矩检查应在终拧 1h 后进行，并且应在 24h 以内检查完毕。进行扭矩检查时，抽查每个节点螺栓数的 10%，但不少于 1 个。即先在螺母与螺杆的相对应位置划一条细直线，然后将螺母拧松约 60 度，再拧至原位测定扭矩，该扭矩与检查扭矩的偏差在检查扭矩的 ±10% 范围以内既为合格，检查扭矩按下式计算：

$$T_{ch} = K P d \tag{7-37}$$

式中 T_{ch}——检查扭矩（N·m）；

其他符号意义同前。

【例 7-17】 钢柱腹板采用 M24 高强螺栓连接，设计预拉力 $P = 200$ kN，试求其初拧扭矩值和终拧扭矩值。

【解】 取预拉力损失 10%，则 $\Delta P = 200 \times 0.10 = 20$ kN；M24 高强螺栓，取 $K = 0.13$，高强螺栓的终拧扭矩值由式（7-35）可得：

$$
\begin{aligned}
T_c &= K(P + \Delta P)d \\
&= 0.13 \times (200 + 20) \times 24 \\
&= 686.4\text{N. m}
\end{aligned}
$$

高强螺栓的初拧扭矩取终拧扭矩的 50%，即：

$$T_0 = 0.5T_c = 0.5 \times 686.4 = 343.2\text{N. m}$$

7.7 钢桁架杆件长度及内力系数

在钢桁架制作中，常需计算杆件长度，同时在杆件钢材代换中，也需知道杆件内力系数，以便进行轴向力等强度换算。

图 7－8 为最为常用的梯形钢桁架示意图，其杆件长度及内力系数计算如表 7-17 所示，可供参考。

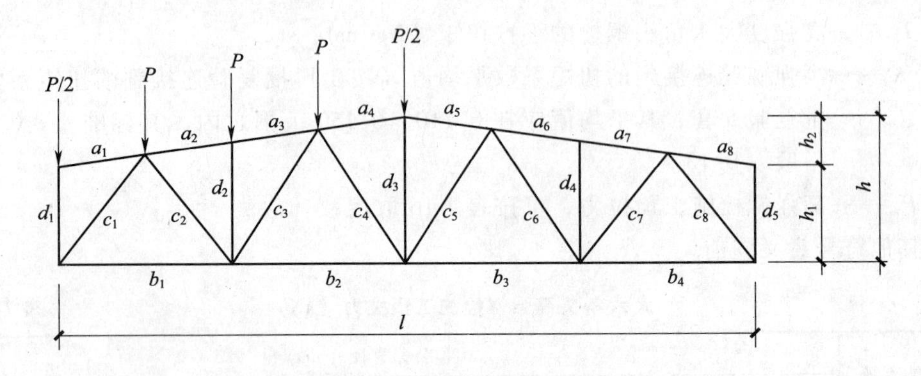

图 7－8 梯形钢桁架示意图

梯形钢桁架杆件长度及内力系数计算表 **表 7-17**

杆 件	长度系数	内力系数			
		上弦荷载		下弦荷载	
		全跨屋面	半跨屋面	P_1	P_2
a_1、a_8	$\frac{Nm}{8n}$	0	0	0	0
a_2、a_3	$\frac{Nm}{8n}$	$-\frac{3mN}{2(2n-m)}$	$-\frac{mN}{2n-m}$	$-\frac{3mN}{8(2n-m)}$	$-\frac{mN}{4(2n-m)}$

续表

杆件	长度系数	内力系数			
		上弦荷载		下弦荷载	
		全跨屋面	半跨屋面	P_1	P_2
a_4、a_5	$\frac{Nm}{8n}$	$-\frac{mN}{n}$	$-\frac{mN}{2n}$	$-\frac{mN}{8n}$	$-\frac{mN}{4n}$
a_6、a_7	$\frac{Nm}{8n}$	$-\frac{3mN}{2(2n-m)}$	$-\frac{mN}{2(2n-m)}$	$-\frac{mN}{8(2n-m)}$	$-\frac{mN}{4(2n-m)}$
b_1	$\frac{m}{4}$	$\frac{7mn}{4(4n-3m)}$	$\frac{5mn}{4(4n-3m)}$	$\frac{3mn}{8(4n-3m)}$	$\frac{mn}{4(4n-3m)}$
b_2	$\frac{m}{4}$	$\frac{15mn}{4(4n-m)}$	$\frac{9mn}{4(4n-m)}$	$\frac{5mn}{8(4n-m)}$	$\frac{3mn}{4(4n-m)}$
b_3	$\frac{m}{4}$	$\frac{15mn}{4(4n-m)}$	$\frac{3mn}{2(4n-m)}$	$\frac{3mn}{8(4n-m)}$	$\frac{3mn}{4(4n-m)}$
b_4	$\frac{m}{4}$	$\frac{7mn}{4(4n-3m)}$	$\frac{mn}{2(4n-3m)}$	$\frac{mn}{8(4n-3m)}$	$\frac{mn}{4(4n-3m)}$
c_1	$\frac{K_1}{8n}$	$-\frac{7K_1}{4(4n-3m)}$	$-\frac{5K_1}{4(4n-3m)}$	$-\frac{3K_1}{8(4n-3m)}$	$-\frac{K_1}{4(4n-3m)}$
c_2	$\frac{K_1}{8n}$	$\frac{(10n-11m)K_1}{4(2n-m)(4n-3m)}$	$\frac{(6n-7m)K_1}{4(2n-m)(4n-3m)}$	$\frac{3(n-m)K_1}{4(2n-m)(4n-3m)}$	$\frac{(n-m)K_1}{2(2n-m)(4n-3m)}$
c_3	$\frac{K_2}{8n}$	$\frac{3(3m-2n)K_2}{4(2n-m)(4n-m)}$	$\frac{(5m-2n)K_2}{4(2n-m)(4n-3m)}$	$\frac{(n+m)K_2}{4(2n-m)(4n-3m)}$	$\frac{(n-m)K_2}{2(2n-m)(4n-3m)}$
c_4	$\frac{K_2}{8n}$	$-\frac{(n-4m)K_2}{4n(4n-m)}$	$-\frac{(n+2m)K_2}{4n(4n-m)}$	$-\frac{(n+m)K_2}{8n(4n-m)}$	$-\frac{(n-m)K_2}{4n(4n-m)}$
c_5	$\frac{K_2}{8n}$	$\frac{(n-4m)K_2}{4n(4n-m)}$	$\frac{(n-m)K_2}{2n(4n-m)}$	$\frac{(n-m)K_2}{3n(4n-m)}$	$\frac{(n-m)K_2}{4n(4n-m)}$
c_6	$\frac{K_2}{8n}$	$\frac{3(3m-2n)K_2}{4(2n-m)(4n-m)}$	$\frac{(m-n)K_2}{(2n-m)(4n-m)}$	$\frac{(m-n)K_2}{4(2n-m)(4n-m)}$	$\frac{(m-n)K_2}{2(2n-m)(4n-m)}$
c_7	$\frac{K_1}{8n}$	$\frac{(10n-11m)K_1}{4(2n-m)(4n-3m)}$	$\frac{(n-m)K_1}{(2n-m)(4n-3m)}$	$\frac{(n-m)K_1}{4(2n-m)(4n-3m)}$	$\frac{(n-m)K_1}{2(2n-m)(4n-3m)}$
c_8	$\frac{K_1}{8n}$	$-\frac{7K_1}{4(4n-3m)}$	$-\frac{K_1}{2(4n-3m)}$	$-\frac{K_1}{8(4n-3m)}$	$-\frac{K_1}{4(4n-3m)}$
d_1	$\frac{n-m}{n}$	$-\frac{1}{2}$	$-\frac{1}{2}$	0	0
d_2	$\frac{2n-m}{2n}$	-1	-1	0	0
d_3	1	$\frac{4m-n}{n}$	$\frac{4m-n}{2n}$	$\frac{m}{2n}$	$\frac{m}{n}$
d_4	$\frac{2n-m}{2n}$	-1	0	0	0
d_5	$\frac{n-m}{n}$	$-\frac{1}{2}$	0	0	0

注：其中 $m=\frac{l}{h}$；$n=\frac{l}{h_2}$；$N=\sqrt{n^2+4}$；$K_1=\sqrt{m^2n^2+(8n-6m)^2}$；$K_2=\sqrt{m^2n^2+(8n-2m)^2}$；杆件长度=表中长度系数×$h$；杆件内力=表中内力系数×$P$。

7.8 钢桁架安装稳定性验算

钢桁架多用悬空吊装，为使桁架在吊起后不至发生摇摆，和其他构件碰撞，起吊前在离支座的节间附近用麻绳系牢，随吊随放松，以此保证其正确位置。钢桁架吊装时，桁架本身应具有一定刚度，同时其绑扎点要保证桁架的吊装稳定性，否则就需要在吊装前进行临时加固，以防吊装时产生变形或造成失稳。

根据计算和实践，一般如果桁架的上、下弦角钢最小截面尺寸能满足表7-18的要求时，则无论绑扎点在桁架任一节点上，吊装时均能保证其稳定性。

保证桁架吊装稳定性的弦杆最小截面尺寸（mm） **表7-18**

弦杆截面	桁架跨度（m）						
	12	15	18	21	24	27	30
上弦杆	90×60×8	100×75×8	100×75×8	120×80×8	120×80×8	$\frac{150\times100\times12}{120\times80\times12}$	$\frac{200\times120\times12}{180\times90\times12}$
下弦杆	65×6	75×8	90×8	90×8	120×80×8	120×80×10	150×100×10

注：分数形式表示弦杆为不同截面。

当桁架所采用角钢不符合表7-18的要求时，则应通过计算，选择适当的绑扎吊点位置，必要时还可以进行临时加固，以保证其吊装稳定性，验算方法如下：

1. 当弦杆的截面沿跨度方向无变化时（图7-9）

钢桁架吊装稳定性应符合下式要求：

$$q_{\varphi}\psi \leqslant I \tag{7-38}$$

式中 q_{φ}——桁架每米长的重量（kg）；

ψ——系数，其值根据 $\alpha=\frac{l}{L}$ 值由表7-19和表7-20查得；

l——两吊点之间的距离（m）；

L——钢桁架的跨度（m）；

I——弦杆角钢对垂直轴的惯性矩（cm^4）。

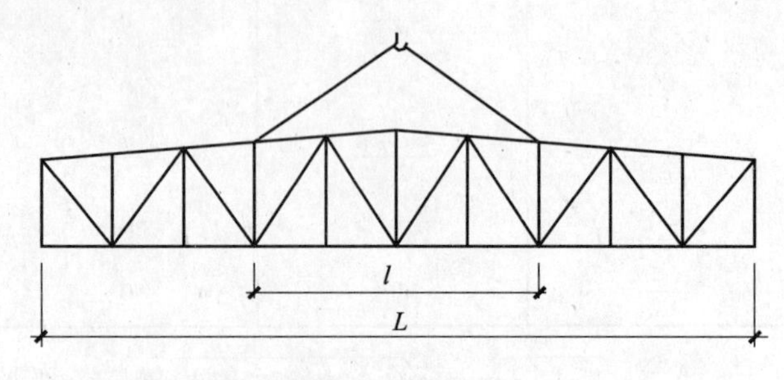

图7-9 弦杆为等截面时桁架吊装稳定性计算简图

用于上弦的系数 ψ 值　　表 7-19

$\alpha=\frac{l}{L}$	桁架跨度 L(m)						
	12	15	18	21	24	27	30
0	0.422	0.740	1.450	2.230	3.260	4.880	7.450
0.20	0.414	0.726	1.420	2.190	3.210	4.800	7.320
0.30	0.386	0.678	1.330	2.040	3.000	4.480	6.840
0.40	0.331	0.581	1.140	1.750	2.570	3.840	5.860
0.50	0.235	0.412	0.810	1.240	1.820	2.720	4.150
0.60	0.111	0.194	0.380	0.584	0.858	1.280	1.950
0.65	0.028	0.049	0.096	0.156	0.214	0.320	0.490

用于下弦的系数 ψ 值　　表 7-20

$\alpha=\frac{l}{L}$	桁架跨度 L(m)						
	12	15	18	21	24	27	30
0.70	0.070	0.121	0.238	0.370	0.540	0.800	1.220
0.72	0.138	0.242	0.475	0.730	1.070	1.600	2.440
0.75	0.290	0.510	1.000	1.540	2.250	3.360	5.120
0.80	0.510	0.895	1.760	2.700	3.960	5.920	9.030
0.84	0.699	1.210	2.380	3.650	5.350	8.000	12.200
0.87	0.827	1.450	2.850	4.380	6.430	9.600	14.700
0.90	0.940	1.660	3.230	4.960	7.280	10.900	16.600
0.95	1.110	1.940	3.800	5.850	8.560	12.800	19.500
1.00	1.330	2.320	4.560	7.000	10.300	15.400	23.400

2. 当弦杆的截面沿跨度方向变化时（图 7-10）

桁架吊装稳定性应按下式来验算：

$$q_{\varphi}\psi \leqslant \varphi_1 I_1 \tag{7-39}$$

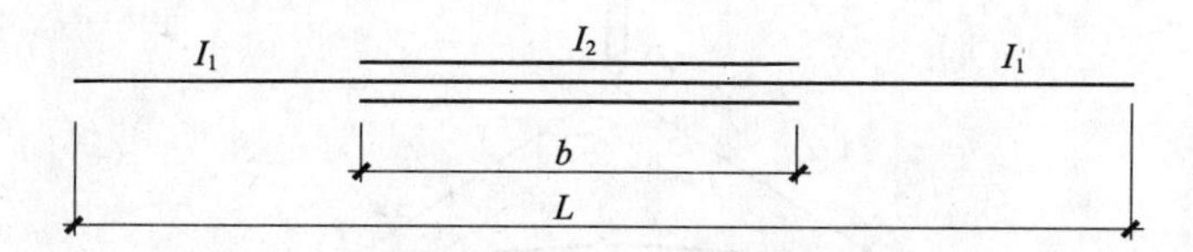

图 7-10　弦杆为变截面时桁架吊装稳定性计算简图

式中　I_1——截面较小的弦杆两角钢对垂直轴的惯性矩（cm^4）；

φ_1——考虑弦杆惯性矩变化的计算系数，其值根据 $\mu=\frac{I_2}{I_1}$ 和 $\eta=\frac{b}{L}$ 由表 7-21 查得；

I_2——截面较大的弦杆两角钢对垂直轴的惯性矩（cm^4）；

b——截面较大的弦杆的长度；

其他符合意义同前。

φ_1 值表 表 7-21

$\mu=\frac{I_2}{I_1}$	$\eta=b/L$							
	0.1	0.2	0.3	0.4	0.5	0.6	0.7	0.8
1.2	1.04	1.10	1.11	1.14	1.16	1.18	1.19	1.20
1.4	1.08	1.17	1.22	1.28	1.33	1.36	1.38	1.39
1.6	1.12	1.25	1.34	1.42	1.49	1.54	1.57	1.59
1.8	1.16	1.33	1.45	1.56	1.65	1.72	1.77	1.79
2.0	1.20	1.39	1.56	1.70	1.82	1.90	1.96	1.99
2.2	1.24	1.46	1.67	1.84	1.99	2.08	2.15	2.18
2.4	1.28	1.54	1.78	1.98	2.15	2.26	2.34	2.38
2.6	1.32	1.63	1.89	2.12	2.31	2.44	2.53	2.58

如果按式 7-37 和 7-38 验算后稳定性不能满足要求，桁架在安装前要进行加固，以免在吊装过程中产生较大的变形，而造成失稳。一般采取在桁架上用 8 号铁丝绑木脚手杆使之与弦杆共同工作受力，此时，桁架吊装稳定性可按下式验算：

$$q_{\varphi}\psi \leqslant I_1+\frac{I_3}{2} \tag{7-40}$$

$$q_{\varphi}\psi \leqslant \varphi_1 I_1+\frac{I_3}{2} \tag{7-41}$$

式中 I_3——木脚手杆的惯性矩（cm^4），若直径为 d，则 $I_3=\pi d^4/64$；

其他符号意义同前。

【例 7-18】 跨度为 24m 的单层厂房梯形钢屋架，拟采用两点绑扎起吊，两吊点间距为 9.6m（如图 7-11 所示），上弦角钢采用 2∟100×80×10mm，试验算屋架吊装时的稳定性。

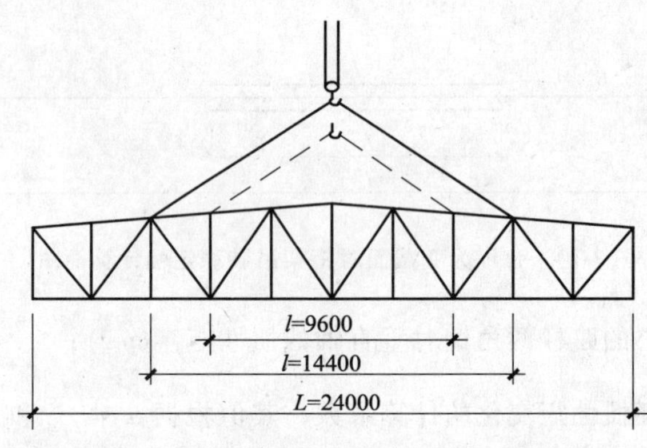

图 7-11 梯形钢屋架吊装稳定性验算简图

【解】 由题意可知：$L = 24\text{m}$，$l = 8.4\text{m}$，$\alpha = \frac{l}{L} = \frac{9.6}{24} = 0.4$，查表 7-19 得 $\psi = 2.57$；屋架平均每米重量 $q_\varphi = 119\text{kg/m}$，上弦惯性矩 $I = 190.0\text{cm}^4$

钢屋架的吊装稳定性由式（7-38）可得：$q_\varphi\psi = 119 \times 2.57 = 305.8 > I = 190.0\ \text{m}^4$，故不稳定。

调整绑扎点位置，使两吊点间距 $l = 14.4\text{m}$，此时 $\alpha = \frac{l}{L} = \frac{14.4}{24} = 0.6$，查表可得 $\psi = 0.858$，重新验算稳定性如下：

$q_\varphi\psi = 119 \times 0.858 = 102.1 < I = 190.0\text{cm}^4$，吊装稳定。

【例 7-19】 单跨厂房梯形钢屋架（图 7-12），其跨度 $L = 21\text{m}$，且弦杆截面沿跨度方向有变化，拟采用两点绑扎起吊，两吊点间距 $l = 8.4\text{m}$，屋架每米平均重量 $q_\varphi = 120\text{kg/m}$，试验算其吊装稳定性。

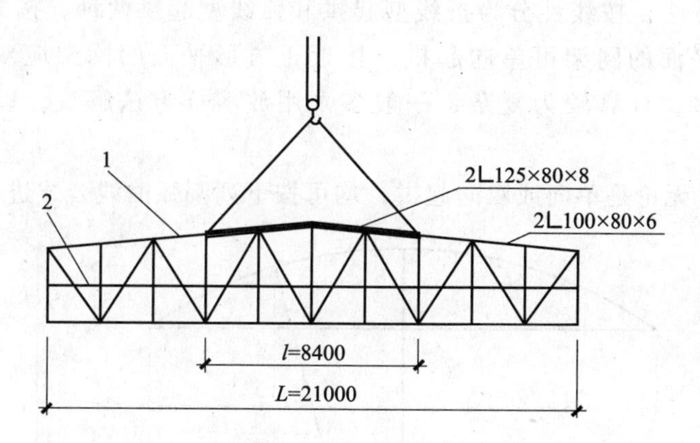

图 7-12　桁架弦杆变截面时吊装稳定性验算简图

1—钢屋架；2—加固木脚手杆

【解】 已知弦杆 2∟100 × 80 × 6，$I_1 = 122.1\text{cm}^4$；2∟125 × 80 × 8，$I_2 = 167.8\text{cm}^4$

$\alpha = \frac{l}{L} = \frac{8.4}{21} = 0.4$，查表 7-19 得 $\psi = 1.750$；又 $\mu = \frac{I_2}{I_1} = \frac{167.8}{122.1} = 1.37$，$\eta = \frac{b}{L} = 0.4$，查表 7-21 得 $\varphi_1 = 1.259$。

屋架吊装稳定性由式（7-39）得：

$$q_\varphi\psi = 120 \times 1.750 = 210$$

$$\varphi_1 I_1 = 1.259 \times 122.1 = 153.7$$

因 $q_\varphi\psi = 210 > \varphi_1 I_1 = 153.7$，

故吊装不稳定。

现拟加绑直径 $d = 8$ cm 木脚手杆进行加固，则其惯性矩：

$$I_3 = \frac{\pi d^4}{64} = \frac{\pi \times 8^4}{64} = 201.1\text{cm}^4$$

加固后由式（7-41）重新验算稳定性得：

$$\varphi_1 I_1 + \frac{I_3}{2} = 153.7 + \frac{201.1}{2} = 254.3 > 210$$

故用木脚手杆加固后吊装稳定。

7.9 钢网架施工计算

7.9.1 钢网架弧线型起拱计算

网架起拱有两个作用：一是为了消除网架在使用阶段的挠度影响，称为施工起拱，起拱值应大于或等于网架在使用阶段的中央挠度值；二是为解决屋面排水问题。当网架屋面排水找坡不用小立柱方案，而采用网架起拱来实现时，中央起拱值应由两项相加。

网架的起拱方法，按线性分为折线型起拱和弧线型起拱两种，按方向分单向起拱和双向起拱，狭长平面的网架可单向起拱，接近正方形平面的网架应双向起拱。折线型起拱网架形式繁多，计算较为复杂，一般多采用放实样方法解决，以下简介弧线型起拱的计算：

弧线型起拱，无论是单向或双向起拱，均可按下列圆弧曲线公式进行计算（图7-13）：

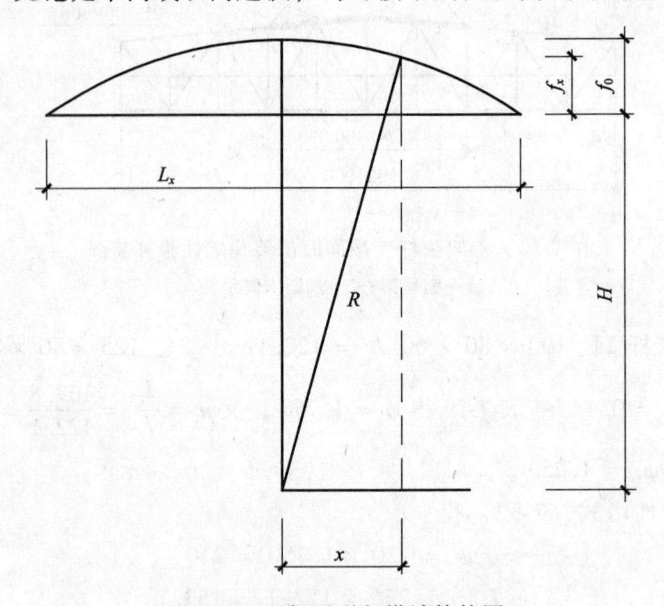

图 7-13 网架弧形起拱计算简图

$$R = \frac{L_x + 4f_0^2}{8f_0} \tag{7-42}$$

$$H = R - f_0 \tag{7-43}$$

$$f_x = \sqrt{R^2 - x^2} - H \tag{7-44}$$

$$S = 2R\sin\frac{\alpha'}{2} \tag{7-45}$$

式中　R——圆弧曲线的半径；

L_x——沿 x 方向跨度；

f_0——要求跨中起拱值（矢高）；

x——以跨中为坐标原点，所求节点处距原点的距离；

f_x——所求 x 节点处的起拱值；

α'——起拱后每个网格所对应的中心角；

S——起拱后的杆长。

以上公式均可由图 7-13 用勾股弦定理推导出来，由于是圆弧线起拱，上下弦可用同一公式计算，只是 R 值不同，起拱后的网架高度可保持不变。

此外，公式（7-44）也可用二次曲线一般方程

$$f_x = f_0 - \frac{4f_0x^2}{L_x^2} \tag{7-46}$$

来近似表示，式（7-46）和式（7-44）计算结果极为接近，且更为简便，在实际运用中被广泛采用。

【例 7-20】 某会议厅采用双向正交正放网架，边长 36m × 36m，网格 3m × 3m，采用双向弧形起拱，要求跨中起拱值为 0.4m，试求位于屋脊线距跨中第 1 格（1 × 3 = 3m）的起拱值和起拱后杆的中心线的长度。

【解】 由题意可得：

$$L_x = 36 \times \sqrt{2} = 50.9117 \text{ m}$$

圆弧曲线的半径由式（7-42）得：

$$R = \frac{L_x + 4f_0^2}{8f_0} = \frac{50.9117^2 + 4 \times 0.4^2}{8 \times 0.4} = 810.2004\text{m}$$

又　$H = R - f_0 = 810.2004 - 0.4 = 809.8004\text{m}$

当　$x = 3$ m 时的起拱值由式（7-44）得：

$$f_x = \sqrt{R^2 - x^2} - H = \sqrt{810.2004^2 - 3^2} - 809.8004 = 0.3944\text{m}$$

若采用公式（7-46）亦有：

$$f_x = f_0 - \frac{4f_0x^2}{L_x^2} = 0.4 - \frac{4 \times 0.4 \times 3^2}{50.9117^2} = 0.3944\text{m}$$

$$\alpha' = \frac{3}{810.2004} \times \frac{180}{\pi} = 0.2122°$$

起拱后杆长由式（7-44）得：

$$S = 2R\sin\frac{\alpha'}{2} = 2 \times 810.2004 \times \sin 0.1061° = 3.0006\text{m}$$

7.9.2　钢网架拼装支架稳定性验算

钢网架高空拼装多在拼装支架平台上进行，除了要求拼装支架本身设置牢固外，施工设计时，还应对单肢稳定、整体稳定进行验算，并估算沉降量。其中单肢稳定按一般钢结

构设计方法进行；对支架的沉降量估算，应通过荷载试压，要求最大沉降量不大于5mm。如不能满足要求，对支架本身钢管接头空隙的压缩、钢管的弹性压缩值过大，可采取加固措施；对地基情况不良，沉降量过大，应对地基进行夯实，并在地面加铺木脚手板或枕木以分散支柱传来的集中荷载等措施加以解决。

对于图7-14所示各组合形式的钢管拼装支架，其整体稳定性，可按下列公式进行计算：

1. 单孔斜腹杆支架（图7-14*a*）

$$2P_E = \frac{\pi^2 EI}{4H^2} \cdot \frac{1}{1 + A\dfrac{\pi^2 EI}{4H^2}} \tag{7-47}$$

式中 P_E——竖杆临界荷载；

E——各竖杆的弹性模量；

I——各竖杆垂直截面的整体惯性矩，$I = \dfrac{Fl^2}{2}$；

F——竖杆截面面积；

H——拼装支架高度；

A——支架的某一层在剪切力作用下所产生的单位水平位移；$A = \dfrac{4ks^2}{hl^2}$

k——扣件弹性挠曲系数，一般取0.0005mm/N；

s——斜腹杆的长度，$s = \sqrt{h^2 + l^2}$；

l——单孔支架宽度；

h——每格支架高度。

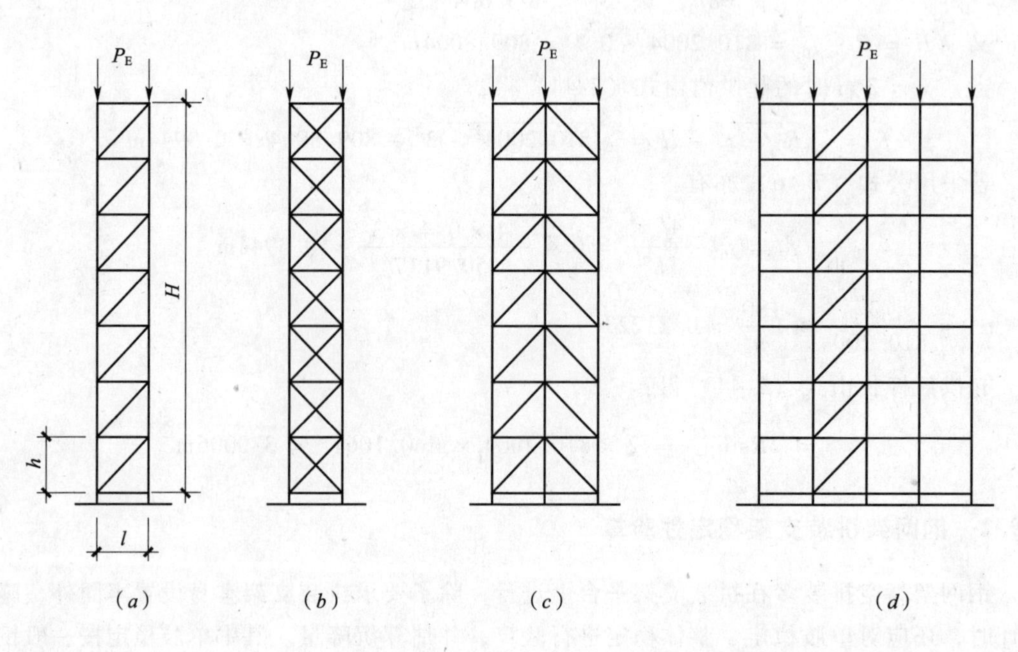

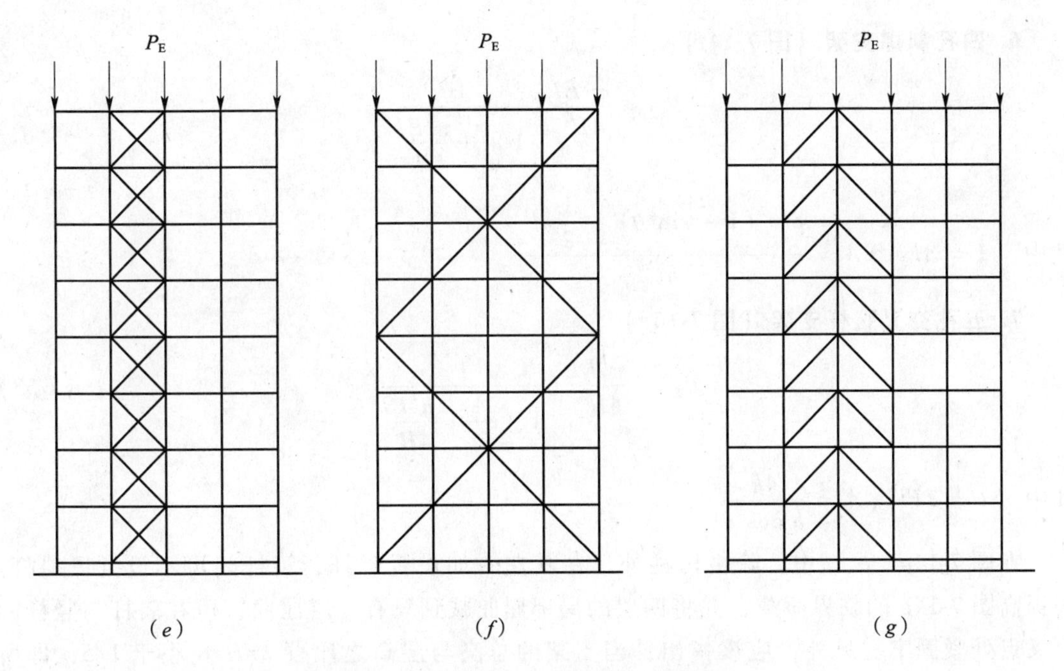

图 7-14　钢管支架构造及受力计算简图

2. 单孔交叉腹杆支架（图 7-14*b*）

$$2P_E = \frac{\pi^2 EI}{4H^2} \cdot \frac{1}{1 + \frac{A}{2} \cdot \frac{\pi^2 EI}{4H^2}} \tag{7-48}$$

3. 双孔斜腹杆支架（图 7-14*c*）

$$3P_E = \frac{\pi^2 EI}{4H^2} \cdot \frac{1}{1 + \frac{A}{2} \cdot \frac{\pi^2 EI}{4H^2}} \tag{7-49}$$

其中　$I = 2Fl^2$

4. 四孔斜腹杆支架（图 7-14*d*）

$$P_E = \frac{\pi^2 EI}{4H^2} \cdot \frac{1}{1 + A \frac{\pi^2 EI}{4H^2}} \tag{7-50}$$

其中　$I = \frac{Fl^2}{2}$；$A = \frac{4k}{h \cos^2\theta}$

式中　θ——斜腹杆与水平方向的夹角。

5. 四孔交叉腹杆（图 7-14*e*）

$$P_E = \frac{\pi^2 EI}{4H^2} \cdot \frac{1}{1 + \frac{A}{2} \cdot \frac{\pi^2 EI}{4H^2}} \tag{7-51}$$

其中　$I = \frac{Fl^2}{2}$；$A = \frac{4k}{h \cos^2\theta}$

6. 四孔斜撑支架（图7-14*f*）

$$P_E = \frac{\pi^2 EI}{4H^2} \cdot \frac{1}{1 + A\frac{\pi^2 EI}{4H^2}} \tag{7-52}$$

其中　$I = 8Fl^2$；$A = \dfrac{8ks^2(1+\sin^2\theta) + \dfrac{1}{2}kl^2}{hl^2}$

7. 五孔交叉腹杆支架（图7-14*g*）

$$P_E = \frac{\pi^2 EI}{4H^2} \cdot \frac{1}{1 + \frac{A}{2} \cdot \frac{\pi^2 EI}{4H^2}} \tag{7-53}$$

其中　$I = 2Fl^2$；$A = \dfrac{4k}{h\cos^2\theta}$

在图7-14*d*、*e*、*f*中，除格构柱外，在其左右如设置竖杆，竖杆间可不设抗风斜杆。为提高图7-14*g*的临界荷载，并将四层的局部屈曲减到只有一层屈曲，可在斜杆与竖杆的交叉点处紧固牢。另外，应该指出：当支架的总高与层高之比（h/H）小于1/5，即所谓高细型支架，上述公式的计算结果才有效，否则所考虑的临界荷载为无效，此时，只能以各层的临界稳定荷载为标准。当为高细型支架时，其整体稳定性验算的安全系数宜取为4。

【例7-21】 单孔斜腹杆支架如图7-14*a*，钢管用$\phi 50 \times 3.5$mm，截面积$F = 520\text{mm}^2$，$E = 2.1 \times 10^5 \text{N/mm}^2$，斜撑腹杆角度$\theta = 45°$，$h = l = 1.5$m，$S = 2.12132$m，$H = 12$m。扣件按要求拧紧，取整体稳定性安全系数$K = 4$，试求允许总临界荷载。

【解】 由已知条件可算得：

$$I = \frac{Fl^2}{2} = \frac{520 \times 1500^2}{2} = 5.85 \times 10^8 \text{mm}^4$$

$$\frac{\pi^2 EI}{4H^2} = \frac{3.1416^2 \times 2.1 \times 10^5 \times 5.85 \times 10^8}{4 \times 12000^2} = 21.05 \times 10^5$$

$$A = \frac{4ks^2}{hl^2} = \frac{4 \times 0.0005 \times 2121.32^2}{1500 \times 1500^2} = 2.67 \times 10^{-6}$$

竖杆临界荷载由式（7-47）得：

$$2P_E = \frac{\pi^2 EI}{4H^2} \cdot \frac{1}{1 + A\frac{\pi^2 EI}{4H^2}}$$

$$= 21.05 \times 10^5 \times \frac{1}{1 + 2.67 \times 10^{-6} \times 21.05 \times 10^5} = 3.18 \times 10^5 \text{N}$$

$$P_E = \frac{3.18 \times 10^5}{2} = 1.59 \times 10^5 \text{N} = 159\text{kN}$$

故允许临界总荷载：$\dfrac{P_E}{K} = \dfrac{159}{4} = 39.75$kN。

7.9.3　钢网架高空滑移法安装计算

高空滑移有两种滑移方法，一是单条滑移法，条状单元在滑轨上单条滑移到设计位置后拼接；二是逐步积累滑移法，条状单元在滑轨上逐条积累拼接后滑移到设计位置。

高空滑移法可利用已建结构物作为高空拼装平台，如无结构物可供利用时，可在滑移开始端设置宽度约大于两个节间的拼装平台，先在其上拼装第一个平移网架单元，然后用牵引设备通过滑车组将它牵引出拼装平台，并向前滑移一定距离，接着继续在平台上拼装第二拼装单元，拼好连同第一拼装单元一起向前滑移，如此逐段拼装并不断向前滑移，直至整个网架拼装滑移就位，如图7-15所示。

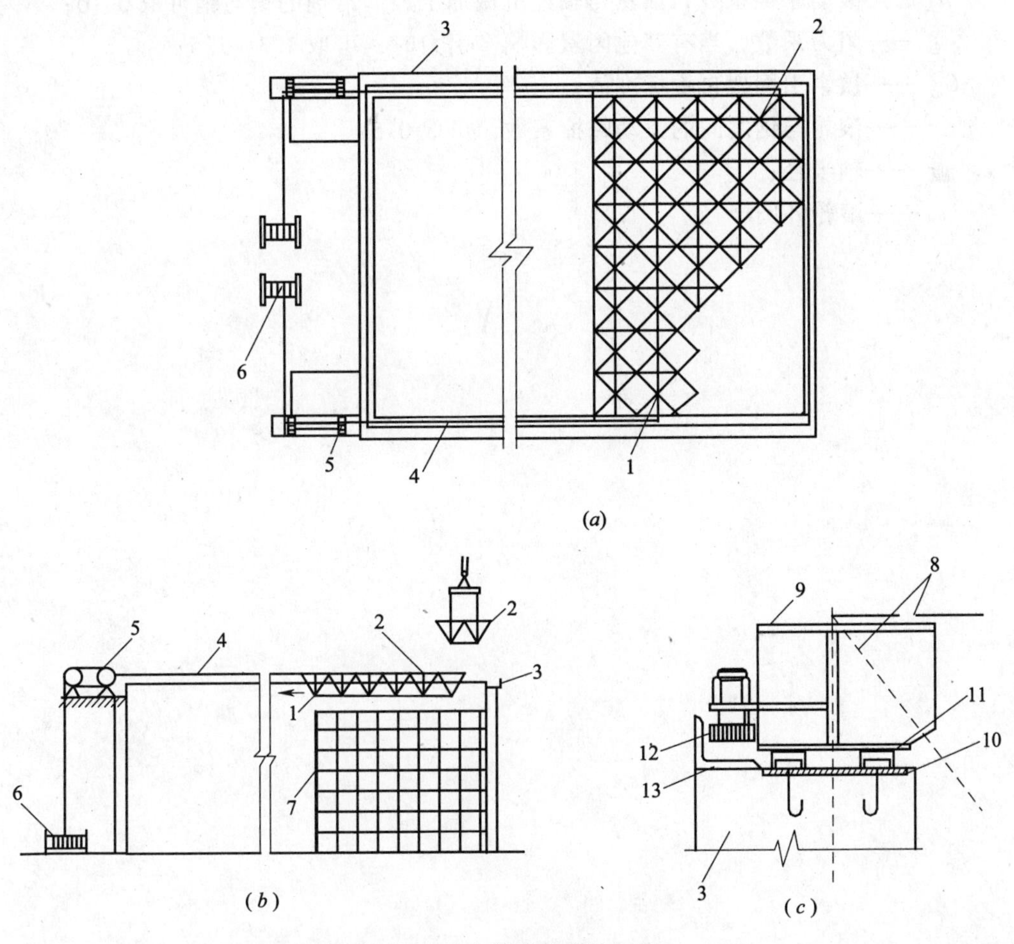

图7-15　高空滑移法安装网架

(*a*) 高空滑移平面布置；(*b*) 网架滑移安装；(*c*) 支座构造

1—网架；2—网架分块单元；3—天沟梁；4—牵引线；5—滑车组；6—卷扬机；7—拼装平台；8—网架杆件中心线；9—网架支座；10—预埋铁件；11—型钢轨道；12—导轮；13—滑道或导轨

网架滑移时可采用一点或多点牵引，每点牵引力不能大于网架支座之间的系杆承载力；牵引速度不宜大于1.0m/min；滑移时，两侧不同步值不大于50mm；牵引力可按滑动摩擦或滚动摩擦分别按下列公式进行验算：

滑动摩擦总起动牵引力为：

$$F_t \geqslant \mu_1 \xi G_{ok} \tag{7-54}$$

滚动摩擦总起动牵引力为：

$$F_t \geqslant \left(\frac{k}{r_1} + \mu_2 \frac{r}{r_1}\right) G_{ok} \tag{7-55}$$

式中 F_t——总起动牵引力；

μ_1——滑动摩擦系数，钢的轧制表面，经精除锈（st_1级）加润滑剂的钢与钢可取0.12～0.15；

μ_2——滚动摩擦系数，滚轮与轴经机械加工加润滑剂的钢与钢可取0.10；

ξ——阻力系数，当有其他因素影响牵引力时，可取1.3～1.5；

G_{ok}——被牵引网架自重标准值；

k——滚轮与钢之间的滚动摩擦系数，可取0.5；

r——轴半径；

r_1——滚轮外圆半径。

第 8 章

木结构工程施工计算

“伐木丁丁，构木为巢。储上木以待良工。”木结构是一门古老的建筑科学，我们的祖先有着光辉灿烂的木结构文明，上至宫殿、楼宇，下至亭台、民宅，皆系以木结构为主。故宫内太和殿，俗称金銮殿，宽63.96m，进深37.17m，通高37.44m，面积2377m^2，是我国现存最大的木结构建筑。但是，随着砖石结构，尤其是混凝土结构的发展，木结构渐渐淡出了建筑的主流。近年来，随着人们对居住环境的要求提高，随着建筑理念、材料和结构体系的不断更新换代，人们对于家居生活品质的需求日益提高，木结构建筑体系凭借保温、节能、环保、舒适、结构灵活、建筑成本低等一系列优势，受到各界广泛关注。木结构工程又重新焕发了生机，又有了巨大的使用空间。

木结构主要有以下优点：

① 轻质高强，可满足大跨度结构或高层结构的力学性能要求；

② 具有良好的弹性和韧性，能承受冲击和振动等作用，从而可构成抗震性能良好的木结构；

③ 导热性低，具有较好的隔热、保温性能；

④ 在干燥环境或长期置于水中时均有很好的耐久性；

⑤ 有良好的可加工性，易于制成各种形状的产品，并可加工成各种性能优良的深加工产品；

⑥ 具有漂亮的天然外观，可将不同品种的木材加工成千变万化的花纹，从而获得良好的装饰效果。

但木结构也存在以下缺点：

① 内部构造不均匀，具有明显的各向异性；

② 受环境湿度影响很大，具有显著的湿胀干缩而使其变形、强度下降或腐朽破坏；

③ 易燃、易腐蚀，需要可靠的表面保护；

④ 木材的可利用资源有限。

本章主要介绍了木结构设计及施工中常用的计算，以供大家参考。

◆8.1 木材材积计算

木材材积是木材实质体积的简称。在实际工作中，我们通常以长、宽、厚各为一米所占的一立方米木材为单位来计量木材材积。在工程上采购木材，进行备料，计算用料都需要先进行计算材积。材积的计算可分为以下四类：板材和方材、原条、原木及杉原木的材积计算。

1. 板、方材的计算

板、方材系指已经加工锯解成材的木料，凡宽度为宽度的三倍或三倍以上的，称为板材，不足三倍的称为方材。在实际工程中，只需量出板、方木的宽度、厚度和长度，即可按下式计算材积：

$$V = h \cdot b \cdot L \tag{8-1}$$

式中 V——方材、板材的材积（m^3）；

h——方材、板材的厚度（m）；

b——方材、板材的宽度（m）；

L——方材、板材的长度（m）；

板、方材延长米换算立方米及立方米换算延长米可参见表 8-1。

板、方材延长米换算立方米及立方米换算延长米表 **表 8-1**

材料规格 宽×高（cm）	延长米折合立方米						每立方米折合延长米
	1m	2m	3m	4m	5m	6m	
3×3.0	0.0009	0.0018	0.0027	0.0036	0.0045	0.0054	1111.11
3×3.5	0.00105	0.0021	0.00315	0.0042	0.00525	0.0063	952.38
3×4.0	0.0012	0.0024	0.0036	0.0048	0.0075	0.0072	833.33
3×5.0	0.0015	0.0030	0.0045	0.0060	0.0060	0.0090	666.66
3×6.0	0.0018	0.0036	0.0054	0.0072	0.0090	0.108	555.56
4×4.0	0.0016	0.0032	0.0048	0.0064	0.0080	0.0096	625.00
4×5.0	0.0020	0.0040	0.0060	0.0080	0.0100	0.0120	500.00
4×6.0	0.0024	0.0048	0.0072	0.0096	0.0120	0.0144	416.67
4×7.0	0.0028	0.0056	0.0084	0.0112	0.0140	0.0168	357.14
4×8.0	0.0032	0.0064	0.0096	0.0128	0.0160	0.0192	312.50
5×5.0	0.0025	0.0050	0.0075	0.0100	0.0125	0.0150	400.00
5×6.0	0.0030	0.0060	0.0090	0.0120	0.0150	0.0180	333.33
5×7.0	0.0035	0.0070	0.0105	0.0140	0.0175	0.0210	285.71
5×8.0	0.0040	0.0080	0.0120	0.0160	0.200	0.0240	250.00
5×10.0	0.0050	0.0100	0.0150	0.0200	0.0250	0.0300	200.00
6×6.0	0.0036	0.0072	0.0108	0.0144	0.0180	0.0216	277.78
6×7.0	0.0042	0.0084	0.0126	0.0168	0.0210	0.0252	238.10
6×8.0	0.0048	0.0096	0.0144	0.0192	0.0240	0.0288	208.34
6×9.0	0.0054	0.0108	0.0162	0.0216	0.0270	0.0324	185.19
6×10.0	0.0060	0.0120	0.0180	0.0240	0.0300	0.0360	166.67

续表

材料规格 宽×高 (cm)	延长米折合立方米						每立方米折合延长米
	1m	2m	3m	4m	5m	6m	
7×7	0.0049	0.0098	0.0147	0.0196	0.0245	0.0294	204.08
7×8	0.0056	0.0112	0.0168	0.0224	0.0280	0.0336	178.57
7×9	0.0063	0.0126	0.0189	0.0252	0.0315	0.0378	158.73
7×10	0.0070	0.0140	0.0210	0.0280	0.0350	0.0420	142.86
7×12	0.0084	0.0168	0.0252	0.0336	0.0420	0.0504	119.05
8×8	0.0064	0.0128	0.0192	0.0256	0.0320	0.0384	156.25
8×9	0.0080	0.0160	0.0240	0.0320	0.0400	0.0480	125.00
8×12	0.0096	0.0192	0.0288	0.0384	0.0480	0.0576	104.17
8×15	0.0120	0.0240	0.0360	0.0480	0.0600	0.0720	83.33
9×9	0.0081	0.0162	0.0243	0.0324	0.0405	0.0486	123.46
9×10	0.0090	0.0180	0.0270	0.0360	0.0450	0.0540	111.11
9×12	0.0108	0.0216	0.0324	0.0432	0.0540	0.0648	92.59
9×15	0.0135	0.0270	0.0405	0.0540	0.0675	0.0810	74.07
10×10	0.0100	0.0200	0.0300	0.0400	0.0500	0.0600	100.00
10×12	0.0120	0.0240	0.0360	0.0480	0.0600	0.0720	83.33
10×15	0.0150	0.0300	0.0450	0.0600	0.0750	0.0900	66.67
10×20	0.0200	0.0400	0.0600	0.0800	0.1000	0.1200	50.00

2. 原条材积计算

原条系指已经除去皮、根、树梢的木料，但尚未按一定尺寸加工成规定的材类，主要用于建筑工程的脚手架，建筑用材，家具装潢等。原条材积可按下式计算：

$$V = \frac{\pi D^2}{4} \times L \times \frac{1}{1000} \tag{8-2}$$

或

$$V = 0.7854 D^2 \times L \times \frac{1}{1000} \tag{8-3}$$

式中　V——原条材积（m^3）；

D——原条中央截面直径（cm）；

L——原条长度（m）；

$\frac{1}{1000}$——单位换算系数。

上式适用于所有树种的原条材积计算。

3. 原木材积计算

原木系指已经除去皮、根、树梢的木料，并已按一定尺寸加工成规定直径和长度的木料。原木的主要用途可分为两类，（1）直接使用的原木：用于建筑工程（如屋梁、檩、椽等)、桩木、电杆、坑木等；(2) 加工原木：用于胶合板、造船、车辆、机械模型及一般加工用材等。原木材积可按下式计算：

$$V = L\left[D_{小}^2(0.003895L + 0.8982) + D_{小}(0.39L - 1.219) + (0.5796L + 3.067)\right] \times \frac{1}{1000} \tag{8-4}$$

式中 V——原木材积 (m^3)；

L——原木长度 (m)；

$D_{小}$——原木小头直径 (cm)。

一般直接用原木：小头直径 8 ~ 30cm，长度 2 ~ 12m；加工用原木：小头直径 20cm 以上，长 2 ~ 8m。

上式适用于除杉原木以外所有树种原木材积的计算。

4. 杉原木材积计算

杉原木系指已经除去皮、根、树梢的木料，并已按一定尺寸加工成规定直径和长度的杉木。杉原木材积一般按下式计算：

$$V = 0.0001\frac{\pi}{4} \times L\left[(0.026L + 1)D_{小}^2 + (0.37L + 1)D_{小} + 10(L - 3)\right] \tag{8-5}$$

或 $$V = 0.00007854L\left[(0.026L + 1)D_{小}^2 + (0.37L + 1)D_{小} + 10(L - 3)\right] \tag{8-6}$$

式中 V——杉原木材积 (m^3)；

L——杉原木长度 (m)；

$D_{小}$——杉原木小头直径 (cm)。

上式可作为计算或查定国产杉原木材积之用。

常用杉原木材梢径在 6cm 以上，长 2m 以上，其材积亦可按表 8-2 查用。

【例 8-1】 有原条木 10 根，每根长 5m，小头直径为 8cm，大头直径为 13cm，试求该批原条的材积。

【解】 由题意可知，该批原条的中央截面直径为 $D = (8 + 13)/2 = 10.5$cm

那么，由式 (8-2) 可得，原条的材积为：

$$V = 0.7854D^2 \times L \times \frac{1}{1000} \times 10 = 0.7854 \times 10.5^2 \times 5 \times \frac{1}{1000} \times 10 = 0.4330\text{m}^3$$

【例 8-2】 有红松原木 20 根，每根长 6.5m，小头直径为 12cm，试求其材积。

【解】 由式 (8-4) 可得，红松原木材积为：

$$V = L\left[D_{小}^2(0.003895L + 0.8982) + D_{小}(0.39L - 1.219) + (0.5796L + 3.067)\right] \times \frac{1}{1000}$$

$$= 6.5 \times \left[12^2 \times (0.003895 \times 6.5 + 0.8982) + 12 \times (0.39 \times 6.5 - 1.219) + (0.5796 \times 6.5 + 3.067)\right] \times \frac{1}{1000} \times 20$$

$$= 2.0230\text{m}^3$$

【例 8-3】 杉条木 15 根，每根长 8m，小头直径为 14cm，试求其材积。

【解】 由式 (8-6) 可得杉原木材积为：

表 8-2

常用杉原木材积表

材积 m^3 / 长度 m / 直径 cm	2.0	2.5	3.0	3.5	4.0	4.5	5.0	5.5	6.0	6.5	7.0	7.5	8.0	8.5	9.0	10.0
8	0.0112	0.0154	0.0202	0.0256	0.0315	0.038	0.0451	0.0527	0.061	0.0698	0.0791	0.0891	0.0996	0.1107	0.1223	0.1473
10	0.0177	0.237	0.0303	0.0376	0.0455	0.054	0.0632	0.073	0.0835	0.0946	0.1063	0.1187	0.1317	0.1453	0.1596	0.1901
12	0.025	0.0034	0.042	0.052	0.062	0.0734	0.085	0.097	0.110	0.124	0.139	0.154	0.170	0.186	0.204	0.241
14	0.035	0.045	0.057	0.069	0.082	0.096	0.110	0.125	0.142	0.159	0.176	0.195	0.214	0.234	0.255	0.299
16	0.045	0.058	0.073	0.088	0.104	0.121	0.139	0.158	0.177	0.198	0.219	0.241	0.264	0.288	0.313	0.365
18	0.057	0.073	0.091	0.110	0.129	0.150	0.171	0.194	0.217	0.241	0.267	0.293	0.320	0.349	0.378	0.440
20	0.070	0.090	0.111	0.134	0.157	0.181	0.207	0.234	0.261	0.290	0.320	0.351	0.383	0.416	0.450	0.522
22	0.084	0.108	0.134	0.160	0.188	0.216	0.246	0.277	0.310	0.343	0.378	0.414	0.451	0.489	0.529	0.611
24	0.100	0.128	0.158	0.189	0.221	0.254	0.289	0.325	0.363	0.401	0.441	0.483	0.525	0.569	0.615	0.709
26	0.117	0.150	0.184	0.220	0.257	0.296	0.336	0.377	0.420	0.464	0.510	0.557	0.606	0.656	0.707	0.815
28	0.135	0.173	0.212	0.253	0.296	0.340	0.386	0.433	0.481	0.532	0.584	0.637	0.692	0.749	0.807	0.928
30	0.155	0.193	0.243	0.289	0.338	0.387	0.439	0.492	0.547	0.604	0.663	0.723	0.785	0.848	0.914	1.049
32	0.176	0.225	0.275	0.328	0.382	0.438	0.496	0.556	0.618	0.681	0.747	0.814	0.883	0.954	1.027	1.178
34	0.198	0.253	0.310	0.0368	0.429	0.492	0.557	0.623	0.692	0.763	0.836	0.911	0.988	1.067	1.147	1.315
36	0.222	0.283	0.346	0.412	0.479	0.549	0.621	0.695	0.771	0.850	0.930	1.013	1.098	1.185	1.275	1.460
38	0.247	0.315	0.385	0.457	0.532	0.609	0.688	0.770	0.854	0.941	1.030	0.121	1.216	1.311	1.409	1.613
40	0.273	0.348	0.425	0.505	0.587	0.672	0.759	0.849	0.942	1.037	1.135	1.235	1.337	1.443	1.550	1.773

$$V = 0.00007854L[(0.026L+1)D_{小}^2 + (0.37L+1)D_{小} + 10(L-3)]$$
$$= 0.00007854 \times 8 \times [(0.026 \times 8 + 1) \times 14^2 + (0.37 \times 8 + 1) \times 14 + 10 \times (8-3)] \times 15$$
$$= 3.225\text{m}^3$$

亦可由表 8-2，当 $D_{小}=14\text{cm}$，$L=8\text{m}$ 时，每根材积为 0.214，所以总材积为：$0.214 \times 15 = 3.21\text{m}^3$。

8.2 木材性质指标计算

木材与建筑工程有关的性质主要有含水率、湿胀干缩、质量密度及力学性能。

8.2.1 木材含水率和平衡含水率计算

木材中的水分主要有三种：自由水、吸附水和结合水。自由水是木材细胞腔和细胞间隙中的水分，其变化只与木材的表观密度、保存性、燃烧性、干燥性等有关；吸附水是被吸附在细胞壁内细纤维之间的水分，其变化是影响木材强度和胀缩变形的主要因素；结合水即为木材中的化合水，在常温下不发生变化，对木材的性质无影响。

木材的含水率是指木材中所含水量与木材干重之比的百分率，是木材的一项很重要的物理性质。

木材的含水率可按下式计算：

$$\omega = \frac{m - m_0}{m_0} \times 100\% \tag{8-7}$$

式中 ω——木材的含水率（%）；

m——木材试件烘干前的质量；

m_0——木材试件烘干后的质量。

潮湿的木材会在干燥的空气中失去水分，干燥的木材则会从空气中吸收水分。木材从外界环境吸收水分时，通常先由细胞壁吸收为吸附水，达到饱和后水分进入细胞腔和细胞间隙，成为自由水。干燥蒸发时，首先脱去自由水，然后再脱去吸附水。当木材中不含有自由水，而细胞壁内吸附水恰好饱和时，此时的含水率称为纤维饱和点。纤维饱和点是木材物理力学性质发生变化的转折点。在纤维饱和点以下，木材的强度随含水率的提高而下降，木材的体积也随含水率的提高或降低而出现膨胀或收缩；当含水率超过纤维饱和点时，木材的干湿变形和力学强度均不再受含水率的影响。木材的纤维饱和点随树种而异，一般介于 25% ~35% 之间，通常取其平均值 30%。

当木材的含水率与周围空气的相对湿度达到平衡而不再变化时，此时的含水率称为平衡含水率，一般约为 10% ~18%。它与周围环境温度和空气的相对湿度有关，并随其所在地区的不同而异，如图 8-1 所示为木材平衡含水率与温度、湿度的关系。如预先知道木材所处的环境温度和相对湿度，可从该图中近似的求出木材的平衡含水率，并以此作为木材干燥应达到的程度。木材的平衡含水率在北方约为 12%，长江流域约为 15%，南方约为 18%。根据含水率的大小建筑木材约分类如表 8-3。

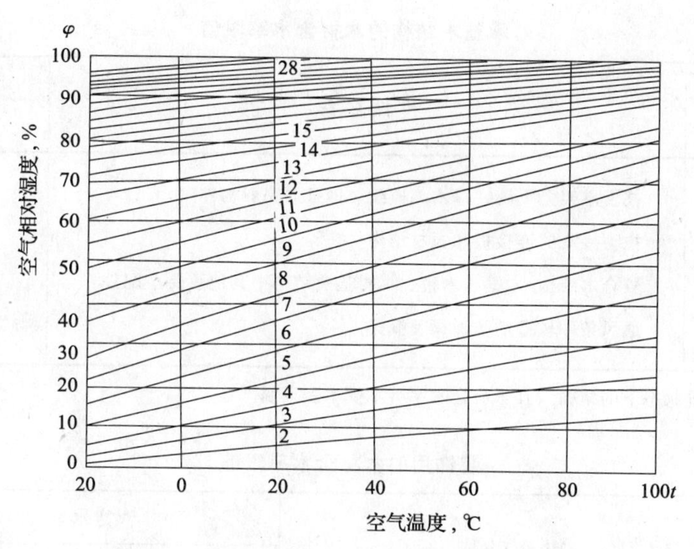

图 8-1　木材平衡含水率与温度、湿度的关系

木材按含水率分类　　**表 8-3**

名称分类	潮湿木材	半干木材	干燥木材
含水率（%）	>25	18～25	<18

注：新伐木材的含水率常在 35% 以上，约为 70%～140%。

含水率大的木材，加工为成品，往往因水分蒸发干燥收缩不均，会使木材变形，造成严重缺陷，影响构件的强度和使用寿命，图 8-2 为含水率对木材强度的影响。因此对木结构工程施工时，对木结构和制品使用木材的含水率必须加以控制，使接近或达到平衡含水率状态，以确保质量。一般制作承重木结构和装修工程所用木材含水率的允许限值见表 8-4和表 8-5。

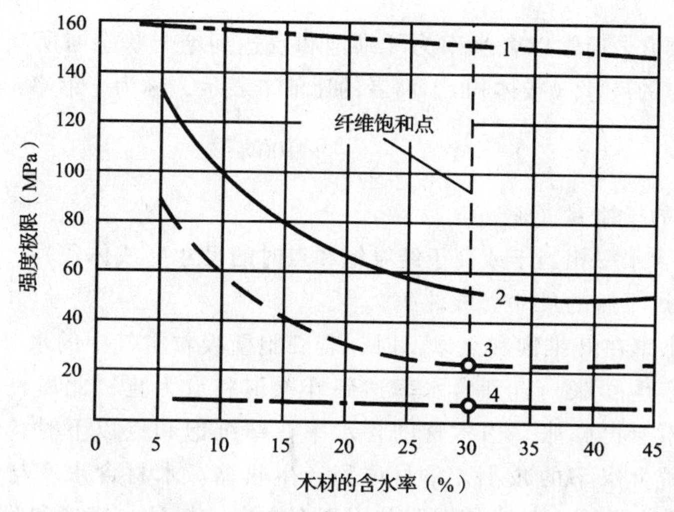

图 8-2　含水率对木材强度的影响

1—顺纹受拉；2—变曲；3—顺纹受压；4—顺纹受剪

承重木结构的木材含水率限值　　表8-4

项　次	构件名称	含水率（不大于%）
1	柱、屋架上下弦、撑木、横梁、檩条等一般构件	25
2	拉力接头的连接板和板材结构	18
3	胶合木结构/木键、木销、木衬垫及结构中其他重要小配件	15
4	通风条件较差的楼板梁及搁栅	20

注：长期处于潮湿状态下的结构，其木材含水率可不受本表限制。

装饰用的木材含水率限值　　表8-5

项　次	构件名称	含水率（≤%）		
		Ⅰ	Ⅱ	Ⅲ
1	门心板、内帖脸板、踢脚板、压缝条、条形或拼花地板和栏杆、扶手	10	12	15
2	门窗扇、亮子、窗台板、外贴脸板	13	15	18
3	门窗框	16.	18	20

注：Ⅰ类地区：指包头、兰州以西的西北地区和西藏自治区。
Ⅱ类地区：指徐州、郑州、西安以北的华北、东北地区。
Ⅲ类地区：指徐州、郑州、西安以南的中南、华东和西南地区。

8.2.2　木材干缩率和干缩系数计算

木材干缩的数值，通常以含水率为纤维饱和点达到绝干状态时所减小的尺寸（或体积）与绝干状态时的尺寸（或体积），两者的比值来表示，称为干缩率：

$$Y = \frac{S - S_0}{S_0} \times 100\% \tag{8-8}$$

式中　Y——木材的干缩率（%）；

S——试件含水率相当于或高于纤维饱和点时的尺寸（或体积）；

S_0——试件烘干后的尺寸（或体积）。

当木材的含水率在纤维饱和点以下时，若细胞壁吸收空气中的水分，随着含水率的增加，木材体积产生膨胀，直到含水率达到纤维饱和点为止，此后，若含水率继续增长，木材体积却不会再膨胀。当木材的含水率在纤维饱和点以下时，若细胞壁中的吸附水蒸发，则随着含水率的减小，木材体积产生收缩。木材含水率与其胀缩变形的关系，如图8-3所示。影响木材干缩湿胀的因素有方向、树种、密度和晚材率。弦向干缩最大，径向次之，纵向最小；树种不同，干缩亦不同；密度大的木材，横纹干缩也大；

晚材率越大，横纹干缩越大。木材的干缩湿胀后果：木材的干缩湿胀对木材的尺寸稳定性有很大影响。干缩将使木结构的连接处产生缝隙，致使拼合松弛，或造成板面开裂；湿胀则会造成凸起，使装修产生翘曲变形。避免开裂和翘曲的常用方法是对木材进行干燥处理，使其含水率与所处环境的平衡含水率基本一致。一般正常木材顺纹方向的干缩率约为 0.1%，由于其数值很小，可忽略不计；径向干缩率为 3% ~6%；弦向干缩率为 6% ~12%，约为径向的一倍。

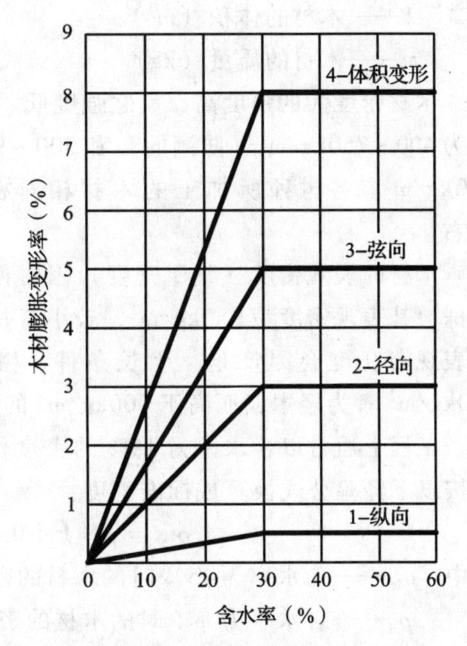

图 8-3　木材含水率与胀缩变形的关系

干缩率除以引起干缩的含水量，称为干缩系数，表示如下：

$$K = \frac{Y}{\omega} \tag{8-9}$$

式中　Y——木材的干缩率（%）；

K——木材的干缩系数；

ω——木材的含水率（%）。

K 也就是在纤维饱和点以下，吸附水每减少 1% 含水率所引起的干缩数值。

由于木构件在长期使用期间的含水率即等于当地的平衡含水率，而锯解时的含水率高于饱和点，因此，板、方材在锯解时都应预留干缩量。各种木材制作时应预留的干缩量见表 8-6。

各种木材制作时的干缩量　　　　表 8-6

板方材厚度（mm）	干缩量（mm）	板方材厚度（mm）	干缩量（mm）
15 ~ 25	1	130 ~ 140	5
40 ~ 60	2	150 ~ 160	6
70 ~ 90	3	170 ~ 180	7
100 ~ 120	4	190 ~ 200	8

注：落叶松、麻黄等树种的木材，应按表中规定加大干缩量 30%。

8.2.3　木材质量密度计算和换算

木材质量密度（简称密度）为木材单位体积的密度，按下式计算：

$$\rho = \frac{m}{V} \tag{8-10}$$

式中　ρ——木材的质量密度（kg/m^3）；

V——木材的体积（m^3）；

m——木材的质量（kg）。

木材密度大的强度高，反之强度低。木材密度随其含水率和树种而异。木材的密度大约为400～750kg/m^3（防潮的）和500～900kg/m^3（不防潮的），各树种的平均密度约为500kg/m^3。各树种所加工的木材相对密度相差不大，其平均值为1.54～1.55g/cm^3左右。

木材的表观密度（气干密度）因树种不同差异很大。常用树种中表观密度较大者为麻栎，其表观密度为980kg/m^3，较小者是泡桐，仅为283kg/m^3。此外，同一树种，木材的表观密度也会因产地、生长条件、树龄的不同而不同。一般认为，表观密度低于400kg/m^3者为轻木，而高于600kg/m^3的为重木。

工程上通常以含水率为15%的密度作为标准密度，对含水率小于30%的木材密度，可按以下经验公式换算成标准密度：

$$\rho_{15} = \rho_{w}[1 + 0.01(1 - K_{v})(15 - \omega)] \tag{8-11}$$

式中 ρ_{15}——含水率为15%时的木材的密度；

ρ_{w}——含水率为ω%时的木材的密度；

K_{v}——木材体积收缩系数，落叶松、山毛榉、白桦为0.6，其他木材为0.5；

ω——木材的含水率。

木材的密度大小，反映木材一系列物理性质，如木材的密度大，则干缩湿胀也大，强度也大，可用来识别木材和估计木材工艺性质的优劣及作计算运输量的依据。

【例8-4】 已知有山毛榉0.25m^3，其重量为187.63kg，含水率为11%，试求其质量密度和标准密度。

【解】 由题可知，$\omega = 11\%$，取$K_{v} = 0.6$，由式（8-10）可得：

$$\rho = \frac{m}{V} = \frac{187.63}{0.25} = 750.52\ \text{kg/m}^3$$

由式（8-11）可得山毛榉的标准密度为：

$$\begin{aligned}\rho_{15} &= \rho_{w}[1 + 0.01(1 - K_{v})(15 - \omega)] \\ &= 750.52 \times [1 + 0.01(1 - 0.6)(15 - 11)] \\ &= 762.5\text{kg/m}^3\end{aligned}$$

即，山毛榉的质量密度为750.52kg/m^3，标准密度为762.5kg/m^3。

8.2.4 木材的力学性质

木材的力学性能指木材抵抗外力作用的能力。木材的强度按受礼状态分为抗压、抗拉、抗剪、抗弯四种。木材由于构造的不均匀性和生长环境的差异，力学性质各异。木材强度因方向不同相差较大，顺纹和横纹抵抗外力的能力各不相同，各项强度之间的关系见表8-7。顺纹强度远高于横纹强度，所以工程上均充分利用其顺纹强度，而避免使其横向承受拉力或压力。理论上木材强度中以顺纹抗拉强度为最大，其次是抗弯强度和顺纹抗压强度，但实际上是木材的顺纹抗压强度最高。

木材各种强度的比例关系　　**表 8-7**

抗压强度		抗拉强度		抗剪强度		抗弯曲强度
顺　纹	横　纹	顺　纹	横　纹	顺　纹	横　纹	
1	$\frac{1}{10} \sim \frac{1}{3}$	2～3	$\frac{1}{20} \sim \frac{1}{3}$	$\frac{1}{7} \sim \frac{1}{3}$	$\frac{1}{2} \sim 1$	$1\frac{1}{2} \sim 2$

注：表中以横纹抗压强度为 1，其他各项强度皆为其倍数。

建筑工程几种常见树种的力学性能见表 8-8。

常用木材的物理力学性能　　**表 8-8**

材料名称	气干密度 (kg/m^3)	干缩率 (%)		抗压强度 (N/mm^2)	抗拉强度 (N/mm^2)	抗剪强度（顺纹）(N/mm^2)		抗弯强度（弦向）(N/mm^2)
		径　向	弦　向	顺　纹	顺　纹	径　向	弦　向	
红　松	440	0.122	0.321	32.8	98.1	6.3	6.9	65.3
白　松	384	0.129	0.366	36.4	78.8	5.7	6.3	65.1
落叶松	641	0.168	0.398	55.7	129.9	8.5	6.8	109.4
马尾松	519	0.152	0.297	46.5	104.9	7.5	6.7	91.0
樟子松	462	0.145	0.325	31.7	94.5	6.7	7.2	74.2
云　杉	515	0.203	0.318	49.4	140.7	8.2	7.2	89.3
杉　木	478	0.178	0.334	41.9	98.4	6.5	6.4	82.9
水曲柳	686	0.197	0.353	52.5	138.7	11.3	10.5	118.6
柞　栎	766	0.199	0.316	55.6	155.4	11.8	12.9	124.0
栗　木	689	0.149	0.297	59.0	—	14.8	15.3	119.9
榆　木	597	0.186	0.282	27.5	96.0	12.2	12.4	79.5
椴　木	485	0.135	0.200	39.0	106.7	5.8	8.0	92.3
青冈栎	892	0.169	0.406	65.2	—	17.1	20.8	148.0
桦　木	634	0.154	0.232	54.5	124.9	10.3	12.0	95.8

木材强度的大小和含水率、加荷时间、使用温度及木材本身的缺陷等因素有关。木材含水率在纤维饱和点以下时，其强度与含水率成反比，在纤维饱和点以上时，含水率的变化与强度无关。一般含水率为 15% 的强度作为标准，其他含水率的强度可按下式换算：

$$\sigma_{15} = \sigma_{w}[1 + \alpha(\omega - 15)] \tag{8-12}$$

式中　σ_{15}——含水率为 15% 时的木材的强度（N/mm^2）；

σ_{w}——含水率为 ω% 时的木材的强度（N/mm^2）；

ω——木材的含水率；

α——含水率校正系数。顺纹抗压：对红松、落叶松、杉、榆、桦，$\alpha = 0.05$；对所有树种荷剪切类型，$\alpha = 0.03$；对针叶树为 0；阔叶树为 0.015。

木材在长期荷载作用下，只有当其应力远低于强度极限的某一范围时，才可避免木材因长期负荷而破坏。木材在长期荷载作用下不致引起破坏的最大强度，称为持久强度。木材的持久强度比其极限强度小得多，一般为极限强度的 50% ~60%，如图 8-4 所示，对计算承重结构的木材应考虑这一因素。温度对木材强度有直接影响。当温度由 25℃升至 50℃时，将因木纤维和其间的胶体软化等原因，使木材抗压强度降低 20% ~40%，抗拉和抗剪强度降低 12% ~20%；当温度在 100℃以上时，木材中部分组织会分解、挥发，木材变黑，强度明显下降。因此，长期处于高温环境（≥50℃）下的建筑物不宜采用木结构。木材存在缺陷，都会不同程度降低木材的物理性能。常用树种木材的强度容许值荷弹性模量见附录二。

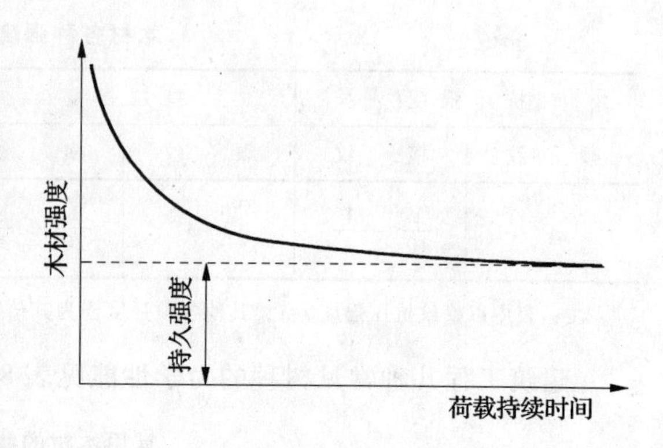

图 8-4 木材的持久强度

【例 8-5】 已知落叶松在含水率为 20% 时的顺纹抗压强度为 44.6N/mm²，试求其标准含水率时的强度。

【解】 由题意，$\omega=20\%$，取 $\alpha=0.05$，

由式（8-12）可得标准含水率时的强度为：

$$\sigma_{15}=\sigma_{w}\left[1+\alpha(\omega-15)\right]$$
$$=44.6[1+0.05(20-15)]$$
$$=55.75\text{N/mm}^2$$

可知落叶松的标准含水率时的顺纹抗压强度为 55.75N/mm²。

8.3 木材斜纹抗压强度设计值确定计算

在搭设木结构临时设施以及模板支设中，常会遇到木材斜纹承压计算，需要知道木材斜纹承压强度设计值，一般可按下列公式确定：

当 $\alpha\leqslant10°$时：

$$f_{ca}=f_{c} \tag{8-13}$$

当 $10°\leqslant\alpha\leqslant90°$时：

$$f_{ca}=\frac{f_{c}}{1+\left(\dfrac{f_{c}}{f_{c,90}}-1\right)\dfrac{\alpha-10}{80°}\sin\alpha} \tag{8-14}$$

式中 f_{ca}——木材斜纹抗压强度设计值（N/mm²）；

f_{c}——木材顺纹纹抗压强度设计值（N/mm²）；

$f_{c,90}$——木材横纹纹抗压强度设计值（N/mm²）；

α——作用方向与木纹方向间的夹角（°）。

【例 8-6】 某施工工地临时用三角形豪氏屋架（木料为花旗松），支座节点采用齿连

接，屋架坡度为 28°，试确定齿面的斜纹抗压强度设计值。

【解】　查附录二附表 2-42 得，花旗松的承压强度 $f_c = 15\text{N/mm}^2$，$f_{c,90} = 7.3\text{N/mm}^2$

由式（8-14）可得其斜纹抗压强度设计值为：

$$f_{ca} = \frac{f_c}{1 + \left(\frac{f_c}{f_{c,90}} - 1\right)\frac{\alpha - 10}{80°}\sin\alpha}$$

$$= \frac{15}{1 + \left(\frac{15}{7.3} - 1\right)\frac{28° - 10°}{80°}\sin 28°} = 13.50\text{N/mm}^2$$

故，屋架坡度为 28°时的斜纹抗压强度设计值为 13.50N/mm^2。

◈8.4　木结构拉压构件计算

1. 轴心受拉构件承载力的计算

木结构轴心受拉构件的承载力可按下式验算：

$$\frac{N}{A_n} \leqslant f_t \tag{8-15}$$

式中　f_t——木材顺纹强度抗拉设计值（N/mm^2）；

N——轴心受拉构件拉力设计值（N）；

A_n——受拉构件的净截面面积（mm^2）。计算时应将分布在 150mm 长度上的缺孔投影在同一截面上扣除，如图 8-5。

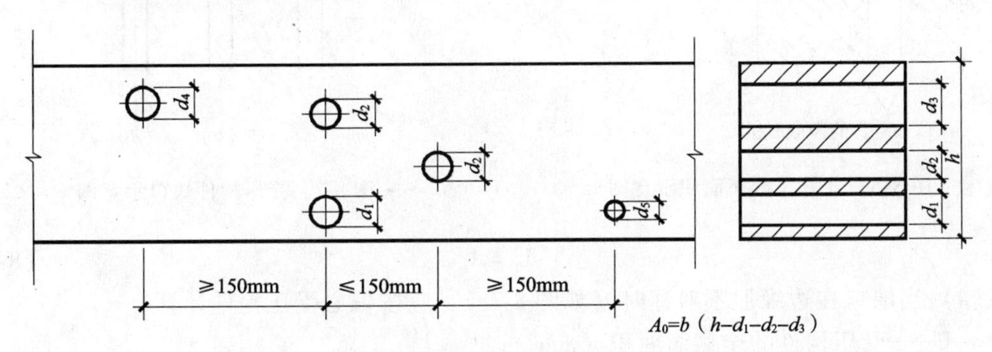

图 8-5　受拉构件净截面面积

计算受拉下弦支座节点处的净截面面积时，应将槽齿和保险螺栓的削弱一并扣除，如图 8-6 所示。

2. 轴心受压构件承载力的计算

（1）按强度计算

$$\sigma_c = \frac{N}{A_n} \leqslant f_c \tag{8-16}$$

（2）按稳定计算

$$\frac{N}{\varphi A_0} \leqslant f_c \tag{8-17}$$

式中 f_c——木材顺纹强度抗压设计值（N/mm^2）；

N——轴心受压构件压力设计值（N）；

A_n——受拉构件的净截面面积（mm^2）；

A_0——受压构件截面的计算面积（mm^2）；

φ——轴心受压构件的稳定系数。

其中，计算面积 A_0 按下述规定取用：

（1）当无缺口时

$$A_0 = A \tag{8-18}$$

（2）当缺口不在边缘时（如图 8-7a）

$$A_0 = 0.9A \tag{8-19}$$

（3）当缺口在边缘且对称时（如图 8-7b）

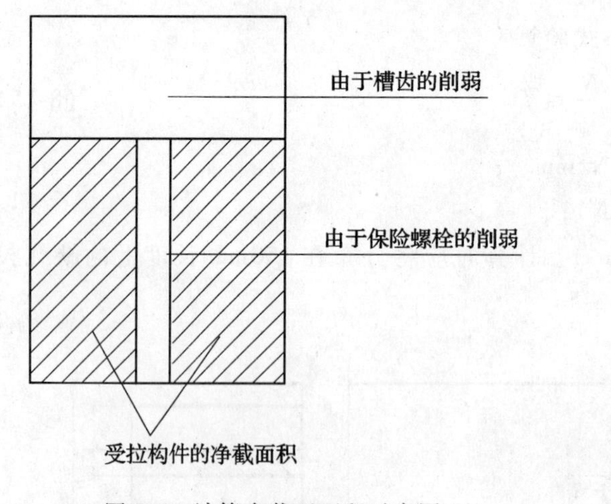

图 8-6 计算净截面面积示意图

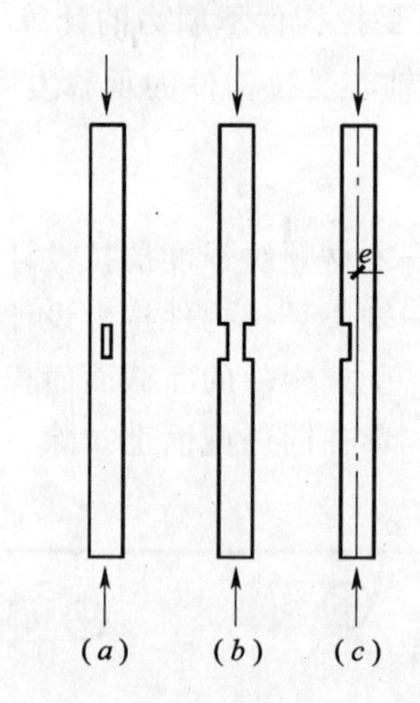

图 8-7 受压构件缺口示意图

$$A_0 = A_n \tag{8-20}$$

（4）当缺口在边缘但不对称时（如图 8-7c），应按偏心受压构件计算

式中 A——受压构件的全截面面积（mm^2）；

A_n——受压构件的净截面面积（mm^2）。

轴心受压构件的稳定系数 φ，应根据不同树种的强度等级按下列公式计算：

（1）树种强度等级为 TC17、TC15 及 TB20：

当 $\lambda \leqslant 75$ 时：

$$\varphi = \frac{1}{1 + \left(\frac{\lambda}{80}\right)^2} \tag{8-21}$$

当 $\lambda > 75$ 时：

$$\varphi = \frac{3000}{\lambda^2} \tag{8-22}$$

（2）树种强度等级为 TC13、TC11、TB17、TB26、TB13 及 TB11：

当 $\lambda \leqslant 91$ 时：

$$\varphi = \frac{1}{1 + \left(\frac{\lambda}{65}\right)^2} \tag{8-23}$$

当 $\lambda > 91$ 时：

$$\varphi = \frac{2800}{\lambda^2} \tag{8-24}$$

式中　φ——轴心受压构件稳定系数；

λ——构件的长细比，由式（8-21）计算确定。

其中，构件长细比 λ，不论构件截面上有无缺口，均应按下列公式计算：

$$\lambda = \frac{l_0}{i} \tag{8-25}$$

其中

$$i = \sqrt{\frac{I}{A}} \tag{8-26}$$

式中　l_0——受压构件的计算长度（mm），按实际长度乘以表 8-9 中的系数；

i——构件截面的回转半径（mm），对于矩形截面 $i = 0.289b$（b 为截面短边），对于圆形截面 $i = 0.25d$（d 为计算半径）；

I——构件的毛截面惯性矩（mm^4）；

A——构件的毛截面积（mm^2）。

计算受压构件的长度系数表　　**表 8-9**

两端铰接	一端固定，一端自由	一端固定，一端铰接
1.0	2.0	0.8

【例 8-7】　某工地豪氏屋架斜腹杆受压，其材质为鱼鳞云杉，其直径为 10cm，腹杆两节点的间距为 2.8m，试计算其承载能力。

【解】　查表可知，$f_c = 49.4\text{N/mm}^2$；又其梢径 $D = 10\text{cm}$，且截面又无削弱，则

$$A_0 = A_n = A = 3.14 \times 10^2 / 4 = 78.539\text{cm}^2$$

（1）若按强度计算，由式（8-16）可得其承载能力为

$$f_c \times A_n = 49.4 \times 7853.9 = 387.99\text{kN}$$

（2）若按稳定计算，斜腹杆可按两端铰接考虑，那么 $l_0 = l = 2.8\text{m}$

$$\lambda = \frac{l_0}{i} = 280/（0.25 \times 10）= 112$$

鱼鳞云杉的强度等级为 TC15B，$\lambda = 112 > 75$，由式（8-22）可得：

$$\varphi = \frac{3000}{\lambda^2} = \frac{3000}{112^2} = 0.239$$

那么，由式（8-17）得该斜腹杆的承载能力为：

$$f_c \times A_0 \times \varphi = 49.4 \times 7853.9 \times 0.239 = 92.73\text{kN}$$

可知，受压杆件稳定承载力远远低于其强度承载力。

8.5 木结构齿连接计算

临时设施木屋架上、下弦接头多采用齿连接，它是保证质量的关键部位。齿连接有单齿和双齿形式，如图 8-8 所示。正确的设计和制造，是提高齿连接质量的重要条件。

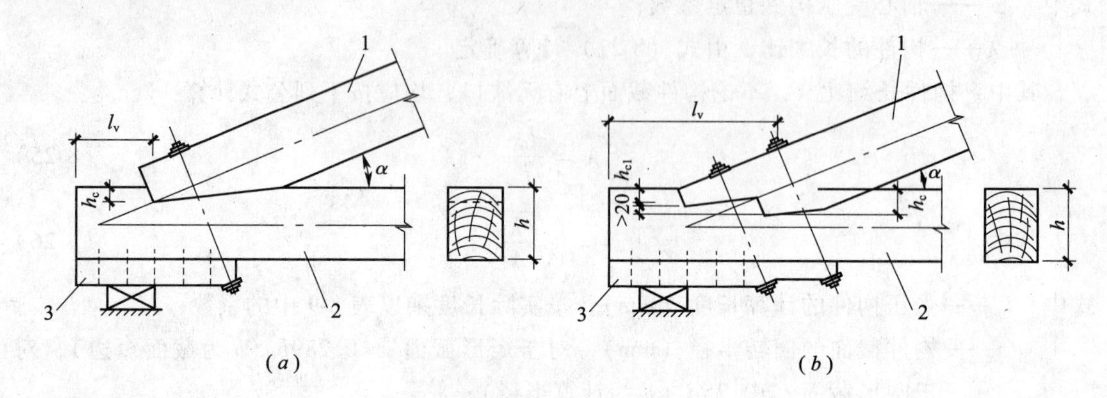

图 8-8　木结构齿连接

（a）单齿连接；（b）双齿连接

1—上弦；2—下弦；3—附木

齿连接的正确作法如下：

（1）承压面应与所连接的压杆轴线垂直，使压力明确地作用在该承压面上，并保证剪力面上存在着横向压紧力（压杆轴向压力的竖直分力），以利于木材的剪切工作。

（2）压杆轴线应通过承压面的形心。

（3）木桁架支座节点处的上弦轴线和支座反力的作用线，当下弦为方木或板材时，宜与下弦净截面的中心线文汇于一点；当下弦为原木时，可与下弦毛截面的中心线交汇于一点。此时，下弦刻齿处的截面可按轴心受拉计算。

（4）木桁架支座节点的齿深不应大于 $h/3$，在中间节点处不应大于 $h/4$。此处 h 为沿齿深方向的构件截面尺寸：对于方木或板材为截面的高度；对于原木为削平后的截面高度。同时，对于方木齿深不应小于 20mm；对于原木不应小于 30mm。

（5）双齿连接中，第二齿的齿深 h_c 应比第一齿的齿深 h_{c1} 至少大 20mm，第二齿的齿尖应位于上弦轴线与下弦上表面的交点。单齿和双齿第一齿的剪面长度均不应小于该齿齿深的 4.5 倍。

（6）当采用湿材制作时，还要考虑木材发生端裂的可能性。为此，木桁架支座节点齿连接的剪面长度应比计算值加大 50mm。

（7）木桁架支座节点必须设置保险螺栓、附木（其厚度不小于 $h/3$，h 意义同前）和经过防腐药剂处理的垫木。

1. 单齿连接计算

（1）按木材斜纹承压

$$\sigma_c = \frac{N}{A_c} \leqslant f_{ca} \tag{8-27}$$

式中　σ_c——承压应力设计值（MPa）；

f_{ca}——木材斜纹抗压强度设计值（MPa），按式（8-14）计算确定；

N——轴心压力设计值（N）；

A_c——齿的承压面积（mm^2）；对一面削平后的圆木面积，可按下式计算：

$$A_c = \frac{(1 - K_A)A_m}{\cos\alpha} \tag{8-28}$$

其中　α——上下弦的夹角（°）；

A_m——构件的毛截面积（mm^2）；

K_A——一面削平后的圆木面积系数，可查图 8-9，由 h_c/d 值，可从图中查得：K_B、K_A、K_W、K_Z 可按以下计算一面削平后得圆木 b_c、A、W、I、Z 值；

$$b_c = K_B \cdot d\ ;\ A = K_A \cdot A_0;$$

$$W = K_W \cdot W_0;\ I = K_I \cdot I_0;\ Z = K_Z \cdot d$$

其中　d——圆木直径（mm）；

A_0——圆木面积（mm^2）；

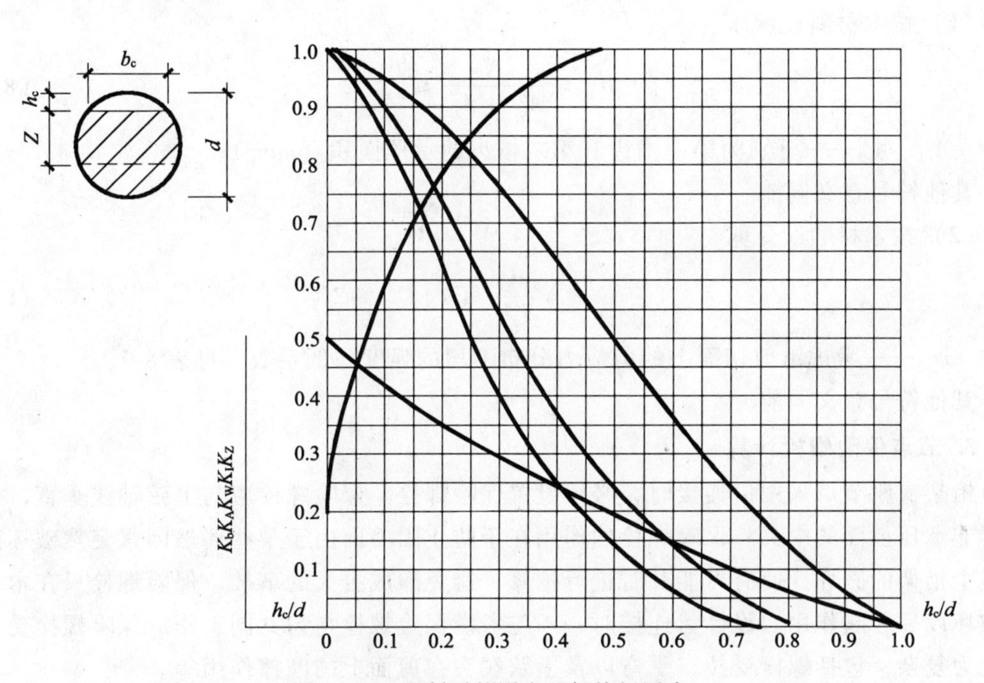

图 8-9　一面削平的圆木几何特征图表

W_0——圆木弹性抵抗矩（mm^3）；

I_0——圆木的惯性矩（mm^4）。

（2）按木材顺纹受剪

$$\tau = \frac{V}{l_v b_v} \leqslant \psi_{v1} f_v \quad (8\text{-}29)$$

式中 τ——顺纹受剪应力设计值（MPa）；

l_v——受剪面计算长度，其取值不得大于8倍齿深 h_c；

b_v——受剪面宽度（mm）；

V——木材剪力设计值（N）；

f_v——木材顺纹抗剪强度设计值（MPa）；

ψ_{v1}——考虑沿剪面长度应力分布不均得强度降低系数，可按表8-10采用。

剪应力不均匀系数 ψ_V 值 **表8-10**

l/h_c	4.5	5.0	6.0	7.0	8.0	10.0
ψ_{V1}	0.95	0.89	0.77	0.70	0.64	—
ψ_{V2}	—	—	1.00	0.93	0.85	0.71

注：l—槽齿受剪面长度；h_c—槽齿深度。ψ_{V1}用于单齿，ψ_{V2}用于双齿。

2. 双齿连接计算

（1）按木材斜纹承压

$$\sigma_c = \frac{N}{A_{c1} + A_{c2}} \leqslant f_{ca} \quad (8\text{-}30)$$

式中 A_{c1}、A_{c2}——分别为第一槽齿和第二槽齿的承压面积（mm^2）；

其他符号意义同前。

（2）按木材顺纹受剪

$$\tau = \frac{V}{l_v l_b} \leqslant \psi_{v2} f_v \quad (8\text{-}31)$$

式中 ψ_{v2}——考虑沿剪切面上的剪应力分布不均的强度降低系数，见表8-9。

其他符号意义同前。

3. 节点保险螺栓计算

桁架支座节点采用齿连接时，必须设置保险螺拴。保险螺栓应与上弦轴线垂直，一般位于非承压齿面的中央。保险螺栓的作用在于防止因剪面由于某些偶然因素突然破坏面引起整个桁架的破坏，使有可能及时进行抢修，避免酿成更大的事故。保险螺栓只在木材剪面破坏以后才起作用。设计齿连接时，不应考虑保险螺栓与齿共同工作。保险螺拴受力情况较为复杂，包括螺栓受拉、受弯以及上弦端头在剪面上的摩擦作用等。

为简便起见，保险螺栓所承受的拉力设计值，可按下式确定：

$$N_b = N\text{tg}(60° - \alpha) \tag{8-32}$$

式中　N_b——保险螺栓所承受的拉应力设计值（N）；

N——上弦的轴心压力设计值（N）；

α——上弦与下弦的夹角（°）。

保险螺栓的拉应力可按下式计算：

$$\sigma_t = \frac{N_b}{A} < 1.25f \tag{8-33}$$

式中　σ_t——保险螺栓承受的拉应力（MPa）；

f——钢材的抗拉强度设计值（MPa），一般用 $Q235$ 钢，$f = 215$MPa；

A——保险螺栓的截面积（mm^2）。

4. 齿连接不宜采用的几种构造形式

齿连接不宜采用的几种构造形式，见表 8-11。

齿连接不宜采用的几种构造形式　　**表 8-11**

序　号	构造形式	说　明
1	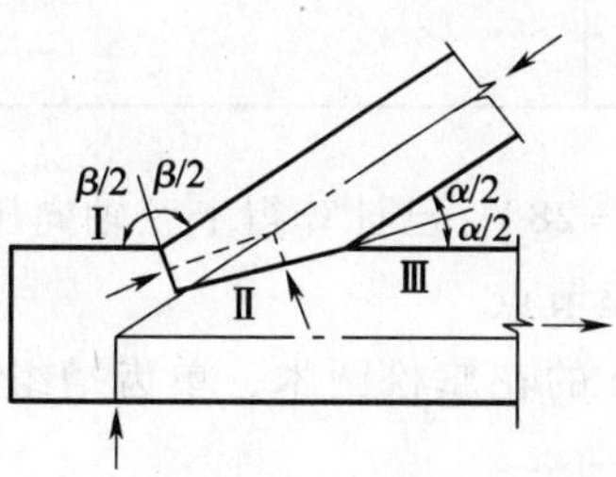	分角榫齿连接：由于制作不易准确和木材干缩变形的影响，实际上难以保证Ⅰ-Ⅱ和Ⅱ-Ⅲ两个承压面同时受力
2	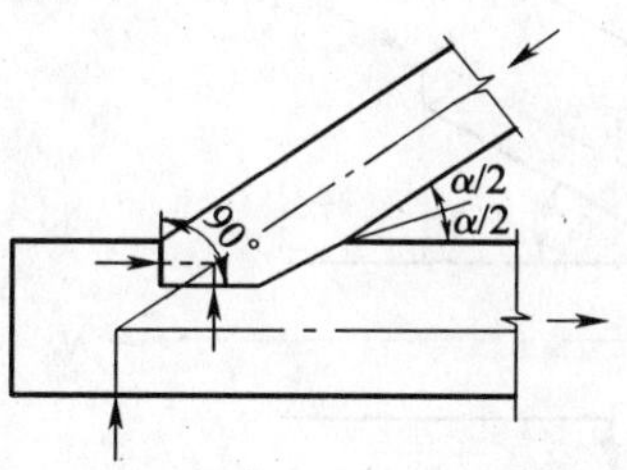	伪证榫齿连接：剪力面上毫无压紧力，对受剪面工作不利；当角度 α 较小时，甚至可能在桁架实用过程中发生横纹劈开现象
3	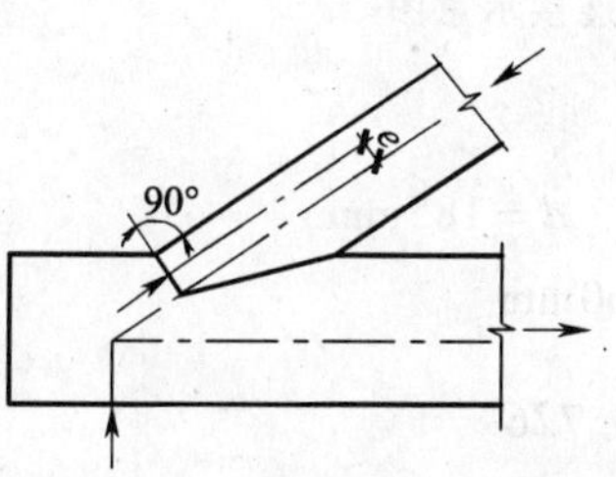	压杆轴线不对准承压面中心的齿连接：上弦承压面的中心未与周向力重合，将会对上弦杆产生增大跨中弯矩的不利影响

续表

序　号	构造形式	说　明
4		带帽舌的齿连接：由于制作不易准确，上弦帽舌顶住下弦表面，妨碍承压面的正常工作，甚至引起木材劈裂
5		留鼻梁的齿连接：制作工艺较为复杂，不能用锯一次贯穿锯成，当制作不构紧密时，可能发生仅鼻梁一侧受力的现象

【例 8-8】 某屋架跨度 15m，屋架坡度 $\alpha = 28°$，已计算得上弦轴向压力为 $N_c = 58\text{kN}$，下弦轴向拉力 $N_t = 53\text{kN}$，试设计该木屋架支座节点。

【解】 （1）初步选择下弦头径 $d = 185\text{mm}$ 的花旗松圆木，单齿槽组合，如图 8-10 所示。

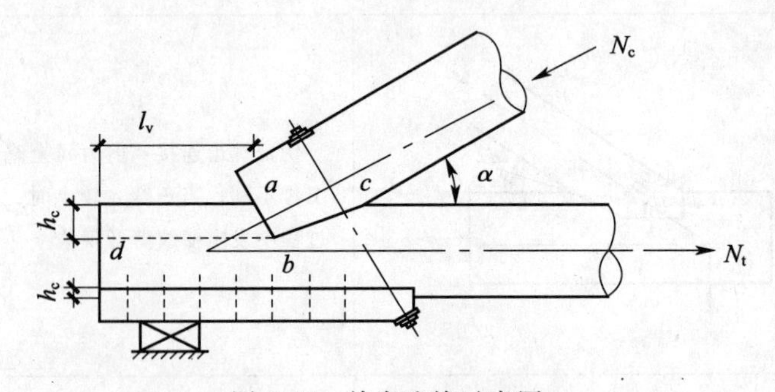

图 8-10　单齿连接示意图

（2）ab 截面斜纹抗压验算

$$N_c = 58000\text{N}, \qquad d = 185\text{mm}$$

齿槽深 $h_c = d/3 = 185/3 = 61.7\text{mm}$，取为 60mm

由 $\dfrac{h_c}{d} = \dfrac{60}{185} = 0.324$，查图 8-9 得 $K_A = 0.726$

由公式（8-28）得：

$$A_c = \frac{(1 - K_A)A_m}{\cos\alpha} = \frac{(1 - 0.726)\frac{\pi 185^2}{4}}{\cos 28°} = 8342\text{mm}^2$$

由式（8-14）木材斜纹抗压强度设计值：

$$f_{ca} = \frac{f_c}{1 + \left(\frac{f_c}{f_{c,90}} - 1\right)\frac{\alpha - 10}{80°}\sin\alpha} = \frac{15}{1 + \left(\frac{15}{7.3} - 1\right)\frac{28 - 10}{80}\sin 28°} = 13.5\text{N/mm}^2$$

代入式（8-27）可得斜纹轴心受压承载能力：

$$\sigma_c = \frac{N}{A_c} = \frac{58000}{8342} = 6.95\ \text{N/mm}^2 \leqslant f_{ca}$$

满足要求。

（3）bd 截面抗剪验算

由 $h_c/d = 0.324$，查图 8-9 得 $K_b = 0.921$

槽口宽度　$b_c = K_b d = 0.921 \times 185 = 170\text{mm}$

由 $l_v/h_c = 400/60 = 6.7$，查表 8-10 得 $\psi_{V1} = 0.721$

代入顺纹抗剪承载能力式（8-29）：

$$\tau = \frac{V}{l_v b_v} = \frac{58000}{400 \times 170} = 0.85\ \text{N/mm}^2 < \psi_{v1} f_v = 0.721 \times 1.9 = 1.37\text{N/mm}^2$$

满足要求

（4）bc 面下弦抗拉验算

对于下弦与上弦的接口，由 $\frac{h_c}{d} = \frac{60}{185} = 0.324$，查图 8-9 得 $K_A = 0.726$

$$A_1 = (1 - K_A)\ A_m = (1 - 0.726) \times 26880 = 7500\text{mm}^2$$

对于下弦与附木的接口，由 $\frac{h_c}{d} = \frac{20}{185} = 0.108$，查图 8-9 得 $K_A = 0.948$

$$A_2 = (1 - K_A)\ A_m = (1 - 0.948) \times 26880 = 1398\text{mm}^2$$

因穿入下弦保险螺栓减少的面积为：

$$A_3 = (22 + 2) \times (185 - 20 - 60) = 24 \times 105 = 2520\text{mm}^2$$

其中，保险螺栓的直径为 22mm。

那么，下弦的受拉净截面面积为：

$$A_n = A_m - (A_1 + A_2 + A_3) = 26880 - (7500 + 1398 + 2520) = 15462\text{mm}^2$$

代入轴心抗拉承载能力计算公式：

$$\sigma_t = \frac{N_t}{A_n} = \frac{53000}{15462} = 3.43\ \text{N/mm}^2 \leqslant f_{ca} = 5.4\ \text{N/mm}^2$$

满足要求

（5）保险螺栓验算

$$N_b = N_t \tan(60° - \alpha) = 53000 \times \tan(60° - 28°) = 33118\text{N}$$

$$\sigma_t = \frac{N_b}{A} = \frac{33118}{\frac{\pi}{4} \times 22^2} = 87.1\ \text{N/mm}^2 \leqslant 170 \times 1.25 = 212.5\ \text{N/mm}^2$$

满足要求。

8.6 木屋架杆件内力及长度系数计算

办公楼、学校、住宅等建筑，一般采用三支点、四支点的“苏式木屋架”，较大跨度的采用两支点“豪氏木屋架”。豪氏木屋架的结构特点和适用范围如下：

（1）豪式木屋架的特点是，采用齿连接的斜杆受压而竖杆受拉。在三角形屋架中，斜杆必须向跨中下倾。

（2）为提高屋架的可靠性和减小变形，所有竖杆均应采用圆钢制作。因为木屋架安装后，可通过拧紧圆钢竖拉杆的螺帽，去消除由于采用半干材手工制作的方木或原木屋架因连接不够紧密和干缩等引起的变形。此外，用钢拉杆还可避免因用木拉杆时可能产生干缩裂缝而引起危险。

（3）屋架的节间良度以控制在 2～3m 范围内为宜，并以六节间和八节间者最为常用。

（4）由于屋架上、下弦节间数相同，既能用于不吊顶房屋，也能用于吊顶房屋。

（5）豪式三角形木屋架的跨度一般不宜超过 18m。

当采用原木时应利用原木的天然倾斜率，特大头放置在弦杆内力较大的部位，还可适应原木直径变化的特点，采取不等节间的屋架型式，以充分利用原木的承载能力。

木屋架的设计和制作中，常需知道各杆件的内力及长度，以便较快的进行制作加工。表 8-12 为工地常用豪氏屋架杆件内力及长度的计算系数，已知跨度、节间数和高跨比，即可根据表中系数值，较快的计算出杆件内力和长度，供设计和放样、加工使用。

计算各种杆件长度还可以采用更简便的长度系数法，如表 8-13 所示，已知屋架跨度和节间数和高跨比，即可从表中查出杆件长度系数乘以跨度，即可直接迅速算出各杆件的轴线长度，供施工制作放样应用。

但应指出，轴线长度为理论长度，并不等于各杆件的实际长度，放样下料时还要根据实际情况和经验，下弦适当加长，上弦和腹杆适当减短。

木屋架构件内力及长度系数计算　　**表 8-12**

图示

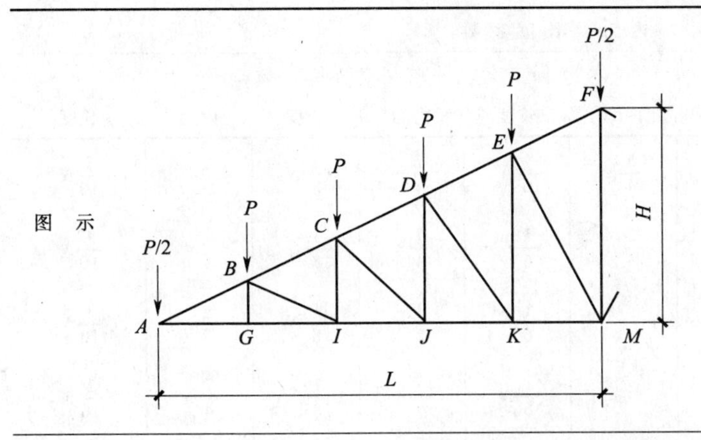

高跨比 = $H/L = 1/n$

$n = L/H$

$N = \sqrt{n^2 + 4}$

杆件内力 = 表中内力系数 × P

杆件长度 = 表中长度系数 × H

内力及长度系数

杆件		四节间内力	四节间长度	六节间内力	六节间长度	八节间内力	八节间长度	十节间内力	十节间长度
上弦	AB	$-\frac{3}{4}N$	$\frac{1}{4}N$	$-\frac{5}{4}N$	$\frac{1}{6}N$	$-\frac{7}{4}N$	$\frac{1}{8}N$	$-2N$	$\frac{1}{10}N$
	BC	$-\frac{1}{2}N$	$\frac{1}{4}N$	$-N$	$\frac{1}{6}N$	$-\frac{3}{2}N$	$\frac{1}{8}N$	$-2N$	$\frac{1}{10}N$
	CD	—	$\frac{1}{4}N$	$-\frac{3}{4}N$	$\frac{1}{6}N$	$-\frac{5}{4}N$	$\frac{1}{8}N$	$-\frac{7}{4}N$	$\frac{1}{10}N$
	DE	—	$\frac{1}{4}N$	—	$\frac{1}{6}N$	$-N$	$\frac{1}{8}N$	$-\frac{3}{2}N$	$\frac{1}{10}N$
	EF	—	$\frac{1}{4}N$	—	$\frac{1}{6}N$	—	$\frac{1}{8}N$	$-\frac{5}{4}N$	$\frac{1}{10}N$
斜腹杆	BI	$-\frac{1}{4}N$	$\frac{1}{4}N$	$-\frac{1}{4}N$	$\frac{1}{6}N$	$-\frac{1}{4}N$	$\frac{1}{8}N$	$-\frac{1}{4}N$	$\frac{1}{10}N$
	CJ	—	—	$-1/4\times\sqrt{n^2+16}$	$1/6\times\sqrt{n^2+16}$	$-1/4\times\sqrt{n^2+16}$	$1/8\times\sqrt{n^2+16}$	$-1/4\times\sqrt{n^2+16}$	$1/10\times\sqrt{n^2+16}$
	DK	—	—	—	—	$-1/4\times\sqrt{n^2+36}$	$1/8\times\sqrt{n^2+16}$	$-1/4\times\sqrt{n^2+36}$	$1/10\times\sqrt{n^2}$
	EM	—	—	—	—	—	—	$-1/4\times\sqrt{n^2+64}$	$1/10\times\sqrt{n^2+64}$
竖杆	BG	0	$\frac{1}{2}$	0	$\frac{1}{3}$	0	$\frac{1}{4}$	0	$\frac{1}{5}$
	CI	1	1	$\frac{1}{2}$	$\frac{2}{3}$	$\frac{1}{2}$	$\frac{1}{2}$	$\frac{1}{2}$	$\frac{2}{5}$
	DJ	—	—	2	1	1	$\frac{3}{4}$	1	$\frac{3}{5}$
	EK	—	—	—	—	3	1	$\frac{1}{2}$	$\frac{4}{5}$
	FM	—	—	—	—	—	—	4	1

续表

杆件		四节间 内力	四节间 长度	六节间 内力	六节间 长度	八节间 内力	八节间 长度	十节间 内力	十节间 长度
下弦	*AG*	$\frac{3}{4}n$	$\frac{1}{4}N$	$\frac{5}{4}n$	$\frac{1}{6}N$	$\frac{7}{4}n$	$\frac{1}{8}N$	$2n$	$\frac{1}{10}N$
	GI	$\frac{3}{4}n$	$\frac{1}{4}N$	$\frac{5}{4}n$	$\frac{1}{6}N$	$\frac{7}{4}n$	$\frac{1}{8}N$	$2n$	$\frac{1}{10}N$
	IJ	—	$\frac{1}{4}N$	n	$\frac{1}{6}N$	$\frac{3}{2}n$	$\frac{1}{8}N$	$2n$	$\frac{1}{10}N$
	JK	—	$\frac{1}{4}N$	—	$\frac{1}{6}N$	$\frac{5}{4}n$	$\frac{1}{8}N$	$\frac{7}{4}n$	$\frac{1}{10}N$
	KM	—	$\frac{1}{4}N$	—	$\frac{1}{6}N$	—	$\frac{1}{8}N$	$\frac{3}{2}n$	$\frac{1}{10}N$

木屋架杆件长度系数表 **表 8-13**

系数 / 节间 / H/L / 杆件	4 节间 1/4	4 节间 1/5	6 节间 1/4	6 节间 1/5	8 节间 1/4	8 节间 1/5
上弦	0.559	0.5385	0.559	0.5385	0.559	0.5385
下弦	1.000	1.000	1.000	1.000	1.000	1.000
腹杆 1	0.250	0.200	0.250	0.200	0.250	0.200
腹杆 2	0.2795	0.2693	0.236	0.2134	0.2253	0.1952
腹杆 3	0.125	0.100	0.1667	0.1333	0.1875	0.1500
腹杆 4	—	—	0.1863	0.1795	0.1768	0.1600
腹杆 5	—	—	0.0833	0.0667	0.125	0.100
腹杆 6	—	—	—	—	0.1365	0.1346
腹杆 7	—	—	—	—	0.0625	0.050

注：1. L—屋架跨度的一半长度；H—屋架高度。
2. 杆件长度 = 表中长度系数 × L；
3. 杆件屋架节间图示见图 8-11

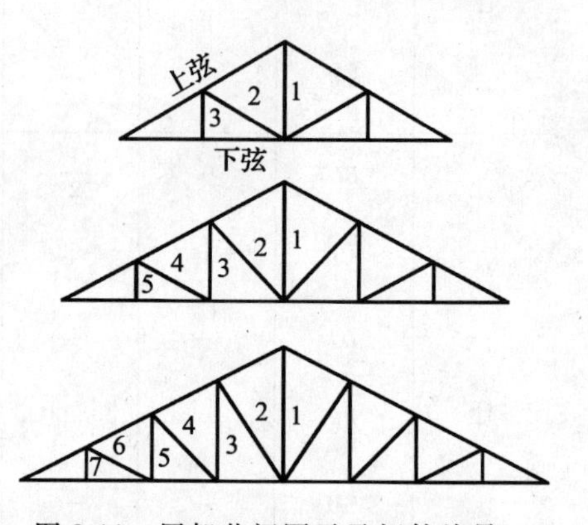

图 8-11 屋架节间图示及杆件编号

【例 8-9】 木屋架跨度为 18m，6 节间，高度为 $H=2.8$m，上弦节点垂直荷载 $P=100$kN，试计算各杆件的内力和长度。

【解】 由题意，可知 $n=L/H=9/2.8=3.21$，$N=\sqrt{n^2+4}=3.79$

查表 8-12 得各杆件的内力系数和杆件长度系数，并杆件内力和杆件长度计算公式分别乘以 P 和 H 得：

上弦 AB 杆的内力 $= -\frac{5}{4}N \times P = -\frac{5}{4} \times 3.79 \times 100 = -473.75\text{kN}$

上弦 AB 杆的长度 $= \frac{1}{6}N \times H = \frac{1}{6} \times 3.79 \times 2.8 = 1.77\text{m}$

上弦 BC 杆的内力 $= -N \times P = -3.79 \times 100 = -379\text{kN}$

上弦 BC 杆的长度 $= \frac{1}{6}N \times H = \frac{1}{6} \times 3.79 \times 2.8 = 1.77\text{m}$

上弦 CD 杆的内力 $= -\frac{3}{4}N \times P = -\frac{3}{4} \times 3.79 \times 100 = -284.25\text{kN}$

上弦 CD 杆的长度 $= \frac{1}{6}N \times H = \frac{1}{6} \times 3.79 \times 2.8 = 1.77\text{m}$

下弦 AG、GI 杆的内力 $= -\frac{5}{4}n \times P = -\frac{5}{4} \times 3.21 \times 100 = -401.25\text{kN}$

下弦 AG、GI 杆的长度 $= \frac{1}{6}n \times H = \frac{1}{6} \times 3.21 \times 2.8 = 1.50\text{m}$

下弦 IJ 杆的内力 $= n \times P = 3.21 \times 100 = 321\text{kN}$

下弦 IJ 杆的长度 $= \frac{1}{6}n \times H = \frac{1}{6} \times 3.21 \times 2.8 = 1.50\text{m}$

斜腹杆 BI 的内力 $= -\frac{1}{4} \times N \times P = -\frac{1}{4} \times 3.79 \times 100 = 99.25\text{kN}$

斜腹杆 BI 的长度 $= -\frac{1}{6} \times N \times H = -\frac{1}{6} \times 3.79 \times 2.8 = 1.77\text{m}$

斜腹杆 CJ 的内力 $= -\frac{1}{4}\sqrt{n^2 + 16} \times P = -\frac{1}{4} \times \sqrt{3.21^2 + 16} \times 100 = -128.22\text{kN}$

斜腹杆 CJ 的长度 $= \frac{1}{6}\sqrt{n^2 + 16} \times H = \frac{1}{6} \times \sqrt{3.21^2 + 16} \times 2.8 = 2.39\text{kN}$

竖杆 BG 的内力 $= 0 \times P = 0$

竖杆 BG 的长度 $= \frac{1}{3} \times H = \frac{1}{3} \times 2.8 = 0.93\text{m}$

竖杆 CI 的内力 $= \frac{1}{2} \times P = 50\text{kN}$

竖杆 CI 的长度 $= \frac{2}{3} \times H = \frac{2}{3} \times 2.8 = 1.87\text{m}$

竖杆 DJ 的内力 $= 2 \times P = 200\text{kN}$

竖杆 DJ 的长度 $= H = 2.8\text{m}$

【例 8-10】 木屋架跨度 24m，为 6 节间，高度 3.0m，试用长度系数法求各杆件的轴线长度。

【解】 由题可知 $H/L = 1/4$，查表 8-13 得各杆件系数，计算各杆件轴线长度如下：

上弦 AD 的长度 $= 0.559 \times 12 = 6.71\text{m}$

下弦 AJ 的长度 $= 1 \times 12 = 12.0\text{m}$

竖腹杆 1（DJ） $=0.25L=0.25\times12=3.0$m

斜腹杆 2（CJ） $=0.236L=0.236\times12=2.83$m

竖腹杆 3（CI） $=0.1667L=0.1667\times12=2.0$m

斜腹杆 4（BI） $=0.1863L=0.1863\times12=2.24$m

竖腹杆 5（BG） $=0.0833L=0.0833\times12=1.0$m

8.7 木结构坡度系数计算

在木结构和木模板工程中，常会遇到坡度系数的计算问题，如计算屋面的斜长、人字木屋架上弦杆长度以及斜杆长度；四坡水屋面用隅坡度系数计算马尾屋架斜脊（角梁）的长度等。

1. 两坡水屋面坡度系数计算

两坡水屋面（基层、屋架上弦，下同）的坡度系数，按下式计算：

$$K_c = \sqrt{i^2+1} \tag{8-34}$$

斜边长度

$$L = l \cdot K \tag{8-35}$$

式中 K_c——两坡水屋面的坡度系数；

i——屋面坡度，$i=h/l$；

h——屋面高度；

l——屋面半跨长度；

L——屋面斜坡长度。

式（8-34）中 $0<i\leqslant1$，故 $1<K_c\leqslant\sqrt{2}$。

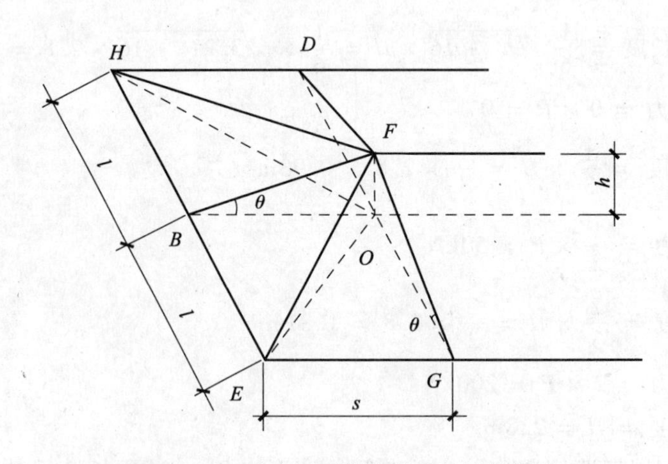

图 8-12 四坡水屋面隅坡度系数计算简图

2. 四坡水屋面隅坡系数

四坡水屋面（基层、屋架上弦，下同）的隅坡系数，按下式计算（图 8-12）：

$$K_d = \sqrt{i^2+2} \tag{8-36}$$

斜坡 EF 长度　　$l_{EF} = l \times K_d$　　(8-37)

式中　K_d——四坡水屋面的坡度系数；

i——屋面坡度，$i = h/l$；

h——屋面高度；

l——屋面半跨长度；

l_{EF}——四坡水屋面斜坡 EF 长度。

根据已知屋面坡度由式（8-34）和式（8-36）编制的屋面坡度系数见表 8-14，可供查用。

对于木结构和楼板的斜长计算亦是经常遇到的，同样可利用表 8-15 坡度系数表，按屋面和屋架相同法计算斜长。

屋面坡度系数表　　**表 8-14**

坡度			坡度系数	坡度系数
$i = h/l$	$h/2l$	角度 θ	$K_c = \sqrt{i^2+1}$	$K_d = \sqrt{i^2+2}$
1.0000	1/2	45°	1.4142	1.7321
0.700	1/2.86	35°	1.2207	1.5780
0.650	1/3.08	33°01′	0.1927	1.5564
0.577	1/3.47	30°	1.1545	1.5274
0.500	1/4	26°34′	1.1180	1.5000
0.400	1/5	21°48′	1.0770	1.4697
0.300	1/6.67	16°42′	1.0440	1.4457
0.200	1/10	11°19′	1.0198	1.4283
0.125	1/16	7°18′	1.0078	1.4197
0.083	1/24	4°45′	1.0034	1.4166

坡度系数表　　**表 8-15**

坡度	系数	坡度	系数	坡度	系数	坡度	系数	坡度	系数
0.01	1.0001	0.11	1.0060	0.21	1.0218	0.31	1.0469	0.41	1.0808
0.02	1.0002	0.12	1.0072	0.22	1.0239	0.32	1.0499	0.42	1.0846
0.03	1.0004	0.13	1.0084	0.23	1.0261	0.33	1.0530	0.43	1.0885
0.04	1.0008	0.14	1.0098	0.24	1.0284	0.34	1.0562	0.44	1.0925
0.05	1.0012	0.15	1.0112	0.25	1.0308	0.35	1.0595	0.45	1.0966
0.06	1.0018	0.16	1.0127	0.26	1.0332	0.36	1.0628	0.46	1.1007
0.07	1.0024	0.17	1.0148	0.27	1.0358	0.37	1.0662	0.47	1.1049
0.08	1.0032	0.18	1.0161	0.28	1.0384	0.38	1.0697	0.48	1.1092
0.09	1.0040	0.19	1.0179	0.29	1.0412	0.39	1.0733	0.49	1.1136
0.10	1.0050	0.20	1.0198	0.30	1.0440	0.40	1.0770	0.50	1.1180

续表

坡度	系数	坡度	系数	坡度	系数	坡度	系数	坡度	系数
0.51	1.1225	0.61	1.1714	0.71	1.2264	0.81	1.2869	0.91	1.3521
0.52	1.1271	0.62	1.1766	0.72	1.2322	0.82	1.2932	0.92	1.3588
0.53	1.1318	0.63	1.1819	0.73	1.2381	0.83	1.2996	0.93	1.3656
0.54	1.1365	0.64	1.1873	0.74	1.2440	0.84	1.3060	0.94	1.3724
0.55	1.1413	0.65	1.1927	0.75	1.2500	0.85	1.3124	0.95	1.3793
0.56	1.1460	0.66	1.1982	0.76	1.2560	0.86	1.3189	0.96	1.3862
0.57	1.1510	0.67	1.2037	0.77	1.2621	0.87	1.3255	0.97	1.3932
0.58	1.1560	0.68	1.2093	0.78	1.2682	0.88	1.3321	0.98	1.4002
0.59	1.1611	0.69	1.2149	0.79	1.2744	0.89	1.3387	0.99	1.4072
0.60	1.1662	0.70	1.2206	0.80	1.2806	0.90	1.3454	1.00	1.4142

【例 8-11】 某仓库采用人字型屋架，跨度 20m，高度 4.0m，长 40m，试求屋面木基层的面积。

【解】 由题意可知，屋面坡度为 $i = \frac{h}{l} = \frac{4}{10} = 0.4$

由式（8-34）（8-35）可知，

屋面斜坡长度 $L = l \times \sqrt{i^2 + 1} = 10 \times \sqrt{0.4^2 + 1} = 10.77\text{m}$

那么，屋面木基层面积 A 为：

$$A = 2 \times 10.77 \times 40 = 861.63\text{m}^2$$

或查表 8-13 可得：$K_c = 1.0770$

那么，屋面木基层面积 A 为：

$$A = 20 \times 1.0770 \times 40 = 861.63\text{m}^2$$

【例 8-12】 条件与例 8-9 相同，两端采用四坡水屋面，试求斜坡 EF 的长度。

【解】 由式（8-36）和式（8-37）可得：

$$l_{EF} = l \times \sqrt{i^2 + 1} = 10 \times \sqrt{0.4^2 + 2} = 14.696\text{m}$$

或查表 8-13 得 $K_d = 1.4697$，由式（8-37）得：

$$l_{EF} = l \times K_d = 10 \times 1.4697 = 14.697\text{m}$$

8.8 木结构圆弧、圆拱计算

在木结构及模板工程中，经常会遇到圆形门窗、圆拱门窗以及圆形或半圆形构筑物模板等的加工制作，需要计算圆弧或圆拱。

1. 小半径圆弧圆拱计算

指圆弧（或圆拱，下同）的跨度在 5m 以内，拱高 h 与跨度 l 之比（即 h/l）大于 0.1 的圆弧。因其半径较小，只需算出半径，然后在平台（或地面）上按半径画弧即可。设已知圆弧的跨度和拱高，半径可按下式计算：

$$R = \left[\left(\frac{l}{2} \times \frac{l}{2} \div h\right) + h\right] \div 2 \tag{8-38}$$

如已知 l 和 R，拱高可按下式计算：

$$h = R - \sqrt{R^2 - 0.25l^2} \tag{8-39}$$

式中　R——圆弧半径；

l——圆弧跨度；

h——圆弧拱高。

为简化计算，圆弧半径亦可由拱跨比查表 8-16 的半径系数，用跨度乘半径系数求得。

圆弧半径系数　　**表 8-16**

拱跨比	半径系数	拱跨比	半径系数	拱跨比	半径系数
0.10	1.3000	0.15	0.9083	0.30	0.5667
0.11	1.1914	0.16	0.8613	0.35	0.5321
0.12	1.1027	0.18	0.7844	0.40	0.5125
0.13	1.0265	0.20	0.7250	0.45	0.5028
0.14	0.9629	0.25	0.6250	0.50	0.5000

注：拱跨比中间数值，可用插入法求得。

2. 大半径圆弧（圆拱）计算

指圆弧（或圆拱，下同）的跨度大于 5m，或者拱跨比小于 0.1 的圆弧。因其半径很大，画弧不方便，可采用分段算法，如图 8-13，先将圆弧跨度的一半平均分为 10 段，每段长度取跨度的 1/20，并由 0～9 编号，以圆心为原点，拱距为 x 坐标，每点坐标到跨中点的距离称为点距（例如 1 点距 $=0.1 \times \frac{l}{2}$；2 点距 $=0.2 \times \frac{l}{2}$……等），如已知跨度和拱高 h，先按式（8-40）求出半径 R，然后按下式求出每点纵坐标的高度：

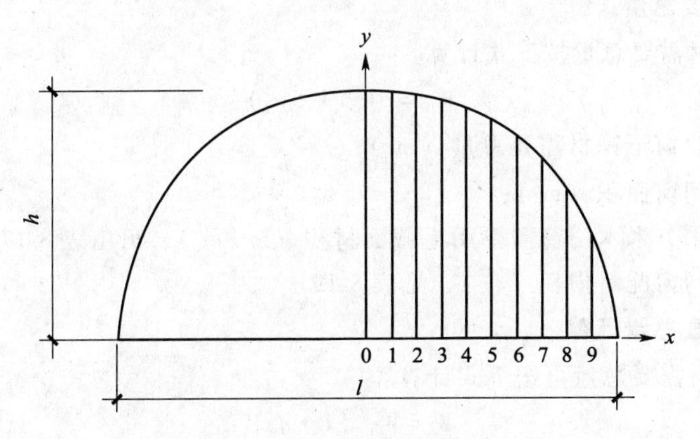

图 8-13　圆弧分段计算简图

$$y = \sqrt{R^2 - x^2} - (R - h) \tag{8-40}$$

式中 y——每点纵坐标高；

x——点距；

R——圆弧的半径；

h——圆弧的拱高。

按以上算出的编号 0～9 每点坐标的高度 y，把各点坐标高度连成一条圆滑的弧线，即为所求的圆弧（圆拱）。

【例 8-13】 一圆拱窗，宽 1.8m，拱高 0.3m，试求出窗半径并划圆弧。

【解】 由式（8-38）得圆拱半径为：

$$R=\left[\left(\frac{l}{2}\times\frac{l}{2}\div h\right)+h\right]\div 2$$

$$=\left[\left(\frac{1.8}{2}\times\frac{1.8}{2}\div 0.3\right)+0.3\right]\div 2$$

$$=1.5\text{m}$$

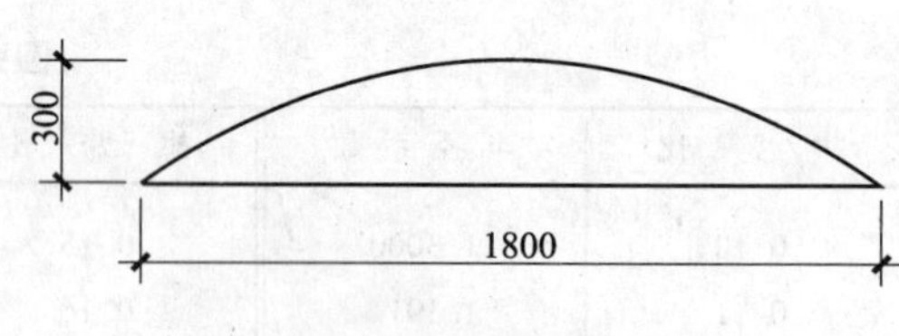

图 8-14 圆拱窗圆弧线

或由拱跨比 $h/l=0.3/1.8=0.17$，查表 8-16可得半径系数为 0.8229，那么半径为：

$$R=1.8\times 0.8229=1.48\text{m}$$

弧线如图 8-14 所示。

8.9 木门窗用料计算

木门窗用料计算步骤方法是：先根据门窗面积和定额每平方米需用毛截面积木材用量，并考虑配料损耗计算干锯材需要总量，然后在考虑湿锯材干燥损耗量，计算湿锯材需要总量，最后按门窗各主要部位用料比例计算各部位需要木材总量，计算步骤、方法、公式分列如下：

1. 干锯材需要总量

木门窗干锯材需要总量按下式计算：

$$W_0=SV(1+n_1) \tag{8-41}$$

式中 W_0——木门窗干锯材需要总量（m^3）；

S——木门窗面积（m^2）；

V——每平方米木门窗需要用毛截面材积（m^3/m^2），可由表 8-17 和表 8-18 查用；

n_1——木门窗配料损耗（%），见表 8-19。

2. 湿锯材需要总量计算

木门窗湿锯材需要总量可按下式计算：

$$W=W_0(1+n_2) \tag{8-42}$$

式中 W——木门窗湿锯材需要总量（m^3）；

n_2——木门窗干燥损耗（%），见表 8-19。

其他符号意义同前。

3. 门框扇料需要总量计算

门框、扇料需要总量可按下式计算：

$$W_1 = WB_1 \tag{8-43}$$

式中　W_1——门窗框或门窗扇需要的木材总量（m^3）；

B_1——各类门窗主要部位用料比例，见表 8-20 和表 8-21；

其他符号意义同前。

木门毛截面材积参考（m^3/m^2）　　**表 8-17**

地　区	类　别					
	夹板门	镶纤维板门	镶木板门	半截玻璃门	弹簧门	拼板门
华　北	0.0296	0.0353	0.0466	0.0379	0.0453	0.0520
华　东	0.0287	0.0344	0.0452	0.0368	0.0439	0.0512
东　北	0.0285	0.0341	0.0450	0.0366	0.0437	0.0510
中　南	0.0302	0.0360	0.0475	0.0387	0.0462	0.0539
西　北	0.0258	0.0307	0.0405	0.0330	0.0394	0.0459
西　南	0.0265	0.0316	0.0417	0.0340	0.0406	0.0473

注：1. 本表以华北地区木门窗标准图平均数为基础，其他地区按截面大小折算。

2. 本表无纱内门考虑。

木窗毛截面材积参考（m^3/m^2）　　**表 8-18**

地　区	平　开　窗			中悬窗	百叶窗
	单层玻璃窗	一玻一纱窗	双层玻璃窗		
华　北	0.0291	0.0405	0.0513	0.0285	0.0431
华　东	0.0400	0.0553	—	0.0311	0.0471
东　北	0.0337	—	0.0638	0.0309	0.0467
中　南	0.0390	0.0578	—	0.0303	0.0459
西　北	0.0369	0.0492	—	0.0287	0.0434
西　南	0.0360	0.0485	—	0.0281	0.0425

注：同表 8-17。

木门窗配料损耗 n_1 和干燥损耗 n_2 配料利用率 n_3　　**表 8-19**

名　称	树　种	配料损耗 n_1（干板→半成品构件）（%）	干燥损耗 n_2（湿板→干板）（%）	配料利用率 n_3（干板→半成品构件）（%）
普通门窗	硬　木	38	18	62
	软　木	25	12	75
高级门窗	硬　木	50	18	50

各类门主要部位用料比例 表8-20

门的类别		门框(%)	门扇梃亮子(%)	撑子及压条(%)	门心板(%)	梃子(%)	备注
夹板门	单扇	53	27	20	—	—	
	双扇	42	34	24	—	—	
镶纤维板门	单扇	47	53	—	—	—	
	双扇	36	64	—	—	—	
镶木板门	单扇	37	45	—	21	—	
	双扇	27	52	—	18	—	
半截玻璃门	单扇	40	42	—	15	3	
	双扇	30	49	—	17	4	
弹簧门	单扇	35	53	3	5	4	全玻
	双扇	33	62	3	—	2	
拼板门	单扇	38	41	1	20	—	
	双扇	28	48	1	23	—	

各类窗各部位用料比例 表8-21

窗的类别		窗比料(%)	窗扇料(%)	薄板料(%)
名称	扇数			
无亮单层玻璃窗	单扇	62	38	—
	双扇	49	51	—
	三扇	45	55	—
有亮单层玻璃窗	单扇	56	44	—
	双扇	46	54	—
	三扇	51	49	—
有亮一玻一纱窗	单扇	48	52	—
	双扇	38	62	—
	三扇	41	59	—
单层中悬窗	单扇	60	40	—
	上中悬，下平开	53	47	—
	上中悬，中固定，下平开	43	57	—
木百叶窗	单扇	49	—	51
	双扇	48	—	52
	三扇	42	—	58

【例8-14】 华东地区制作高2.4m，宽1.8m的双扇夹板100樘，采用硬木料，试求门框、扇等湿锯材材料需用量。

【解】 查表8-19得，$n_1=38\%$，$n_2=18\%$

门总面积为 $S=1.8\times2.4\times100=432\mathrm{m}^2$

查表 8-17，得木门每平方米需用毛截面积　$V=0.0287\mathrm{m}^3$

由式（8-41）可得木门干锯材需要总量为：

$$W_0=SV(1+n_1)=432\times0.0287\times(1+0.38)=17.11\mathrm{m}^3$$

由式（8-42）可得木门湿锯材需要总量为：

$$W=W(1+n_2)=17.11\times(1+0.18)=20.19\mathrm{m}^3$$

双扇夹板门主要部位用料比例由表 8-20 可查得，并代入计算各部分需用料总量分别为：

门框料用量　　　　$W_1=WB_1=20.19\times0.42=8.48\mathrm{m}^3$

门扇梃亮子料用量　　$W_1=20.19\times0.34=6.86\mathrm{m}^3$

撑子及压条料用量　　$W_1=20.19\times0.24=4.85\mathrm{m}^3$

参考文献

1. 徐伟．施工结构计算方法与设计手册．北京：中国建筑工业出版社，1999
2. 赵志缙．新型混凝土及其施工工艺．北京：中国建筑工业出版社，1996
3. 建筑工程部混凝土施工工艺会议编．混凝土施工工艺．北京：中国工程出版社，1959
4. 俞宾辉．建筑混凝土工程施工手册．济南：山东科学技术出版社，2004
5. 谢洪学．混凝土配合比实用手册．北京：中国计划出版社，2002
6. 黄征宇．混凝土配合比速查手册．北京：中国建筑工业出版社，2001
7. 赵志缙．泵送混凝土．北京：中国建筑工业出版社，1985
8. 徐伟，苏宏阳．建筑工程分部分项施工手册（主体工程）．北京：中国计划出版社，1999
9. 林同炎．预应力混凝土结构设计．北京：中国铁道出版社，1983
10. 熊学玉、黄鼎业．预应力设计施工手册．北京：中国建筑工业出版社，2003
11. 余厚极．简明结构吊装手册．北京：中国建筑工业出版社，1995
12. 上海市第五建筑工程公司．升板法施工．北京：中国建筑工业出版社，1979
13. 梁绍周等．建筑施工技术．北京：中国建筑工业出版社，1994
14. 谢可宁．单层工业厂房重型柱吊装双机抬吊法．广西城镇建设，2005，4：30~31
15. 朱伯芳．大体积混凝土温度应力与温度控制．北京：中国电力出版社，1999
16. 水利水电科学研究院结构材料研究所．大体积混凝土．北京：水利电力出版社，1990
17. 王铁梦．工程结构裂缝控制．北京：中国建筑工业出版社，1997
18. 蔡从德．混凝土结构早期温度收缩裂缝控制的研究分析，同济大学硕士学位论文，2003
19. 彭立海，阎士勤，张春生．大体积混凝土温控与防裂．郑州：黄河水利出版社，2005
20. 江正荣．建筑施工工程师手册．北京：中国建筑工业出版社，2002
21. 刘玉山．大体积混凝土冬期施工．北京：水利电力出版社，1993
22. 徐伟．现代钢结构工程施工．北京：中国建筑工业出版社，2006
23. 王景文．钢结构工程施工与质量验收实用手册．北京：中国建材工业出版社，2003
24. 《钢结构设计手册》编委会编．钢结构设计手册（上册）．北京：中国建筑工业出版社，2003
25. 叶德安．钢结构工程技术手册．武汉：华中理工大学出版社，1995
26. 尹显奇．钢结构制作安装工艺手册．北京：中国计划出版社，2006
27. 高秀华，王云超，李国忠．金属结构．北京：化学工业出版社，2005
28. 魏明钟．钢结构．武汉：武汉理工出版社，2002
29. 周学军．钢结构工程施工质量验收规范应用指导．济南：山东科学技术出版社，2004
30. 李海超．空心球网架施工．沈阳建筑工程学院学报，1992
31. 江正荣．建筑施工计算手册．北京：中国建筑工业出版社，2001
32. 徐伟，苏宏阳，金福安．土木工程施工手册（上、下册）．北京：中国计划出版社，2003
33. 中国建筑西南设计院等．木结构设计手册（第二版）．北京：中国建筑工业出版社，1993